河南省“十四五”普通高等教育规划教材

INTRODUCTION TO NEW ENERGY MATERIALS AND DEVICES

张林森 主编 方 华 副主编

新能源材料与器件概论

化学工业出版社
·北京·

内容简介

高等学校教材《新能源材料与器件概论》系统阐述了新能源材料的分类、组成、结构、性质与合成工艺，以及相应新能源器件的工作原理和性能，包括新能源科学基础、电化学储能基础、锂离子电池、电化学电容器、新型化学电源、氢能转换材料与器件、固态电池和其他新能源技术，并对新能源材料制备及测试技术进行了详尽的阐述。书中给出了详尽的和代表性的实际案例，以期更好地解决实际应用问题。

本书可作为新能源、氢能、材料、化学等学科本科教材及研究生教材，同时可供新能源、氢能、电动汽车、规模储能等领域从事研究、制造与应用工作的科学技术人员参考和阅读。

图书在版编目（CIP）数据

新能源材料与器件概论/张林森主编；方华副主编．—北京：化学工业出版社，2023.12

河南省“十四五”普通高等教育规划教材

ISBN 978-7-122-44199-7

Ⅰ.①新… Ⅱ.①张… ②方… Ⅲ.①新能源-材料技术-研究 Ⅳ.①TK01

中国国家版本馆 CIP 数据核字（2023）第 181437 号

责任编辑：李玉晖　胡全胜　杨　菁　　文字编辑：杨凤轩　师明远

责任校对：李雨晴　　装帧设计：张　辉

出版发行：化学工业出版社（北京市东城区青年湖南街 13 号　邮政编码 100011）

印　　装：大厂聚鑫印刷有限责任公司

787mm×1092mm　1/16　印张 22½　彩插 6　字数 560 千字　2024 年 3 月北京第 1 版第 1 次印刷

购书咨询：010-64518888　　售后服务：010-64518899

网　　址：http://www.cip.com.cn

凡购买本书，如有缺损质量问题，本社销售中心负责调换。

定　　价：68.00 元

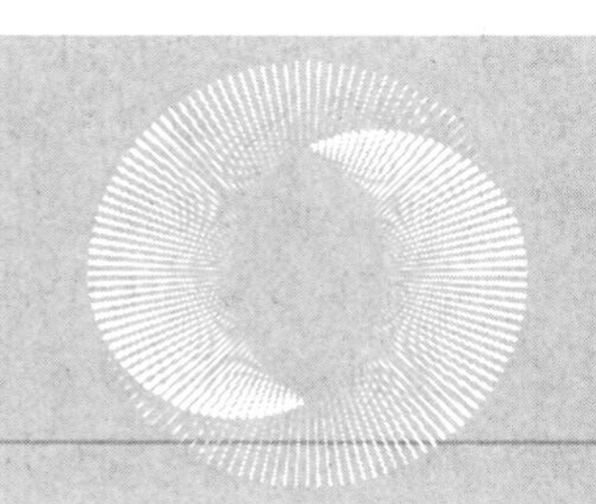

前言

目前，人类社会高度依赖煤炭、石油和天然气等化石能源，由此也导致化石能源短缺与巨大的能源需求的矛盾。基于化石能源短缺及其环境影响，人类能源正在进入一个新的阶段，即“新能源与可持续发展”正在发生与演变。相对于传统能源而言，新能源具有污染小、储量大和可再生的特点，对于解决当今世界严重的环境污染问题和资源枯竭问题具有重要意义。

发展新能源，实现能源转型，降低化石能源消耗，提高能源利用率，节能减排，构建绿色低碳的能源体系，是降低二氧化碳排放、实现碳中和的重要举措。然而，新能源一般是间歇式可再生能源，间断式供应，波动性大，对持续供能不利。显然，要发展太阳能和风能等间歇式新能源发电时，就必须要大力发展储能技术。到目前为止，人们已经探索和开发了多种形式的电能储能方式，如机械储能、电化学储能、电磁储能和热储能等。这些储能技术在能量密度和功率密度方面均有不同的表现，其中电化学储能能量和功率配置灵活、受环境影响小，易实现大规模利用，同时可制备各种小型、便携器件，可作为能源驱动多种电力电子设备。近年来，以锂离子电池、电化学电容器、燃料电池为代表的新型电化学储能产业发展迅猛，在便携式电子设备、电动汽车、航空航天和军事国防等领域得到广泛运用，是未来人类社会向电动化、智能化、新能源化方向发展的先导技术。因此，电化学储能技术吸引了世界各国的广泛关注，相关的科学研究和技术的发展日新月异。

氢能以其零污染、高效能等优势受到全球瞩目，产业发展已经走向“风口期”。在储能领域，氢能产业链以可再生能源发电为起点，可以实现氢能从生产端到消费端的全生命周期零排放。全球太阳能、风能发电已进入规模应用阶段，但受限于其间歇性、波动性与随机性，在电网接入和大规模消纳方面存在一定瓶颈。利用风电和光伏发电制取“绿氢”，不仅可以有效利用弃风、弃光，而且还可以降低制氢成本；既提高了电网灵活性，又促进了可再生能源消纳。随着氢能技术及产业链的发展和完善，氢储能系统的加入可以提高可再生能源发电的安全性和稳定性。此外，氢能亦可作为能源互联网的枢纽，将可再生能源与电网、气网、热网、交通网连为一体，加速能源转型进程。氢能的应用正从化工原料向交通、建筑及储能领域快速渗透，未来还将在氢冶金、绿氢化工、氢储能、混合能源系统、智慧能源系统中得到全面应用。

为适应我国新能源领域的发展，教育部增列“新能源材料与器件”专业为高等教育战略新兴专业，旨在为我国新能源、新能源汽车、节能环保等产业培养具有创新意识的专业技术人才。本书的编写基于近年来的教学实践，考虑了学科发展的现状，并结合近年来新能源领域国内外研究进展和相关产业的发展需求，对授课内容进行了全面梳理和总结。全书共9章，包括绪论、电化学储能基础、锂离子电池、电化学电容器、新型化学电源、氢能转换材料与器件、固态电池、其他新能源技术、新能源材料的制备与测试技术。

参加本书编写工作的有郑州轻工业大学张林森（第1、5、9章）、方华（第2、3、4章）、王利霞（第6.4小节）、曹阳（第7章，第6.1、6.2、6.3、8.2、8.3、8.4和8.5小节）和张永霞（第8.1小节）。全书由张林森主编和统稿。

由于新能源材料与器件涉及学科层面较广，各种新能源技术的发展日新月异，知识更新较快，同时限于作者的知识、能力水平，书中难免存在不妥之处，敬请读者批评指正。

编者

于郑州

目录

第1章

绪论

1.1 能源

能源，是能够提供能量的资源，通常指热能、电能、光能、机械能和化学能等，是人类社会活动的基础。能源按来源可分为三大类：

① 来自太阳的能量：太阳光热辐射、可燃矿物、生物质能、水能和风能等。

② 来自地球本身的能量：地球内部蕴藏的地热能、核燃料所蕴藏的原子核能等。

③ 月球和太阳等天体对地球的引力产生的能量：如潮汐能。

能源是人类赖以生存和发展的重要物质基础，是国民经济发展的命脉。自古以来，人类为改善生存条件和促进社会的发展而不停地奋斗。在这一过程中，能源一直扮演着重要的角色。从世界经济发展的历史和现状来看，能源问题已成为社会经济发展中一个具有战略意义的问题，能源的消耗水平已成为衡量一个国家国民经济和人民生活水平的重要标志，能源问题对社会经济发展起着决定性的作用。纵观历史，人类能源利用经历了“火与柴草”“煤炭与蒸汽机”“石油与内燃机”三大转变。随着社会生产力和科技水平的发展，人类利用能源的历史经历了如下五个阶段。

第一阶段，是火的发现和利用。人类历史上第一次意义重大的能源进步，是对火的控制和利用。通过用火来获取有机物中累积的太阳能，使人类首次支配了一种自然力，这是人类文明史上的一个巨大进步。柴草是人类第一代主体能源，也是人类最初对地球能源的探索。柴草不仅能烧烤食物、驱寒取暖，还被用来烧制陶器和冶炼金属。可以说人类是在利用柴火的过程中，产生了支配自然的能力而成为万物之灵的。

第二阶段，是畜力、风力和水力等自然力的利用。人类历史上第二次重大的能源进步，是距今万年前后农业的发生。通过种植作物与驯养家畜，人类更有效地把太阳能转化为食物、热量和动力。农业文明时代的燃料仍然是薪柴，动力有人力、畜力、风力和水力等。

第三阶段，化石燃料的开发利用。人类历史上第三次影响深远的能源进步，是化石能源的开发和利用。化石能源是由储存了太阳能的生物质经漫长的地质年代转化而来的，主要有煤炭、石油和天然气等。18 世纪的英国发生了近代史上最重要的能源技术革命，即高效利用煤炭的蒸汽机的发明和应用。源于英国的化石能源技术革命开启了近代世界工业文明的历史大幕，极大地促进了工业化国家生产力的发展和经济增长。19 世纪中叶，从石油中蒸馏煤油的技术取得突破，由此掀起了第一轮石油开发热。19 世纪末 20 世纪初，随着内燃机的发明、应用和改进，汽车和飞机被制造出来并应用于生产和生活中。整个 20 世纪，人类严重依赖石油，使石油成为工业血液。最近得到开发利用的化石燃料是天然气。天然气是储藏于地层中的烃类和非烃类气体混合物。现代意义上的天然气开发利用始于 20 世纪 20 年代的美国，最初主要作为照明、取暖和炊煮的燃料。如今，天然气在很多国家都成为一种不可或缺的能源。

第四阶段，是电力的发现、开发及利用。人类历史上第四次重大能源进步是 19 世纪中叶电力的发明和应用。到 19 世纪末，西方社会迅速进入了电气化时代。电力被人类学家视为现代文明的重要标志和象征。

第五阶段，核能的发现、开发及利用。20 世纪尤其是 20 世纪下半叶，人类在能源开发利用的道路上又取得了重大突破，通过控制原子核的变化——核裂变和核聚变——来获取巨大的能量。20 世纪 50 年代，苏联、英国和美国先后建设用于发电的核反应堆。其后，世界大国纷纷建造自己的核反应堆用来发电。然而，频发的核事故消解了人们对核电的热情，发展核电也遭遇了越来越大的阻力。相比化石能源与核裂变，受控核聚变因其能产生巨大能量而备受期待。核聚变产生的放射性物质不多，也不会产生二氧化碳及其他污染物。未来氢聚变是一种理想的选择，但技术突破依然是一个极大的挑战。

煤炭、石油、天然气、水能和核能等是已经被人类长期广泛利用的能源，不但为人们所熟悉，而且也是当前主要能源和应用范围很广的能源，因此被称为常规能源。在常规能源当中，化石能源是目前最主要的能源。随着社会生产力的发展和人民生活水平的提高，化石能源消耗的增长速度大大超过了人口的增长速度，化石能源逐渐面临枯竭。目前，人类社会高度依赖煤炭、石油和天然气等化石能源，尚无其他足够丰富廉价的能源取代化石燃料，由此也导致化石能源短缺与巨大的能源需求的矛盾。化石能源的使用，还会带来严重的环境污染，并使气候异常，这已引起世界各国的重视。化石能源的使用会排出大量氮和硫的氧化物，形成酸雨，也是雾霾的主要来源，这对人体健康和环境造成很大的危害。另外，使用化石能源会排出大量的 CO_2，CO_2 的排放会造成温室效应和全球气候变暖。近年来，极端气候天气频频出现，据推测也是因为全球气候变暖造成的。以后，可能会探明新的化石能源储量，延长化石能源的使用期限，但总的来说，在人类历史的长河中，只有很短一段时间能使用化石能源。

基于化石能源短缺及其环境影响，推动实现能源转型和替代显得十分紧迫。大自然赋予人类的能源是多种多样的，除了化石能源外，还有生物质能、核能、水能、风能、地热能、海洋能、太阳能、氢能等可利用。迄今，能源多样化已经成为一种现实选择和趋势，诸如太阳能、海浪能和潮汐能及地热能等，都已成为人类利用的新能源。不过，这些能源在现有能源利用结构中仅占很小比重，而且还存在着不少局限。另外，挖掘现有能源潜力的技术创新也是解决能源短缺的一条重要途径。对于个人来说，应增强能源节约意识，转换消费观念，倡导极简生活方式，减少能源消耗和浪费，为建设生态文明作出贡献。

如今，人类能源已经进入了一个新的阶段，即“新能源与可持续发展”正在发生与演变。新能源又称非常规能源，是指传统能源之外的各种能源形式，如太阳能、地热能、风能、海洋能、生物质能和核聚变能等。常规能源和新能源是相对概念，一些能源虽属古老的能源，但只有采用先进方法才能加以利用，或采用新近开发的科学技术才能开发利用，也属于新能源。联合国新能源和可再生能源会议对新能源的定义为：以新技术和新材料为基础，使传统的可再生能源得到现代化的开发和利用，用取之不尽、周而复始的可再生能源取代资源有限、对环境有污染的化石能源，重点开发太阳能、风能、生物质能、潮汐能、地热能、氢能和核能（原子能）。有关常规能源和新能源的具体分类如表1-1所示。

表1-1 能源的分类

项目	可再生能源	不可再生能源
常规能源	水力（大型） 核能（增值堆） 地热 生物质能（薪材秸秆、粪便） 太阳能（自然干燥等） 风力（风车、风帆等） 畜力	化石燃料（煤、石油、天然气等） 核能
新能源	生物质能 太阳能（收集器、光电池等） 水力（小水电） 风力（风力机等） 海洋能 地热能	

新能源的各种形式都是直接或者间接地来自太阳或地球内部深处所产生的热能，包括太阳能、风能、地热能、生物质能、水能、核聚变能和海洋能，以及由可再生能源衍生出来的生物燃料和氢所产生的能量。也就是说新能源包括各种可再生能源和核能。相对于传统能源而言，新能源普遍具有污染小、储量大和可再生的特点，对于解决当今世界严重的环境污染问题和资源枯竭问题具有重要意义。未来，可再生能源在整个能源结构中会占到近50%，因此，开发新的可再生能源，包括太阳能、生物质能、风能、氢能等已经成为能源科学领域迫在眉睫的任务。

我国政府一直非常重视可再生能源的开发利用。1998年1月1日实施的《中华人民共和国节约能源法》明确指出“国家鼓励开发利用新能源和可再生能源”。2005年2月，全国人大通过《中华人民共和国可再生能源法》，已于2006年1月正式实施。为推动能源低碳化和绿色发展，2020年9月，我国政府在第75届联合国大会上宣布中国力争在2030年前实现“碳达峰”，2060年前实现“碳中和”。2022以来，国家各部委密集印发了《关于完善能源绿色低碳转型体制机制和政策措施的意见》、《“十四五”现代能源体系规划》、《“十四五”新型储能发展实施方案》和《氢能产业发展中长期规划（2021—2035年）》。当前，我国仍处于工业化过程中，一次能源消费仍在快速增长，碳排放也仍处于增长阶段（彩插图1-1）。

2020 年我国单位 GDP 能耗为 3.4 吨标准煤/万美元，单位 GDP 碳排放量为 6.7 吨二氧化碳/万美元（图 1-2）。西方国家碳达峰后，大多用 50～80 年完成碳中和目标，中国给自己定的期限却是 30 年。考虑到中国工业化、城市化还在路上，这预示着我国要付出更加艰苦的努力，才能以更快的速度和更高的效率实现碳中和目标。

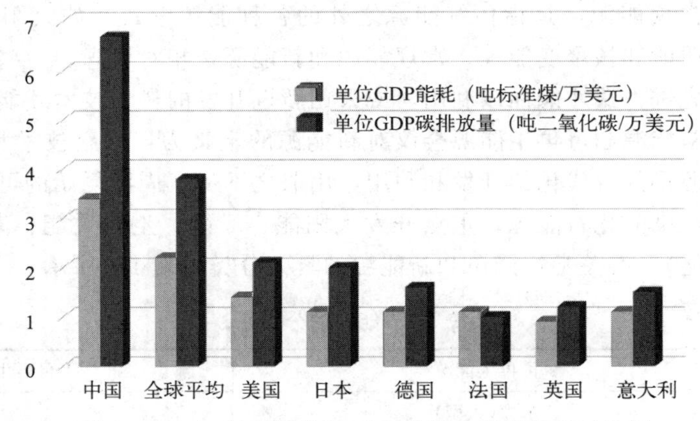

图 1-2 2020 年各国单位 GDP 能耗和碳排放量对比图

目前我国能源领域碳排放总量大、占比高，这主要是源于化石能源的大量开采和利用，使得二氧化碳等温室气体排放量急剧增加。为实现碳中和，亟待变革能源利用方式和调整能源结构，提高新能源和清洁能源的占比，大力推进低碳能源替代高碳能源、可再生能源替代化石能源。如图 1-3 所示，发展新能源，实现能源转型，降低化石能源消费，提高能源利用率，节能减排，构建绿色低碳的能源体系，是降低二氧化碳排放、实现碳中和的重要举措。展望未来，我国能源发展趋势总结如下：

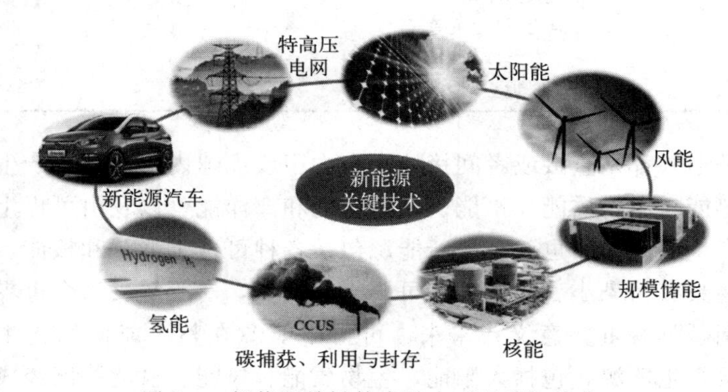

图 1-3 新能源关键技术助力“双碳”战略

（1）大力发展新能源发电技术

未来，以非化石能源为主的电能（水电、光电和风电等绿电）将成为我国的能源主体。

（2）先进储能技术将发挥更大作用

由于风能、太阳能等可再生能源发电受自然界的风速、风向、昼夜、阴晴天气的影响，具有间歇性、波动性，为保证电网安全、稳定、可靠供电，长时储能技术将是实现“双碳”目标的关键核心，在未来社会将发挥更大作用。

（3）实施以清洁能源为支撑的终端用能电气化

在大力发展绿电的基础上，加快提升电气化率。强调基于清洁能源的电能，在终端领域推进电气化，加大电力替代。在这个过程中，只有坚持实施以清洁能源为支撑的终端用能电气化，才能有效实现化石能源的替代。如采用新能源电动汽车替代燃油车备受关注，但如果采用煤电等热力发电对电动汽车充电，则电动汽车从本质上是不能降低碳排放的，只是实现了碳排放地点的转移。采用绿电为新能源电动汽车充电，才能有效降低二氧化碳的排放，在根本上实现能源的绿色化。

（4）化石能源的清洁高效利用技术

我国能源资源结构为“富煤、少油、缺气”，煤炭作为过渡能源在未来很长一段时间内将继续受到重视。显然，改变化石能源利用方式、提高化石能源转化效率、促进化石能源的清洁高效利用，从而达到节能减排的目的，对我国能源发展具有显而易见的重要意义。

（5）碳捕集利用与封存技术

除了大力发展新能源和低碳产业以外，如何有效实现二氧化碳的中和将是一个重大挑战。自然平衡二氧化碳远不足以中和工业排放，现有大规模处理二氧化碳的手段主要是回注和填埋，尚未出现大规模绿色利用二氧化碳的技术手段。且根据最新的研究发现，回注和填埋二氧化碳的办法并非一劳永逸，存在二氧化碳外溢的可能，同时这类装置运行成本较高。因此，我们必须探索二氧化碳大规模绿色化利用与封存技术。

（6）节能技术将备受重视

发展绿色循环经济，构建循环能源系统，充分再利用废热、废水等能源。节约下来的能源是最清洁、最有价值的绿色能源。

（7）在非电能源领域加速推动氢能新技术应用

在无法实现电气化的领域，实施绿色氢能替代，比如在冶金工业、化学工业等，以及重型卡车、铁路、航空和海上运输等等。

氢具有能源属性，是最清洁的二次能源，能源系统应实现“宜电则电，宜氢则氢”。氢来源广泛，氢作为能源，能源密度高，可实现完全零排放、可循环，是除可再生电力之外最清洁的能源。同时，氢能利用是能够与化石燃料清洁低碳利用、可再生能源规模化利用互相并行的一种可持续能源利用路径。氢不像电，不需要每分每秒都实现平衡。氢能将是国家未来能源体系的重要组成部分，是终端实现绿色低碳转型的重要载体。

如彩插图1-4所示，未来我国将加快提升电气化率，以非化石能源为主的电能将成为能源主体。据预测，到2060年70%的电力将由清洁可再生能源供应，约8%将由绿氢支撑，剩余约22%的化石能源消费将通过碳捕获方式实现碳中和。

1.2 能量存储与转换技术

新能源的优点是碳排放量少，对环境影响小；资源丰富，普遍具备可再生特性；分布广，有利于小规模分散利用。新能源的开发也面临很多不利因素。例如，除核能外，新能源一般能量密度低，开发需要较大空间。可再生能源一般是间歇式能源，间断式供应，波动性大，对持续供能不利，如风不可能一直吹，太阳能晚上和阴雨天就不能利用，等等。除水电外，可再生能源的开发利用成本比传统能源要高。

太阳能和风能等间歇式新能源发电的发展对储能技术提出了要求。到目前为止，人们已经探索和开发了多种形式的电能储能方式，主要可分为：机械储能、电磁储能、电化学储能和储热储能等。机械储能主要有抽水蓄能、压缩空气储能、飞轮储能等，存在的问题是对场地和设备有较高的要求，具有地域性和前期投资大的特点。电磁储能包括超导储能和高能电容储能等，响应快，比功率高，但因制造成本较高等原因应用较少，仅建设有示范性工程。电化学储能是利用化学反应，将电能以化学能进行储存和再释放的一类技术。相比于物理储能，电化学储能的优势在于电化学储能能量和功率配置灵活、受环境影响小，易实现大规模利用，同时可制备各种小型、便携器件，作为能源驱动多种电力电子设备。电化学储能包括锂离子电池、铅酸电池、氧化还原液流电池、钠硫电池和超级电容器等。如表 1-2 所示，各种储能技术在能量密度和功率密度方面均有不同的表现，而同时电力系统也对储能系统不同应用提出了不同的技术要求，很少有一种储能技术可以完全胜任电力系统中的各种应用，因此，必须兼顾双方需求，选择匹配的储能方式与电力应用。

表 1-2 主要储能技术的特点与应用

	储能类型	功率等级	适用储能时长	特点	应用场合
机械储能	抽水蓄能	吉瓦级	4～10 小时	适用于大规模，技术成熟。响应慢，需要地理资源	日负荷调节、频率控制和系统备用
	压缩空气	百兆瓦～吉瓦级	1～20 小时	适用于大规模。响应慢，需要地理资源	调峰、调频、系统备用、风电储备
	飞轮储能	百兆瓦级	1 秒～30 分钟	比功率较大。成本高，噪声大	调峰、频率控制、不间断电源(UPS)和电能质量
电磁储能	超导储能	百兆瓦级	2 秒～5 分	响应快，比功率高。成本高，维护困难	输配电稳定、抑制振荡
	高能电容	兆瓦级	1～10 秒	响应快，比功率高。比能量低	输电系统稳定、电能质量控制
电化学储能	铅酸电池	千瓦～百兆瓦级	数分钟～数小时	技术成熟，成本低。寿命短，环保问题	调峰填谷、电站备用、黑启动
	液流电池	千瓦～百兆瓦级	1～20 小时	寿命长，可深放，适于组合，效率高，环保性好。但能量密度稍低	备用电源、调峰填谷、能量管理、可再生储能、应急电源(EPS)
	钠硫电池	千瓦～百兆瓦级	数小时	比能量和比功率较高。高温条件、运行安全问题有待改进	备用电源、调峰填谷、能量管理、可再生储能、EPS
	锂离子电池	百兆瓦～吉瓦级	数分钟～数小时	比能量高。成组寿命、安全问题有待改进	调峰填谷、备用电源、UPS
	超级电容器	千瓦～兆瓦级	1～30 秒	响应快，比功率高。成本高，比能量低	可应用于定制电力及 FACTS
储热储能	熔融盐储热等	—	—	适用范围广，绿色环保，安全稳定	可应用于火电灵活性改造、清洁供热、可再生能源消纳等领域

基于储能在电力行业的重要作用，各类储能项目在全球范围内持续落地，装机容量节节攀升。根据中国能源研究会储能专委会/中关村储能产业技术联盟（CNESA）统计，截至 2022 年底，全球已投运电力储能项目累计装机规模为 237.2 GW，年增长率 15%。抽水蓄能累计装机规模占比首次低于 80%，与 2021 年同期相比下降 6.8 个百分点；以电化学储能、压缩空气储能和飞轮储能为代表的新型储能新增投运规模首次突破 20 GW，达到 20.4 GW，

是2021年同期的2倍，其中电化学储能占据绝对主导地位。各类储能具体占比如图1-5(a)所示。国内各类储能技术的装机规模比例与国际平均相比大致接近。截至2022年底，我国已投运电力储能项目累计装机规模为59.8 GW。抽水蓄能累计装机规模占比同样首次低于80%，与2021年同期相比下降8.3个百分点；新型储能新增规模创历史新高，达到7.3 GW/15.9 GWh，功率规模同比增长200%，能量规模同比增长280%；新型储能中，电化学储能同样占据绝对主导地位，各类储能具体占比如图1-5(b)所示。近年来电化学储能技术不断完善、成本持续下降，装机量也日益攀升。随着“十四五”规划更多利好政策支持，电化学储能技术在整个储能技术领域的占比也将大幅提高。”

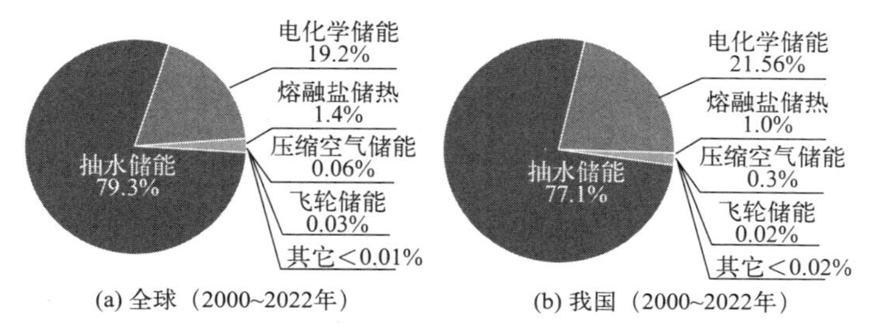

图1-5 各类储能技术的装机规模比例

为推动落实碳达峰、碳中和战略，迫切需要实施可再生能源替代行动，构建以新能源为主体的新型电力系统。以电化学储能为代表的新型储能是支撑新型电力系统的重要技术和基础装备，对推动能源绿色转型、应对极端事件、保障能源安全、促进能源高质量发展、支撑应对气候变化目标实现具有重要意义。电化学储能技术是目前发展最成熟和应用最广泛的技术。最常用的储能设备就是铅酸电池、锂离子电池、液流电池和超级电容器等化学电源器件。因此太阳能和风能等新能源的开发利用一定要开发化学电源技术，主要是开发绿色环保、高能量密度和长寿命的二次电池技术。因此，未来新能源社会迫切需要高性能的电池技术，所以太阳能和风能的利用与电化学有密切的关系。近年来，随着便携式电子产品、电动汽车等的日益发展，对化学电源的发展也越来越迫切，推动了化学电源行业的高速发展。

可充化学电源即二次电池的充电也需要大量的电能，由于化石能源的短缺，将来二次电池的充电也要用太阳能、风能或生物质能发的电。同时，也可以利用燃料电池，可将太阳能、生物质能等可再生新能源联合循环使用。可用太阳能从生物质或水中制备氢，作为燃料电池的燃料，由从生物质制备氢时产生的CO_2和使用燃料电池产生的水作为生物质通过光合作用生长所需的物质，从而达到太阳能、生物质能和氢能的综合循环清洁利用。

1.3 新能源材料

新能源材料，是指实现新能源的转化利用及发展新能源技术中所用的关键材料，是发展新能源技术的核心和其应用的基础。从材料学的本质和能源发展的观点看，高效储存和有效利用现有能源的新型材料也可归属为新能源材料。新能源材料是能源转化、储存与应用过程中的关键材料，主要包括太阳能电池材料、燃料电池材料、化学电池材料、核能材料及发展生物质能所需的关键材料等。

新能源材料是发展新能源产业的基础和先导，研究和开发具有高安全性、成本低廉、环保无毒、性能良好的新材料及其合成体系，对新能源大规模应用具有关键作用和重要的实际意义。新能源材料在新能源领域具有重要的地位，主要表现为如下几个方面。首先，新能源材料扩展了可再生能源的利用方式。例如，通过构建太阳能电池器件，太阳能的利用在传统的热利用方式之外扩展了太阳能光伏利用并迅速发展起来。其次，新能源材料可提高储能和能量转化效率。IBM公司研制的多层复合太阳能电池，转换效率高达40%。再次，新能源材料决定着新能源安全环保与运行成本，如新能源材料决定着核反应堆的性能与安全性。最后，新能源材料是发展新能源产业的基础和先导。氢是无污染、高效的理想能源，氢的利用关键是氢的储存与传输。氢对一般金属材料会产生氢脆，易造成其渗漏，高性能储氢材料的开发已然成为氢能领域的关键技术之一。

2020年以来，在国家碳达峰、碳中和（“双碳”）政策与市场需求的双重驱动下，电化学储能迎来了一个新的发展机遇，急需开发新一代高性能电化学储能器件（系统）。电化学储能材料是实现高效储能的“心脏”，它的性能（如有效电荷储存密度、化学反应的可逆性等）很大程度上决定了电化学储能器件（如二次电池、液流电池、电容器、燃料电池等）的好坏。目前，我国电化学储能材料产业还存在诸多问题，如一些高端新能源材料产品的技术含量不高，与世界先进水平有较大差距，仍依赖进口。因此，为突破技术壁垒，实现材料绿色低碳化发展，亟需开发具有自主知识产权的高容量、高功率、长寿命、高安全性、低污染、低成本的电化学储能材料。

提高效能、降低成本、节约资源和环境友好将成为新能源发展的永恒主题，新能源材料将在其中发挥越来越重要的作用。如何针对新能源发展的重大需求，开展和解决相关新能源材料的材料科学基础研究和重要工程技术问题，将成为材料工作者的重要研究课题。

第2章

电化学储能基础

能量的转换与存储已经成为一个全球性的挑战。2020年9月，我国提出“二氧化碳排放力争于2030年前达到峰值，努力争取2060年前实现碳中和”的目标和愿景，表明我国坚持绿色、低碳、可持续的发展路径。实现碳中和，大力发展太阳能、风能等可再生清洁能源是必然途径，但这些绿色可再生能源具有间歇性和分布不均的特点，受地理环境影响较大，如果将新能源发电（主要指太阳能发电和风电）直接并网运行，对电网将会产生较大冲击。因此，为解决新能源弃电问题，推动可持续能源的开发利用，高效能量储存和转换技术已成为解决能源危机的关键支撑技术。储能技术分为物理储能、化学储能等大类。其中，电化学储能技术受地理环境影响较小，电能存储和释放更直接，对电力调度调控更具灵活性，因此，受到新兴市场和科研领域的广泛关注。

电化学储能器件是化学能与电能之间的转换器件，包括化学能转换为电能、电能转换为化学能和二者之间可逆转换等。化学能转换为电能的转换器件主要包括燃料电池、一次电池等。电能转换为化学能主要包括直接电解水产生氢气；也包括通过电产生其他储能物质，如电催化还原转化二氧化碳为有用燃料、电催化还原氮气合成氨和电催化合成双氧水等。电能来源可以是太阳能、风能、核能、水能等零排放的能源。氢是能量的载体，可以作为燃料电池的燃料使用，或直接燃烧使用。这样，通过可再生能源与新能源电解水制氢就成为重要的清洁能源技术。化学能与电能之间直接可逆转换的器件包括二次电池（如锂离子电池）和超级电容器等，间接转换的器件包括电解水与燃料电池组合而成的系统等。

电化学储能技术已经取得突破性进展，在新能源储能电站、电动汽车动力电池、电动工具和个人电子消费品电源等领域已经获得广泛应用。世界主要国家均积极制定相应政策或发展规划，不断改进锂离子电池、超级电容器、燃料电池和电解水制氢等电化学储能技术的性能，并探索开发新型储能电池。

2.1 电化学储能概述

2.1.1 电化学简介

电化学是研究物质化学性质或化学反应与电的关系的科学。电化学是物理化学的一个重要组成部分，它不仅与无机化学、有机化学、分析化学和化学工程等学科相关，还渗透到环境科学、能源科学、生物学和金属工业等领域。电化学应用领域广泛，包括：电合成（无机物和有机物），金属的提取与精炼，电池，金属腐蚀与防护研究，表面精饰（包括电镀、阳极氧化、电泳涂漆等），电解加工（如电成型、电铸、电切削、电抛磨），电化学分离技术（如电渗析、电凝聚、电解浮选等应用于工业生产或废水处理的技术），电分析化学等。

从界面化学的角度来说，电化学是研究两类导体形成的带电界面及其上所发生的变化的科学，主要研究内容包括电解质学和电极学。其中，电解质学（或离子学）研究电解质的导电性质、离子的传输特性、参与反应的离子的平衡性质，其中电解质溶液的物理化学研究常称为电解质溶液理论。电极学主要研究电极界面（或电化学界面）的平衡性质和非平衡性质。电极界面通常指用作电极的电子导体与离子导体之间的界面，其中最常见的是金属电极与电解质溶液相接触时二者之间的界面。由于电极界面是电子导体与离子导体之间的过渡区域，当电流通过这一界面时将导致界面区内某些组分被氧化或还原（失去或得到电子）。因此，电极界面是实现电极反应的场所，它的基本性质对电极反应的性质及其动力学往往有很大的影响。若电极界面上不发生电化学反应，则通向界面的电量只用于改变界面构造而不迁跃界面，此时电极称理想极化电极，超级电容器的储能机理就属于这一过程。当通向电极界面的电量主要用于实现电化学反应时，则电极称为可实现电极反应的电极。当代电化学十分重视研究电化学界面结构、界面上的电化学行为和动力学等。其中，电化学热力学研究平衡状态下的性质，而电化学动力学研究非平衡状态下的性质。

从能量的角度来说，电化学主要是研究电能和化学能之间的相互转化及转化过程中有关规律的科学。能够使电能转化为化学能的装置为电解池（如电解水制氢等），能把化学能转化为电能的装置有原电池和燃料电池，二次电池能实现电能和化学能之间的可逆转换，是目前应用最广泛的储能技术。

2.1.2 电化学储能的发展史

1932 年德国考古学家威廉·卡维尼格发现的巴格达电池，表明人类有可能在 2000 多年前就认识到了电能与化学能之间的关系并加以应用。1746 年，荷兰莱顿大学的米森布鲁克发明了莱顿瓶，这使得科学家有办法收集到很多电荷，并对其性质进行研究。莱顿瓶结构是现代电容器的雏形，后来人们发现，只要两个金属板中间隔一层绝缘体就可以做成电容器，而并不一定要做成像莱顿瓶那样的装置。

电化学储能技术最早起源于 1800 年的伏打（Volta）电池。现代电化学的发展可以追溯到 1791 年，伽伐尼发表了著名的《关于电在肌肉运动中的作用的备忘录》，这篇论文试图解释青蛙解剖实验中发现的电现象。伽伐尼的实验使许多科学家感到惊奇。伏打在1792—1796年重复伽伐尼的实验时发现，只要有两种不同金属互相接触，中间隔以湿的硬纸、皮革或其他海绵状的东西，不管有没有蛙腿，都有电流产生。1800年，伏打用锌片与铜片夹以盐水浸湿的纸片叠成电堆产生了电流，这个装置后来被称为伏打电池。伏打电池使人类第一次获得了稳定持续的电流，为电现象的研究打下基础，并直接推动了电解、电镀等化学工业的发展，使得电灯、电话和电报等发明成为可能，也有力推动了电磁学的发展。直到现在，我们用的干电池就是经过多次改进后的伏打电池。

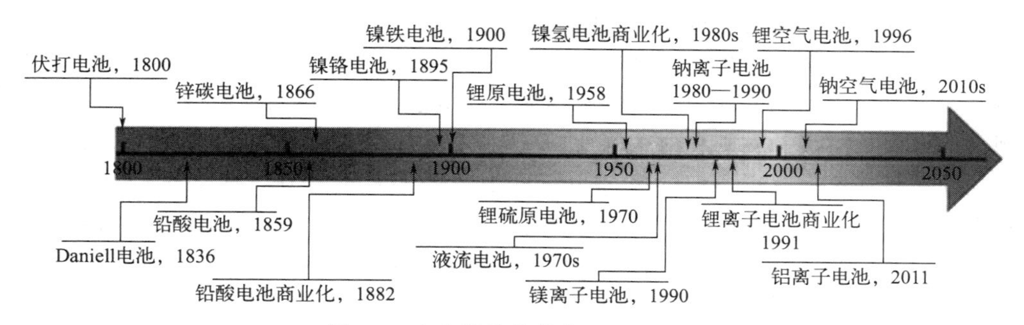

图 2-1 电化学储能技术的发展历程

如图2-1所示，伏打电池的发明拉开了现代电池发明的序幕。1836年丹尼尔（Daniell）电池（也称为锌铜电池）出现；1859年普朗克试制成功铅酸电池；1868年勒克朗谢研制成功以NH_4Cl为电解液的$Zn\text{-}MnO_2$电池；1888年加斯纳制出了$Zn\text{-}MnO_2$干电池；1895年琼格发明Cd-Ni电池；1900年爱迪生创制了Fe-Ni蓄电池。1839年，格罗夫发明了气体伏打电池，被称为燃料电池之父。20世纪40～50年代以后电池发展更加迅速，60年代“双子星座”和“阿波罗”飞船应用了$H_2\text{-}O_2$燃料电池，70年代燃料电池、钠硫电池和锂-硫化铁电池获得了应用，80年代出现了镍氢电池，90年代发明了锂离子电池。

随着电气化、电网等大型应用的发展，现有商业化的锂离子电池一般采用有机电解液作为电解质，该电池存在漏液和易燃易爆问题，且在高温、大电流工作时锂金属负极在循环过程中易生成锂枝晶而造成电池短路，当其用于大容量存储时具有较大的安全隐患。因此，目前商业化的锂离子电池尚不能完全满足现阶段能量存储所要求的性能、成本和其他扩展目标。针对移动式储能和中大型储能应用领域，研发“下一代电池”技术以提高电池安全性、增加电池能量密度，并进一步降低制造成本以及对环境友好显得尤为重要。电化学储能技术正逐步从锂离子电池朝向下一代电池技术发展，主要包括：固态锂电池、钠离子电池、钾离子电池、锌离子电池、全固态电池、多价离子电池和金属-空气电池等技术领域。

2.2 电化学储能原理

当两种材料的电化学势（费米能级）存在差异时，理论上可以构建由这两种材料组成的电化学储能器件。以锂离子电池为例，电化学储能器件与抽水蓄能电站的工作原理有类似之处。抽水蓄能电站储存能量的大小与水位落差及水库容量有关，发电过程中水位落差、水库容量不断发生变化。发电功率与水流速率、水轮机组的最大允许功率有关。抽水蓄能电站中，能量的载体是可流动的水。锂离子电池的能量密度取决于正负极之间的电压和正负极的可逆储锂容量。电压由正负极电化学势的差值决定，可以随着充放电发生变化。电池容量与材料中储存锂的量有关，也可以随着充放电发生变化。功率密度主要与锂离子在正极与负极之间允许传输的最大速率有关。锂离子电池中，能量的载体是可移动的锂离子与电子。

2.2.1 电极电位的建立

化学电池的电压是电池正负极之间的电位差，而电极的电位又是如何形成的呢？首先以最简单的金属电极为例，分析电极电位产生的原因。如果把金属电极置于电解质溶液中，由于金属一般具有较强的还原性，金属电极容易失去电子变成金属阳离子进入溶液中，金属表面出现负的电荷，溶液一侧则吸附正电荷，从而形成电化学双电层（如图 2-2 所示，电化学双电层的性质将在第 4 章再详细讲解）。由于电化学双电层的存在，在金属与溶液的界面处产生从溶液指向电极的电场，这个电场会反过来阻止金属离子的溶解，促进金属离子在金属电极上的还原/沉积。最终达到平衡的条件是金属电极内部的金属离子（该值只和金属种类有关）与溶液侧金属离子的电化学势相等。一旦金属电极和溶液界面侧金属离子的电化学势相等，电化学双电层的结构就稳定下来了，电极与溶液界面处的电场也同样稳定下来，最终形成了一定的电极电位。显然，金属电极的电位一般低于溶液的电位，因此金属电极的电位一般较负。

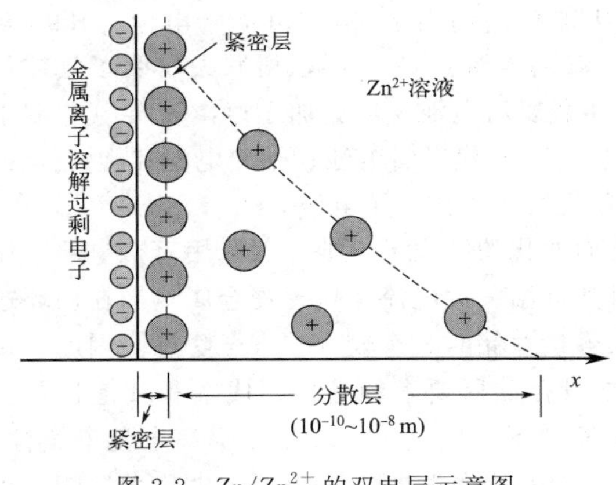

图 2-2 Zn/Zn^{2+} 的双电层示意图

上述分析表明，在电解质溶液中电极电位的形成可归因于电化学双电层的形成，因此，电极电位的大小取决于双电层的结构。而双电层的结构取决于电极得失电子能力的大小、电解质溶液的浓度和构成等因素。当电解质溶液一定（如取标准条件）时，电极电位取决于电极得失电子的能力，即电极的氧化还原能力，这表明相界面电位差的分布状况与化学反应的本性密切相关。电化学双电层由紧密层和分散层构成，紧密层的厚度一般为零点几纳米，而分散层的厚度范围为 10^{-10}～10^{-8} 米。因此微小的电位改变就会极大地改变电极反应的速率。化学电源一般采用电位较低的金属为负极，电位较高的金属氧化物为正极，一起构成具有一定工作电压的电池体系。

显然，非金属电极与金属电极类似，当电极与溶液接触时，电极和溶液两者的界面处会交换某种离子，直到这种离子的电化学势相等才能使这个交换过程达到平衡。根据电化学势定义，带电粒子在电场中会有一个附加的电势能，这时离子的电化学势等于离子的化学势和电势能之和。因为两侧离子的化学势不同，所以这个界面处离子交换/迁移的结果会引发一定的电位差，以达到离子电化学势平衡的目的，这就是电极电位产生的热力学原因。电极电位的大小，与电极材料本身的性质和溶液的性质密切相关。

对于化学电源来说，电池电动势为正负极的电极电位之差，本质上也取决于正负极之间的氧化还原能力。因此，可以知道，电极电动势和正负极材料之间的热力学参数是有联系的。根据化学热力学，在恒温恒压条件下，当体系发生变化时，体系吉布斯自由能的减小等于其对外所做的最大非膨胀功，即 $-\Delta G_{T,p} \geqslant W'_r$，当且仅当过程可逆时取等号。因此，对于可逆电池，当电池在恒温恒压可逆条件下放电，且非膨胀功只有电功时，则体系所做的可逆非体积功，就是可逆电功。根据上述电化学热力学分析，对于可逆电池和非体积功只有电功的条件下，体系吉布斯自由能的减少不能小于对外能做的最大电功，即 $-\Delta G_{T,p} \geqslant W_{电功} = nFE$，当且仅当过程可逆时取等号，从而在电化学热力学的电动势与化学热力学的吉布斯自由能之间建立了联系，揭示了电能和电动势的来源，可以通过热力学数据计算可逆电池的电动势：

$$E = -\frac{\Delta G_{T,p}}{nF} \tag{2-1}$$

对于电池反应 $aA + bB \rightleftharpoons lL + mM$，在恒温恒压下，根据式(2-1) 可以推导出著名的能斯特（Nernst）方程［式(2-2)］，式中 a 为物质的活度，$E^{\ominus}$ 为标准电动势。

$$E = E^{\ominus} + \frac{RT}{nF}\ln\frac{a_L^l a_M^m}{a_A^a a_B^b} \tag{2-2}$$

如对于铅酸电池，根据其电池反应式 $Pb + PbO_2 + 2H_2SO_4 \rightleftharpoons 2PbSO_4 + 2H_2O$，可知其电池电动势可以表示为：

$$E = 1.955V + \frac{RT}{2F}\ln\frac{a_{H^+}^2 a_{HSO_4^-}^2}{a_{H_2O}^2} \tag{2-3}$$

由式(2-3) 可以看出，电池电动势的数值与反应物活度有关，对于有 H^+ 或 OH^- 参与的反应来说，电极电位随溶液的 pH 值的变化而变化。随着硫酸浓度的升高，铅酸电池的电动势呈上升趋势。

对于单个电极来说，由于电极反应一般表示为 $O + ne^- \rightleftharpoons R$，其平衡电极电位可表示为：

$$\varphi_e = \varphi^{\ominus} + \frac{RT}{nF}\ln\frac{a_O}{a_R} \tag{2-4}$$

式中，$\varphi^{\ominus}$ 为标准电极电位。根据式(2-4)，理论上可以对各类电极的电位进行计算。实际上，电极电位的计算还需要选定一个电位零点，即标准氢电极电位。人为地规定标准氢电极的电位为零，其他所有电极与标准氢电极组成原电池，以标准氢电极为正极，通过计算/测量原电池的电动势，得到该电极的还原电极电位即为标准电极电位。显然，通过电化学热力学，人们可以方便地计算和预测任一个电极的标准电极电位，据此来探索可能的电化学储能新体系。

式(2-1)、式(2-2) 和式(2-4) 适用于传统的化学电源体系。对于锂离子电池体系，嵌入反应与传统电极反应有很大区别。尽管如此，锂离子电池材料的电极电位也是可以按式(2-1) 进行计算和预测的。如锂离子电池负极常用相对于 Li^+/Li 电位 0～1 V 的碳负极，因此，要获得 3 V 以上电压，必须使用 4 V 级（vs. Li^+/Li）正极材料。以 $LiNiO_2$ 为例，设锂离子电池正极电位为 φ_c。在 NiO_2 中插入 Li^+ 和电子 e 时，电池正极反应吉布斯自由能变化为 $\Delta G_c = -F\varphi_c$。图 2-3(a) 是正极吉布斯自由能变化的玻恩-哈伯循环图，图 2-3(b) 是负极电位 φ_a（$\Delta G_a = -F\varphi_a$）的循环图。图中，g 代表气体，s 代表固体，solv 代表液体或溶剂。因此，以金属锂负极为基准，锂离子电池的电动势为 $E = \varphi_c - \varphi_a$，于是：

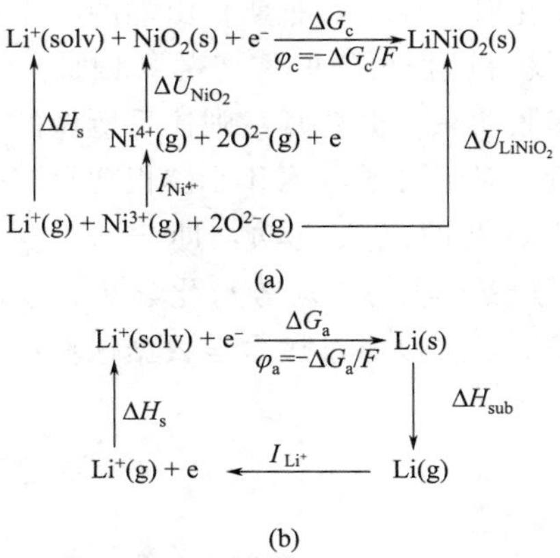

$$\Delta G = \Delta G_c - \Delta G_a = -F(\varphi_c - \varphi_a) = -FE$$
$$= \Delta U_{LiNiO_2} - \Delta U_{NiO_2} - I_{Ni^{4+}} + I_{Li^+} + \Delta H_{sub} \quad (2\text{-}5)$$

式中　ΔH_{sub}——锂的升华焓；

I——离子化能；

ΔU_{LiNiO_2}——$LiNiO_2$ 的晶格能；

ΔU_{NiO_2}——NiO_2 的晶格能。

$Li^+(solv) + NiO_2(s) + e^- \xrightarrow[\varphi_c=-\Delta G_c/F]{\Delta G_c} LiNiO_2(s)$；$\Delta U_{NiO_2}$；$\Delta H_s$；$Ni^{4+}(g) + 2O^{2-}(g) + e$；$\Delta U_{LiNiO_2}$；$I_{Ni^{4+}}$；$Li^+(g) + Ni^{3+}(g) + 2O^{2-}(g)$

(a)

$Li^+(solv) + e^- \xrightarrow[\varphi_a=-\Delta G_a/F]{\Delta G_a} Li(s)$；$\Delta H_s$；$\Delta H_{sub}$；$Li^+(g) + e \xleftarrow{I_{Li^+}} Li(g)$

(b)

图 2-3　用玻恩-哈伯循环表示的锂离子电池正极（a）、负极（b）和电位

ΔH_s—锂离子溶剂化能

式(2-5)表示正极电位与晶格能、离子化能、锂的升华焓有关，其中晶格能 ΔU_{LiNiO_2} 影响较大。因此，电池电动势主要由正极结晶结构决定。

根据电池材料的电子能级，也可以对其电极电位和性能特点进行分析和预测。如图 2-4 所示，S^{2-}：3p 能带的顶部比 O^{2-}：2p 能带的顶部具有更高的能量。因此，在硫化物正极中，处于较高能量下的 S^{2-}：3p 能带的顶部将电池电压限制为<2.5 V；相比之下，处于较低能量的 O^{2-}：2p 能带的顶部可以进入具有较高氧化态的较低能带，并将电池电压基本提高至约 4 V。正是基于这个设想，Goodenough 预测氧化物正极可以允许比硫化物更高的电位进行充放电，可以储存更高的能量且不易爆炸。这一基本思想使得 Goodenough 小组引领了三类氧化物正极的发现，即层状氧化物正极 $LiMO_2$（M=Ni、Co、Mn）、尖晶石氧化物正极（$LiMn_2O_4$）和聚阴离子氧化物正极（$LiFePO_4$）。

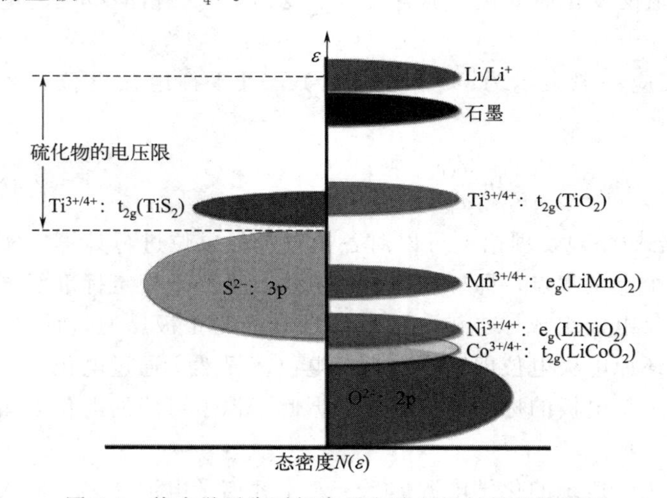

图 2-4　热力学平衡时锂离子电池正极材料的能级图

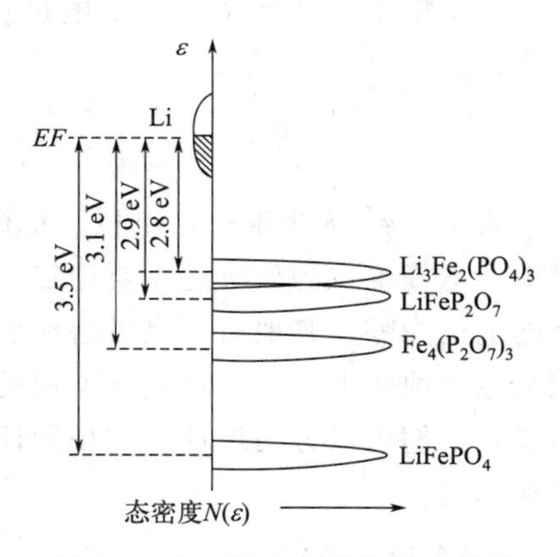

图 2-5　在不同的含铁锂嵌入材料中铁氧化还原能量的位置

锂离子电池通常以嵌入化合物为正极材料，以石墨为负极材料，因此正极材料晶体的化学性质决定着电池电压。Goodenough 组通过实验验证以及理论计算对四种磷酸铁锂材料 $Li_3Fe_2(PO_4)_3$、$LiFeP_2O_7$、$Fe_4(P_2O_7)_3$ 以及 $LiFePO_4$ 的晶体结构与电极性质的关系进行了进一步研究。图 2-5 展示了聚阴离子对电池电压的影响，在 PO_4^{3-} 和 $P_2O_7^{4-}$ 等含铁锂嵌入化合物中，铁的氧化还原电位和阳离子的环境成函数关系。研究早已证实，$LiFePO_4$ 对

锂的电位最大，这与费米能级的数据相符。该现象被 Goodenough 称为诱导效应，该效应与骨架连接有关。例如，氟磷酸化合物因为 PO_4^{3-} 官能团的诱导效应和 F^- 的吸电子效应的共同作用，具有更高的电池电压。

2.2.2　法拉第过程与非法拉第过程

电极反应是指在电极上发生的失去或获得电子的电化学反应。电极是与电解质溶液或电解质接触的电子导体或者半导体，电化学过程借助电极实现电能的输入或输出，是电化学反应的场所。在电极上发生的电化学过程可以分为两种类型：一类是有电荷（电子或者离子）穿过电极与溶液的界面，发生了电荷转移，导致氧化反应或者还原反应的发生，被称为法拉第过程；另一类是在某些条件下，没有电荷穿过电极与溶液的界面，即没有发生电荷转移，而是发生了电解质离子的吸脱附过程，导致电极/溶液界面电化学双电层结构的改变。法拉第过程遵守法拉第定律，即化学反应的量正比于所通过的电量；而对于非法拉第过程，由于没有电荷通过电极/溶液界面，电流通过会引起电化学双电层结构的变化，进而引起电极电位的改变。

（1）非法拉第过程

电极反应是一种包含电子的单相向另一种表面（一般为电子导体或半导体）转移电子的界面化学过程。对于一些惰性电极（如碳电极和贵金属电极等），当电极反应时无论外部电源施加怎样的电位改变，均无电荷穿过电极/电解质溶液界面，则这种电极称为理想极化电极。对于理想极化电极，虽然电荷并不通过界面，但当电极电位改变时，外部电流可以流动，电极与电解质溶液界面两侧就会分别产生正负电荷的积累。实际上，没有电极能在溶液中表现为理想极化电极，只可能在一定电位范围内无限接近理想极化电极。在非法拉第过程中，电荷没有穿过电极的界面，但是电位、电极面积或溶液组分的变化都会引起外电流的流动，这部分电流称为非法拉第电流。

根据电化学双电层理论，电极/溶液界面上的荷电粒子和偶极子可以定向地排列在界面两侧。对于理想极化的电极/溶液界面，在一定的电势下，电极表面所带电荷与溶液中所带电荷电性相反且电量相等，这两个荷电薄层就像平板电容器的两个极板，达到平衡时，一侧（如电极）带过剩正电荷，另一侧（如溶液）带负电荷，这种电极/溶液界面行为类似于电容器，可以存储电能。如果不考虑电化学双电层的结构，而是把双电层简化成电极和溶液界面两侧的平行排列且电性相反的荷电薄层，那么根据传统物理电容理论近似估算其储存的电容。

$$C=\frac{\varepsilon S}{4\pi kd} \tag{2-6}$$

式中，C 为电容，F；S 为极板面积；k 为静电力常量；ε 为介电常数，由两极板之间介质决定；d 为极板间距。由式(2-7) 可知电化学双电层的电容与极板面积成正比，采用高比表面的电极是提高电容的常用方法之一。如碳基的超级电容器，就是利用碳材料化学性质稳定和比表面大的特点，通过碳电极与电解质溶液界面形成电化学双电层来储存电量，提供比传统物理电容器高得多的电容。在电化学储能领域，双电层的作用非常重要，如为了改善电极的性能，常加入些表面活性物质，这些表面活性物质能吸附在电极/溶液界面上，从而改变其双电层结构，影响电极的反应过程。另外，目前化学电源多采用高比表面的多孔电极，由于电极比表面高，在一定条件下，电化学双电层充放电形成的非法拉第电流是影响电池性能的重要因素。

（2）法拉第过程

在电极反应的过程中，电荷经过电极/溶液界面进行传递，引起某种物质发生氧化或还原反应的过程称为法拉第过程，所引起的电流称为法拉第电流。电化学储能过程涉及的主要法拉第反应类型如下：

① 金属溶解/沉积反应。金属溶解也称为金属腐蚀，是指在金属电极上，金属原子失去电子从而氧化为金属离子，进入到电解质溶液中，随着反应的进行电极的质量不断减小。金属沉积就是指金属电镀，是指溶液中的金属离子从电极上得到电子还原为金属，附着在电极表面上，有时伴随着金属表面状态的改变。如金属锂二次电池的锂负极在充放电过程中的反应：

金属溶解（放电）：$Li-e^- \longrightarrow Li^+$

金属沉积（充电）：$Li^+ + e^- \longrightarrow Li$

② 表面膜的转移反应。如电极表面覆盖的物质经过氧化还原反应生成另一种附着于电极表面的氧化物、氢氧化物或者盐等物质，如铅酸电池中正极的放电反应，PbO_2 还原为 $PbSO_4$：

$$PbO_2 + 4H^+ + SO_4^{2-} + 2e^- \longrightarrow PbSO_4 + 2H_2O \tag{2-7}$$

③ 多孔气体扩散电极中气体的氧化或者还原反应。溶解于溶液中的气体（如 H_2 或 O_2）扩散到电极表面后，借助气体扩散电极发生电子得失的反应，利用气体扩散电极和采用高效的电极催化剂，可以提高电极反应速率和电流效率。以氢氧燃料电池为例，所对应的电极上的反应为：

阳极（负极）：$2H_2 - 4e^- \longrightarrow 4H^+$

阴极（正极）：$4H^+ + O_2 + 4e^- \longrightarrow 2H_2O$

④ 气体析出反应。在一定介质中，非金属离子借助电极发生氧化或还原反应生成气体析出。随着反应的进行，电解质溶液中非金属离子浓度不断降低，而电极表面的状态不发生改变。如电解水制氢的反应：

$$2H^+ + e^- \longrightarrow H_2 \tag{2-8}$$

⑤ 嵌入/脱嵌反应。这种反应类型的典型代表是锂离子电池 $LiCoO_2$ 正极材料。$LiCoO_2$ 在锂离子嵌入/脱出时没有新相生成，晶体结构类型不发生变化，但晶格参数有所变化，其电极反应可表达如下：

充电：$LiCoO_2 \longrightarrow Li_{1-x}CoO_2 + xLi^+ + xe^-$

放电：$Li_{1-x}CoO_2 + xLi^+ + xe^- \longrightarrow LiCoO_2$

⑥ 溶液中离子的简单电子迁移反应。借助电极，电极/溶液界面的溶液一侧的氧化或还原物质得到或失去电子，生成还原态或氧化态的物质，且这些物质溶解于溶液中，而经历过氧化还原反应后电极并未发生物理化学性质和表面状态的变化。以全钒液流电池为例，其电解液中含有钒的不同价态的离子、H^+ 和 SO_4^{2-}，电池放电时的电极反应为：

负极（放电）：$V^{2+} - e^- \longrightarrow V^{3+}$

正极（放电）：$VO_2^+ + 2H^+ + e^- \longrightarrow VO^{2+} + H_2O$

充电时的电极反应即为上述放电反应的逆反应。

2.2.3　电化学储能的分类

电化学是横跨自然科学（理学）和应用科学（工程、技术）两大学科的一门交叉学科，也是应用非常广泛的学科，远远超出了化学领域。此领域大部分工作涉及通过电流导致的化学变化以及通过化学反应产生电能方面的研究，如电化学工业应用和电化学储能应用。这里主要讨论电化学在储能方面的应用，电能能够通过两种不同的方式存储：

① 以化学能的方式存储。电化学活性物质发生法拉第氧化还原反应并释放电荷，当电荷在不同电势的电极间流动时，就可以对外做功。

② 以静电的形式存储，即非法拉第存储过程，电能以正电荷和负电荷的形式存储在电极和电解质溶液界面处并形成的电化学双电层。

相比于燃料的燃烧系统，这两种电能存储方式效率要高很多，因为卡诺循环的限制影响燃烧系统的效率，而电化学储能系统则拥有高度可逆过程，通过化学能直接转换为电能。表2-1总结了主要电化学能量存储与转换的类型。

表2-1　电化学储能类型

能量转换模式	电化学储能类型		能量存储模式
化学能转为电能	一次电池	锌锰电池、碱锰电池、锌空气电池、锂亚硫酰氯电池等	法拉第过程
	燃料电池	质子交换膜燃料电池、直接醇类燃料电池、固体氧化物燃料电池等	
电能转为化学能	电催化能源材料	电解水制氢，电催化还原氮气合成氨，二氧化碳电化学还原产生含碳小分子（如一氧化碳、甲酸等）	
电能和化学能可逆转换	二次电池	铅酸电池、镍氢电池、锂离子电池等	法拉第过程为主导（存在非法拉第过程的贡献）
	超级电容器	赝电容器（基于赝电容材料）	法拉第过程和非法拉第过程同时存在
电能和电磁能可逆转换	超级电容器	电化学双电层电容器（一般基于多孔碳电容材料）	非法拉第过程

2.3　电化学储能的应用

储能（电）技术可分为物理储能技术和电化学储能技术。其中，电化学储能技术不受地理地形环境的限制，可以对电能直接进行存储和释放，且从乡村到城市均可使用，因而引起新兴市场和科研领域的广泛关切。电化学储能技术在未来能源格局中的具体功能如下：

① 在发电侧，解决风能、太阳能等可再生能源发电不连续、不可控的问题，保障其可控并网和按需输配；

② 在输配电侧，解决电网的调峰调频、削峰填谷、智能化供电、分布式供能问题，提高多能耦合效率，实现节能减排；

③ 在用电侧，支撑汽车等用能终端的电气化，进一步实现其低碳化、智能化等目标。

锂离子电池与其他二次电池相比，具有比能量大、自放电小、质量轻、无记忆效应和环境友好等优点，因此其在电子消费品、电动汽车和新能源储能等领域极具应用前景。目前，基于电化学储能的国内外储能示范项目中，锂离子电池均占据了绝大部分市场份额，其他铅酸电池、钠硫电池和液流电池等占比相对较小，如图 2-6 所示。

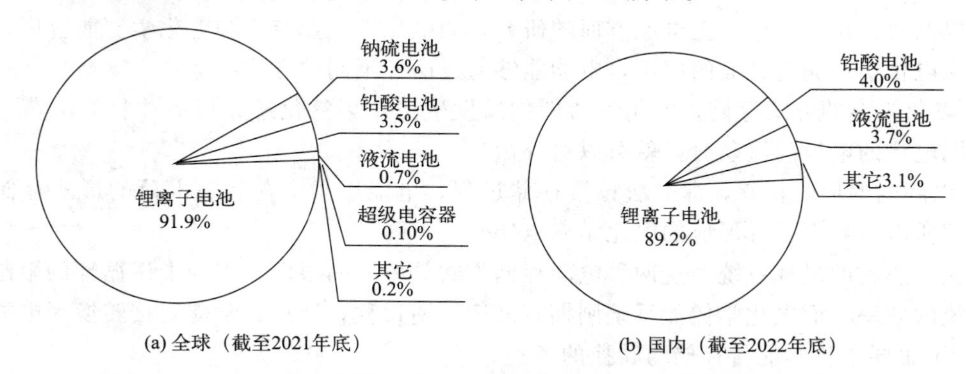

图 2-6 国内外电化学储能示范项目中各类电化学储能技术的装机规模比例

电化学储能技术尽管已有 200 多年历史，但从来没有一个历史时期比 21 世纪更引人注目。电化学储能技术共有上百种，根据其技术特点，适用的场合也不尽相同。其中，锂离子电池一经问世，就以其高能量密度的优势席卷整个消费类电子市场，并迅速进入交通领域，成为支撑新能源汽车发展的支柱技术。与此同时，全钒液流电池、铅炭电池等技术经过多年的实践积累，正以其突出的安全性能和成本优势，在大规模固定式储能领域快速拓展应用。此外，金属锂二次电池、非锂金属离子电池（如钠/镁/锌/铝离子电池）、锌基液流电池、固态锂电池等新兴电化学储能技术也如雨后新笋般涌现，并以越来越快的速度实现从基础研究到工程应用的跨越。目前，电化学储能技术水平不断提高、市场模式日渐成熟、应用规模快速扩大，以储能技术为支撑的能源革命的时代已经悄然到来！

第3章

锂离子电池

3.1 锂离子电池基础

3.1.1 锂离子电池的发展历程

1972年，Exxon公司设计了以TiS_2为正极、金属锂为负极的二次电池，但是在循环过程中金属锂表面容易形成锂枝晶，刺穿隔膜导致内短路，容易起火爆炸。金属锂二次电池一度成功实现了产业化，但是由于安全问题最终退出市场。为了解决这个问题，Armand在1977年的专利中提出了石墨嵌入化合物可以充当锂离子电池负极材料，随后于1980年提出正负极材料均采用嵌入化合物，充放电过程中锂离子在正负极之间作往复运动，他将这种电池形象地称为摇椅式电池，这即是锂离子电池概念的雏形。同年，Mizushima等提出Li_xCoO_2层状化合物具有用于锂离子电池正极材料的可能性。

最早实现锂离子电池操作的是Bonino等，他们在一系列文献中报道了采用TiS_2和WO_3等材料为正极，$LiWO_2$和$LiFeO_3$等材料为负极，$LiClO_4$溶于碳酸丙烯酯（PC）为电解液的锂离子电池。这类电池的典型反应可用下式表示：

$$Li_yM_nY_m + A_zB_w \rightleftharpoons Li_{y-x}M_nY_m + Li_xA_zB_w \tag{3-1}$$

这种电池的开路电压和充放电效率高，但是容量低，动力学性能差。负极材料$Li_yM_nY_m$需要由Li与M_nY_m用电化学方法制备，再与正极A_zB_w构成电池。由于采用氧化还原反应的反应物装配电池，负极在空气中不稳定，因此难以实现产业化。

1987年Auborn和Barberio用可直接制备的氧化还原反应产物$LiCoO_2$作正极，实现了直接装配电池，然而仍未解决负极充放电速率低的问题。直到1990年，索尼公司用石油焦作负极，大幅度提高了负极的充放电速率，次年成功推出了商品化锂离子电池。晶体碳石墨材料虽然很早就被应用于锂离子电池的研究，但由于石墨与电解液中PC反应强烈，研究一度处于停滞状态。受到低晶碳工业化的鼓舞，人们通过改进电解液，研发出以碳酸乙烯酯（EC）为基础的电解液，使晶体碳随之实现工业化，标志着锂离子电池主导电池体系的形成。

1991年，索尼公司率先解决了已有材料的集成技术，推出了最早的商业化锂离子电池，他们采用的体系是以石油焦炭为负极，$LiCoO_2$ 为正极，$LiPF_6$ 溶于碳酸丙烯酯（PC）和碳酸乙烯酯（EC）为电解液，这种电池作为新一代的高效便携式储能设备进入市场后，在无线电通信、笔记本电脑等方面得到了广泛应用。

其他研究者也在不断探索能够用于锂离子电池电极的材料。

正极材料方面，Goodenough课题组在1983年提出尖晶石状 $LiMn_2O_4$ 可作为锂离子电池正极材料，1996年提出橄榄石结构 $LiFePO_4$ 作为锂离子电池正极材料的构想。1997年由Numata首次提出将 Li_2MnO_3 与 $LiCoO_2$ 结合，成功制备了富锂锰基正极材料。1999年Liu等最早报道了结构式为 $LiNi_xCo_yMn_{1-x-y}O_2$（其中 $0<x$，$y<0.5$，下文中简写为NCM）的镍钴锰三元过渡金属复合氧化物可作为电池正极材料。2001年T. Ohzuku等首次合成了具有优良性能的 $LiNi_{1/3}Co_{1/3}Mn_{1/3}O_2$ 作为电池正极材料。

负极材料方面，早在20世纪50年代就已经合成Li的石墨嵌入化合物。1970年，Dey等发现Li可以通过电化学方法在有机电解质溶液中嵌入石墨，1983年法国INPG实验室第一次在电化学电池中成功地实现了Li在石墨中的可逆脱嵌。20世纪80年代世界各地尤其在日本开展了碳负极材料的广泛研究，索尼公司发现石油焦可作负极材料。1993年后，商品化的锂离子电池开始采用性能稳定的人造石墨（如中间相炭微球MCMB、改性天然石墨）为负极材料。1996年加拿大Zaghib首次提出采用钛酸锂作为电池负极材料；1997年富士公司首次报道非晶态锡基负极材料；2005年索尼公司首次制备出以碳包覆Co-Sn作为电极材料的“Nexelion”锂离子电池。1987年Semko和Sammels首次实现了用聚合物作为电解液的锂离子电池；1993年，美国Bellcore首先报道了采用PVDF（聚偏氟乙烯）凝胶电解质制造锂离子聚合物电池。1999年，日本索尼公司成功实现聚合物锂离子电池大规模产业化生产。

目前，以富锂锰基材料为代表的高容量正极材料、以Si基材料为代表的高容量负极材料、以 $LiNi_{0.5}Mn_{1.5}O_4$ 为代表的高电压正极材料已经进入市场，成为目前新一代高能量密度电池体系及其产业化的研究重点和热点。

由于这一可充放电的锂电池体系不含金属Li，日本学者西美绪（Nichi）等就把此类摇椅式电池称之为锂离子电池（lithium ion battery），这种方便易懂的提法最终被学术界和产业界接受。与传统二次电池相比，锂离子电池具有如下特点：

① 质量比能量和体积比能量高，约为MH-Ni电池的2～3倍；

② 循环使用寿命长；

③ 工作电压高，通常工作电压为3.7 V，是MH-Ni和Cd-Ni电池的3倍；

④ 使用温度范围宽，能在−20～60 ℃之间工作，且高温下放电性能优良；

⑤ 无记忆效应，可随时进行充放电而不影响容量；

⑥ 自放电率低，远低于MH-Ni和Cd-Ni电池的自放电率；

⑦ 不含有重金属汞、铅、镉等有害有毒元素和物质，环境友好。

锂离子电池的缺点主要是成本较高，必须有保护电路，以防止过充电。

自从索尼公司商业化锂离子电池以来，锂离子电池产业迅猛发展，在便携式电子设备、电动汽车、航空航天和军事国防等领域得到广泛运用：

① 在便携式电子设备领域，随着手机、相机、笔记本电脑等设备向轻、薄、小等方向发展，人们对电池的稳定性、连续使用时间、体积、充电次数和充电时间等的要求越来越高。作为先进二次电池的代表，锂离子电池具备的质量轻、体积小、续航时间长等优点，恰好满足这些要求，在便携式电子设备领域获得了绝对应用优势。

② 在电动汽车领域，目前提高纯电动汽车巡航里程是最为迫切的要求。锂离子电池的质量比能量最高，是动力电池的首选体系，已经广泛应用于混合动力电动汽车和纯电动汽车。

③ 在军事国防领域，锂离子电池也被广泛使用在陆军方面的单兵系统、陆军战车和军用通信设备，海军方面的微型潜艇和水下航行器（UUV），以及航空方面的无人侦察机中。如单兵系统的夜视系统、紧急定位器和 GPS 跟踪装置的供电设备中，多使用锂离子电池。美国用于探测水雷和水面目标的“海底滑行者”，使用锂离子电池可自主航行 6 个月，航程为 5000 km，最大下潜深度为 5000 m。美国 Aero Vironment 公司研制的“龙眼”无人机，重 2.3 kg，升限 90150 m，使用锂离子电池以 76 km/h 速度飞行时可飞行 60 min。

④ 在航天方面的卫星和飞船等领域，锂离子电池质量比能量高，发射质量小，可大幅度降低发射成本，将其与太阳能电池联用成为最佳选择。如，欧洲太空局（ESA）的“火星快车”采用的锂离子电池组的能量为 1554 W·h，质量为 13.5 kg，比能量为 115 W·h/kg。另外，火星着陆器“猎犬 2”也采用了锂离子电池。

从市场需求结构来看，近年来电动汽车市场持续高速增长，储能市场爆发，而全球手机出货量、便携式电脑、数码相机等消费电子产品产量接近天花板，增幅极为有限甚至负增长，全球锂离子电池市场结构发生显著变化。《锂离子电池产业发展白皮书（2019 年）》显示，电动汽车市场占锂离子电池应用结构比重最大，占比为 46.5%。在全球电动汽车市场快速增长带动下，全球锂离子电池继续保持快速增长势头。如图 3-1 所示，2020 年全球锂离子电池市场规模约为 535 亿美元，同比增长 19%，增速较 2019 年提高 10 个百分点，出现加速增长态势。2020 年电动汽车市场占锂离子电池应用结构比重进一步增大，占比为 53.70%。据预测，2026 年全球锂电池的市场规模将会达到 920 亿美元。

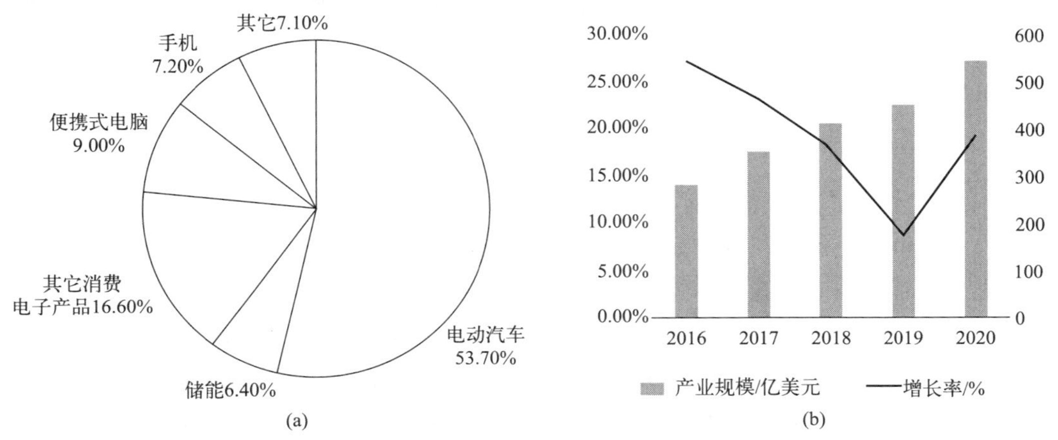

图 3-1 2020 年全球锂离子电池产品结构（a），2016—2020 年全球锂离子电池行业市场规模（b）

3.1.2 锂离子电池的工作原理

锂离子电池的出现，拓宽了化学电源电极反应的类型。锂离子电池的电极电化学反应通过嵌入过程实现，如锂离子在层状结构化合物晶格中的嵌入/脱出过程。这种现象首先在石墨等层状材料中，后来在层状氧化物中进行了研究，如首先商业化成功的锂离子电池正极材料 $LiCoO_2$。石墨和过渡金属氧化物是最为广泛研究的锂离子嵌入宿主，这是由于这些化合物接受电荷传递。特别是过渡金属离子在氧化还原过程中不会引起其配位数及宿主结构显著变化，从而保持了结构和组分的稳定性，进而赋予锂离子电池高的充放电循环稳定性和长的循环寿命。

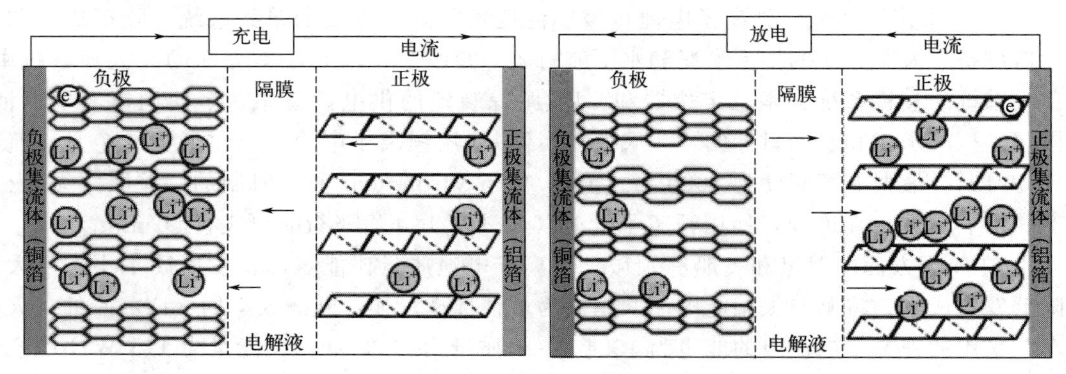

图 3-2 锂离子电池工作原理示意图

如图 3-2 所示，锂离子电池由负极、正极、隔膜，以及浸渍于隔膜和正负电极孔隙中的电解液共同构成。隔膜作为电子绝缘体，阻止正负极之间的电子导电，同时允许电解质离子快速通过导通电流，构成电池工作所必需的回路。正极活性材料（$LiCoO_2$）被涂覆于铝箔集流体上形成正极，负极活性材料（锂化石墨）被涂覆于铜箔集流体上形成负极。当锂离子电池工作对外放电时，锂离子从负极锂化石墨（Li_xC_6）层状结构中脱出，经充满电解液的隔膜孔隙到达正极并嵌入到正极钴酸锂的层状晶格中，而电子则从负极出发到达正极。锂离子电池发生的电化学反应是离子与电子的传输，本质上属于氧化还原过程：在放电过程中，Li^+ 从负极脱出，穿过电解液进入正极；电子也同时通过外电路由负极到达正极；在这个过程中，正极得到 x 个电子和 x 个 Li^+ 被还原成（$LiCoO_2$），负极失去 x 个电子和 x 个 Li^+ 被氧化成石墨（C），放电的化学反应式如下：

$$Li_xC_6 + \xrightarrow{\text{放电}} xLi^+ + xe^- + 6C \text{（负极）} \tag{3-2}$$

$$Li_{1-x}CoO_2 + xLi^+ + xe^- \xrightarrow{\text{放电}} LiCoO_2 \text{（正极）} \tag{3-3}$$

当锂离子电池充电时，过程与上述放电过程相反，锂离子从正极钴酸锂的层状晶格中脱出，经充满电解液的隔膜孔隙到达负极并嵌入到石墨层状结构中。由于锂化石墨（Li_xC_6）反应活性非常高，接触到空气和水就会发生剧烈反应，而 $LiCoO_2$ 相对比较稳定。因此工业生产制备电池时，为了便于生产和原材料的输运，一般采用未嵌锂的石墨作为负极活性材料，$LiCoO_2$ 作为正极活性材料，新组装好且未经充电的电池是不带电的，需要首先进行充电化成后，才能对外放电。因此整个电池的反应过程一般用下式表示：

$$LiCoO_2 + 6C \underset{放电}{\overset{充电}{\rightleftharpoons}} Li_{1-x}CoO_2 + Li_xC_6 \tag{3-4}$$

3.1.3 锂离子电池的结构及分类

锂离子电池通常包含正极、负极、隔膜、电解液和壳体等几个部分。正负极通常采用一定孔隙的多孔电极，由集流体和粉体涂覆层构成（图 3-3）。负极极片由铜箔和负极粉体涂覆层构成，正极极片为铝箔和正极粉体涂覆层构成，正负极粉体涂覆层由活性物质粉体、导电剂、黏结剂及其他助剂构成。活性物质粉体间和粉体颗粒内部存在的孔隙可以增加电极的有效反应面积，降低电化学极化。同时由于电极反应发生在固液两相界面上，多孔电极有助于减少锂离子电池充电过程中枝晶的生成，有效防止内短路。

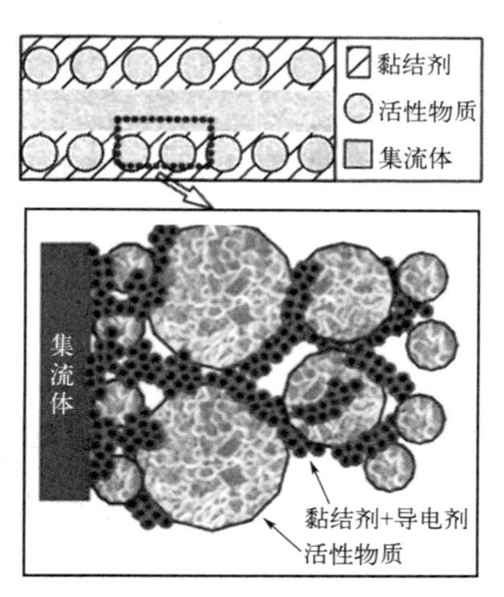

图 3-3　电极结构

常见的锂离子电池按照外形分为扣式电池、方形电池和圆柱形电池。扣式锂离子电池通常包括圆形正极片、负极片、隔膜、不锈钢壳体、盖板和密封圈，其中正负极片通常是集流体单面涂覆，两者之间由隔膜隔开，壳体内加有电解液，密封圈在密封的同时还将壳体与盖板绝缘，壳体和盖板可以直接作正负极引出端子。如图 3-4 所示，方形电池和圆柱形电池的正负极片一般采用双面涂覆，方形电池按照正极-隔膜-负极-隔膜的顺序排列，采用叠片或卷绕工艺装配成矩形电芯，然后封装入方形的铝壳体或不锈钢壳体或铝塑复合膜软包装壳体中，其中软包装作为壳体时，正极极耳和负极极耳直接引出作为正负极引出端子。圆柱形电池正负极片采用卷绕工艺装配成圆柱形电芯，一般封装于圆柱形金属壳体内。

特斯拉公司在 2022 年 1 月量产了全极耳设计的 4680 型圆柱锂离子电池，也被称为无极耳电池。如彩插图 3-5(a) 所示，传统电池在正负极各有一个极耳，这样就带来一个问题，电流从正极流向负极时，要穿越很长的横向路径，导致内阻很大，不仅损耗电池的能量，而且发热问题难以解决。如图 3-5(b) 和 (c) 所示，4680 电池的结构中正负极上分布着均匀的极耳，这样大大缩短了极耳间距，这样电子更容易在电池内部移动，因此快充性能与传统圆柱电池相比，有显著提高，同时能量密度也有很大提高。

比亚迪的刀片电池是一种长电芯方案（基于方形铝壳来做的电池），在比亚迪原有的电芯的尺寸基础上，通过对电芯的厚度减薄，并增大电芯的长度，将电芯进行扁长化设计并且予以减薄设计。按比亚迪申报的专利（CN 110165116 B）来看，刀片电池单体的长度可由 0.6 m 拓展到 2.5 m。这意味着可以根据不同尺寸的车型，专门定制不同尺寸的刀片电池，适用性会非常广。一般来说，常规动力电池由电芯、模组、电池包三个部分组成，但比亚迪磷酸铁锂“刀片电池”通过结构创新，在成组时可以跳过“模组”，即采用了 CTP 技术（cell to pack，翻译过来是“电芯”到“包”），由电芯直接集成电池包，电池包的空间利用率可以达到 60%以上，进而能装下更多电芯，最终实现增加容量、提高续航的目的（图 3-6）。传统电池包的空间利用率只有 40%，采用刀片电池的电池包的空间利用率可提升 50%以上，

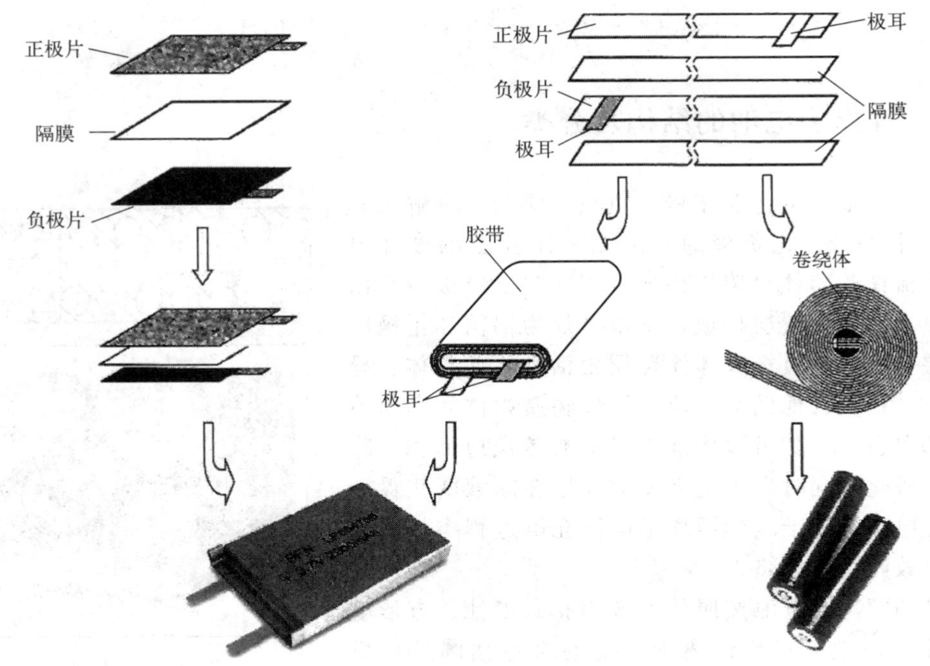

图 3-4 方形电池和圆柱形电池结构示意图

也就是说续航里程可提升 50%以上。续航里程轻松突破 600 km，超级寿命：满足充放电 3000 次以上，满足车辆行驶全生命周期需求。

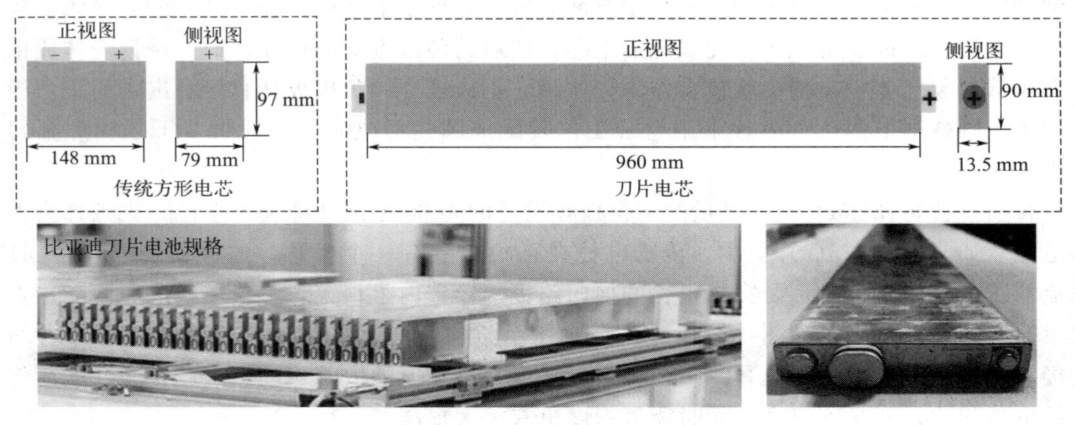

图 3-6 比亚迪刀片电池

锂离子电池的分类方法有很多，可以按外形、壳体材料、正负极材料、电解液和用途等进行分类。按外形分为扣式电池、圆柱形电池和方形电池，按电解液分为液体电解质电池、凝胶电解质电池和聚合物电解质电池，按正负极材料分为磷酸亚铁锂电池、三元材料电池和钛酸锂电池等，按壳体材料分为钢壳电池、铝壳电池和软包装电池等，按用途分为 3C 电池和动力电池等。

方形电池型号通常用“厚度＋宽度＋长度”表示，如型号“485098”中 48 表示厚度为 4.8 mm，50 表示宽度为 50 mm，98 表示长度为 98 mm；圆柱形电池通常用“直径＋长度＋0”表示，如型号“18650”中 18 表示直径为 18 mm，65 表示长度为 65 mm，0 表示圆柱形电池。前述的4680电池也符合圆柱形电池的命名规则，即直径46 mm、高80 mm的圆柱形电池，只不过4680电池省略了最后一个“0”。

像其他所有电池一样，锂离子电池可以根据应用领域不同而被制作成不同的大小和形状。大小和形状不同的电池，只要正负极采用的是同样的电极材料，每个电池的电压是相同的，不同的是容量。如果大的电池是必需的，单个电池可以依次堆叠成电池模组，通过串联达到最大电压，通过并联达到最大容量或电流，最终组合成电池包来达到所需的能量密度（W·h）。如图3-7所示，一些消费电子产品可直接采用单体电池，如方形的铝壳/软包电池和圆柱形电池。电动工具或两轮电动自行车用电池，采用的电压一般为12 V、24 V、36 V等，电量为0.5～1 kW·h，需要采用由一定数量电池串并联在一起构成的模组。根据用电器具的要求，由电池单体组成某一特定形状的电池模组和电池包，这个过程被称为pack。电池pack一般是指包装、封装和装配。

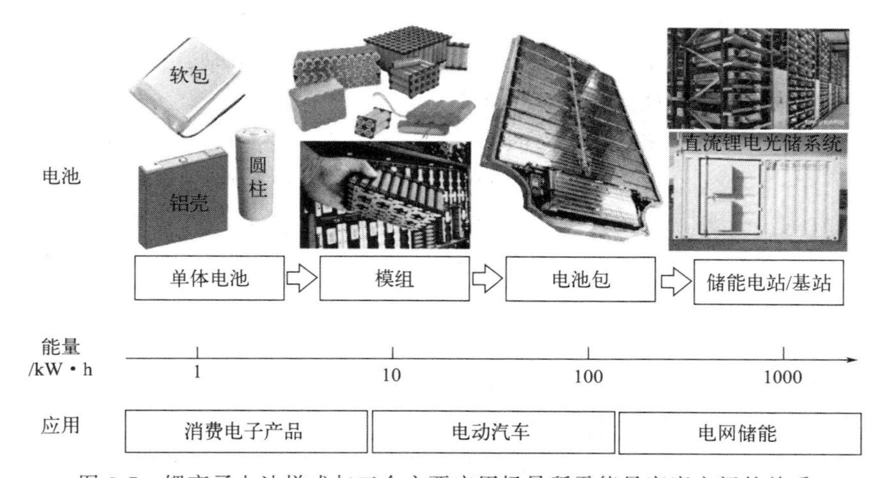

图3-7 锂离子电池样式与三个主要应用场景所需能量密度之间的关系

用于驱动电动汽车的动力电池，需要更高的电压、电流和电量，因此通常采用由多个规模更大的电池模组串联构成的电池包。如特斯拉Model S 85版本的电池包，额定容量为85 kW·h，电压为400 V（直流电），共有16个模组串联而成，每个模组由444节电池构成，共约有7104节18650锂离子电池。而用于电网储能的电站/基站，需要达到的电量一般为MW·h级别，其需要的电池数量比电动汽车更加惊人。如何高效控制和优化这些数量可观的电池单体（常被称为电芯）的充放电行为，显然是一个复杂的工程技术难题，因此电池管理系统（BMS）已经成为动力电池领域的关键技术。一些电池组件（套管、集电器、黏合剂和隔板）的质量也属于电池包的“自重”，可以达到电池总重量的30%～50%，这些重量的存在导致电池包的能量密度远低于单体电池。因此设计电池包时要考虑如何降低电池组件的重量。CTP技术就是由电芯直接集成电池包，省去了模组，从而提高了电池包的能量密度。

3.1.4 锂离子电池原材料及制造

锂离子电池原材料主要有正极材料、负极材料、电解液和隔膜。

正负极材料常为微米级粉体材料，已经商业化的正极材料有钴酸锂（$LiCoO_2$）、锰酸锂（$LiMn_2O_4$）、三元材料（$LiNi_{1-x-y}Co_yMn_xO_2$）和磷酸亚铁锂（$LiFePO_4$）等，其中

$LiCoO_2$ 主要用于3C电池领域。目前负极材料有石墨材料、硬炭材料、软炭材料、钛酸锂、Si基材料和Sn基材料，其中石墨负极材料应用最广。

电解液通常为液体电解质和凝胶电解质，常用的锂盐为六氟磷酸锂（$LiPF_6$），有机溶剂为碳酸乙烯酯（EC）、碳酸二甲酯（DMC）、碳酸二乙酯（DEC）和碳酸甲乙酯（EMC）等的混合液。

隔膜通常为聚乙烯（PE）单层多孔膜、聚丙烯（PP）单层多孔膜和PP/PE/PP三层多孔膜，以及陶瓷复合隔膜等。电池壳体材料为铝塑复合膜、铝壳体和不锈钢壳体，辅助材料包括导电剂、黏结剂和集流体等。导电剂为炭黑、气相生长碳纤维（VGCF）和碳纳米管等。黏结剂有聚偏氟乙烯（PVDF）和丁苯橡胶（SBR）等，其中PVDF可用于正极和负极，SBR通常用于负极。正极集流体为铝箔，正极极耳为铝片；负极集流体为铜，负极极耳为镍片。

锂离子电池的制造就是将上述原材料加工组装成电池的过程，制造工艺通常包括极片制备、电芯装配、注液、化成和分容分选等主要过程。如图3-8所示，以方形铝壳离子电池为例介绍制备生产工艺流程，具体包括如下工艺：

① 前段生产工艺　首先将正负极活性粉体材料、黏结剂、溶剂和导电剂混合，经过搅拌分散使各组分分散均匀制得浆料，然后将浆料均匀涂于集流体上并烘干，再将极片经过辊压、分切制得所需尺寸的正负极片。每个电极片涂覆层的厚度为几十微米，宽度为几厘米，浆料涂层的厚度需依据电池的性能而定，改变涂层厚度可以调控电池的性能，厚涂层电池是高能量型，而薄涂层电池是高功率型。

② 中段生产工艺　首先在正负极片上焊接正负极极耳，再与隔膜一起卷绕或叠片制成电芯，然后将电芯封装入方形的铝壳体或不锈钢壳体或铝塑复合膜软包装壳体中，将装配好的电池经过烘干后注入电解液和封口。

③ 后段生产工艺　装配好的电池经检测和化成后，在一定温度的环境中储存一段时间进行老化；然后对电池进行测试，按电池容量、内阻、厚度、电压等指标分成不同等级产品；最后进行包装和出厂。

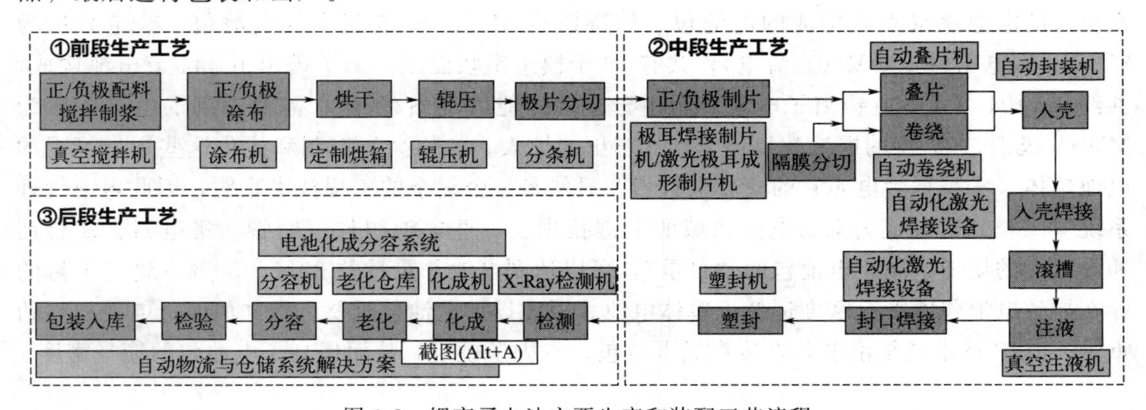

图3-8　锂离子电池主要生产和装配工艺流程

电池的制造过程还有很多步骤，从粉末的制备和涂覆到电池的装配和检测。锂离子电池的生产环境必须是干燥环境，相对湿度小于100×10^{-6}，大多数是全自动流程。锂离子电池原材料的进步和更新会引发制造工艺进行相应的改进和调整，以便最大程度发挥出原材料的性能，提高锂离子电池的电化学性能。

3.2 锂离子电池正极材料

3.2.1 正极材料简介

在锂离子电池充放电过程中，正极材料发生电化学氧化/还原反应，锂离子反复地在材料中嵌入和脱出。鉴于含 Li 的负极材料在空气中一般不稳定，安全性较差，目前开发的锂离子电池均以正极材料作为锂源。为了使锂离子电池具有较高的能量密度、功率密度，较好的循环性能及可靠的安全性能，对正极材料要求如下：

① 正极材料起到锂源的作用，它不仅要提供在可逆的充放电过程中往返于正负极之间的 Li^+，而且还要提供首次充放电过程中在负极表面形成固态电解质界面膜（SEI 膜）时所消耗的 Li^+；

② 金属离子 M^{n+} 具有较高的氧化还原电位，能提供较高的电极电位，这样电池输出电压才可能高；

③ 整个电极过程中，电压平台稳定，以保证电极输出电位的平稳；

④ 充放电过程中结构稳定，可逆性好，保证电池的循环性能良好；

⑤ 具有比较高的电子和离子电导率，Li^+ 在材料中的化学扩散系数高，降低极化，使电池具有良好的倍率放电性能；

⑥ 为使正极材料具有较高的能量密度，要求正极活性物质的电化当量小，并且能够可逆脱嵌的 Li^+ 量要大；

⑦ 化学稳定性好，不与电解质等发生副反应；

⑧ 具有资源丰富、价格低廉和环境友好等特点。

正极材料的选取首先要考虑其是否具有合适的电位，而电位取决于锂在正极材料中的电化学势 μ_C，即从正极材料晶格中脱出锂离子的能量及从正极材料晶格中转移出电子能量的总和，前者即为晶格中锂位的位能，后者则与晶格体系的电子功函密切相关，这两者又相互作用。位能是决定 μ_C 的最主要因素，其次是锂离子之间的相互作用。氧化还原电对导带底部与阴离子 p 轨道间的距离从本质上限制了正极材料的电极电位。正极材料电位不仅与氧化还原电对元素原子的价态相关，而且与该原子同最近邻原子的共价键成分相关，氧化还原电对所处的离子环境影响该电对的共价键成分从而影响材料的电极电位。例如，由于磷原子在不同晶体结构中对铁原子具有不同的诱导作用，Fe^{3+}/Fe^{2+} 电对在不同的磷酸盐体系中具有不同的费米能级，即各种磷酸盐材料具有不同的电极电位。

正极材料的反应机理有两类：固溶体反应类型和两相反应类型。

① 固溶体反应

锂离子嵌入/脱出时没有新相生成，正极材料晶体结构类型不发生变化，但晶格参数有所变化。随着锂离子的嵌入电池电压逐步减小，放电曲线呈 S 形，如图 3-9（a）所示。以 $MO_2+Li^++e^-=LiMO_2$ 为例，其电极电位可表达如下：

$$\varphi=\varphi^{\ominus}+b_y-\frac{RT}{F}\ln\frac{y}{1-y} \tag{3-5}$$

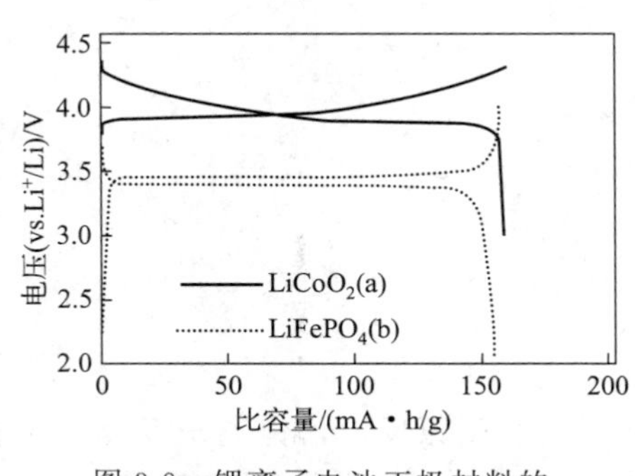

图 3-9 锂离子电池正极材料的充放电曲线

式中 $\varphi^{\ominus}$——标准电极电位；

R——理想气体常数；

T——热力学温度；

F——法拉第常数；

y——材料晶体结构中锂含量；

b_y——嵌入晶体结构中 Li^+ 的相互作用。

这种反应类型的代表是层状结构的 $LiCoO_2$ 正极材料，其在充电过程中，当脱锂量小于 0.5 时，材料没有相变，脱锂是一种固溶体行为。同时，Co^{3+} 被氧化为 Co^{4+}，伴随着从 t_{2g} 轨道中脱出电子。随着锂离子的脱出，相邻 CoO_2 层之间的静电排斥力增大，使得 c 轴增长，但是保持六方晶格。

然而，在 $LiCoO_2$ 脱锂量达到 0.5 时，会发生六方-单斜的相转变，这意味着，锂的排列从有序变为无序。如果再进一步充电，由于钴的 t_{2g} 轨道与氧的 2p 轨道有重叠，此时锂离子脱出会造成氧离子的 2p 轨道同时脱出电子，导致氧离子脱离晶格被氧化为氧气。研究发现随着锂离子脱出量的增加，钴在电解液中的溶解量增加，严重影响 $LiCoO_2$ 电池的循环稳定性及安全性能。所以 $LiCoO_2$ 的充电截止电压一般为 4.2 V，过高的充电截止电压，或者说过多的锂离子脱出，不仅会破坏 $LiCoO_2$ 的结构，也会带来安全问题。所以 $LiCoO_2$ 的实际可逆容量仅为理论容量的一半左右。

② 两相反应

锂离子嵌入/脱出时有新相生成，正极材料晶体结构发生变化伴随第二相生成，电池电压在两相共存区保持不变，放电后期电池电压随着活性物质消耗急剧减小，放电曲线呈 L 形，如图 3-9(b) 所示。以 $MO_2+Li^++e^-$ ══ $LiMO_2$ 为例，电极电位的表达式如下。

$$\varphi=\varphi^{\ominus}-\frac{RT}{F}\ln\frac{a_{LiMO_2}}{a_{Li^+}a_{MO_2}} \tag{3-6}$$

式中，a 表示各种物质的活度。

这种反应类型的代表是橄榄石型晶体结构的 $LiFePO_4$。在电池的充放电过程中，$LiFePO_4$ 材料在斜方晶系的 $LiFePO_4$ 和六方晶系的 $FePO_4$ 两相之间转变。由于 $LiFePO_4$ 和 $FePO_4$ 在 200 ℃以下以固溶体形式共存，在充放电过程中没有明显的两相转折点，因此，磷酸亚铁锂电池的充放电电压平台长且平稳。另外，在充电过程完成后，正极 $FePO_4$ 的体积相对 $LiFePO_4$ 仅减少 6.811%，再加上 $LiFePO_4$ 和 $FePO_4$ 在低于 400 ℃时几乎不发生结构变化，具有良好的热稳定性，在室温到 85 ℃范围内，与有机电解质溶液的反应活性很低。因此，磷酸亚铁锂电池在充放电过程中表现出了良好的循环稳定性，具有较长的循环寿命。

锂离子电池的性能主要取决于电极材料中的活性物质，负极材料的发展相对较快，制约锂离子电池发展的关键因素是正极材料，且其成本约占电芯成本的 30%。锂离子电池正极材料的研究已有 40 多年历史，到目前为止，据称已有二百余种锂离子电池正极材料，可分为金属氧化物、聚阴离子盐和其他化合物等，具体见表 3-1。

表 3-1 锂离子电池正极材料的分类

类别	主要正极材料
金属氧化物	层状结构金属氧化物，单元素离子的三维框架结构材料
聚阴离子盐	磷酸盐、硅酸盐、硫酸盐、硼酸盐、钛酸盐、氟代聚阴离子化合物、NASICON 类型的化合物
其他化合物	氟化物、硫化物、硒化物等

可作为锂离子电池正极材料的金属氧化物主要包括层状结构金属氧化物与单元素离子的三维框架结构材料。层状金属氧化物主要有二元层状氧化物和三元层状氧化物，二元层状氧化物主要有 MoO_3、V_2O_5 等，三元层状氧化物主要有 $LiCoO_2$（LCO）、$LiNiO_2$（LNO）、$LiNi_{1-y}Co_yO_2$（NCO）、LiV_3O_8、高压 $LiCoO_2$（高压 LCO）、$LiNi_{1-y-z}Co_yAl_zO_2$（NCA）、$LiNi_{0.5}Mn_{0.5}O_2$（NMO）、$LiNi_{1-y-z}Co_yMn_zO_2$（NCM）、Li_2MnO_3 和富锂层状化合物（LNMC），以及其他层状氧化物如锰基氧化物、铬基氧化物和铁基氧化物。单元素离子的三维框架结构材料主要有二氧化锰、锂化二氧化锰、尖晶石锰氧化物、5 V 尖晶石和钒氧化物。

可作为锂离子电池正极材料的聚阴离子盐主要有磷酸盐、硅酸盐、硫酸盐、硼酸盐、钛酸盐等。磷酸盐包括磷酸亚铁锂（$LiFePO_4$）、磷酸镍锂（$LiNiPO_4$）、磷酸钴锂（$LiCoPO_4$）、磷酸锰锂（$LiMnPO_4$）、磷酸锰铁锂（$LiMn_xFe_{1-x}PO_4$）、磷酸钒锂［$Li_3V_2(PO_4)_3$］、磷酸氧钒锂（$LiVOPO_4$）。聚阴离子硅酸盐为 Li_2MSiO_4，M 代表 Fe，Mn，Co。NASICON 类型的化合物，如 $Fe_2(SO_4)_3$、$V_2(SO_4)_3$、$LiTi_2(PO_4)_3$、$Li_3Fe_2(PO_4)_3$。氟代聚阴离子化合物，主要有氟磷酸盐、氟硫酸盐如氟硫酸铁锂（$LiFeSO_4F$）。其他还有硼酸铁锂（$LiFeBO_3$）、钛酸铁锂（Li_2FeTiO_4）等。此外，可作为锂离子电池正极材料的其他化合物主要有氟化物、硫化物、硒化物等，包括三氟化铁（FeF_3）、三氟化钴（CoF_3）、三氟化镍（NiF_3）、二硫化钛（TiS_2）、二硫化铁（FeS_2）、二硫化钼（MoS_2）、三硒化铌（$NbSe_3$）等。

常见的真正实际有生产的，也是人们研究最多的，是具有固溶体反应行为的过渡金属氧化物和具有两相反应行为的磷酸盐，包括六方层状结构的 $LiCoO_2$、立方尖晶石结构的 $LiMn_2O_4$、三元层状结构的 NCM 材料、正交橄榄石结构的 $LiFePO_4$ 和三元 NCA（$LiNi_{0.8}Mn_{0.15}Al_{0.05}O_2$）材料。表 3-2 为已经商业化应用的五种典型正极材料的主要性能参数。在众多的材料中，最早商业化的 $LiCoO_2$ 电极在高电压下具有优越的能量密度，在当前市场中具有较强的竞争力。因此在可预见的未来，$LiCoO_2$ 仍然会是锂离子电池正极材料的主流产品之一，主要是小型高能量电池，如手机和笔记本等 3C 数码领域。但由于 Co 资源稀少、成本较高、环境污染较大和抗过充能力较差，其发展应用受到限制。

表 3-2 典型嵌入型正极材料的理化性能和电化学性能

项目		$LiCoO_2$	NCM	$LiMn_2O_4$	$LiFePO_4$	NCA
结构		层状结构	层状结构	尖晶石结构	橄榄石结构	层状结构
理化性能	真密度/(g/cm^3)	5.05	4.70	4.20	3.6	—
	振实密度/(g/cm^3)	2.8～3.0	2.6～2.8	2.2～2.4	0.6～1.4	—
	压实密度(g/cm^3)	3.6～4.2	>3.40	>3.0	2.20～2.50	≥3.5
	比表面积/(m^2/g)	0.10～0.6	0.2～0.6	0.4～0.8	8～20	0.5～2.2
	粒度 D_{50}/μm	4.00～20.00	—	—	0.6～8	9.5～14.5

续表

项目		$LiCoO_2$	NCM	$LiMn_2O_4$	$LiFePO_4$	NCA
电化学性能	理论比容量/(mA·h/g)	273	273～285	148	170	—
	实际比容量/(mA·h/g)	140(4.2 V)① 190(4.45 V) 215(4.55 V)	150～215	100～120	130～160	>200
	工作电压/V	3.7～3.8	3.6	3.8	3.4	—
	循环性能/次	500～1000	800～2000	500～2000	2000～6000	800～2000
	安全性能	差	较好	较好	优良	较好
主要应用领域		传统 3C 电子产品	电动工具、电动自行车、电动汽车及大规模储能	电动工具、电动自行车、电动汽车及大规模储能	电动汽车及大规模储能	电动工具、电动汽车

① 4.2 V、4.45 V 和 4.55 V 是指充电截止电压。

$LiMn_2O_4$ 电池具有充放电电压高、环境友好、价格低廉和安全性能优异等优点，但存在 Jahn-Teller 效应导致其尖晶石结构由立方相向四方相转变，并且在高温（如 55 ℃）时因为金属离子溶解而循环寿命较短。$LiFePO_4$ 作为国内锂离子动力电池已商业化的正极材料，具有安全性能高、循环寿命长、价格低廉、环保等优点，但其橄榄石结构限制了 Li^+ 的传输扩散并且导致了其导电性较差，因此影响了材料的倍率性能，而磷酸亚铁锂本身过低的振实密度也会带来应用中的一系列问题。已商业化的低镍三元正极材料如 $LiNi_{1/3}Co_{1/3}Mn_{1/3}O_2$（NCM111）和 $LiNi_{0.5}Co_{0.2}Mn_{0.3}O_2$（NCM523）的比容量分别为 140～145 mA·h/g 和 150～160 mA·h/g；高镍类三元材料如 $LiNi_{0.8}Co_{0.1}Mn_{0.1}O_2$（NCM811）、$LiNi_{0.8}Co_{0.15}Al_{0.05}O_2$（NCA）的理论比容量约为 200～220 mA·h/g，电压平台为 3.7 V；富锂锰基正极材料如 $xLi_2MnO_3\cdot(1-x)LiMO_2$（M＝Ni、Co、Mn 等）理论比容量为 250～300 mA·h/g，电压平台为 4.2 V；镍锰酸锂的理论比容量为 146.7 mA·h/g，但是其电压平台高达 4.7 V，因而也具有很高的能量密度。

3.2.2 钴酸锂

钴酸锂（$LiCoO_2$）是第一代商业化锂离子电池的正极材料，外观呈灰黑色粉体，理论比容量为 273 mA·h/g，传统的钴酸锂实际比容量通常为 140～150 mA·h/g，经过改性的高压钴酸锂实际比容量可达 200 mA·h/g 以上，具有电压高、放电平稳、充填密度高、循环性好和适合大电流放电等优点，并且 $LiCoO_2$ 的生产工艺简单，较易合成性能稳定的产品。根据理论密度计算公式可知，$LiCoO_2$ 的理论密度约为 5.06 g/cm^3，相比于 $LiNiO_2$、$LiFePO_4$、三元等正极材料，$LiCoO_2$ 具有很高的材料密度和压实密度，以其为正极的锂离子电池具有最高的体积能量密度，但其抗过充、高温安全性能不好。

$LiCoO_2$ 为 α-$NaFeO_2$ 型层状结构，属六方晶系，$R\bar{3}m$ 空间群，6c 位上的 O^{2-} 按 ABC 叠层立方堆积排列，见彩插图 3-10。3a 位的 Li^+ 和 3b 位的 Co^{3+} 分别交替占据 O^{2-} 八面体孔隙，即交替占据 $R\bar{3}m$ 空间群的（111）面，呈层状排列，晶格常数为：$a=0.2816(2)$ nm，$c=1.408(1)$ nm。Delmas 等人将其鉴定为 O3 型 $LiCoO_2$，O 表示锂离子占据了被 6 个氧包

围的八面体位置，数字3代表氧原子的堆积类型为ABCABC……

从电子结构来看，由于$Li^{+}(1s^{2})$能级与$O^{2-}(2p^{6})$能级相差较大，而$Co^{2+}(3d^{6})$更接近于$O^{2-}(2p^{6})$能级，所以Li-O间电子云重叠程度小于Co-O间电子云重叠程度，Li-O键远弱于Co-O键，在一定的条件下，Li^{+}能够在Co/O层间嵌入/脱出，使$LiCoO_2$成为理想的锂离子电池正极材料。由于Li^{+}在键合强的Co/O层间进行二维运动，锂离子电导率高，室温下锂离子的扩散系数为5×10^{-9} cm^2/s。此外，共棱的CoO_6八面体分布使Co与Co之间以Co-O-Co的形式发生作用，电子电导率也较高，为10^{-2} S/cm。

$LiCoO_2$中的Co为+3价，而在充电过程中会发生氧化反应变为+4价，从而脱出电子，所发生的电化学反应可用下式表示：

$$LiCoO_2 \rightleftharpoons Li_{1-x}CoO_2 + xLi^{+} + xe^{-} \tag{3-7}$$

$LiCoO_2$在充放电过程中会发生相变，见图3-11。$LiCoO_2$放电时锂离子从基体中脱出来，当x为0.5～1时，Li_xCoO_2由Ⅰ相逐渐转变为Ⅱ相，Ⅰ相和Ⅱ相均为六方结构，晶格常数差别不大，a轴几乎没有变化，c轴从1.41 nm（$x=1$）增加到1.46 nm（$x=0.5$）。该相变并非是结构发生变化，而是由于Co^{3+}转变为Co^{4+}过程中产生的电子效应所致。当x为0.5左右时，Li_xCoO_2发生不可逆相变，由六方结构转变为单斜结构，该转变是由于锂离子在离散的晶体位置发生有序→无序转变而产生的，并伴随晶体常数的变化。当$x<0.5$时，Li_xCoO_2在有机溶剂中不稳定，会发生失氧反应；同时CoO_2不稳定，容量发生衰减并伴随钴的损失，这是由于钴从其所在的平面迁移到锂所在的平面，导致结构不稳定进而使钴离子通过锂离子所在平面迁移到电解质中去。因此，在获得应用后很长一段时间内，Li_xCoO_2在放电过程中x的范围一般为0.5～1，比容量约为156 mA·h/g，在此范围内表现为3.9 V左右的平台。当Li_xCoO_2充电时，锂离子嵌入晶格中，反应过程与上述过程相反。

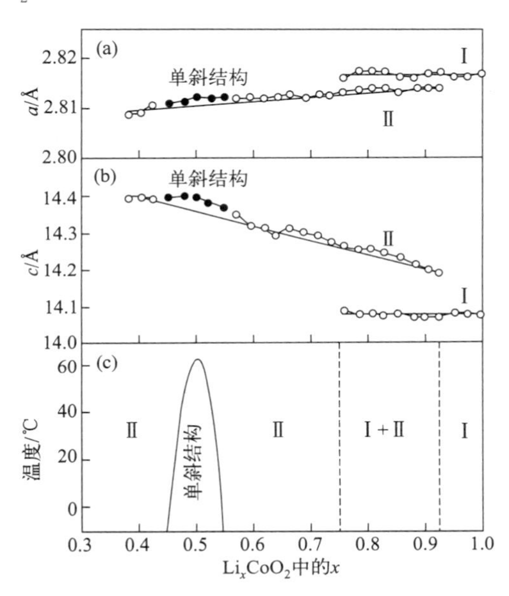

图3-11 晶格常数a（a）和c（b）随Li_xCoO_2中x值的变化关系及Li_xCoO_2的相图（c）

由上文可知，$LiCoO_2$具有274 mA·h/g的理论比容量，然而在锂离子电池应用的早期阶段，为了避免容量的快速衰减，只有0.5 mol的锂离子从每摩尔$LiCoO_2$分子中脱出，对应的充电截止电压和比容量分别为4.2 V和140 mA·h/g左右。这是因为当锂离子脱嵌高于50%时，$LiCoO_2$的晶体结构变得不稳定，将发生不可逆的结构相变，导致循环效率和容量的迅速下降。同时，材料的表界面化学稳定性问题在高电压下会被进一步放大，$LiCoO_2$与电解质之间的界面也会发生一系列的副反应，导致元素不可逆的溶解。所有的这些因素都将导致$LiCoO_2$电极在高电压下的性能严重下降。

为了满足3C电子产品对锂离子电池能量密度不断增长的需求，学术界都在不断探索增加$LiCoO_2$容量的途径。提高充电电压是提高$LiCoO_2$容量的最有前途和更有效的方法。如表3-3所示，如果充电到4.5 V，比容量和能量密度可以增加到185 mA·h/g和733.5 W·h/kg，分别增加了 32.1%和 34.0%；如果充电到 4.6 V 时，比容量甚至高达 220 mA·h/g。经过近 30 年的努力，商用锂离子电池中 $LiCoO_2$ 的充电截止电压已经能提高到 4.5 V，实现了高达约 185 mA·h/g 的可逆比容量，循环寿命也达到了实际应用水平。然而，为了进一步提高基于 $LiCoO_2$ 的能量密度，迫切需要突破 $LiCoO_2$ 的电压极限。目前，4.6 V-$LiCoO_2$ 在实验室水平上已经取得了相当大的进展，然而在全电池的循环寿命和安全性方面仍面临着严峻挑战。

表 3-3 不同充电截止电压下 $LiCoO_2$ 的比容量和能量密度

截止电压(vs. Li^+/Li)	4.2 V	4.3 V	4.4 V	4.5 V	4.6 V
比容量/(mA·h/g)	140	155	170	185	220
平均电压/V	3.91	3.92	3.94	3.97	4.03
质量比能量/(W·h/kg)	547.3	607.6	669.6	733.5	885.9
体积比能量/(W·h/L)	2299	2552	2812	3081	3721

虽然高电压 $LiCoO_2$ 在实验室已取得优异的进展，但其在长循环稳定性和安全上仍存在许多挑战，为解决这些问题，人们提出了不同的机理以解释容量低、电压低、循环稳定性差的原因，具体有以下两点：

① 充放电过程中一系列相变引起的晶体结构变化导致容量衰减。

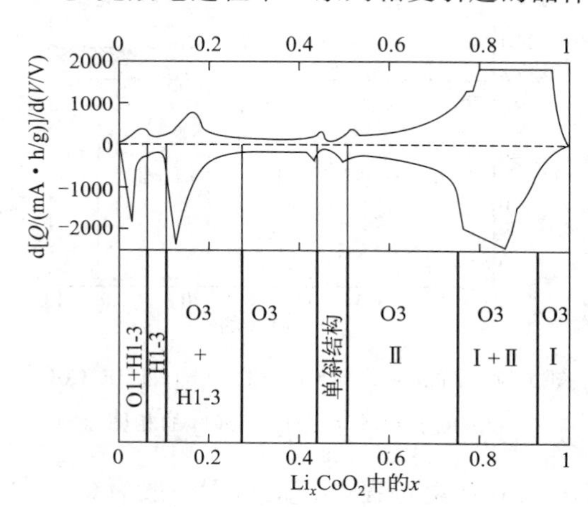

图 3-12 $LiCoO_2$ 在不同锂脱出量下的结构变化

由于 $LiCoO_2$ 在高压下循环深度的脱嵌 Li^+ 引起了严重的相变，晶体体积结构发生变化（图 3-12）。当充电电压限制在 4.2 V 以下时，$LiCoO_2$ 由Ⅰ相逐渐转变为Ⅱ相。尤其是在 4.55 V 和 4.65 V 左右发生的 O3 到 H1-3 和 O1 相变是导致晶格体积大幅收缩的最主要因素。$LiCoO_2$ 在长时间的高电压循环后，其晶体间和晶体内产生裂纹。然而，对于在高电压下发生的 H1-3 和 O1 相变目前还缺乏有效的方法，这将阻碍高电压 H1-3 和 O1 相变的进一步应用。

② 由于材料表面阴极电解质界面膜（CEI 膜）的形成和堆积以及表面成分或结构的变化，极大地影响了循环性能，因此表面衰退也是导致电池循环后容量下降的原因。

研究发现 $LiCoO_2$ 电池的电极材料结构在长时间循环后几乎没有变化，而且观察到电池的阻抗显著增加，并且集流体上的活性物质出现脱落现象。富含氟化锂（LiF）的 CEI 层在电极表面的形成和积累导致电池阻抗逐渐增加，最终导致了电化学中的动力学缓慢，电芯失效。然而，关于电芯失效的原因主要发生在阴极还是阳极，目前还存在争论。

高电压下的循环极大地影响了电解液的分解，导致阴极 CEI 膜的复杂性和不稳定性增加。界面衰减被认为是导致电芯失效的关键因素，其主要原因是 CEI 层和表面相变层的退化。高压循环诱导的不稳定 CEI 层会加剧过渡金属离子溶解、还原和氧化的不稳定性，并且还将伴随着气体在阴极表面产生。也有研究表明 4.5 V 高压充电时的容量衰减与钴溶解量直接相关。

为了克服上述问题，满足 $LiCoO_2$ 在高压下的长循环稳定性，目前已提出了各种策略，如元素掺杂、表面包覆和共聚化等方法。

在电极材料中掺杂各种元素可以提高其电化学动能、结构稳定性、阳离子氧化还原性和电子/离子电导率，这些均与电极材料的电化学性能密切相关。掺杂的潜在效应可以概括为：a. 抑制相变，减少变形和应力的产生；b. 抑制氧原子的氧化还原反应，稳定 $LiCoO_2$ 的层状结构；c. 增大层间间距，促进 Li^+ 扩散；d. 调整电子结构，提高电子导电性和工作电压。掺杂是提高 $LiCoO_2$ 在宽电压范围内电化学性能的有效途径，不同掺杂剂对 $LiCoO_2$ 性能的调节有不同的作用，但均能有效提高 $LiCoO_2$ 在高电压下的晶格结构和循环稳定性。在 $LiCoO_2$ 中常见的掺杂元素有二价离子（如 Mg^{2+}、Ca^{2+}、Ba^{2+}、Cu^{2+}、Zn^{2+} 和 Sr^{2+} 等）、三价离子（如 Al^{3+}、La^{3+} 和 Ga^{3+} 等）和四价离子（如 Zr^{4+}）。据报道，与掺杂低价元素相比，掺杂高价元素更有效地降低了锂离子在电极和电解质界面的电阻，加快在界面处的离子扩散及电荷转移过程，进而改善电池性能，但这些研究结果需要理论和实验的进一步证实。从近年来，高压钴酸锂掺杂改性研究聚焦于通过多元素体相掺杂的协同效应来提升材料高电压下的结构稳定性。

表面包覆是保护电极表面的一种有效方法，其主要作用有以下几点：a. 优化了电极的表面结构；b. 促进表面电荷转移；c. 作为 HF 清除剂，有效降低电解质的酸度，抑制过渡金属离子的溶解；d. 作为电极表面和电解质表面之间的物理屏障，可以起到调节界面反应并增强反应动力学。Al_2O_3 涂层作为常规的方法已经被广泛研究。研究报道 Al_2O_3、ZrO_2 等金属氧化物包覆可以改善 $LiCoO_2$ 在高截止电压内（2.75～4.4 V）的循环稳定性并提高其可逆容量的实验现象，并认为所包覆的氧化物与 $LiCoO_2$ 发生反应，在 $LiCoO_2$ 表面形成一层非常薄的固溶体层 $LiCo_{1-x}M_xO_2$（M＝Zr、Al、Ti、B），从而抑制了 Li_xCoO_2 在充放电循环过程中（$0.5<x<1$）晶胞沿 c 轴方向的膨胀。也有研究结果表明，表面包覆并没有抑制充放电过程中 $LiCoO_2$ 正极材料本应发生的结构相变；相反，表面包覆使这种相变能够可逆地进行。在包覆方面较成功的还有 $AlPO_4$、Al_2O_3 和 MgO 等，在掺杂方面较成功的有 Mn 掺杂、Al 掺杂以及 Ti、Mg 共掺杂等。

元素掺杂和表面包覆均可提高 $LiCoO_2$ 的电化学性能，但其机理不同。人们尝试将这两种策略结合起来，以构建更好的 $LiCoO_2$ 电极材料。此外，进一步深入了解 $LiCoO_2$ 电池正极材料、电解质及其他成分是非常重要的，例如可通过改变电解液成分，达到抑制 Co 的溶出，从而有效控制 $LiCoO_2$ 相变。

目前，人们采用各种方法成功合成了层状 $LiCoO_2$ 正极材料，制备过程大致可以分为固相法和软化学法。研究过的用来制备 $LiCoO_2$ 正极材料的固相法有高温固相法、微波合成法、自蔓延高温合成法和低温固相法等。其中高温固相法一般合成过程简单，易于工业化生产，是目前制备 $LiCoO_2$ 正极材料的最主要的方法。但是高温固相法也有缺陷，比如反应温度较高，时间长，产物颗粒粗大，需要后期破碎处理等。针对高温固相法反应温度高、烧结时间长、产物颗粒和形貌不易控制等缺点，研究工作者开始转向研究利用软化学法来制备 $LiCoO_2$ 正极材料。软化学法具有独特的优势：反应原料充分混合均匀，甚至达到分子级别；反应温度和反应时间大大降低和缩短。软化学法主要包括：共沉淀法、喷雾干燥法、溶胶-凝胶法、多相氧化还原法、水热法等，这些方法大多还处于实验室合成材料的阶段。

3.2.3 $LiMn_2O_4$ 正极材料

在锂离子电池正极材料研究中，另外一个受到重视并且已经商业化的正极材料是尖晶石 $LiMn_2O_4$ 正极材料。$LiMn_2O_4$ 具有三维 Li^+ 输运特性，其低价、稳定和具有优良的导电、导锂性能，分解温度高，且氧化性远低于 $LiCoO_2$，即使出现短路、过充电，也能够避免燃烧、爆炸的危险。$LiMn_2O_4$ 材料成本低、无污染、制备容易，适用于大功率低成本动力电池，可用于电动汽车、储能电站以及电动工具等方面。$LiMn_2O_4$ 材料的缺点是比容量低且可提升空间小，高温下循环性差，储存时容量衰减快。在正常的充放电使用过程中 Mn 会在电解质中缓慢溶解，深度充放电和高温条件下晶格畸变较为严重，导致循环性能变差。

尖晶石型锰酸锂（$LiMn_2O_4$）属于对称性立方晶系，空间群为 $Fd\bar{3}m$，晶胞参数为 0.8246 nm。在 $LiMn_2O_4$ 体系中，单位晶格有 32 个氧原子，氧离子保持面心立方密堆积，锂离子占据 64 个氧四面体中的 8 个四面体 $8a$ 位置，形成近似金刚石的结构；Mn 原子重排进入 32 个氧八面体空隙 16 个八面体的 $16d$ 位置，剩余 16 个八面体 $16c$ 空位形成立方晶格常数一半的相似的三维（3D）结构八面体。尖晶石型 $LiMn_2O_4$ 中的四面体 $8a$、$48f$ 和八面体晶格 $16c$ 共面而构成互通的三维离子通道，有利于 Li^+ 的嵌入和脱出，锂离子沿 $8a$-$16c$-$8a$ 路径直线扩散，$8a$-$16c$-$8a$ 夹角约为 108°，见彩插图 3-13。事实上，$LiMn_2O_4$ 的锂离子迁移速率和电导率都较低，分别为 $10^{-11} \sim 10^{-9}$ cm^2/s 和 10^{-6} S/cm，导致倍率性能较差。

$Li_xMn_2O_4$ 的脱嵌锂过程是一个相变过程，主要有 2 个脱嵌锂电位：4 V 和 3 V。$0 < x \leqslant 1$ 时，锂离子的脱嵌发生在 4 V 左右，对应于锂离子从四面体 $8a$ 位置的脱嵌。在此范围内，锂离子的脱嵌能够保持尖晶石结构的立方对称性，电池循环良好。$Li_xMn_2O_4$ 在过放电（$1 \leqslant x \leqslant 2$）的情况下，在 3 V 左右出现电压平台，锂离子嵌入到空的 $16c$ 八面体位置，结构扭曲，原来的立方体 $LiMn_2O_4$ 转变为四面体 $Li_2Mn_2O_4$，Mn 从 +3.5 价还原为 +3.0 价。该转变伴随着严重的 Janh-Teller 畸变，c/a 变化达到 16%，晶胞体积增加 6.5%，导致表面的尖晶石粒子发生破裂。

$LiMn_2O_4$ 的最大缺点是容量衰减较为严重，特别是在较高的温度下。目前认为主要是由以下原因引起的：①Jahn-Teller 效应及钝化层的形成，有文献表明经过循环或者存储后的 $LiMn_2O_4$ 表面 Mn 的价态比内部低，即表面有较多的 Mn^{3+}。在放电过程中，材料表面生成 $Li_2Mn_2O_4$，由于表面畸变的四方晶系与颗粒内部的立方晶系不相容，严重破坏了结构的完整性和颗粒间的有效接触，影响了 Li^+ 扩散和颗粒间的电导性，造成容量损失。②Mn 的溶解，电解液中存在的痕量水分会与电解液中的 $LiPF_6$ 反应生成 HF，导致 $LiMn_2O_4$ 发生歧化反应，Mn^{2+} 溶解到电解液中，尖晶石结构被破坏。③电解液在高电位下分解，在循环过程中会发生分解反应，在材料表面形成 Li_2CO_3 膜，使电池极化增大，从而造成尖晶石 $LiMn_2O_4$ 在循环过程中容量衰减。

尖晶石锰酸锂 $LiMn_2O_4$(LMO) 材料的主要优点是原料资源丰富、成本低、电池安全性好；其公认的主要缺点是电池比能量低，同时循环稳定性欠佳。20 世纪 90 年代开始，受其原料及工艺成本低、安全性好的吸引，人们探索了 LMO 在电动大巴、乘用轿车、特种车辆、电动工具等领域的应用。目前，LMO 虽然已经很少用于车用动力电池，但在对成本较为敏感的电动自行车等小型动力电池行业得到了广泛的应用。此外，随着人们对车用大型动力电池安全性的关注，与三元材料共混使用也成为LMO材料的主要用途之一。

为了改善$LiMn_2O_4$的高温循环与储存性能，科研工作者采用了如下方法对其进行改性：使用其他金属离子部分替换Mn（如Li、Mg、Al、Ti、Cr、Ni、Co等）；减小材料尺寸以减少颗粒表面与电解液的接触面积；对材料进行表面改性处理；使用与$LiMn_2O_4$兼容性更好的电解液等。由于$LiMn_2O_4$表面的包覆物质保护了尖晶石的表面和阻止了电解质的侵蚀，从而避免了尖晶石中Mn溶解导致容量的衰减，提高正极材料的循环性能和倍率性能。如在$LiMn_2O_4$表面包覆$LiAlO_2$，经热处理后，在尖晶石颗粒表面形成了$LiMn_{2-x}Al_xO_4$的固溶体，对电极表面起到了保护作用，同时提高了晶体结构的稳定性，改善了$LiMn_2O_4$的高温循环性能和储存性能，还提高了倍率性能。合成纳米单晶颗粒也是提高$LiMn_2O_4$材料性能的手段，因为纳米单晶可以同时满足高电极材料密度和小尺寸的条件，在不降低电极密度的条件下提高其倍率性能。但受限于材料溶解性高的特点，仅仅依靠正极材料的性能提升，电池的循环稳定性一直未能很好得到满足，只有进一步配合电解液，电池的寿命才能满足需求。

3.2.4 $LiFePO_4$正极材料

磷酸亚铁锂（$LiFePO_4$）材料的主要金属元素是Fe，因此在成本和环保方面有着很大的优势。$LiFePO_4$材料循环寿命可达2000次以上，快速充放电寿命也可达到1000次以上。与其他正极材料相比，$LiFePO_4$具有更长循环寿命、更高稳定性、更安全可靠、更环保且价格低廉、更好的充放电倍率性能。磷酸亚铁锂电池已被大规模应用于电动汽车、规模储能、备用电源等。

$LiFePO_4$是橄榄石结构的正极材料，属于正交晶系（$a \neq b \neq c$，$\alpha=\beta=\gamma=90°$），空间群为Pnmb。$LiFePO_4$的晶体结构中O原子以稍微扭曲六面紧密结构的形式堆积，Fe原子和Li原子均占据八面体中心位置，形成FeO_6八面体和LiO_6八面体，P原子占据四面体中心位置，形成PO_4四面体，具体见彩插图3-14。$LiFePO_4$的晶胞参数：$a=1.0329$ nm，$b=0.6011$ nm，$c=0.4690$ nm。沿a轴方向，交替排列的FeO_6八面体、LiO_6八面体和PO_4四面体形成了一个层状结构。在bc面上，每一个FeO_6八面体与周围4个FeO_6八面体通过公共顶点连接起来，形成锯齿形的平面层。这个过渡金属层能够传输电子，但由于没有连续的FeO_6共边八面体网络，因此不能连续形成电子导电通道。各FeO_6八面体形成的平行平面之间，由PO_4四面体连接起来，每一个PO_4与一个FeO_6层有一个公共点，与另一个FeO_6层有一个公共边和一个公共点，PO_4四面体之间彼此没有任何连接。晶体由FeO_6八面体和PO_4四面体构成空间骨架。在$LiFePO_4$结构中，由于存在较强的三维立体的P-O-Fe键，不易析氧，结构稳定。

由于八面体之间的PO_4四面体限制了晶格体积的变化，在锂离子所在的ac平面上，PO_4四面体限制了Li^+的移动。第一性原理计算研究发现，锂离子沿b方向的迁移速率要比其他可能的方向快至少11个数量级，说明在$LiFePO_4$、$Li_{0.5}FePO_4$、$FePO_4$晶格中均为一维扩散，造成$LiFePO_4$材料的电子电导率和离子扩散速率低。Yamada等运用中子衍射进一步证实了锂离子的一维扩散路径，见彩插图3-15。

$LiFePO_4$中的Fe为+2价，在充电过程中，Fe由+2价变为+3价，而在放电过程中，

Fe 由+3 价变为+2 价，充电过程发生的电化学反应可用下式表示：

$$LiFePO_4 \longrightarrow Li_{1-x}FePO_4 + xLi^+ + xe^- \quad (0 \leqslant x < 1) \tag{3-8}$$

按照电化学计算 $LiFePO_4$ 的理论比容量为 170 mA·h/g，电压为 3.4 V（相对 Li^+/Li）。研究发现，在 $LiFePO_4$ 充放电过程中只存在 $FePO_4$ 和 $LiFePO_4$ 两个相，表明 Li^+ 的脱/嵌过程只伴随着一个相变过程。因此在充放电曲线中均存在一个平坦的电位平台与之相对应，$LiFePO_4$ 以相变形式表示的充放电反应过程可用下式表示：

充电：
$$LiFePO_4 \longrightarrow xFePO_4 + (1-x)LiFePO_4 + xLi^+ + xe^- \tag{3-9}$$

放电：
$$FePO_4 + xLi^+ + xe^- \longrightarrow xLiFePO_4 + (1-x)FePO_4 \tag{3-10}$$

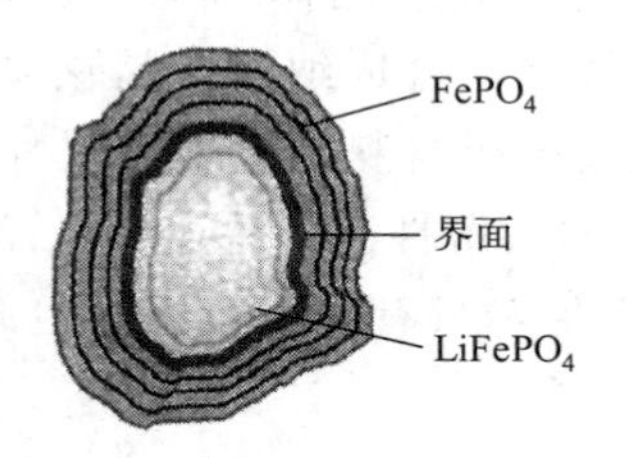

图 3-16 Li^+ 脱/嵌过程中 $FePO_4$/$LiFePO_4$ 界面运动示意图

针对 $LiFePO_4$ 颗粒中 Li^+ 的嵌入和脱出过程，人们最早提出了“核收缩”模型，见图 3-16。该模型认为，在充电过程中，随着锂离子的迁出，$LiFePO_4$ 不断转化成 $FePO_4$，并形成 $FePO_4/LiFePO_4$ 界面，充电过程相当于这个界面向颗粒中心的移动过程。界面不断缩小，直至锂离子的迁出量不足以维持设定电流最小值时，充电结束。此时颗粒中心锂离子尚未来得及迁出的 $LiFePO_4$ 就变成了不可逆容量损失的来源。反之，放电过程就是从颗粒中心开始的，是 $FePO_4$ 转化为 $LiFePO_4$ 的过程。$FePO_4/LiFePO_4$ 界面不断向颗粒表面移动，直至 $FePO_4$ 全部转化为 $LiFePO_4$，放电结束。无论是 $LiFePO_4$ 的充电还是放电过程，锂离子都要经历一个由外到内或者是由内到外通过相界面的扩散过程。其中锂离子穿过 $FePO_4/LiFePO_4$ 几个纳米厚的相界面的过程，是 Li^+ 扩散的控制步骤。此后，人们还提出了辐射（radial）模型和马赛克（mosaic）模型等，加深了 $LiFePO_4$ 脱嵌锂机理的认识。

电池的充放电过程中，电池材料在斜方晶系的 $LiFePO_4$ 和六方晶系的 $FePO_4$ 两相之间转变。由于 $LiFePO_4$ 和 $FePO_4$ 在 200 ℃以下以固溶体形式共存，在充放电过程中没有明显的两相转折点，因此，磷酸亚铁锂电池的充放电电压平台长且平稳。另外，在充电过程完成后，正极 $FePO_4$ 的体积相对 $LiFePO_4$ 仅减少 6.81%，再加上 $LiFePO_4$ 和 $FePO_4$ 在低于 400 ℃时几乎不发生结构变化，具有良好的热稳定性，在室温到 85 ℃范围内，与有机电解质溶液的反应活性很低。因此，$LiFePO_4$ 电池在充放电过程中表现出了良好的循环稳定性，材料循环寿命可达 2000 次以上，快速充放电寿命也可达到 1000 次以上，在安全性、成本和环保方面也有着很大的优势。其缺点是比容量低、电压低、充填密度低，大电流性能不好、低温性能差。目前磷酸亚铁锂主要用于大型动力锂离子电池，已经在电动自行车、电动大巴、电动公交车、特种车行业得到了广泛应用，而且在大规模储能行业得到了广泛的应用。

由于自然界中的 $LiFePO_4$ 以磷铁锂矿的形式存在，杂质含量较高，不适合直接用作锂离子电池正极材料，因此用于锂离子电池正极材料的 $LiFePO_4$ 是人工合成的。由于 $LiFePO_4$ 材料中锂离子沿一维通道传输，因此材料具有显著的各向异性，对缺陷结构异常敏感，需要制备过程保障合成反应的高度均匀性和精确的 Fe 和 P 比例，才可能获得较好的容量和倍率性能。基于材料结构和合成反应的复杂性，该材料的制备主要有两个难题：一是过程需要还原气氛，反应原料因种类、粒度不同而对还原气氛具有不同的要求，局部还原性过高或者过低都会导致产品中存留杂质；二是材料需要进行表面碳包覆或者与其他类型的导电剂进行复合，这使得材料的杂质和压实密度很难控制。由于 $LiFePO_4$ 存在离子扩散速率低、导电性能差的问题，对 $LiFePO_4$ 的倍率性能和低温性能造成很大影响。因此，如何提高材料的离子扩散速率和导电性，从而进一步有效提高倍率性能和低温性能一直是研究人员关注的热点。体相掺杂、包覆和正极补锂是提高 $LiFePO_4$ 电化学性能常采用的技术方法。

合成 $LiFePO_4$ 的方法主要有高温固相法、溶胶-凝胶法、液相氧化-还原法、共沉淀法、机械化学活化法和乳液干燥法等。高温固相法是最为常用的一种制备材料的方法，具有工艺简单、便于大范围工业化的鲜明特点。将各种磷酸盐、铁盐及锂盐原料按一定比例混合，然后在惰性气氛、高温条件下进行煅烧。若在原材料中加入适量的含碳有机物可使碳包覆到材料表面，有效防止材料的氧化。但在反应过程中影响因素多，包括原料的混合方法、混合均匀度、混合时间、煅烧温度、煅烧气氛和煅烧时间都直接影响 $LiFePO_4$ 正极材料电化学性能。溶胶-凝胶法是将磷酸盐、金属有机盐等原料均匀混合，然后通过水解—聚合—缩合过程使混合物形成溶胶，之后再进行沉化、蒸发缩合形成凝胶，凝胶最后经过干燥、高温煅烧得到产物 $LiFePO_4$，可以保证锂离子和金属离子在原子水平上混合均匀，从而降低离子在晶格重组时迁移所需要的活化能，有利于缩短反应时间和降低反应温度。但是，溶胶-凝胶法工艺复杂、成本较高，工业化生产较难实现。

3.2.5 三元正极材料

三元材料 $LiNi_{1-x-y}Co_yMn_xO_2$ 简称 NCM，其研究主要基于 $LiCoO_2$，研究的出发点是利用镍和锰去替代钴，降低钴含量，从而降低成本，提高安全性，同时保持高的质量/体积能量密度。NCM 三元材料相比于 $LiCoO_2$ 有成本上的优势，目前已经在商品锂离子电池中大量使用。随着镍含量的升高，三元正极材料的比容量逐渐升高，放电平台电压也逐渐升高。按照镍钴锰三者含量不同，NCM 材料可以分为 NCM111、NCM523、NCM622 和 NCM811 等，其中 NCM111（即 $LiNi_{1/3}Co_{1/3}Mn_{1/3}O_2$）目前应用最为成功，具有更高镍含量的高镍 NCM 三元材料已经成为重要的发展方向。

典型的三元材料还有镍钴铝三元材料 NCA（$LiNi_{0.8}Co_{0.15}Al_{0.05}O_2$）。NCA 三元材料的研究起源于层状的 $LiNiO_2$。$LiNiO_2$ 具有成本低、容量高的优点，但是其合成困难，热稳定性差，循环寿命短，一般通过用 Mn、Al、Fe、Mg 等部分替代 Ni 来改善其性能。在诸多的替代物中，少量 Co 和 Al 共掺杂能最有效地提高 $LiNiO_2$ 的稳定性，提高其循环稳定性。但是在制作过程中，由于 Al 为两性金属，不易沉淀，因此 NCA 材料制作工艺上存在门槛。

三元材料 $LiNi_{1-x-y}Co_yMn_xO_2$ 类似于 $LiCoO_2$，与 $LiCoO_2$ 一样，具有 α-$NaFeO_2$ 型层状结构（$R\bar{3}m$ 空间群），在过渡金属层中，处于 $3b$ 位置的 Co 元素可以被 Ni、Mn、Li 以及其他元素取代。当 Co 被 Ni、Mn 部分取代时，称之为三元材料，具有多种组合，只要其所占位置的平均电荷为+3 即可。下面以 NCM111 为例讨论三元材料的结构，NCM111 属于 α-$NaFeO_2$ 型层状结构（$R\bar{3}m$ 空间群），Li 原子占据 $3a$ 位置，氧原子占据 $6c$ 位置，Ni、Co、Mn 占据 $3b$ 位置，每个过渡金属原子由 6 个氧原子包围形成 MO_6 八面体结构，而锂离子嵌入过渡金属原子与氧形成 $LiNi_{1/3}Co_{1/3}Mn_{1/3}O_2$ 层。目前，关于 $3b$ 位过渡金属的排列有 3 种假设模型：

① Ni、Co 和 Mn 在 $3b$ 层中均匀规则排列，以 $[\sqrt{3}\times\sqrt{3}]R30^\circ$ 超晶格形式存在，见图 3-17(a)；

② Co、Ni 和 Mn 分别组成 $3b$ 层并交替排列，见图 3-17(b)；

③ Ni、Co 和 Mn 在 3*b* 层随机分布。

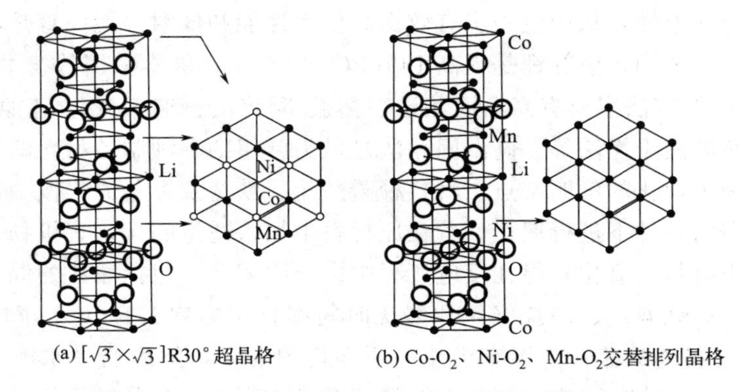

(a) $[\sqrt{3}\times\sqrt{3}]$R30° 超晶格　(b) Co-O_2、Ni-O_2、Mn-O_2交替排列晶格

图 3-17　$LiNi_{1/3}Co_{1/3}Mn_{1/3}O_2$ 三元材料超结构示意图

目前研究者对 $LiNi_{1/3}Co_{1/3}Mn_{1/3}O_2$ 层间过渡金属原子的排布结构判断多倾向于第一种结构，但是还未形成统一认识。

$LiNi_{1-x-y}Co_yMn_xO_2$ 三元材料中过渡金属离子的平均价态为＋3 价，Co 以＋3 价存在，Ni 以＋2 价及＋3 价存在，Mn 则以＋4 价及＋3 价存在，其中＋2 价的 Ni 和＋4 价的 Mn 数量相等。充放电过程可用下式表示：

$$LiNi_{1-x-y}Co_yMn_xO_2 \rightleftharpoons Li_{1-z}Ni_{1-x-y}Co_yMn_xO_2 + zLi^+ + ze^- \quad (0\leqslant x\leqslant 1) \tag{3-11}$$

这里以 $LiNi_{1/3}Co_{1/3}Mn_{1/3}O_2$ 的超结构模型为例讨论三元材料的可逆储锂机理。$Li_{1-z}Ni_{1/3}Co_{1/3}Mn_{1/3}O_2$ 的充电脱锂过程分为 3 个阶段：

① $0\leqslant z\leqslant 1/3$ 时对应的反应是将 Ni^{2+} 氧化成 Ni^{3+}；

② $1/3\leqslant z\leqslant 2/3$ 时对应的反应是将 Ni^{3+} 氧化成 Ni^{4+}；

③ $2/3\leqslant z\leqslant 1$ 时对应的反应是将 Co^{3+} 氧化成 Co^{4+}。

随着充电进行，依次由 Ni^{2+}/Ni^{3+}、Ni^{3+}/Ni^{4+} 和 Co^{3+}/Co^{4+} 电对的氧化，进行电荷补偿，主要通过 Ni^{2+}/Ni^{3+} 和 Ni^{3+}/Ni^{4+} 两个电对进行补偿，而 Mn、Co 两元素在充电过程中基本不发生变化，氧化态分别稳定在＋4 和＋3 价。在充电后期则电子由氧原子提供。

在层状正极材料中，均会发生 Li^+ 与过渡金属离子的混排现象，Ni^{2+} 的存在会使混排程度更为突出。这是由于 Ni^{2+} 的半径 0.069 nm 与 Li^+ 的 0.076 nm 相近，Ni^{2+} 会占据 Li^+ 的 3*a* 位置，Li^+ 则进驻 Ni^{2+} 的 3*b* 位置。Li^+ 层中 Ni^{2+} 的浓度越大混排越严重，Li^+ 的脱嵌越困难，电化学性能越差。这种混排可用 XRD 特征峰强度的比值 R 来表征，如 $R=I_{003}/I_{004}$，当 $R>1.2$ 时，材料混排较小，具有较理想的层状结构。

在 $LiNi_{1-x-y}Co_yMn_xO_2$ 中，Ni 提供电化学所需要的电子，有助于提高容量；但 Ni 含量增加会导致过渡金属离子混排趋势增加、循环性能恶化。Co 能提高材料的导电性及倍率性能，但过量 Co 会导致混排增大，比容量也相应下降。Mn 有利于改善安全性能，但过量也会导致层状结构遭受破坏，比容量降低，循环稳定性变差。

三元材料 NCM 综合了单一组分材料的优点，具有明显的三元协同效应。三元材料基本物性和充放电平台与 $LiCoO_2$ 相近，平均放电电压为 3.6 V 左右，可逆比容量一般在 150～180 mA·h/g。三元材料比 $LiCoO_2$ 的容量高且成本低，比 $LiNiO_2$ 安全性好且易于合成，比 $LiMn_2O_4$ 更稳定且拥有价格和环境友好优势。所以，三元材料具有良好的市场前景，目前主要用于小型锂离子电池和动力锂离子电池。三元材料主要有 $LiNi_{1/3}Co_{1/3}Mn_{1/3}O_2$（简称

NCM111）、$LiNi_{0.5}Co_{0.2}Mn_{0.3}O_2$（简称 NCM523）、$LiNi_{0.6}Co_{0.2}Mn_{0.2}O_2$（简称 NCM622）和 $LiNi_{0.8}Co_{0.1}Mn_{0.1}O_2$（简称 NCM811）等几种，另外把 $LiNi_{0.8}Co_{0.15}Al_{0.05}O_2$（简称 NCA）也归为三元材料。这几种三元材料的性能对比如表 3-4 所示。

表 3-4　三元材料性能对比表

三元正极材料	NCM111	NCM523	NCM622	NCM811	NCA
0.1*C* 放电比容量(3.0～4.3 V)/(mA·h/g)	166	172	181	205	205
0.1*C* 中值电压/V	3.80	3.80	3.80	3.81	3.81
1*C*/1*C* 100 周容量保持率(3.0～4.3 V)/%	98	96	92	90	90
能量密度/(W·h/kg)	180	200	230	280	280
安全性能	较好	较好	中等	稍差	稍差
成本	最高	较低	较高	较高	较高

注：1. 0.1*C* 是二次电池的充放电的电流倍率，例如一组额定容量为 100 A·h 的二次电池以0.1*C* 放电倍率放电，则表示该组电池以 0.1×100＝10 A 的放电电池放电。

2. 1*C*/1*C* 表示充电和放电的电流倍率都是 1*C*。

高镍三元材料开发更快，Noh 等采用共沉淀方法合成 $LiNi_xCo_yMn_zO_2$（$x=1/3$、0.5、0.6、0.7、0.8 和 0.85）系列材料，研究了 Ni 含量对其电化学性能、结构及热稳定性的影响，发现电化学性能和热稳定性能与 Ni 含量密切相关。Ni 含量升高，材料比容量和残碱量增加，容量保持率和安全性则会降低。XRD、TG-DSC 分析表明，其结构稳定性与热、电化学稳定性相关，如彩插图 3-18 所示。

正极材料的微观形貌、粒径大小及分布、振实密度及比表面等性质都对材料的加工及最终电池的电化学性能有很大的影响。为进一步提高高镍三元材料的电化学性能和稳定性能，需要对其进行体相掺杂、表面包覆、梯度化、单晶化和微纳米结构设计等手段。

① 体相掺杂　一般是掺入与材料中离子半径比较接近的离子，目的是通过提高材料晶格能的方式来稳定材料的晶体结构，从而改善材料的循环性能和热稳定性能。掺杂改进的元素一般分为金属离子掺杂、非金属离子掺杂和复合掺杂。如有研究指出 Mg 掺杂可有效地抑制离子混排，降低材料表面的 Ni^{2+}/Ni^{3+} 值，并增加 Li^+ 迁移的活化势能，但掺杂过量会导致材料倍率性能的恶化。Mo^{6+} 掺入 NCM111 体系可以提高材料中 Ni^{2+} 的电活性，少量掺杂即可改善材料的放电容量，同时保持较好的循环稳定性。F 掺杂可促进晶粒生长并改善结晶性能，较低掺杂量就可以稳定材料循环过程中活性物质和电解液之间的界面，大大改善其循环性能；掺杂量过高会造成取代不均衡，反而会严重恶化其电性能。

② 表面包覆　是指直接在材料的表面通过物理或化学手段形成一层稳定的保护层以避免本体材料与电解液直接接触的改性技术。表面包覆的目的是保持材料表面结构的稳定性，避免材料与电解液的直接接触以及抑制高电位下过渡金属离子的溶解。一般要求包覆材料具有比较稳定的化学结构以及良好的电子、锂离子导电性，以有利于电极内电子的传导和锂离子的扩散。包覆的材料一般分为单质包覆、氧化物包覆、氟化物包覆和磷酸盐包覆等，其中以氧化物包覆最为常见。如碳包覆可以提高材料的大电流倍率性能和热稳定性。SiO_2 包覆可抑制界面间副反应的发生，减少了 HF 的影响，同时热稳定性和循环性能有所改善，但是不利于倍率性能。Al_2O_3 包覆能在不降低初始放电容量的同时改善倍率和循环性能。刘云建等利用溶胶-凝胶法在单晶 $LiNi_{0.8}Co_{0.1}Mn_{0.1}O_2$（SC-811）上实现了

表面 $La_2Li_{0.5}Al_{0.5}O_4$ 包覆和 Al^{3+} 梯度掺杂的双重改性设计（图 3-19）。$La_2Li_{0.5}Al_{0.5}O_4$ 是镧基氧化物中的一种快离子导体材料，Al^{3+} 掺杂可以抑制相变、阳离子混排和晶格氧析出。双重改性设计成功地抑制了循环过程中的 H2-H3 相的衰减和晶内裂纹、氧空位的产生以及严重的岩盐相变，并减少循环过程中 SEI 膜界面副反应。所制备的 SC-811 表现出优异的电化学性能，在 2.8～4.3 V 电压范围充放电，在 1C 倍率下经历 200 次循环后比容量为 161 mA·h/g，容量保持率为 90.9%。

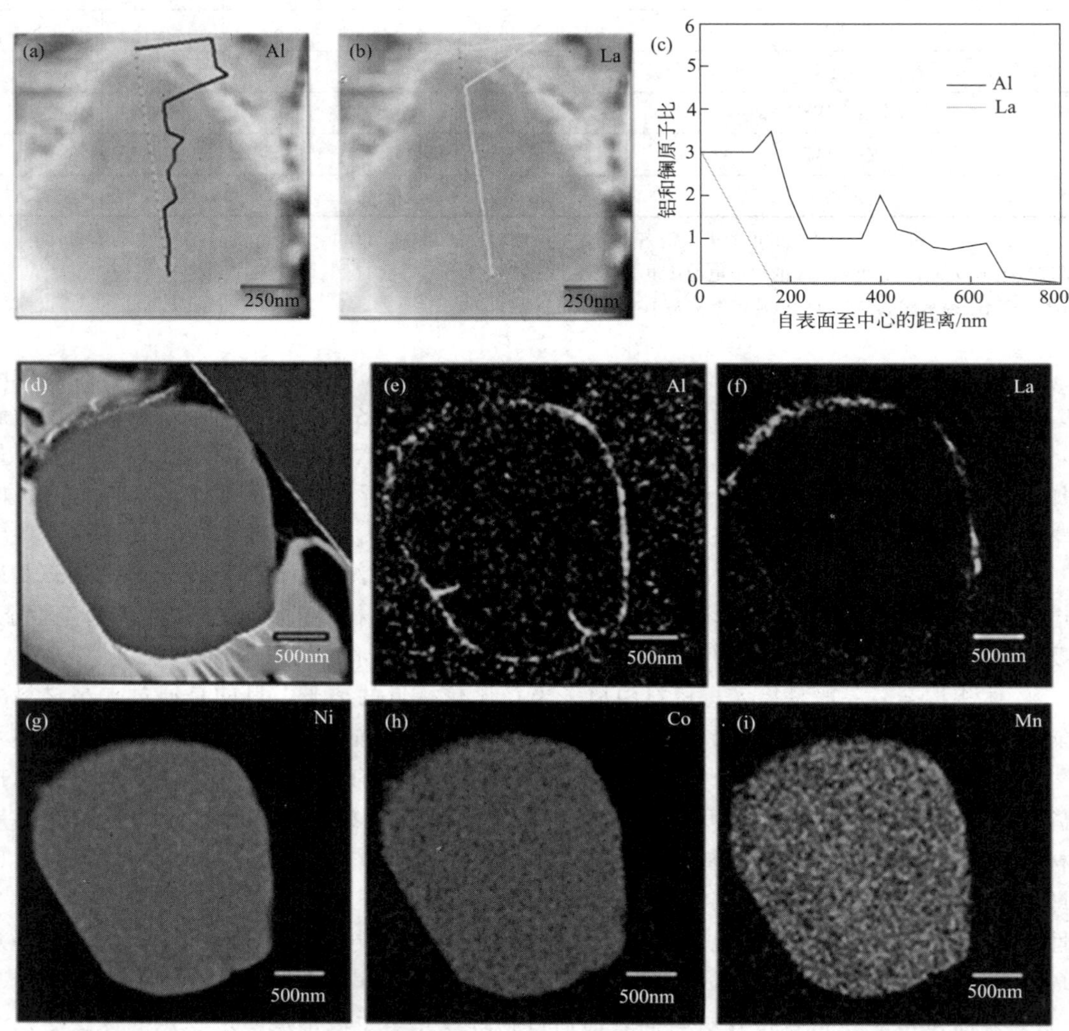

图 3-19 LLA-3 横截面的 SEM 图像（a）；Al、La 元素的 EDS 能谱线扫描测试结果（b）；铝和镧原子比与基体表面距离的关系图（c）；LLA-3 的横截面 TEM 图像（d），以及 Al、La、Ni、Co 和 Mn 元素的 EDS 图（e）～（i）

③ 梯度化 为了改善高镍三元材料的稳定性，Sun 等提出了核壳材料的概念，采用共沉淀方法先制备出 $Ni_{0.8}Co_{0.1}Mn_{0.1}(OH)_2$，在其表面沉淀出 $Ni_{0.5}Mn_{0.5}(OH)_2$，得到 $(Ni_{0.8}Co_{0.1}Mn_{0.1})_{0.8}(Ni_{0.5}Mn_{0.5})_{0.2}(OH)_2$，再与 Li 源混合高温烧结制备出 $Li[(Ni_{0.8}Co_{0.1}Mn_{0.1})_{0.8}(Ni_{0.5}Mn_{0.5})_{0.2}]O_2$，该材料具有 $LiNi_{0.8}Co_{0.1}Mn_{0.1}O_2$ 的高容量又兼顾了 $LiNi_{0.5}Mn_{0.5}O_2$ 热稳定性高、循环性能优异的特点。但如果工艺不当，核壳结构不

够稳定，长时间循环后可能会有脱落现象。如彩插图3-20所示，其团队又提出了纳米全梯度的概念，即整个材料从外到内Ni含量依次增加，Mn含量依次减少，Co含量基本不变。颗粒内部的富镍成分可以提供高的比容量，而颗粒表面的富锰成分可以提供高的热稳定性。这种元素含量从颗粒中心到颗粒表面逐渐变化的结构设计，克服了核壳结构材料在循环充放电过程中核壳界面不稳定的现象，因此制备出的材料从容量、倍率、循环到热稳定性等综合性能均为优异。

④ 单晶化　一般的三元材料都是由许多一次颗粒组成的团聚颗粒体，这种材料在制作电池极片时如果压力过大会导致二次颗粒破裂，团聚体内部的一次颗粒与电解液接触增加，会加速其容量的衰减。同时团聚体高镍三元材料比表面积大，也会增加与电解液的接触，导致产气。为避免这种情况发生，研究人员提出了单晶化的思路，制备出了单晶型的三元材料。这种材料压实高，循环好，安全性也较高，在高电压下使用更稳定，兼具高压实和高电压稳定性的优点，因此引起人们越来越多的注意。目前商品化的单晶产品是NCM523，Li等认为较高的Li/M比（M代表Ni、Co和Mn金属元素的总物质的量）和烧结温度更有利于单晶化，与多晶的材料相比，他们制备的NCM523单晶虽然在相同电压下容量低，但在高温和较高电压下其循环稳定性优良。高镍NCM811和NCA单晶型产品正在开发中。胡国荣等通过控制结晶法制备高密度类球形$Ni_{0.85}Co_{0.06}Mn_{0.06}Al_{0.03}(OH)_2$前驱体，与$LiOH\cdot H_2O$均匀混合后，在820℃于氧气气氛中高温煅烧，得到压实密度较高的$LiNi_{0.85}Co_{0.06}Mn_{0.06}Al_{0.03}O_2$，极片压实密度达到3.82 g/cm^3，制作的电池在3.0～4.3 V下，首次放电比容量为211.7 mA·h/g,首次放电效率为88.9%。5C倍率下放电比容量180.2 mA·h/g,倍率性能优异，循环200周容量保持率为80.4%。

⑤ 微纳米结构设计　通过微纳米结构设计，可显著改善锂离子和电子的传输特性，提高材料的大电流放电特性。如彩插图3-21所示，张林森等设计并构筑了纤维管状$LiNi_{0.5}Co_{0.2}Mn_{0.3}O_2$和谷粒状$LiNi_{0.8}Co_{0.1}Mn_{0.1}O_2$高镍正极材料，并获得了显著改善的倍率性能和循环稳定性。

3.3 锂离子电池负极材料

3.3.1 负极材料简介

在锂离子电池充放电过程中，锂离子反复地在负极材料中嵌入和脱出，发生电化学氧化/还原反应。为了保证良好的电化学性能，对负极材料一般具有如下要求：

① 锂离子嵌入和脱出时电压较低，使电池具有高工作电压；

② 质量比容量和体积比容量较高，使电池具有高能量密度；

③ 主体结构稳定，表面形成的固体电解质界面（SEI）膜稳定，使电池具有良好循环性能；

④ 表面积小，不可逆损失小，使电池具有高充放电效率；

⑤ 具有良好的离子和电子导电能力，有利于减小极化，使电池具有大功率特性和容量；

⑥ 安全性能好，使电池具有良好安全性能；

⑦ 浆料制备容易、压实密度高、反弹小，具有良好加工性能；

⑧ 具有价格低廉和环境友好等特点。

人们研究过的锂离子电池负极材料种类繁多，如表 3-5 所示。

表 3-5 锂离子电池负极材料的分类

类别		主要负极材料
碳负极	石墨类负极材料	天然石墨、人造石墨、复合石墨、中间相炭微球
	无定形碳	软炭、硬炭
	纳米碳材料	石墨烯、碳纳米管
合金型负极		硅、锗、锡和铅
具有插层-脱嵌反应的氧化物		氟化物、硫化物、硒化物等
基于合金化与去合金化反应的氧化物		Si 氧化物、GeO_2 和锗酸盐、Sn 氧化物
基于转化反应的负极		CoO，NiO，CuO，MnO，尖晶石结构的氧化物，具有刚玉结构的氧化物（M_2O_3，M=Fe、Cr 和 Mn），二氧化物
尖晶石结构的三元金属氧化物		钼化合物、青铜型氧化物、$Mn_2Mo_3O_8$
基于合金和转化反应的负极		$ZnCo_2O_4$、$ZnFe_2O_4$

表 3-5 所列举的负极材料并不十分详尽，但迄今为止所研究过的其他材料都无法与碳材料竞争。在插层脱嵌类材料中，软炭是一种成熟的技术，但硬炭可以应用于高功率装置。氧化钛具有成本低、环境安全、良好的循环性、极高的功率密度和非常好的抗滥用性等优点。氧化钛的缺点在于能量密度显著低于碳负极，$Li_4Ti_5O_{12}$ 的理论比容量为 160 mA·h/g，TiO_2 为 250 mA·h/g，而碳材料则高达 372 mA·h/g。此外，氧化钛材料锂脱嵌电位高（1.3～1.6 V），而石墨类负极脱嵌锂电位接近于 0 V。虽然，脱嵌锂电位低可以避免在低于 1 V 的负极粒子上形成 SEI 膜而导致较大的不可逆容量损失，但是作为负极材料工作电位偏高会降低电池的工作电压，并因此降低了其能量密度。石墨烯具有非常好的电子导电性、良好的机械灵活性和高的化学功能。因此，它可以作为用于组装具有各种结构的纳米颗粒的理想的 2D 支撑，并且通过石墨烯纳米金属氧化物的复合材料获得非常好的结果。此外，石墨烯能够防止纳米颗粒在循环时的团聚，并且纳米颗粒能防止石墨烯片的重新堆积。开发这种负极的障碍是石墨烯的成本和可规模化的生产，这已成为一个巨大的挑战，阻碍了石墨烯负极的大量生产。此外，碳纳米管金属氧化物复合材料的纳米颗粒目前只能在实验室规模下制备，因为生产成本不允许其应用于电池行业。在上述众多的锂离子电池负极材料中，能够满足上述要求且实现商业化的负极材料主要有石墨、硬炭和软炭等碳材料，钛酸锂和硅基材料。表 3-6 为已经商业化应用的负极材料的主要性能参数。

表 3-6 典型负极材料的理化性能和电化学性能

负极材料种类	理化性能					电化学性能	
	真密度/(g/cm³)	振实密度/(g/cm³)	压实密度/(g/cm³)	比表面积/(m²/g)	粒度 D_{50}/μm	实际比容量/(mA·h/g)	首次库仑效率/%
天然石墨	2.25	0.95～1.08	1.5～1.9	1.5～2.7	15～19	350～363.4	92.4～95
人造石墨	2.24～2.25	0.8～1.0	1.5～1.8	0.9～1.9	14.5～20.9	345～358	91.2～95.5
中间相炭微球	—	1.1～1.4	—	0.5～2.6	10～20	300～354	>92
软炭	1.9～2.3	0.8～1.0	—	2～3	7.5～14	230～410	81～89

续表

负极材料种类	理化性能					电化学性能	
	真密度 /(g/cm³)	振实密度 /(g/cm³)	压实密度 /(g/cm³)	比表面积 /(m²/g)	粒度 D_{50} /μm	实际比容量 /(mA·h/g)	首次库仑效率/%
硬炭	—	0.65～0.85	—	—	8～12	235～410	83～86
钛酸锂	3.546	0.65～0.7	—	6～16	0.7～12	150～155	88～91
硅碳复合材料	—	0.8～1.0	1.4～1.8	1.0～4.0	13～19	400～650	89～94

3.3.2 石墨材料

石墨是由碳原子组成的六角网状平面规则平行堆砌而成的层状结构晶体，属于六方晶系、P63/mc空间群。在每一层石墨平面内的碳原子排成六边形，每个碳原子以 sp^2 杂化轨道与三个相邻的碳原子以共价键结合，碳碳键键长为0.1421 nm，p轨道上电子形成离域π键，使得石墨层内具有良好的导电性。相邻层内的碳原子并非以上下对齐方式堆积，而是有六方形结构和菱形结构两种结构。六方形结构为ABABAB…堆积模型，菱形结构为ABCABCABC…堆积模型，如图3-22所示。理论层间距为0.3354 nm，晶胞参数：a_0 = 0.246 nm，c_0 = 0.670 nm。

石墨晶体材料表面结构分为端面和基面，基面为共轭大平面结构，而端面为大平面的边缘。端面与基面的表面积之比变化很大，与碳材料的品种和制备方法有关。端面又分为椅形表面和齿形表面，如图3-23(a)所示。其中石墨晶粒直径 L_a 与拉曼光谱 I_{1360}/I_{1580} 有关，L_a 越大，端面越少。碳层之间可能存在封闭结构［图3-23(b)］，类似碳纳米管。石墨表面和层间缺陷都有可能存在部分官能团［图3-23(c)］。

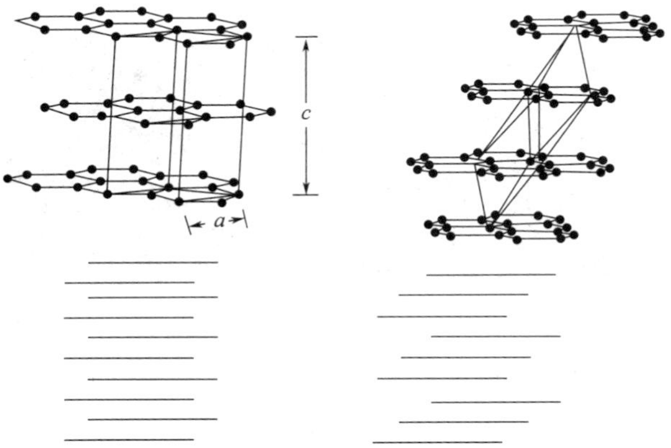

(a) 六方形结构　　(b) 菱形结构

图3-22 石墨晶体的两种晶体结构

石墨材料的种类很多，有球形天然石墨、破碎状人造石墨和石墨化中间相炭微球（MCMB）三大类，它们的表面形貌见图3-24。

石墨的充放电过程是锂嵌入石墨形成石墨嵌入化合物和从石墨层中脱出的过程。石墨的嵌/脱锂化学反应如下式：

$$x\mathrm{Li}^+ + 6\mathrm{C} + x\mathrm{e}^- \rightleftharpoons \mathrm{Li}_x\mathrm{C}_6 \tag{3-12}$$

石墨嵌入化合物具有阶现象，阶数等于周期性嵌入的两个相邻嵌入层之间石墨层的层数，如1阶 LiC_6、2阶 LiC_{12}、3阶 LiC_{24} 和4阶 LiC_{36} 等化合物。在石墨的充电过程中，充电电压逐渐降低，形成充电电压阶梯平台，对应高阶化合物向低阶化合物转变。石墨充电电压阶梯平台与两个相邻阶嵌入化合物的过渡电压存在对应关系，低含量的锂随机分布在整个

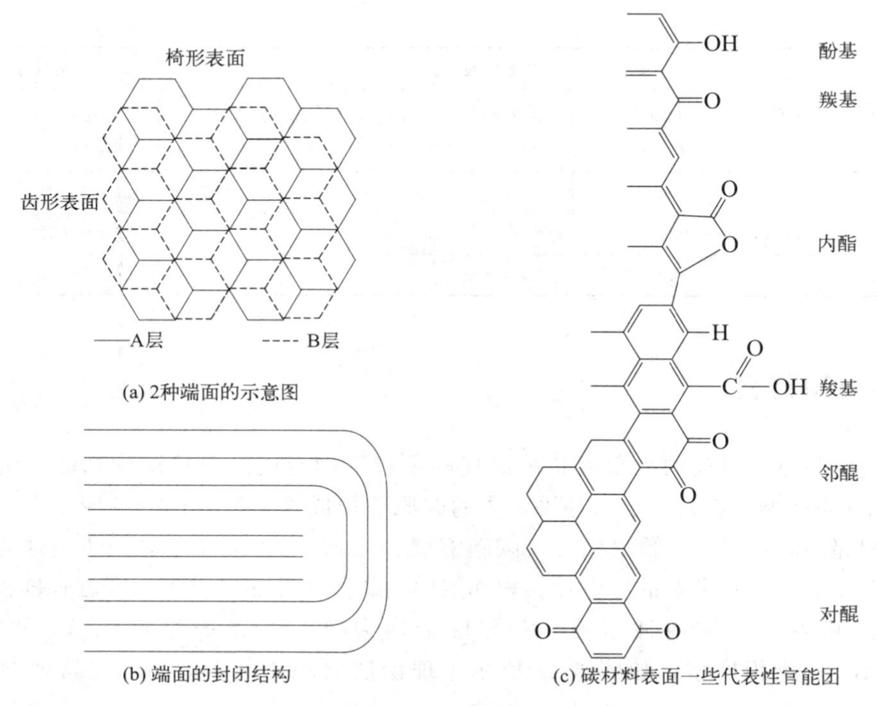

图 3-23 碳材料结构中的端面及官能团

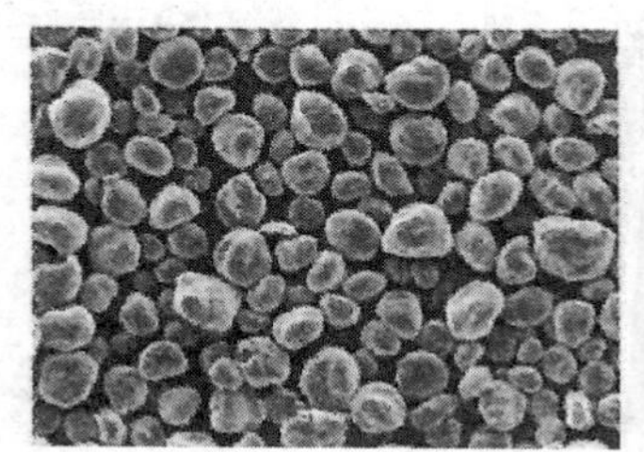

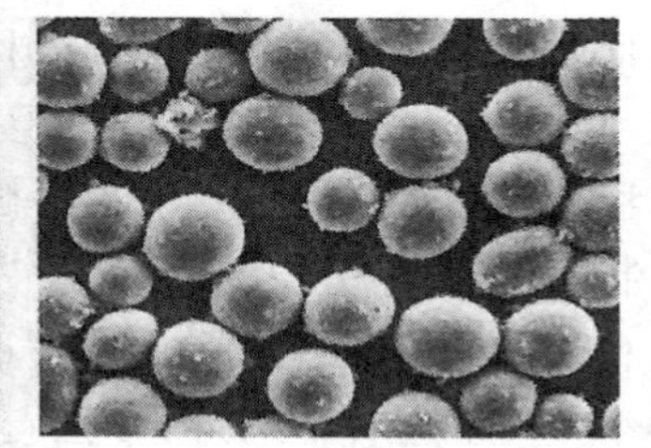

图 3-24 碳材料形貌图

石墨晶格里，以稀释 1 阶形式存在，稀释 1 阶向 4 阶转变的过渡电压为 0.20 V，4 阶向 3 阶转变的过渡电压为连续的，3 阶向稀释 2 阶（2 L 阶）转变的过渡电压为 0.14 V，2 L 阶向 2 阶转变的过渡电压为 0.12 V，2 阶向 1 阶转变的过渡电压为 0.09 V。嵌满锂时形成的是 1 阶化合物 LiC_6，比容量为 372 mA·h/g,这是石墨在常温常压下的理论最大值，见图 3-25。有研究者在高温高压制备了 $x>1$ 石墨嵌入化合物（Li_xC_6），表明在高压下，锂离子电池可以具有更高的容量。

石墨负极材料在首次充电时，石墨碳层的端面和基面呈现裸露状态，电化学电位很低，具有极强的还原性。现在人们普遍认为没有一种电解液能抵抗锂及高嵌锂炭的低电化学电位。因此，在石墨负极材料首次充电的初期，电解质和溶剂在石墨表面发生还原反应，生成的产物有固态产物 Li_2CO_3、LiF、LiOH 以及有机锂化合物。这些固态化合物沉积于碳材料的表面，形成导离子、不导电子的固体电解质界面膜，也即通常所说的 SEI 膜。SEI 膜可以传导离子，且可以阻止电子的传导，从而阻止了电解液的继续分解，使得锂离子电池的不可逆反应大幅度减少，从而具有稳定的循环能力。另外，SEI 膜还具有阻止溶剂共嵌入到石墨层间的作用，有效避免溶剂共嵌入带来的晶体结构的破坏，实现稳定的储锂。也就是说，只有生成稳定的SEI膜才能使碳材料具有稳定可逆嵌/脱锂的能力。

不可逆反应除了电解液的分解、SEI膜损失以外，还有其他损失，如石墨表面吸附的水和O_2的不可逆还原、石墨表面官能团的分解。研究发现石墨负极材料的比表面积、表面官能团数量及基面与端面之比都与不可逆容量有关，石墨基端面的锂离子共嵌入与自放电对不可逆容量贡献比外表面更多。通常比表面积越大，表面官能团越多，不可逆容量越大，电池的首次库仑效率越低。

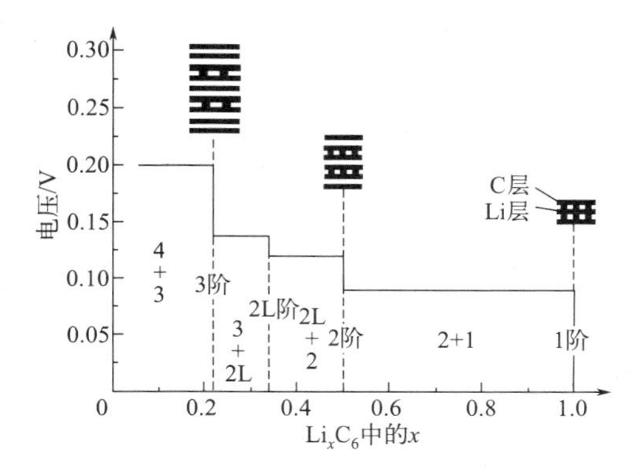

图3-25 石墨嵌入锂的阶数与电压平台的关系

石墨负极材料是目前商品锂离子电池主要的负极材料，主要为天然石墨负极材料和人造石墨负极材料。天然石墨是远古动植物被深埋后，在高压高温等条件下经过漫长地质演变而成的，按结晶度天然石墨可分为鳞片石墨和土状石墨两类，具有储量大、成本低、安全无毒等优点。

鳞片石墨形貌似鱼鳞，石墨化程度大于98%，宏观上表现出各向异性，作为锂离子电池负极首次库仑效率为90%～93%。在0.1*C*电流密度下，其可逆比容量为340～370 mA·h/g，几乎接近理论比容量，但石墨片层易发生剥离，导致电池的循环性能不理想。天然石墨的原子层结合能仅为16.7 kJ/mol，溶剂容易进入层间导致层剥离，使其容量下降，通过表面包覆可有效阻止溶剂进入。目前，主要采用包覆、复合等方法提高鳞片石墨的循环稳定性和可逆容量。低温使锂离子在鳞片石墨中扩散慢，导致鳞片石墨的可逆容量低，造孔可改善其低温储锂性能。

土状石墨又名微晶石墨，石墨化程度通常低于93%，宏观上表现出各向同性，钢灰色，有金属光泽，通常由煤变质而成，含有少量Fe、S、P、N、Mo和H等杂质，用作锂离子电池负极材料需提纯。另外，微晶石墨存在较多杂质和缺陷，可逆比容量一般低于300 mA·h/g。粒子大小对微晶石墨的可逆储锂容量有明显影响，小颗粒材料通常具有较高的比表面积，能实现快速锂离子插入，可逆比容量高。微晶石墨生产过程容易使颗粒破碎，在一定程度上影响材料的循环稳定性，复合和包覆是常用的改性方法。微晶石墨的容量、倍率性能均差于鳞片石墨，相对于鳞片石墨而言研究较少。

天然石墨经过矿山采矿浮选、粉碎、球形化、分级处理得到球形石墨，球形石墨再经过固相或者是液相的表面包覆以及后续筛分、炭化等工序得到改性天然石墨负极材料。改性处理的目的是缓解炭电极表面的不均匀反应，使得电极表面的SEI成膜反应能够均匀地进行，得到质量好的SEI膜。改性天然石墨负极材料比容量高、价格便宜，但结构不稳定，和电解液的兼容性差，易造成溶剂分子共插入以及片层脱落，膨胀大、循环寿命短、倍率性能较差，不适用于一些高端的应用场景，如智能手机、电动汽车等。这时，人造石墨负极就产生了。人造石墨负极材料是将石油焦、针状焦、沥青等经粉碎、造粒、高温石墨化、球磨筛分等步骤制成的。

中间相炭微球（MCMB）是沥青类化合物受热时发生收缩形成的各向异性小球，直径通常在1～100 μm之间，商业化MCMB的直径通常在5～40 μm之间，球表面光滑，具有较高的压实密度。新制的MCMB表面呈疏水性，表面碳原子反应活性高，在表面引入亲水性基团可提高其导电性。MCMB的可逆储锂容量与生产时的热处理条件密切相关。热处理条件如温度、时间、升温速率、热处理气氛等影响MCMB的球径、表面缺陷程度、结晶度等，进而影响其电化学性能。一般情况下，储锂容量随着石墨化程度增加而增加；另外，储锂容量与石墨晶体的排列方式有关，具有错向经线型MCMB的可逆储锂容量最高，1C下可逆比容量达282～325 mA·h/g，首次库仑效率达90%。

MCMB作为锂离子电池负极具有如下优点：①球形颗粒有利于形成高密度堆积的电极涂层，且比表面积小，有利于降低副反应；②球内部碳原子层径向排列，锂离子容易嵌入/脱出，大电流充放电性能好。但是，MCMB边缘的碳原子经锂离子反复插入脱出容易导致碳层剥离和变形，引发容量衰减，表面包覆工艺能有效抑制剥离现象。目前，对MCMB的研究大多数集中在表面改性、与其他材料复合、表面包覆等。

针状焦作为一种新型碳材料具有良好的石墨微晶结构、针状的纹理走向，是制备锂离子电池负极材料的理想碳源。因其易于石墨化、电导率高、价格相对低廉、灰分低等优点，同时又具有足够高的锂嵌入量和很好的锂脱嵌可逆性，以保证高电压、大容量和循环寿命长及电流密度的要求，成为近年负极材料市场上的主流产品。然而，针状焦作为人造石墨类负极材料还存在一些缺点，针状焦表面易与电解液发生不可逆反应而造成充放电效率的降低、因溶剂共嵌入引起的电池可逆容量降低、材料体积膨胀、循环性能差等问题，成为了阻碍其进一步发展的瓶颈，距离动力锂离子电池的相关要求还存在着一定的差距。对于针状焦的研究主要集中在对针状焦进行热处理或石墨化处理，针状焦表面包覆处理，针状焦二次成型，以及将针状焦与其他材料如Si复合处理，以提高针状焦的电化学性能。因此通过开发寻求新的方法来改善这些状况是现在急需解决的问题。

比较改性天然石墨、人造石墨、MCMB，人造石墨的综合性能最优，在高端电子产品市场上占比相对更高。改性天然石墨成本较低，在动力电池、储能电池、消费电子领域也获得了广泛应用。石墨类负极材料主要应用领域为便携式电子产品，当前制作工艺的不断完善已经使石墨类负极材料非常接近其理论比容量372 mA·h/g，且压实密度也已经达到极限，而电动汽车领域的不断发展对下一代锂离子电池的能量密度、功率密度、寿命等提出了更高的要求。针对这一不断增长的需求，在碳材料方面，目前学术界以及各大负极材料厂商对纳米孔、微米孔石墨和多面体石墨继续进行更深层次的研究，以期望通过提升石墨类负极材料的性能来满足锂离子电池高容量、高功率等更高层次的需求。

石墨负极材料的来源和加工过程不同，其物理化学性能也不同。因此在研究及生产过程中，为了得到电化学性能优良的石墨负极材料，需有效控制其各方面的物理化学指标，从而深入研究石墨负极材料的物理化学指标和电化学性能之间的关系。石墨负极材料的技术指标众多，且难以兼顾，主要包括比表面积、粒度分布、振实密度、压实密度、真密度、首次充放电比容量、首次库仑效率等。除此之外，还有电化学指标如循环性能、倍率性能等。

我国的石墨储量丰富，是世界上石墨储量最丰富的国家，占世界总储量70%以上。我国在锂离子电池负极材料产业化方面具有一定的优势，国内电池产业链从原料的开采、电极材料的生产到电池的制造和回收等环节比较齐整。

3.3.3 无定形碳

无定形碳通常是指呈现石墨微晶结构的碳材料，包括软炭和硬炭两种（图3-26）。软炭的微晶排列规则，多以平行堆砌为主，经过 2000 ℃以上高温处理后容易转化为层状结构，也称为易石墨化炭。石油焦和沥青炭均属于软炭。硬炭的微晶排列不规则，微晶之间存在较强交联，即使经过高温处理也难以获得晶体石墨材料，也称为不可石墨化炭。制备硬炭的原料主要有酚醛树脂、环氧树脂、聚糠醇、聚乙烯醇等，以及葡萄糖和蔗糖等小分子有机物。

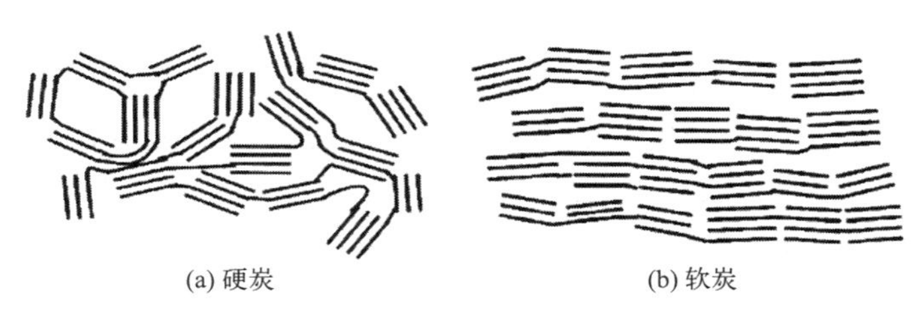
(a) 硬炭　　(b) 软炭

图 3-26　无定形碳结构

无定形碳的可逆储锂机理研究很多，主要有 Li_2 分子机理、多层锂机理、晶格点阵机理、弹性球-弹性网络模型、层-边缘-表面机理、纳米级石墨储锂机理、碳-锂-氢机理、单层墨片机理、微孔储锂机理，下面综合上述机理进行讨论。

无定形碳主要由石墨微晶和无定形区域构成。无定形区域由微孔、sp^3 杂化碳原子、碳链以及官能团等构成，它们在微晶的小石墨片边缘，成为大分子的一部分。对于软炭有四种储锂位置，分为三种形式，如图 3-27 所示。

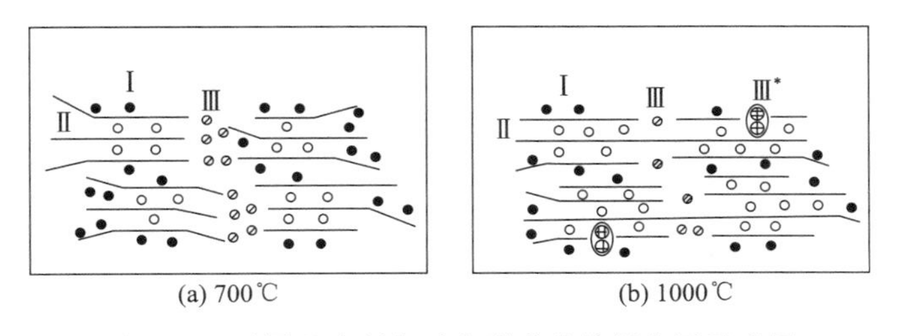

(a) 700℃　　(b) 1000℃

图 3-27　不同温度制备无定形碳的储锂位置示意图

Ⅰ型为单层碳层表面和微晶基面表面的储锂位置，锂离子发生部分电荷转化，对应充电电压为 0.25～2 V。

Ⅱ型为类似石墨层间储锂位置，锂离子嵌入大层间距的六角簇中，对应充电电压为 0～0.25 V。

Ⅲ型为两个边缘六角簇间隙储锂位置，锂离子嵌入电压接近 0～0.1 V，脱出电压约为 0.8～2 V，表现出很大滞后。

Ⅲ*型为六角平面被杂原子演变而来的缺陷储锂位置，类似于Ⅲ型。

软炭负极材料中，碳平面很小，边缘和层间缺陷很多，Ⅲ和Ⅲ*型储锂位置居多，Ⅱ型较少；同时软炭孔隙少，表面积小，Ⅰ型也较少。因此软炭材料表现出较大的电压滞后。

硬炭负极材料中，储锂位置除了类似软炭的Ⅰ、Ⅱ、Ⅲ型外，还具有Ⅳ型和Ⅴ型。Ⅴ型为平面原子缺陷，杂原子孔，类似Ⅲ*型；Ⅳ型为六角平面夹缝孔，对应充放电电压为 0～0.13 V。硬炭中微晶层片边缘多交联，Ⅲ型储锂有所减少，滞后变小；多数孔隙较大，Ⅰ型减少；同样层间储锂Ⅱ型不多，而Ⅳ型大幅度增加，因此出现电压平台。Ⅰ型和Ⅳ型区别在于孔隙大小，Ⅰ型孔隙小时，相当于Ⅱ型，变大时为Ⅳ型储锂。

采用有机前驱体热解制备无定形碳负极材料的电化学性能如图 3-28(a) 所示。由图可知，有三个区域中的炭具有高可逆储锂能力，分别为区域 1、区域 2 和区域 3。区域 1 是在 2400～2800 ℃处理所得的石墨材料，典型比容量为 355 mA·h/g，其充放电曲线如图 3-28(b) 的区域 1 所示，电压低且无滞后，有明显阶梯式平台，最低充电电压相对于锂为 90 mV。区域 2 是以 550 ℃处理的石油沥青软炭，比容量最大为 900 mA·h/g，元素组成为 $H_{0.4}C$，充放电曲线如图 3-28(b) 的区域 2，电压呈连续变化，存在明显电压滞后，大量电量是在接近 0 V 时充入的，在 1 V 附近放出。区域 3 为某些 1000 ℃左右处理的硬炭，以可溶甲阶酚醛树脂的比容量最大，为 560 mA·h/g，充放电曲线几乎无滞后。硬炭材料具有较好的储锂性能但平均氧化还原电压高达约 1 V (vs. Li^+/Li)，且无明显的电压平台。形貌、孔隙率等很大程度上影响硬炭的循环稳定性和可逆比容量。另外，相比于石墨材料，硬炭的可逆比容量提幅不大，且电压平台的提高降低了全电池的比能量密度。近几年的研究主要集中在不同碳源的选择、调控工艺、与高容量材料复合、包覆等。

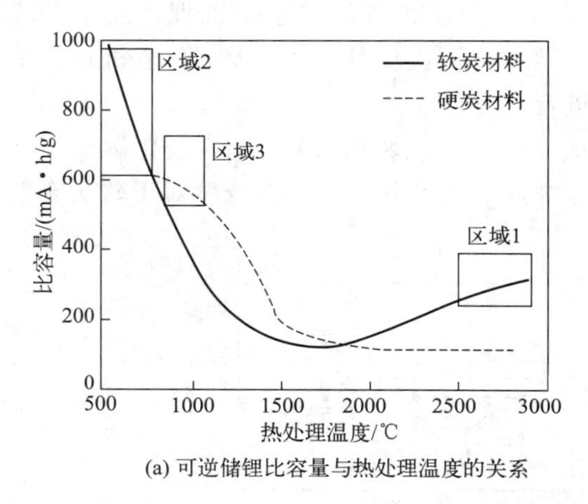

(a) 可逆储锂比容量与热处理温度的关系

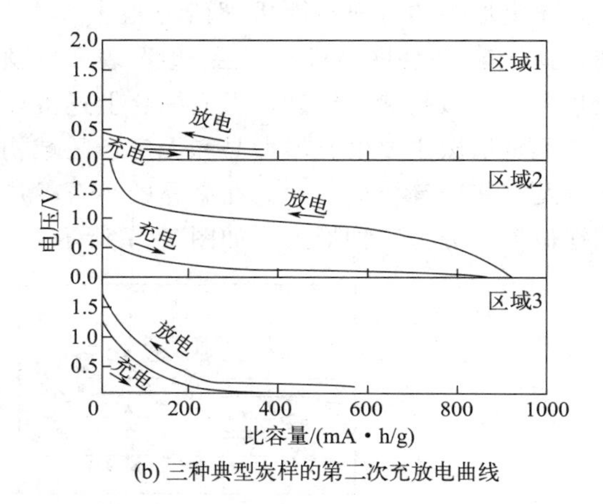

(b) 三种典型炭样的第二次充放电曲线

图 3-28 无定形碳负极材料的电化学性能

3.3.4 钛氧化物材料

钛氧化物 $Li_4Ti_5O_{12}$ 可以看成反尖晶石结构，属于 Fd3m 空间群，FCC 面心立方结构。在 $Li_4Ti_5O_{12}$ 晶胞中，32 个 O^{2-} 按立方密堆积排列，占总数 3/4 的锂离子被 4 个氧离子紧邻作正四面体配体嵌入间隙，其余的锂离子和所有 Ti^{4+}（原子数目比为 1∶5）被 6 个氧离子紧邻作正八面体配体嵌入间隙，Ti^{4+} 占据 16d 的位置，结构又可表示为 $LiLi_{1/3}Ti_{5/3}O_4$，如图 3-29 所示。$Li_4Ti_5O_{12}$ 为白色晶体，晶胞参数 a 为 0.836 nm，电子电导率为 10^{-9} S/m。

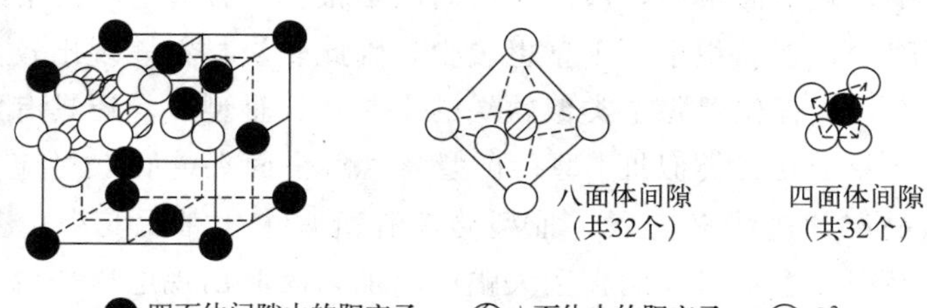

图 3-29 钛酸锂的晶体结构

在充放电时，Li^+ 在 $Li_4Ti_5O_{12}$ 电极材料中发生嵌入/脱出时，电化学反应如下：

$$LiLi_{1/3}Ti_{5/3}O_4 + xLi^+ + xe^- \rightleftharpoons Li_{1+x}[Li_{1/3}Ti_{5/3}]O_4 \tag{3-13}$$

充电时 Li 嵌入 $Li_{4/3}Ti_{5/3}O_4$ 晶格时，Li^+ 首先占据 $16c$ 位置，同时 $Li_{1/3}Ti_{5/3}O_4$ 晶格中原来位于 $8a$ 的 Li^+ 也开始迁移到 $16c$ 位置，最后所有的 $16c$ 位置都被 Li^+ 所占据。$Li_4Ti_5O_{12}$ 可逆容量的大小主要取决于可以容纳 Li^+ 的八面体空隙数量，1 mol 的 $LiLi_{1/3}Ti_{5/3}O_4$ 最多可以嵌入 1 mol 锂，理论比容量为 175 mA·h/g,实际比容量为 150～160 mA·h/g。

在首次放电充电过程中，$Li_4Ti_5O_{12}$ 逐渐转变为 $Li_7Ti_5O_{12}$ 结构，晶胞体积变化仅 0.3%，因此 $Li_4Ti_5O_{12}$ 被认为是一种"零应变"材料，具有优异的循环性能。同时 $Li_4Ti_5O_{12}$ 不与电解液反应，具有较高的锂离子扩散系数（2×10^{-8} cm^2/s），可高倍率充放电。但是 $Li_4Ti_5O_{12}$ 制备的锂离子电池的电压较低，能量密度较小，并且存在胀气问题，阻碍了钛酸锂在动力锂离子电池中的应用。

3.3.5 硅基负极材料

（1）硅负极材料

室温下晶体 Si 作为锂离子电池负极材料的储锂过程是分两步反应进行的，电压降至 50 mV 以下时通常会形成亚稳态的 $Li_{15}Si_4$，总结如下：

$$\text{锂化：} x\text{-Si} \xrightarrow{Li} \alpha\text{-}Li_xSi \xrightarrow{Li} x\text{-}Li_{15}Si_4 \tag{3-14}$$

$$\text{去锂化：} x\text{-}Li_{15}Si_4 \xrightarrow{-Li} \alpha\text{-}Li_zSi \xrightarrow{-Li} \alpha\text{-Si} \tag{3-15}$$

式中，x 为晶相；α 为非晶相。

研究表明，在结晶前的非晶态中，Si 原子很分散，主要被 Li 原子包围，说明在局部原子环境中，锂化的非晶相和结晶的 $Li_{15}Si_4$ 的相似性可能有利于亚稳态的动力学结晶，而不是形成热力学稳定相。值得注意的是，$Li_{22}Si_5$ 可能在某些特定条件下存在。

硅是目前已知储锂比容量（4200 mA·h/g)最高的负极材料。但单质 Si 不能直接作为锂离子电池负极材料使用。如彩插图 3-30 所示，硅在充电过程中存在一系列瓶颈问题：

① 充放电循环过程中会发生超过 300%的体积膨胀，硅颗粒经历反复的体积膨胀与收缩，导致颗粒破裂、粉化和脱落，与集流体、导电剂、黏结剂的接触变差，造成性能的衰减；

② 充放电循环过程中，硅颗粒表面的 SEI 膜会被反复撕裂和重生，形成逐渐增厚且不均匀的 SEI 膜，消耗锂离子和电解液，导致导电能力下降、充放电效率降低和容量衰减；

③ 硅导电性差，锂离子在硅中的扩散系数小，导致其功率密度差，高比容量难以发挥。此外，Si 的电导率低，仅为 6.7×10^{-4} S/cm，导致电极反应动力学过程较慢，限制其比容量的发挥，倍率性能较差。这些严重阻碍纯硅作为锂离子电池负极材料的应用进程。

硅及硅锂合金化合物的晶胞参数和对应的储锂比容量见表 3-7。

表 3-7 硅以及硅锂合金化合物的晶胞参数和对应的储锂比容量

硅的不同嵌锂状态	体积/Å^3	理论比容量/(mA·h/g)
Si	19.6	0
LiSi	31.4	954
$Li_{12}Si_7$	43.5	1635

续表

硅的不同嵌锂状态	体积/Å³	理论比容量/(mA·h/g)
Li_2Si_4	51.5	1900
$Li_{13}Si_4$	67.3	3100
$Li_{15}Si_4$	76.4	3590
$Li_{22}Si_5$	82.4	4200

人们通过对 Si 基材料进行纳米化、与（活性/非活性）第二相复合、形貌结构多孔化、使用新型黏结剂、电压控制等多种手段来提高其电化学性能，这些方法在一定程度上均对提升 Si 基材料性能有一定效果。其中 Si/C 和 SiO_x/C 复合材料的电化学性能有了明显提高，已经达到了商业化水平。

（2） Si/C 负极材料

将硅与石墨、无定形碳、碳纳米管、碳纳米纤维、石墨烯等不同的碳载体结合制备复合材料，其中硅作为主要活性物质，提供高容量；碳材料作为载体，缓冲硅颗粒的体积变化，并作为导电网络维持电极内部良好的电子导电性。可以得到具有优异储锂性能的硅/碳复合负极材料，因此引起了广泛的研究关注。

将硅和各种碳源复合再进行炭化，设计碳包覆硅纳米颗粒的核壳结构复合材料，已经被证明是一种有效提高硅基材料循环稳定性的方法。在硅纳米颗粒表面进行碳包覆的技术主要有水热法、化学气相沉积法、溶胶-凝胶法、基质诱导凝固法、热解法、原位聚合法和喷雾干燥法等多种，这些技术制备的碳层可有效缓冲硅的体积膨胀，且无定形碳包覆层较大的比表面积可以为电极与电解液之间提供更大的接触面积，加速锂离子的传输。

以硅纳米颗粒为核构筑核壳型硅碳复合材料，可获得明显改善的储锂性能。然而，如图 3-31(a) 所示，碳包覆并不能有效缓冲硅纳米颗粒的体积膨胀，碳壳和 SEI 膜仍会破裂，SEI 膜反复再生并增厚，消耗电解液，导致充放电效率和容量的衰退。蛋黄-壳（yolk-shell）结构是在核壳结构基础上，在内核与外壳间引入一定空隙而形成的一种新型复合材料。如图 3-31(b) 所示，这类蛋黄-壳结构的硅碳复合材料具有如下优势：①碳壳可以作为电子传输通道和硅核的保护外壳；②纳米硅颗粒可在碳壳内自由地膨胀收缩而不易破裂；③在充放电循环过程中材料结构和 SEI 膜保持稳定。通过纳-微结构设计，以蛋黄-壳结构的硅碳纳米颗粒为基本单元构筑高致密二次颗粒材料，可提高材料的振实密度，进而提高锂离子电池的体积能量密度和质量能量密度。

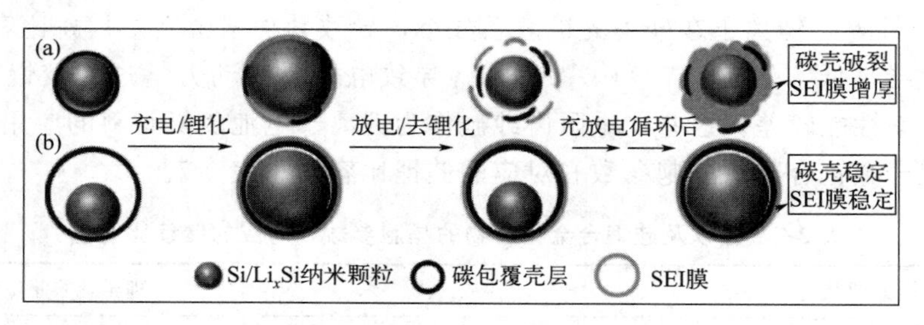

图 3-31 核壳（a）和蛋黄-壳（b）结构硅碳负极颗粒充放电过程示意图

（3） SiO_x/C 复合材料

SiO_x 具有无定形结构，x 通常介于 0～2 之间。结构模型早期主要有随机键合（random-bonding，RB）模型、随机混合（random mixture，RM）模型和界面团簇混合（interface clusters mixture，ICM）模型。RB模型认为 SiO_x 是一种单相材料，SiO_x 中的Si-Si键、Si-O键随机分布并贯穿整个结构网络，Si周围可随机同时与Si和O原子键合。RM模型认为 SiO_x 是一种双相材料，SiO_x 由粒径极小（<1 nm）的无定形Si和 SiO_x 组成，SiO_x 中的Si原子周围只能同时与四个Si原子键合（即Si相）或四个O原子键合（即 SiO_x 相）。ICM模型介于上述两种模型之间，结构如图3-32所示。该模型认为 SiO_x 由Si团簇、SiO_2 团簇及环绕二者之间的亚氧化界面区域构成；亚氧化界面的结构与普通的超薄 Si/SiO_2 界面层相当，但 SiO_x 中Si及 SiO_2 团簇尺寸极小（<2 nm），该界面区域相对体积较大，不能忽视。Schulmeister等通过透射电子显微镜（TEM）的综合分析测试技术也验证了上述观点，并指出该亚氧化界面区域占整体体积的比例介于20%～25%之间。利用ICM模型对SiO电化学机理解析的结果也更符合SiO实际的电化学性能。

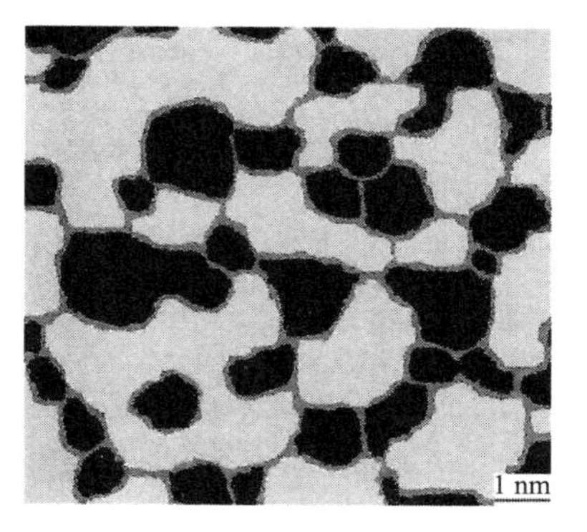

图3-32 SiO_x 材料界面团簇混合模型结构示意图
（黑色区域代表Si团簇，浅灰色区域代表 SiO_2 团簇）

SiO_2/C 复合材料的电化学性能与 SiO_x 的氧含量 x 密切相关。SiO_x 的比容量通常随着 x 的升高而逐渐下降，而循环性能却有所改善。目前研究最为广泛的工业SiO的首次嵌锂比容量为2400～2700 mA·h/g，脱锂比容量为1300～1500 mA·h/g，首次库仑效率为50%左右，首次充放电电压在0～0.5 V之间。

对 SiO_x 材料电化学机理的一般认识是：SiO_x 首先与 Li^+ 反应形成单质Si、Li_2O 及锂硅酸盐，生成的单质Si进一步与 Li^+ 发生合金化/去合金化反应，产生可逆容量；而 Li_2O 及锂硅酸盐在随后的充放电过程中起到缓冲体积膨胀、抑制Si颗粒团聚的作用。SiO_x 材料的主要充放电机理可用下式表达：

$$SiO_x + 2x\,Li \longrightarrow x\,Li_2O + Si \quad (3\text{-}16)$$

$$SiO_x + x\,Li \longrightarrow 0.25x\,Li_4SiO_4 + (1-0.25x)Si \quad (3\text{-}17)$$

$$SiO_x + 0.4x\,Li \rightleftharpoons 0.2x\,Li_2Si_2O_5 + (1-0.4x)Si \quad (3\text{-}18)$$

$$Si + 3.75Li \rightleftharpoons Li_{3.75}Si \quad (3\text{-}19)$$

由上可知，首次嵌锂形成的产物种类不同、各产物的含量不同，以及 Li_2O 及锂硅酸盐是否具有可逆性尚无定论，因此在反应过程中可逆比容量也有所不同，导致 SiO_x 材料的电化学机理复杂。

SiO_x 与碳复合形成的 SiO_x/C 复合材料，能够降低材料整体的体积膨胀，同时起到抑制活性物质颗粒团聚的作用，进而提高材料的循环性能。碳的电导率较高，可以提高导电性。石墨、石墨烯、热解炭等多种类型的碳材料可与 SiO_x 复合制备负极材料。

3.4 锂离子电池电解液

锂离子电池常用的有机液体电解质溶液，也称非水液体电解液，由锂盐、有机溶剂和添加剂组成，如图 3-33 所示。

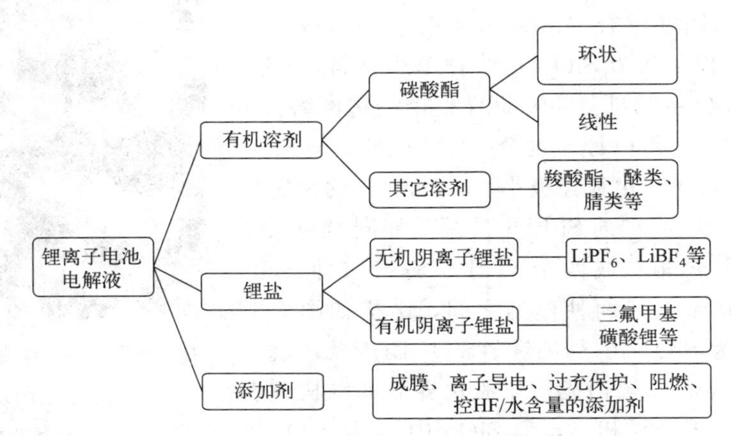

图 3-33 锂离子电池电解液的分类

电解液是电池的一个重要组成部分，对电池的性能有很大的影响。在传统电池中，电解液均采用以水为溶剂的电解液体系，由于水对许多物质有良好的溶解性以及人们对水溶液体系物理化学性质的认识已很深入，故电池的电解液选择范围很广。但是，由于水的理论分解电压只有 1.23 V，即使考虑到氢或氧的过电位，以水为溶剂的电解液体系的电池的电压最高也只有 2 V 左右（如铅酸蓄电池）。锂离子电池电压高达 3～4 V，传统的水溶液体系显然已不再适应电池的需要，而必须采用非水电解液体系作为锂离子电池的电解液。因此，对高电压下不分解的有机溶剂和电解质的研究是锂离子电池开发的关键。

在各种商业化可充放电化学储能装置中，锂离子电池拥有最高的能量密度。现有的商用锂离子电池主要包含两种类型：一种是采用液体有机电解质的锂离子电池；另一种是采用凝胶聚合物电解质的锂离子电池。液体电解质的锂盐溶于有机溶液中，并包含多种功能添加剂，而凝胶聚合物电解质属于固体电解质的一种。固体电解质一般分为有机固体电解质和无机固体电解质，有机固体电解质又可分为纯固体聚合物电解质和凝胶聚合物电解质，采用固体电解质的电池相对于液体电解质的电池，具有更高的安全性能。目前，全固态锂离子电池的商业化还需要时间，相关内容在第 7 章讲述，本章主要讲述商业锂离子电池最常采用的有机电解液。

3.4.1 有机电解液的性能要求

锂离子电池采用的电解液是在有机溶剂中溶有电解质锂盐的离子型导体。虽然有机溶剂和锂盐的种类很多，但真正能用于锂离子电池的却很有限，一般作为实用锂离子电池的有机电解液应该具备以下性能：①离子电导率高，一般应达到 10^{-3}～2×10^{-3} S/cm，锂离子迁移数应接近于 1；②电化学稳定的电位范围宽，必须有 0～5 V 的电化学稳定窗口；③热稳定性好，使用温度范围宽；④化学性能稳定，与电池内集流体和活性物质不发生化学反应；⑤安全低毒，最好能够生物降解。衡量有机电解液性能的重要指标有离子电导率、离子迁移数、电化学窗口和黏度等。

① 离子电导率　离子电导率反映的是电解液传输离子的能力，是衡量电解液性能的重要指标之一，与锂盐在溶剂中的浓度和解离度有关，也和溶剂的浓度和电池工作温度有关，

实验上可以采用交流阻抗方法测量。实验测定的电解质溶液的离子电导率包括了电解质中各种离子的贡献。

② 离子迁移数 离子迁移数是对某一种离子迁移能力的反映，每一种离子所传输的电荷量在通过溶液的总电荷量中所占的分数，称为该种离子的迁移数。对于锂离子电池和可充放电金属锂电池而言，充放电过程中需要传输的是 Li^+，Li^+ 的迁移数越高，参与储能反应的有效输运的离子也就越多。Li^+ 迁移数较低将导致有效传导的离子电阻较高，同时阴离子更容易富集在正负极表面，导致电极极化增大，并增大了阴离子分解的概率，不利于获得较好的循环性和倍率特性。Li^+ 迁移数可以通过直流极化和交流阻抗相结合的办法获得。

③ 电化学窗口 在充放电过程中，要求电解质在正负极材料产生的氧化还原反应电位之间保持稳定，超出这个电位范围，电解质就会发生电化学反应而分解。电化学窗口是指电解质能够稳定存在的电压范围，是选择锂离子电池电解质的重要参数之一。电化学窗口可以由循环伏安（CV）方法测定。在较宽的电位扫描范围内，没有明显的电流，意味着电解质的电化学稳定性较好。溶剂和锂盐的电化学窗口，可以通过第一性原理计算出的材料最高占据轨道（HOMO）和最低未占据轨道（LUMO）的相对差值来大致判断。但对于通过表面钝化而拓宽了电化学窗口的电解质体系，目前还不能准确预测，因此电化学窗口的判断主要以实验为主，理论预测可以在开发新电解质体系时提供一定的参考。

④ 黏度 黏度是考察锂离子电池电解液的一个重要参数，它的数值直接影响离子在电解质体系中的扩散性能。这是因为离子迁移速率与液体黏度是成反比关系的，黏度越低，离子迁移速率越快。而液体电解质的电导率与离子迁移速率成正比，所以电导率随着黏度的升高而降低。锂离子电池使用黏度较低的电解液。

电解液的各项性能与溶剂的许多其他性能参数密切相关。如溶剂的熔点、沸点、闪点等因素对电池的使用温度、电解质的溶解度、电极电化学性能和电池的安全性能有重要的影响。

3.4.2 锂盐

锂离子电池液体电解质一般由非水有机溶剂和电解质锂盐两部分组成。为改善电解液的性能，锂离子电池电解液还会含有各类添加剂。尽管锂盐的种类非常多，但是能应用于锂离子电池电解质的锂盐却非常少，目前文献报道的溶剂有150多种，而锂盐只有几种。如果要应用于锂离子电池，它需要满足如下一些基本要求：① 在有机溶剂中具有比较高的溶解度，易于解离，从而保证电解液具有比较高的电导率；② 具有比较高的抗氧化还原稳定性，与有机溶剂、电极材料和电池部件不发生电化学和热力学反应；③ 锂盐阴离子必须无毒无害，环境友好；④ 生产成本较低，易于制备和提纯。

常见的阴离子半径较小的锂盐（如 LiF、LiCl 等）虽然成本较低，但是其在有机溶剂中溶解度较低，很难满足实际需求。实验室和工业生产中一般选择阴离子半径较大、氧化还原稳定性较好的锂盐，以尽量满足以上特性。目前，经常研究的锂盐主要包括高氯酸锂（$LiClO_4$）、硼酸锂、砷酸锂、磷酸锂和锑酸锂等（简称 $LiMF_n$，其中 M 代表 B、As、P、Sb 等，n 等于 4 或者 6）。此外，$LiCF_3SO_3$、$LiN(SO_2CF_3)_2$ 及其衍生物等有机锂盐也被广泛研究和使用。一些锂离子电池常用锂盐的物理化学性质参见表 3-8。

表 3-8 一些锂离子电池常用锂盐的物理化学性质

锂盐	摩尔质量/(g/mol)	是否腐蚀铝箔	是否对水敏感	电导率 σ/(mS/cm)①
六氟磷酸锂($LiPF_6$)	151.91	否	是	10.00
四氟硼酸锂($LiBF_4$)	93.74	否	是	4.50
高氯酸锂($LiClO_4$)	106.40	否	否	9.00
六氟砷酸锂($LiAsF_6$)	195.85	否	是	11.10(25 ℃)
三氟甲基磺酸锂($LiCF_3SO_3$)	156.01	是	是	1.70(25 ℃)
双(三氟甲基磺酰)亚胺锂(LiTFSI)	287.08	是	是	6.18
双(全氟乙基磺酰)亚胺锂(LiBETI)	387.11	是	是	5.45
双氟磺酰亚胺锂(LiFSI)	187.07	是	是	10.40(25 ℃)
(三氟甲基磺酰)(正全氟丁基磺酰)亚胺锂(LiTNFSI)	437.11	否	是	1.55
(氟磺酰)(正全氟丁基磺酰)亚胺锂(LiFNFSI)	387.11	否	是	4.70
双草酸硼酸锂(LiBOB)	193.79	否	是	7.50(25 ℃)

① σ 的测定条件：浓度为 1 mol/L，溶剂为 EC/DMC（$LiCF_3SO_3$ 采用 PC 为溶剂），温度为 20 ℃（注明 25 ℃的除外）。

无机阴离子锂盐有六氟磷酸锂、四氟硼酸锂、高氯酸锂和六氟砷酸锂等。六氟磷酸锂是商业化锂离子电池采用的最多的锂盐。纯净的 $LiPF_6$ 为白色晶体，可溶于低烷基醚、腈、吡啶、酯、酮和醇等有机溶剂，难溶于烷烃、苯等有机溶剂。$LiPF_6$ 电解液的电导率较大，在 20 ℃时，EC+DMC（体积比 1∶1）电导率可达 10×10^{-3} S/cm。电导率通常在电解液的浓度接近 1 mol/L 时有最大值。$LiPF_6$ 的电化学性能稳定，不腐蚀集流体。但是 $LiPF_6$ 热稳定性较差，遇水极易分解，这也是 $LiPF_6$ 难以制备和提纯的主要原因。其分解产物主要是 HF 和 LiF，其中 LiF 的存在会导致界面电阻的增大，影响锂离子电池的循环寿命。因此，$LiPF_6$ 在制备和使用过程中需要严格控制环境水分含量。

由于 $LiPF_6$ 存在易分解和水分敏感的问题，关于 $LiPF_6$ 的替代锂盐的研究工作一直在进行，四氟硼酸锂（$LiBF_4$）便是其中的一种。$LiBF_4$ 的高温性能和低温性能均比 $LiPF_6$ 好，抗氧化性能和 $LiPF_6$ 比较接近（最高工作电压约 5.0 V vs. Li^+/Li）。除此之外，相对于 $LiClO_4$ 来说它具有比较高的安全性。但是它的解离常数相对于其他锂盐要小很多，导致 $LiBF_4$ 基电解质电导率不高。此外，$LiBF_4$ 容易与金属 Li 发生反应。这些因素限制了它的大规模应用。高氯酸锂（$LiClO_4$）价格低廉，对水分不敏感，具有高稳定性、高溶解性、高离子电导率和正极表面高氧化稳定性（最高工作电压约 5.1 V vs. Li^+/Li）。研究发现，相比于 $LiPF_6$ 和 $LiBF_4$ 来说，$LiClO_4$ 基的电解质在负极表面形成的 SEI 膜具有更低的电阻，这与前者容易形成 HF 和 LiF 有关。$LiClO_4$ 是一种强氧化剂，它在高温和大电流充电的情况下很容易与溶剂发生剧烈反应，在运输过程中也不安全，因此 $LiClO_4$ 一般在实验室应用而几乎不应用于工业生产。

六氟砷酸锂（$LiAsF_6$）的各项性能均比较好，与 $LiPF_6$ 接近，它作为锂盐的电解液具有比较高的离子电导率，比较好的负极成膜性能（成膜电位约 1.15 V vs. Li^+/Li），并且 SEI 膜中不含 LiF，原因是 As-F 键比较稳定，不容易水解。该类电解液还具有比较宽的电化学窗口，$LiAsF_6$ 曾经广泛应用于一次锂电池中。但是 $LiAsF_6$ 有毒，成膜过程中会有剧毒的 As(Ⅲ) 生成，其反应为：$AsF_6^- + 2e^- \longrightarrow AsF_3 + 3F^-$，并且在一次锂电池中还存在锂枝晶的生长，导致了 $LiAsF_6$ 主要用于研究。

有机阴离子锂盐主要有三氟甲基磺酸锂、双（三氟甲基磺酰）亚胺锂、双氟磺酰亚胺锂。有机磺酸盐是一类重要的锂离子电池电解质锂盐，其阴离子比较稳定，即使在低介电常数的溶剂中解离常数也非常高，在有机溶剂中溶解度也很大。相比于羧酸盐、$LiPF_6$ 和 $LiBF_4$ 来说，磺酸盐的抗氧化性好、热稳定性高、无毒、对水分不敏感。因此，有机磺酸盐比较适合作为锂离子电池电解质锂盐。其中三氟甲基磺酸锂（$LiCF_3SO_3$）是一种组成和结构最简单的磺酸盐，是最早工业化的锂盐之一，它具有比较好的电化学稳定性，与 $LiPF_6$ 接近。但是它存在的一些缺点限制了它的大规模应用，首先是一次电池中锂枝晶的生长问题；其次是这种锂盐所组成的电解液电导率较低；最后是这种盐存在严重的铝箔腐蚀问题。

双（三氟甲基磺酰）亚胺锂（LiTFSI）是一种酰胺基的锂盐，它的结构式为：

$$F_3C-\overset{\overset{\displaystyle O}{\|}}{\underset{\underset{\displaystyle O}{\|}}{S}}-\underset{\underset{\displaystyle Li}{|}}{N}-\overset{\overset{\displaystyle O}{\|}}{\underset{\underset{\displaystyle O}{\|}}{S}}-CF_3$$

从结构式可以看出该盐的阴离子由两个三氟甲基磺酸基团组成，同样存在较强的吸电子基团和共轭结构，所以它也是一种酸性很强的化合物，与硫酸相近。Armand 等将此盐应用于聚合物锂离子电池，3 M 公司在 20 世纪 90 年代将此盐进行了商业化，作为动力电池的添加剂使用，具有改善正负极 SEI 膜、稳定正负极界面、抑制气体产生、改善高温性能和循环性等多种功能。LiTFSI 具有高的离子电导率、宽的电化学窗口（玻璃碳作为工作电极，5.0 V vs. Li^+/Li），能够抑制锂枝晶的生长，所以引起了广泛的关注。但是 LiTFSI 也有不足之处，它对正极集流体铝箔存在严重的腐蚀，需要加入能够钝化铝箔的添加剂例如 $LiBF_4$ 或含氰基的化合物，才能在一定程度上抑制该反应。

3.4.3 有机溶剂

锂离子电池电解质的性质与溶剂的性质密切相关，一般来说溶剂的选择应该满足如下一些基本要求：① 有机溶剂应该具有较高的介电常数 ε，从而使其有足够高的溶解锂盐的能力；② 有机溶剂应该具有较低的黏度，从而使电解液中 Li^+ 更容易迁移；③ 有机溶剂对电池中的各个组分必须是惰性的，尤其是在电池工作电压范围内必须与正极和负极有良好的兼容性；④ 有机溶剂或者其混合物必须有较低的熔点和较高的沸点，换言之有比较宽的液程，使电池有比较宽的工作温度范围；⑤ 有机溶剂必须具有较高的安全性（高的闪点），无毒无害、成本较低。醇类、胺类和羧酸类等质子性溶剂虽然具有较高的解离盐的能力，但是它们在 2.0～4.0 V（vs. Li^+/Li）会发生质子的还原和阴离子的氧化，所以它们一般不用来作为锂离子电池电解质的溶剂。从溶剂需要具有较高的介电常数出发，可以应用于锂离子电池的有机溶剂应该含有羰基（C═O）、氰基（C≡N）、磺酰基（S═O）和醚链（—O—）等极性基团。锂离子电池溶剂的研究主要包括有机醚和有机酯，这些溶剂分为环状的和链状的，一些主要有机溶剂的物理性质参见表 3-9。

表 3-9 一些锂离子电池用有机溶剂的基本物理性质

种类	状态	溶剂	熔点 T_m/℃	沸点 T_b/℃	相对介电常数 ε(25 ℃)	黏度 η(25 ℃)/cP
碳酸酯	环状	碳酸乙烯酯(EC)	36.4	248	89.78	1.90(40 ℃)
		碳酸丙烯酯(PC)	−48.8	242	64.92	2.53
		碳酸丁烯酯(BC)	−53	240	53	3.2
	链状	碳酸二甲酯(DMC)	4.6	91	3.107	0.59(20 ℃)
		碳酸二乙酯(DEC)	−74.3	126	2.805	0.75
		碳酸甲乙酯(EMC)	−53	110	2.958	0.65
羧酸酯	环状	γ-丁内酯(γBL)	−43.5	204	39	1.73
	链状	乙酸乙酯(EA)	−84	77	6.02	0.45
		甲酸甲酯(MF)	−99	32	8.5	0.33
醚类	环状	四氢呋喃(THF)	−109	66	7.4	0.46
		2-甲基-四氢呋喃(2-Me-THF)	−137	80	6.2	0.47
	链状	二甲氧基甲烷(DMM)	−105	41	2.7	0.33
		1,2-二甲氧基乙烷(DME)	−58	84	7.2	0.46
腈类	链状	乙腈(AN)	−48.8	81.6	35.95	0.341

注：1 cP=10^{-3}Pa·s。

对于有机酯来说，其中大部分环状有机酯具有较宽的液程、较高的介电常数和黏度，而链状的溶剂一般具有较窄的液程、较低的介电常数和黏度。其原因主要是环状的结构具有比较有序的偶极子阵列，而链状结构比较开放和灵活，导致偶极子会相互抵消，所以一般在电解液中会使用链状和环状的有机酯混合物来作为锂离子电池电解液的溶剂。对于有机醚来说，不管是链状的还是环状的化合物，都具有比较适中的介电常数和比较低的黏度。有机溶剂一般选择介电常数高、黏度小的有机溶剂。介电常数越高，锂盐就越容易溶解和解离；黏度越小，离子移动速度越快。但实际上介电常数高的溶剂黏度大，黏度小的溶剂介电常数低。因此，单一溶剂很难同时满足以上要求，锂离子电池有机溶剂通常采用介电常数高的有机溶剂与黏度小的有机溶剂混合来弥补各组分的缺点。如 EC 类碳酸酯的介电常数高，有利于锂盐的解离，DMC、DEC、EMC 类碳酸酯黏度低，有助于提高锂离子的迁移速率。

碳酸丙烯酯（PC）具有宽的液程、高的介电常数和对锂的稳定性，所以它是最早被研究的，也是最早被 Sony 公司商业化的锂离子电池溶剂材料。PC 作为一种环状碳酸酯，它有助于在碳负极表面形成有效的 SEI 膜，从而阻止电解液与负极材料的进一步反应。但是 PC 作为电解质溶剂也有很多不足，首先是可充放电金属锂电池的容量衰减很严重，这主要是由于 PC 与新形成的 Li 的反应造成的。在早期锂电池中，其负极材料是金属 Li，循环过程中会有新的 Li 单质生成，这种 Li 单质具有比较高的比表面积和反应活性，PC 与金属 Li 的反应是不可避免的。其次是在锂离子电池中石墨负极的溶剂共嵌入导致的剥落分解和首周不可逆容量问题，这主要是由 PC 在充电过程中的共嵌入造成的。除此之外，使用 PC 的早期可充放电锂电池存在非常严重的安全问题。在循环过程中，Li^+ 的不均匀沉积会导致锂枝晶的形成，随着枝晶的长大，隔膜被刺穿，造成电池短路。综上所述，PC 很难作为单一的溶剂应用于锂电池和锂离子电池中。

相比于PC，碳酸乙烯酯（EC）具有比较高的分子对称性和熔点。研究表明EC作为一种共溶剂加入电解液中，可提高电解液的离子电导率；少量EC的添加即可大幅降低电解液的熔点，一般作为一种共溶剂应用于锂电池和锂离子电池中，已经取得了大规模商业化应用。EC基的电解质相对于PC基的来说，具有较高的离子电导率、较好的界面性质，能够形成稳定的SEI膜，解决了石墨负极的溶剂共嵌入问题。然而，EC的高熔点限制了电解质在低温的应用，低温电解质需要开发其他电解质体系。

近年来通过一系列的研究发现EC是电解液中必不可少的部分，为了使EC基的电解液能够应用于低温，科研工作者试图在电解液中加入其他的共溶剂来实现。这些共溶剂主要包括PC和一系列的醚类溶剂，但是PC的加入会导致很大的首周不可逆容量，醚的加入会降低电解液的电化学窗口，所以大家开始考虑线性碳酸酯。DMC具有低黏度、低沸点、低介电常数，它能与EC以任意比例互溶，得到的混合溶剂以一种协同效应的方式集合了两种溶剂的优势：具有高的锂盐解离能力、高的抗氧化性、低的黏度。这种性质与有机醚类是不同的，该协同效应的机理目前还不是很清楚。除了DMC以外，还有很多其他的线性碳酸酯（如DEC、EMC等）也渐渐地被应用于锂离子电池中，其性能与DMC相似。目前，常用的锂离子电池电解质溶剂主要是由EC和一种或几种线性碳酸酯混合而成的。

在20世纪80年代，醚类溶剂引起广泛的关注，因为它们具有低的黏度、高的离子电导率和相对于PC改善的Li负极表面形貌。其中主要研究集中于THF、2-Me-THF、DME和聚醚等，发现它们虽然循环效率有所提高，但是也存在很多问题，限制了它们的实际应用。首先是容量保持率比较差，随着循环进行，容量衰减较快；其次是在长循环过程中仍然会有锂枝晶的产生，导致安全问题；此外，醚类溶剂抗氧化性比较差，在低电位下很容易被氧化分解。如在Pt表面，THF的氧化电位仅为4.0 V（vs. Li^+/Li），而环状碳酸酯能够达到5.0 V。很多高电压的正极材料需要在4.0 V或以上工作，这就限制了醚类溶剂的应用。在目前研究的锂硫电池和锂空气电池中（其充电电压低于4.0 V），醚类溶剂有希望得到应用。

3.4.4 电解液的反应

液体电解质在锂离子电池充放电过程中会发生一系列的反应，如在负极表面形成SEI膜的反应、在正极表面形成SEI膜的反应、过充反应和受热反应。

（1）在负极表面形成SEI膜的反应

一般负极材料（如碳、硅等），嵌锂电位低于1.2 V（vs. Li^+/Li），在锂离子电池首次充电过程中不可避免地要与电解液发生反应，溶剂分子、锂盐或添加剂在一定电位下被还原，从而在负极表面形成一层SEI膜。SEI膜的组成非常复杂，一般认为其由Li_2CO_3、LiF、Li_2O、LiOH、烷基酯锂（$ROCO_2Li$）、烷氧基锂（ROLi）、聚合物锂（如PEO-Li）等多种无机物、有机物、聚合物组成，具体组分与所用的电解液、电极材料、充放电条件、反应温度等因素有关。它是一层电子绝缘离子导电的膜，能够阻止电解液与负极材料的进一步反应，不影响Li^+的通过。SEI膜的形成对改善电极的性质和提高电极的寿命具有不可忽视的作用。SEI膜的存在会降低电极材料颗粒之间的电子接触，降低首周效率，所以一般不希望SEI膜厚度很大。研究者发现很多电解液添加剂具有改善SEI膜性能的作用，这些添加剂在锂离子电池中起着非常重要的作用。

(2) 在正极表面形成SEI膜的反应

正极材料脱锂时具有较高的氧化电位，有的充电电位高达4.9 V（vs. Li^+/Li）。电极材料在充电状态处于高氧化态，因此电解液容易在正极表面发生电化学氧化和化学氧化反应，溶剂或阴离子失去电子，产生一些副产物。

在很长一段时间内，正极表面的SEI膜是否存在及其形成机制仍然有一定的争议。已经有研究报道在$LiCoO_2$、$LiMn_2O_4$和$LiNiO_2$等正极材料表面有正极SEI膜形成，也有文献把正极SEI膜简称为CEI膜，其主要成分类似于负极SEI膜，包括Li_2CO_3、$ROCO_2Li$。负极表面SEI膜的形成机理是溶剂和锂盐的电化学还原反应，而正极发生的氧化反应无法直接产生Li_2CO_3和$ROCO_2Li$。一种推测认为Li_2CO_3以及$ROCO_2Li$是来自于正极材料在空气中储存时与CO_2和原材料中CO_3^{2-}反应形成的产物；也有人认为正极表面的SEI膜是从负极迁移过来的物质沉积在正极表面形成的。此外，即便在正极材料表面形成SEI膜，由于正极表面的高氧化态，SEI膜也有可能被分解，难以在正极材料颗粒表面稳定生长。已经发表的大量TEM照片显示，并不是在所有的充放电之后正极材料表面都能发现SEI膜。研究发现，将纳米$LiCoO_2$浸入电解液或DMC一周后，其表面会有一层2～5 nm的表面膜生成，其组成主要是$ROCO_2Li$、ROLi和Li_2CO_3，$LiCoO_2$被部分还原为Co_3O_4。这说明$LiCoO_2$与电解液之间会发生自发的化学反应，而进一步研究发现电化学反应能够促进纳米$LiCoO_2$表面SEI膜的进一步生长。

正极表面的SEI膜具有与负极SEI膜相似的性质，是一层电子绝缘离子导电的膜，能阻止电解液与电极材料之间的进一步反应。虽然正极表面SEI膜的形成机理还存在争议，但影响正极表面SEI膜的因素已有一定的了解，包括正极表面稳定性、正极材料的结构、电解液组分、正极与电解液的相容性、电解液对正极集流体的腐蚀性等因素。改善正极界面特性也应该从这些方面着手进行，主要手段包括：①正极材料比表面积优化，如通过提高结晶度、表面包覆来降低比表面积，减少表面缺陷；②体相掺杂，掺杂一方面可以增加电极材料的稳定性，另一方面可以改变电极材料的表面催化活性；③表面包覆，避免电解液与正极材料直接接触，从而改善电解液与正极材料的相容性；④优化电解质锂盐，如可以使用混合盐或者开发新型锂盐来降低与电极材料的反应活性；⑤优化溶剂组成，电解液的性质一般由溶剂性质决定，所以溶剂的选择非常重要；⑥开发能够改善正极界面膜性质的电解液添加剂。

根据锂离子电池材料的电子能级，可以分析预测电极材料和电解液之间界面处能否形成SEI/CEI膜。图3-34是在热力学平衡时锂离子电池的电极和电解液的能级结构图，其中橄榄石$LiFePO_4$（LFP）、层状$LiCoO_2$（LCO）和尖晶石$LiNi_{0.5}Mn_{1.5}O_4$（LNM）作正极，$Li_4Ti_5O_{12}$（LTO）、锂金属（Li）和石墨（C）作负极。阳极和阴极是电子导体，电化学势分别为μ_A和μ_C，也称为费米能级E_A和E_C。电解液是离子导体，起到隔离作用，其最低未占分子轨道（LUMO）的能级为E_L，最高占据分子轨道（HOMO）的能级为E_H，之间禁带宽度为E_g。对于锂离子电池来说，电池电压V_{OC}符合公式$eV_{OC}=E_C-E_A$，式中

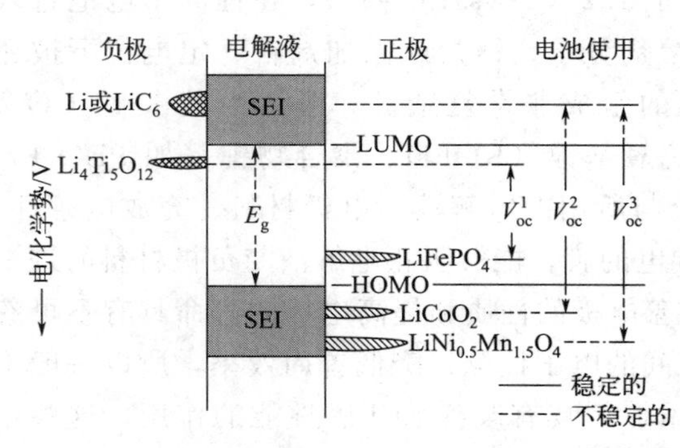

图3-34 使用不同电极材料的锂离子电池能级图

e 为基本电荷。电极的设计必须与电解液的 LUMO 和 HOMO 水平匹配。比如 LTO//LFP 电池，这个体系电池的开路电压（V_{OC}^1）较低，只有 2 V。由于电极能级 E_A、E_C 与电解液电化学窗口相匹配，因此电极表面没有形成 SEI/CEI 膜，电池的安全性高。

$$eV_{OC}=E_C-E_A\geqslant E_g \tag{3-20}$$

式中，$E_g=E_L-E_H$

按通常的理解，当满足公式(3-20）时，电极在电解液中不稳定，不利于电池的性能。然而，需要指出的是，实际使用的非水锂离子电池体系的负极（锂或石墨）表面总是会覆盖一层 SEI 膜，1～3 nm 厚，是金属与电解液反应的产物。这层膜是金属与电解液的界面，具有固体电解质的性能。SEI 膜有以下特点：①电池循环中电极体积会产生变化，SEI 膜保持良好的机械稳定性；②必须能使 Li^+ 在电极和电解液之间快速传输；③在 -40 ℃$<T<$60 ℃范围内，具有良好的离子导电性。SEI 膜作为在电极与电解液之间的钝化层，当公式(3-20）的条件满足时，就能够生成 SEI 膜从而保持电池的稳定。比如 C/LCO 电池的电压（V_{OC}^2）是 4 V，石墨在非水电解质的 LUMO 水平的能量为 E_A，正极在 HOMO 水平的能量为 E_C，该电池体系有 SEI 薄膜生成。由于 SEI 膜的存在，C/LCO 电池能稳定地对外放电工作。E_A、E_C 与 E_L、E_H 并不是相差越大越好，如在石墨//LNM 电池中，电池的电压（V_{OC}^3）显然更高。然而，由于 E_C 与 E_A 相差较大，电极与电解液的界面非常不稳定，进而影响了电池的稳定性和安全性。

（3）过充反应

在锂离子电池过度充电时，会发生一系列的反应。首先是过多的 Li^+ 从正极材料中脱出，嵌入负极材料中，可能会导致正极材料结构的坍塌和负极锂枝晶的生成，这主要发生在 Li 不能完全脱出的正极材料，如 $LiCoO_2$、$LiNi_{1-x-y}Co_yMn_xO_2$ 等；其次是电解液组分（主要是溶剂）在正极表面发生不可逆的氧化分解反应，产生气体并释放大量热量，从而导致电池内压增加和温度升高，给电池的安全性带来严重影响。对于电解液来说，过充反应主要是碳酸酯分子失去电子分解成大量 CO_2、少量烯烃、CO 以及含氟含磷化合物的过程。

避免过充反应的发生，除了优化电极材料与电解质，还包括优化外电路保护、使用过充保护添加剂等。

（4）受热反应

电解液的热稳定性关系到锂离子电池的安全性。以 $LiPF_6$ 的碳酸酯类电解液为例来说明电解液受热反应的过程。电解液受热会引起 $LiPF_6$ 的分解，其分解产物 PF_5 会攻击碳酸酯类溶剂中氧原子上的孤对电子，从而导致溶剂的分解，在分解产物中会有大量的 CO_2 等气体，这些反应会造成电解液温度越来越高，继而引起电解液的燃烧和爆炸。除此之外，溶剂中两种不同组分之间也会发生开环聚合反应。商品电解液储存时，在 85 ℃会发生明显的电解液分解，一般商品电池的热失控温度在 123～167 ℃。针对电解液受热分解的问题，一方面应该注意电池的使用温度，防止受热反应的发生；另一方面应该开发热稳定性比较高的电解液。

3.4.5　电解液添加剂

添加剂一般起到改善电解液电性能和安全性能的作用。一般来说，添加剂主要有四方面的作用：①改善 SEI 膜的性能，如添加碳酸亚乙烯酯（VC）和 SO_2 等；②防止过充电（添加联苯)、过放电；③阻燃添加剂可避免电池在过热条件下燃烧或爆炸，如添加卤系阻燃剂、磷系阻燃剂以及复合阻燃剂等；④降低电解液中的微量水和 HF 含量。

(1) 成膜添加剂

成膜添加剂的作用是改善电极与电解质之间的 SEI 膜成膜性能，主要改善负极与电解液之间的界面化学。用石墨作锂离子电池负极时，由于溶剂分解，会在石墨电极的表面形成一层保护膜，如果在电解液中加入合适的添加剂，可以改善表面膜的特性，并能使表面膜变得薄且致密。最早的成膜添加剂是由美国 Covalent 公司在 1997 年提出的 SO_2 添加剂，它能够有效防止 PC 共嵌入，防止电极腐蚀，提高电池的安全性。由无机添加剂形成的表面膜更容易通过非溶剂化的锂离子，阻止溶剂的共嵌入。常用的无机添加剂有 CO_2、N_2O、SO_2、S_x^{2-} 等，其中认为 CO_2 可以在石墨的表面形成 Li_2CO_3 膜。很多有机成膜添加剂也陆续被发现，其中最重要的有 VC，它能够有效防止 PC 共嵌入，提高 SEI 膜高温稳定性。除此之外，经常使用的成膜添加剂还有亚硫酸丙烯酯（PS）和亚硫酸乙烯酯（ES）等。

(2) 离子导电添加剂

离子导电添加剂的作用是提高电解液的电导率，它主要是通过阴阳离子配体或中性配体来提高锂盐的解离度，从而达到提高导电盐的溶解和电离能力，此类添加剂可分为与阳离子作用和与阴离子作用两种类型。最早使用的离子导电添加剂是由法国科学院在 1996 年提出的 NH_3 和一些低分子量胺类。目前常用的离子导电添加剂有 12-冠-4 醚、阴离子受体化合物和无机纳米氧化物等，它们均能有效提高电解液的离子电导率。如冠醚和穴状化合物作为添加剂能和阳离子形成络合物，提高导电盐在有机溶剂中的溶解度，因此提高电解液的电导率。硼基化合物，如 $(C_6F_5)_3B$(TPFPB）是阴离子接受体，这类物质作为添加剂可以和 F^- 形成络合物，甚至可以将原来在有机溶剂不溶解的 LiF 溶解在有机溶剂中，如可以在 DME 中溶解形成浓度达 1.0 mol/L 的溶液，电导率为 6.8×10^{-3} S/cm。

(3) 过充保护添加剂

锂离子电池在过充时会产生安全问题，通过外电路的控制和保护可以解决这个问题，除此之外，使用过充保护添加剂也是一种有效的方法。它的基本原理是：添加剂的氧化电位略高于正极脱锂电位，当超过工作电压之后，添加剂优先发生反应，造成电池的断路或微短路，从而使电池停止工作并缓慢放热，这个过程不破坏电极材料和电解液。但是在正常的工作电压范围内，添加剂不参与电池反应。过充保护添加剂主要包括氧化还原电对、电聚合和气体发生三种类型的添加剂，其中氧化还原电对添加剂，也称为氧化还原穿梭剂，最为常用。这种方法的原理是通过在电解液中添加合适的氧化还原电对，在正常充电时，这个氧化还原电对不参加任何的化学或电化学反应，而当充电电压超过电池的正常充电截止电压时，添加剂开始在正极上被氧化，氧化产物扩散到负极被还原，还原产物再扩散回到正极被氧化，整个过程循环进行，直到电池的过充电结束。

电解液中这一类添加剂，应该具备的基本要求如下：

① 添加剂在有机电解液中有良好的溶解性和足够快的扩散速度，能在大电流范围内提供保护作用；

② 在电池使用的温度范围内性能稳定；

③ 有合适的氧化电位，其值在电池的正常充电截止电压和电解液氧化电位之间；

④ 氧化产物在还原过程中没有其他的副反应，以免添加剂在过充电过程中被消耗；

⑤ 添加剂在充放电过程中没有副作用。

Behl等首次将氧化还原穿梭剂 LiI-I_2 用于 $LiAsF_6$/THF（四氢呋喃）电解液体系，在过充时 LiI 被氧化生成 I_2，有效避免了溶剂分子的氧化，之后 I_2 扩散到负极发生还原反应转化成 LiI。此后，人们对茂金属、多吡啶、苯甲醚、二甲氧基苯、蒽、吩噻嗪及其衍生物等新型氧化还原穿梭剂展开研究。如图 3-35 所示，Gélinas 等将二茂铁等电活性基团修饰的离子液体（Fc-IL）用作锂离子电池电解液添加剂，通过氧化还原穿梭机制使正极免受过充带来的结构破坏。结果表明在较低浓度（0.3～0.5 mol/L）下，该离子液体表现出预期的氧化还原穿梭行为。且考虑到该离子液体自身具有不可燃性，作为氧化还原穿梭剂可进一步提高电解液的热稳定性和阻燃性。

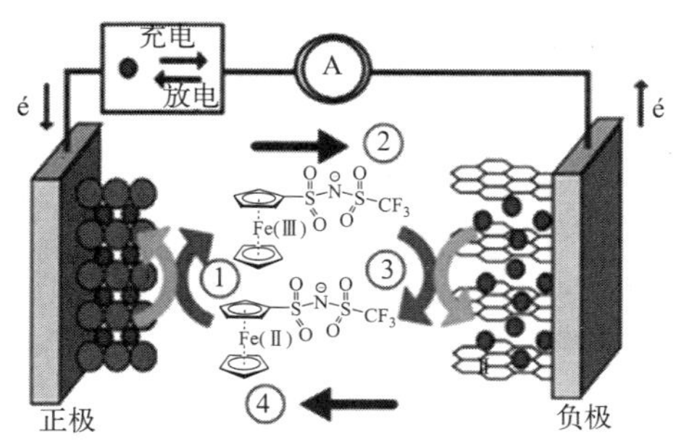

图 3-35 二茂铁基氧化还原穿梭剂机理示意图

（4）阻燃添加剂

安全性是锂离子电池一直以来最为关注的问题，阻燃添加剂的加入能够在一定程度上提高电解液的安全性。它的主要作用机理是：锂离子电池电解液在受热的情况下会发生自由基引发的链式加速反应，而阻燃添加剂能够捕获自由基，阻断链式反应。目前常用的阻燃添加剂有磷酸三甲酯（TMP）、磷酸三乙酯（TEP）等磷酸酯，二氟乙酸甲酯（MFA）、二氟乙酸乙酯（EFA）等氟代碳酸酯和离子液体等。其中磷酸酯在加热过程中生成的磷自由基能够将氢自由基有效捕获，氟代碳酸酯能够将电解液的放热峰温度提高 100 ℃以上。

（5）控制电解液中酸和水含量的添加剂

电解液中微量的 HF 和水分会造成 $LiPF_6$ 的分解和电极材料表面的破坏，所以要控制电解液中水分和酸的含量。这类添加剂的作用机理主要是靠与电解液中酸和水结合来降低它们的含量。目前常用的控制 HF 含量的添加剂主要有锂或钙的碳酸盐、氧化铝、氧化镁和氧化钡等，它们能够与电解液中微量的 HF 发生反应，避免它的影响。控制水含量的添加剂主要是六甲基二硅烷（HMDS）等吸水性较强的化合物。

添加剂的种类和作用非常多，除了上文详细描述的这些之外还有很多其他的功能添加剂，例如甲基乙烯碳酸酯（MEC）和氟代碳酸乙烯酯（FEC）等改善高低温性能的添加剂，LiBOB 和 LiODFB 等抑制铝箔腐蚀的添加剂，联苯和邻三联苯等改善正极成膜性能的添加剂，三(2,2,2-三氟乙基)磷酸（TTFP）等提高 $LiPF_6$ 稳定性的添加剂。开发能够提高电解液各项性能指标的添加剂是提高锂离子电池性能的重要手段。

综合以上讲述的内容，锂离子电池有机液体电解质的基本组分已经确定：主要是 EC 加一种或几种线性碳酸酯作为溶剂，$LiPF_6$ 作为电解质锂盐，以及针对需求添加的一些功能添加剂。表 3-10 列出了代表性锂离子电池有机电解液的组成实例及其性质。

表 3-10 锂离子电池有机电解液的组成实例及其性质

正极/负极	有机电解液	电导率/(mS/cm)	密度/(g/cm^3)	水分/($\mu g/g$)	游离酸(以HF计)/($\mu g/g$)	色度(Hazen)
钴酸锂或三元/人造石墨或改性天然石墨	$LiPF_6$+EC+DMC+EMC+VC	10.4±0.5	1.212±0.01	≤20	≤50	≤50
高电压钴酸锂/人造石墨	$LiPF_6$+EC+PC+DEC+FEC+PS	6.9±0.5	0.15±0.01	≤20	≤50	≤50

续表

正极/负极	有机电解液	电导率/(mS/cm)	密度/(g/cm^3)	水分/(μg/g)	游离酸(以HF计)/(μg/g)	色度(Hazen)
高压实钴酸锂/高压实改性天然石墨	LiPF6+EC+EMC+EP	10.4±0.5	1.154±0.01	≤20	≤50	≤50
$LiNi_{1/3}Co_{1/3}Mn_{1/3}O_2$/人造石墨	$LiPF_6$+EC+DMC+EMC+VC	10.0±0.5	1.23±0.01	≤20	≤50	≤50
钴酸锂材料/Si-C	$LiPF_6$+EC+DEC+FEC	7±0.5	1.208±0.01	≤20	≤50	≤50
高倍率三元/人造石墨或复合石墨	$LiPF_6$+EC+EMC+DMC+VC	10.7±0.5	1.25±0.01	≤20	≤50	≤50
磷酸亚铁锂动力电池	$LiPF_6$+EC+DMC+EMC+VC	10.9±0.5	1.23±0.01	≤20	≤50	≤50
锰酸锂动力电池	$LiPF_6$+EC+PC+EMC+DEC+VC+PS	8.9±0.5	1.215±0.01	≤10	≤30	≤50
钛酸锂动力电池	$LiPF_6$+PC+EMC+LiBOB	7.5±0.5	1.179±0.01	≤10	≤30	≤50
钴酸锂或三元/人造石墨或改性天然石墨凝胶电解质	$LiPF_6$+EC+EMC+DEC+VC	7.6±0.5	1.2±0.01	≤10	≤30	≤50

3.5 其他材料

3.5.1 隔膜

锂离子电池隔膜是锂离子电池的重要组成部分，位于锂离子电池正极和负极之间。锂离子电池隔膜具有微孔结构，可以让锂离子自由通过的同时阻止电子通过，从而完成在充放电过程中锂离子能够在正负极之间的快速传输的任务。从基本原理上看，隔膜是保证正负极区隔开和离子传输的关键材料，使得电化学反应可控进行。当电化学反应不可控时，化学能则有可能转变为热能，尤其是高能量密度导致巨大热量的放出，有可能引发电池内部温度的上升和各种放热副反应的发生，温度升高和放热反应的相互助推将导致热失控及起火、爆炸等严重的电池安全问题。一定程度上隔膜决定了电池的界面特性、内阻和离子电导率，影响电池的容量、循环性能及安全性能。因此，锂离子电池中的隔膜要求具有良好的力学性能和化学稳定性。从提高电池容量和功率性能角度，希望隔膜尽量薄，具有较高的孔隙率，以及对电解液的吸液性能。从安全性能角度，还需要有较高的抗撕裂强度、良好的弹性，防止短路。隔膜应具有热关闭特性，即电池温度高到一定程度时，隔膜微孔关闭，电池内阻快速上升，避免电池热失控。

目前，商业化的电池隔膜主要是基于聚烯烃材料的聚合物微孔膜，包括聚乙烯（PE）和聚丙烯（PP）的单层、双层或多层结构的微孔膜，该类隔膜性能良好、价格低，是计算机类、通信类和消费类电子产品等3C领域的最佳选择。但是，动力/储能锂离子电池与3C锂离子电池相比，前者需要提供更高的电压、更大的功率、更多的电量以及更高的安全性。因此，对隔膜提出了更高的要求：要求隔膜具有更好的耐热性，如200 ℃不收缩；要求隔膜具有更高的电化学稳定性，如电化学窗口大于5.0 V；要求隔膜具有更好的吸液性能，如吸液率大于200%；同时对隔膜的厚度、孔径分布的均一性提出了更高要求。因此，以锂离子电池作为动力的交通工具及储能电池等的出现，对锂离子电池隔膜的性能提出苛刻要求，改性隔膜及新型隔膜的开发成为近年来的研究热点。近年来，针对锂离子电池技术的发展需求，隔膜技术获得了长足发展（图3-36），研究人员在传统聚烯烃膜的基础上，发展的新型锂离子电池隔膜主要包括：改性聚烯烃膜，有机-无机复合膜和纳米纤维膜。固态电解质膜的相关内容在第7章讲述，本小节主要讲述液态锂离子电池的隔膜。

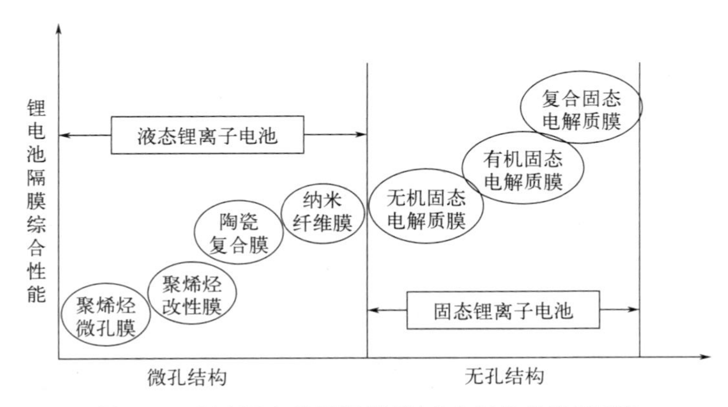

图3-36　锂离子电池用隔膜/固态电解质的发展历程

（1）微孔聚烯烃隔膜

微孔聚烯烃隔膜主要以PE、PP等聚烯烃材料通过干法或湿法工艺制成，特征是拥有纳米级的孔径。目前，大多数商业锂离子电池采用微孔聚烯烃隔膜，微孔聚烯烃隔膜因在厚度、力学性能等方面的综合优势占据了锂离子电池隔膜市场的主导地位。微孔聚烯烃隔膜最大的优点是具有良好的拉伸强度和穿刺强度，值得注意的是，因电池在反复充放电循环过程中产生大量热量，软化和熔化温度较低的聚烯烃材料可以在不同温度下通过关闭孔结构，起到保护电池的作用。但在某些情况下，电池内的温度在隔膜孔结构关闭后会继续升高，导致隔膜收缩、熔化，且热关闭是不可逆的过程，这项性能只能在一定程度上保障电池的安全性，实际上不仅切断了锂离子的传输路径，还会导致电池内短路甚至爆炸，引发安全问题。

Celgard公司研发了多层复合隔膜技术，他们研发了PP/PE两层复合隔膜和PP/PE/PP三层复合隔膜等产品。这种方法使隔膜将聚乙烯韧性好、闭孔温度和熔断温度较低的特性和聚丙烯力学性能高、闭孔温度和熔断温度较高的特性有机地结合起来，得到了兼具较低的闭孔温度和较高的熔断温度的Celgard隔膜。它在遇到温度较高的情况时，能做到自行闭孔而且不熔化，使隔膜的性能得到了显著的提高。

（2）改性聚烯烃膜

虽然微孔聚烯烃隔膜占据了隔膜市场的主体地位，但其在性能上存在一些缺陷，具体表现为孔隙率低、润湿性差、热稳定性差等。多年来，微孔聚烯烃隔膜不断被人们采用等离子体射流处理、紫外线照射、电子束辐射或涂布等多种方法修饰，得到的改性微孔聚烯烃隔膜在性能方面有了进一步提高。对聚烯烃微孔膜改性的主要手段是接枝亲液性单体。如通过等离子体照射在 PE 膜表面接枝丙烯腈单体，通过电子束照射 PE 膜在其表面接枝一层丙烯酸单体，改性后隔膜对电解液的亲和力及离子电导率显著增强，可显著提高电池的综合性能。有研究发现对聚烯烃隔膜进行等离子体照射处理，随着照射时间的延长和强度的增大，PE 膜的表面孔道变小，孔隙率下降，膜的热稳定性也得到增强，装配电池后显示出更优的倍率性能和循环性能，推测其原因为聚烯烃膜表面 PE 段的相互交联所致。

在聚烯烃膜表面涂覆高分子树脂也是常用的改性方法，如在 PE 膜表面涂覆聚多巴胺功能层，研究结果表明改性后隔膜的孔径、孔隙率基本没有变化，但是隔膜对电解液的接触角明显降低，离子电导率也明显升高，装配电池后表现出优异的充/放电性能。再如利用聚乙二醇接枝聚多巴胺涂层改性 PP 膜，研究结果表明吸液率显著增加，界面电阻降低，提高了电池的循环性能。但是，由于沿用耐高温性较差的聚烯烃材料，该类隔膜并不能从根本上改善电池的安全性能。

（3）陶瓷复合隔膜

陶瓷复合隔膜又可称为有机/无机复合隔膜，包括有机组分和无机组分（陶瓷粒子）。在高温条件下，有机组分熔融而堵塞隔膜孔道，赋予隔膜闭孔功能；无机组分在隔膜的三维结构中形成特定的刚性骨架，防止隔膜在热失控条件下发生收缩、熔融；同时无机组分能够进一步防止电池中热失控点扩大形成整体热失控，提高电池的安全性；无机组分可以提高隔膜对电解液的亲和性，改善锂离子电池的充放电性能和使用寿命。常采用的陶瓷粒子有 SiO_2、Al_2O_3、TiO_2 和 ZrO_2 等，陶瓷复合隔膜的分类见表 3-11。

表 3-11 陶瓷复合锂离子电池隔膜的结构分类

结构类型	是否需要基膜	成膜方法	特点
表层复合	是	涂覆或静电纺丝	陶瓷层分布在基膜的前、后两侧，具有陶瓷层、基膜、陶瓷层的三层对称结构
体相复合	是	涂覆	陶瓷粒子分布在基膜的三维网络孔道中，具有均匀的复合结构
共混复合	否	湿法或静电纺丝	陶瓷粒子预先分散在成膜溶液中，成膜后被有机材料包覆，结构稳定
全陶瓷隔膜	否	模压、高温烧结	无机膜、膜层厚、质地硬、无韧性

Arifeen 等利用静电纺丝与热压相结合的方法制备了二氧化硅/聚丙烯腈/聚酰亚胺复合隔膜（CS），在一定范围内，复合隔膜的抗张强度随二氧化硅浓度的增加而增加。图 3-37 为该复合隔膜的部分物理性能，复合隔膜的电解液吸收能力、润湿性和热稳定性明显优于商业聚烯烃隔膜（Celgard），当二氧化硅质量分数为 10% 时，复合隔膜与电解液的接触角为 0°，此时隔膜的电解液润湿性最好，在 160 ℃高温下尺寸收缩率仅为 1%。

（4）耐热基材高安全功能隔膜

基于多种高耐热基材如聚酰亚胺（PI）、聚（邻苯二甲酰亚胺醚砜酮）（PPESK）、聚醚酰亚胺（PEI）、聚对苯二甲酸乙二醇酯（PET）、聚间苯二甲酰胺（PIMA）、纤维素甚至是纯无机陶瓷等发展新型高热稳定性功能隔膜，也是功能隔膜领域研究的热点。近年来，静电纺丝法制备纳米纤维膜受到广泛关注，该方法是指在 10～30 kV 强静电场的作用下聚合物溶液或熔体被拉伸成极细纤维的一种纺丝技术，所制备纤维直径为纳米级，一般为 100～300 nm，纤维成膜后比表面积大、孔隙率高、孔径均匀。利用静电纺丝技术可以方便地制备基于高温热稳定性的聚合物多孔膜，这些高热稳定性的新型隔膜一般在超过 200 ℃时不发生任何收缩，大幅度改善了因隔膜热收缩导致的电池安全问题，并可通过工艺对多孔膜的各

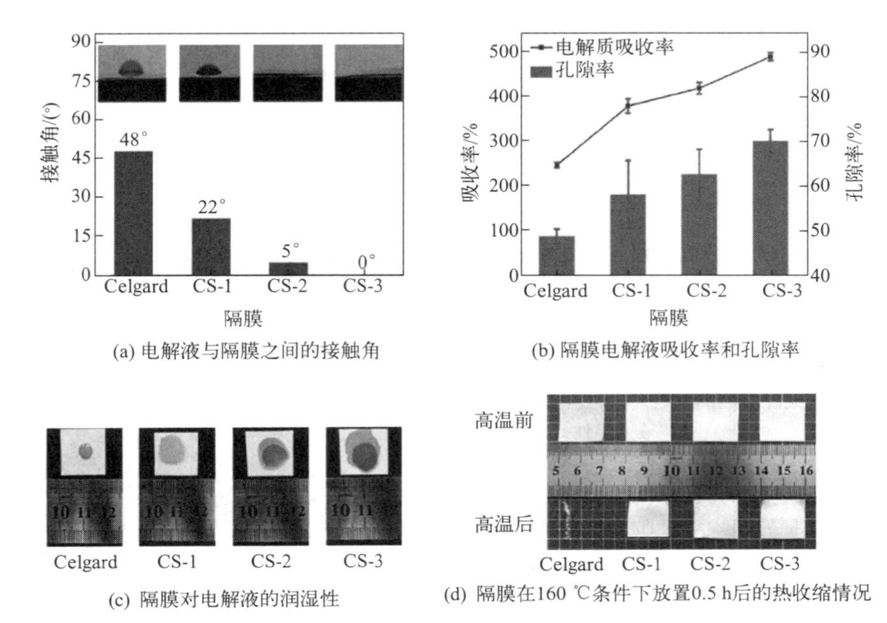

(a) 电解液与隔膜之间的接触角　(b) 隔膜电解液吸收率和孔隙率

(c) 隔膜对电解液的润湿性　(d) 隔膜在160 ℃条件下放置0.5 h后的热收缩情况

图 3-37　复合隔膜的物理性能图

图中 CS-1、CS-2、CS-3 表示隔膜中 SiO_2 的质量分数分别为 3%、5%、10%

项参数如纤维直径、孔隙率、孔径等进行调谐，进一步优化电池性能。

由于普遍选用耐高温树脂，上述通过静电纺丝法制备的纳米纤维膜不具有闭孔功能。为此，研究人员通过复合低熔点材料，设计了具有闭孔功能的纳米纤维膜，如 WU 等利用纺丝技术制备了 PI/PVDF/PI 三层结构复合膜（图 3-38）。由于 PVDF 的熔点远低于 PI 的熔点，因此在 160 ℃左右时 PVDF 层发生熔化，进而发挥闭孔功能。但是，由于工艺设备的限制，静电纺丝技术制备纳米纤维膜的效率较低，造成该类隔膜的成本较高。

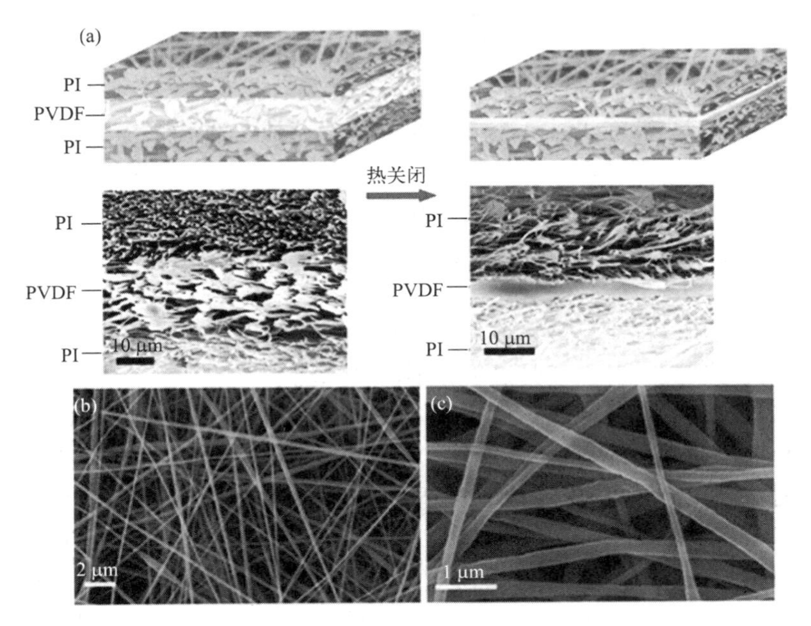

图 3-38　PI/PVDF/PI 三层结构复合膜

(a) 隔膜的断面 SEM 图及其热关闭示意图；(b) 和 (c) 隔膜的平面 SEM 图

纤维素锂离子电池隔膜具有较低的价格、对环境友好、资源丰富的优点，同时又有着优良的浸润性、孔隙率高和质量轻等优点，但是纤维素的吸湿性较强，耐热性较差。研究者通过添加阻燃剂和陶瓷颗粒填料（如 SiO_2 颗粒），可以得到具有优良电解液吸液率、离子电导率和较高机械强度的复合隔膜。表 3-12 列出了不同类型锂离子电池隔膜的优缺点。

表 3-12 不同锂离子电池隔膜的优缺点

锂离子电池隔膜种类	优点	缺点
多层微孔聚烯烃隔膜	化学稳定性好，电池循环性好，安全性比单层有所提高	工艺复杂，与电解液亲和性较差
改性聚烯烃膜	电解液润湿性好，电池循环能力强	价格高，工艺复杂
陶瓷复合隔膜	耐热性好，安全性高	离子转移电阻大，电解液的浸湿性低
聚酰亚胺锂离子电池隔膜	力学性好，耐热性好，安全性高，电气性能好	价格高
纤维素锂离子电池隔膜	价格低、环保、电解液浸润性好、孔隙率高和质量轻	吸湿性强，耐热性差

锂离子电池隔膜的表征参数包括隔膜的孔径及分布、孔隙率、厚度、透气度、电子绝缘性、吸液保液能力、力学性能、耐电解液腐蚀和热稳定性能等，这些性能与锂离子电池的电化学性能密切相关。表 3-13 列出了不同型号商业化锂离子电池隔膜的典型技术指标。

3.5.2 导电剂

由于正负极活性物质颗粒的导电性不能满足电子迁移速率的要求，锂离子电池中需要加入导电剂，其主要作用是提高电子电导率。导电剂在活性物质颗粒之间、活性物质颗粒与集流体之间起到收集微电流的作用，从而减小电极的接触电阻，降低电极极化，促进电解液对极片的浸润。锂离子电池常用导电剂有炭黑和碳纳米管。

碳材料作为导电剂主要在以下 3 个方面改善锂离子电池的性能：①改善活性材料颗粒之间及活性材料与集流体之间的电接触，提高电极的电子电导率；②在活性颗粒之间形成不同大小和形状的孔隙，使活性材料与电解质得到充分浸润，提高极片的离子电导率；③提高极片的可压缩性，改善极片的体积能量密度，并增强可弯折性、剥离强度等。

（1）炭黑

炭黑是由烃类物质（固态、液态或气态）经不完全燃烧或裂解生成的，主要由碳元素组成。炭黑微晶呈同心取向，其粒子是近乎球形的纳米粒子，且大都熔结成聚集体形式，在扫描电镜下呈链状或葡萄状。炭黑比表面积大（700 m^2/g），表面能大，有利于颗粒之间紧密接触在一起，形成电极中的导电网络，同时起到吸液保液的作用。炭黑是目前使用最为广泛的导电剂，有时也利用小颗粒人造石墨作为导电剂。

（2）碳纳米管

碳纳米管（CNT）是由石墨层卷曲而形成的一维管状晶体纳米材料，根据其石墨片层堆积的层数，可分为单壁碳纳米管（SWCNT）、双壁碳纳米管（DWCNT）和多壁碳纳米管（MWCNT）等。锂离子电池常用的是多壁碳纳米管。多壁碳纳米管的直径在纳米级，具有

表 3-13 商业化锂离子电池隔膜的典型技术指标

隔膜性质	Celgard 2400	Celgard 2500	Celgard EH1211	Celgard EH1609	Celgard 2320	Celgard 2325	Celgard EK0940	Celgard K1245	Celgard K1640	Celgard 2730	Tonen Setela
组成	PP	PP	PP/PE/PP	PP/PE/PP	PP/PE/PP	PP/PE/PP	PE	PE	PE	PE	PE
厚度/μm	25	25	12	16	20	25	9	12	16	20	25
Gurley 值/s	24	—	—	—	20	23	—	—	—	22	26
离子阻抗①/(Ω·cm^2)	2.55	—	—	—	1.36	1.85	—	—	—	2.23	2.56
孔隙率/%	40	—	—	50	42	42	—	—	—	43	41
熔融温度/℃	165	—	—	—	135/165	135/165	—	—	—	135	137
纵向抗拉强度/(kg/cm^3)	—	1055	2100	2000	2050	1700	2300	1600	1750	—	—
横向抗拉强度/(kg/cm^3)	—	135	150	150	165	150	2300	1800	1700	—	—
横向收缩程度(90 ℃,1 h)/%	—	0	0	0	0	0	1	1(105 ℃)	3(105 ℃)	—	—
纵向收缩程度(90 ℃,1 h)/%	—	5	5	5	5	5	5	1(105 ℃)	4(105 ℃)	—	—

①1 mol/L $LiPF_6$/EC 与 EMC 的体积比为 30∶70。

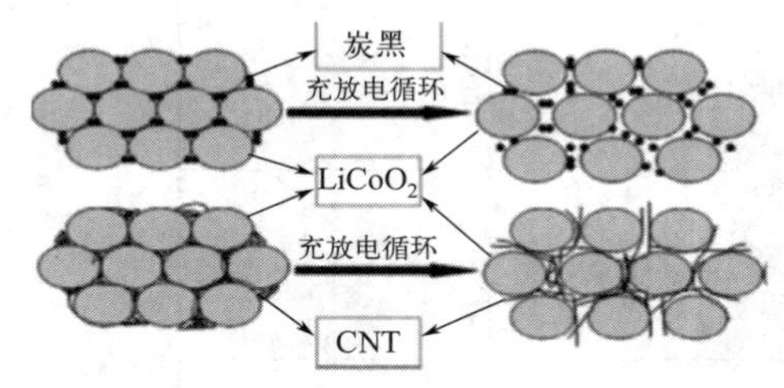

图 3-39 碳纳米管与炭黑作为导电剂的对比示意图

一维线性结构，在电极中可形成长程连接的导电网络。如图 3-39 所示，与炭黑相比，以 CNT 作为导电剂可以形成导电网络，使用量更少，具有更高的导电性，且可以缓冲充放电过程的体积膨胀。需要注意的是 CNT 制备过程中使用的金属催化剂要彻底除去，否则会对电池性能有不利影响。此外，CNT 比表面积高，易团聚，作为锂离子电池的导电剂难以发挥作用，所以 CNT 发挥导电剂作用的关键是要分散好。目前企业用的导电剂都是先把 CNT 以一定浓度分散到 NMP 中，在和膏时加入。

碳纳米管除了作为导电剂，还可与某些在循环过程中易发生严重体积膨胀的材料（如锡、硅、氧化锡、氧化铁等）复合，利用其高强度与一维结构的特性缓冲这些材料在循环过程中的体积变化，保持完整的导电网络，提高这些材料的循环性能。

（3）石墨烯

石墨烯是一种以 sp^2 杂化连接的碳原子紧密堆积成单层二维蜂窝状晶格结构的新材料，其理论厚度仅为 0.35 nm，是目前所发现的最薄的二维材料。石墨烯是构建其他维数碳材料（如零维富勒烯、一维 CNTs、三维石墨烯）的基本单元。2014 年，英国曼彻斯特大学物理学家安德烈·盖姆和康斯坦丁·诺沃肖洛夫用微机械剥离法成功从石墨中分离出石墨烯，因此共同获得 2010 年诺贝尔物理学奖。石墨烯具有优异的光学、电学、力学特性。如石墨烯具有比金刚石更大的硬度，断裂强度可达（130±10）GPa，弹性模量达（1±0.1）TPa。石墨烯既是最薄的材料，也是最强韧的材料，断裂强度比最好的钢材还要高 200 倍。同时它又有很好的弹性，拉伸幅度能达到自身尺寸的 20%。如果用一块面积 1 m^3 的石墨烯做成吊床，本身质量不足 1 mg 可以承受一只猫的重量。石墨烯具有优异的光学性能，对近红外、可见光及紫外光均具有优异的透过性，可吸收大约 2.3%的可见光。石墨烯在室温下的电子迁移率高达 15000 $cm^2/(V·s)$，电子的传输速度为光子的 1/300，具有优异的电学性能。此外，石墨烯是能隙为零的二维半导体，是凝聚态物理学中描述无质量的狄拉克费米子的一个理想实物模型材料。石墨烯不仅具有非常高的导电性，而且拥有更高的强度和更好的韧性，能够制成可以弯曲折叠的显示屏。综上，石墨烯在材料学、微纳加工、能源、生物医学和药物传递等方面具有重要的应用前景，被认为是一种未来革命性的材料。石墨烯常见的粉体生产方法为机械剥离法、氧化还原法、SiC 外延生长法，薄膜生产方法为化学气相沉积法。

石墨烯不仅具有良好的化学稳定性和导电性，还具有更大的比表面积及更灵活的空间构筑特性，如图 3-40 所示。将 CNT、石墨烯和导电炭黑中的两者或三者混合制浆，可以发挥它们各自的优势，取长补短，是目前导电剂的发展方向。

因此，石墨烯基电极材料可能具有更加优越的电化学性能，有望发展成为高性能的电极材料。现有研究结果表明，与炭黑相比，石墨烯与硅、锡等高容量负极材料或与磷酸亚铁锂等正极材料构建的复合电极材料，无论在容量、快速充放电性能，还是在循环寿命等方面都显示出更加优异的性能，在锂离子电池等储能器件中具有巨大的应用潜力。

将具有高导电性的柔性石墨烯与具有高储锂容量的活性物质纳米颗粒进行复合，可得到高强度的柔性电极结构。一方面，纳米粒子的间隔作用可有效抑制石墨烯的团聚，以保持其二维结构的特点，发挥其大的比表面积特性，同时可形成灵活的多孔结构。另一方面，石墨

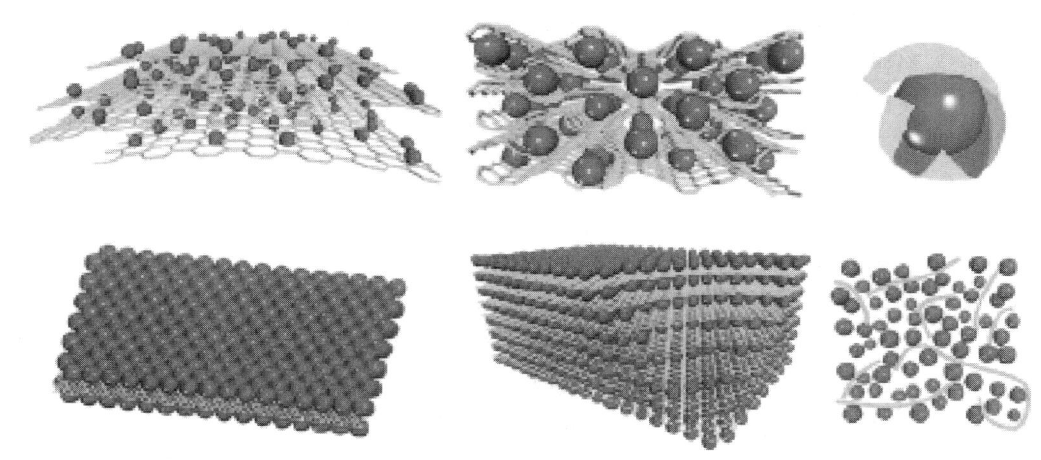

图 3-40　石墨烯基复合结构示意图

烯柔韧的二维结构、大的比表面积和优异的导电特性可有效阻止活性物质纳米粒子的团聚，从而实现石墨烯和纳米粒子间的良好接触并建立起高速电子传输通道。

石墨烯优异的力学性能可有效抑制活性物质在充放电过程中由于体积变化造成的结构破坏或从集流体剥落，同时石墨烯表面具有较多官能团，特别是采用化学法制备的石墨烯能够形成分散性好的溶液，所以很容易与其他材料如氧化锡、四氧化三铁、氧化钴等氧化物以及硅、锡等形成均匀分散的高容量复合电极材料。同时，利用石墨烯具有较高导电性也可以与磷酸亚铁锂和氧化钛等形成复合材料，这些复合材料的功率密度均有较大提高。因此，石墨烯复合电极材料有望在高容量锂离子电池及锂离子动力电池领域得到广泛应用。

当然石墨烯也可以作为导电剂在锂离子电池中发挥作用，但与炭黑、碳纳米管相比优势不明显。石墨烯作为新型导电剂，由于其独特的片状结构（二维结构），与活性物质的接触为点面接触而不是常规的点点接触形式，这样可以最大化地发挥导电剂的作用，减少导电剂的用量，从而可以多使用活性物质，提升锂离子电池容量。作为导电剂的效果与其加入量密切相关，在加入量较小的情况下，石墨烯由于能够更好地形成导电网络，效果远好于导电炭黑。随着石墨烯制备技术的发展和价格不断降低，在不久的将来，也许可以与炭黑和碳纳米管在导电剂市场上形成三足鼎立的局面。

将石墨烯与零维（0D）或一维（1D）具有高导电性的碳材料复合使用，构筑“面-点”“点-点”“线-点”的多元导电网络，兼顾“长程”和“短程”导电，形成插嵌、桥连、搭接协同分散，使导电剂充分地与活性物质接触，为电子的快速传输和锂离子的高效输运提供捷径。在最新的研究进展中，部分锂离子电池选用的导电剂是 CNT、石墨烯、导电炭黑中的两者或三者混合而成的二元或三元导电浆料。由于 $LiFePO_4$ 颗粒较小，石墨烯作为导电剂在电极中不仅存在团聚和堆叠的现象，而且其大平面结构会阻碍电极中锂离子的扩散。有研究发现，与传统碳材料相比，石墨烯和超级碳（SP）复配作为导电剂加入 $LiFePO_4$ 电池可降低石墨烯用量，缓解石墨烯的团聚，还可以构建有效的电子导电网络，使锂离子电池获得优异的电化学性能。另外，采用 KOH 活化制备的多孔石墨烯（HG），有文献形象地称之为石墨烯纳米筛，利用多孔结构缩短锂离子的传输路径。通过降低电池中石墨烯的含量、提高石墨烯的分散性，质量分数各为 1% 的 HG 和 SP 组成的二元导电剂，协同构建 $LiFePO_4$ 电池的离子和电子传输网络，获得了高的能量密度和倍率性能。

将导电剂复合做成导电浆料是工业应用的需求，也是导电剂之间相互协同、激发作用的结果。无论是炭黑、石墨烯还是CNT，将其三者单独使用时存在很大的分散难度，如果想要将其与活物质均匀混合，则需要在未进行电极浆料搅拌之前，将其分散开后再投入使用。

3.5.3 黏结剂

锂离子电池黏结剂的作用主要是将活性物质粉体黏结起来，增强电极活性材料与导电剂以及活性材料与集流体之间的电子接触，更好地稳定极片的结构。黏结剂主要分为油溶性黏结剂和水溶性黏结剂：油溶性黏结剂是将聚合物溶于*N*-甲基吡咯烷酮（NMP）等强极性有机溶剂中；水溶性黏结剂是将聚合物溶于水中。

油溶性黏结剂中，PVDF具有优异的耐腐蚀、耐化学药品、耐热性能，且电击穿强度大、机械强度高，综合平衡性较好，成为锂离子电池应用最为广泛的黏结剂之一。影响PVDF黏结性和电池性能的因素主要有PVDF的分子量、添加量和杂质含量等。PVDF的分子量越大，则黏合力越强，若分子量由30000增加到50000，则黏合力增加一倍。但分子量过大容易导致在NMP溶剂中的溶解性能不好。因此在保证溶解与分散的情况下，应尽可能采用分子量大的PVDF。黏结剂中的水分对黏结性影响显著，需要严格控制水分含量。

水溶性黏结剂中主要采用丁苯橡胶乳液型黏结剂。丁苯橡胶（SBR）乳液黏结剂的固体含量一般为49%～51%，并具有很高的黏结强度和良好的机械稳定性。目前锂离子电池负极片生产通常采用以SBR胶乳为黏结剂、羧甲基纤维素（CMC）为增稠剂、水为溶剂的黏结体系。SBR和CMC两者一起使用，能够充分发挥黏结效果，降低黏结剂用量。CMC主要起分散作用，同时起到保护胶体、利于成膜、防止开裂的作用，提高对基材的黏合力。

3.5.4 壳体、集流体和极耳

锂离子电池的壳体按材质可分为钢壳、铝壳和铝塑复合膜。钢壳不易变形，抗压能力大，可以制备体积较大的电池，早期圆柱形和方形锂离子电池采用钢壳。但钢壳电池质量比能量低，不适合制备薄电池和用于蓝牙耳机等电子设备的小型电池。铝壳是采用铝合金材料冲压成型的电池外壳。铝壳体的重量轻，质量比能量高于钢壳，但受铝材强度限制不适合制备大电池。软包装锂离子电池通常采用铝塑复合膜，这是近年来发展的趋势。铝塑复合膜制备的电池的体积比铝壳体范围大，也能制备薄电池和异形电池。铝塑复合膜内层为胶黏剂层，多采用聚乙烯或聚丙烯材料；中间层为铝箔；外层为保护层，多采用高熔点的聚酯或尼龙材料，见图3-41。目前，动力锂离子电池组也有采用PA66、ABS或PP塑料作为壳体的。

集流体的作用主要是：承载电极活性物质，将活性物质产生的电流汇集输出，将电极电流输入给活性物质。要求集流体纯度高，电导率高，化学与电化学稳定性好，机械强度高，与电极活性物质结合好。锂电集流体通常采用铜箔和铝箔。由于铜箔在较高电位时易被氧化，主要用于负极集流体，厚度通常为6～12 μm。铝箔在低电位时腐蚀问题较为严重，主要用于正极集流体，厚度通常为10～16 μm。集流体成分不纯会导致表面氧化膜不致密而发生点腐蚀，甚至生成LiAl合金。铜和铝表面都能形成一层氧化膜：铜表面氧化层属于半导体，电子能够导通，但是氧化层太厚会导致阻抗较大；而铝表面氧化层属绝缘体，不能导电，但氧化层很薄时可以通过隧道效应实现电子传导，氧化层较厚时导电性极差。因此，集流体在使用前最好经过表面清洗，去油污和氧化层。随着人们对电池容量的需求越来越高，要求集流体越来越薄，但是如何保证集流体的强度、与活性物质的黏结性和柔韧性是目前研发的关键方向。

极耳就是从锂离子电池电芯中将正负极引出来的金属导电体，正极通常采用铝条，负极采用镍条或者铜镀镍条。极耳应具有良好的焊接性。

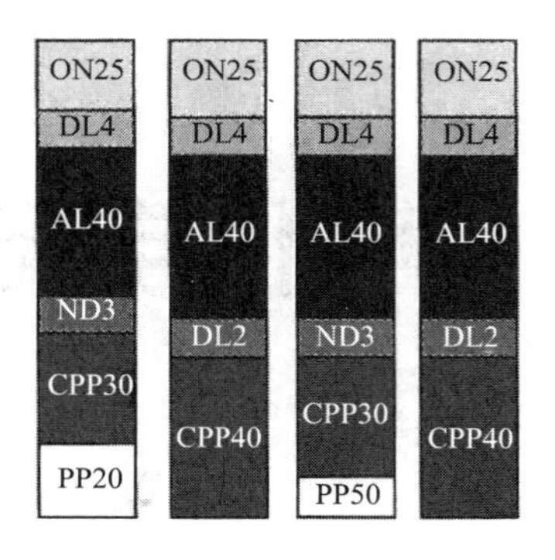

图 3-41 铝塑复合膜为 ON/AL/CPP 复合结构（各数值为厚度，μm）

ON—延伸尼龙；DL—干燥式铝塑复合膜胶黏剂层；AL—铝箔；

ND—胶黏剂层；CPP—流延聚丙烯；PP—聚丙烯复合层

第4章 电化学电容器

4.1 概述

4.1.1 电化学电容器的发展史

1740 年，莱顿瓶的出现标志着人类使用电容器储能的开始。在 20 世纪 50 年代以前，人类对电容器的研究主要限于电解电容器，电解电容器被广泛应用于电子、通信等产业的电子产品中。微电子技术和集成电路的出现使得大容量、小体积的电容器成为迫切要求，传统电容器在该领域凸显了其应用的局限性。1957 年，美国通用电气的 Becker 申请了第一个以高比表面积活性炭为电极材料的电化学电容器专利。1968 年，标准石油公司提出了利用高比表面积碳材料制作电化学电容器的专利，随后转让给日本 NEC 公司，后者于 80 年代实现了电化学双电层电容器的大规模产业化。由于上述电化学电容器主要是基于活性炭电极与电解液界面双电层存储电荷，所以被称为电化学双电层电容器。在电化学电容器技术开发和有关基础研究的早期阶段，许多研究者和企业把这种电容器装置称为“超级电容器”，现在较多使用的是由 Burke 提出的“电化学电容器”。

20 世纪 70 年代后，学者陆续发现贵金属氧化物（如 RuO_2）和导电性高分子（如聚苯胺）的电化学行为介于电池电极材料和电容器电极材料之间，具有典型的电容特性，能够存储大量的能量，后来基于这类材料的电化学电容器被称为准电容器或赝电容器，其能量密度远大于传统活性炭基的电化学电容器。然而，对于大规模电容器的生产，使用 Ru 材料过于昂贵，难以实现民用商业化，目前仅在航空航天、军事方面有所应用。基于导电高分子的电化学电容器，其循环稳定性和倍率性能难以达到应用要求，因而应用受到了限制。近年来对电动汽车的开发以及对功率脉冲电源的需求，更加激发了人们对电化学电容器新体系的研究。1995年，Evans以贵金属氧化物RuO_2为正极、Ta为负极、Ta_2O_5为介质，构成了电化学混合电容器，该混合电容器既能发挥出电极RuO_2较高能量密度的特点，又能保留双电层电容器功率密度较高的优点。Burke等以铅或镍的氧化物为正极、活性炭纤维为负极，使用水性电解液，也得到了一种混合装置。相对于两电极均是同一种储能材料的“对称”装置，该混合装置被定义为“非对称”混合电容器。1997年，俄罗斯ESMA公司以二次电池材料NiOOH和双电层电容器碳材料组装出混合电容器。

2001年，美国Telcordia公司报道了使用锂离子电解液、锂离子电池材料和活性炭材料的新型混合电容器体系，其正负极分别依靠活性炭双电层电容和$Li_4Ti_5O_{12}$锂离子嵌入/脱嵌的机制储能，能量密度达到了20 W·h/kg，这是电化学混合电容器发展的又一里程碑。2004年后，日本富士重工公开了一种以活性炭为正极、经过预嵌锂处理的石墨类碳材料为负极的新型混合电容器，并将其命名为锂离子电容器。我国宁波中车新能源科技有限公司在2020年8月发布了3.6V-20000F混合电容产品，该款混合电容器正极采用具有高倍率特性的多孔碳/碳纳米管复合磷酸铁锂的“双功能”电极材料，负极采用了石墨/软炭/硬炭超快充复合电极制备关键技术，该技术可保证混合电容器在高倍率（50 C）下充放电循环的高稳定性。

4.1.2　电化学电容器的分类

根据工作原理的不同，电化学电容器可以分为电化学双电层电容器、法拉第赝电容器和混合型超级电容器。

（1）电化学双电层电容器

电化学双电层电容器基于电化学双电层储存电荷，电极材料一般为高比表面积多孔碳材料，结构如图4-1所示。电化学双电层是由电解质离子在高比表面积活性电极材料表面可逆静电吸附形成的，不涉及法拉第反应，能够在极短的时间内形成或解散，因而能够快速地储存和释放电荷。多孔碳材料因其较高的比表面积、稳定的物理化学性质和优良的导电能力成为电化学双电层电容器最常选用的电极活性材料。

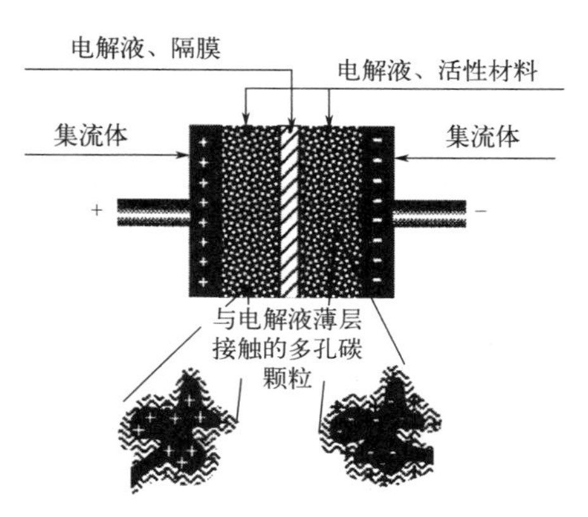

图4-1　电化学双电层电容器的结构

这种电容器的充放电过程如图4-2(a)所示，充电过程时，电解质离子在高比表面积的多孔碳电极材料的孔隙表面吸附形成高的双电层电容，放电时，电解质离子从电极材料表面脱附下来，扩散到溶液中。这种电容储能过程并没有电化学反应发生，仅仅需要电子通过外电路在电极表面进出和电解质阴阳离子从溶液内部迁移到充电界面。因而，电化学双电层电容器的充放电过程是高度可逆的，具有很高的循环稳定性。目前，商业化的电化学双电层电容器主要采用高比表面积活性炭为电极活性材料，中间为隔膜和电解质溶液，在其使用电位范围内，充电时可得到很大的界面双电层电容。

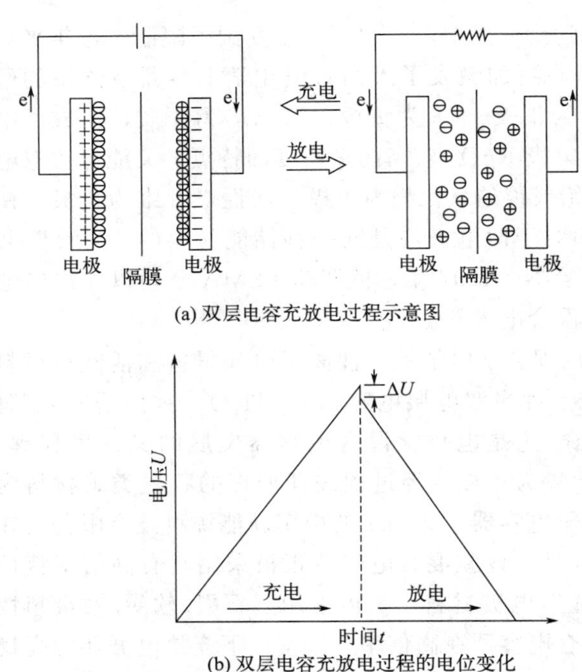

图 4-2 电化学双电层电容器充放电过程

对于传统物理电容器，当充入电量 Q 时，由 $C=Q/U$ 或 $U=Q/C$ 可知，$\mathrm{d}U/\mathrm{d}Q=1/C$。因此，电容器的电压在充放电过程中是线性上升/下降的。类似地，电化学双电层电容器在恒流充放电时，其电压的变化规律和物理电容器接近，也是接近线性上升/下降的，其充放电曲线接近三角形的形状，如图 4-2(b) 所示。从电容器充电结束到放电开始瞬间的电压差（ΔU）等于 $2IR$，其中 I 是充放电电流，R 是超级电容器的等效串联内阻。显然，ΔU 不仅与电容器的内阻有关，也与充放电的电流大小密切相关。

在这种系统的循环伏安测试中，充电和放电的循环伏安曲线几乎互为镜像，如图 4-3 所示。在理想的情况下，电化学双电层电容器的循环伏安曲线类似于传统的物理电容器，为理想的矩形。而实际情况下，尤其是在较大的扫描速度下，由于电解质离子在多孔碳电极材料的微孔中传输困难，极化增大，反映到循环伏安测试结果上就是偏离理想的矩形，如图 4-3 中的虚线所示。

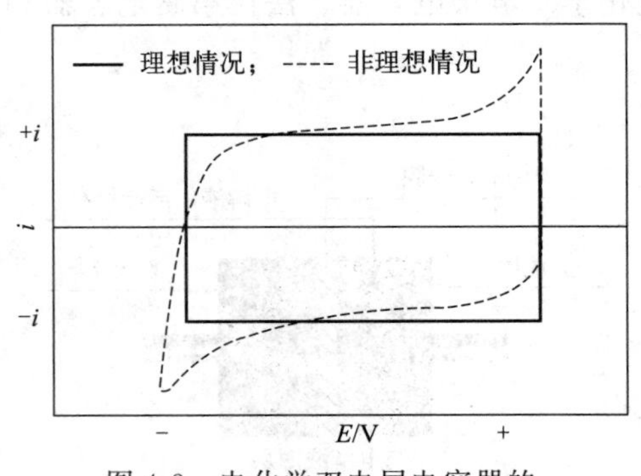

图 4-3 电化学双电层电容器的循环伏安示意图

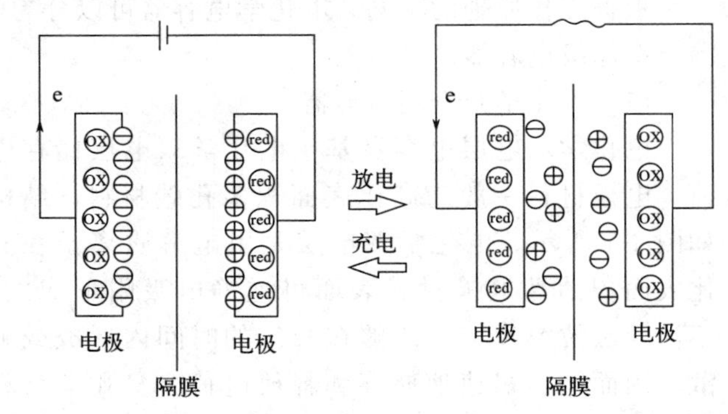

图 4-4 法拉第赝电容器充放电原理图

OX—氧化态；red—还原态

（2）法拉第赝电容器

法拉第赝电容器利用电极材料与溶液界面处的法拉第赝电容反应来储存电荷，产生与电极充电电位有关的电容。如图 4-4 所示，赝电容器的充放电原理与双电层电容器充放电原理有所不同，它在充放电过程不仅仅发生了离子的物理扩散，还进行了法拉第氧化/还原反应。在充电过程中，电解液中的正负离子快速迁移到电极表面进行氧化还原反应，采用这种形式进行储能。放电时，离子又返回到电解液中，存储的电荷又经外电路输出。与双电层电容主要采用多孔碳基电极材料不同，赝电容电极材料主要包括金属化合物与导电聚合物等。

（3）混合型电容器

在混合型电化学电容器中，一极采用赝电容型电极材料（也可以是传统的电池电极材料），通过电化学法拉第反应来储存电能；另一极则通过多孔碳材料的双电层电容来储存能量。在充放电过程中，正负极的储能机理不同，因此其具有双电层电容器和赝电容器（电池）的双重特征。赝电容器（电池）型电极具有高的能量密度，双电层电容器型电极具有更高的功率密度。另外，两者结合起来通常会产生更高的工作电压。因此混合型超级电容器的能量密度远大于双电层电容器。

上述电化学双电层电容器、赝电容器和混合电容器是按储能机理来分类的。显然，也可以按电极材料、结构和电解质溶液等来分类。图 4-5 为电化学电容器按电极材料和储能机理的分类。

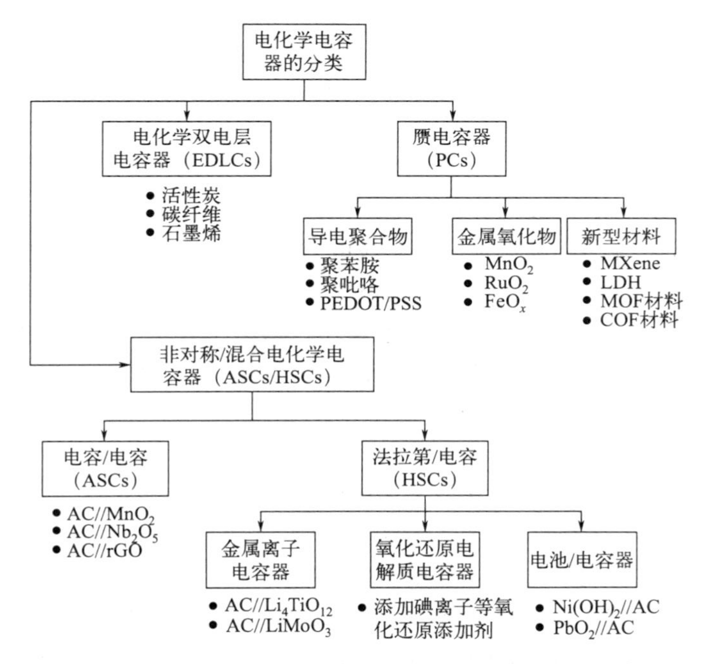

图 4-5 基于电极材料和储能机理的电化学电容器分类

4.1.3 电化学电容器的特点及应用

传统的物理静电电容器在存储能量时，充电和放电仅仅是电容器极板上电子电荷的剩余和缺乏，不存在化学变化。除非是大型的电容器，一般的静电电容器只能存储很少的电荷，即它们只能以较低的能量密度进行电能存储。电化学电容器作为一种新型的电化学储能装置，性能介于物理电容器和传统化学电池之间，可以提供比传统化学电池高十至一百倍左右的功率密度，以及比物理电容器高一百倍左右的能量密度（如图 4-6 所示）。因此，电化学电容器极为适合用于需要大功率输出能量的用电器具，是具有广泛应用潜力的能量储存装置。其优越性主要表现为：

① 功率密度高，电化学电容器的内阻很小，而且在电极/溶液界面和电极材料本体内均能实现电荷的快速储存和释放。

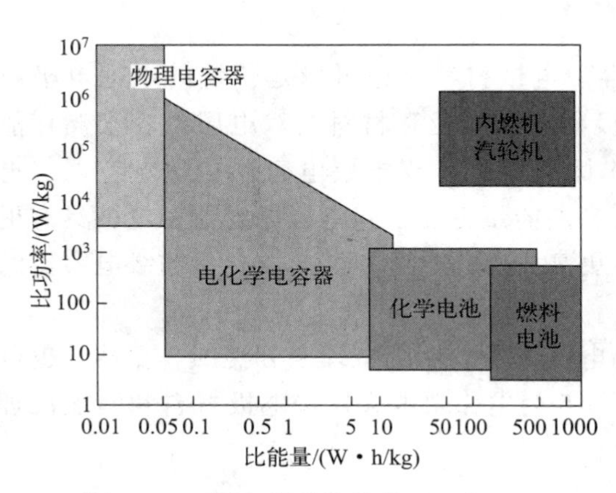

图 4-6　不同电化学储能装置的能量和功率密度示意图

② 充放电循环寿命长，尤其是电化学双电层电容器在充放电过程中没有发生电化学反应，其循环寿命可达十万次以上。

③ 充电时间短，完全充电只需数分钟。

④ 实现高比功率和高比能量输出。

⑤ 工作温度范围宽，能在极低温度下工作。电化学双电层电容器的正常工作温度范围在－35～75 ℃。

电化学电容器产品由于具有特殊的优点，应用前景是十分光明的，不仅有望在电动汽车领域获得应用，而且在通信、工业领域以及太阳能和风能分布式发电系统具有应用前景，同时其作为高能量密度的脉冲电源将在航空航天及高能脉冲激光武器等方面发挥重要作用。

（1）良好的储能装置

现有超级电容器产品，不仅已经用作光电功能电子表和计算机储存器等小型装置电源，还可以用于固定电站。在边远缺电地区，超级电容器可以和风力发电装置或太阳能电池组成混合电源，在无风或夜间也可以提供足够的电能。卫星上使用的电源多是由太阳能电池与化学电池组成的混合电源，一旦装上了超级电容器，那么卫星的脉冲通信能力一定会得到改善。此外，由于它具有快速充电的特性，对于电动玩具这种需要快速充电的设备来说，无疑是一个理想电源。

（2）电动汽车领域

研究发现，电化学电容器可以为混合动力电动汽车加速提供必要的动力，并能够回收刹车时产生的能量。我国中车新能源的双高储能器件已经在有轨电车、纯电动公交、电力能源等多个领域实现了商业应用，2020 年在中车株机公司下线的全球首列应用于机场捷运系统、可自动驾驶的储能式有轨电车，该车采用三组 60000 F 高能量型电化学电容器，能够存储 80 kW•h 电量，为目前国内容量最大的电化学电容单体。车辆进站时，利用乘客上下车时间 30 秒即可充满电，一次充电可跑 5 公里，最高时速可达 70 公里，最大载客量 500 人。

（3）不间断电源（UPS）系统和应急电源

超级电容器可以在数分钟之内充足电，完全不会受频繁停电的影响。此外，在某些特殊情况下，超级电容器的高功率密度输出特性，会使它成为良好的应急电源。例如，在炼钢厂的高炉冷却水是不允许中断的，都备有应急水泵电源。一旦停电，超级电容器可以立即提供很高的输出功率启动柴油发电机组，向高炉和水泵供电，确保高炉安全生产。

（4）军事领域

美国军方对超级电容器用于重型卡车、装甲运兵车及坦克很感兴趣。Maxwell 公司正在向 Oshkosh 汽车公司提供 PowerCache 超级电容器，为美国军方制造 HEMTTLMS 概念车。所用的动力就是该公司生产的 ProPulse 混合电力推进系统。

激光探测器或激光武器需要大功率脉冲电源，若为移动式的，就必须有大功率的发电机组或大容量的蓄电池，而其重量和体积会使激光武器的机动性大大降低。超级电容器可以高功率输出并可在很短时间内充足电，显然是一个极佳的电源。另外，用超级电容器对氢能燃料电池进行补偿是其在军事领域的一个很重要的应用。

4.2 电化学双电层电容器

由于兼具高能量密度和高功率密度，电化学双电层电容器受到了广泛的研究，产业化方面的进展日新月异，在碳材料电化学双电层储能机理方面提出了不少新的观点。电化学双电层电容器的性能在很大程度上取决于关键材料的性能，除了电极碳材料之外，电解液、隔膜和集流体也是双电层电容器的主要原材料，黏结剂和导电添加剂是制造双电层电容器的重要辅助材料。

4.2.1 电化学双电层理论

早在19世纪末，Helmholtz提出了紧密层模型，最初用于胶体表面，后来被修改成适合电极界面的情况。如图4-7(a)所示，该模型只考虑电极与溶液间的静电作用，认为电极表面和溶液中的剩余电荷都紧密地排列在界面两侧，形成两个相互面对且电性相反的电荷排列层。这类似于传统物理电容器中正负极板上的情况，不同之处在于紧密层中两个电荷排列层之间的距离非常小，为原子尺寸。但是，经典Helmholtz双电层模型没有考虑离子扩散、溶剂分子的偶极运动等因素，具有一定的局限性。

Helmholtz模型提出一段时间后，人们逐渐认识到电化学双电层溶液一侧的离子不会像图4-7(a)所示的紧密排布那样保持静态，而是按照Boltzmann原理受热运动的影响。Gouy将热运动因素引进到修改的双电层模型中，提出电极表面至电解液本体之间存在一个电势逐渐降低的离子分散层，净电荷密度与金属表面上实际的二维电子剩余或缺乏量相等，且符号相反。与该模型对应的界面电容被称为分散层电容。1913年Chapman在同时应用Boltzmann能量分布方程和Poission方程的基础上，做出了Gouy扩散层模型的较详细的数学处理。如图4-7(b)所示，GC（Gouy-Chapman）双电层模型认为：受粒子热运动的影响，溶液中的剩余电荷不可能紧密地排列在界面上，而应按照势能场中粒子的分配规律分布在邻近界面的液层中，即形成电荷“分散层”。然而，在该模型中，离子被假定为点电荷。从历史的角度看，这是一个非常重要的限制，因为它导致GC双电层模型不能够很好地应用于高浓度电解液，有时会导致双电层电容的过度估算。

1924年，Stern双层理论被提出。在Stern的模型和计算中，在离子电荷分布的内部区域，按照吸附过程用Langmuir吸附等温式处理，而在该内层之外，一直到邻近溶液界面，则像Gouy和Chapman那样，按照所分布离子电荷的分散区域处理。吸附离子紧密层相当于Helmholtz型紧密双电层，其电容为C_H，而紧密层外残存的离子电荷密度被认为是双层的“分散”区，其电容为C_{dis}。Stern提出的模型又被称为GCS双电层模型，实质上是合并了经典Helmholtz紧密双电层与GC扩散双电层的一个综合模型，如图4-7(c)所示。在GCS双电层模型中，电极表面双电层相当于Helmholtz紧密双电层与GC分散层串联组成，即C_H和C_{dis}是串联关系，且双电层电容C_{dl}与紧密层电容C_H、分散层电容C_{dis}之间满足式(4-1)：

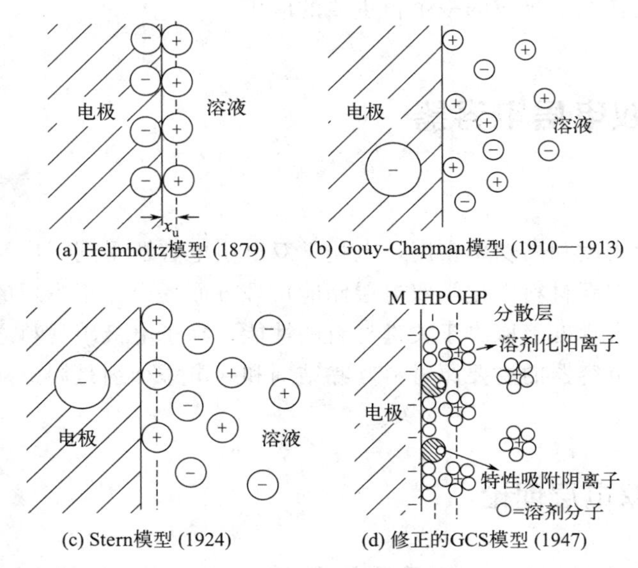

图 4-7 电化学双电层模型

$$\frac{1}{C_{dl}}=\frac{1}{C_H}+\frac{1}{C_{dis}} \tag{4-1}$$

由式(4-1) 可以看出，C_{dl} 分别小于 C_{dis} 和 C_H，这对于确定双电层的性质和电容是相当重要的。通过引入限定尺寸的离子接近电极的距离概念，就从几何上确定了双电层中Helmholtz紧密层的内部范围。在实际应用中，如果电解液浓度较高，可以认为分散层很薄而忽略分散层电容 C_{dis}，得到 $C_{dl}\approx C_H$，采用Gouy-Chapman处理所导致的电容太高的问题就自动避免了。

在Stern双层理论的基础上，Grahame等人详细研究了电解质阳离子和阴离子的性质及其对双电层电容行为的影响，特别是离子的尺寸、极化能力和电解质阴离子电子对的施主性质。在此基础上，提出按电极表面的阴离子和阳离子靠近界面距离的不同，将界面上的Helmholtz层分为内、外Helmholtz层。这种靠近界面距离的差异主要由以下原因引起：大部分阳离子半径小于阴离子，且由于离子-溶剂间强烈的相互偶极作用，阳离子周围维持有溶剂层（即离子氛）。如图 4-7(d) 所示，修正的GCS模型图由三个不同的区域构成，即内Helmholtz层（IHP）、外Helmholtz层（OHP）和分散层。

在充电的电极/溶液界面处，由于电化学双电层的存在，存在着一个巨大的电场，而电化学反应就在这个界面区发生，所以电化学双电层理论是研究电化学反应的理论基础。同时，由于电场的存在，这个界面处也存在着巨大的电容，单位电极材料表面积比电容值约为16～50 $\mu F/cm^2$。由于阴离子靠近界面的距离通常小于水合阳离子，正向充电时电极表面的内层电容两倍于负向充电电极表面的电容，尽管这取决于金属和电解质离子以及溶剂。因此，采用具有极高表面积的多孔碳材料来构成电极，能够得到大约10～300 F/g的电化学双电层电容，由此出现了电化学双电层电容器这个新型电化学储能装置。研究电极与电解质溶液界面处的电化学双电层电容行为对于理解电化学双电层型电容器的性质，理解不同电势范围以及不同电极材料下每平方厘米电极能够获得的电容量，具有重要的意义。

4.2.2 碳材料双电层储能电化学

用于电化学双电层电容器的多孔碳材料主要有活性炭、活性炭纤维、炭气凝胶、碳纳米管、模板炭、玻态炭以及石墨烯等。其中，活性炭因具有比表面积高、孔结构可调、价格较低的优势，是目前为止最成功的双电层电容器电极材料。典型的碳材料在水系电解液、有机电解液以及离子液体中的比电容分别为50～260 F/g、30～120 F/g和20～70 F/g。

由于多孔碳材料主要是基于双电层储能的，因此比表面积对材料的电容性能影响很大。但实际上，材料的比电容与比表面积并非线性关系，因为并不是所有的孔都对电容有贡献，只有电解液可到达的表面才可以产生双电层，因此多孔碳材料的孔径分布对电容器性能的影响也至关重要。比如，微孔碳材料虽然比表面积高，比电容可以达到较高的值，但大电流性能通常并不理想，尤其是在离子尺寸较大的有机电解液中。根据研究，碳材料的微孔（<2 nm）起到提供高的比表面积形成电化学双电层储能的作用，中孔（即介孔，2～50 nm）提供离子快速迁移的通道，大孔（50 nm）可以储存电解液。因此，兼具微孔、中孔和大孔的分级多孔碳有望能兼顾高比容量和良好的大电流性能。此外，用于电化学双电层电容器的碳材料远远不是电化学惰性的，碳材料表面的各种官能团的氧化和还原反应将引起法拉第赝电容反应。因此，提高比电容的另外一种方法就是在碳材料中引入杂原子（如N、O、B、S等），增加赝电容。同时，杂原子的掺入可以改善碳材料的表面亲水性，从而促进电解质离子在孔隙中的传输和形成电化学双电层电容。

（1）表面官能团的影响

电化学双电层电容器采用的多孔碳材料，基本上都是由石墨微晶构成的。由于存在剩余的表面“化合价”，绝大部分暴露在空气中的碳含有吸附氧，其中大部分为化学吸附，这些氧能够形成各种表面含氧官能团。一般来说，多孔碳材料的表面官能团一般分为含氧官能团和含氮官能团，含氧官能团主要有羧基、酚羟基、羰基、内酯基及环式过氧基等，含氮官能团可能存在形式有两类酰胺基、酞亚胺基、乳胺基、类吡咯基、类吡嘧啶基等（如图4-8所示）。由于居于多孔碳颗粒的孔隙表面，这些表面官能团作为活性中心支配了其表面化学性质。

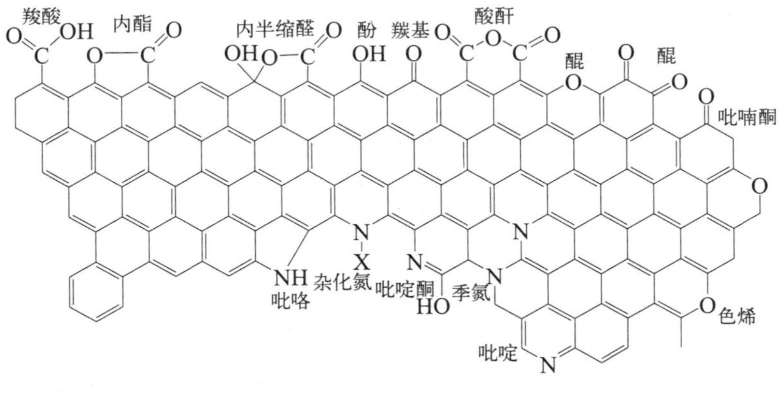

图4-8 多孔碳材料表面的含氧、含氮官能团

碳材料表面是疏水性的，本身呈非极性，能够吸附水溶液中的非极性材料，而用其吸附极性材料就比较困难。多孔碳材料的吸附特性，即表面形成电化学双电层电容的性质，不但

取决于它的孔隙结构，而且取决于其表面化学性质。碳炭材料的表面性质主要由其表面官能团的种类与数量决定，不同的表面官能团、杂原子对不同吸附质的吸附有明显差别。

对于活性炭而言，其表面官能团的数量和种类主要是由生产活性炭的原材料和活化方法所决定的，例如制备热解炭的前驱体有机化合物原材料的类型。同时，含有杂原子的活性炭（如 O、N、S）能增加与电解液的润湿性，并可提高超级电容器的赝电容，在一定程度上适合于水系电解液。因此，对活性炭表面进行化学改性，使其吸附具有更高的选择性，进而调控其电容性质，具有重要的意义。然而，工业上双电层电容器一般采用有机系电解液，活性炭的表面官能团在有机电解液中充电时易分解产生气体，造成器件内阻变大和难以在高电压下工作，影响器件的功率特性和循环寿命。因此，双电层电容器用活性炭对碳含量和杂原子、官能团的数量有严格要求，以减少器件内部气体的产生，延长器件的使用寿命。

（2）比表面和孔结构的影响

早期研究认为按照 GCS 模型，双电层电容 C_{dl} 既然可以近似等于紧密层电容 C_H，那么电极材料的比电容与其比表面积应当成正比关系。但是研究发现当比表面积较低时，比电容与比表面积成正比；当比表面积增大到 1200～1500 m^2/g 后，多孔碳材料的比电容值趋近于饱和。不论是采用 BET 模型或是 DFT 理论对多孔碳比表面积进行修正，电容饱和现象仍然存在。针对该现象，有研究者认为可能的原因是相比于低比表面积，高比表面积时的孔壁过薄导致相邻两个孔隙的电荷影响不能被完全屏蔽，这说明单纯依靠提高多孔碳的比表面积并不能真正提高双电层电容。而且，多孔碳材料过度多孔化，会使其振实密度显著降低，导致在实际器件中的填装量减少，电容器的能量密度和功率密度急剧降低。

通常，多孔碳材料的孔按照大小可以分为 3 类：小于 2 nm 为微孔，2～50 nm 为中孔，大于 50 nm 为大孔。近年来的深入研究证实，多孔碳材料的孔隙结构是影响其电容的主要因素。实质上多孔碳材料的比表面积也受其孔隙结构控制。因此，掌握孔隙结构对多孔碳材料比电容的影响机制是设计高性能多孔碳电极材料的关键所在，可为双电层电容器性能改进提供方向。

① 离子筛选效应　当活性炭的平均孔径与电解质溶液离子尺寸大小相适应时，电解质溶液中的离子才有可能被活性炭吸附，进而形成电化学双电层，这种基于尺寸效应的选择性吸附被定义为离子筛选效应。

② 离子去溶剂化效应　按照传统的观点，由于存在离子筛选效应，多孔碳不可能吸附超过其孔隙平均孔径的溶剂化离子。早期研究认为，要获得高的比电容，水溶液体系多孔碳的孔径需 2 nm 左右，有机电解液体系多孔碳的孔径需 5 nm 左右。但是模板炭和碳化物衍生炭的电容性能研究表明，电解液中的离子能够去溶剂化，进而储存于微孔或超微孔中。

③ 介孔的影响　研究不同模板法合成的多孔碳时，发现多孔碳微孔或超微孔比例越大，其质量比电容也越大。此外，上述实验结果还显示，相比较于多孔碳的比表面积，微孔在材料中的比例对于比电容的影响更大，这与传统观点相反。

最新研究表明，微孔能提供远高于大孔的面积比电容。如图 4-9 所示，在孔径小于 1 nm 的微孔区域，单位碳表面积能形成的比电容随孔径的减小急剧增加。根据传统理论，电解质离子是溶剂化的，体积很大，很难进入微孔形成双电层电容。因此，研究者提出电解质离子在微孔表面会发生去溶剂化效应，去溶剂化外壳的裸离子吸附在微孔壁上，离子中心与碳壁的距离（即双电层厚度，d）减小很多，电容会大幅增加。

基于上述实验现象，研究者提出将大孔、介孔和微孔有机组合，构筑分级多孔碳，可以

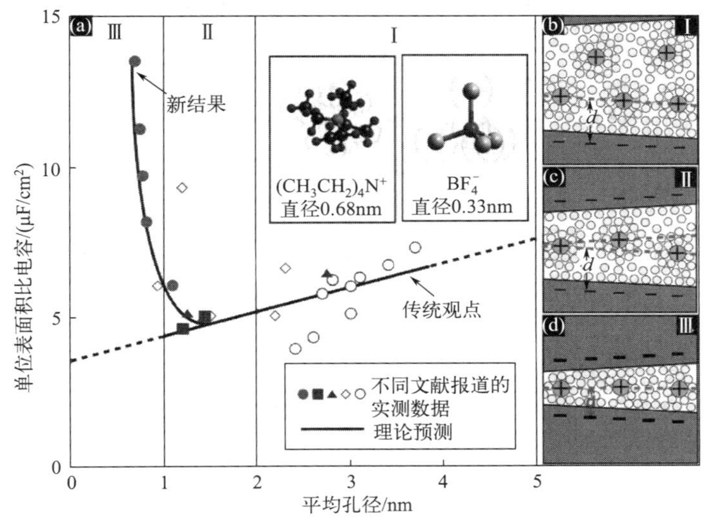

图 4-9 在有机电解液中活性炭与碳化物衍生碳的单位表面积比电容

图中点代表不同文献报道的实验数据，曲线是根据理论计算模拟的数据绘制的（a）；孔隙中的溶剂化离子与孔壁之间的距离示意图：（b）＞2 nm，（c）1～2 nm，（d）＜1 nm

克服微孔传质困难的缺点，实现高效的微孔电容储能，具有离子输运距离短、输运阻力小和存储电荷密度高等优异电容特性。其中大孔可以储存电解质溶液，介孔可以作为电解质离子的传输通道，而微孔可以形成高的电化学双电层电容。

④ 饱和效应　在研究孔径分布对于质量比电容的影响时，发现活性炭存在饱和效应，即当充电电压超过某一值后，活性炭就不能继续储存电荷。在循环伏安测试中，饱和效应通常表现为电流-电压曲线不是呈严格的矩形，而是在高电位区域存在显著的电流衰减现象。在充放电实验中，饱和效应通常表现为电压-时间曲线的放电部分显著偏离线性。Conway 等认为产生多孔碳电极饱和效应的原因是当电解液浓度较低（低于 0.1 mol/L）时，电极在达到最大充电电压前就已经吸附完电解液中的所有离子，即存在“离子匮乏”现象。

但是 Mysyk 等认为“离子匮乏”机理不能解释高浓度电解液时的饱和效应，其实验结果也显示饱和效应与微孔粒径分布密切相关，从而提出孔隙饱和效应。该效应是指在电压达到一定值时，活性炭的孔结构处于饱和状态，不能继续存储离子，导致当电压继续增大时，电容电流急剧降低。

在常规的 TEA-BF_4（四氟硼酸四乙基铵盐）乙腈溶剂电解液中，因为阳离子直径总是大于阴离子，所以对于由完全相同活性炭组装成的电容器，负极电容总是大于正极电容。更深入的研究证实多孔碳饱和效应产生的根本原因是在工作电压范围内，正负极电荷储存能力不相当。需要强调的是，正负极电荷储存能力不相当的原因不是孔径分布差异，而是正负极吸附离子的有效比表面积不同。多孔碳饱和效应也表明真正意义上的“对称”双电层电容器的正负极不仅仅是材料相同，还应具有相当的电荷储存能力。因此，要设计真正的“对称”双电层电容器，避免出现饱和效应，必须保证正负极的有效电荷吸附面积相当。

⑤ 离子变形、离子嵌入/脱出　Ania 等研究不同孔径分布的活性炭在常规 TEA-BF_4 乙腈溶剂电解液中的电容性能时发现，平均孔径为 0.58 nm 的活性炭具有相对较高的质量比电容值（92 F/g）。按照去溶剂化效应和离子筛选效应，由于平均孔径大于去溶剂化后的阳

离子直径，该小微孔是不具备电荷储存能力的。而实验现象与之相反，因此Ania等解释在电场作用下，去溶剂化阳离子产生变形，进而被吸附。同时，Ania等还发现当采用离子液体时，阳离子完全不能进入直径比自身尺寸更小的孔隙中，导致活性炭不能形成双电层，失去电荷存储能力。根据活性炭在常规有机电解液和离子液体中的电容性能对比，Ania等认为只有当电解液中离子几何形态可变时，离子变形才有可能发生。

有研究发现，多孔碳电极的厚度变化程度随着循环次数增加而增大，这证实了充放电过程中可能存在离子的嵌入/脱出过程。也就是说，对于电化学电容器的多孔碳，电解液离子也可能存在嵌入/脱出效应。显然，离子嵌入/脱出造成的体积变化，必然会影响多孔碳电极的循环寿命。

（3）石墨化程度的影响

石墨化程度影响多孔碳材料的电化学性能。提高石墨化程度，可以增加颗粒间的导电能力，减少碳材料中的结构缺陷和官能团等活性位，提高电解液在电极上的分解电压，进一步提高超级电容器的能量密度。然而，石墨化程度过高，会导致活性炭结构致密、官能团的消除、比表面积变小和难以被电解液润湿等问题，不利于双电层的形成，影响活性炭的电化学性能。

（4）灰分的影响

活性炭应用于超级电容器电极材料时，灰分的存在是引起电容器自放电的主要原因，同时可能会导致活性炭的比表面积得不到充分利用，从而影响活性炭的比电容及循环稳定性能，所以活性炭中灰分含量越小越好。

（5）粒度的影响

活性炭的粒度同样是制约电极材料电化学性能的因素之一，影响着超级电容器的放电效率、内阻以及使用寿命。活性炭粒度过小，粉末堆积可能会增加颗粒间的接触面积，产生较大的接触电阻，使电容器的电阻率增大；同时，颗粒粒度的减小也会缩短电解质离子在微孔中的扩散距离，减小扩散内阻。

此外，用于电容器制造的粉末或纤维碳材料的表面状态对于获得好的性能，即高的比电容和电导率，以及最重要的最小自放电率，实际上非常重要。这意味着首选的碳材料应该不含杂质和表面醌型结构，如Fe、过氧化物、O_2、苯醌等会引起自放电。

4.2.3 双电层电容器用碳材料

电化学双电层电容器在充电过程中，电解液中的阴阳离子通过隔膜分别聚集在正负电极材料的表面，在电极材料/电解液界面处形成电化学双电层，存储电荷；放电过程中，电子从电极材料表面通过集流体释放至外接电路，造成静电吸附作用减弱，电解质离子逐渐离开电极/电解液界面，向电解液本体中扩散，并通过隔膜恢复至充电前的状态。在整个双电层电容器的充放电过程中，电极材料提供电化学双电层储能的场所，电解液提供形成双电层的阴阳离子，隔膜起到把正负极隔离开、储存电解液和传输阴阳离子的作用，集流体汇集电流以对外输出电流做功，黏结剂有助于活性物质黏附到一起并和集流体形成良好接触。

电极材料是存储电荷的场所，因此作为双电层电容器的电极材料必须具有的条件有：①高的电子电导率，有利于电子的传输，有助于双电层电容器内阻的降低；②高比表面积和发达的孔隙结构，有利于较多电荷的存储和双电层电容器质量能量密度的提高；③高体积密度，有利于提高双电层电容器的体积能量密度；④合理的孔径尺寸，有利于电解液离子的传输和双电层电容器功率密度的提高。多孔碳材料具有高电导率、高比表面积（>1000 m^2/g）、发达的孔隙结构和高化学稳定性等优点，是目前商业化双电层电容器主要采用的电极材料。应用于双电层电容器的多孔碳电极材料种类繁多，主要有活性炭、介孔炭、炭气凝胶、碳纳米管、石墨烯、活性炭纤维和碳复合材料等。

（1）活性炭

活性炭具有高的比表面积、发达的孔隙结构、较高的电导率、高化学稳定性、和成本低等优点，是商业化电化学双电层电容器的主流电极材料。制备活性炭的原材料有化石燃料（如煤沥青和石油焦）、生物质材料（如椰壳和杏壳等）、高分子聚合物材料（如酚醛树脂、聚丙烯腈等），这些原材料被称为活性炭前驱体。前驱体对活性炭的生产工艺和性能有很大影响，因此选择合适的原材料是重要的环节之一。

活性炭的制备工艺通常包括预处理和活化工艺。对前驱体进行预处理（如炭化、除灰分等），目的是确保前驱体的碳含量和生产的得率。活性炭生产过程中的活化工艺是利用活化剂与前驱体在一定条件下发生复杂的化学反应而造孔的过程，主要活化方法有物理活化法和化学活化法。

物理活化法又称气体活化法，在高温下，采用水蒸气、CO_2 等作为活化剂与碳材料接触反应进行活化，或两种活化剂交替进行活化，其活化时间、活化停留温度、活化剂的流量直接影响活性炭比表面积和孔隙结构等性质。采用该方法制备双电层电容器用活性炭的原材料一般是生物质材料（如椰壳）、酚醛树脂和各向同性沥青等难石墨化材料，活化后产品的得率一般在70%左右。相比于其他活化方式，该工艺具有生产成本低、不需要后处理等优点，但同时具有活化时间长、微孔孔径分布较难控制、比表面积偏低（很难制备超过1500 m^2/g 的高比表面积活性炭）等缺点。物理活化时，活化温度一般在700～1200 ℃。

化学活化法是利用 $ZnCl_2$、H_3PO_4、KOH、NaOH、K_2CO_3、K_2SO_4、K_2S 等化学试剂对碳材料进行造孔得到活性炭的方法。化学活化法的活化步骤主要包括：①碳材料的预处理，即炭化前驱体以提高活化得率；②浸润，即利用活化剂的水溶性与碳材料混合均匀；③高温活化，即在惰性气体的保护下，碳材料发生芳香缩合、脱水和骨架变形，使活性炭产品形成发达的孔隙结构；④活性炭的后处理，即清洗活性炭内的无机盐杂质。活性炭的活化造孔主要通过三步完成：①打开前驱体中原有的封闭的孔隙；②扩大原有的孔隙；③形成新的孔隙。

而活性炭的比表面积、孔径分布、碳元素含量、表面官能团含量、灰分等影响双电层电容器器件的能量密度、功率密度、内阻和循环次数等，因此工业上对双电层电容器用活性炭的要求是非常严格的，其指标对于活性炭是否能应用于双电层电容器非常关键。

目前国内外采用化学活化法的厂商大多使用 $ZnCl_2$、H_3PO_4 作为活化剂制备活性炭，然而随着对活性炭的比表面积和孔隙率参数要求越来越高，KOH 活化法受到广泛的关注，这是因为 KOH 活化法得到的活性炭具备更高的比表面积和孔容积，而且可以通过调节 KOH 的剂量、活化温度和活化时间等来控制所得的活性炭中孔的孔容积。通过研究活性炭在 KOH 溶液中的电化学性能，发现在活性炭的比表面积相同的条件下，在低电流密度下，高微孔率的活性炭具有较高的比电容。然而，在大电流密度下，高中孔率的活性炭表现出较高的比电容，且具有良好的倍率性能和循环性能。因此，活性炭的比容量受孔径大小及孔径分布的制约。孔隙结构与电解液离子之间应该是相互匹配的，说明合适的孔隙结构是活性炭应用于双电层电容器的重要参数之一。

在实际应用中，活性炭材料的比容量仅仅是衡量双电层电容器性能的基本参数，而组装的双电层电容器器件的能量密度和功率密度才是活性炭应用的关键参数。需要注意的是，活性炭材料的比容量与双电层电容器器件的比容量不存在线性关系，因为双电层电容器是由电极、电解液、隔膜、包装等组装而成的，而不同的活性炭形成双电层所需的电解液量不同。活性炭的比表面积越大，双电层电容器器件的电极密度越小，器件的体积比容量越小；活性炭的中孔率越高，吸附电解液越多，双电层电容器器件的质量能量密度越小；活性炭的中孔率越低，电解液离子的穿梭速度越慢，大电流下双电层电容器器件的功率密度越差。总之，活性炭的比表面积、孔隙结构与其器件的电极密度、能量密度和功率密度是相互制约的。需要指出的是，活性炭的孔隙以微孔为主，可以提供高的比电容，但是，由于电解质离子在微孔中的传输阻力大，尤其是在大电流充放电时离子不能快速进入微孔孔隙，导致容量下降。

另外，活性炭的粒径大小影响电极的密度，合适的粒径分布有利于提高电极密度，进而提高双电层电容器器件的体积能量密度。因此一般而言，双电层电容器用活性炭的比表面积高于 1500 m^2/g，粒径分布于 5～12 μm，电极密度高于 0.5 g/cm^3，比电容高于 120 F/g（有机体系），而对于活性炭的孔隙结构并没有统一的指标，需要根据器件的指标进行设计。

活性炭中金属元素的存在，在高电压下会引起电解液的分解，尤其是铁、钴、镍，会影响双电层电容器的寿命和漏电流，因此金属元素含量也是双电层电容器用活性炭的重要指标之一。总体而言，生物质前驱体的分子结构中存在较多的金属元素，而化石燃料类碳材料具有较低的金属含量。为提高电化学双电层电容器的性能，活性炭的金属元素含量一般要少于 100×10^{-6}。

总之，电化学双电层电容器的性能与活性炭的比表面积、粒径分布、碳含量、表面官能团含量、含水量、金属元素含量、灰分等指标息息相关，表 4-1 列出了双电层电容器用活性炭的指标要求。

表 4-1 双电层电容器用活性炭的指标要求

指标	数值	指标	数值
碳含量/%	>99.5	金属元素含量/10^{-6}	<100
表面官能团含量 N/(meq/g)	<0.50	粒径分布 D/μm	5～12
含水量/%	<0.40	比电容 C/(F/g)	>120(有机体系)
比表面积 S_{BET}/(m^2/g)	>1500	灰分/%	<0.5
电极密度 ρ/(g/cm^3)	>0.5		

虽然双电层电容器用活性炭的大体生产工艺相同，但是具体生产过程中对于产品纯度、粒径分布以及表面官能团数量等的控制十分复杂，这也使得目前这些高性能的活性炭制备技术均掌握在日本、韩国等少数发达国家。目前，国内的电化学双电层电容器用活性炭的生产规模仍较小，很少有厂家能够提供性能稳定、年产量 100 吨以上的电化学双电层电容器用活性炭，但国内活性炭产品的优势在于具有一定的价格竞争力。

（2）碳纳米管

CNT 具有高的杨氏模量（1200 GPa）和弹性强度（150 GPa），其抗拉强度达到 50～200 GPa。CNT 具有超高的电导率（5000 S/cm）和电荷传输能力、较高的理论比表面积

（SWCNT 高达 1315 m^2/g，DWCNT 和 MWCNT 约 100～400 m^2/g）、较高的中孔孔隙率。CNT 一维管状结构相互缠绕在一起可形成三维网络结构，接触电阻小，具有更高的导电性，电解液易于进入碳管的通道。由于 CNT 的高导电性和高中孔率，CNT 电极的内阻小，循环稳定性和功率特性好，是一种优良的双电层电容器电极材料。然而，CNT 的实际比表面积远远小于活性炭，造成基于 CNT 的双电层电容器比电容相对较低。

SWCNT 电极的比电容最高可达 180 F/g，MWCNT 电极具有 4～137 F/g 的比电容。但是 SWCNT 的产量比 MWCNT 低得多，其部分原因是 SWCNT 层数较少，导致单根 SWCNT 的质量仅为单根 MWCNT 的数千分之一。相比于相同密度和长度的 CNT，SWCNT 的产量低很多，且价格偏贵。据不完全统计，MWCNT 的年产能为数千吨，但是目前并没有在双电层电容器器件上实现商业化应用，仍处于实验应用阶段。CNT 应用于双电层电容器领域主要有三个难点：①化学气相沉积法是 CNT 宏量生产的最有工业价值的方法，但是必须采用 Fe、Co 和 Ni 等纳米过渡金属催化剂，因此 CNT 的纯度不够高，易引起双电层电容器的寿命衰减和高压下电解液的分解；②CNT 作为导电剂使用时，难以均匀分散于其他活性物质中；③CNT 作为活性物质使用时，电极密度太低（<0.1 g/cm^2）。

为了更好地发挥 CNT 的电化学特性，CNT 薄膜、CNT 纤维和 CNT 阵列等受到了广泛的研究和关注。同时，为了提高 CNT 的电容，优化其存储性能，对 CNT 进行一系列的改良，如表面修饰、元素掺杂、扩大 CNT 层间距离等。这些研究提供了独特的 CNT 电极材料，使改良后的 CNT 可以在超级电容器领域发挥更大的价值。

(3) 介孔炭

介孔炭材料就是一种以介孔为主的多孔碳材料，其具有规整的孔隙结构、高介孔结构和高孔容量，按照孔隙是否有序可分为无序介孔炭和有序介孔炭两类。与活性炭相比，介孔炭以介孔为主，可以为电解液离子提供快速迁移的通道，因此有利于高倍率条件下能量密度和功率性能的提升。

介孔炭最典型的制备方法为模板法，模板法又可分为硬模板法和软模板法。硬模板法是指将某种模板剂（如 SiO_2、Al_2O_3、ZnO 等）引入前驱体中，经过炭化处理后再采用强酸除去硬模板，即可制备出相应的介孔炭材料。理想情况下所得介孔炭材料的孔隙形貌保持了原来模板剂的形貌。而软模板常常是由表面活性剂分子聚集而成的。利用软模板法制备介孔炭，一般步骤是利用两亲的表面活性剂和高碳含量的有机高分子聚合物材料形成有序聚合物，在后续炭化过程中去除软模板而留下规则的介孔孔道结构。

介孔炭的独特孔结构使其在大电流工作时更易表现出良好的电容特性，然而由于模板法制备介孔炭工艺复杂，制备过程中会使用大量的无机酸进行模板的去除，成本高。另外，介孔炭的密度一般较低，影响电化学双电层电容器的体积比容量。

(4) 炭气凝胶

炭气凝胶是一种新型的气凝胶，孔隙率高达 80%～98%，典型的孔隙尺寸小于 50 nm，比表面积高达 600～1100 m^2/g。炭气凝胶具有导电性好、比表面积大且可调、孔径集中在一定范围内且孔大小可控等特点，是制备双电层电容器理想的电极材料。许多生物质材料被用来制备炭气凝胶，如 β-葡萄糖、木质纤维素、西瓜、纤维素、甲壳素和淀粉等。然而，炭气凝胶的制备是一个比较复杂的过程，特别是一般都需要超临界干燥工艺，所以制备成本较高，不利于产业应用。

4.2.4 双电层电容器用电解液

电化学双电层电容器充电过程中，电子通过集流体聚集于电极材料表面，所产生的静电吸附作用使电解液中的阴阳离子分别反向通过隔膜聚集在两个电极的表面，在电极/电解液界面处形成双电层，以存储电荷。在电极一侧的电荷是由电子剩余或电子缺乏形成的，而另一侧的电荷则由被静电吸附而紧密排列的阴阳离子组成。放电过程中，电子从电极材料表面通过集流体释放至外接电路，造成静电吸附作用减弱，电解质离子逐渐离开电极/电解液界面，向电解液主体中扩散，并通过隔膜恢复充电时的状态。在整个双电层电容器的充放电过程中，电极材料和电解质溶液的界面处是存储电荷的场所，电解液是提供离子电荷的源泉。能够提供这种阴阳离子的介质就是双电层电容器的电解质溶液，简称电解液。从存储能量的器件来看，电解液是处于双电层电容器内部正负极材料之间的介质。电解液是影响电能存储设备整体性能和安全性的重要因素，理想的电解液应具备以下几个条件。

① 电化学稳定性好，要求电解液不与电极活性物质、集流体、隔膜等发生化学反应，闪点、燃点高，安全性好。

② 黏度低，离子电导率高，浸润性高。根据公式 $P=U^2/(4R)$，电容器的等效串联电阻 R 越小，功率密度越大。电解液的离子阻抗占双电层电容器内部阻抗的50%以上，因此电解液的电导率要高，特别是在大电流充放电时对电解液的电导率要求更高。

③ 电化学稳定性窗口宽，根据公式 $E=\frac{1}{2}CU^2$ 可知，提高电容器的工作电压可以提高电容器的能量密度。电容器工作电压上限取决于电解液的分解电压，因此要求电解液的分解电压要足够高。

④ 工作温度区间大，因为双电层电容器的储能过程不涉及法拉第氧化还原反应，所以电容器的温度特性很大程度上取决于电解液的饱和液态温度范围。需要在低温环境工作时，也会要求电解液在较宽温度范围内具有较高的电导率，尤其是在低温下，电解液要能够保持较高的电导率。

⑤ 挥发性低，不易燃，无毒，成本低等。电解液生产过程中涉及的原材料价格及工艺过程条件都应该在可接受范围内，生产过程应尽量减小对环境的污染。

⑥ 与部件间匹配性良好。

以上是衡量电解液必须考虑的因素，能够同时满足以上条件比较困难，实际生产应用要考虑多种影响因素的平衡。电解液的种类有很多，根据组成不同，可以将其划分为水系电解液、有机系电解液和离子液体。其中有机电解液是目前市场化应用最广泛、最成熟的一类。

4.2.4.1 水系电解液

水系电解液是由水和溶解于其中的无机盐组成的水溶液，广泛地应用于电化学生产和研究的各个领域，如电解工业、表面处理、化学电源、环境工程、电化学分析和生命科学等。水系电解液具有离子电导率高、黏度低、溶剂化离子半径小、离子浓度高、不可燃、成本低等诸多优势，而且相比于其他有机系电解液的苛刻生产工艺和环境要求，水系电解液更加适合于大规模生产。

水溶液中的离子在形成双电层时是以水合离子存在的，溶剂化离子的尺寸也是影响双电层容量的一个重要因素。因此一般来说，电解液的选择标准是水化阴阳离子的尺寸和电导率。双电层电容器最常用的水系电解液是 KOH、H_2SO_4、$NaSO_4$ 等。KOH 在 100 g 水中最多可以溶解 118 g（25 ℃），而且在很宽的温度范围内都具有很高的电导率（10～50 S/cm），因此它是双电层电容器研究中最常用的典型电解液之一，大多数关于活性炭材料的研究中都会用浓度为 4～6 mol/L 的 KOH 水溶液来验证电容性能，但是碱性水溶液在应用时存在爬碱现象，这给器件的密封带来一定困难。在众多酸性水溶液中，H_2SO_4 是最常用的双电层电容器电解液，通常浓度控制在 1 mol/L。但无论是 H_2SO_4 还是 KOH 溶液，这些强酸、强碱都会对集流体、器件外壳等造成腐蚀。

水在 1.229 V 时会发生热力学分解，导致水系电解液电化学双电层电容器的工作电压一般不超过 1.0 V，这大大限制了其存储电荷的能力。但是，通过改变电极材料的比例、结构成分或表面构成等可以提高析氢过电位，进而有效提高双电层电容器的工作电压。例如，将 1 mol/L 的 H_2SO_4 水溶液用于酸处理后的活性炭材料电极时，改变了析氢过电位，工作电压可以增至 1.6 V 而不发生产气反应，在 0.8～1.6 V 充放电循环 10000 次容量仅有微弱衰减。为了增大析氢过电位，利用中性电解液如硫酸碱金属盐，可以获得更好的效果。如在 Li_2SO_4 水溶液中，多孔碳负极发生析氢反应的电位低到 −1.0 V 左右，因此，对称型活性炭基双电层电容器在 Li_2SO_4 水溶液中的工作电压就可以增大至 1.8 V。析氢过电位变化的原因是电解液中的水分子的存在状态发生了改变，其不再是可以自由活动和发生反应的水分子，而是以水合离子状态存在。如表 4-2 所示，水合碱金属离子的尺寸随着原子序数的增加而减小，但是其电导率（离子活动性）正好相反，即随着原子序数的增加而增加。这是由于离子本身尺寸越小，其静电吸附的溶剂化分子（水分子）越多。如 Li^+ 在水溶液中可以吸附 27 个水分子，因此 1 mol/L 的 Li_2SO_4 电解液中大部分的水分子都是以水合离子状态存在的。

表 4-2 水合离子的半径和离子摩尔电导率

离子	水合离子半径 r/nm	离子摩尔电导率 Λ_m/(S·cm^2/mol)	离子	水合离子半径 r/nm	离子摩尔电导率 Λ_m/(S·cm^2/mol)
H^+	0.282	349.65	OH^-	0.300	198.00
Li^+	0.382	38.66	Cl^-	0.332	76.31
Na^+	0.358	50.08	ClO_4^-	0.338	67.30
K^+	0.331	73.48	NO_3^-	0.335	71.42
NH_4^+	0.331	73.50	CO_3^{2-}	0.394	138.60
Mg^{2+}	0.128	106.00	SO_4^{2-}	0.379	160.00
Ca^{2+}	0.412	118.94			

电极材料和电解液发生电化学反应的电势极限也可以通过电极材料的表面处理获得，如利用双氧水对电极材料进行氧化处理后，活性炭材料表面的含氧官能团增多，这导致可以在高电势下被电子还原的活性位点减少，最终导致在高电压下获得较高的容量保持率。

此外，为了获得更高的能量密度，可以在电解液中添加氧化还原添加剂，电容器在充放电过程中，添加剂在两极发生可逆的氧化还原反应从而产生赝电容。研究较多的氧化还原添加剂有两类，一类是化合价可以发生可逆改变的无机盐，如碘离子、铜离子、溴离子等；另

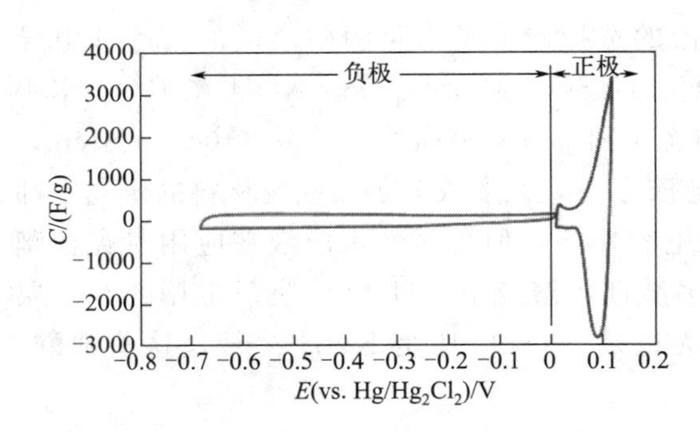

图 4-10　活性炭电极在 0.1 mol/L 的 KI 水溶液中的循环伏安曲线（正极表现出较高的赝电容）

一类是以对苯二酚及其类似物为代表的有机物。由于碘的最高价态为 +7，最低价态为 −1，在水系电解液中添加碘化钾和碘化钠等时，则在水溶液中存在 $I_3^-/3I^-$、$I_2^-/2I^-$、$3I_2/2I_3^-$ 和 IO_3^-/I_2 等几种氧化还原电对，对应不同的电极电势。Frackowiak 等报道了碘离子在碳电极表面的赝电容效应，即在充放电过程中，碘离子首先在碳电极表面吸附，然后发生高度可逆的赝电容反应，因此碘离子在炭电极表面吸附后能提供巨大的赝电容，如图 4-10 所示。以 0.1 mol/L 的 KI 水溶液为电解液，活性炭电极比电容可以高达 1840 F/g。向硫酸水溶液中加入对苯醌，可以发生对苯醌和对苯二酚之间相互转化的电化学反应，也可以提供额外的赝电容。

4.2.4.2　有机电解液

尽管双电层电容器大多采用水系电解液进行学术研究，但占据商业市场主导地位的是有机电解液，工作电压在 2.5～2.8 V。工作电压的增加可以明显改善双电层电容器的能量和功率密度，使其性能显著提高。此外有机电解液可以使用密度较小的材料如铝作集流体，可提高能量密度。有机电解液通常由有机溶剂、电解质盐和添加剂组成。目前商业常用的有机电解液是将导电盐溶入有机溶剂中制成的。然而，与水系电解液相比，双电层电容器使用有机电解液时比电容低，成本高，溶液的导电性差以及存在与可燃性、挥发性和毒性相关的安全问题等。

（1）季铵盐阳离子类电解质

季铵盐阳离子类电解质是当前研究和应用最多、最成功的电解质盐，常见的季铵盐包括链状和环状两类。链状季铵盐主要包括四氟硼酸四乙基铵盐（TEA-BF_4）、四氟硼酸三乙基甲基铵盐（TEMA-BF_4）等。其中 TEA-BF_4 具有电导率高、电化学稳定性好、制作成本低等优点，已经成为当前双电层电容器市场占据主导地位的电解质。但是，TEA-BF_4 分子对称性较高，使得其在极性溶剂中溶解度不够大。而 TEMA-BF_4 具有不对称的分子结构，因此无论在碳酸丙烯酯（PC）还是乙腈（AN）中电导率和介电常数都略高于同等浓度下的 TEA-BF_4，同时具有更低的工作温度。近年来由于 TEMA-BF_4 生产成本上的进一步降低，其在双电层电容器市场的应用进一步扩大，甚至有取代 TEA-BF_4 成为主流的趋势。

将烷基碳链连接后得到环状结构的季铵盐，如 *N*-二烷基吡咯烷鎓盐、*N*-二烷基哌啶鎓盐类。此类物质的电化学稳定性好，具有和开环结构的季铵盐相当的电导率和电化学窗口，而且环状结构可以增大其在有机溶剂中的溶解度，有望用于开发高浓度、高耐电压性、宽工作温度范围的电解液。若氮原子上连接两个环状结构，即成为螺环结构，如四氟硼酸双吡咯烷螺环季铵盐（SBP-BF_4）。因为其阳离子结构的特殊性，此类盐在有机溶剂中可以获得更高的浓度和更加稳定的电化学性能。

（2）金属阳离子电解质

很早就有研究者将锂离子电池电解质锂盐用于碳基双电层电容器，但六氟磷酸锂（$LiPF_6$）或双三氟甲烷磺酰亚胺锂（LiTFSI）等锂盐并不适合在活性炭电极中形成吸附。

这是因为弱极性的 TEA-BF_4 很容易去溶剂化成为裸露的离子，此离子因离子尺寸小而可以进入更加微小的（0.7～1.0 nm）炭孔，但是强极性的锂离子很难完全去溶剂化，这样溶剂化的锂离子因为离子尺寸较大很难进入 0.7～0.8 nm 孔径的微孔。因此，要求适合锂离子获得最大能量密度的炭孔径比 TEA-BF_4 的直径更大。另外也有研究者将钠离子电池电解液用于双电层电容器，发现 $NaPF_6$ 电解液性能优于 $NaClO_4$ 电解液，$NaN(SO_2F)_2$ 电解液性能最差，电化学窗口只有 2.5 V。

（3）离子液体电解质

离子液体（或称离子性液体）是指全部由离子组成的液体，如高温下的 KCl、KOH 呈液体状态，此时它们就是离子液体。通常，将在室温或室温附近温度下呈液态的由离子构成的物质，称为室温离子液体、室温熔融盐、有机离子液体等。在离子化合物中，阴阳离子之间的作用力为库仑力，其大小与阴阳离子的电荷数量及半径有关，离子半径越大，它们之间的作用力越小，这种离子化合物的熔点就越低。某些离子化合物的阴阳离子体积很大，结构松散，导致它们之间的作用力较低，以至于熔点接近室温。因此，离子液体通常由不对称的有机阳离子和有机或无机阴离子组成，特殊的阴阳离子组合能够降低熔点。

离子液体具有电化学性能稳定、热稳定性能好、无挥发、不易燃、工作电压窗口宽（2～6 V）等优点，能基本满足超级电容器工作电压、温度范围、等效串联电阻与离子电导率等要求。但是到目前为止应用到超级电容器中的离子液体种类较少，阳离子仅限于咪唑鎓盐、吡咯烷鎓（盐）、氨基盐、季磷盐等，阴离子主要有 BF_4^-、PF_6^-、二氰胺阴离子等。但是无溶剂纯离子液体黏度高，低温性能差，成本高，限制了其应用。

（4）溶剂

溶剂用于溶解电解质盐，提供离子传输介质，有机溶剂的选择应遵循以下原则：

① 对于电解质盐具有足够大的溶解度，以保证较高的电导率，即具有较高的介电常数。

② 具有较低的黏度，以利于离子传输，降低离子阻抗。

③ 对电容器其他材料具有惰性，包括电极活性物质、集流体、隔膜、外包装等。液态温度范围宽，即具有较高的沸点和较低的熔点。

④ 安全（高闪点、燃点）、无毒、经济。

乙腈（AN）和碳酸丙烯酯（PC）是有机电解液最常用的溶剂。与其他有机溶剂相比乙腈能溶解大量的盐，但存在毒性，污染环境，应用受到限制（在日本禁止使用乙腈作有机溶剂）。碳酸丙烯酯（PC）电位窗口宽、导电性好、温度适应范围广且环境友好，被广泛使用。除此之外，*N*,*N*-二甲基甲酰铵（DMF）、四氢呋喃（THF）、环丁砜（SL）、γ-丁内酯（GBL）、碳酸乙烯酯（EC）也常作有机电解液的溶剂。双电层电容器常见有机溶剂的性能参数见表 4-3。

表 4-3 常见有机溶剂的物理和电化学常数

溶剂	分子结构	ε_r	η/cP	熔点/℃	σ/(mS/cm)	E_{red}(vs. SCE)/V	E_{ox}(vs. SCE)/V
碳酸丙烯酯(PC)	O O O	65	2.5	−49	10.6	−3.0	3.6
乙腈(AN)	≡N	36	0.3	−49	49.6	−2.8	3.3

续表

溶剂	分子结构	ε_r	η/cP	熔点/℃	σ/(mS/cm)	E_{red}(vs. SCE)/V	E_{ox}(vs. SCE)/V
γ-丁内酯(GBL)	[结构式]	42	1.7	−44	14.3	−3.0	5.2
N,N-二甲基甲酰胺(DMF)	H—C(=O)—N(CH₃)₂	37	0.8	−61	22.8	−3.0	1.6
N-甲基吡咯烷酮(NMP)	[结构式]	32	1.7	−24	8.9	−3.0	1.6
N,N-二甲基乙酰胺(DMA)	—C(=O)—N(CH₃)₂	38	0.9	−20	15.7		
γ-戊内酯(GVL)	[结构式]	34	2.0	−31	10.3	−3.0	5.2

注：ε_r 为相对介电常数；η 为黏度；σ 为离子电导率；E_{red} 为还原电位限（最低电位）；E_{ox} 为氧化电位限（最高电位）。E_{red} 和 E_{ox} 的测定条件为：采用玻碳电极为工作电极，电解液为 0.65 mol/L 的 TEA-BF_4，温度为 25 ℃。

双电层电容器的工作温度范围主要取决于其电解液。AN 体系电解液的最低工作温度为−40 ℃，而在某些特殊领域如航空航天领域要求电子器件的工作温度低于−55 ℃，因此开发低熔点的溶剂体系也成为科研工作面临的挑战之一。将 AN 分别与甲酸甲酯、乙酸甲酯、二氧戊环等按一定比例混合，可以实现在−55 ℃的低温下工作，尤其是 AN 与二氧戊环的混合溶剂可以实现−75 ℃低温下的充放电。将 AN 与乙酸甲酯以不同比例混合，溶解 1 mol/L 的 TEA-BF_4 后组装 600 F 双电层电容器，发现在−55 ℃的低温下可以实现放电，而基于 AN 单溶剂电解液体系的电容器在这样低的温度下不能工作。

线性小分子砜类可以作为电解液溶剂用于碳基双电层电容器，其中乙基异丙基砜性能优异，具有沸点高、黏度低、对电解质盐溶解度高等优点，更重要的是其耐电压可达 3.3～3.7 V，远高于 PC 的 2.5 V。此外，与 PC 易和水发生反应相比，线性砜对水比较稳定，因此由其组成的电解液在双电层电容器中循环稳定性能更好。

由于多次的大电流充放电，动力型双电层电容器在应用过程中温度往往会比较高，这就要求电解液具有一定的耐高温性能。AN 的沸点为 82 ℃，但是一般 AN 体系有机电解液限定工作温度不超过 70 ℃，长期高温工作会导致电容器寿命的极大衰减。通过改变电解液溶剂可以提高电容器耐高温性能。阮殿波等通过将高沸点溶剂如环丁砜、γ-丁内酯等与 AN 混合，成功实现了将超级电容器工作温度提高到 85 ℃。同时由于环丁砜等溶剂的电化学性能稳定，在提高工作温度的同时，工作电压也得到了提高。

4.2.5 其他关键材料

4.2.5.1 隔膜

隔膜的主要作用是隔离正负极材料，防止电极间接触造成短路；同时导通电解质离子，保证充放电过程快速进行。超级电容器中电解质离子交换速率主要受隔膜材料的影响，而离子交换速率影响双电层电容器比功率的提升，因此隔膜材料对于双电层电容器的比功率有很大影响。另外电容器的最大工作电压取决于介电材料的性能，在双电层电容器中，隔膜是重要的介电材料。此外，隔膜材料性质的不同也会影响电容器内部结构设计以及封装形式等。因此，实际应用的隔膜需符合以下要求：①具有良好的隔离性能和绝缘效果；②拥有较高的孔隙率、吸液和保液性能；③隔膜材料化学性质稳定，不与电解质发生反应；④隔膜材料电阻小，制作而成的电容器自放电率低；⑤较高的机械强度，收缩变形较小；⑥隔膜表面平整、孔隙分布均匀等。双电层电容器隔膜主要有纤维素纸隔膜、合成高分子聚合物隔膜、静电纺丝隔膜和生物隔膜等4大类。

（1）纤维素纸隔膜

纤维素纸隔膜因其所用材料为纤维素纤维，在成纸过程中纤维之间形成立体网状结构，纤维分丝帚化形成的微纤丝在主干纤维与微纤丝之间形成桥接，使成纸具有较高的机械强度，如图4-11所示。一方面纤维素对电子有绝缘作用，制得的隔膜产品可以有效防止两电极间接触造成短路；另一方面纤维素纸隔膜孔隙率较高，纤维素分子包含数量较多的吸水性羟基官能团，使成纸具有良好的吸液保液效果，能够使电解质阴阳离子在充电、放电过程中实现快速交换，因此纤维素纸可以作为隔膜应用于双电层电容器。

纤维素纸隔膜主要由造纸法抄造而成，常见的原料包括植物纤维如棉浆、木浆、草浆、麻浆、再生纤维等。单一的纤维浆粕纸隔膜制品在强度上不及采用干法拉伸形成的高分子聚合物隔膜，在抄造过程中添加合成纤维不仅可以改善纸隔膜孔隙率还能提高其强度性能。可用于辅助植物纤维配抄的合成纤维有聚乙烯纤维、聚乙烯醇纤维、聚丙烯纤维、粘胶纤维、聚酯纤维、芳纶纤维、皮芯复合纤维（ES纤维）等。

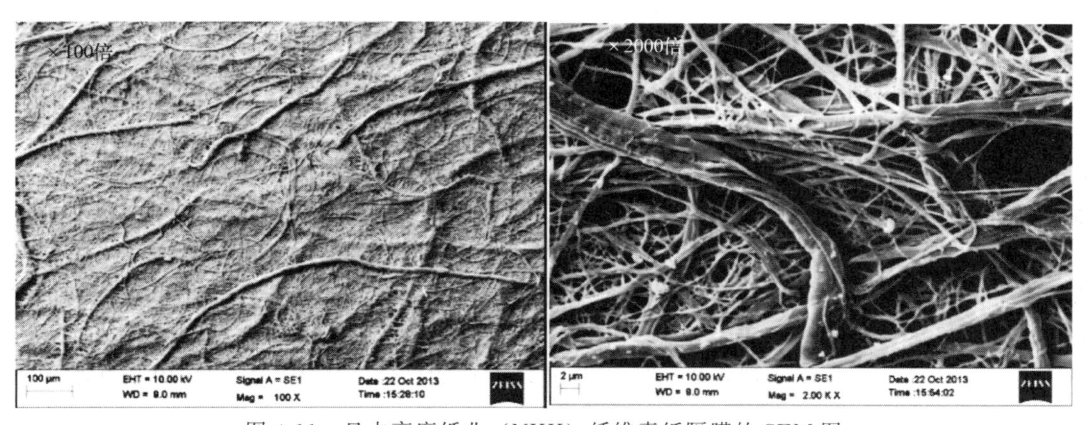

图4-11 日本高度纸业（NKK）纤维素纸隔膜的SEM图

（2）合成高分子聚合物隔膜

制备合成高分子聚合物隔膜的方法主要有干法拉伸、干法非织造布、相分离法和湿法非织造布等。干法拉伸工艺分为单向拉伸和双向拉伸两种，在干法单向拉伸工艺中，将聚烯烃用挤出、流延等方法制备出特殊结晶排列的高取向膜，在低温下拉伸诱发微缺陷，高温下拉伸扩大微孔，再经高温定型形成高晶度的微孔隔膜产品。干法双向拉伸主要是在聚烯烃中加入成核改性剂，利用聚烯烃不同相态间的密度差异拉伸产生晶型转变，形成微孔隔膜，干法双向拉伸也是目前制作拉伸双电层电容器隔膜的主要方法。相分离法工艺主要是在聚烯烃中加入高沸点小分子作为制孔剂，经过加热、熔融、降温发生相分离，拉伸后用有机溶剂萃取出小分子，形成相互贯通的微孔膜，从而制成隔膜产品。湿法非织造布抄造隔膜与造纸法类似，由于聚丙烯等合成纤维亲水性和耐热性能较差，在实际生产中通常与植物纤维混抄，提高吸液保液性及热稳定性能。以上4种方法采用的主要原料包括聚丙烯、聚乙烯等聚烯烃类高分子化合物。由合成高分子聚合物隔膜制作的双电层电容器在电性能上与纤维素纸隔膜相当，自放电率较低，但是由于烯烃类聚合物自身熔点较低，因此隔膜产品热稳定性较差。此外合成高分子聚合物隔膜由于生产工艺及自身材料的限制，在保证安全性能的前提下隔膜的孔隙率很难进一步提高，厚度很难降低，限制了双电层电容器进一步向高功率密度和高能量密度以及体积更小的方向发展。

(3) 静电纺丝隔膜

静电纺丝技术是一种对熔融聚合物施加外电场，通过特殊制作的喷丝孔制造出微米、纳米级尺寸的纤丝制造技术。制作出来的微纤丝具有很高的比表面积、尺寸均匀等优势；生产出的隔膜具有孔隙率高（可达到80%以上）、纤维之间空间堆叠均匀有利于电解质离子通过、高离子电导率等特点。静电纺丝隔膜在双电层电容器领域的应用有其独特的优势，但仍存在较大的不足。由于静电纺丝隔膜利用静电喷丝设备喷丝而成，在喷丝过程中溶剂挥发，使得纤维表面聚集较多的电荷导致喷丝不稳定，直接导致隔膜尺寸和结构产生偏差，降低电容器的安全性能。制作喷丝所用材料亲水性较差，使得制作出的超级电容器在工作过程中电解质离子无法快速交换，影响比功率的提升。因此，静电纺丝隔膜规模化应用于超级电容器还需要进一步改善其制作工艺，可采用化学改性等方法提高纤维材料的亲水性能。

(4) 生物隔膜

目前用于制作双电层电容器的生物隔膜，研究过的材料主要有蛋壳内膜、琼脂隔膜等。生物隔膜相比于合成高分子聚合物隔膜和静电纺丝隔膜最大的优点在于原料绿色环保、来源广泛，但目前由于产量及自身性能限制还无法实现工业化应用。

4.2.5.2 黏结剂

黏结剂可在电极材料颗粒之间形成强的内聚力，并使电极活性材料层黏附在集流体上。关键问题是能否在电极活性材料涂层和集流体之间获得良好的黏附力，以减小界面电阻和提高循环稳定性。黏结剂用量不能过多，这是因为：首先多数黏结剂都是绝缘的聚合物材料，过多会增加器件的等效串联电阻；其次，黏结剂对电容值没有贡献，黏结剂过多会降低器件的能量密度；再次，为了保证活性炭颗粒能够被电解液充分浸润，活性炭颗粒之间不可被黏结剂阻碍；最后，颗粒之间以及颗粒与集流体两者之间的接触应当最大化。因此，在电极制备工艺中，黏结剂的量必须尽可能地少。目前，常见的黏结剂有PVDF、羧甲基纤维素和丁苯橡胶等。

(1) 聚偏氟乙烯（PVDF）

聚偏氟乙烯是一种白色粉末状结晶性聚合物，密度为1.75～1.78 g/cm^3，熔点为170 ℃，热分解温度为350 ℃左右。其具有良好的化学稳定性，在室温下不被酸、碱、强氧化剂和卤素所腐蚀。PVDF在使用时，可以溶解于*N*-甲基-2-吡咯烷酮（NMP）、二甲基亚枫（DMSO）、四氢呋喃（THF）等溶剂。

(2) 羧甲基纤维素和丁苯橡胶混合（CMC/SBR）

羧甲基纤维素（CMC）通常与丁苯橡胶（SBR）结合使用，溶解于水中，作为电极制造过程中的黏结剂。SBR的作用是将活性材料、导电剂和铝箔粘合在一起，以防发生掉粉现象；CMC是一种高分子化合物，用作防沉淀剂、增塑剂，极易溶于水和极性溶剂，如果CMC添加量过少会导致浆料沉降，涂布时浆料不均匀。因此，在该黏结剂的使用过程中，

CMC与SBR的组分数应当严格控制在适当的比例。

(3) LA133水性黏结剂

LA133水性黏结剂是丙烯腈多元共聚物的水分散液，具有良好的化学稳定性（耐氧化、抗还原），黏度高，可有效改善电容器的循环性能。在使用过程中，不需要添加有机溶剂，也不需要添加增稠剂，这有利于降低材料成本，并避免使用有机溶剂带来的环境污染问题。

4.2.5.3　集流体

集流体作为电极材料的载体，起到收集电流和支撑的作用，需具备导电性、耐腐蚀性和抗过载能力。集流体材料多采用导电性能良好的Al、Cu、Ni或Ti等稳定金属箔或网，在特殊环境下也采用贵金属集流体。采用KOH水溶液为电解液的双电层电容器，可采用泡沫镍作为正负极的集流体。采用有机电解液的双电层电容器通常以铝箔作为正负极的集流体，这是由于铝具有电导率高、价格低等优点，并且在有机电解液中具有较高的电化学稳定性。

由于铝集流体活性高，表面容易生成导电性差的氧化铝薄膜，从而增加集流体与活性物质之间的电阻，降低集流体与活性物质之间的黏合性，所以对铝集流体进行适当处理是十分必要的。可通过化学刻蚀或者电化学刻蚀的方法，增加铝箔表面的粗糙度，提高活性物质与集流体的接触紧密性和均匀性，降低界面电阻。但是腐蚀铝箔的厚度一般维持在20 μm以上，因为腐蚀铝箔的厚度决定了其力学性能，尤其是在大规模自动化生产双电层电容器的过程中，厚度小于20 μm的腐蚀铝箔相对容易断带。在体积一定的条件下，为提高双电层电容器的容量，需要特殊的铝箔作为集流体，因此未来铝箔发展的方向主要有两个：①在双电层电容器体积给定的条件下，开发较薄且保持较优力学性能、较高导电性和柔韧度的腐蚀铝箔，降低集流体所占质量，以提高器件的能量密度；②铝箔与活性物质之间的界面电阻较高，因此在减小铝箔厚度的同时开发导电胶涂覆于铝箔表面以降低界面电阻并形成粗糙接触面。

4.2.6　双电层电容器制备工艺

双电层电容器主要由电极、隔膜、电解液三部分组成。电极作为双电层电容器的核心部件，其能量密度直接关系到电容器单体的能量密度。因此，电极的工艺技术对最终产品的性能起着至关重要的作用。此外，为了满足双电层电容器在不同场合的应用，需要对产品的结构和组装工艺进行严格控制。

(1) 电极片的制备

电极制备过程包括将电极碳材料附着于金属集流体上，干燥，并将其进行碾压，以得到一定密度的电极。与电池储能方式不同，双电层电容器正负电极材料均通过电化学双电层进行电荷存储，正负极的浆料成分相同，主要由高性能活性炭、导电剂（乙炔黑、石墨、石墨烯、碳纳米管等）、黏结剂（SBR、PTFE、PVDF等）以及分散剂（CMC）组成。目前，电极制备工艺主要分为湿法电极制备工艺和干法电极制备工艺两种。

湿法电极制备工艺也称为涂覆法，就是采用去离子水或NMP作为溶剂，将活性炭、黏结剂、导电剂均匀混合，形成分散均匀、黏度适宜且流动性良好的电极浆料，然后将浆料均匀涂覆在集流体上，通过控制湿膜厚度来得到不同单位面积负载量的电极片，然后经干燥、辊压和切片得到片状电极，如图4-12所示。根据工艺的实施过程，又可将湿法电极制备工艺分为制浆工艺、涂布工艺、辊压工艺等，需要用到搅拌机、涂布机、辊压机和分条机等。

良好的电极浆料必须满足三个条件：①活性材料不沉降，浆料有合适的黏度且能够均匀涂覆而不产生明显颗粒；②导电炭黑和黏结剂均匀分散在整个活性物质表面，避免活性物质间的二次团聚；③电极浆料的固体含量尽可能提高。湿法电极制备工艺需要充分考虑电极浆料体系中各组分的结构特点、黏度、流变性能等，以确定涂膜浆料的工艺参数，这是一种适用于工业化大规模生产的电极生产工艺，大大提高了电极膜片的制造效率，是目前工业上主要采用的电极制备工艺。

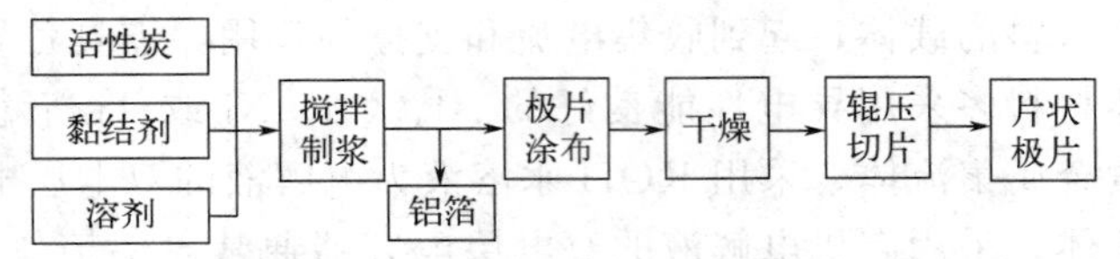

图 4-12 有机电解液体系双电层电容器的湿法电极制备工艺

湿法电极制备工艺过程虽然具有连续生产能力强、工程化应用难度小等特点，但是需要借助溶剂（如去离子水等）调节浆料黏度，在后续的工艺中，即使进行高温、高真空度的干燥处理也很难将水分完全去除。而有机体系的双电层电容器对水分非常敏感，水分的存在不仅使电极容易产生剥落现象，还会引起产品漏电流增大，影响产品的长期稳定性。此外，由于湿法电极制备工艺所得电极的密度偏低（常小于 0.6 g/cm^3），最终将限制单体的容量及耐电压值（小于 2.7 V）。

最近，出现了制备过程不需要添加任何溶剂的干法电极制备工艺（图 4-13），有望解决上述湿法电极制备工艺的不足。干法电极制备工艺过程一般为：①将活性炭、导电炭黑以及黏结剂预先均匀混合，再将混合物进行“超强剪切”，在这个过程中，黏结剂发生由球形到线形的形变，使得导电炭黑与活性炭粘贴在黏结剂表面；②将所得的干态混合物依次进行“垂直碾压”形成碳膜和“水平碾压”提高电极密度，获得厚度均一的碳膜；③将碳膜与集流体通过辊压粘贴在一起，加热固化后即可得到相应的干法电极。这种干法电极制备工艺特点是工艺过程简单、电极更厚、无溶剂。干法成型工艺不使用任何溶剂，是一种环境友好的绿色工艺，并节省了材料、时间和人工等生产成本，工艺更简单。

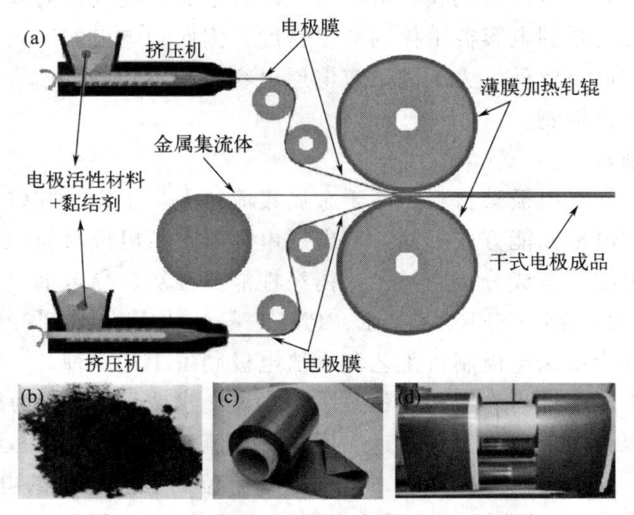

图 4-13 电化学双电层电容器干法电极制备

(a) 工艺示意图；(b) 粉末混合物；(c) 成卷的薄电极膜层；(d) 薄膜电极层与集流体压合的电极

与干法制备工艺相比，由于湿法成型工艺使用了溶剂，溶剂与黏结剂形成黏结剂层，活性炭整个颗粒被黏结剂层包围，阻碍了活性炭颗粒之间以及与导电剂颗粒间的接触，电极导电性差，而且电极中残留的溶剂会与电解液发生副反应，导致双电层电容器性能下降，如容量降低、产生气体、寿命衰减等。而干法成型工艺过程中不使用溶剂，黏结剂是以纤维状态存在的，活性炭颗粒之间以及与导电剂颗粒间的接触更为紧密，电极密度大、导电性好、容量高。另外，干法工艺生产的电极在高温电解液存在下的黏聚力和附着力性能更好。干法电极韧性好，密度大，容量高，炭粉不易脱落，循环寿命长。然而，干法电极制备工艺由于需要将粉末状态混合物调制成炭膜，工艺设备的投资高、连续生产能力低，所得电容器产品的成本也较高。

(2) 电容器的结构与组装

电容器的单元设计与使用的目标市场有很紧密的联系，市场上常见的双电层电容器如图4-14所示，根据它们的应用与结构可以分为小型元件和大型元件。

小型元件专门致力于电子应用，作为可焊接在电子卡片上的元件，如公用事业电表的无线通信、制动器的能量系统，内存板的备用电源和通信用的无线基站的电源。这样的元件也可用于市场的音频系统、笔记本电脑的电源管理、玩具的储能系统、移动电话 LED 灯的电源系统和其他便携式用途。此类小型元件依然存在很大的市场需求，具有扣式和卷绕两种类型。扣式电容器的外形与扣式电池类似。通常卷绕型单元的电容比扣式单元要高一些，外形看起来与电解电容器类似。

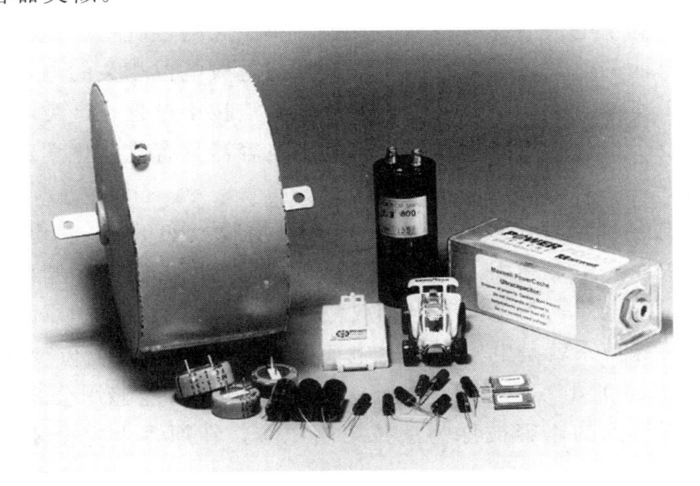

图4-14　双电层电容器产品及装备了双电层电容器玩具

大型元件在功能上主要分为两类：①高功率类型单元，致力于功率应用，例如，用于车辆混合动力和城市交通的动力型电化学双电层电容器。②静态应用的能量单元，如不间断电源（UPS）。动力型双电层电容器在能量密度和功率密度等方面具有较高的技术指标，从外观和结构看，可分为圆柱形和方形两种。圆柱形双电层电容器的一个优势是大表面积的电极可被卷入一个小型的套管内，大电极可大大减小电容器的内阻，套管可极大地简化电容器的封装；近年来出现的无极耳技术，可大大提升双电层电容器的功率性能，如图4-15所示。卷绕型圆柱有机系双电层电容器产品的工艺制备流程一般可分为电芯卷绕、连接正负极端子、入壳、外壳整形和封口处理等工序。

受到手机锂离子电池设计的启发，还有一种结构是软包设计，可应用于手机、平板电脑

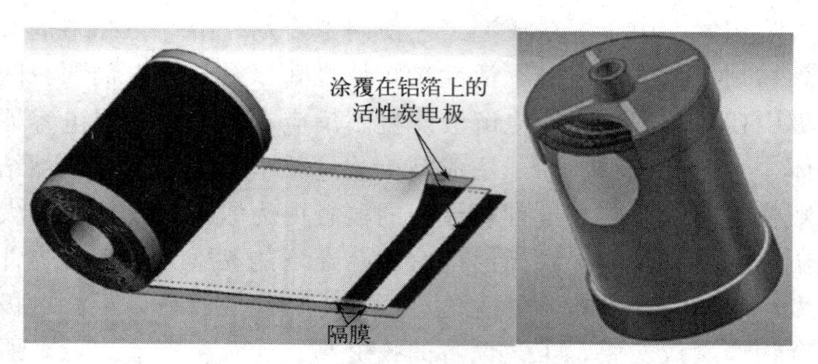

图 4-15 圆柱形电化学双电层电容器的结构示意图

等电子产品。这类设计具有更高的功率密度和能量密度，其缺点在于不能抗机械冲击，当有气体生成时，单元体积变化严重。

4.3 法拉第赝电容器

4.3.1 赝电容反应原理

法拉第赝电容是基于电极活性材料表面发生的单层欠电位沉积、化学吸脱附或法拉第氧化还原反应来储存电荷的。此过程高度可逆，具有与电极电位相关的电容特性，但是其与电化学双电层电容的工作原理不同，充放电过程伴随着法拉第过程，这类电容储能被称为法拉第赝电容。由于涉及了电化学反应过程，法拉第赝电容器具有比电化学双电层电容器更高的能量密度，但是功率性能和循环寿命还有待提高。

早期发现的赝电容现象，主要是基于某些氧化物膜（如 RuO_2）电极上的氧化还原反应。赝电容在电极表面产生，利用了与双电层充电完全不同的电荷存储机理，即利用法拉第过程，包括电荷穿过双电层，与电池充电和放电一样，但由于热力学原因导致的特殊关系而产生了电容。这个特殊关系就是电极上接受电荷的程度（Δq）和电位变化（$\Delta\varphi$）之间的关系。该关系的导数 $d(\Delta q)/d(\Delta\varphi)$ 或 $dq/d\varphi$，就相当于电容，能够用公式表示并能通过实验测定。通过上述过程得到的电容被称为法拉第赝电容，在原理上完全不同于电化学双电层电容。

法拉第赝电容储存能量的方式是由法拉第反应过程中的电荷转移引起的。当充放电达到特定电位时，电荷转移可以通过欠电位沉积、快速可逆的化学吸附和脱附以及氧化还原反应过程来实现。此过程不仅发生在电极材料表面或近表面，而且电子和离子可以在电极的体系中扩散和传输。这一储能机制中电子转移会引起电极材料中某种元素的价态变化，不同的储能机理会产生不同的赝电容特点。图 4-16(a) 是欠电位沉积机理示意图，欠电位沉积是在异种金属表面上沉积出单原子层或多原子层的现象（例如，Pb^{2+} 在 Au 电极上沉积，H^+ 在 Au 电极上析出等）。众所周知，在欠电位沉积作用下，氢原子吸附在 Pt、Rh、Ru 和 Ir 等催化贵金属上，同时电沉积的金属阳离子在低于其平衡电位下进行阳离子还原。

图 4-16(b) 为氧化还原赝电容机理示意图，在氧化还原体系中，利用氧化态的物质（如 RuO_2、MnO_2 以及 p 型掺杂导电聚合物）和还原态的物质（如 $RuO_{2-z}(OH)_z$、

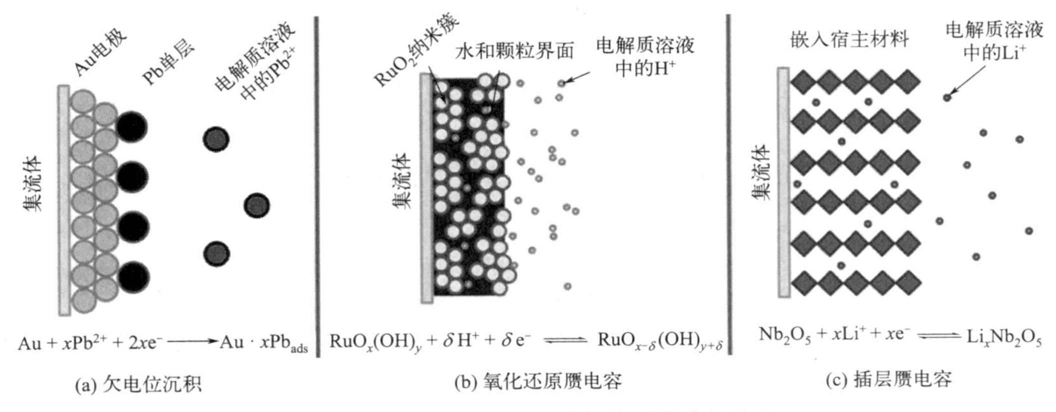

图 4-16　产生赝电容的几种氧化还原反应机理

$MnO_{2-z}(OH)_z$ 以及 n 型掺杂导电聚合物）之间的电子传递。这些反应通常被描述为阳离子在氧化态的物质表面的电化学吸附，在电极和电解质界面之间并伴随快速且可逆的电子传递。RuO_2、MnO_2 以及导电聚合物是众所周知的赝电容器用的电极材料。图 4-16(c) 为插层赝电容电荷存储示意图，此机制的核心是在没有晶体相变的情况下，锂离子在氧化还原活性物质中嵌入/脱出，其离子嵌入和脱出的速率在时间尺度接近双电层电容器。典型的插层赝电容材料是 T-Nb_2O_5，为了保持电极材料的电中性，当锂离子嵌入材料内部时会引起某种金属元素价态的变化。

循环伏安法可以方便和灵敏地表征电化学电容器的双电层电容和法拉第赝电容行为。以速率 $dU/dt=s$ 向电容器施加一个随时间线性变化的电势信号，就会产生一个响应电流 $\pm I=C(\pm s)$。在正向和负向扫描（s 具有正值和负值）响应都是可逆的条件下，且不存在扩散控制时，则一个方向的循环伏安曲线是相反方向的镜像图，如图 4-17 所示。对于双电层电容和赝电容性充电和放电过程，这是一个判别可逆性的标准，是电容行为的基本特征，也是区分电容器和电池行为的基本方式。

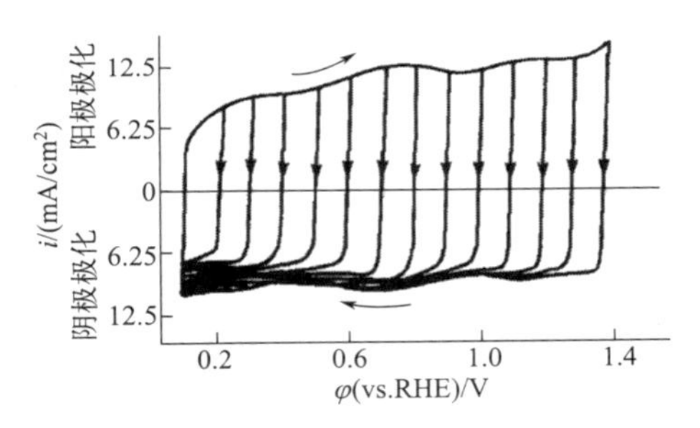

图 4-17　RuO_2 膜电极在 1 mol/L H_2SO_4 溶液中的可逆氧化还原过程

RuO_2 导电性高，具有三个氧化态，工作电压高达 1.2 V，因此被广泛研究。其在酸性溶液中的赝电容行为可以被描述为快速且可逆的电子转移过程，伴随着质子在 RuO_2 颗粒表面的电吸附，在这个过程中，Ru 的化学态由（Ⅱ）升至（Ⅳ），可以用式(4-2) 表示。质子的嵌入和脱嵌在 1.2 V 的电势窗口范围内发生，引起 x 的连续变化和赝电容行为，比电容可高达 600 F/g。

$$RuO_2+xH^++xe^-\longrightarrow RuO_{2-x}(OH)_x \tag{4-2}$$

图 4-17 是赝电容型 RuO_2 电极的循环伏安曲线，在相对于可逆氢电极（RHE）的电势范围在 0.05～1.40 V 之间，正向充电电流曲线的轮廓几乎是负向放电电流的镜像，且在电位扫描期间，转换扫描方向时，几乎立即产生相反方向的电流。这种行为也是可逆的电容性充电和放电过程的特征。RuO_2 行为的另一个特征是在较宽的扫描速率范围内，在扫描途经

的任何电势下，响应电流 I 对 s 都是线性的，这意味着电容 C 与扫描速率无关，表现出了纯的电容行为。

随着技术的发展及相关研究的深入，科研人员正在试图寻找价格低廉的金属氧化物以取代 RuO_2 的电极材料，已经探索的有 MnO_2、V_2O_5、IrO_2、WO_3、NiO、Co_3O_4 等，其中研究最多的是 MnO_2。MnO_2 的电荷存储机理是基于电解质离子（如 K^+、Na^+ 等）表面吸附和质子嵌入，可以用下式表示：

$$MnO_2 + xK^+ + yH^+ + (x+y)e^- \longrightarrow MnOOK_x H_x \tag{4-3}$$

图 4-18 为 MnO_2 电极在中性电解液中的循环伏安曲线，与图 4-17 所示的 RuO_2 电极的循环伏安曲线具有相似的形状，这是由 MnO_2 电极的快速、可逆和连续的表面氧化还原反应引起的典型赝电容现象。MnO_2 电极的比电容不高，一般在 150 F/g 左右，因此限制了其应用。

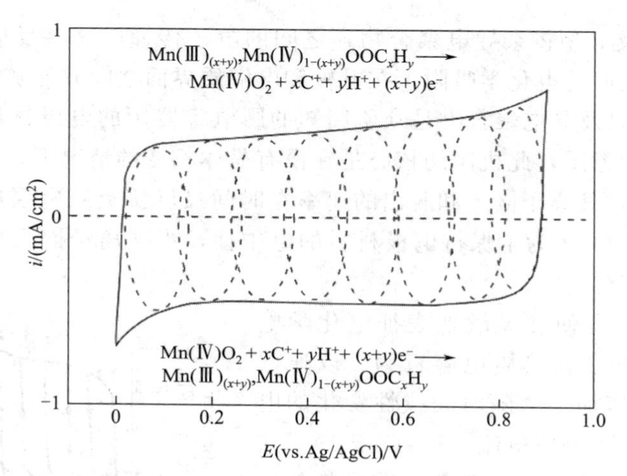

图 4-18 MnO_2 电极在 0.1 mol/L K_2SO_4 溶液中的循环伏安曲线

许多导电聚合物（如聚苯胺、聚吡咯、聚噻吩以及它们的衍生物）也具有赝电容行为，并被广泛研究。其存储能量机理是通过 n（电子）型或 p（空穴）型掺杂或去掺杂的氧化还原反应来提供赝电容。

4.3.2 赝电容材料

（1）金属氧化物/氢氧化物

氧化钌（RuO_2）由于比电容高、导电性好和循环稳定性较高等优点，是最早被用于法拉第赝电容器的金属氧化物材料。目前已报道的具有最高比电容的氧化钌是具有 1300 F/g 高比电容的水合氧化钌纳米阵列。由于钌属于贵金属，价格昂贵且具有毒性，故常用氧化钌的复合材料或其他廉价的金属氧化物材料替代它。

二氧化锰（MnO_2）作为廉价金属氧化物的代表，原料产量大、制备工艺简单、价格低廉、理论比电容高、环境友好、电位窗口较宽，且在中性电解液中就能表现出优良的电容性能，被视为最具发展潜力的电极材料之一。同时它也有比表面积较小、电子和离子导电性都不高等缺点，基于此，研究者们常采用改善工艺条件、掺杂、复合改性的方法来提高二氧化锰的电容性能。方华等采用恒电位阳极电化学沉积法，以 $MnSO_4$ 和 NaAc 的混合溶液为电沉积溶液，通过调控沉积电位和电沉积溶液浓度，合成出一系列纳米结构的电极材料，如纳米片和纳米棒阵列的形貌，如图4-19所示。MnO_2纳米片阵列电极放电比电容高达252 F/g，而MnO_2纳米棒阵列电极的比电容为152 F/g。

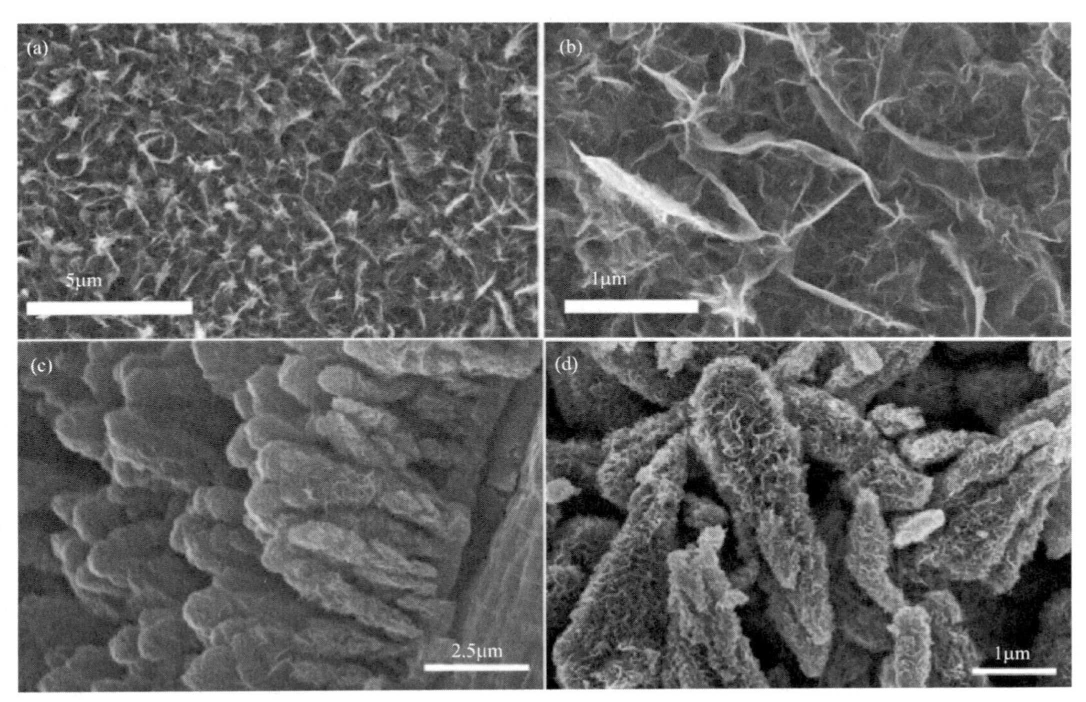

图4-19 阳极电化学沉积法合成的MnO_2纳米片阵列[(a)、(b)]和纳米棒阵列的形貌[(c)、(d)]

钴、镍的氧化物、氢氧化物都具有较高的理论比电容，因此也比较有发展潜力。但常因为材料对电子的导电性和离子的扩散性不高，其实际比电容不高，对此很多研究者常采用包覆一定的导电剂或将其与导电材料复合的方法来提高它的导电性和电容性能。钴、镍氧化物的制备常采用热解其氢氧化物的方法，氧化钴的理论比电容高，氧化镍的可逆性好，但两者在导电性、比表面积等方面还需改进。

(2) 导电聚合物材料

导电聚合物于1976年被发现，是一种常见的电导率和电化学活性比较高的赝电容材料。目前常用的几种导电聚合物为：聚苯胺（PANI）、聚吡咯（PPy）、聚噻吩（PTh）及其衍生物。其中PANI价格低廉、简单易得、导电性好，是研究者关注最多的导电聚合物赝电容材料。导电聚合物可以采用化学氧化和电化学聚合的方法合成，其存储能量是通过n（电子）型或p（空穴）型掺杂或去掺杂的氧化还原反应来实现的。因为该反应发生在导电聚合物材料的整个体相中，所以其理论容量比碳基材料高。由于需要电荷进入导电聚合物内部发生反应，在充放电过程中伴随着导电聚合物链条持续溶胀和收缩过程，通常导致离子载体扩散能力不足，是其实际应用的主要障碍。

(3) 过渡金属硫化物材料

在多种电极材料中，过渡金属氧化物/氢氧化物的固有导电性较低，碳材料的理论比容量低，导电聚合物的循环稳定性差等劣势，严重影响了它们在电化学储能中的大规模应用。最近，过渡金属硫化物，尤其是单金属镍基（Ni_2S_3和NiS）、钴基（Co_9S_8和Co_3S_4等）

和具有立方结构的三元镍钴双金属硫化物，因为较它们对应的金属氧化物而言，具有更高的导电性（约 100 倍）和电化学活性而被广泛报道。而且，硫元素的电负性更低，因此，金属硫化物的结构更加易于调控，体积膨胀效应小，机械稳定性强，有利于电子持续有效的传输。金属硫化物的制备方法简单，特定的结构和形貌可以通过阴离子交换反应和 Kirkendall 效应在其对应的金属氧化物/氢氧化物前驱体上去构建。然而，目前基于过渡金属硫化物的电极材料由于对表面氧化还原反应的依赖性较大，且在大的电流密度下反应动力学速率较慢，其倍率性能以及循环稳定性不佳。因此，研究的方向在于设计合理的纳米结构，不仅可以改善材料的导电性和原子利用率，还可以缩短电子/离子的传输路径。

4.3.3 碳基赝电容复合材料

综上所述，超级电容器用电极材料主要有碳基材料、高分子导电聚合物、金属氧化物/氢氧化物和金属硫化物等，这些电极材料本身既具有优点，也不可避免地有不足。由碳基材料形成的双电层电容器一般具有高的功率密度和优异的循环稳定性，但是，其比容量和能量密度比较低。与电容型碳材料相比，赝电容型材料尽管具有较高的理论容量，但是其电子导电能力限制了其倍率性能，由于有法拉第反应发生其循环稳定性通常不能满足要求，这些都限制了赝电容型材料的产业化应用。

利用双电层电容型的多孔碳材料与赝电容型材料制备碳基赝电容复合材料，可以发挥各类材料之间的协同效应，实现高能量密度和高功率密度的结合，是提高超级电容器的能量密度和降低成本的重要途径。多孔碳材料，如碳纳米管、多孔碳和石墨烯具有良好的导电性和优异的机械和电化学稳定性，是赝电容型材料的理想基体。其中碳纳米管可相互缠绕形成三维网络结构，作为导电骨架，提高复合电极材料的比功率；另外，碳纳米管力学性能优异，可提高负载其上赝电容材料颗粒的循环稳定性，延长复合电极的循环寿命；而赝电容材料可提供较高的比容量，因此赝电容/碳纳米管复合电极兼具较高的比功率和比容量。温博华等采用阴极恒流电沉积法在碳纳米管电极上沉积纳米氧化镍颗粒，制备出氧化镍/碳纳米管复合电极。如图 4-20(a) 所示，氧化镍纳米颗粒均匀分布在三维多孔的 CNT 基体上，氧化镍的引入大大提高了电极的电容，由 CNT 电极的 17 F/g 提升到复合电极的 190 F/g。方华等

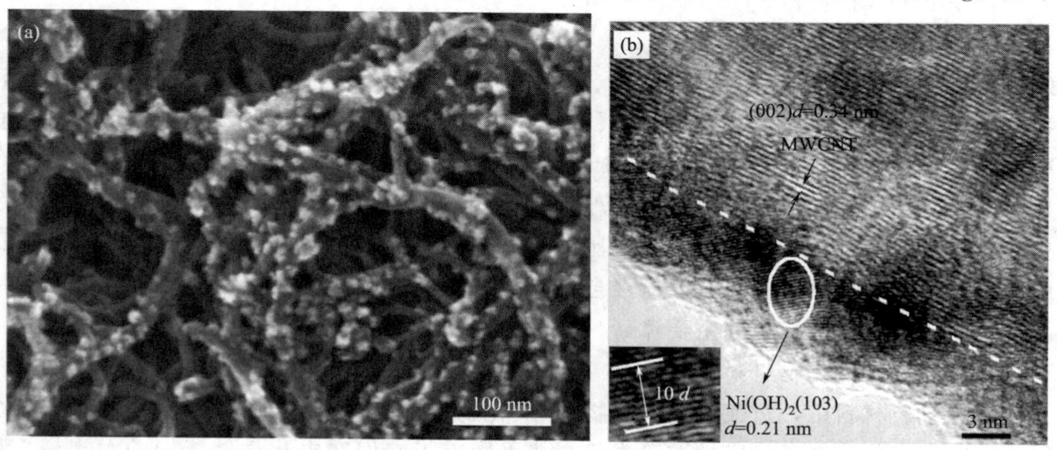

图 4-20 阴极电沉积法制备 NiO/CNT 复合电极材料 (a)；电泳沉积法制备的 $Ni/Ni(OH)_2$@MWCNT 共轴纳米电缆膜电极材料 (b)

利用电泳沉积法一步制备出 $Ni/Ni(OH)_2$@MWCNT 共轴纳米电缆膜电极材料，所制备的复合电极材料具有三维纳米多孔网络结构的形貌，如图 4-20(b) 所示。在 5 A/g 的充放电电流密度下，该复合电极材料的比电容高达 1642 F/g，比 $Ni/Ni(OH)_2$ 材料的 983 F/g 高出 67%。在更高的 100 A/g 电流密度下，$Ni/Ni(OH)_2$@MWCNT 材料的比电容仍然能保持相对较高的 895 F/g，比 $Ni/Ni(OH)_2$ 材料的 383 F/g 高出 134%。这些实验数据表明，碳材料的引入能显著改善赝电容型材料的大电流倍率性能和循环稳定性。

4.4 电化学电容器新体系

4.4.1 电化学电容器研发趋势

电化学双电层电容器具有优异的倍率性能和超长的循环寿命，但是其较低的能量密度(一般为 5～10 W•h/kg)限制了其在很多领域的应用。因此，迫切需要开发一种能够兼具高能量密度、高功率和长寿命的新型电化学储能技术。一般的研究开发思路是在适当降低功率密度的条件下，将电化学电容器的能量密度提高到 20～30 W•h/kg,也就是现有商业化电化学双电层电容器能量密度的 3 倍，接近铅酸电池的能量密度水平。

对于双电层电容器产品，提高能量密度是最为关键的问题。由于双电层电容器的能量密度与电压的平方成正比，所以提高电压成为增大能量密度最有效的方法。然而，有机体系双电层电容器产品的最高工作电压限制在 2.5～2.7 V，因为超过这个电压会导致寿命缩减或器件损坏。为了达到 20～30 W•h/kg 这一目标,大量的科研工作者分别从以下三方面进行了改善：①改变电极材料，选用具有更高容量的石墨烯材料或其他具有氧化还原性质的材料等；②改变电解液，选用耐高压性能的新型电解液或离子液体；③开发混合电容器体系，多种混合电容器体系可通过一极选用氧化还原活性材料（如电池电极材料、金属氧化物等），另一极选用多孔碳材料（如活性炭等）来实现。这种方法既可以克服传统双电层电容器能量密度偏低的缺点，又因为采用了类电池或赝电容器的电极，而具有更高的工作电压和更高的比电容。

4.4.2 石墨烯电容器

自 2004 年被 Geim 等人发现以来，石墨烯以其奇特的物理、化学性质，激起了各领域科学家的极大兴趣，已经成为物理、化学和材料领域的研究热点。石墨烯是由单层碳原子相互连接构成的一种六方点阵蜂巢状二维单层晶体，只有一个原子层的厚度，硬度却能超过钻石，是至今发现的最薄最硬的材料。石墨烯具有极高的力学强度、最好的导热性和导电性，单层石墨烯的比表面积高达 2630 m^2/g，这表明石墨烯是很有应用潜力的电化学双电层电容器材料。长期以来，石墨烯电容器的应用研究引起了广泛关注。

但是，从很多文献报道来看，石墨烯电容器并没有表现出应有的高能量密度。这是因为石墨烯的比表面取决于其自身的固体表面，而不是像其他的多孔碳材料那样取决于多孔性。由于石墨烯片层之间存在着极强的 π-π 堆垛效应和范德华相互作用力，因此石墨烯容易发生不可逆的团聚甚至重排形成石墨，造成石墨烯比表面积的锐减，从而使得石墨烯的优点难以有效利用。另外，由于石墨烯片较大，而电解质离子难以穿过石墨烯片自由扩散，不利于石墨烯作为高性能电容材料。石墨烯堆叠、离子迁移电阻高、孔隙率低、有效比表面积小是发展石墨烯电容器亟待解决的技术难题。

（1）石墨烯的制备

制备适用于双电层电容器的高品质石墨烯材料依然是一个严峻的挑战，如何实现高品质石墨烯材料的低成本宏量制备是近期的研究热点。文献报道的方法有机械剥离法、化学气相沉积法、氧化石墨烯还原法、外延生长法、石墨插层剥离法、溶剂剥离法、球磨法、爆炸法和“自下而上”的化学合成法等。下面简要介绍机械剥离法、化学气相沉积法和氧化石墨烯还原法。

1）机械剥离法　机械剥离法的原理就是通过机械力从新鲜石墨晶体的表面剥离石墨烯片层。典型的制备方法是用另外一种材料与膨化或者引入缺陷的热解石墨进行摩擦，体相石墨的表面会产生絮片状的晶体，在这些絮片状的晶体中往往含有单层的石墨烯。Geim 等在 2004 年首次发现单片层石墨烯时，采用的就是这种方法。首先利用离子束在 1 mm 厚的高定向热解石墨表面用氧离子干刻蚀进行离子刻蚀。在表面刻蚀出宽 2～20 μm、深 5 μm 的微槽，并将其用光刻胶粘到玻璃衬底上，然后用透明胶带进行反复撕揭，将多余的去除，随后将粘有微片的玻璃衬底放入丙酮溶液中超声。再将单晶硅片放入丙酮溶剂中，将单层石墨烯“捞出”。由于范德华力或毛细管力，单层石墨烯会吸附在单晶硅片上，用这一方法首次成功制备了准二维石墨单层并观测到其形貌。

机械剥离法是目前制备大尺寸高规整石墨烯的有效途径，被广泛应用于理论物理研究中，通过这种方法能够制备出尺寸达到 100 μm，片层数可控的石墨烯晶体。但是这种方法制备周期长且无法进行大规模生产，这制约了其实际应用。

2）化学气相沉积法　化学气相沉积法是应用最为广泛的一种大规模工业化制备半导体薄膜材料的方法。其生产工艺十分完善，很早就被应用在 CNT 的制备上，并且现在仍旧是 CNT 制备的主要方法之一。由于石墨烯和 CNT 都是碳的 sp^2 共价键结构，因此研究者试图通过这种已经非常成熟的技术来制备石墨烯材料。

Miller 利用等离子增强化学气相沉积法在高温镍基体上直接制备出了垂直取向的石墨烯纳米片，如图 4-21 所示。以这种复合电极制备对称型双电层电容器有效地对 120 Hz 的电流进行滤波，体积比用于电子元器件的传统的低压铝电解电容器小很多。

图 4-21　利用 CVD 法制备的石墨烯阵列的 SEM 图

3）氧化石墨烯还原法　氧化石墨烯还原法是目前制备石墨烯最为常见的方法之一。石墨是一种憎水物质，并且单片层石墨极高的表面积和层间作用力限制了它在水中的分散性。

而氧化石墨（GO）由于拥有大量的羟基、羧基等亲水基团，并且和石墨相比具有较大的层间距，层间相互作用较小，在超声的作用下很容易形成氧化石墨烯片层（GOS）分散在水相中，再通过还原的方法就能够制备还原氧化石墨烯材料（rGO）。

一般认为，GO为准二维层状结构，层间含有大量的羟基和羧基酸性活性基团。其离子交换容量大（比黏土类矿物大得多），长链脂肪烃、过渡金属离子、亲水性分子和聚合物等易于通过层间氢键、离子键和共价键等作用插入层间，形成层间化合物。干燥样品的层间距约为0.59～0.67 nm之间，相对湿度为45%、75%和100%的条件下达到平衡的GO层间距分别为0.8 nm、0.9 nm和1.15 nm，比公认的原始石墨层间距大，显然更有利于插层反应的进行。GO的制备是利用石墨在溶液中与强氧化剂反应，被氧化后在其片层间带上羰基、羟基等基团，使石墨层间距变大变为氧化石墨。目前较为常用的方法主要有Brodie法、Staudenmaier法和Hummers法等，这些方法在石墨烯发现之前就已经很成熟了。其中Hummers法具有反应简单、反应时间短、氧化程度高、安全性较高和对环境的污染较小等特点，是目前实验室制备GO普遍采用的方法。

一般由GO制得rGO有两种方法：热膨胀剥离法和超声剥离法。

热膨胀剥离法是对GO进行热处理时，片层表面环氧基和羟基分解生成CO_2和水蒸气，当气体生成速率大于其释放速率时，产生的层间压力有可能超过石墨烯片层间的范德华力，从而使产生的rGO膨胀剥离。在此过程中，GO的体积可膨胀数十到数百倍，这就是工业规模化应用的膨胀石墨，这种方法制成的rGO剥离并不完全（比表面积约为100 m^2/g，远小于理论完全剥离的2600 m^2/g）。热处理可造成rGO片层折叠为蠕虫状，故又称之为石墨蠕虫。

超声剥离法的原理是超声波在GO悬浮液中疏密相间地辐射，使液体流动而产生数以万计的微小气泡，这些气泡在超声波纵向传播成的负压区形成、生长，而在正压区迅速闭合，在这种被称为“空化效应”的过程中，气泡闭合可形成超过1000个大气压的瞬间高压，连续不断产生的高压就像一连串小“爆炸”不断地冲击GO，使GOS迅速剥落。在GO制备过程中，氧原子的引入破坏了原始石墨的共轭结构，使剥离的GOS失去导电性。通过化学或电化学还原方法，可以对石墨烯片层的结构进行修复，使之脱氧实现重石墨化，从而使GOS还原产物rGO的导电性能显著增大，甚至可与原始石墨相当。还原GOS的还原剂有很多种，常用的有硼氢化钠、水合肼和长链的烷基锂等。GOS还原法是一种廉价的大规模制备石墨烯材料的方法，使工业化生产石墨烯成为可能，具有很强的工业应用前景。但是在氧化还原的过程中，大量sp^3杂化轨道的生成，导致石墨烯二维片层结构变形、扭曲、折叠，造成一些物理、化学特性的损失，尤其是导电性的缺失。

（2）三维多孔石墨烯

三维多孔石墨烯，如高褶皱石墨烯、石墨烯泡沫、石墨烯凝胶、热膨胀石墨烯和化学活化石墨烯等，能克服石墨烯的团聚，孔隙以石墨烯片堆垛产生的大孔为主，有利于电解质离子的快速迁移，有效提升物质的传递效率、电化学反应速率，功率性能好。近年来，三维多孔石墨烯的制备和应用研究是本领域的研究热点之一，代表性制备方法有模板法、凝胶法和气相沉积法等。石高全等利用Hummers法由天然石墨粉制备氧化石墨，再利用超声分散法制备氧化石墨烯片分散液，离心除去凝聚的氧化石墨烯，透析法除去杂质离子，得到均匀的0.5 mg/mL、1.0 mg/mL和2 mg/mL的氧化石墨烯分散液。把所得的氧化石墨烯分散液于180 ℃水热处理1～12小时后，自然冷却到室温即得到石墨烯水凝胶，干燥后即得到三维纳米多孔的石墨烯材料，如图4-22所示。这种三维多孔结构的石墨烯，导电性好，机械强度高，热稳定性好，直接用作电化学双电层电容器电极材料时比电容达到 160 F/g。

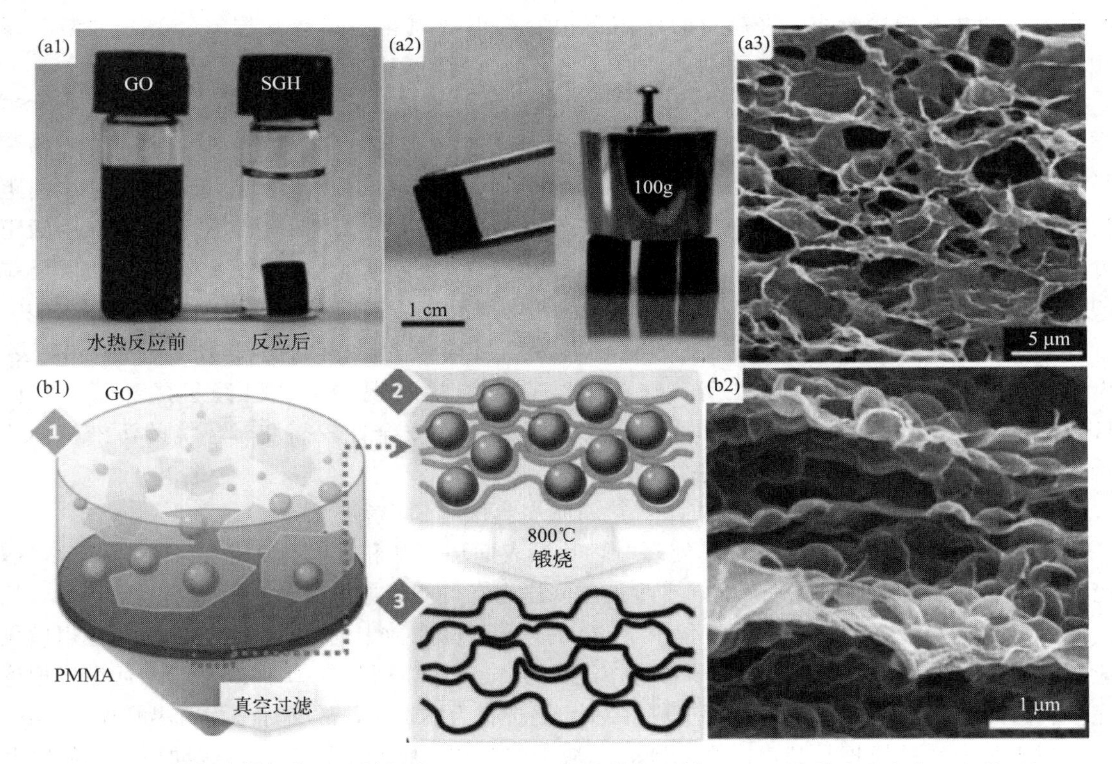

图 4-22 水热法制备的石墨烯凝胶：2 mg/mL 的氧化石墨烯（GO）分散溶液水热反应前后的照片（a1）、水热法制备的石墨烯干凝胶（SGH）及其支撑重物的图片（a2）和石墨烯凝胶的 SEM 图（a3）；硬模板法制备泡沫状大孔石墨烯膜：工艺示意图（b1）和 SEM 图（b2）

Chen 等利用模板法制备出了泡沫状大孔石墨烯膜，具有良好的大倍率放电性能。如图 4-22 所示，首先把石墨烯溶胶和聚甲基丙烯酸甲酯（PMMA）微球的分散液混合在一起，然后利用真空过滤获得具有三明治结构的氧化石墨烯和 PMMA 微球的复合膜，经过高温煅烧工艺除去 PMMA 微球的同时把氧化石墨烯还原为石墨烯，从而获得泡沫状的大孔石墨烯薄膜。电化学测试表明，在 50 mV/s 的循环伏安扫描速度下，这种石墨烯膜可以提供 92.7 F/g 的比电容。三维多孔石墨烯材料的不足是其比表面积仍较低，且富含大孔导致堆积密度较低，能量密度较低，限制了其在双电层电容器中的应用。

（3）石墨烯阵列

石墨烯阵列具有比其他三维结构更容易使电解液浸润的开放式多孔结构，有利于电解质离子的快速迁移，从而克服大片石墨烯不利于离子快速迁移的缺点，如彩插图 4-23(a) 所示。石墨烯阵列可以通过化学气相沉积法在各种各样的基底上，与基底能有效键合，不易被剥离，化学、热、机械稳定性强。此外，石墨烯阵列具有超大比表面积、高电导率和大量具有化学反应活性的石墨烯刃边等。由于这些优异的性质，垂直生长的石墨烯阵列结构被认为是最理想的电化学反应电极或其他活性材料在电化学反应中的理想载体之一。

Deng 等采用微波等离子体化学气相沉积法制备了垂直取向的石墨烯片阵列，并与平行堆积形成的石墨烯电极、无序堆积的石墨纸电极进行了对比研究，以研究石墨烯取向对双电层电容器性能的影响，如图 4-23(b)～(g) 所示。研究发现垂直取向的石墨烯阵列电极具有最优的电容性能，在循环伏安扫描速率为100 mV/s下垂直取向石墨烯阵列电极的面积比电容高达8.4 mF/cm^2，比平行堆积的石墨烯电极高出38%，比石墨纸电极高出6倍，如图4-23(e) 和 (f) 所示。这些显著改善的电容性能可归因于快速的离子/电子传输，表明石墨烯阵列电极在提高石墨烯电容器储能性质方面十分有效，具有潜在的产业化前景。

Choi等首先采用改进的Hummers法制备氧化石墨烯，并制备出含单壁碳纳米管的氧化石墨烯溶液；然后采用溶剂蒸发法制备出氧化石墨烯膜，通过热还原得到石墨烯膜；最后在得到的石墨烯膜表面喷洒一定量的酒精润湿，卷起来得到石墨烯卷，把得到的石墨烯卷切成厚度小于10 μm的圆，即得到石墨烯阵列电极片，如图4-24所示。这种电极不但具有优异的面积比电容，而且由于其较高的堆积密度，也表现出较高的体积比电容，在6 mol/L KOH溶液中体积比电容和面积比电容分别为117 F/cm^3 和1.83 F/cm^2，在高致密储能领域显示出应用前景。

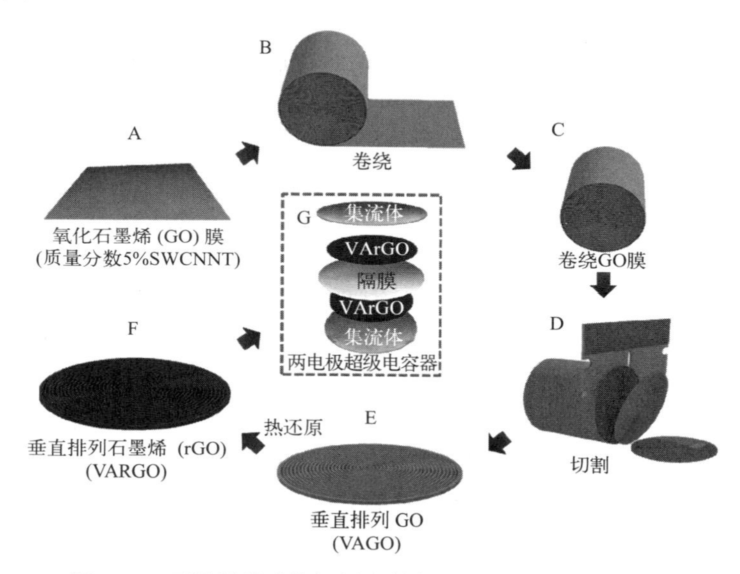

图4-24 石墨烯膜卷绕切割法制备石墨烯阵列电极示意图

(4) 高致密多孔石墨烯

随着微电子器件和电动汽车的发展，对储能器件提出了微型化的要求。如何在有限的空间内存储更多的能量，已成为储能领域研究的热点，其中的关键是开发高体积比容量的电极材料。传统的碳材料难以兼具高密度和高孔隙率，但是由碳材料基元搭建而成的石墨烯组装体具备连续可调的纳米结构，有可能调控出理想的密度、力学性能、电子输运通道等关键性质，从而发挥出高的质量比容量、体积比容量和优异的倍率性能等，解决石墨烯材料电极体积能量密度低的瓶颈问题。

常规方法制备的石墨烯，密度通常较低。为提升石墨烯材料的密度，常使用机械压实和真空抽滤的手段。但是这类方法容易破坏电极材料结构，并且难以进一步调控材料内部的孔结构。王成扬等深入研究了三维石墨烯水凝胶的致密化组装技术，利用在石墨烯水凝胶过程中溶剂的毛细收缩对石墨烯片层的拉动作用，在保留石墨烯宏观体内部的孔道结构的同时实现了石墨烯的致密化组装，如图4-25所示。利用毛细收缩致密化的高堆积密度石墨烯(HPGM) 材料密度高达1.58 g/cm^3，比表面积为367 m^2/g，用于水系超级电容器表现出376 F/cm^3 的高体积比容量，展示出实现高能量密度的良好前景。

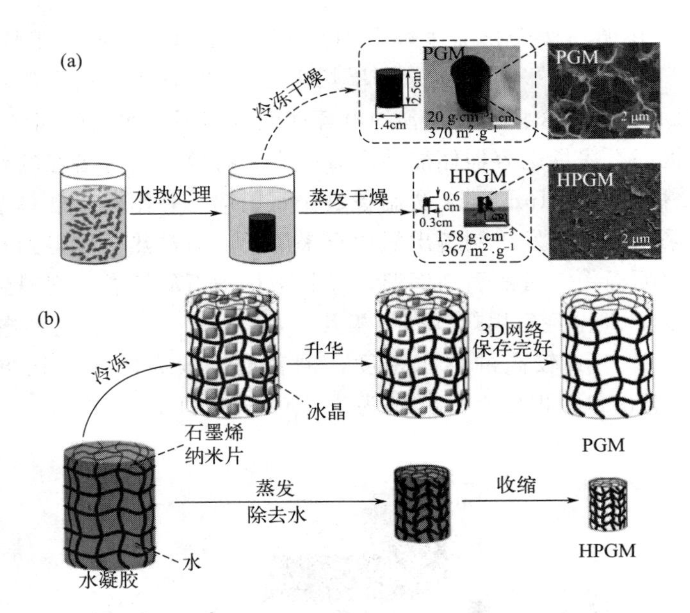

图 4-25 三维石墨烯水凝胶的致密化组装技术

(a) 致密多孔石墨烯组装体的制备示意图；(b) 冷冻干燥与毛细收缩法分别制备气凝胶与干凝胶过程中的溶剂拉动片层收缩的毛细作用力示意图

方华等采取静电自组装法结合真空过滤诱导组装成膜法，在毛细管收缩力的作用下，采用低成本的氧化铁模板法制备出具有高堆积密度的高褶皱石墨烯膜，如图 4-26(a) 所示。第一步，在剧烈搅拌下将带负电的氧化石墨烯胶体溶液逐滴加入带正电的 $Fe(OH)_3$ 胶体溶液中，在这个过程中 GO 胶体粒子通过静电自组装吸附到 GO 片层的表面，而形成了亮黄色的絮状沉淀。第二步，利用真空抽滤的方法，所产生的沉淀通过真空过滤诱导的自组装过程形成 $Fe(OH)_3$@GO 复合膜材料。第三步，通过后续的热处理工艺，$Fe(OH)_3$@GO 复合膜转化为 Fe_3O_4@rGO 复合膜材料。在热处理过程中，在 $Fe(OH)_3$@GO 复合膜转化为 Fe_3O_4@rGO 复合膜材料的同时，在溶剂蒸发形成的毛细管力的作用下，被大幅度压缩了，由于热处理过程中石墨烯片层之间存在大量的 Fe_3O_4 纳米粒子，这种石墨烯膜可以在一定程度上保留其多孔结构，从而形成高褶皱的形貌。第四步，通过酸洗工艺，得到高褶皱的石墨烯膜材料，如图 4-26(b) 和 (c) 所示。酸洗去除 Fe_3O_4 纳米颗粒后即可得到高褶皱的石墨烯薄膜电极材料。这种策略实现了把高褶皱石墨烯片组装成高致密的炭电极的同时，保留了连续的离子传输通道，作为双电层电容器材料比电容高达 242 F/g，在 1 A/g 的电流密度下循环 1 万次，电容保持率为 97%。

(5) 石墨烯纳米筛材料

石墨烯片层的厚度很薄，与石墨烯的层数有关，通常不到 1 nm。但是，石墨烯片层长宽很大，通常在几百纳米到几十微米之间。再加上石墨烯易团聚，因此，容易想到，制备电极时，巨大的石墨烯片显然不利于电解质溶液离子的迁移和扩散传输，这也是限制石墨烯在电容器中应用的一个重要的技术问题。为了解决这个问题，改善石墨烯电极的离子传输能力，研究者提出了石墨烯纳米筛的概念。

美国得州大学奥斯汀分校的 Ruoff 课题组等报道了利用 KOH 化学活化石墨烯膜的方法，制备出的由石墨烯纳米筛构成的活化石墨烯膜具有高导电性和多孔性，比表面积高达

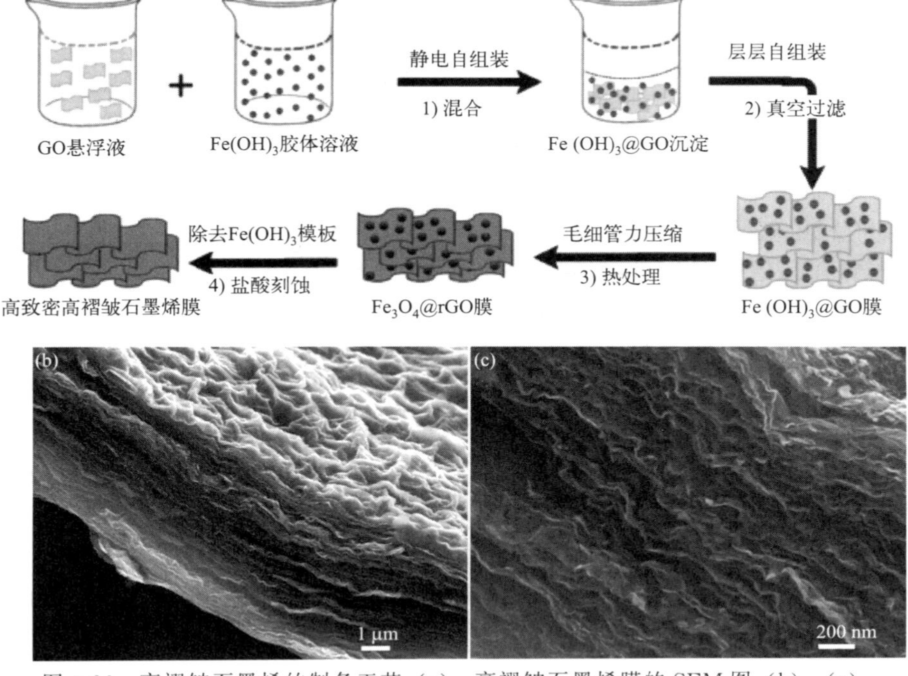

图 4-26 高褶皱石墨烯的制备工艺（a），高褶皱石墨烯膜的 SEM 图（b）、（c）

2400 m^2/g，是理想的高功率超级电容器电极材料（如图 4-27 所示）。利用这种多孔石墨烯膜在 1 mol/L 的 KOH 溶液中组装超级电容器，在 20 A/g 的电流密度下进行恒流充放电测试，比电容超过 300 F/g；在 400 mV/s 的扫描速率下进行循环伏安测试，所得到的循环伏安曲线仍保持接近理想的矩形，显示了优秀的高倍率性能。

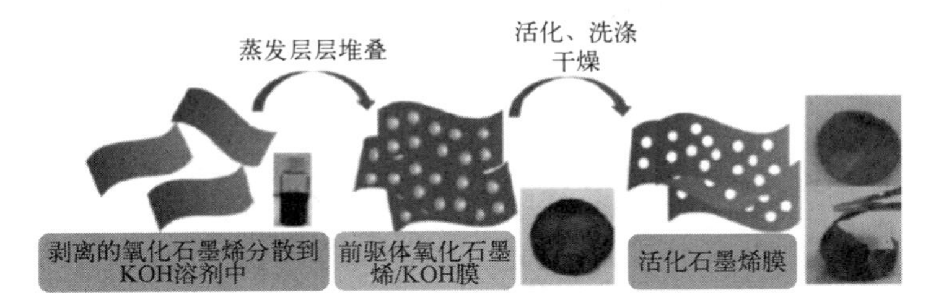

图 4-27 KOH 化学活化法制备多孔石墨烯膜的工艺示意图

如图 4-28 所示，Duan 等在利用水热法制备三维石墨烯凝胶时，引入双氧水作为造孔剂，在石墨烯二维片层中形成了丰富的孔洞，在制备电极时施加压力压实，有效地提高了石墨烯电极的功率与能量密度。所得的三维多孔石墨烯材料在有机电解液中的质量比电容高达 298 F/g，体积比电容高达 212 F/cm^3，组装的超级电容器器件质量能量密度和体积能量密度分别达到 35 W·h/kg 和49 W·h/L，与铅酸电池的能量密度接近。

（6）石墨烯/电容碳复合材料

图 4-29 列出了不同类型电容碳材料作为超级电容器电极材料时，表面形成电化学双电层时的离子传输特点比较。首先，活性炭是商业化超级电容器主要采用的电极材料，具有发达的孔隙和高的比表面积。然而，由于电解质离子在微孔中扩散困难的原因，许多微孔不能被电解质离子“访问”，尤其是在大电流快速充放电的条件下，这种情况会更加严重。单壁

碳纳米管具有高的比表面和比电容，但是单壁碳纳米管通常形成束，限制其表面积的利用，电解液离子只能进入最外面的表面。而纯石墨烯由于石墨烯片层之间强范德华力相互作用，在制备过程中易团聚，电解质离子很难进入超小孔，尤其是较大的离子，如有机电解质或在高充电速率下。而采用石墨烯和其他电容碳材料的复合材料，利用石墨烯和电容碳材料的协同效应，有望制备出高性能的电容材料。如图 4-29 (d) 所示的石墨烯/单壁碳纳米管复合材料，单壁碳纳米管可以作为石墨烯纳米片之间的间隔物，产生电解质离子的快速扩散路径。此外，碳纳米管的引入可以增强复合材料的电子导电性。Haddon 等采用滴涂法制备出石墨烯与单壁碳纳米管的复合膜层，当石墨烯（rGO）与单壁碳纳米管（SWCNT）的质量比为 1 时，复合膜的比电容最高达 222 F/g，能量密度达到 94 W·h/kg，接近早期锂离子电池的能量密度，但是拥有更好的功率性能（如图 4-30 所示）。

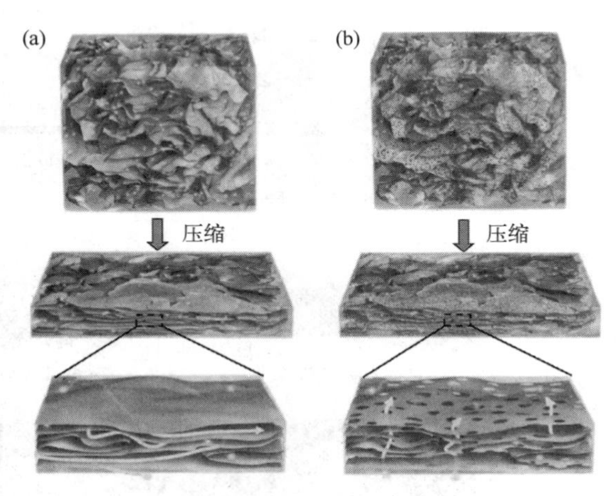

图 4-28 石墨烯薄膜电极（a）与多孔石墨烯薄膜电极（b）：压缩前，压缩后，电解质离子传输路线示意图

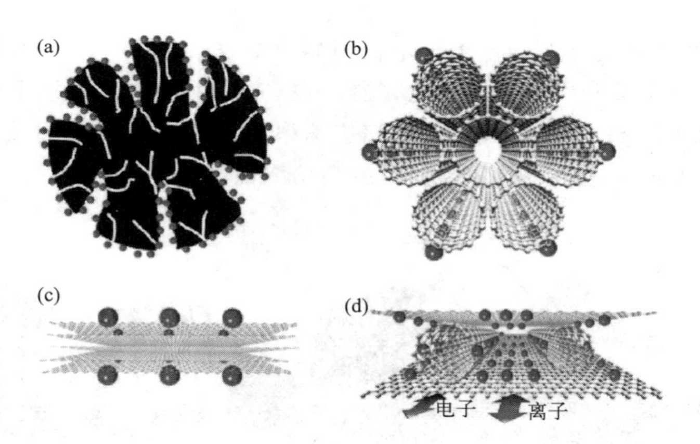

图 4-29 活性炭（a）、碳纳米管（b）、石墨烯（c）和石墨烯/单壁碳纳米管复合材料（d）形成电化学双电层的离子传输示意图

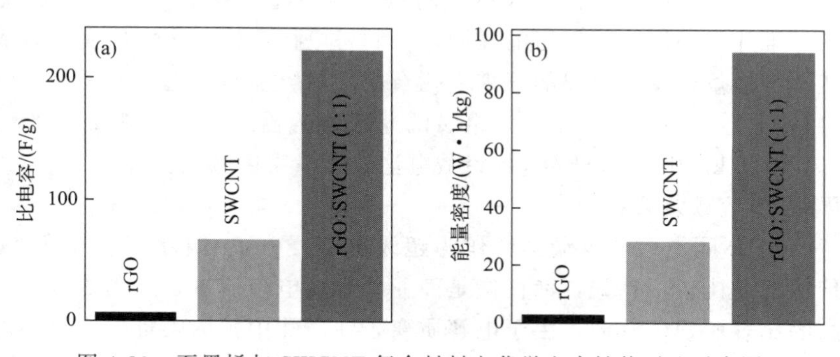

图 4-30 石墨烯与 SWCNT 复合材料电化学电容性能对比示意图

把石墨烯与活性炭或介孔炭等电容材料复合，石墨烯可以提供电子传输通道和结构稳定骨架，包覆在石墨烯表面的多孔碳壳层可以提供高的比电容，并防止石墨烯团聚，从而得到性能优异的电容碳材料。方华等采用原位聚合法制备出酚醛树脂/氧化石墨烯/酚醛树脂三明治结构，再通过后续的炭化和活化工艺，制备出二维三明治结构的碳纳米片，如图4-31(a～d)所示。这种三明治结构的材料，兼具石墨烯和活性炭的结构优势，具有分级多孔的孔结构，可以克服微孔中电极动力学限制，有利于电解质的快速迁移，并缩短迁移路径，减小扩

图4-31　三明治结构的多孔碳/石墨烯/多孔碳复合碳纳米片的形貌(a)～(d)，三明治结构的微米碳纳米片的微孔炭壳层厚度与反应物间苯二酚/氧化石墨烯质量比的关系图(e)，微孔炭壳层厚度为64 nm的三明治结构微孔碳纳米片材料的形貌(f)

散阻力，从而有利于实现高的能量密度和功率密度的电容储能。在电流密度增加到 20 A/g 时，该材料的比电容高达 272 F/g，组装的非对称电容器能量密度高达 19.2 W·h/kg。

Li 等研究了离子液体协助的原位聚合法，合成出三明治结构的微孔碳纳米片材料，通过控制石墨烯和树脂的比例，可以方便地调控石墨烯两侧表面包覆的微孔炭壳层的厚度，如图 4-31(e)～(f) 所示。在 0.5 A/g 的电流密度下，这种基于石墨烯的微孔碳纳米片材料比电容达到 213 F/g。从上述代表性的成果来看，石墨烯是一种非常有前途的电化学双电层电容器电极材料。然而，石墨烯超级电容器仍未真正实现产业化，小规模制备成本远高于商用活性炭基的双电层电容器。在未来，如何解决石墨烯工程制备技术难题，进一步降低成本是亟待解决的难题。

4.4.3 锂离子电容器

（1）锂离子电容器

锂离子电容器是一类新型混合型电化学电容器，包括含锂化合物/活性炭、含锂化合物＋活性炭/活性炭、含锂化合物＋活性炭/钛氧化物、活性炭/钛氧化物、活性炭/预嵌锂碳材料等体系，本质上是把锂离子电池与电化学双电层电容器相结合的储能技术。2001 年，Amatucci 等首次报道了以活性炭为正极、以纳米尖晶石钛酸锂 $Li_4Ti_5O_{12}$ 为负极、以 1.5 mol/L 的 $LiPF_6$/乙腈有机溶液为电解液的混合型电化学电容器。工作原理如图 4-32 所示：充电时，电解液中的 Li^+ 嵌入到 $Li_4Ti_5O_{12}$ 的晶格中，同时电解液中的阴离子则吸附在活性炭正极表面形成双电层；放电过程与充电过程相反，Li^+ 从嵌锂材料中脱出，阴离子也从活性炭表面脱附回到本体电解液。使用嵌入化合物有助于提高工作电压和容量，而活性炭电极的引入则有助于提高体系的倍率性能和循环寿命。该体系的比能量可达到 20 W·h/kg，在 10C 充放电倍率下的容量保持率达到 90%，5000 次循环后，容量损失为 10%～15%。

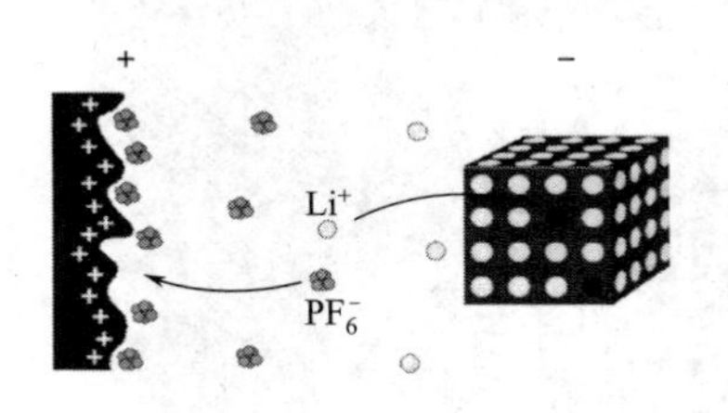

图 4-32 活性炭/钛氧化物体系的锂离子电容器工作原理示意图（充电过程）

众所周知，电化学双电层电容器的充放电机理是基于非法拉第过程的，得到的是电化学双电层电容；而锂离子电容器是基于锂离子在可嵌锂材料中的可逆嵌入/脱嵌反应的。在锂离子电容器中，在正极，阴离子在电容性正极材料表面可逆地吸附/脱附以存储/释放电荷；在负极，锂离子可逆地在嵌锂材料中嵌入/脱出以存储电荷。这种非法拉第表面过程和法拉第嵌入反应的结合，增加了器件的能量密度和功率密度。能量密度和功率密度可分别用 $E=1/2CV^2$ 和 $P=V^2/4R$ 来计算，式中 R 为等效串联内阻；C 是电容；V 是器件的工作电压。需要指出的是，比功率和比能量均与电压的平方成正比，因此能量密度和功率密度均可以通过增加工作电压来改善和提高。在锂离子电容器中，正负极材料的电化学储能机理不同，因此工作电压区间也不同，从而可以实现更高的工作电压。

如图 4-33 所示，商业化的有机体系电化学双电层电容器的工作电压一般不超过 2.7 V。这是因为电化学双电层电容器主要依靠电极与电解质的界面形成双电层结构来储存能量，在非水体系电解液中，阴阳离子微弱的极化半径差距可以忽略。因此，双电层电容器的正负极在充放电过程中各占一半电位区间，充电过程中正极的最高电位已达到 4.3 V（vs. Li^+/

Li)，更高的工作电压将导致电解液的分解。而对于锂离子电容器，通过对炭负极的预嵌锂，可以将负极的电位降至接近于 0 V（vs. Li^+/Li)，而正极活性炭的工作电位几乎达到极限电位，因此锂离子电容器的工作电压区间可以达到 2.2～3.8 V。因此锂离子电容器具有比电化学双电层电容器高三倍以上的能量密度。采用具有更高分解电压的电解液也可以提高工作电压，如采用离子液体（约 4 V）和有机电解液（2.5～3.0 V），这显然比水系的锂离子电容器（1.0～1.5 V）更具有吸引力。

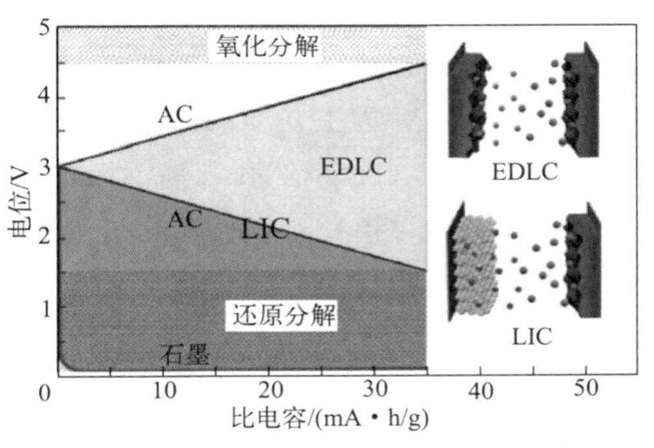

图 4-33 双电层电容器（EDLC）和锂离子电容器（LIC）的工作电压范围对比

如图 4-34 所示，从能量密度、功率密度、循环稳定性、安全环保、工作温度和工作电压等六个方面进行对比可以看出，锂离子电容器可发挥协同效应，是一类兼具高功率密度和高能量密度的储能装置。

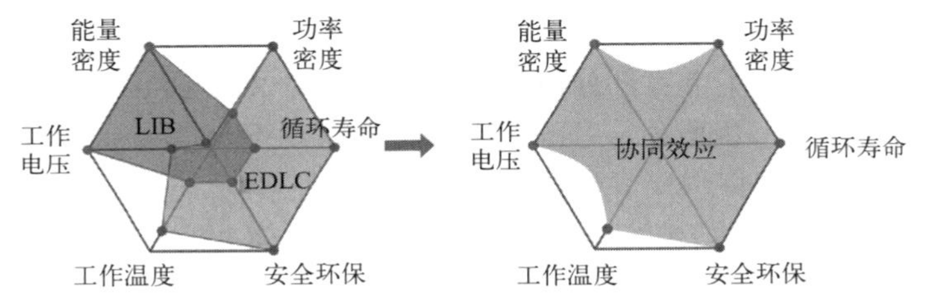

图 4-34 双电层电容器、锂离子电池（LIB）和锂离子电容器的性能对比

除了锂钛氧化物作为负极嵌锂材料外，石墨、软炭、硬炭等嵌锂材料也是锂离子电容器体系最主要的研究方向之一。在工业化生产中，这类体系需要对负极进行预嵌锂，寻找合适且可靠的预嵌锂技术是公认的技术难点。这也使得锂离子电容器的制造技术工艺要比电化学双电层电容器和锂离子电池复杂。文献报道的预嵌锂方式有很多种，如负极引入第三极锂箔法、隔膜预嵌锂法、正极引入富锂化合物法、负极混入锂金属粉末法等等。负极引入第三极锂箔法，即在最外层相对于负极引入第三极金属锂箔，同时正负极集流体使用具有多孔结构的金属铜、铝箔，预嵌锂过程是通过将锂箔与负极短路来实现的，此方法对环境要求苛刻，而且不容易控制锂的嵌入量及均一性。隔膜预嵌锂法，是在隔膜表面通过真空气相沉积形成一层锂薄膜，组装时将锂薄膜与负极直接接触，这种方法可以缩短掺杂的时间，提高产品的生产能力。正极引入富锂化合物法，是指在正极引入非金属锂第三极的方法，对负极进行深度为 5%～60%的预嵌锂处理，该第三极主要成分为具有一定不可逆脱锂性质的富锂化合物，在对电容器活化的过程中实现对负极的预嵌锂。负极混入锂金属粉末法，是指使用粒径为 10～200 nm、表面具有钝化膜的稳定金属锂粉作为锂源，与负极硬炭等材料混合后用干法制成极片，以活性炭为正极组装成锂离子电容器单体，此种方法可以在干燥房中实现，对环境要求高。

（2）电容型锂离子电池

电容型锂离子电池是一种基于锂离子电池和电化学电容器发展而来的新型储能器件，具有远高于双电层电容器甚至接近锂离子电池的能量密度以及远高于锂离子电池的功率密度和循环稳定性，是一种非常具有应用前景的动力型电池。电容型锂离子电池实际上就是在锂离子电池的正极中加入一定量的活性炭或是其他高比表面积的电容碳材料，也就是正极以锂离子电池的正极材料为主并加入部分电容碳材料的双材料、负极为锂离子电池的负极的储能器件，如图 4-35 所示。虽然在锂离子电池的正极加入少量电容碳会损失电池的一些容量，但可以在不显著降低能量密度的前提下大幅提高电池的功率密度和循环性能。

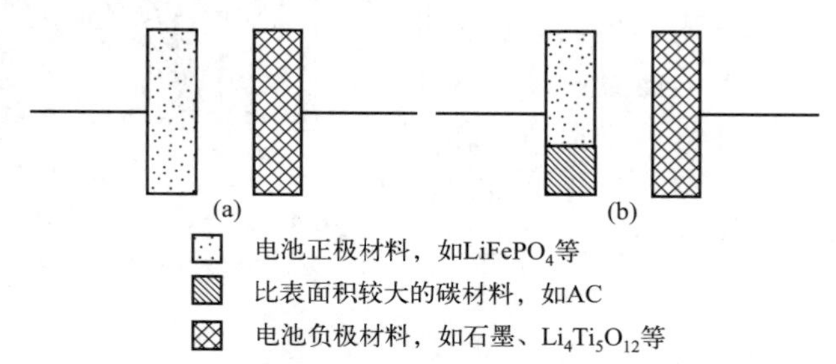

图 4-35　锂离子电池（a）和电容型锂离子电池（b）的结构简图

2000 年 Cericola 等利用 Matlab/Simulink 对锂离子电池和超级电容器外部并联模型进行模拟，在该装置中，功率由电容部分决定，而能量则由电池部分决定。这种结构允许两个器件之间共享电流，从而保证了电容部分能够为整个体系提供大电流值，这种大电流是常规电池所不能够达到的。此外，在具有适当占空比的脉冲电流下，电池能够对电容进行再充电，因此，这种并联装置在脉冲应用中表现优异。

人们将上述并联结构应用于单电极中，构建内并联结构电极，开发了双电层电容器和电池的内并联混合结构，用以提升电池的功率密度和循环性能。该结构是将电池材料和电容材料在同一电极中以内并联的方式连接起来，即制备同时具有电池材料与电容材料的复合电极，这种复合电极被称为双材料电极。双材料电极常见的构造方法有：①将两种材料并行分段排放；②将两种材料分层叠放；③直接混合两种材料；④直接采用复合材料，如核壳结构材料等。双材料电极在充/放电行为中存在两种不同的机制：一种是涉及电池型材料的法拉第反应，另一种是碳电极/电解液界面处的双电层静电吸附机制。该电极在低放电速率下具有“类似电池”的行为，具有较高的比容量值，优于常规电容材料电极；而在高倍率下具有“类似电容器”的行为，能够实现快速的充放电，优于常规电池材料电极。将双电层电容材料电极与石墨、$Li_4Ti_5O_{12}$ 等电池负极匹配，能够真正实现兼具高功率、高能量和长循环寿命的高性能电化学储能装置-电容型锂离子电池。

近年来，电容型锂离子电池已经成为实现储能器件高功率密度化的一个发展方向。基于常见的磷酸亚铁锂、锰酸锂、钴酸锂、三元材料、磷酸钒锂等锂离子电池正极材料的研究，适用于电容型电池的复合正极被不断开发。电容型电池的负极最常用的材料是石墨和钛酸锂。尖晶石结构的钛酸锂在锂离子嵌入/脱出过程中应变几乎为零，具有良好的循环性能，因此成为电容型电池常用的负极材料。至于复合电极中所添加的电容材料，目前主要是活性炭，但近年来石墨烯、碳纳米管等比表面积大、导电性高的新型碳材料的开发，拓展了电容型电池的体系，也给了电容型电池更加广阔的研究前景。

第5章

新型化学电源

5.1 高能金属锂二次电池

在电化学储能方面，锂基电池无疑是迄今为止最成功的技术，正负极均采用嵌入式材料的锂离子电池具有高能量和长寿命等优点，已经在小型电子设备及电动汽车动力电池等领域广泛应用。然而，商用锂离子电池的能量密度几乎接近其理论极限，很难继续提高，因而开发更高比能量的电池是电池产业的当务之急。在自然界存在的已知金属中，锂是比容量最高(3861 mA·h/g)、标准电极电位最负（−3.045 V）的金属，与适当的正极材料构成电池能得到最高的电压，因而金属锂二次电池将有非常好的前景。但是，锂负极在充放电过程中易产生枝晶，造成不可逆容量增加和循环性能下降，严重时枝晶会刺穿隔膜与正极接触导致内部短路，甚至发生起火或爆炸等安全事故。所以国内外很多课题组都致力于研究锂负极的改性。若能抑制循环时锂枝晶的生长，提高循环效率，锂二次电池极具发展潜力。

5.1.1 锂硫电池

锂硫（Li-S）电池具有高能量密度、原料储量丰富、低成本和环境友好等优点，有望发展为下一代实用化二次电池体系之一。单质硫的理论比容量为 1675 mA·h/g，以硫为正极、金属锂为负极构成锂硫电池，其理论比能量可达到2500 W·h/kg。硫有超过 30 种固态的同素异形体，在通常状态下的主要存在形式为环八硫（S_8），S_8 被认为是最稳定的硫同素异形体，其 8 个硫原子并不是平面存在的，而是类似皇冠一样的结构。S_8 具有 α、β 和 γ 等多种结构形式，其中 α-硫又称斜方硫或者菱形硫，是硫自然界中最常见的形式，β-硫和 γ-硫是亚稳定的，在环境温度下会转化为 α-硫储存。

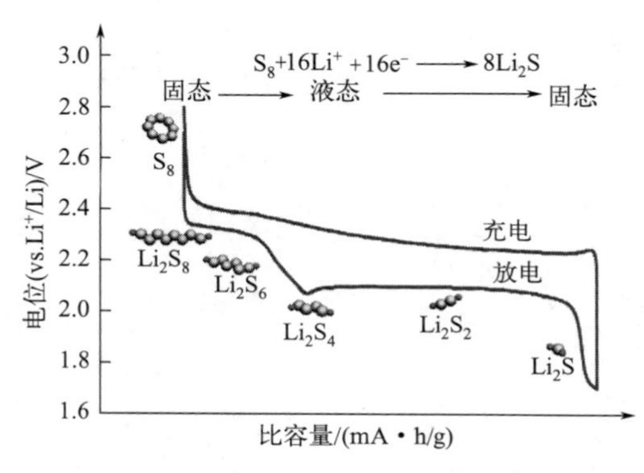

图 5-1 锂硫电池典型充放电曲线

图 5-1 为锂硫电池的典型充放电曲线，在放电时，锂失去电子从负极表面溶解，迁移到正极；正极 S_8 分子得到电子使 S-S 键断开，与迁移过来的 Li^+ 结合生成一系列可溶性的中间体即多硫化锂（Li_2S_n，$3 \leqslant n \leqslant 8$）。放电过程有两个放电平台，对应于固态（$S_8$）→液态（$Li_2S_n$）→固态（$Li_2S_2/Li_2S$）的转变过程，伴随着硫链的缩短。在第一个放电平台，S_8 首先被还原为 S_8^{2-}，随后被还原为 S_6^{2-} 和 S_4^{2-}，平均放电平台电压为 2.3 V（vs. Li^+/Li），每个硫原子平均得到 0.5 个电子，对应的理论比容量为 418 mA·h/g。由于这些长链多硫离子能较好地溶解于电解质溶液中，第一个放电平台阶段具有优异的快速反应动力学。第二个放电平台的电压为 2.1 V，对应于多硫离子进一步被还原为不溶性的 Li_2S_2/Li_2S，每个硫原子平均得到 1.5 个电子，对应的理论比容量为 1254 mA·h/g。由于涉及固态 Li_2S_2/Li_2S 两相之间的转化反应，第二个放电平台对应的反应动力学比第一个放电平台慢得多。在随后的充电过程中，Li_2S 或者 Li_2S_2 失去电子生成中间体多硫化锂，多硫离子之间重新键合生成 S_8 分子，完成一个可逆的循环。电池放电过程中，多硫化物被还原，最后沉积到正极上，反应过程如下：

$$S_8 \longrightarrow Li_2S_8 \longrightarrow Li_2S_6 \longrightarrow Li_2S_4 \longrightarrow Li_2S_3 \longrightarrow Li_2S_2 \longrightarrow Li_2S \tag{5-1}$$

电池充电过程中，多硫化物在正极被氧化，反应过程如下：

$$Li_2S \longrightarrow Li_2S_2 \longrightarrow Li_2S_3 \longrightarrow Li_2S_4 \longrightarrow Li_2S_6 \longrightarrow Li_2S_8 \longrightarrow S_8 \tag{5-2}$$

电池充放电反应方程式如下：

正极：
$$S_8 + 16Li^+ + 16e^- \rightleftharpoons 8Li_2S \tag{5-3}$$

负极：
$$Li - e^- \rightleftharpoons 2Li^+ \tag{5-4}$$

上述多硫化锂的电化学反应机制研究表明，其还原为低级硫化物的过程非常复杂，既包含多步电子得失的电化学过程，还有硫化物之间的化学转化。反应过程中有一系列的中间产物 Li_2S_x，当 $3 \leqslant x \leqslant 8$ 时，Li_2S_x 溶于常见的有机电解液，因此在充放电过程中会逐渐向负极迁移扩散，并在负极锂片的表面与锂发生进一步反应，生成不溶于电解液的 Li_2S_2 并富集在锂片表面，这就是“穿梭效应”，如图 5-2 所示。由于 Li_2S_2 具有离子导电性，Li^+ 可以顺利地穿过，不影响金属锂负极的稳定性，因此并不会直接造成电池失效，但却造成了活性物质的损失、不可逆容量高。

金属锂负极的界面问题和正极活性物质硫多电子转移过程的复杂性（例如多硫化物的“穿梭效应”）阻碍了实际应用的脚步，锂硫电池本身固有的一些特点束缚了它的进一步应用和发展。具体如下：

① 锂硫二次电池的硫正极材料室温电导率仅约为 5×10^{-14} S/cm，导致锂硫二次电池的库仑效率低；

② 其充放电的中间产物多硫化锂（Li_2S_x，$2 < x \leqslant 8$）易溶于电解液，并进一步向负极

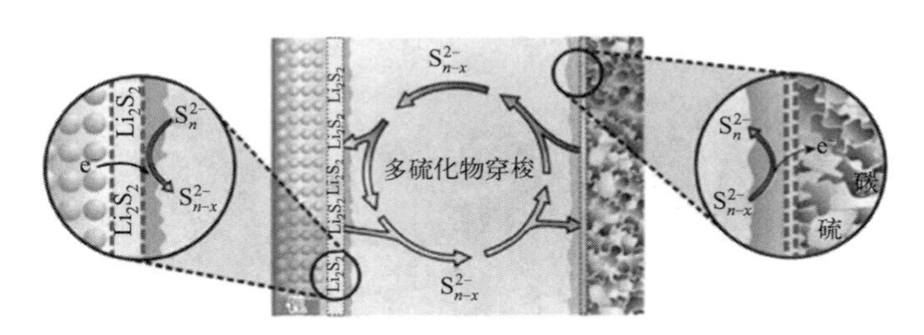

图 5-2 锂硫电池中多硫化物的穿梭效应

发生不可逆迁移，导致硫正极材料在充放电过程中发生活性物质损失；

③ 硫在嵌锂过程中体积膨胀达 80%，因此极片有可能产生应力开裂，导致活性物质从集流体上脱落，造成不可逆容量；

④ 锂硫二次电池的金属锂负极材料在充放电过程中容易产生枝晶，刺穿隔膜而造成电池短路，直接影响了锂硫二次电池的安全性。

针对上述锂硫电池存在的问题，现有研究主要集中在硫正极材料结构的重新设计、电解液体系的优化、固态电解质的采用以及锂负极的保护等方面。在锂硫电池正极方面，因为具有较大的比表面积和孔容、电导率高、性质稳定、成本低廉以及来源广泛的优点，碳材料成为改善硫电极导电性、提高硫活性物质利用率的理想材料。通过简单的热处理即可将硫填充到多孔碳的孔隙中，使单质硫与碳以分子级别接触，极大地提高了硫的利用率，同时多孔碳的孔隙为硫的电化学反应提供了反应空间，有效限制了多硫化物的穿梭效应，使得硫/碳复合正极材料呈现出较高的可逆容量和优良的倍率性能。

近年来，研究者将单质硫分别与多孔碳材料、石墨烯和碳纳米管等各种碳材料进行复合，有效提高了硫正极的电化学性能。这些碳材料在负载单质硫方面各具优缺点。微孔碳材料可以有效限制多硫化物的穿梭效应，提高硫的利用率，并适用于当前的酯类电解液体系，但是微孔碳材料的孔容普遍较低，硫的负载量较低，锂硫电池的整体能量密度无法得到有效提高。介孔碳材料具有较高的孔容和比表面积，可以保证得到理想的硫负载量，但是该材料只适用于醚类电解液，电池的循环稳定性难以保证。在相同的总孔容条件下，高的介孔比例有利于硫电化学性能的提升，证明碳材料的介孔有利于电解液的扩散。杂原子掺杂改性碳材料的方法可进一步提高锂硫电池的电化学性能。如有研究表明在多孔碳正极材料中掺杂氮，可以有效固定硫化物从而控制硫的损失，同时可以抑制、消除聚硫阴离子的穿梭现象。与传统的碳材料相比，具有纳米结构的极性化合物（如碳化物、硫化物和过渡金属氧化物）不仅可以吸附多硫化物，还能加快多硫化物与 Li_2S_2/Li_2S 之间的转换速率。

锂硫电池中，活性物质利用率、电池稳定性、循环寿命和电化学反应速率均与电解液的组成存在密切联系。碳酸酯类和醚/聚醚类电解液是目前较为成熟的商业化有机溶剂电解液，在电解液中加入适量的添加剂可以稳定锂负极，提高氧化还原反应活性。如在有机电解液中适量添加 $LiNO_3$，即可在锂负极表面形成一层钝化膜，该钝化膜可有效抑制多硫化物在锂负极表面的沉积，从而抑制穿梭效应，有效提高锂硫电池的库仑效率。

通过对隔膜改性修饰，以及使用固态电解质来替换液体电解液，可以抑制硫正极电化学活性物质向金属锂负极扩散迁移，从而提高锂硫电池的稳定性和安全性。研究表明，将纳米结构氧化物加入到夹层/隔板中，以阻止多硫化物的穿梭，在解决电池内部短路问题的同时也增强电池性能。由于 Li^+ 在 V_2O_5 中的高扩散速率，传统多孔隔膜上的微米级 V_2O_5 层用作锂离子传导和可溶性多硫化物吸附的隔膜，可有效地减轻锂硫电池的穿梭效应（图 5-3）。

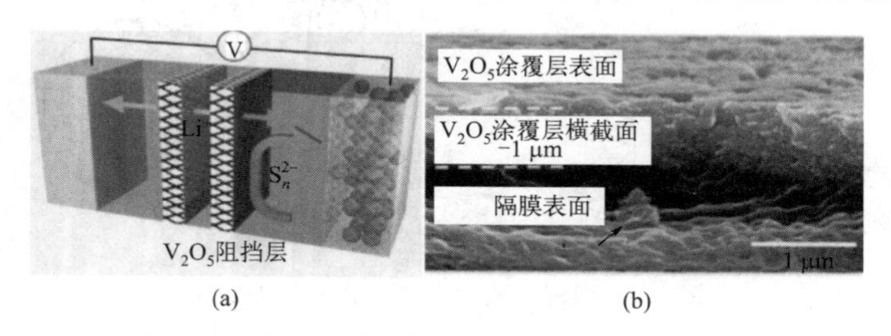

图 5-3 使用纳米结构氧化物作为 Li-S 电池的隔膜

(a) 含有 V_2O_5 涂覆的隔膜的 Li-S 电池的示意图；(b) V_2O_5 涂覆的多孔聚合物隔板的横截面 SEM 图

5.1.2 锂二氧化碳电池

锂二氧化碳（Li-CO_2）电池通过捕获和转化 CO_2 为有价值的化学物质，资源化利用 CO_2，既可以作为新型的储能装置，还可以有效缓解温室效应。锂二氧化碳电池具有相对较高的放电电压（约 2.8 V）和高理论比能量（1876 W·h/kg），被认为是长途运输时提供可持续电力输出的理想储能装置，特别是在富含 CO_2 的环境中，例如，水下作业和火星探测（火星大气由 96%的 CO_2 组成）等。因此，开发高能量密度的 Li-CO_2 电池有利于推动未来大规模蓄电及运输动力用电工业朝着更经济、环保和可持续的方向发展。另外，Li-CO_2 电池系统的开发有可能彻底改变火星上的能量存储，有利于火星上探测车和研究站系统的实施。这些潜在的应用为 Li-CO_2 电池的研究和开发提供了强有力的动力。近年来，Li-CO_2 电池的研究和开发已取得明显的进展，但仍存在很多挑战，如 CO_2 转换效率低、倍率性能差和循环寿命有限等。改善电池性能，需要对机理和所有电池部件进行系统的研究，缺乏对电极、电解质材料和电极反应动力学的基本了解，限制了高性能、稳定的锂二氧化碳电池的快速发展。

如图 5-4 所示，锂二氧化碳电池主要由金属锂阳极、隔膜、电解质和空气阴极构成。目前最受科研人员认可的锂二氧化碳电池的化学反应方程式为：$4Li+3CO_2 \rightleftharpoons 2Li_2CO_3+C$。在放电过程中金属锂阳极失去电子形成 Li^+，在电势差的驱动力下，Li^+ 通过电解质向阴极移动。随后，在阴极/电解质界面上，溶解的 CO_2 分子从阴极捕获电子，与 Li^+ 结合产生 Li_2CO_3 和 C。在充电过程中，Li_2CO_3 和 C 发生分解，形成 CO_2 和 Li^+。

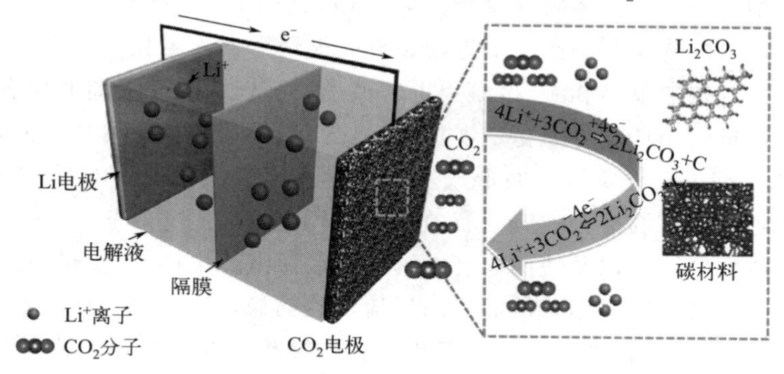

图 5-4 锂二氧化碳电池结构示意图

根据报道，锂二氧化碳电池可能的放电机理是：首先，溶解的 CO_2 分子可以捕获阴极中的电子，并通过单电子还原将其进一步还原为 $C_2O_4^{2-}$，如反应式(5-5) 所示；随后不稳定的 $C_2O_4^{2-}$ 经历两步歧化反应形成 CO_3^{2-} 和 C，如反应式(5-6) 和式(5-7) 所示；最后，根据反应式(5-8)，形成的 CO_3^{2-} 与 Li^+ 结合生成结晶的 Li_2CO_3。因此，可以使用反应式(5-9) 来描述非质子电解质的锂二氧化碳电池的电化学还原机理。

$$2CO_2+2e^- \rightleftharpoons C_2O_4^{2-} \tag{5-5}$$

$$C_2O_4^{2-} \longrightarrow CO_2^{2-}+CO_2 \tag{5-6}$$

$$C_2O_4^{2-}+CO_2^{2-}+4Li^+ \longrightarrow 2Li_2CO_3+C \tag{5-7}$$

$$CO_3^{2-}+2Li^+ \longrightarrow Li_2CO_3 \tag{5-8}$$

$$4Li^++4e^-+3CO_2 \longrightarrow 2Li_2CO_3+C \tag{5-9}$$

在锂二氧化碳电池的放电过程中，Li_2CO_3 和 C 在阴极表面形成。因此在锂二氧化碳电池充电过程中，也很可能发生 Li_2CO_3 的自分解或者 Li_2CO_3 和 C 之间的可逆反应过程。过去几年，人们一直在努力研究 Li_2CO_3 的电化学分解机理，提出了三种可能的分解过程。

第一条可能的反应路径可以理解为 Li_2CO_3 的自分解，如反应式(5-10) 所示。在此反应过程中会释放出 CO_2 和 O_2，相应的电子转移数为每个 CO_2 对应转移两个电子。然而，将预填充 Li_2CO_3 的锂二氧化碳电池进行充电时，在其醚基电解质中并未发现 O_2 的产生。此外，在对以锰基有机骨架为正极材料的锂二氧化碳电池放电后再充电的过程研究发现，进行充电时，在醚基电解质中并未检测到 O_2。

$$2Li_2CO_3 \longrightarrow 2CO_2+O_2+4Li^++4e^- \tag{5-10}$$

第二条反应路径被定义为“以 $O_2^{\cdot -}$ 为中间产物”的过程。Li_2CO_3 分解产生 $O_2^{\cdot -}$，如反应式(5-11) 所示。$O_2^{\cdot -}$ 将进一步被氧化生成 O_2，如反应式(5-12) 所示。或者是直接腐蚀电解质溶剂，尤其是高供体性溶剂，形成一系列不确定的寄生产物。

$$2Li_2CO_3 \longrightarrow 2CO_2+O_2^{\cdot -}+4Li^++3e^- \tag{5-11}$$

$$O_2^{\cdot -}-e^- \longrightarrow O_2 \tag{5-12}$$

有研究发现，Li_2CO_3 自分解过程中产生的是 $O_2^{\cdot -}$ 还是 O_2，在很大程度上取决于充电电流大小。在低充电电流密度（例如，电流密度为 500 mA/g）下，Li_2CO_3 的分解符合反应式(5-11)。当在相对较高的电流密度（例如，电流密度为 2 A/g）下，Li_2CO_3 的分解在初始阶段遵循反应式(5-10)，随后的充电过程遵循反应式(5-11)。因此得出，动力学因素在大程度上决定了 Li_2CO_3 的分解途径。

第三条反应途径是涉及 Li_2CO_3 和 C 之间的可逆反应［见反应式(5-13)］。根据吉布斯自由能进行的热力学计算表明，该反应具有较低的可逆电势（2.8 V）。因此，该路径对于设计真正可逆的锂二氧化碳电池至关重要。一些研究人员也已经证实，在特殊催化剂（例如金属钌和锰基有机骨架）的辅助下，相应的锂二氧化碳电池已经成功地形成反应式(5-13) 的可逆反应。

$$2Li_2CO_3+C \rightleftharpoons 3CO_2+4Li^++4e^- \tag{5-13}$$

由上述的机理分析可知，锂二氧化碳电池的主要放电产物为 Li_2CO_3。众所周知，Li_2CO_3 是一种电导率低的绝缘体。即使充电电压超过 4.0 V，也很难使 Li_2CO_3 完全分解。因此，随着锂二氧化碳电池循环时间的增加，不完全分解的 Li_2CO_3 容易产生积聚，将反应位点覆盖，并阻止反应气体的扩散，最终导致电池失效。锂二氧化碳电池实现实际应用的关键，主要取决于高效、低成本的阴极催化剂使绝缘的 Li_2CO_3 在阴极区高效地可逆形成和分解。

目前报道的阴极催化材料可分为碳基催化剂、贵金属催化剂、过渡金属基催化剂和可溶性催化剂等类型。在锂二氧化碳电池发展的初期，最先引入了商业活性炭直接作为阴极催化剂（包括 XC-72 炭黑、Super P 和科琴黑等）。但由于商用活性炭的催化活性差，结构体系有限，因此商业活性炭并不是理想的催化材料。除上述商业活性炭材料外，碳纳米材料（碳纳米管、石墨烯等）和杂原子掺杂碳材料也被研究用于催化 CO_2 还原和析出反应。杂原子掺杂可以调节碳材料的电子结构并改变碳材料的费米能级位置，这对气体分子的吸附方式和吸附能有很大影响。因此，杂原子掺杂可以显著改善气体还原动力，同时提高电池阴极表面上的固态放电产物的分解动力。但碳纳米材料对促进 Li_2CO_3 分解的能力有限，导致电池的充电过电位较高，循环性能不出色。

贵金属、贵金属氧化物及其复合材料等具有独特的电子结构和良好的化学、电化学稳定性，在电催化领域被认为是优异的电催化剂。其固有的半填充反键状态可以在催化剂和反应物之间赋予适当的吸附强度，从而改善反应动力学。作为贵金属催化剂，钌基催化剂是目前研究最多的催化剂之一，它不仅具有很高的裂解水催化活性，而且对 LiOH、Li_2CO_3、Li_2O_2 和 LiO_2 的分解也表现出优异的催化活性。研究者发现，金属钌的加入可以促进 Li_2CO_3 与 C 的可逆反应，避免发生 Li_2CO_3 的自分解反应。贵金属 Ir 与贵金属 Ru 同样具有高效的催化活性，研究表明 Ir 基催化剂可以提高电池的循环性能。

贵金属的巨大成本和稀缺性限制了其在锂二氧化碳电池体系中的进一步应用。因此，发展高效非贵金属基催化剂是解决这些问题的一种更为实际的策略。过渡金属由于其多价性，在电催化领域表现出良好的活性，加之成本低，有望取代贵金属。近些年，过渡金属基材料在锂二氧化碳电池中的应用也已经得到深入的研究。如铜纳米颗粒/氮掺杂石墨烯复合材料、Mo_2C/CNT 复合材料和多孔金属有机骨架（MOF）等催化材料陆续被报道，显示了作为高性能锂二氧化碳电池多功能催化剂的应用潜力。

锂二氧化碳电池发展历史较短，对其充放电机理仍然存在争议。阴极催化剂对于电池性能的提高起到了显著的作用，但至今仍没有一种催化剂能全部满足导电性良好、结构优异、催化活性高、价格低廉的要求。尽管锂二氧化碳电池领域仍存在许多科学和技术挑战，这种电化学技术仍然具有广阔的应用潜力。

5.1.3 金属锂负极的保护

大多数使用金属锂作负极的电池均采用非水溶液体系，负极总是被一层固态电解质（SEI）钝化膜所覆盖。这层膜的化学和电化学形成反应和性质至今还没有完全弄清楚。当锂浸泡在电解液中切割时，SEI 膜几乎立刻形成。在电池充电时，锂持续地通过 SEI 膜进行电镀，每次循环中都会有一些电解液损失于 SEI 膜损坏、修复过程，这就是法拉第效率小于 1 的原因，并且所有被研究的电解质对于裸露的纯金属锂都是不稳定的，因此常常对锂电极进行各种表面修饰以提高其电化学稳定性。

锂金属负极表面理想的 SEI 膜应该具有如下特性：厚度较薄并具有较好化学和电化学稳定性的密封层；高的锂离子传导性以提供快速锂离子导电；较好机械稳定性以避免锂金属穿透。

如图 5-5 所示，理想的情况下（一般在小电流密度下），锂沉积保持平整的表面从而抬高 SEI 界面，当锂溶解的时候降低 SEI 界面。这种情况下 SEI 膜在锂金属溶解/沉积的过程中不会被损坏。然而，锂金属表面的 SEI 膜具有复杂的成分，通常容易断裂。在较高的电流密度下，不均匀的锂沉积和严重的锂金属体积效应易于导致 SEI 膜的破裂和新鲜锂枝晶的生长；锂溶解会形成坑坑洼洼的形貌，导致新鲜的锂暴露在有机电解质中。在枝晶和凹坑表面会形成 SEI 膜，就像是一个自修复过程。SEI 膜破裂/修复的过程重复进行，会损耗电解质溶液，降低库仑效率，增加电池阻抗。非均匀的 SEI 膜进一步导致锂金属的非均匀沉积，进一步恶化锂电极的性能。因此，锂金属在电解质溶液中形成稳定、致密和均匀的 SEI 膜，对于获得稳定的锂金属负极是至关重要的。

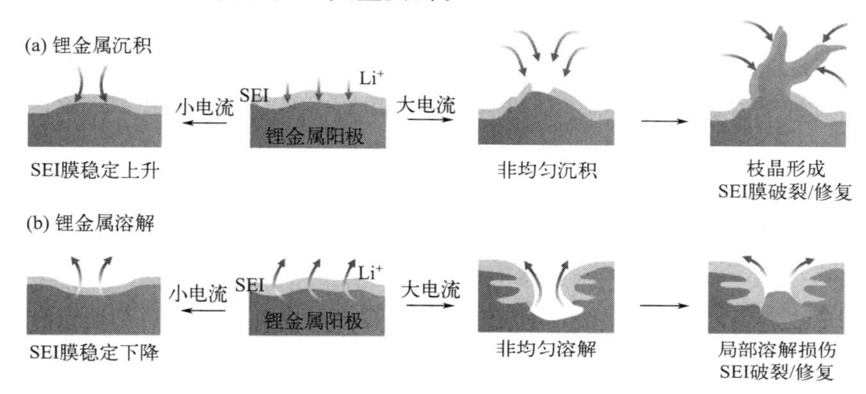

图 5-5 金属锂沉积过程与 SEI 膜示意图

如图 5-6 所示，金属锂负极材料的发展主要面临三个问题：

① 金属锂电化学沉积过程中锂枝晶的形成与长大。锂枝晶会刺穿隔膜，导致电池短路，这是金属锂负极安全问题的根源。另外，锂枝晶断裂后，会形成与集流体无接触的无法被利用的“死锂”，严重影响了锂金属电池的循环寿命。

② 锂金属在有机电解液的界面不稳定性。由于锂金属在有机溶剂中的高反应活性，金属锂会发生腐蚀反应。金属锂表面的副反应会消耗尽电解质，增加内阻，并降低库仑效率和缩短循环寿命。

③ 在沉积/溶解过程中，伴随着巨大的体积变化，甚至比硅负极的体积变化还要大，因为锂的沉积会导致基本上无限大的体积膨胀，这些体积膨胀会加剧界面的不稳定性。

图 5-6 金属锂负极材料的发展主要面临的问题

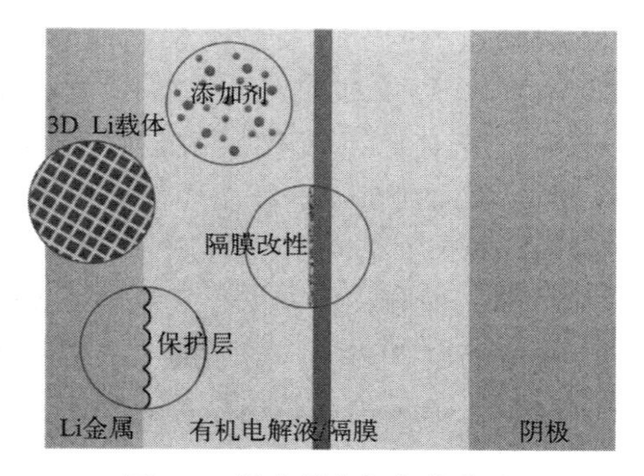

图 5-7 锂金属负极保护策略

目前，电化学科研界已经提出许多方法，以解决上述锂金属负极面临的技术难题，主要策略有 SEI 膜的调控、新型多孔锂负极和安全隔膜等（如图 5-7 所示），具体如下。

(1) 使用电解液添加剂调控锂负极表面的SEI膜的成分与结构

非水系液态电解质主要包括有机溶剂和锂盐。由于锂金属具有高反应活性，在与有机电解液接触的界面处，在锂金属表面会形成固态电解质膜。这种固态电解质膜具有电子绝缘性和离子导电性，可以阻止锂金属进一步的腐蚀，从而有利于锂金属电池。为了得到稳定的锂金属负极，锂金属在电解质溶液中形成稳定的SEI膜是关键。

首先是电解质溶液改性。金属锂负极表面SEI膜的成分高度依赖于电解质溶液（溶剂和溶质，甚至杂质）。一般来说，SEI膜中的有机成分来自于锂金属与溶剂的反应，而无机成分主要来自于锂盐的分解。在不同的电解液中，锂表面形成的SEI膜的组分有所不同，SEI膜的多相化学结构导致了锂沉积的不均匀性。若锂沉积光滑和（或）立即被SEI膜有效钝化，锂的循环效率就高。合理选择有机溶剂、锂盐和功能添加剂对于在锂金属表面加强SEI膜和提高其性能是必要的。为了改善锂负极的电化学性能，使用电解液添加剂改善SEI膜性能是最直接、最简便的方法。

电解液添加剂可分为无机添加剂和有机添加剂。无机类添加剂主要有2类：一类是酸性气体或相应的酸，如CO_2、SO_2、HF等；另一类为金属盐类，如AlI_3、MgI_2、SnI_2等。

一类无机添加剂通过与锂电极表面的初始钝化层反应，形成新的致密的SEI膜。如将锂电极置入CO_2气氛中或向电解液中通入CO_2至饱和，锂电极表面均被Li_2CO_3覆盖，含有Li_2CO_3的SEI膜减慢锂电极与电解液之间的电子转移反应，降低SEI膜的增长速度，减小SEI膜的电阻，减缓枝晶的生长，进而提高循环效率。当电解液中含有SO_2时，锂电极表面则生成$Li_2S_2O_4$膜，大倍率充放电时效率保持率较高。Poly Plus公司在Li/S体系中添加SO_2（3.2%，质量分数）作为添加剂，或将锂电极在SO_2气氛中预处理，储存5天后在1.0 mA/cm^2下放电，首次容量比没有处理或未加添加剂的都高。

研究发现添加HF可以改善锂沉积的形貌，抑制枝晶生长，降低界面电阻，从而改善锂电极的电化学性能。加入HF，SEI膜形成薄的LiF/Li_2O双层膜，可促进锂呈球形颗粒沉积；同时含LiF/Li_2O的SEI膜能促进形成均匀的电流密度分布，有效抑制锂枝晶生长。

以上无机酸性添加剂改变SEI膜的成分，提供更好的沉积表面，抑制枝晶生长。另一类无机添加剂是金属碘化物盐类，一般认为金属阳离子在锂电极表面被还原，并与锂形成合金，降低锂电极表面的活性，减少电极与电解液的副反应，提高锂的利用率，降低界面电阻，同时提供一个平滑的表面，使电极表面电流密度分布均匀，抑制枝晶生长。

无机盐组成的SEI膜的力学性能不好，容易在锂沉积和溶解过程中破裂。而有机添加剂在锂表面形成的SEI膜弹性较好，能更好地适应循环过程中锂电极的体积变化。

有研究者对比了氟代碳酸乙烯酯（FEC）、碳酸亚乙烯酯（VC）、亚硫酸乙二醇酯（ES）作为添加剂对锂电极循环性能的影响。添加5%FEC，循环效率提高，30圈后维持在80%左右，沉积的锂颗粒很规则；随着锂沉积量的增加，没有团聚现象，表面一直有一层致密的保护膜，抑制枝晶生长。添加5%VC或ES，10圈后循环效率降至10%。分析表明，在加入VC的电解液中，形成的SEI膜较坚硬，所以随着沉积量的增加，表面沉积的锂开始团聚，之后的循环中易长出枝晶，循环效率下降。同样，加入ES，沉积量增加，表面变得粗糙，这是循环效率下降的主要原因。类似地，研究表明，加入VC后，电极表面覆盖聚合VC、低聚物VC和开环聚合物VC，这些化合物覆盖在电极表面上，阻碍了HF与锂电极的反应，但同样抑制了电极与电解液的反应。聚乙烯吡咯烷酮（PVP）作添加剂时，可以提高锂电极的循环效率。全氟聚醚（PFPE）也可作为添加剂，在1 mol/L的$LiAsF_6$/(EC+PC)

溶液中加入 5×10^{-4} PFPE，60 圈内循环效率维持在 94%左右。

（2）在锂表面非原位制备一层保护性 SEI 膜

在锂电极表面生成一层保护性 SEI 膜，这层膜性能的优劣直接影响到锂电极沉积锂的形貌和循环性能。其需要具备以下三个条件：较高的离子电导率，以便 Li^+ 嵌入与脱出；低的电子电导率，避免电解液与锂电极之间的副反应；要有较好的稳定性和力学性能，能适应锂电极在充放电时的体积变化。

非原位制备 SEI 膜的可控性强，可预先知道 SEI 膜的成分，甚至厚度。原则上只要符合 SEI 膜性质即可，所以选择范围广，是一种较有效的方法。已经报道的有 Li_3PO_4 膜（图 5-8）、碳薄膜等，以及 LiBON、LiBSO、LiSON、LiSiPON 等锂离子导体也有可能作为锂电极的 SEI 膜，改善锂电池性能。

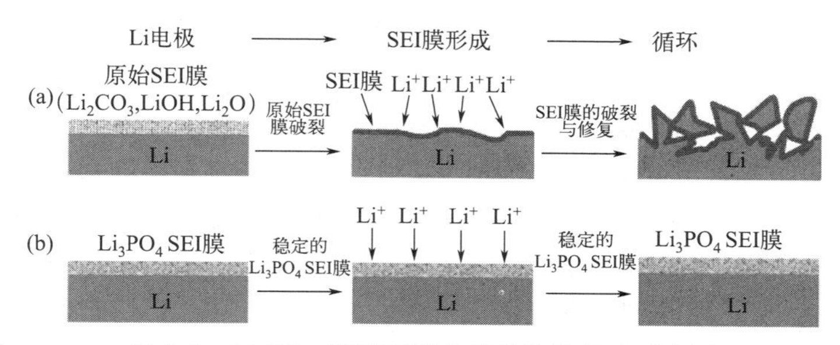

图 5-8　Li_3PO_4 膜提高锂负极性能的机理示意图

有研究将锂片在 1,3-二氧戊环（DOL）、1,4-二氧六环（DOA）等环醚中预处理，然后进行电化学循环。利用环醚在锂电极表面形成稳定的 SEI 膜，对电极起到保护作用，使锂电极具有较小的界面阻抗，而且不会明显地影响锂电极的动力学性能。DOL、DOA 预处理后的锂电极充放电循环效率提高，DOA 预处理后的锂片循环效率为 93.8%。

（3）颠覆传统锂箔电极，制备新形态的锂电极

如彩插图 5-9 所示，通过工艺使锂箔具有微观规则的形貌，比表面积增大，使锂电极表面电流密度分布均匀，降低枝晶的产生概率。微观上看，锂片电极表面不平整，导致电流密度分布不均匀，循环过程中易产生枝晶，特别是在高倍率情况下。增大电极比表面积也可以抑制枝晶生长，在相同充放电倍率下，比表面积增大，表面实际的电流密度会相应降低，枝晶形成概率和速率都会下降。新形态的锂电极主要有粉末锂电极、泡沫锂电极、沉积锂负极等。

（4）改性隔膜

采用陶瓷涂覆隔膜，可提升隔膜的热稳定性，增强机械强度，从而避免隔膜收缩导致的正负极大面积接触；提高了产品的耐刺穿性能，避免隔膜刺穿引发短路，让电池能够长期使用；陶瓷涂层的孔隙比隔膜空隙大，可以增加隔膜的浸润性及保液性。

总的来说，金属锂电极的改性措施主要有以下四种：①形成稳定的、力学性能良好的 SEI 膜；②改善锂电极形貌，微观形貌规整；③通过表面处理，预先在锂电极表面形成一层保护层；④改性隔膜。虽然目前单一的改性效果还不能达到实用的标准，但是金属锂二次电池作为高能电源，具有相当大的发展潜力，需要更深入的研究。如果能够将几种手段有效联合起来，结合聚合物电解质、离子液体等匹配电解质方面的研究，可能会起到很好的效果。例如美国著名的锂硫电池研究公司 Sion Power 提出的“负极稳定层（anode stabi-lization layer)”的概念，结合了多种改性技术手段，如沉积锂、锂表面处理及聚合物电解质等，可

以显著提高锂电极循环寿命。相信在不久的将来，锂电极的寿命问题能够取得突破。

5.2 非锂金属离子电池

锂离子电池的广泛生产和使用已经导致了锂资源价格的急剧上升。从可持续发展的战略高度来看，利用地球储量更丰富的元素发展低成本、高安全和长循环寿命的化学电源体系势在必行。相对于锂元素，钠和镁在地壳中的储量更加丰富。因此，基于钠或镁的二次电池成为人们研究的新热点。特别是由于钠离子具有与锂离子接近的电化学性质，许多锂离子电池的成功经验能够为钠离子电池技术的发展提供有效借鉴，因此钠离子电池被人们寄予额外的厚望。但是在目前，不管是钠离子电池还是镁离子电池，它们的充放电容量和循环性能还远远达不到预期，更谈不上与锂离子电池形成有效的竞争。铝在地壳中的含量位列各种金属之首，其每年的全球开采量是锂的1000多倍。以铝作为二次电池的电荷载体能够大幅降低电池的生产成本。在过去30多年里，人们对铝离子电池的研究从未中断。锌离子电池与其他类型的电池相比，不仅具有高能量密度和高功率密度，而且具有成本低廉、环境友好和安全性高的特点，已经引起了广泛的关注。

5.2.1 钠离子电池

早在20世纪70年代，钠离子电池和锂离子电池几乎被同时开展研究，后来由于锂离子电池的成功商业化推广，钠离子电池的研究有所停滞。直到2010年后，随着对可再生能源利用的大量需求以及对大规模储能技术的迫切需要，钠离子电池再次迎来了它的发展黄金期。钠离子电池工作原理（图5-10）与锂离子电池类似，利用钠离子在正负极之间嵌入和脱嵌过程实现充放电。钠离子半径为0.102 nm，比锂的0.076 nm更大一些；钠的电极电势为−2.71 V，也同样高于锂的−3.04 V。虽然两种电池具有相似的工作原理和电池构件，但是由于这些物理化学性质上的差异，我们可以借鉴但却无法完全移植锂离子电池的研究经验。

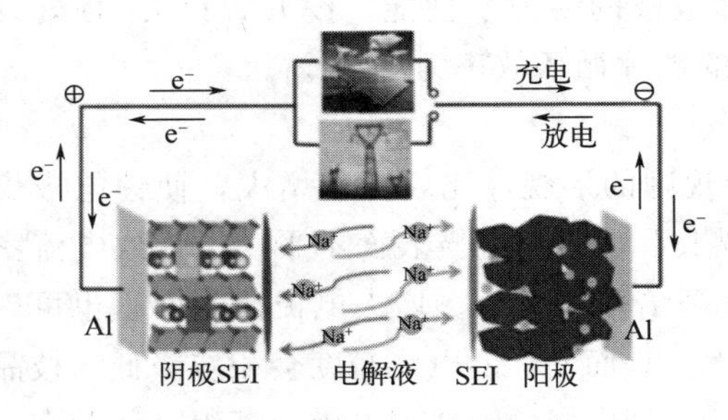

图5-10 钠离子电池工作原理

与锂离子电池相比，钠离子电池具有的优势有：①钠盐原材料储量丰富，价格低廉，采用铁锰镍基正极材料相比较锂离子电池三元正极材料，原料成本降低一半；②由于钠盐特性，允许使用低浓度电解液（同样浓度电解液，钠盐电导率高于锂电解液20%左右）降低成本；③钠离子不与铝形成合金，负极可采用铝箔作为集流体，可以进一步降低成本8%左右，降低重量10%左右；④由于钠离子电池无过放电特性，允许钠离子电池放电到零伏。钠离子电池能量密度大于100 W·h/kg,可与磷酸铁锂电池相媲美，但是其成本优势明显，有望在大规模储能领域中取代传统铅酸电池。

近几年来，根据钠离子电池特点设计开发了一系列正负极材料，在容量和循环寿命方面有很大提升，如作为负极的硬炭材料、过渡金属及其合金类化合物，作为正极的聚阴离子类、普鲁士蓝类、氧化物类材料，特别是层状结构的 Na_xMO_2（M=Fe、Mn、Co、V、Ti）及其二元、三元材料展现了很好的充放电比容量和循环稳定性。2017 年，中国科学院物理研究所依托钠离子电池核心专利技术，成立了国内首家专注钠离子电池开发与制造的高新技术企业（中科海钠科技有限责任公司）。随后，首次推出了钠离子电池驱动的电动自行车和微型电动车，以及全球首套 100 kW·h 和1 MW·h 钠离子电池储能系统的示范应用。当前，钠离子电池的研究正逐步由实验室探索向产业化迈进。

目前报道的钠离子电池正极材料主要包括氧化物类、聚阴离子类、普鲁士蓝类和有机类等，其中，层状氧化物正极材料具有制备方法简单、比容量和电压高等优点，是钠离子电池的主要正极材料。然而，目前层状氧化物正极材料仍然存在结构相变复杂和循环寿命短等问题，提升层状正极材料的综合性能仍是目前钠离子电池的重要研究方向。钠离子电池层状氧化物正极材料有很多种不同类型，结构通式为 Na_xMO_2（M 主要是过渡金属元素 Ti、V、Cr、Mn、Fe、Co、Ni 和 Cu 等）。胡永胜等设计并合成了一系列高镍 O3-$NaNi_xFe_yMn_{1-x-y}O_2$（x=0.6/0.7/0.8）三元正极材料。研究发现，$NaNi_{0.6}Fe_{0.25}Mn_{0.15}O_2$ 具有最好的综合性能，在 2.0～4.2 V 电压范围内表现出 190 mA·h/g 的高可逆比容量。将该材料与课题组开发的硬炭负极组装钠离子全电池，可以提供 345 W·h/kg 的高比能量(基于正极活性物质质量计算)，这种高镍材料表现出较高的储钠容量，具有较高的性价比和较好的应用前景。

理想的钠离子电池负极材料应当尽量具有工作电压低、比容量高、结构稳定（体积形变小)、首周库仑效率高、压实密度高、电子和离子电导率高、空气稳定性高、成本低廉和安全无毒等特点。目前已经报道的钠离子电池负极材料主要包括碳基、钛基、有机类和合金类负极材料等。无定形碳负极材料（包括硬炭和软炭）因资源丰富、结构多样、综合性能优异，被认为是最有应用前景的钠离子电池负极材料。中国科学院物理研究所一直致力于开发低成本和高性能的无定形碳基负极材料，先后以蔗糖、棉花、夏威夷果壳、杨木、酚醛树脂和无烟煤作为前驱体制备硬炭负极材料，开展了大量的原创性工作，为高功率和高安全钠离子电池的发展提供了指导。目前对无定形碳负极材料的储钠机制还尚无定论，无定形碳这种复杂的非晶结构存在由碳层包围的孔结构，缺乏对孔结构储钠的基本理解也导致对无定形碳储钠机制的争议。胡永胜研究了从棉纤维合成具有均匀微管形态硬炭材料的储钠行为，发现放电过程中钠离子没有嵌入到石墨层中，而是嵌入到缺陷位置、碳层边缘及纳米孔隙等位置，并推断充放电曲线的斜坡区对应于 Na^+ 在缺陷位点、边缘和纳米石墨表面的吸附，而平台区域则对应 Na^+ 在纳米孔隙填充，从而进一步明确了硬炭储钠机制（图 5-11)。

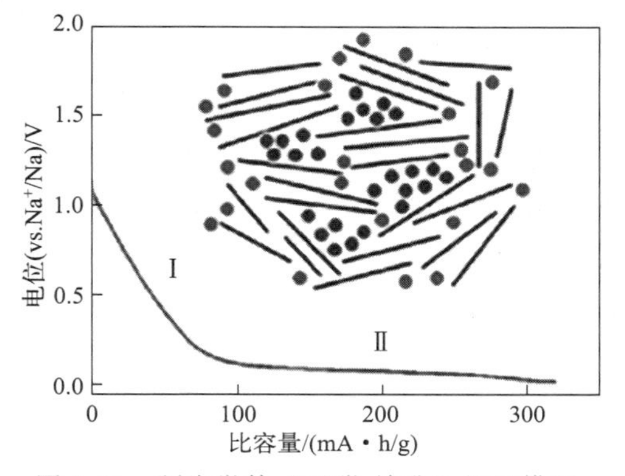

图 5-11　硬炭微管“吸附-填孔”机理模型和对应的嵌钠充电曲线

非水电解质类型主要包括：碳酸酯、醚类、离子液体、有机固态聚合物及无机固态电解质等。碳酸酯作为一类常用的钠离子电池有机电解液溶剂，通常具有较强的溶盐能力。钠离子电池常用的碳酸酯溶剂主要有：碳酸乙烯酯（EC)、碳酸丙烯酯（PC)、碳酸二乙酯（DEC)、碳酸二甲酯（DMC）等。其中，EC 和 PC 溶剂具有电化学窗口宽、介电常数大、化学稳定性好的优点，是钠离子电池中极具吸引力的有机溶剂。一般，钠离子电池电解液采用1 mol/L或高浓度钠盐作为溶质，而使用低浓度钠盐的电解液可以有效降低钠离子电池的成本。经研究过的可用于钠离子电池的钠盐，主要有$NaClO_4$、$NaPF_6$、磺酸类钠盐（如NaFSI和NaTFSI）和硼基盐［如$NaB(C_2O_4)_2$(NaBOB)］等。目前，钠离子电池电解液有非水有机电解液、有机聚合物电解质和无机固态电解质。传统的有机钠离子电解液具有较高的离子电导率，但存在热失控、易燃和爆炸等安全问题，限制了钠离子电池的工作温度和安全性。开发新型阻燃、高电压、高安全性钠离子电池电解液对加速钠离子电池商业化应用非常重要。

5.2.2 镁离子电池

镁是一种活泼金属，地壳中镁含量居第5位，密度为1.74 g/cm^3，具有良好的导热导电性；在元素周期表中，镁与锂处于对角线位置，具有相似的化学性质。开发低成本、高性能的可充电镁离子电池被视为二次储能技术发展的一个重要方向，具体原因如下：①Mg^{2+}/Mg电势较负（−2.37 V vs. SHE），其理论体积能量密度（3833 $mA \cdot h/cm^3$）远高于锂离子电池（2046 $mA \cdot h/cm^3$）；②安全性好，镁不如锂活泼，易操作，加工处理安全，且镁负极不产生枝晶；③镁价格低廉，是Li的1/24；④对环境友好，镁及几乎镁的所有化合物无毒或低毒。

我国镁储量居世界首位，拥有开发镁离子电池的独特优势。

镁离子电池的工作原理与锂离子和钠离子电池的工作原理相似，也是一种浓差电池，正负极活性物质都能发生镁离子的脱嵌反应，其工作原理如下：充电时，镁离子从正极活性物质中脱出，在外电压的驱使下经由电解液向负极迁移；同时，镁离子嵌入负极活性物质中；因电荷平衡，所以要求等量的电子在外电路的导线中从正极流向负极。充电的结果是使负极处于富镁态，正极处于贫镁态的高能量状态，放电时则相反。外电路的电子流动形成电流，实现化学能向电能的转换。

与锂离子电池相比，镁离子电池尽管具有能量密度高、成本低、无毒安全、资源丰富等特点，但研究仍处于起步阶段，距离实用化阶段还远。制约镁二次电池的因素有两个：镁在大多数电解液中会形成不传导的钝化膜，镁离子无法通过，致使镁负极失去电化学活性，难以沉积/溶解；镁二价离子具有较高的电荷密度和较小的离子半径（0.072 nm），溶剂化作用强，Mg^{2+}很难像Li^+一样嵌入到一般基质材料中，使得正极材料的选择较为困难。因此镁二次电池要想有所突破必须克服这两个瓶颈问题，寻找合适的电解液和正负极材料。

正极材料是镁离子电池的关键材料之一，直接影响电池的工作电压和充放电比容量。现阶段研究中所涉及的正极材料主要有过渡金属氧化物、切弗里相、硫化物、聚阴离子化合物和其他正极材料。过渡金属氧化物具有易制备、成本低、稳定性好、阳极氧化电位高等优点。目前研究较多的有钒基氧化物、氧化锰、氧化钼以及AB_2O_4尖晶石结构化合物等。如V_2O_5作为最具代表性的钒基氧化物，具有层状斜方晶体结构，镁离子可嵌入层间空位，1 mol的V_2O_5可嵌入2 mol的Mg^{2+}，作为镁离子电池的正极材料理论上其开路电压可达3.06 V，在Mg^{2+}的可逆脱嵌过程中发生α相与ε相间的转变，但较差的本征电导率制约了其实际容量的发挥。二氧化锰（MnO_2）得益于其成本低、含量丰富及环境友好的特点，作为镁离子电池正极材料得到了广泛研究。纳米MnO_2能够减少离子扩散路径，促进

Mg^{2+}的脱嵌，纳米级隧道结构的α-MnO_2正极材料具有较好的储镁性能，可逆比容量超过240 mA·h/g。其他氧化物如Co_3O_4、RuO_2和TiO_2也具有嵌镁活性。尖晶石结构的氧化物（化学通式为：AB_2O_4）具有工作电压高、三维离子迁移骨架稳定等优点，应用前景广泛。和已有研究表明$MgCo_2O_4$、$MgMn_2O_4$、$MgFe_2O_4$和$MgCr_2O_4$均可作为镁离子电池正极材料，如Mg在2.9 V处嵌入$MgCo_2O_4$中的理论比容量为260 mA·h/g，如图5-12(a)所示。Mg在$MgMn_2O_4$和$MgCr_2O_4$中的嵌入/脱出电压约为3.4 V（vs. Mg^{2+}/Mg）。

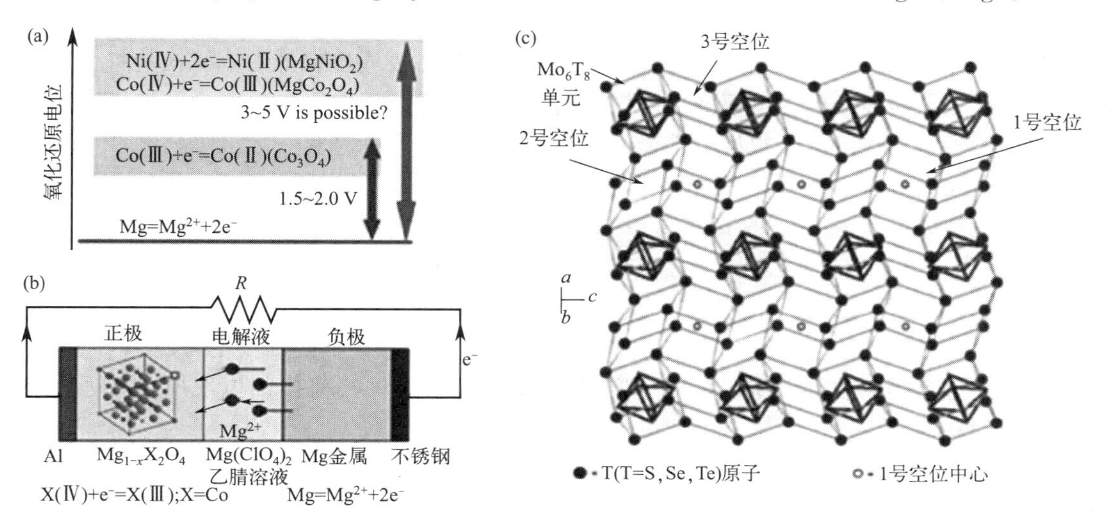

图5-12 镁离子电池的开路电压（a）及以$MgCo_2O_4$为正极、Mg为负极的镁离子电池示意图（b）；CPs晶体结构：Mo_6S_8间的3种类型的空位（c）

切弗里相（Chevrel phases，CPs）是最为常见的镁离子电池正极材料，其化学式可表示为$M_xMo_6T_8$（M＝金属元素，T＝S、Se、Te），晶体结构如图5-12(c)所示。Mg^{2+}可嵌入1号和2号空位，由于Mg和Mo之间存在强烈的静电斥力，因此Mg^{2+}不能直接嵌入3号空位。Mo_6S_8是一种典型的CPs正极材料，Mg^{2+}在Mo_6S_8中的反应机理可表示为$Mo_6S_8 + 2Mg^{2+} + 4e^- \rightleftharpoons Mg_2Mo_6S_8$。$Mo_6S_8$是一个开放性的三维框架结构，每个$Mo_6S_8$单元由硫原子和八面体钼簇组成，块状$Mo_6S_8$具有准立方结构。研究表明CPs相结构的稳定性得益于多个金属电荷的再分配，从而促进Mg^{2+}在$Mg_xMo_3S_4$中的可逆性。尽管CPs型Mo_6S_8正极材料拥有良好的储镁性能，但由于室温下部分电荷被困，镁离子不能完全脱出，得到偏低的比容量（约100 mA·h/g），限制了其进一步的应用。

作为镁离子电池的负极材料，其要求是镁的嵌入和脱嵌电极电位较低，从而使镁电池的电压较高。金属镁有很好的性能，其氧化还原电位较低（−2.37 V vs. SHE），比容量大（2205 mA·h/g），因此目前所研究的负极材料，大多数都是金属镁或者镁合金。通过减小镁颗粒的大小，可以显著提高镁负极材料的容量。南开大学的陈军院士以二维MoS_2作为正极，超细的Mg纳米颗粒作为负极制备了镁离子电池，其工作电压高达1.8 V，首次放电比容量达到170 mA·h/g，经过50次充放电循环后仍保持了95%的容量。尖晶石型钛酸锂（$Li_4Ti_5O_{12}$）由于其独特的“零应变”特征，作为锂离子电池负极材料已经备受关注。中科院化学所郭玉国研究员和中科院物理所谷林、李泓研究员的研究表明，钛酸锂同样可以作为镁离子电池负极材料。镁离子可以插入钛酸锂结构中，钛酸锂的可逆比容量可达到

175 mA·h/g，得益于材料在充放电过程中的“零应变”，经过 500 次循环后，材料的容量仅有 5%的衰减。

自从镁离子电池发明以来，研究人员一直在寻找能够使镁进行可逆的沉积或溶解的电解液，突破制约镁离子电池发展的瓶颈。一方面，镁是活泼金属，肯定不能直接以水溶液为电解液；另一方面，传统的离子化镁盐［如 $MgCl_2$，$Mg(ClO_4)_2$ 等］又不能实现 Mg 的可逆沉积。理想中的电解液应该有很好的电导率，电位窗口宽，在高效率 Mg 沉积或溶解循环多次后仍能够保持稳定。提高电导率、采用具有较强吸电子性的烷基或芳香基团的格氏试剂来提高其氧化分解电位，或者通过格氏试剂的各种反应制备还原性较低的有机镁盐将会是格氏试剂用作可充电镁离子电池电解液的发展方向。研究表明，以溶于醚溶剂中的格氏试剂为电解液的镁离子电池表现出了很好的性能，实现了镁沉积的平衡并且在放电循环 2000 多次后，电池容量的损失只有 15%。有机电解质在使用过程中存在一些问题，如：在充放电过程中可能会放出气体，具有一定的安全隐患等。目前的电解质溶剂局限于 THF 和乙醚，易吸水，而 Mg 不适合在有水的环境下沉积/溶解，可以尝试用混合电解质，各自发挥相应作用。而作为另一种电解质的离子液体，具有电化学稳定窗口宽、温度范围宽等优点，有望应用于镁二次电池。总体来看，目前的电解液体系还不是很稳定，在不同程度上存在着一些缺点。今后的研究重点是构建能够实现镁的可逆沉积/溶解而不腐蚀集流体的电解质，增强电极与电解质间的界面稳定性。

5.2.3 锌离子电池

锌基电池主要应用在一次电池领域，使用后存在回收处理等问题，这造成了很大的资源浪费和环境污染。如果能将这种用量巨大的一次电池变为能够产业化的二次电池，锌基电池产业将更加符合当前的能源高效利用和环境保护政策。

锌基电池是一类应用范围很广的电池体系，主要包括锌锰电池（Zn/MnO_2 电池）、锌银电池（Zn/AgO 电池）、锌镍电池（Zn/NiOOH 电池）和锌空气电池（Zn/Air 电池）等。在 20 世纪 70 年代，可充电锌-二氧化锰电池首次投放市场，这是一次碱性电池技术上的延伸，但其存在循环寿命短、性能稳定性低且不能大电流充放电等缺点。因此，进一步提高锌基电池的可充电性、循环寿命和大电流放电性能，新型可充电锌离子电池必将拥有巨大的发展潜力。

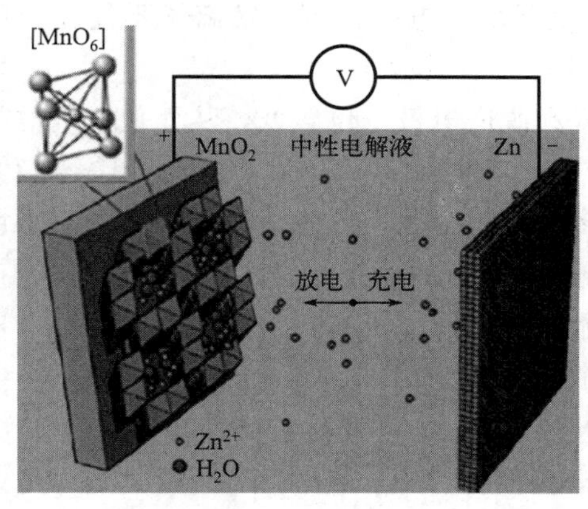

图 5-13 锌离子电池的工作原理

锌离子电池作为二次锌基电池，通常以金属锌作为负极，以含有 Zn^{2+} 的水溶液作为电解液，正极材料多种多样，目前有锰基化合物、钒基化合物、普鲁士蓝类似物等。以 α-MnO_2 为例，锌离子电池的工作原理是 Zn^{2+} 在金属锌的表面上沉积和溶解，在正极结构中进行嵌入和脱嵌来充放电。充电时，锌离子从 MnO_2 的隧道结构中脱出，通过隔膜移动到负极周围，得到电子并沉积在锌电极表面，放电时锌失去电子变成 Zn^{2+} 并嵌入 MnO_2 结构中（图 5-13）。由此可见，锌离子在电池的正负极来回“奔跑”，与锂离子电池相似。在电池反应中，正极材料 α-MnO_2 会发生结构变化，转变为尖晶石状的三价锰相（$ZnMn_2O_4$）、层状的二价锰相（Zn_xMnO_2）和隧道型的二价锰相（Zn_xMnO_2）。锌离子电池的本质为 Mn^{4+}、Mn^{3+} 和 Mn^{2+} 的相互转换过程，实现化学能与电能的转变。研究也发现有关 Zn^{2+} \ H^+ 脱嵌与嵌入过程和电化学转化反应的过程，但其反应机理至今仍存在争议。电极反应为：

负极 $$Zn \rightleftharpoons Zn^{2+} + 2e^- \tag{5-14}$$

正极 $$Zn^{2+} + 2e^- + 2MnO_2 \rightleftharpoons ZnMn_2O_4 \tag{5-15}$$

锌离子电池的成本低廉。锌离子电池的制作工艺简单，在空气中即可组装，这大大减少了制造费用。同时，金属锌资源丰富，是除铁之外价格最低的金属。目前市场上无论氢燃料电池还是锂离子电池，电极材料和生产制造成本都居高不下，这限制了其应用范围。锌离子电池的低成本将有助于其在电池市场的普及应用。锌离子电池的电解液采用近乎中性的硫酸锌、醋酸锌水溶液（pH 在 5～7 之间）。金属锌与其无机盐是无毒的，在电池的生产及应用过程中，不会有污染物产生。因此，锌离子电池属于绿色环保电池。

目前，二次锌离子电池的研究还处于起步阶段。锌离子电池的负极材料使用的是金属锌。锌是一种两性金属，化学性质较活泼，在其平衡电位附近可迅速溶解，并生成二价离子，在酸性溶液中的溶解产物为 Zn^{2+}，在碱性溶液中最主要的溶解产物为四面体 $Zn(OH)_4^{2-}$。锌作为电极材料具有资源丰富、成本低廉、毒性低、导电性好、平衡电位低、析氢过电位高、在水中的稳定性好和能量密度高等优点。锌电极主要有以下三种：纯锌片电极、粉末多孔锌电极和锌镍合金电极。然而，由于锌的热力学性质活泼，锌电极有枝晶、自腐蚀和钝化等缺点，易导致电极失效或循环寿命降低。具体如下：

① 在电池充放电过程中，锌离子在金属锌表面反复溶解和沉积，易形成树枝状沉积物。随着循环次数增加，这些沉积物继续长大，形成锌枝晶。但这些锌枝晶极易刺穿隔膜引起电池短路，同时会造成锌电极的厚度分布不均匀而引起电极形变，导致锌离子电池的容量下降。

② 锌电极自腐蚀的微观实质是表面不均匀的锌电极不同区域电位不同，构成无数个共同作用的腐蚀微电池。腐蚀使电池自放电，降低了锌的利用率和电池容量。而且在电池的密封环境中，腐蚀过程产生的氢气，造成电池内压增加，累积到一定程度，会引发电解液的泄漏。

③ 锌电极的钝化是由于放电直接生成的难溶性 ZnO 或 $Zn(OH)_2$ 等阳极产物覆盖在电极表面，影响了锌的正常溶解，使锌电极反应表面积减少，电极失去活性变为"钝态"。电极比表面积下降，相对来说，电极密度就会升高，造成电池的极化，使电池的循环性能下降。

改善锌电池循环性能的方法主要有加入电极添加剂、金属添加剂和电解液添加剂等。电极添加剂通常为石墨、乙炔黑和活性炭等，康飞宇课题组将锌粉、乙炔黑、聚偏氟乙烯按照 7∶2∶1 的比例制成锌电极，然后加入不同重量比例的活性炭，改性后的锌电极能明显提高锌离子电池的循环性能。这是由于活性炭不仅能够增强导电性，而且能在电极中形成三维骨架结构，将锌电极放电过程中的产物保留在电极内，而不是沉积在锌负极表面，能够有效抑制锌电极表面的钝化。金属添加剂是在锌表面镀一层金属镍，发挥基底效应，降低锌电极表面孔隙率，提高电流均匀性，从而有效阻止锌电极的自腐蚀，减小电极极化，有效抑制锌枝晶和电极的内力形变。电解液添加剂的主要作用是控制在水系电解液中正极材料的溶解。

报道的锌离子电池正极材料主要有二氧化锰、五氧化二钒和金属铁氰化物。α-MnO_2 具有双链结构，属于四方晶系，每个晶胞含有 8 个 MnO_2 分子，具有（1×1）和（2×2）的隧道结构，Zn^{2+} 可在其（2×2）的隧道内有快速可逆的嵌入和脱出行为。γ-MnO_2 属于斜方晶系，每个晶胞有 4 个 MnO_2 分子。γ-MnO_2 中具有软锰矿（1☒1）隧道与斜方锰矿（1☒2）隧道，晶胞不规则交替生长，使晶体中具有大量的缺陷（如堆垛层错、非理想配比、空位等），因此 γ-MnO_2 在水系电池中具有良好的性能。研究表明，Zn^{2+} 嵌入 γ-MnO_2 中时，尖晶石型 Mn(Ⅲ) 相 $ZnMn_2O_4$ 转变为两个新的 Mn(Ⅱ) 相，即隧道式 γ-Zn_xMnO_2 和分层型 L-Zn_yMnO_2，并且这些相在 γ-MnO_2 结构中共存。在 Zn^{2+} 脱出时，不同锰氧化物相又恢复为 γ-MnO_2。V_2O_5 是一种层状结构的金属氧化物，近年来已成为二次电池的研究热点之一。由于锌离子半径（0.074 nm）只比锂离子半径（0.068 nm）稍大，且外层 3 d 电子使它具有较大的变形性，因此锌离子可以在 V_2O_5 晶格中脱嵌。将金属铁氰化物作为锌离子电池正极材料已取得一系列较好的成果。近年来，普鲁士蓝衍生物（PBAs）作为电极材料被广泛研究。普鲁士蓝衍生物（PBAs）的框架结构不仅能承受 Li^+、Na^+ 或 K^+ 等一价碱金属离子的脱嵌，而且能承受二价或三价金属离子如 Zn^{2+}、Mg^{2+} 和 Al^{3+} 的脱嵌。

已开发的锌离子电池电解质包括水溶液电解质、有机溶液电解质、凝胶电解质和全固态电解质等。使用水溶液作为锌离子电池的电解质，可实现较低的成本、较高的安全性能。同时，由于水溶液具有较好的导电性，因而兼具离子电导率高的优势，所以得到了广泛的研究。作为一种常见的无机锌盐，$ZnSO_4$ 在水中具有较高的溶解度，并且其水溶液具有较宽的电化学稳定电势窗，因而 $ZnSO_4$ 的水溶液成为锌离子电池出色的电解质。与之相比，尽管 $Zn(CH_3COO)_2$ 溶液在锌离子电池中的电化学性能不佳，但已被用于钒基材料的开发和研究当中。此外，有机锌盐 $Zn(CF_3SO_3)_2$ 和 $Zn(TFSI)_2$ 由于具有较大的阴离子基团，可有效抑制 Zn^{2+} 溶剂化壳层的形成，具有更高的反应动力学性能和锌负极电镀/剥离效率。然而这两种锌盐却价格较高，不利于锌离子电池的大规模应用。此外，使用离子添加剂可有效提升电极稳定性。在使用 MnO_2 正极的锌离子电池中，由于质子嵌入后的歧化反应，正极材料遭受较为严重的质量损失。根据同离子效应，在 $ZnSO_4$ 水溶液中加入 $MnSO_4$，电解质中的 Mn^{2+} 可改变原有的溶解平衡，从而抑制 MnO_2 的溶解，提高循环稳定性。同样的效果在 $Zn(CF_3SO_3)_2$ 水溶液中也被观察到。此外，在使用含钠正极 $NaV_3O_8 \cdot 1.5H_2O$（NVO）的锌离子电池中加入 Na^+，以抑制正极的溶解。有趣的是，添加的 Na^+ 不仅可以提高正极的循环稳定性，还对负极的枝晶生长起到抑制作用。

虽然水溶液电解质制备简单，具有广阔的开发前景，然而相关的水系锌离子电池往往具有较低的工作电压。为了提高锌离子电池的能量密度，有机电解液被用于锌离子电池的设计中。研究报道的有机电解液有很多，如在乙腈中溶解 $Zn(TFSI)_2$ 作为电解质溶液，在磷酸三甲酯-碳酸二甲酯混合溶剂中溶解 $Zn(OTf)_2$ 作为有机电解质溶液，均表现出优异的循环稳定性和高能量密度。

5.2.4 铝离子电池

在众多的新储能体系（钠、钾、锌、镁、铝离子电池）中，铝离子电池受到越来越多的关注。铝金属的理论体积比容量高达 8046 mA·h/cm^3，理论质量比容量也有 2980 mA·h/g，与其他金属离子电池体系相比具有很大的优势。同时铝金属资源丰富、成本低、安全性高、环境友好，这些优点都决定了铝离子电池很有潜力发展成为未来的储能器件。

2011年，Jayaprakash等使用$AlCl_3$/氯化1-甲基-3-乙基咪唑（$AlCl_3$/[EMIM]Cl）离子液体作为电解液，V_2O_5作为电池正极，铝箔作为电池负极组装了铝离子电池，并实现了20圈的循环。目前，大多数铝离子电池的工作都基于室温离子液体电解液，尤其是咪唑盐类离子液体。这是由于当$AlCl_3$与咪唑盐在合适的物质的量比例进行混合时能够表现出较强的路易斯酸性，并可实现铝的可逆沉积与溶解。在这类电解液中，Al^{3+}很容易与Cl^-形成$AlCl_4^-$、$Al_2Cl_7^-$等尺寸较大的离子团簇。在铝离子电池中，铝金属负极主要发生如下反应：

$$Al + 7AlCl_4^- \rightleftharpoons 4Al_2Cl_7^- + 3e^- \tag{5-16}$$

由于团簇离子的半径比Al^{3+}大得多，因此在嵌入反应中往往需要具有层状结构的正极材料，例如石墨材料、层状MoS_2、V_2O_5等。而在转化反应中则是以过渡金属硫化物和硒化物为主。这是由于Al-O键的结合力要比Al-S、Al-Se键的强得多，在形成Al-O键之后不容易进行可逆反应。而在电解液方面，最近也有报道关于室温共晶盐溶液、无机熔盐及三氟甲磺酸铝水溶液作为电解液的铝离子电池，它们均提供了铝离子电池电解液研究的新思路。而金属铝负极的报道还比较少，主要涉及铝枝晶生长以及表面氧化膜处理方面的研究，但金属铝负极依然是决定铝离子电池性能的重要组成部分。

目前，研究的铝离子电池正极材料有碳基材料、过渡金属氧化物、过渡金属硫化物和硒化物、硫正极材料。碳材料成本低廉，稳定性优异，但如果不经过修饰改性，其比容量太低。提高碳材料的比表面积、使用非金属元素掺杂以及降低嵌入型石墨材料的阶数都能够有效提高碳材料的比容量，而降低石墨材料的缺陷、拓宽其层间距以及使用三维结构的碳材料可以使铝离子电池的倍率性能得到很大的改善。过渡金属氧化物作为铝离子电池正极的例子比较少，它们的主要问题是循环稳定性比较差。因此寻找合适的新型氧化物正极材料是该类化合物的主要突破点。在过渡金属硫化物和硒化物正极材料中，稳定性成为制约铝离子电池发展的主要问题，目前大部分硫化物或者硒化物都与碳材料进行复合，利用碳材料较好的导电性和稳定性，保护硫化物和硒化物，避免它们溶解到电解液中。今后的研究工作可能会集中在设计和发展具有更高工作电压和更大存储容量的新型正极材料，以提高铝离子电池整体的工作电压、能量和功率密度。

在负极方面，近期的研究主要集中在金属铝表面氧化膜的研究。由于氧化铝的化学惰性，因此氧化铝膜对负极的性能影响极其重要。氧化铝薄膜的存在可以缓解铝负极枝晶的生长。而适当减少氧化铝膜也可以改善铝负极的导电性，提高铝离子电池的电化学性能。因此铝负极表面的氧化膜的调控是负极研究的主要方向。研究表明，首先在铝金属表面涂覆保护层，如石墨烯，一方面防止铝的氧化层过厚阻碍反应的进行，另一方面限制铝离子电池在循环过程中铝枝晶的生长；其次使用三维多孔金属铝（如泡沫铝），三维多孔通道有利于改善铝金属在铝离子电池中的反应动力学，降低反应的极化电位。

在电解液方面，$AlCl_3$与咪唑盐类的离子液体是目前铝离子电池最常用的电解液，但其成本较高，具有腐蚀性，对铝离子电池的商业化有很大的限制。目前对于铝离子电池电解液的研究主要有以下几个方面：替换咪唑盐和$AlCl_3$的官能团或者阴离子，这可以提高电解液的动力学性质，或者拓宽电解液的电化学窗口等。此外，使用室温共晶盐溶液也是电解液研究的一个重要方向，该类电解液的主要特点是成本很低，并且依然可以实现与离子液体类似的电化学性能。无机熔盐电解液用于铝离子电池也是一个重要的研究方向，虽然工作温度较高，但其优点也非常突出。由于其组成成分都是无机盐类，因此成本低廉且稳定性好。而水系铝离子电池电解液目前还不够完善，在稳定性方面还需要进行探索研究。寻找新型的无毒、稳定、低成本的电解液是该方向的主要研究目标，同时还要求该电解液可以实现铝的可逆沉积与溶解，并且需要对黏结剂、集流体以及各种器件都不具备腐蚀性。寻找更廉价的电解液也是铝离子电池发展的一个迫切需要考虑的问题。如果这些问题得到充分解决，再加上其他技术指标的优势和成本，这类廉价、安全、高速充电、灵活和长寿命的铝离子电池将会在我们的日常生活中普及使用。

5.3 金属空气电池

基于电化学过程中的氧还原反应（ORR）和氧析出反应（OER），金属空气电池可以实现可逆的充放电过程。由于空气及活性物质（氧气）并不储存在电池内部，而是来自于外界，这使得金属空气电池不但具备燃料电池的优势，也克服了燃料电池在一些方面的不足，具有极高的理论能量密度。以空气中的氧作为正极活性物质，若在空气中使用，理论上电池的正极材料是无限的，因此电池具有性能稳定、能量密度高的特点；以金属（锌、铝、镁或锂等）作为负极活性物质，其资源丰富廉价，可再生利用，反应物与产物完全无污染，具有优异的环境协调性；空气中的氧气通过气体扩散电极在电化学反应界面与金属负极活性材料反应放出电能。如今能源日益紧缺的、环保的呼声日渐高涨，开展对金属空气电池的研究，满足经济发展和绿色节能的要求，符合国家的产业政策，多方面都具有深远的意义。

5.3.1 锌空气电池

锌空气电池（Zinc-air battery）是以空气中的氧气为正极活性物质，金属锌为负极活性物质的一种化学电源。锌空气电池是一种半燃料电池半蓄电池，其正极活性物质是来自电池外部空气中所含的氧，这点与燃料电池类似；负极活性物质则封装在电池内部，具有锌锰电池、铅酸电池等蓄电池的特点。

锌空气电池最初于1878年被提出，法国科学家在锌锰电池中使用负载有铂的多孔性炭电极替代了原有的正极二氧化锰，从而制备了世界上第一个锌空气电池。几年后研究者报道了一种由多孔炭黑和镍电流收集器组成的真正的气体扩散电极。20世纪30年代，锌空气电池首次商业化主要应用于铁路的助航和遥感信号设备当中。20世纪70年代锌空气电池进一步应用于助听器，截至2021年，世界上90%以上的助听器电池市场仍旧被纽扣式锌空气电池所占据，国内比较常见的供应商有南孚、至力长声等。进入21世纪以来，随着材料与催化科学的发展，尤其是人们对于锌空气电池反应机理以及催化剂研究的进一步深入，二次锌空气电池（可充电锌空气电池）的研发受到人们的重视，锌空气电池迎来新一轮的发展。可充电锌空气电池有希望用于可穿戴电子设备、大型储能电站、备用电源甚至电动汽车上。

图5-14为可充电锌空气电池和其他二次电池在能量密度技术发展路径上的简要对比。可以看出，锌空气电池的能量密度在350～500 W·h/kg，远高于铅酸、镍镉、镍氢电池（<100 W·h/kg），也优于现在和未来可能达到的锂离子电池发展水平（<300 W·h/kg），其整

体性能与锂硫电池相近，而低于锂空气电池（2100 W·h/kg）。而它们发展的技术难度，也与图 5-14 的金字塔图类似，从下往上，难度依次变大。由此可以看出，可充电锌空气电池处于整个电池发展技术的下一阶段，兼具前瞻性和实用性，是未来十分有应用前景的新能源电池体系之一。

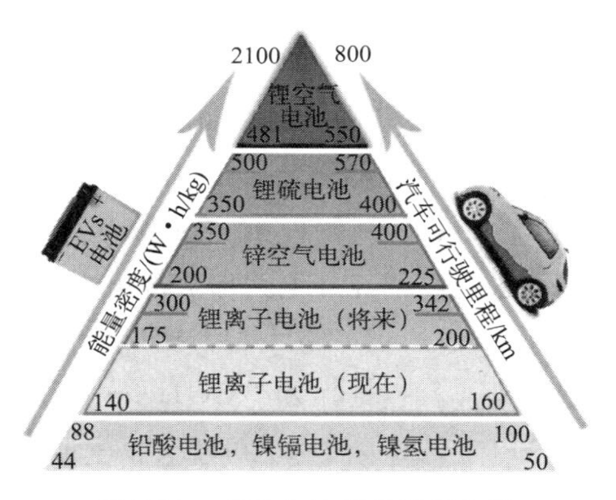

图 5-14　多种电池能量密度比较

（1）锌空气电池的分类

根据锌空气电池使用次数、锌电极更换方式等不同，锌空气电池可以分为三类：

1）一次锌空气电池

一次锌空气电池在充分放电后不能继续使用。该类电池放电电流小，但使用寿命长，价格低廉，体积小，质量轻。一次锌空气电池可以分为纽扣式一次电池、圆柱形锌空气电池和方形电池。纽扣式一次电池安全性高且价格便宜，一般用于助听器、电子手表、计算器、电子词典等便携式电子信息产品；方形电池最早被以色列的 Electric Fuel 公司应用于摩托罗拉手机，通话时长可以达到 6.2 小时；随着圆柱形电池防漏问题的逐步解决，实用圆柱系列锌空气电池的生产与推广工作得以实现。

2）二次锌空气电池

二次锌空气电池又称可充电锌空气电池，是指电池放电后，可以通过充电再次使用的锌空气电池。可充电锌空气电池具有能量密度高、资源丰富、价格低廉、反应活性物质绿色无污染等特点，被认为是一种有巨大市场前景的新一代电池。

3）机械可充式锌空气电池

机械可充式锌空气电池是在充分放电后，不能直接充电再次利用，而是要人工更换锌电极和电解液的一类电池。从广义的角度讲，这种电池也属于二次锌空气电池的一种。

（2）锌空气电池的工作原理

锌空气电池的主要结构组成包括负极锌电极、隔膜、电解液和正极空气电极，如图 5-15 所示，其中空气电极包括活性层、集流体和气体扩散层，是电池结构中最为复杂的组成部分；锌负极的基本组成为金属锌，具有较低的电极电位、理论容量高、无毒、价格便宜、资源丰富等优势；电解液一般由 KOH、NaOH、LiOH 中的一种或多种组成，其中加入添加剂可以提高电解液的低温性能和循环性能；隔膜多为聚酰胺、玻璃纸等复合物。

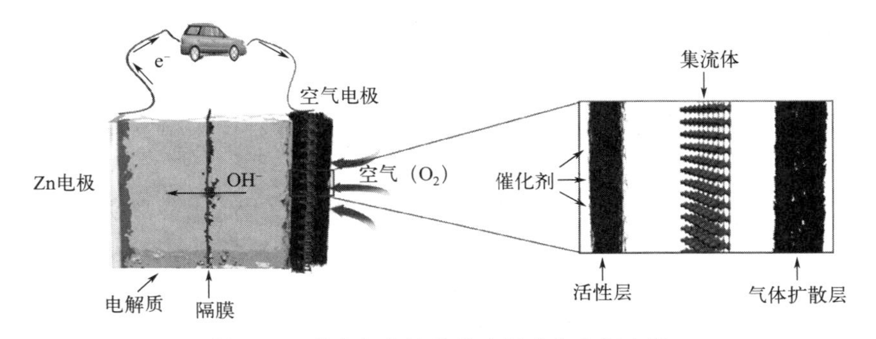

图 5-15　锌空气电池的基本组成和空气电极

锌空气电池可以表达为：

$$(-)Zn|KOH|O_2(+)$$

在放电时，空气中的 O_2 通过正极空气电极扩散进入后吸附在催化剂表面，并在催化剂的催化作用下发生氧还原反应（ORR），生成的 OH^- 在电池内部经隔膜迁移到锌负极；负极锌电极上，锌与碱性电解液中的 OH^- 反应形成锌酸盐离子 [$Zn(OH)_4^{2-}$]，发生锌的氧化，失去的电子经外电路形成放电电流：

正极 $$O_2+2H_2O+4e^- \longrightarrow 4OH^- \quad E=0.40\ V(vs.\ SHE) \tag{5-17}$$

负极 $$Zn+4OH^- \longrightarrow Zn(OH)_4^{2-}+2e^- \tag{5-18}$$

$$Zn(OH)_4^{2-} \longrightarrow ZnO+H_2O+2OH^- \quad E=-1.26\ V(vs.\ SHE) \tag{5-19}$$

在充电时，正极空气电极上的催化剂催化 OH^- 生成 O_2 即氧析出反应（oxygen evolution reaction，OER），生成的 O_2 通过气体扩散层扩散到电极外部；负极的锌电极则将电解液中的锌离子电镀到电极上，完成充电反应：

正极 $$4OH^- \longrightarrow O_2+4e^-+2H_2O \tag{5-20}$$

负极 $$ZnO+H_2O+2e^- \longrightarrow Zn+2OH^- \tag{5-21}$$

电池的总反应为：

$$2Zn+O_2 \rightleftharpoons 2ZnO \quad E=1.66\ V(vs.\ SHE) \tag{5-22}$$

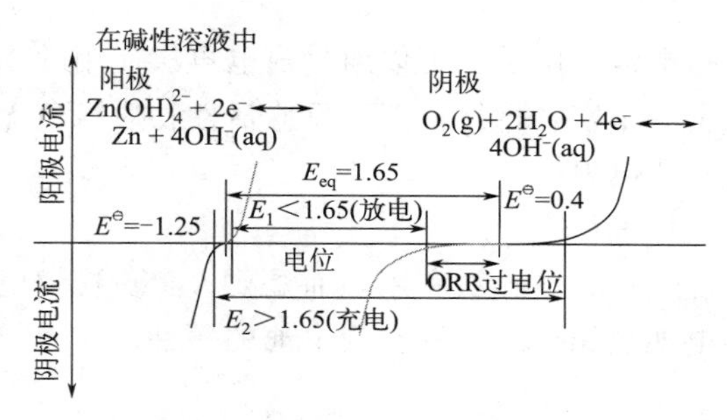

图 5-16 锌空气电池反应的极化曲线示意图

锌空气电池的电动势为 1.66 V，实际操作条件下由于极化的存在，充电电压要高于此值，放电电压低于此值，具体充放电电压主要取决于电流密度和催化剂性能。图 5-16 为锌空气电池反应的极化曲线示意图，可以看出锌负极的过电位和欧姆压降较小，不是电池极化的主要原因，这是由于金属锌电极在碱性水溶液中具有良好的氧化还原反应动力学性质，同时水溶液中的 OH^- 具有良好导电性。与之相比，空气电极的正极过电位对电池电压起决定性作用，无论充电还是放电过程，随着电流密度增加，正极过电位迅速变大，其原因归结为复杂的氧还原反应（ORR）或者氧析出反应（OER）电极过程。在放电时，ORR 需要极大的过电位，这也就是实际锌空气电池的工作电压远小于电动势 1.65 V 的原因。而充电时，OER 则需要更大的过电位。因此，减小 ORR 和 OER 的极化，可以提升锌空气电池的放电功率密度和能量密度，对于锌空气电池的性能具有重要作用。

（3）锌空气电池的结构

可充电锌空气电池的结构可分为：传统的平面结构、循环阳极结构和柔性结构三类，如图 5-17 所示。

传统平面结构最初是为一次锌空气电池设计的，优先考虑高能量密度，平面锌空气电池可以水平放置（即电极表面平行于地面）或垂直放置。

循环阳极结构类似于平面结构，这种结构多了一个循环电解质装置，类似于锌-溴电池等混合流动电池，主要区别是锌空气流动电池只使用一种电解液通道。流动电解质设计有助于缓解锌电极性能降低问题。对于锌电极，循环电解液体积大，通过改善电流分布和降低浓

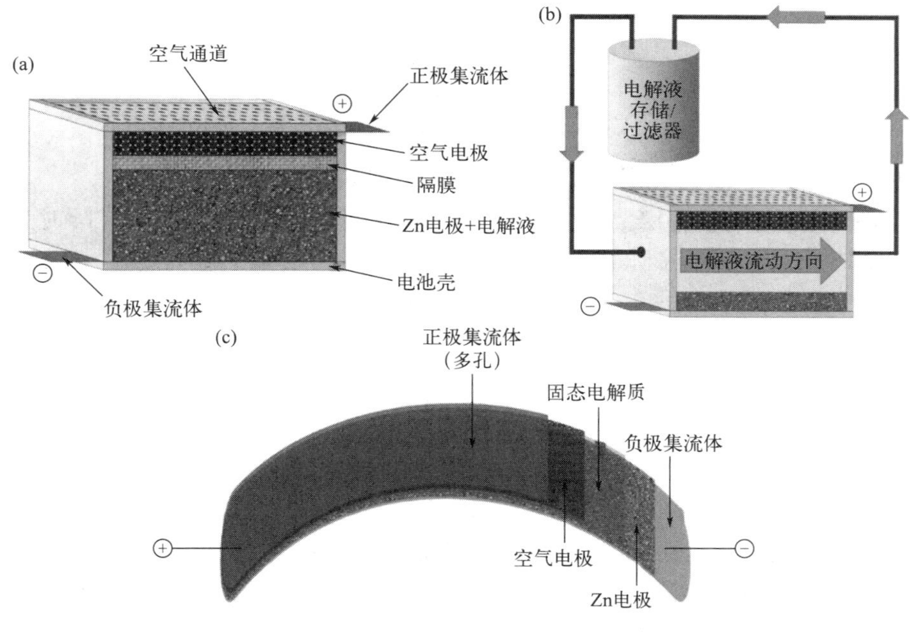

图 5-17 锌空气电池的结构示意图及分类

(a) 传统的平面结构；(b) 循环阳极结构；(c) 柔性结构

度梯度，避免了枝晶形成、形状变化和钝化等问题。

柔性锌空气电池是一种新兴技术，尤其在先进的电子工业中有应用前景。常见的电池结构为三明治结构，金属电极需要设计成弹簧般具备伸缩性的形状，电解质采用固体复合电解质膜，阴极采用双功能催化剂。除此之外，可穿戴电子设备面临着更多的环境变化，因此需要对柔性锌空气电池设计对应的热管理及空气过滤装置。

为了将电池电压提高到应用所需的水平，可以将几个锌空气电池串联起来组成电池组，如图 5-18 所示。电池组的排列方式有单极排列和双极排列。在单极布置中，锌电极夹在两个与外部连接的空气电极之间组成基本单元，这个基本单元重复排列构成电池组。为了串联电池，一个电池的锌电极和相邻电池的空气电极之间进行外部连接。在双极布置中，每个锌电极只在其一侧与一个空气电极组成基本单元，每个基本单元通过具有气流通道的导电双极板连接构成电池组，无需外部连接，这一点与 PEMFC 电堆类似。双极结构的一大优点是电池可以更有效地封装，此外，相对于单极排列，双极排列的电流分布更均匀，因为单极电极使用外部连接从电极边缘收集电流。双极排列的缺点是要求空气电极的整个厚度必须是导电的，同时还要施加一定的压紧力，以便在电极和双极板之间提供充分的界面接触。

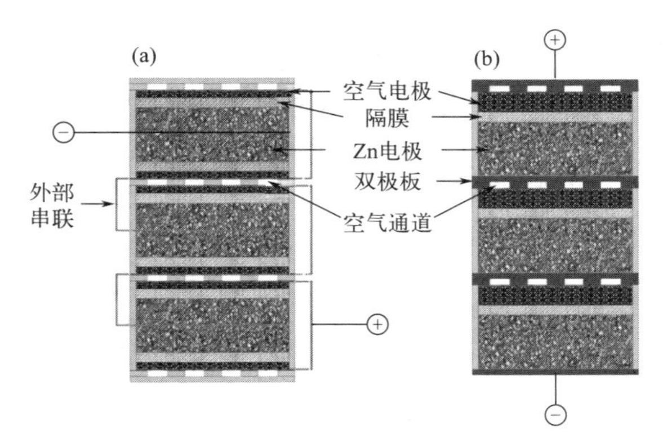

图 5-18 锌空气电池组

(a) 单极排列；(b) 双极排列

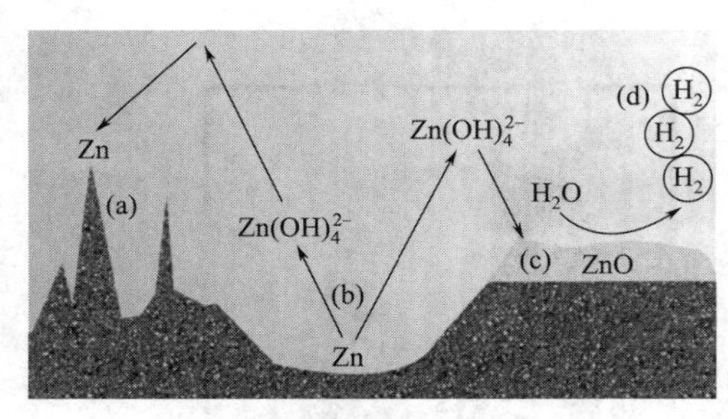

图 5-19 锌负极主要存在的问题示意图

(a) 枝晶生长；(b) 电极变形；(c) 钝化；(d) 析氢

(4) 锌负极存在的问题及改性方法

锌空气电池负极在电池充电/放电循环过程中，发生金属锌的溶解与沉积，其性能对储能容量有决定性作用。主要存在的问题为析氢腐蚀、枝晶生长、电极变形和钝化等，如图 5-19 所示。

1) 锌负极析氢腐蚀

Zn/ZnO 标准还原电位在 pH=14 时为−1.26 V [相对于标准氢电极（SHE）]，低于析氢反应（HER）电位 [pH=14 时为−0.83 V（vs. SHE）]。因此，金属锌在碱性溶液中是热力学不稳定的，会发生析氢腐蚀。尤其是在氧化锌上析氢过电位明显降低，意味着放电时锌电极上产生的氧化锌更有利于 H_2 析出。析氢共轭腐蚀反应如下：

$$Zn+4OH^- \longrightarrow Zn(OH)_4^{2-}+2e^- \tag{5-23}$$

$$2H_2O+2e^- \longrightarrow 2OH^-+H_2 \tag{5-24}$$

析氢腐蚀反应消耗电化学活性物质锌，会降低电池容量，产生的 H_2 会使电池内压升高，使电池出现漏液、鼓底、膨胀等问题，严重影响了电池的性能和循环寿命。为了抑制锌析氢自腐蚀反应的发生，目前主要的措施就是在电极或者电解液中加入缓蚀剂以降低腐蚀速率。缓蚀剂的种类分为无机缓蚀剂、有机缓蚀剂和复合缓蚀剂。

无机缓蚀剂主要包括金属单质（如汞、铅、镉、铋、锡、铝、钙、钡和镓等）、金属氧化物、金属氢氧化物及其盐类，通过合金化或者置换反应在锌的表面形成一层保护膜，提高锌电极的析氢过电位而达到缓蚀的目的。有机缓蚀剂主要包括杂环化合物与表面活性剂等。杂环类缓蚀剂的结构中常常有 N、O、P、S 等杂原子或 π 电子体系，从而更容易吸附在锌的表面达到缓蚀效果。表面活性剂类缓蚀剂的组成包括亲水基团和疏水基团，亲水基团吸附在锌表面，疏水端通过形成疏水层降低锌附近 H_2O 和 OH^- 的浓度来达到缓蚀的目的。无机缓蚀剂往往能提高析氢过电位，改善锌的沉积形态，但是对锌的阳极溶解抑制作用不及有机缓蚀剂；有机缓蚀剂既可以提高析氢过电位，也能抑制锌的阳极溶解，但也存在强碱性条件及强极化条件下不稳定的问题。在此基础上，人们发展了有机-无机复合缓蚀剂，即在实际应用中同时加入这两类缓蚀剂。

2) 锌负极产生枝晶

理想情况下，充放电时锌在负极应均匀沉积和溶解。但实际情况中，放电时锌负极表面的一部分锌参与反应生成 Zn^{2+} 进入电解液，使电极表面不光滑。在充电过程中，受到液相传质的影响，在锌电极表面附近反应活性物质的浓度很低，形成较大的浓差极化，造成 Zn^{2+} 在负极表面不均匀分布，当 Zn^{2+} 被还原成金属锌时，Zn^{2+} 会优先附着在金属负极表面凸起处发生反应，并且会沿着某个方向择优生长，逐渐形成锌枝晶。锌枝晶不但会刺穿电池隔膜造成电池短路失效，还会从电极表面脱落造成电池容量衰减、寿命缩短。

目前针对锌枝晶的解决方法主要包括，使用添加剂和隔膜、对金属负极改进和结构设计、改变电池充放电制度等。添加剂主要通过使电极表面电流分布更加均匀来抑制枝晶的生长，而隔膜则是通过物理阻断作用来抑制枝晶生长；通过对负极改进和结构设计，提高锌电极表面电流密度分布的均匀性有利于抑制锌枝晶生长，例如可加入某些合金元素或采用三维立体结构；常用的恒电流的充电模式容易引起浓差极化，从而促进枝晶生长，而改变充电制度，例如采用脉冲充电的方式可以有效减小浓差极化，在脉冲充电的反向电压作用下，不但能使锌酸盐在电场作用下向负极扩散，减小充电造成的浓差极化，还可以优先溶解掉一部分枝晶，平滑锌负极的表面，抑制枝晶生长。

3）锌负极钝化

锌负极钝化是指金属表面形成致密的 ZnO 钝化膜。钝化膜作为 OH^- 离子的扩散屏障，使锌的放电容量急剧减小、电池的功率下降。钝化的形成是由于放电时，放电产物 $Zn(OH)_4^{2-}$ 达到溶解度极限，ZnO 便沉淀在电极表面，形成致密的钝化层。这种薄膜的稳定性和连续性决定了钝化的程度。通常认为钝化层由两层构成，外层是由饱和的锌酸盐析出形成的疏松白色絮状沉淀，内层是由锌的放电产物 $Zn(OH)_4^{2-}$ 失水而形成的一层致密 ZnO 膜。

为了减小锌电极钝化的影响，提高锌的利用率，最常用的方法是采取高浓度碱性电解液和向电解液中添加适量的表面活性剂，修饰电极的表面，使生成的钝化层疏松，减少钝化层对反应生成的锌离子扩散到电解液中的影响。

4）锌负极变形

锌空气电池放电时，锌负极的放电产物为锌酸盐。由于锌酸盐在碱性溶液中溶解度较大，经过多次的充放电循环后，锌电极中的活性物质会重新分布，电极上有些位置的活性物质逐渐减少甚至完全耗尽，有些位置的活性物质逐渐积累，电极变厚，致使锌电极发生变形。锌电极的变形会导致电极有效面积减少，且容易产生枝晶，从而影响电池的性能和循环寿命。

影响锌活性物质的重新分布的因素有多种，包括电池的设计和结构、隔膜的种类、热力学反应、电解液浓度的变化、电流密度的分布等。锌负极反应过程的复杂性以及影响因素的多样性使得锌负极的变形很难控制。目前改善锌负极变形的主要方法有：向电极或者电解液中加入添加剂抑制锌酸根的溶解，使用特殊的隔膜，改善电极、电池系统的结构等。

5.3.2 铝空气电池

铝空气电池的发展最早可追溯到 1962 年，Zaromb 首次提出铝阳极的应用，并证明了其技术的可行性。此外，他还表示该电池在两个对电池有要求的界限中应用前景很不错，这两个界限分别是高比功率和高比能量。二十世纪七十年代，美国劳伦斯利弗莫尔国家实验室研制了替代内燃机的金属空气动力电池，随后 Voltek 公司开发出世界上第一个用于推动电动汽车的铝空气电池系统，成为历史上的一个里程碑；二十世纪九十年代后，铝空气电池发展迎来高潮，在便携式电子设备、电动汽车以及水下推进装置等方面迅速发展。

作为电池材料，铝具有诸多优势：①铝具有较高的理论比容量（2.98 A·h/g），仅次于锂（3.86 A·h/g）而远高于镁和锌，较高的理论比能量（8135 W·h/kg，实际比能量可达 900 W·h/kg）和较高的理论体积比容量（8050 $A·h/cm^3$）。②铝的资源丰富，是地壳中含量第三高的元素，是丰度最高的金属元素，原材料经济易得，而且可以通过电解液回收实现再利用，有利于实现能量和原料的闭路循环，符合可持续发展理念。③环境友好，铝空气电池反应消耗铝、氧和水，生成氢气和氢氧化铝，无毒、无有害气体，有利于环境保护。④使用寿命长，铝空气电池的使用寿命一般为 3～4 年。铝空气电池无需充电，在电量使用完后，可通过补充电解液和更换铝电极恢复，且更换铝电极只需花 3～5 分钟就能完成“机械充电”。⑤适应性强，电池结构和使用的原材料可根据使用环境和要求而变动，能在环境温度为−40 ℃的条件下启动，既可以用于陆地和深海，又能用于长寿命、高比能量的信号电池或动力电池，具有很强的适应性。因此，铝空气电池是一种具有巨大的应用前景的化学电源。

(1) 铝空气电池基本原理

铝空气电池是一种半燃料电池，电池的负极为高纯度金属铝或铝合金，正极为空气电极，电解液为中性溶液或碱性溶液，基本组成和工作原理如图 5-20 所示。放电时，铝阳极中的铝发生氧化反应生成 Al^{3+}，产生的电子由外电路形成电流，O_2 从防水透气膜进入阴极，与 H_2O 在阴极催化剂作用下发生还原反应生成 OH^-。阳极中发生的反应由电解液决定，中性盐电解液中产生 $Al(OH)_3$ 胶体，而碱金属氢氧化物电解液中产生 $Al(OH)_4^-$ 或 AlO_2^-。具体电化学反应如下：

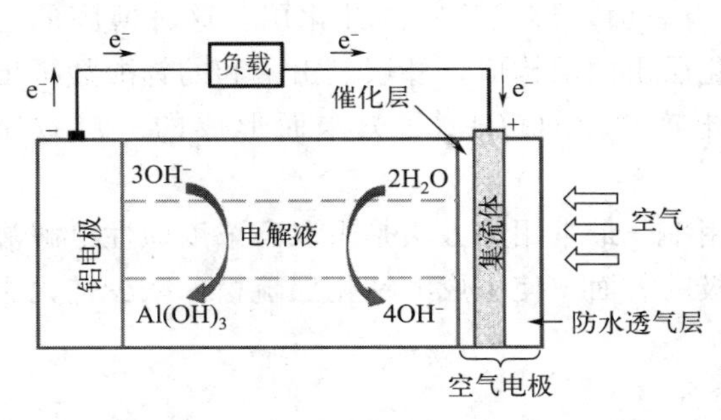

图 5-20 铝空气电池构造及工作原理示意图

中性电解液：

铝阳极 $$Al+3OH^- \longrightarrow Al(OH)_3+3e^- \tag{5-25}$$

空气电极 $$O_2+2H_2O+4e^- \longrightarrow 4OH^- \tag{5-26}$$

电池的总反应 $$4Al+3O_2+6H_2O \longrightarrow 4Al(OH)_3 \tag{5-27}$$

碱性电解液：

铝阳极 $$Al+4OH^- \longrightarrow Al(OH)_4^-+3e^- \tag{5-28}$$

空气电极 $$O_2+2H_2O+4e^- \longrightarrow 4OH^- \tag{5-29}$$

电池的总反应 $$4Al+3O_2+6H_2O+4OH^- \longrightarrow 4Al(OH)_4^- \tag{5-30}$$

在碱性电解液中铝阳极很容易发生析氢腐蚀：

$$2Al+6H_2O \longrightarrow 2Al(OH)_3+3H_2\uparrow \tag{5-31}$$

在碱性电解液中由于铝阳极附近的 OH^- 过量，会首先形成 $Al(OH)_4^-$，当 $Al(OH)_4^-$ 达到一定浓度过饱和后，将会生成 $Al(OH)_3$。在中性电解液中，铝的平衡电极电位为−1.67 (vs. SHE)，空气电极的平衡电极电位为 0.401 V (vs. SHE)，所以，中性电解液中铝空气电池的电动势为 2.07 V。在碱性电解液中，铝的平衡电极电位为−2.31 (vs. SHE)，空气电极的平衡电极电位为 0.401 V (vs. SHE)，电池的电动势为 2.71 V。因此，使用碱性电解液的铝空气电池电压更高。由于中性电解液的放电产物为凝胶状 $Al(OH)_3$，增大电池阻力，降低电池效率，而在碱性电解液中不会出现这种情况，所以总体来看，碱性电解液要优于中性电解液。

(2) 铝阳极

铝空气电池采用纯铝或者其合金为电极材料。使用纯铝作为电极材料目前还存在以下问题：①铝电极表面易形成 Al_2O_3 钝化膜和反应产物 $Al(OH)_3$ 的覆盖，使阳极极化增大，阻止阳极氧化反应进一步进行，使电导率降低，引起电压滞后。②铝在电解液中稳定性较差，会发生析氢腐蚀使阳极消耗速率很快，导致阳极利用率低，电池的容量和放电效率明显降低。尤其是当铝的纯度较低时，存在严重的析氢反应。铝中的Fe、Cu、Si等杂质元素和铝能形成原电池并且可以增加析氢反应的活性位点，加剧析氢反应。即使是99.9995%的高纯铝在碱性电解质中依然有较大的析氢速率和腐蚀电流。③空气电池属于半开放的体系，因此空气电极容易受到外界湿度的影响，发生铝阳极的“淹没”或“干涸”，甚至“爬碱”或漏液现象从而对整个空气电池的结构造成破坏。

针对上述的这些问题，目前可以通过对铝阳极进行材料设计和结构优化来解决。材料设计主要是指在铝中加入合金元素使其合金化，研究发现纯铝中引入少量的合金元素能改善电化学性能，使生成的钝化膜在电解液中能顺利溶解，同时可将电极电位负移至−1.0 V以上；材料结构优化主要是通过热处理或晶粒细化等方式，改变铝合金中微量元素的分布和合金表面的微观结构，改善铝合金的电化学性能。

铝合金化需要加入的元素所需要满足的条件有：①合金元素的熔点要低于铝；②在铝中固态饱和度较高；③电化学活性高于铝；④在电解质中溶解度较高；⑤具有较高的析氢过电位。常见合金元素的性质如表5-1所示。根据表5-1并结合研究发现Ga、In和Tl等元素铝合金的电位可大幅度负移且阳极极化降低；加入Zn、Sn、Pb和Bi等高析氢过电位元素对铝合金阳极的析氢有抑制作用，可提高电流效率及电极利用率。常将这些元素进行多元合金化，因多种合金元素之间的综合作用，可得到比二元合金更好的效果，如四元、五元，甚至高于五元的合金包括Al-Ga-Mg、Al-In-Mg和Al-Ga-Bi-Pb系列合金。

表5-1　常见合金元素的性质

金属	熔点/℃	析氢过电位/V	在Al中的饱和度/%
Fe	1540	0.41	0.025(600 ℃)
Cu	1080	0.59	2.97(600 ℃)
Pb	328	1.05	0.15(658 ℃)
Bi	272	0.96	<0.10(657 ℃)
Cd	322	0.85	0.25(600 ℃)
Sb	631	0.70	<0.10(657 ℃)
Sn	232	1.00	0.10(600 ℃)
In	157	—	0.13(600 ℃)
Ga	30	—	6.00(600 ℃)
Zn	420	1.10	14.6(600 ℃)
Mn	1250	0.76	1.03(600 ℃)
Al	657	0.47	—
Mg	650	1.47	3.60(600 ℃)

（3）电解液

铝空气电池的电解液可分为水系和非水系两大类，其中水系电解液有碱性、中性和酸性三种。非水系电解液包括离子液体、固态电解质等。

1）水系电解质

铝空气电池在中性盐溶液中一般选择NaCl为电解质，能够抑制阳极的腐蚀反应，但是铝阳极反应的产物$Al(OH)_3$为絮状沉淀，会导致溶液电导率降低，内阻增加，电池输出功率下降；同时，$Al(OH)_3$ 容易沉积在电极表面生成钝化膜，使离子扩散难度加大，引起阳极钝化。因此，若采用中性电解液，需要对 $Al(OH)_3$ 进行处理，常用的方法有定期更换电解质、合理设计使电解质循环、扰动电解质或向电解质中添加使 $Al(OH)_3$ 聚沉的物质等。

表 5-2 不同添加剂对铝腐蚀抑制效率

添加剂	浓度		E_{i0}/mV	I_{corr} /(mA·cm^{-2})	效率/%
	g/dm^3	mol/L			
一般电解液	—	—	−1492	56.2	—
醇类					
乳酸	1.0	0.011	−1490	57.3	—
	10.0	0.111	−1498	58.4	—
苹果酸	1.0	0.007	−1510	61.5	—
	10.0	0.075	−1512	59.9	—
酒石酸	1.0	0.007	−1528	56.3	—
	10.0	0.067	−1634	36.5	35.1
柠檬酸	1.0	0.005	−1530	50.2	10.7
	10.0	0.052	−1650	34.5	38.6
氨基酸类					
氨基乙酸	1.0	0.013	−1615	36.5	10.7
	10.0	0.133	−1715	24.7	38.6
DL-丙氨酸	1.0	0.011	−1540	45.0	20.0
	10.0	0.112	−1635	33.5	40.3
季铵盐类					
甲基氯化铵	1.0	0.015	−1478	59.1	—
	10.0	0.148	−1500	53.9	4.1
三甲基氯化铵	1.0	0.010	−1510	51.5	8.4
	10.0	0.105	−1532	46.3	17.6
苯基三甲基氯化铵	1.0	0.006	−1656	19.1	66.0
	10.0	0.058	−1660	18.7	66.8
3-丙烯酰胺基三甲基氯化铵	1.0	0.005	−1645	30.7	45.9
	10.0	0.045	−1920	17.5	68.9

采用碱性溶液能够增大铝空气电池的电导率，空气阴极和铝阳极极化均较小，且根据锌空气电池的工作原理可知，目前常用的电解液为碱性电解液。碱性电解质包括 KOH 和 NaOH，当使用 NaOH 电解质时，放电产生的 $Al(OH)_4^-$ 容易转化为 $Al(OH)_3$ 沉淀，难以清理，影响电池性能，因此碱性电解液多以 KOH 为电解质。铝阳极在碱性电解液中自腐蚀较为严重，目前常采取的措施是向碱性电解液中加入能活化铝阳极表面和抑制铝析氢腐蚀的添加剂，不同添加剂对铝腐蚀抑制效率如表 5-2 所示。添加剂的种类主要分为无机、有机和有机-无机复合三种。无机添加剂包括锡酸钠、K_2MnO_4、柠檬酸钙、In^{3+}、Zn^{2+}、卤素离子等；有机添加剂包括表面活性剂、酚类、醇类和植物提取物等；由有机和无机添加剂组合

而成的复合缓蚀剂，具有协同作用，例如，在碱性电解液中加入羧甲基纤维素和氧化锌，有助于提高铝空气电池中 AA5052 铝合金的放电性能；向 4 mol/L 的 KOH 溶液中添加饱和 $Ca(OH)_2+C_4H_4O_6KNa$ 可抑制锌的腐蚀并提高开路电位。

除了添加剂外，还可通过改变电解质结构，达到抑制铝阳极自腐蚀的目的。有研究者设计了一种双层电解质结构铝空气电池，如图 5-21 所示。两层电解质之间用阴离子交换膜隔开，电解质溶质为 KOH，溶剂为水和 CH_3OH，阳极侧电解液使用 CH_3OH 作溶剂，解决了阳极 Al 腐蚀的问题。双层电解质铝空气电池明显优于传统结构铝空气电池，其能量密度为 2081 W·h/kg。

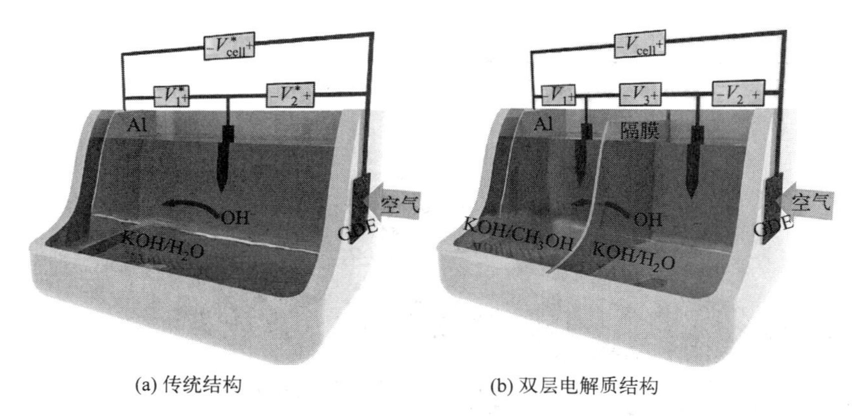

(a) 传统结构　　(b) 双层电解质结构

图 5-21　两种铝空气电池结构图

酸性电解液常用的电解质为 HCl。由于铝与酸性溶液反应激烈，若采用酸性电解液，铝空气电池中一般不用纯铝作阳极，而是用铝合金。但是即便如此，由于锌电极自放电性能严重，酸性电解液并不常见。

2）非水系电解质

为了有效地解决水系铝空气电池存在的电极腐蚀、碳酸盐沉积、电解液挥发和泄漏等问题，研究者开始研究非水电解液用于铝空气电池。另外，由于铝在水系电解液中不能还原沉积，水系电解液铝空气电池一般都只能作为一次电池使用，这很大程度上限制了其应用。因此，可充放电的非水系铝空气电池受到了研究者的重视。目前用于铝空气电池的非水系电解液包括离子液体和固体电解质。

离子液体拥有电化学窗口宽、选择溶解性好、电导率高、较低的蒸气压等优点，已经被广泛应用到锂离子电池、燃料电池和电容器等领域。和水溶液相比，离子液体的优势在于铝在其中不发生析氢反应。已有研究将 $AlCl_3$ 型离子液体作为电解质用于铝空气电池，并且铝在离子液体中可以进行溶解和沉积，因而该类型的铝空气电池将可实现再充电。

近年来，研究人员提出了固态聚合物凝胶电解质方案，可根本上解决水系电解液存在的问题。金属空气电池要求凝胶电解质具有良好的化学稳定性和机械强度，以及较高的电导率。基于不同聚合物材料的凝胶电解质的电导率性能如表 5-3 所示，其中聚丙烯酸（PAA）-KOH 体系具有明显优势。有研究者制备了一种以 PAA 为基础的碱性凝胶电解质的全固态铝空气电池，如图 5-22 所示。此电池实现了高容量和高能量密度，同时避免电解液泄漏。虽然目前固态电解质的使用还存在电池功率密度低等问题，但是固态电解质的提出极大拓展了铝空气电池的应用领域。

表 5-3 不同凝胶电解质电导率对比

电解质成分	室温下(25 ℃)最高电导率/(S/cm)
PVA+KOH	8.54×10^{-4}
PVDF+PMMA	1×10^{-3}
PVA+KOH+PEO	$1\times10^{-7}\sim1\times10^{-2}$
PVA+KOH+PECH	$1\times10^{-3}\sim1\times10^{-2}$
PEO+KOH	$5\times10^{-3}\sim1\times10^{-2}$
PVA+KOH+MBA	2.88×10^{-1}
PVA+PAA+KOH	3.01×10^{-1}

注：PVA 为聚乙烯醇，PEO 为聚氧化乙烯，PECH 为聚环氧氯丙烷（或聚表氯醇），MBA 为 N,N'-亚甲基双丙烯酰胺。

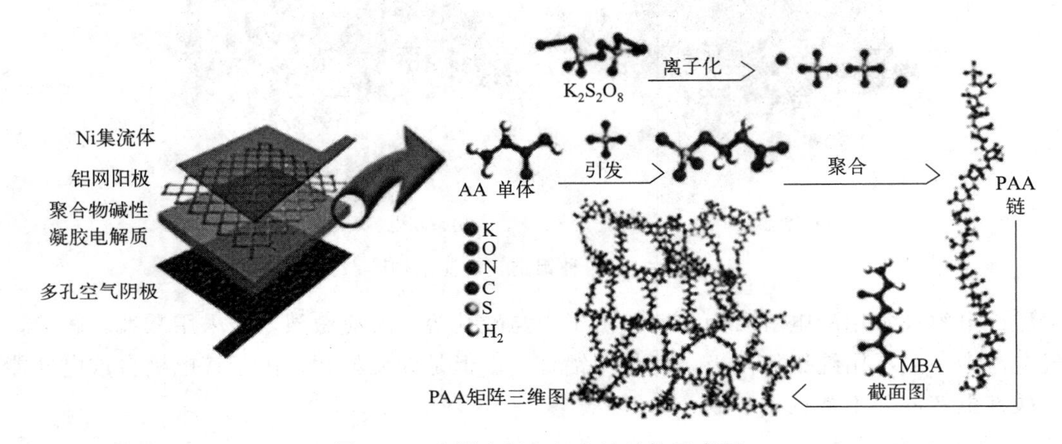

图 5-22 全固态铝空气电池结构示意图

（4）铝空气电池的应用

铝空气电池目前在民用、便携式电源、军事、备用电源、水下动力系统等方面实现了初步应用。

在民用领域，铝空气电池主要用于矿井照明、航海航标灯、电视广播、汽车动力电池等。电动汽车若单独使用铝空气电池为其提供动力，很难满足驾驶者对较高车速和加速性能的要求，因此铝空气电池和锂离子电池组成的混合电源系统使电动汽车兼顾加速性能和提高续航里程。如以色列 Phinergy 公司在一款由小型锂离子电池供电的雪铁龙 C1（城市车或小型车）车上安装了铝空气电池，通过使用铝空气电池为锂离子电池充电延长其行驶里程。现在世界多国提出取消燃油汽车的计划，电动汽车等新能源汽车将会成为未来汽车工业的领军者，铝空气电池也会迎来快速发展。

在便携式电源方面，铝空气电池可应用于护理医疗设备、商用 LED 手表等。目前，铝空气电池作为便携式电源的研究引起很多研究人员的兴趣，灵活便携式的能量存储设备具有多功能性并且易于与各种形状的电子设备集成，这将推动并加速以轻量级、可弯曲、便携、可折叠等特点为特征的电子设备的新发展，彩插图 5-23 为纤维形状的铝空气全固态电池的制造过程和用于驱动电子手表的实例。目前对铝空气电池作为便携式电源的研究主要集中在电极结构设计、固体和凝胶电解质的开发。

在军事领域，铝空气电池可以用于单兵电源、机电混合装甲车动力电源以及军用无人机等。目前军队使用的作战坦克和地面大型车辆等多采用柴油发动机，在运行过程中存在红外线特性较大，并且其机动距离受油箱体积的限制等问题。为提高轻型装甲车辆的隐身性和可靠性，发展混合动力和全电轻型装甲车辆是发展趋势之一。铝空气电池比锂离子电池具有更高的能量密度，能够大幅提高车辆的续航里程。因此铝空气电池在军事领域具有广阔的应用空间和巨大的发展前景。

铝空气电池可以设计成储备式电池，当使用时在电池中注入电解液即可激活。铝空气电池可以用于医院、学校等公共场所作为备用电源。另外，铝空气电池还可用于通信基站，目前我国的通信基站多以铅酸电池为主，铅酸电池使用寿命较短通常每三四年需要更换，对一些偏远地区来说非常困难，而铝空气电池的使用寿命是15～20年，可以在很大程度上解决频繁更换电池的问题。

在水下动力方面，铝空气电池可采用海水作为电解液，以海水中溶解的氧作正极，这样除了负极材料铝以外的全部反应物都来源于海水，反应产物也直接排入海洋，并且充电方便，只需更换阳极板即可，展现出了巨大的优势。由于海水中没有足够的氧，阴极必须具有足够大的面积与海水接触。有研究者将铝空气电池设计成电缆形状，以铝芯作阳极，外层为阴极，使用时放置在海水中，经验证，这种电池可在海水中使用半年之久。早在20世纪80年代，一些科研机构，如美国水下武器研究中心、挪威国防研究所、加拿大 Aluminum Power 公司等，已将铝空气电池应用于水下航行器、深海救援艇、监视器、远距鱼雷等。由于使用寿命长、维护方便、无污染等优势，铝空气电池目前已经成为水下动力系统的优选能源之一。

5.3.3 锂空气电池

在考虑 O_2 质量的条件下，锂空气电池理论能量密度为 5210 W•h/kg（不考虑氧气条件下能量密度高达 11680 W•h/kg），比传统锂离子电池能量密度高出5～10倍，是目前所有可充电电池体系中理论能量密度最高的，在理论上可以实现电动汽车接近现有燃油汽车500～600 km 的续航里程（图 5-14 所示）。因此，锂空气电池被认为是极具发展前景的电动汽车用供能装置。

典型的锂空气电池包含以下几个部分：负极金属锂、空气正极多孔碳、正负极间隔膜以及锂离子传导电解液，其中空气正极一般由碳基体材料和催化剂组成。正极材料的好坏直接影响电池的综合性能，好的正极材料能为电池充放电过程中物质的扩散传输提供通道，为放电产物的沉积提供容纳空间，同时还能催化 ORR 和 OER 过程，提高电池的综合性能。目前锂空气电池正极材料一般包括一些碳材料和非碳催化剂材料。

发展至今，锂空气电池根据所使用电解液种类的不同可以分为有机电解液型、有机-水双电解液型和全固态电解质型三种体系，电池结构如图 5-24 所示。在三种类型的锂空气电池中，有机电解液型具有最简单的电池结构和相对容易实现的实验条件，符合经典摇椅式结构，理论能量密度最高，体系最为稳定，因而成为锂空气电池领域的研究热点。

目前的研究普遍认为，有机体系锂空气电池放电产物为 Li_2O_2，其充放电机理是基于以下可能的电化学反应过程：放电过程中，负极的金属锂失去一个电子变成锂离子，电子则通过外电路通向正极，同时正极活性物质氧气（O_2）通过单电子反应途径形成超氧相（O_2^-），

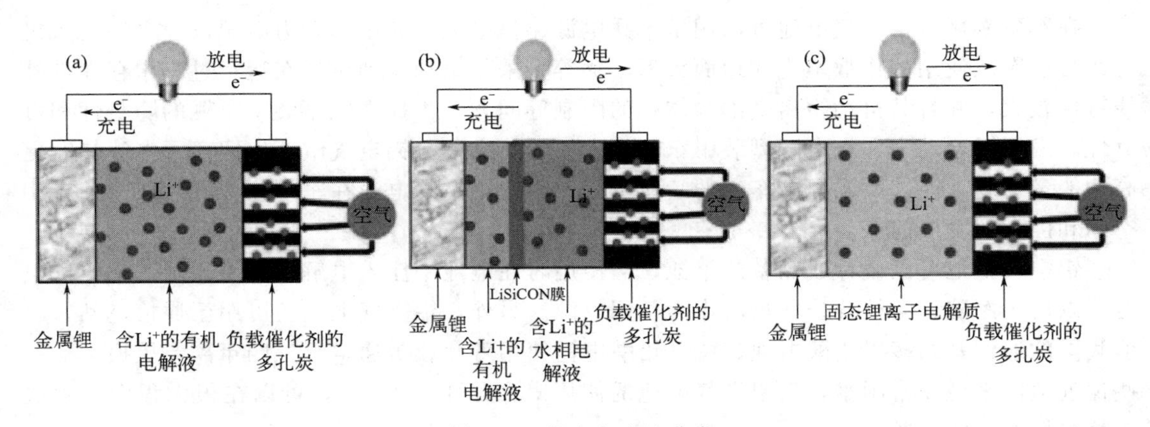

图 5-24　锂空气电池分类

(a) 有机电解液型；(b) 有机-水双电解液型；(c) 全固态电解质型

并与锂离子形成超氧化锂 LiO_2，LiO_2 随后通过歧化反应生成 Li_2O_2，或者再经过另一个单电子反应生成 Li_2O_2；由于放电产物 Li_2O_2 不溶于有机电解液，因而沉积到正极材料表面，一方面将材料表面的孔堵塞，另一方面损害正极催化剂的性能，最终使电池放电终止。充电过程相对简单，Li_2O_2 会直接分解生成氧气，而不再经过中间相 LiO_2。以上各阶段的具体反应过程如下所示：

放电过程：

负极反应 $$Li - e^- \longrightarrow Li^+ \tag{5-32}$$

正极反应 $$O_2 + e^- \longrightarrow O_2^- \tag{5-33}$$

$$O_2^- + Li^+ \longrightarrow LiO_2(ads) \tag{5-34}$$

$$2LiO_2 \longrightarrow Li_2O_2 + O_2 \tag{5-35}$$

$$LiO_2 + Li^+ + e^- \longrightarrow Li_2O_2 \tag{5-36}$$

充电过程：

阴极反应 $$Li^+ + e^- \longrightarrow Li \tag{5-37}$$

阳极反应 $$Li_2O_2 \longrightarrow 2Li^+ + 2e^- + O_2 \tag{5-38}$$

在水系锂空气电池中，由于放电产物 Li_2O_2 会继续与水发生反应生成 LiOH，所以其最终的放电产物为 LiOH，并且溶解在电解液中而不会阻碍放电反应的继续进行。锂空气电池的机理研究表明，就正极来说，电极材料并不作为活性物质参与电化学反应，仅作为催化剂支持 Li_2O_2 的生成和分解。这一点与氢氧燃料电池正极表面的氧气还原生成水的过程相似，因而锂空气电池的容量与正极材料质量并无直接关联。另外，锂空气电池与氢氧燃料电池的不同在于：燃料电池放电产物（水）可以及时地排出体系之外，使得燃料电池可以连续不间断工作，而锂空气电池产物放电 Li_2O_2 储存在正极多孔电极内，减小正极催化剂与氧气和电解液的接触面积，降低正极的电子电导率，堵塞氧气和锂离子的输运通道，最终导致反应终止。有关锂空气电池充放电反应机理的研究，目前尚不成熟，使得当前锂空气电池所能实现的实际比能量还远远达不到理论水平。

锂空气电池仍然难以实现商业化，是因为其仍然面临很多问题和挑战，包括实际容量低、倍率性能差、能量效率低（充放电电压差大）以及循环寿命短等，具体原因可以归结为以下几个方面：

（1）有机体系电解液的分解

锂空气电池一直被视为一种“超越锂离子电池”的技术，所以最开始对锂空气电池的研究都是基于锂离子电池中广泛使用的碳酸酯基电解液进行的。然而在锂空气电池中，碳酸酯基电解液表现得不再稳定，因为在锂空气电池的放电过程中会生成反应活性很强的中间相（O_2^-），该物质会使电解液发生分解损耗并生成一些难以在充电过程中分解的碳酸盐类物质（如 Li_2CO_3 及烷基碳酸锂盐），而非预期的 Li_2O_2，从而加速电池的失效。

自从碳酸酯基电解液的不稳定性被证明后，醚类电解液一直处于锂空气电池研究领域的最关注区域。尤其是乙二醇二甲醚（DME）以及四乙二醇二甲醚（TEGDME），与碳酸酯基电解液相比具有更高的介电常数以及低黏度。尽管醚类电解液与碳酸酯基电解液相比，稳定性有所增强，但是在放电中仍被发现降解现象，尤其是有过量的氧存在的情况下，醚类电解液会出现自动氧化现象，这可能会导致电解液进一步与阴极组分（如黏结剂等）进行反应。目前已研究过的电解液还有含硫类以及离子液体，它们在一定程度上缓解了电解液不稳定的问题，然而真正完全稳定地适用于锂空气电池的电解液仍然有待开发。

（2）锂枝晶的生成以及与阳极锂相关的副反应

锂枝晶的形成仍然是影响电池安全性能的重要因素。此外，锂空气电池特殊的开放体系以及充放电过程中中间相 O_2^- 的存在，又加剧了金属锂与电解液和空气杂质（如 H_2O 等）的反应，生成难以分解的锂盐，从而使金属锂提前消耗，造成电池的容量衰减和循环寿命的缩短。

（3）缓慢的氧反应动力学以及正极碳材料的腐蚀失效

目前，锂空气电池除了实际比容量比理论比容量低以外，还存在诸如能量效率低（充放电电压差大）、倍率性能差等不足，这些不足很大程度上是由正极氧的还原反应（ORR）和析出反应（OER）缓慢的反应动力学造成的。此外，锂空气电池充放电过程中 LiO_2 和 Li_2O_2 的存在是造成正极碳基材料腐蚀分解的重要原因。正极多孔碳基材料的腐蚀分解会加快电池的容量衰减、缩短电池的循环寿命。

第6章

氢能转换材料与器件

6.1 氢能

6.1.1 概述

氢能以其零污染、高效能等优势受到全球瞩目，产业发展走向“风口期”。站在巨大风口下，各国相继出台具有实操性的氢能战略。一场争抢未来氢能制高点的竞争，在世界各国间展开。

数据显示，在全球范围内，氢能产业链项目主要分布在欧洲、澳大利亚、亚洲、中东、智利等国家和地区。欧洲在已公开的氢能项目数量方面处于领先地位（126 个项目，占比 55%），澳大利亚、日本、韩国、中国和美国紧随其后。由于氢能对完成碳排放任务的重要作用，欧洲希望通过建设氢能产业拉动商务复苏。欧洲燃料电池和氢能联合组织于 2019 年 2 月发布《欧洲氢能路线图：欧洲能源转型的可持续发展路径》研究报告，提出了欧盟面向 2030 年、2050 年的氢能发展路线图；欧盟委员会于 2020 年 3 月 10 日宣布成立“清洁氢能联盟”。欧洲有望成为氢能产业发展的主要推动力量之一。澳大利亚作为世界上最大的煤炭出口国和第二大液化天然气（LNG）出口国，也开始计划以太阳能、风能制氢并向东亚地区出口液氢，打造下一个能源出口产业，目标是到 2030 年在中、日、韩、新加坡 4 国开发 70 亿美元市场。美国在氢能方面的能源政策反应较为缓慢，但加州等地区也推出了内燃机卡车强制停售时间表，以鼓励氢能卡车和纯电动卡车的发展。自 2010 年以来，美国每年对氢能和燃料电池的资助达 1～2.8 亿美元。日本与韩国则在政策上呈现了持续性，其政策深度、广度和力度在国际上都走在前列。日本将“氢能社会”纳入国家发展战略，2014年以来先后制定《第四次能源基本计划》《氢能基本战略》《第五次能源基本计划》《氢能与燃料电池路线图》，计划到2025年燃料电池汽车数量达20万辆，到2030年达80万辆，燃料补给网络包括900个加氢站，是目前的9倍左右。

为实现我国高质量发展，展现中国的大国担当，2020年9月我国提出了将力争在2030年前实现碳达峰、2060年前实现碳中和的目标，同年12月提出了“到2030年中国单位国内生产总值CO_2排放将比2005年下降65%以上，非化石能源占一次能源消费比重将达到25%左右”的具体目标。实现“双碳”是一项长期任务，需要坚定不移，科学有序推进。

除了各国制定的氢能政策之外，行业层面的监管和目标也是助推氢能投资加速的基础。在交通领域，已有20多个国家宣布在2035年前禁止销售燃油车。世界范围内，保有量超1亿辆汽车的35个城市正在制定更严格的排放限制，25个城市承诺从2025年起只购买和应用零排放公交车。在全球范围内，预计到2030年，燃料电池汽车保有量将超过450万辆，其中中国、日本和韩国将带头推动燃料电池汽车产业发展，届时全球将建设10500个加氢站，为这些车辆提供燃料。在工业领域，各国也提出了氢能发展目标。例如，欧盟建议各成员国将低碳氢气生产纳入可再生能源指令（REDⅡ指令），通过此举可显著推动炼油厂和燃料供应商应用氢气。此外，4个欧盟国家（法国、德国、葡萄牙和西班牙）在其国家战略中不仅宣布了针对特定行业的清洁氢消耗目标，而且就航空和航运燃料配额进行了深入讨论。其他国家通过税收优惠的方式建立了对低碳氢应用的激励措施，例如美国的45Q法案（按照捕获与封存的碳氧化物数量抵免所得税）。同样，在法国，工业用户可以通过使用绿氢来规避碳税成本；而荷兰正加大对海上风电制氢项目、天然气和电网改造项目的投资，以用氢能替代化石燃料。根据全球氢能项目公告，实现各国政府生产目标所需的投资、支出等数据预测，到2030年，全球氢能产业链的投资总量将超过3000亿美元，相当于全球能源投资的1.4%。

从全球范围看，氢能发展已经越来越受到各国政府、能源企业、装备制造企业和研究机构的关注。随着氢能产业规模的不断提升，氢储存、配送、运输在整个氢供应链中的重要性将日益凸显。预计到2030年，全球大规模绿氢生产基地和运输基础设施布局完备，届时氢可以从澳大利亚、智利或中东等地运送到美国、欧洲、日本等需求中心地区，储运成本有望降低至2～3美元/千克。低廉的氢获取成本加上具有经济性的储运成本，将促成全球氢能贸易格局，释放更多氢能应用的需求。

目前，氢能应用正从化工原料向交通、建筑及储能领域快速渗透，未来还将在氢冶金、绿氢化工、氢储能、混合能源系统、智慧能源系统中得到全面应用。鉴于氢能产业仍处于早期发展阶段，这些投资中的绝大多数（75%）未公布具体投资总额。根据行业研究机构的预测，到2030年，全球氢能产业链的投资总量将超过3000亿美元，相当于全球能源投资的1.4%。从地域分布上来看，预计欧洲的投资份额占比最大（约45%），其次是亚洲，而中国以亚洲总投资约50%的份额领先。从产业链各环节分布来看，制氢项目将占投资的最大份额。由于终端应用项目要为燃料电池和道路车辆平台提供资金，氢能应用在成熟项目中的投资占比也较高。

氢能企业投资增速也将快速增长。与2019年相比，预计到2025年各企业投资总额将增加6倍，到2030年增加16倍。企业倾向于将其在氢能领域的投资瞄准3个特定领域：

已公布或计划项目的资本投资、研发或并购。早前，国际氢能委员会曾发布了一份题为“氢能源市场发展蓝图”的调查报告，介绍了氢能源正式普及和能源结构转型方面的发展规划。报告显示，在2050年之前，通过更大规模的普及，氢能源将大约占整个能源消耗量的20%，全年CO_2排放量能够较现在减少约60亿吨，占所需CO_2减排量的约20%，能够承担将全球变暖控制在2℃以内，在需求方面，国际能源委员会的验算结果显示，到2030年要提供1000万辆至1500万辆燃料电池乘用车以及50万辆燃料电池卡车行驶所使用的氢气。此外，在工业方面的工程中将用于原材料、热源、动力源、发电、储藏等各种用途。该调查报告指出，预计到2050年，氢能源需求将是现在的10倍，相当于将全球变暖控制在2℃以内的前提下，2050年最终能源需求的18%，约80 EJ（8×10^9 J）的能量将实现氢能源化。

6.1.2 氢的基本性质

（1）氢的原子结构和分子结构

① 氢的电子组态为$1s^1$，它可给出唯一的电子而与电负性强的元素形成共价键。另外剩下一个很小的核，几乎没有电子云，所以它不但不受其他原子电子云的排斥，而且会与其他原子发生吸引作用，与其他原子的电子云互相作用，形成氢键。

② 两个氢原子组成一个氢分子，量子力学和经典力学对氢分子的处理是不同的。电子配对法认为，每个氢原子各含有一个未成对电子，如果未成对电子自旋反平行，则可以构成一个共价键，就是H-H。

分子轨道认为，当两个氢原子靠近时，两个1s原子轨道可以组成两个分子轨道：a. 成键轨道σ_{1s}能量比1s原子轨道的能量低；b. 反键轨道σ_{1s}^*能量比1s原子轨道高。

两个氢原子的自旋方向相反的1s电子在成键时进入能量较低的σ_{1s}成键轨道，形成一个单键，氢分子的电子构型可以写成$H_2[(\sigma_{1s})_2]$。

假设两个氢原子电子自旋方向是相同（自旋平行）的，根据泡利不相容原则，它们不能同在一个分子轨道上，势必一个在σ_{1s}轨道上，另一个在σ_{1s}^*轨道上。σ_{1s}^*是反键轨道，能量高；而σ_{1s}为成键轨道，能量低。由于能量一高一低而互相抵消，所以不能形成稳定的氢分子。

共价键半径大约为（31±5）pm，范德华半径为120 pm。基态能级是−13.6 eV，电离能为1312 kJ/mol。氢有三种同位素，其中，氘，具有1个质子和1中子；氚，具有1个质子和2个中子。氢分子的每个电子有自己的自旋类型，从而导致H_2分子有两种存在类型：

① 正氢：两个原子的电子具有相同的自旋方向；

② 仲氢：两个原子的电子具有相反的自旋方向。

（2）氢气的物理性质

氢是自然界广泛存在的元素，煤炭、石油、天然气、动物、植物乃至人体都含有氢元素。具有无色、无味、无毒、可燃、易爆的特点，密度为0.0899 kg/m^3，沸点为−252.8℃，常温下，氢气性质稳定。在1 atm（1 atm=101325 Pa）时，氢在−252.77℃时变成无色的液体，在−259.2℃时则变成雪花状的白色固体。自然界中氢主要以化合态存在于水和碳氢化合物中，氢在地壳中质量分数为0.01。由于氢气是密度最小的气体，因此可用向下排空气法进行氢气的收集，氢气的主要性质见表6-1。

表 6-1 氢的物理性质

分子式	H_2	比热容	14304 J/(kg·K)
熔点	14.025 K	电导率	N/A
沸点	20.268 K	热导率	0.1815 W/(m·K)
摩尔体积	1.142×10^{-2} m^3 mol	电离能	1312.06 kJ/mol
汽化焓	0.44936 kJ/mol	低热值	242 kJ/mol
熔融焓	0.05868 kJ/mol	最小点火能	0.02 MJ
密度	0.0899 kg/m^3	化学计量火焰速度	2.37 m/s
声在氢气中传速	1270 m/s(298.15 K)	临界点	32.9 K
电负性	2.2(鲍林标度)	可燃性极限(体积百分比)	4%～75%

(3) 氢气的化学性质

氢的电子构型是 $1s^1$，从电子构型上看，可以失去一个价电子，形成氢正离子 H^+；也可以得到一个价电子，形成氢负离子 H^-，也可以通过共享电子对形成共价键。从化合价上看，氢的化合价是+1或−1。

氢在形成化合物时的行为主要分为以下几种：

1) 失去价电子

氢原子失去它的 1s 电子形成 H^+，实际上就是氢原子核或质子。由于质子的半径很小，因此具有很强的正电场，能使同它相邻的原子或分子强烈地变形，因此除了在等离子体状态之外的其他状态下，质子总是以与其他原子或分子的结合态存在的，例如在酸性水溶液中 H^+ 的实际存在状态是水合离子 H_3O^+。

2) 结合一个电子

氢原子可以结合一个电子形成氢负离子 H^-，其电子构型为类似于氦原子的 $1s^2$ 结构，氢与活泼金属形成离子型氢化物时通常以 H^- 的形式存在。与 H^+ 相反，H^- 半径较大，容易变形。H^- 容易与 H^+ 结合产生 H_2。

3) 形成共价键

氢与大多数非金属元素化合时通过共用电子对形成共价型化合物。除了在 H_2 中，其余情况下这种共价键都是极性的。氢的电负性为 2.20，高于多数元素，因此，除卤素、氧、氮等少数几种元素外，氢与其他元素所成共价键中氢都带负电性。

4) 形成配体

氢负离子 H^- 可以作为配体同过渡金属离子结合形成种类众多的络合物，例如 $HMn(CO)_5$ 和 $H_2Fe(CO)_4$ 等。在这种化合物中，M-H 键大多是共价型的，但一般计算氧化数时将 H 记为−1。

5) 形成桥键

通常情况下氢原子的配位数为 1，即只能形成单键。但在形成某些缺电子化合物如硼烷时，氢会形成多中心的桥键。

(4) 氢键

氢键是一种较弱的静电键，由共价化合物中部分带正电的氢原子与另一个共价化合物中部分带负电的原子相互吸引形成。特别当氢原子与氮、氧和氟这种高电负性、能吸引价电子而获得部分负电荷的原子形成共价键，氢原子获得部分正电荷时，将这种键描述为偶极子/

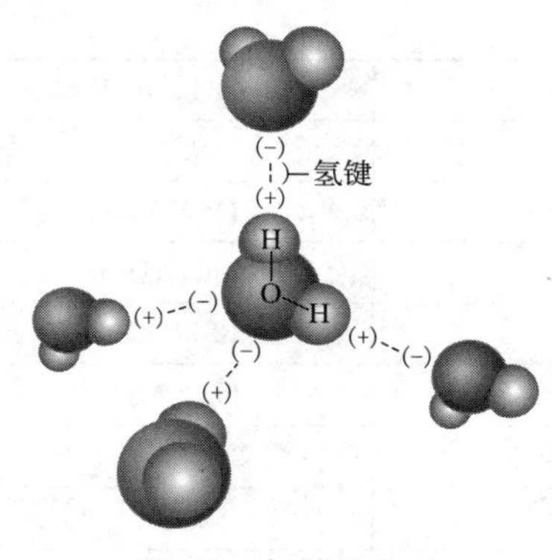

图 6-1 氢键示意图

偶极子相互作用。当相对强正电性的氢原子与另外的化学基团或者分子的电子对接触时，氢键就形成了。固态氢中存在很强的氢键，这已经在 X 射线、中子和电子射线技术的精确实验中得到了证实。

以水为例，水分子中两个氧原子价键饱和，似乎两个分子之间不可能再发生任何其他的键合。然而，当一个水分子的氢原子接近另一个水分子的氧原子时，将形成氢键（图 6-1）。

氢键另一个特点相对于其他类型的化学键而言，是它们导致分子间彼此保持较远的距离，这就是为什么冰比水具有较低密度的原因。事实上，水分子以液态形式移动，但在固态冰形成的是晶体结构。氢键也存在于蛋白质和核酸，并作为主要作用力使得碱基对 DNA 形成双螺旋结构起稳定作用。

6.1.3 氢的能源特征

氢气是一种二次能源，分布广泛，可以利用各种能源资源来制造氢气，利用燃料电池可以高效地将化学能转变成电能，将化石燃料制备成氢气，再转变成电，可以节省能量；没有灰尘、没有废气，环境友好；可以用多种形态的方式进行存储和输运。氢能作为一种独特的能源，是由氢气特有的优点所决定的。其主要优点有：

第一，氢燃烧热值高。除核燃料外，氢的热值比所有化石燃料、化工燃料和生物燃料都高，燃烧 1 kg 的氢可以放出 120 MJ（28.6 Mcal）的热量，约为汽油的 2.8 倍、酒精的 4.0 倍、焦炭的 4.0 倍。一般可燃物质中含氢越多，热值就越高。表 6-2 为一些常用燃料的热值。

表 6-2 常见燃料的热值 单位：kJ/kg

燃料	热值	燃料	热值	燃料	热值
铀	1.52×10^{11}	焦炭	3.00×10^{4}	甲醇	1.97×10^{4}
汽油	4.64×10^{4}	煤气	3.90×10^{4}	木材	1.62×10^{4}
煤油	4.61×10^{4}	烟煤	2.86×10^{4}	炭化木	3.40×10^{4}
柴油	4.56×10^{4}	天然气(kJ/m^3)	8.0×10^{4}	氢气	12×10^{4}
航空汽油	4.68×10^{4}	乙醇	2.96×10^{4}	甘蔗渣	0.96×10^{4}
无烟煤	3.40×10^{4}	丙烷	4.96×10^{4}	LNG	5.44×10^{4}

第二，氢是极好的传热载体。氢气的导热性好，比大多数气体的导热系数要高出 10 倍，因此在能源工业中氢是极好的传热载体。氢燃烧性能好，点燃快，与空气混合时有广泛的可燃范围，而且燃点低，燃烧速度快。

第三，氢气燃烧后的产物是水，碳零排放，不会污染环境，氢能的应用可降低全球温室气体的排放量，减少大气污染。氢本身无毒，与其他燃料相比，氢燃烧时最清洁，除生成水外不会产生诸如一氧化碳、二氧化碳、碳氢化合物、铅化物和粉尘颗粒等对环境有害的污染物质。燃烧生成的水还可继续制氢，反复循环使用。所以，氢能是世界上最干净的能源，氢能源无污染特性和巨大蕴含量让人们对其充满了希望。

第四，氢可以以气态、液态或固态的形式出现，能适应储运及各种应用环境的不同要求。氢能利用形式也多种多样，既可以通过燃烧产生热能，在热力发动机中产生机械功，又可以作为能源燃料直接用于燃料电池。而且，氢能和电能可以方便地进行转换，氢能通过燃料电池转变成电能，电能可以通过电解转变成氢能。表6-3是不同形式储能方式的特点。

表6-3 不同储能方式的特点比较

	电池	电容器	储热	机械	水库	氢气
储能形式	离子间作用	电场	物质的显热或潜热	将电能转换为动能	水位差	制氢
输运性质	方便移动	方便移动	方便移动	难以移动	不能移动	方便移动
存储时间	10～100天	短时间	数小时～数天	数小时	受天气影响变化大	长久
储能规模	中	小	很小	小	很大	大
储能密度	小	很小	很小	小	很大	大
使用范围	无限制	瞬间大电流	无限制	有一定的限制	只能在有水库的地方	无限制
利用形式	直接用电的形式	电力直接使用	仅能利用热的形式	转换成电	转换成电	直接利用或转换成电
利用效率	高	较高	低	很低	低	高

第五，氢气资源丰富。氢是自然界最普遍存在的元素，除了空气中含有少量氢气外，它主要以化合物的形态储存于水中，而水是地球上最广泛的物质。氢气可以由水制取，而且燃烧生成的水还可继续制氢，反复循环使用，其主要特征见表6-4。

表6-4 氢能源的特征

能量特征	能量高，能量密度大
环保特征	环保特征好，不产生CO_2
输运特征	可以通过容器或者管道输运
存储特征	可以气态、液态、固态等多种样式存储
能源利用效率	高温转换效率较高
与其他能源转换	可以通过一次能源获得氢气，也可以和电力等相互转换
应用方式	可以直接利用，或者转换为光、电、热、力
应用领域	化学化工、冶金、电子、电力、航天、发动机
成本	从化石原料中获取的成本较低，以可再生能源制备成本较高
安全性	无毒，易爆炸

6.1.4 氢能的应用

（1）氢能产业链

氢能产业链涵盖氢气制取、储存、运输和应用等环节。氢气可通过化石能源制氢渠道获得，称之为“灰氢”。化石能源制氢与碳捕捉利用封存（CCUS）装置配套，得到的氢气称为“蓝氢”。利用可再生能源通过电解水获得的氢气称为“绿氢”。氢能目前主要应用在钢铁冶金、石油化工等领域，能源化利用比例很小。随着氢能产业技术的快速发展，氢能的应用领域将呈现多元化拓展，在储能、燃料、化工、钢铁冶金等领域的应用必将越来越广泛。氢能应用领域如彩插图 6-2 所示。

在储能领域，氢能产业链以可再生能源发电为起点，可以实现氢能从生产端到消费端的全生命周期零排放。全球太阳能、风能发电已进入规模应用阶段，但受限于其间歇性、波动性与随机性，在电网接入和大规模消纳方面存在一定瓶颈。利用风电和光伏发电制取“绿氢”，不仅可以有效利用弃风、弃光，而且还可以降低制氢成本；既提高了电网灵活性，又促进了可再生能源消纳。随着氢能技术及产业链的发展和完善，氢储能系统的加入可以提高可再生能源发电的安全性和稳定性。此外，氢能亦可作为能源互联网的枢纽，将可再生能源与电网、气网、热网、交通网连为一体，加速能源转型进程。

在氢燃料领域，氢能可以作为终端能源应用于电力行业，通过氢燃料电池或氢燃气轮机转化成电能，或者通过氢内燃机转化为动能。燃料电池是氢能高效利用的主要方式，是氢能终端应用的重要方向，具有能量转化率高、噪声低以及零排放等优点，有望成为未来最主要的发电技术之一，有望在固定式电源、交通运输和便携式电源等领域获得广泛应用。

氢化工原料是当前氢气利用的主要领域，能源化利用比例很小。目前全球约 55% 的氢需求用于氨合成，25% 用于炼油厂加氢生产，10% 用于甲醇生产，10% 用于其他行业。氢用作原料合成化工产品，例如氨、尿素等。除了用于传统农业和工业领域，氨具有比氢更高的能量密度，可用于储存能量和发电，并且完全不会排放二氧化碳。氢气还可以通过与二氧化碳反应合成简单的含碳化合物，如甲醇、甲烷、甲酸或甲醛等。这些化合物液化后易存储、方便运输、能量密度高、不易爆炸，并且作为液态燃料实质上可以达成零碳排放，是一种适合于除输电之外的可再生能源储存和运输模式。加氢技术是生产清洁油品、提高产品品质的主要手段，是炼油化工一体化的核心。随着我国科技、工业水平的不断发展，在石油炼制等石化领域将会越来越多地用到加氢技术。

在钢铁冶炼过程中，采用焦炭作为铁矿的还原剂，会产生大量的碳排放及多种有害气体。钢铁冶金作为我国第二大碳排放来源，亟待发展深度脱碳工艺。用氢气代替焦炭作为还原剂，反应产物为水，可以大幅度降低碳排放量，促进清洁型冶金转型。利用氢能进行钢铁冶金是钢铁行业实现深度脱碳目标的必行之路。

（2）氢能转换器件

氢能可以作为终端能源应用于电力行业，通过氢燃料电池将化学能转化成电能，或者通过燃气轮机将化学能转化为动能。

1）燃料电池

从目前的技术应用成熟度来看，燃料电池的主要应用场景在交通运输方面，全球范围的装机量也都是以交通领域的应用为主。燃料电池汽车就是将燃料电池发动机作为驱动源的电动汽车。使用纯氢燃料电池，汽车可以在短时间内启动，但使用甲醇或汽油时，需要有车辆装载整个过程的设备，且必须有一定的启动时间。多个地区把氢燃料电池汽车发展列入“十四五”规划。据《上海市综合交通发展“十四五”规划》征求意见稿，上海市计划在“十四五”期间大力发展氢燃料电池汽车示范应用，氢燃料电池汽车应用总量达上万辆。此外，北京、广州、浙江等地也在各自的“十四五”规划中对氢燃料电池汽车的中长期发展进行了整体部署，涉及的相关发展目标详见表6-5。

表6-5 中国氢燃料电池汽车发展目标

年份	中国氢燃料电池汽车发展路线图	中国氢能产业基础设施发展目标
2020	燃料电池汽车发展规模达到5000辆， 燃料电池堆比功率达到2 kW/kg， 燃料电池堆耐久性达到5000小时	加氢站达到100座以上， 燃料电池运输车达到1万辆， 氢能轨道交通达到50例， 氢能河湖船舶示范
2025	燃料电池汽车发展规模达到5万辆， 燃料电池堆比功率达到2.5 kW/kg， 燃料电池堆耐久性达到6000小时	—
2030	燃料电池汽车发展规模达到百万辆， 燃料电池堆比功率达到2.5 kW/kg， 燃料电池堆耐久性达到8000小时	加氢站达到1000座以上， 燃料电池运输车达到200万辆
2050	—	加氢站网络构建完成， 燃料电池运输车达到1000万辆

家用燃料电池电源系统的应用概念是利用燃料处理装置从城市天然气等化石燃料中制取富含氢的重整气体，并利用重整气体发电的燃料电池发电系统。为了利用燃料电池发电时产生的热量以及燃料处理装置放热产生的热水，设计了电热水器等各种电器，不仅解决家庭使用热水的问题，同时产生的电供应住宅内的电器设备而得到充分利用。

作为紧急备用电源和二次电池的替代品，微小型便携式燃料电池无论是在民用还是军事用途上，都有广泛的前景。例如，作为移动电话、照相机、摄像机、计算机、无线发报机、信号灯以及其他小型便携式电器的电源，军用士兵便携式燃料电池是当代数字化、信息化作战的主要工具。

2）氢燃气轮机

燃气轮机是将燃料的化学能转化为动能的内燃式动力机械，是发电和船舰领域的核心装备。较之于燃煤发电机组，燃气轮机具有发电效率高、污染物排放量低、建造周期短、占地面积小、耗水量少和运行调节灵活等优点。目前，燃气轮机电站发电量约占全球总发电量的23.1%。燃气轮机的常用燃料是天然气，会造成大量的碳排放且其中的杂质易积聚，甚至对机器造成腐蚀，致使能量转化效率和使用寿命降低。而氢气的火焰传播速度约为天然气的9倍，15 min左右便可以将负荷从零拉升至全满，用氢气替代天然气，除了可以提高热值和降低碳排放量外，还可以使燃气轮机具有更高的负荷调节能力。

目前，多个电力巨头已经开展了氢燃气轮机的相关研究工作。如通用电气（GE）的首台混合氢燃气轮机已落地广东，混氢比例为10%的燃气轮机将提供1.34 GW的电力。此外，GE还将建造美国第一座燃氢发电厂，争取10年内实现100%燃氢。

日本三菱重工已经成功研制30%混氢比例的燃气轮机，西门子能源在德国开展了100%氢燃气轮机原型机的试验，日本和欧盟EU Turbines已经承诺在2030年前推出100%燃氢重型燃气轮机。然而，目前市场上还没有可以处理纯氢燃料的、长期可运行的燃气轮机。大力发展氢燃气轮机，需要解决燃氢过程中产生的回火和温度过高等问题。在这方面我国与国外差距较大，需要加强政策扶持力度、深化科研攻关，尽早为氢燃气轮机国产化进程铺平道路。

3）氢内燃机

早在1820年，Rev. W. Cecil就发表文章，谈到用氢气产生动力的机械，还给出详尽的机械设计图。氢内燃机（hydrogen internal combustion engine，HICE）可继承传统内燃机（ICE）发展过程所积累的全部理论和经验。氢在内燃机中的燃用方式有双燃料法和纯氢气燃烧法等。天然气掺氢燃料是目前较为常用的方法。天然气和氢气同为气体，它们的混合气可通过压缩储存于同一气瓶内，而且天然气加氢后，内燃机的性能和尾气的排放状况都得到了很大程度的改善，所以近年来，天然气加氢汽车得到了广泛的关注。使用掺氢燃料的主要目的是在提高效率的同时降低油耗。氢气的点火能量低（0.02 MJ），火焰传播速度快，掺氢燃料的着火延迟期将大大缩短，火焰传播速度也明显加快。同时，氢燃烧过程中OH^-等活性离子也会加快燃烧速度，抑制爆燃，使发动机可以采用较大的压缩比提高热效率。

汽油-氢内燃机比传统的汽油机多了一套控制加氢量的装置。发动机的转速、负荷等参数将确定加氢量的大小。高速、高负荷时，为了防止气缸内充量系数过小、功率不足要少加甚至不加氢气；在中等转速、中等负荷范围内，加氢率为5%左右时效果较好；低速、低负荷时，应多加氢气或只用氢气作燃料，可以节约燃料、降低排放，且低温时易启动。氢气的自燃温度很高，不能直接应用在柴油机上，需要在柴油机上安装火花塞或者使用部分柴油将氢气引燃。

纯氢气的发动机称为氢气发动机。按混合形成方式的不同进行分类，氢气发动机可分为预混式(采用化油器、进气管喷射）和缸内直喷式(氢气直接喷入燃烧室)。缸内直喷式又可分为低压喷射型（即氢气在压缩行程前半行程喷入，采用火花点火和热表面点火）和高压喷射型（即在压缩行程末期将压力为6 MPa以上的氢气喷入气缸，采用缸内炽热表面点火和火花塞点火）。

氢作为燃料用于内燃机的主要意义是替代有限的化石燃料，因为汽车、轮船、飞机等机动性强的现代交通工具无法直接使用从发电厂输出的电能，只能使用柴油、汽油这一类“含能体能源”。随着化石燃料耗量增加，其储量日益减少，总有一天这些资源要枯竭，这就迫切需要找一种不依赖化石燃料的、储量丰富的、不污染环境的含能体能源，氢能正是人们要寻找的理想替代能源。

（3）氢能产业链发展展望

氢能产业链分为制氢、储氢、运氢、加氢、用氢等环节。在制取氢方面，氢能作为二次能源，要实现真正意义上的零碳排放，它的发展不可避免地将依赖于太阳能、风能等可再生能源技术的突破。通过电力成本与设备成本的协同降低，方可体现“绿氢”的经济优势。我国幅员辽阔，具有广阔的沙漠、戈壁、荒漠、草原及海域资源，可以提供丰富的太阳能、风能、潮汐能等可再生能源资源，在发展“绿氢”方面具有先天优势。

在储运氢方面，氢的长距离储运将以天然气管道掺氢或新建纯氢管道输氢为主，中短距离要多种储运技术结合，并因地制宜地发展。随着制氢端的技术突破，通过输氢网络交联，在氢能的下游产业如工业、交通和建筑等领域大规模普及，绿色“氢经济”的概念将转变为现实。

在应用氢方面，随着行业聚焦与技术发展，期待很高的是氢燃料电池，带动交通领域应用的变革。在各类需要用氢的化工领域，如炼油、合成氨、甲醇生产以及炼钢行业，“绿氢”

将逐步取代灰氢。在其他诸多传统能源密集型产业，氢能也将代替化石能源作为能量载体进行供能。在建筑领域，采用绿色氢能的分布式冷热电联供系统，也是节能减排的重要方式。同时，更多的氢能应用场景将得以逐渐开发。

根据中国氢能联盟预测，到2050年中国氢气需求量将接近6000万吨，其中交通运输领域用氢可达2458万吨，占比约40%。当前国内加氢站建设已经进入快速发展期，燃料电池技术国产化率持续提升，燃料电池系统成本不断下降。伴随未来规模化效应，燃料电池车最终应用成本降低空间较大，有望促进燃料电池商用车与乘用车的大范围推广。在工业领域，氢能的应用将助力传统工业进行低碳化转型，其中氢能炼钢有望在长期内贡献氢能消费增量。氢能与传统产业融合发展，可以带动传统产业转型升级和推动我国能源结构调整。

6.2 氢的制备及纯化

目前，制氢技术主要包括化石能源制氢和可再生能源制氢，如图6-3所示。化石能源制氢技术路线成熟，成本相对低廉，是目前氢气最主要的来源方式，但在氢气生产过程中也会产生并排放大量的二氧化碳。目前研究的可再生能源制氢工艺有电解水制氢、光催化分解水制氢、光电催化分解水制氢和生物质制氢等。

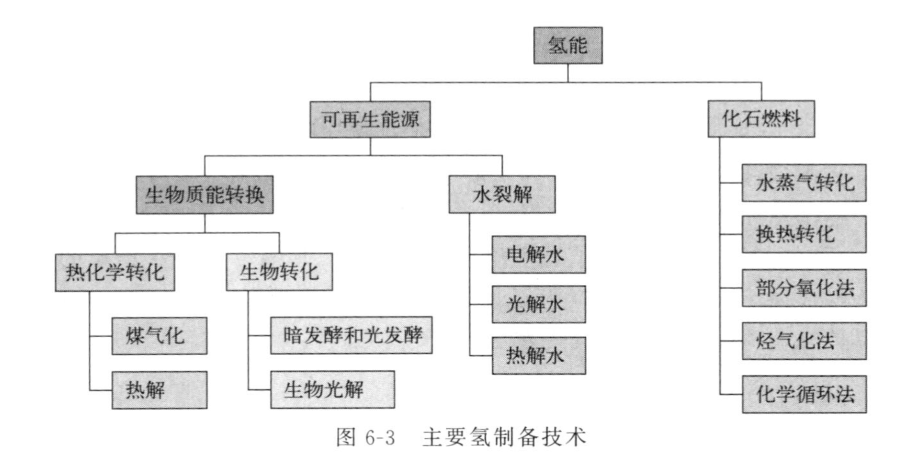

图6-3 主要氢制备技术

6.2.1 电解水制氢

通过水电解获得氢气是一种传统的制取氢气的方法，水电解制氢技术具有产品纯度高、操作简单和无污染的特点，其生产历史悠久，效率一般在75%～85%。电解水制氢的缺点是电能消耗大，电耗为4.5～6.5 kW·h/m^3左右，电费占电解制备氢生产费用中的绝大部分，从经济的角度考虑并不具有竞争力，因此在当前的工业制氢中所占份额较低。目前使用水电解制造的氢主要用于工业生产中纯度要求高且用量不大的企业。

近年来，在世界各国大力发展新能源以实现“碳达峰、碳中和”的时代背景下，对于太阳能资源、水力资源、风力资源丰富的地区，水电解在制造廉价氢气的同时，还可以实现资源的互补利用，对经济与环境的协调发展有一定的现实意义，近年来引起了广泛的关注。

(1) 电解水制氢工艺原理

根据电解质的不同，电解水制氢技术可分为三类，分别是碱性电解水制氢（alkaline water electrolysis，AWE)、质子交换膜电解水制氢（proton exchange membranes，PEM)、固体氧化物电解水制氢（solid oxide electrolytic cells，SOEC)。

① 碱性电解水制氢 AWE系统的工作原理如图6-4(a) 所示，在阴极，水分子被分解为氢离子（H^+）和氢氧根离子（OH^-），氢离子得到电子生成氢原子，并进一步生成氢分子（H_2）；氢氧根离子（OH^-）则在阴、阳极之间的电场力作用下穿过多孔的隔膜，到达阳极，在阳极失去电子生成水分子和氧分子。反应原理可以用下列方程式表示：

阴极
$$2H_2O(l)+2e^- \longrightarrow H_2(g)+2OH^- \tag{6-1}$$

阳极
$$2OH^- \longrightarrow \frac{1}{2}O_2(g)+2e^- +H_2O(l) \tag{6-2}$$

碱性电解水一般采用微孔隔膜（通常基于磺化聚合物）将阳极室和阴极室分开，确保OH^-在阳极室和阳极室之间运动，避免产生的H_2和O_2混合。产物气体与电解质混合，因此需要循环回路将其与混合物分离。一旦氢和氧被分离，电解液被泵回电池。在电池运行过程中，只需消耗水并将其供应至电解质溶液，以将氢氧化物浓度保持在所需浓度水平(20%～40%)。碱性电解水制氢的特点是：氢氧根离子（OH^-）在阴、阳极之间的电场力作用下穿过多孔隔膜。常规碱性电解水系统已经可以达到MW规模，在70～90 ℃和高压(高达30 bar，1 bar=10^5 Pa) 下运行，电流密度在0.2～0.5 A/cm^2范围内，电解槽的效率达到60%～80%。

② 质子交换膜电解水制氢 PEM系统的主要原理如图6-4(b) 所示。首先通过水泵供水到阳极，水在阳极被分解成氧气（O_2）、质子（H^+）和电子（e^-），质子通过质子交换膜进入阴极。电子从阳极流出，经过电源电路到阴极，同时电源提供驱动力（电池电压）。在阴极一侧，两个质子和电子重新结合产生氢气（H_2）。其电解质是一种薄的质子导电膜，通常采用氟磺酸型质子交换膜（如Nafion膜），电化学反应就发生在质子交换膜与电极接触的界面处。具体反应可以用如下方程式表示：

阴极
$$2H^+ +2e^- \longrightarrow H_2(g) \tag{6-3}$$

阳极
$$H_2O(l) \longrightarrow \frac{1}{2}O_2(g)+2H^+ +2e^- \tag{6-4}$$

其阴极由含Pt-Pd催化剂的碳基材料制成，而阳极由支持Ru-Ir催化剂的TiO_2、TaC或SiC结构制成。阳极被供给液态水，发生氧化反应离解产生氢离子，氢离子通过膜传递到阴极侧并在阴极侧释放氢气。由于最先进的电解质膜（即Nafion）中需要液态水以确保质子导电性，因此其典型的工作温度低于80 ℃。PEM系统可以在较高的压力和电流密度下工作，大多数商用PEM系统的工作压为30～60 bar，工作电流密度为1～2 A/cm^2。该技术具有非常高的动态能力，允许PEM系统在高可变负载之后的整个额定功率范围内运行，非常适合于高度灵活的操作环境。PEM系统效率在60%～70%的范围内，较大尺寸的PEM系统的规模为数百千瓦。

③ 固体氧化物电解水制氢 SOEC中的高温电解工艺在近年来引起了极大的兴趣，这

是由于SOEC系统有望减少电解过程的电力需求。固体氧化物电解池采用在高温下对离子（通常是O^{2-}）导电的薄而致密的固体陶瓷电解质，电极采用附着在电解质上的多孔固态电极，其一般原理如图6-4(c)所示。在较高温度下，在SOEC的两侧电极上施加一定的直流电压；H_2O在阴极被分解产生O^{2-}，O^{2-}穿过致密的固体氧化物电解质层到达阳极，在那里失去电子得到纯O_2。反应过程可以用如下电化学反应方程式表示：

阴极 $$H_2O(g)+2e^- \longrightarrow H_2(g)+O^{2-} \tag{6-5}$$

阳极 $$O^{2-} \longrightarrow \frac{1}{2}O_2(g)+2e^- \tag{6-6}$$

SOEC电解池中间是致密的电解质层，两端为多孔电极。电解质隔开氢气和氧气，并传导氧离子或质子。因此需要电解质具有高的离子电导率和可忽略的电子电导率，多孔电极有利于气体的扩散和传输。SOEC已经发展不同的几何形状（即平面和管状）和结构（即阴极、电解质或金属支撑）。一般来说，由于电流路径较长，管状电池的功率密度较低，这不利于其与平面电池的竞争。固体氧化物膜需要高温（650～1000 ℃）才能正常运行。由于工作温度高，水在阴极处作为蒸汽供给，蒸汽在电解槽外部产生，使用外部热源和/或从离开电解槽的气流中回收热量，也从整个系统的放热过程回收热量。热回收是一个基本方面，特别是因为当燃料被压缩用于储存时，离开电池的氢气和氧气流的冷却是必要的。由于电池组件由陶瓷材料制成，电池材料在高温下的相容性和稳定性非常重要。

目前，较先进的固态电解质材料是氧化钇稳定氧化锆（YSZ），阴极材料是镍基金属陶瓷，阳极是钙钛矿氧化物。通常在电解质和电极之间引入陶瓷夹层，以增强材料的相容性，并避免各层组件之间发生不期望的反应。SOEC的效率评估在很大程度上取决于系统的热管理。事实上，电解反应所需的能量部分由电提供，部分由热提供。当SOEC系统在热平衡系统下运行时，电解除产生氢气外还会产生多余的热量。如果热量被完全回收，则最大理论效率可被视为100%；而如果热量被视为损失，则效率降低。SOEC只能在其工作温度下提供非常快速的功率调节（几秒钟内达到0%～100%），因此，SOEC系统需要在高温下才能保持实际应用所需的灵活性和快速启动。

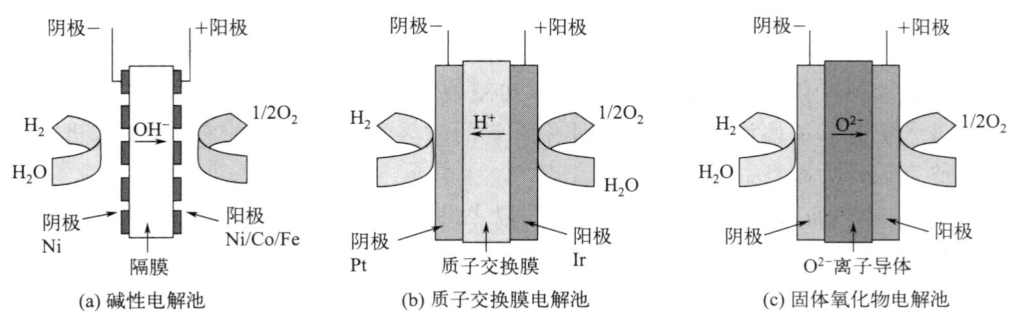

图6-4　三种不同类型电解水原理示意图

三类电解水制氢技术的相关参数对比详见表6-6。其中，碱性电解水技术最为成熟，具有技术安全可靠、制造成本低、操作简单、运行寿命长等优点，但其电解效率较低，一般为60%～75%；质子交换膜技术具有反应无污染、装置结构紧凑、转化效率高等优点，但其质子交换膜和铂电极催化成本较高，导致其尚未实现大规模应用；固体氧化物技术因其工作温度高达600～1000 ℃，转化效率较高，但高温限制了材料的选择。

表 6-6 三种不同类型电解水的相关参数

电解池类型	碱性电解池(AWE)	质子交换膜电解池(PEM)	固体氧化物电解池(SOEC)
电解质	20%～30% KOH 或 NaOH	PEM(常用 Nafion)	Y_2O_3/ZrO_2
工作温度/℃	70～90	70～80	600～1000
电解效率/%	60～75	70～90	85～100
能耗/(kW·h/m^3)	4.5～6.5	3.8～5.0	2.6～3.6
特点	技术成熟,已大规模应用,成本低	尚未大规模应用,成本高,无污染	尚未实现产业化,转化效率高,高温限制材料选择

(2) 碱性电解水制氢工艺

碱性电解水制氢工艺一般可分为制氢、分离和纯化等工艺步骤，具体如下：

1) 制氢　如图 6-5 所示，碱液通过碱液循环泵在电解槽内循环，经过电化学反应，在阴极生成氢气，阳极生成氧气，然后碱液和气体一起从电解槽中流出（氢气和氧气有不同的排出管路，随后进入对称的后处理工艺，称为氢侧和氧侧），进入氢侧和氧侧换热器。

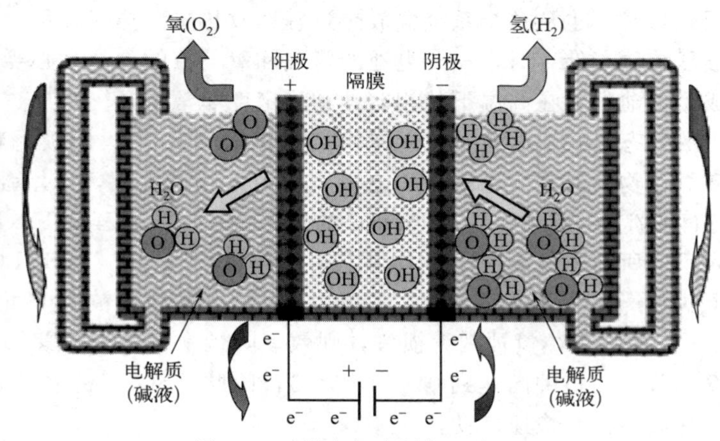

图 6-5 碱性电解水制氢工艺原理

2) 分离　由于电解槽的温度一般为 70～90 ℃，经过氢侧和氧侧换热器冷却到室温。之后进入氢侧和氧侧气液分离器，在这里气体和碱液分离，碱液通过碱液循环泵再进入电解槽，气体进入氢侧和氧侧洗涤器，将气体中夹带的碱雾除去，然后氢气放空或者进入纯化系统，氧气放空或作为副产品收集。

3) 纯化　氢气首先经过催化剂在 200 ℃以上的温度下反应除去氢气中的少量氧气，之后通过换热器和气水分离器分离出生成的水，再进入吸收塔吸附气体中的水分，从而得到 99.99%以上纯度的氢气用于后续的存储或者使用。

我国华能集团清洁能源技术研究院于 2021 年 8 月报道了用于动态制氢的风力 250 kW 工业级碱性电解槽，额定产氢量为 50 m^3/h，其制氢工艺流程如图 6-6 所示。电解槽有两个并联的支路，每个支路由 45 个串联的水电解槽组成。气体和液体从电解槽的两端引出（引出管道中无电位差），通过碱性液体循环泵和气体提升力泵入氢/氧气液分离器，并在重力作用下分离。分离出的氢气（氧气）通过气体冷却器冷却至 30～40 ℃。气体中的游离水用滴滤器去除。氢气和氧气气液分离器下部的电解质通过碱性液体循环泵混合并泵出；随后，它们通过碱性过滤器（去除杂质）和冷却器（去除 H_2O 分解产生的热量，从而确保恒定的工作温度)；最后，它们返回电解槽并完成电解液的循环。电解槽可在 30%～100% 的运行额定功率负载下进行高纯度 H_2（>99.5%）生产，直流电能源效率高达 73.1%～65.0%（4.01～4.51 kW·h/m^3 H_2），具有良好的气液流体平衡，运行稳定性高，各项指标都处于较为领先的水平，有望用于新能源能量存储尤其是风能发电的能量存储。

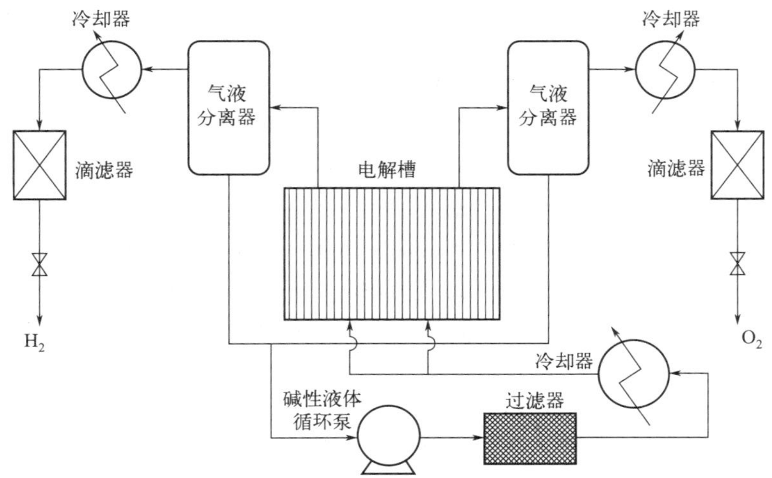

图 6-6 额定产氢量为 50 m^3/h 的工业级碱性电解槽工艺示意图

工业碱性电解水装置通常由电源模块、控制模块和反应模块组成。最重要的模块是反应模块，它由电解槽、泵、加热器和气液分离器组成。通过控制模块，反应模块的泵和加热器能够将电解槽内电解液的流速和温度保持在设定值附近。目前制氢电解槽一般采用双极式电解槽，由螺钉固定，电池设计为零间隙结构。图 6-7 所示为具有上述组件的实验设备。现阶段，碱性电解槽的制造水平尚处于几百千瓦到兆瓦级（或几百到 1000 m^3/h），而大规模制氢工程应用中通常需要多台碱性电解槽并联，形成碱性电解槽矩阵，从而产生集聚效应，形成真正意义上的产氢能力的升级换代。

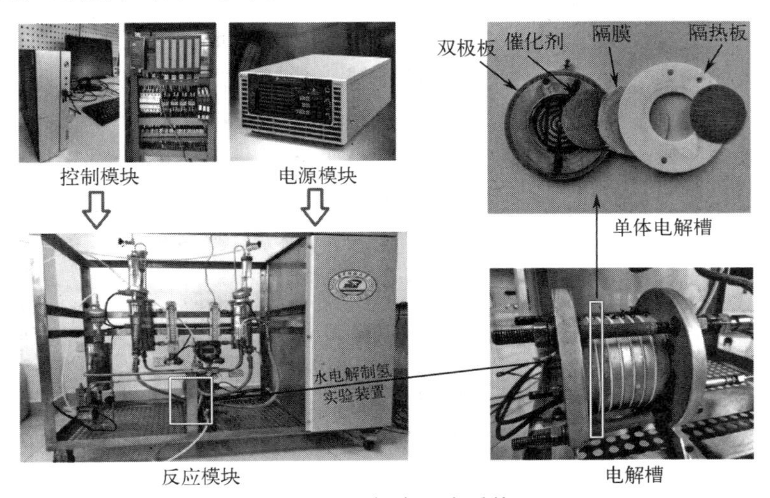

图 6-7 电解水反应系统

水电解槽是水电解制氢过程的主要装置，其部件如电极、电解质改进的研究是水电解制氢的研究重点。电解槽的主要参数包括电流密度（决定单位面积电解槽的氢气产量）和电解电压（决定电解能耗的技术指标），二者受电解池的工作温度和压力的影响明显。

在大规模制氢应用场景下，仍需进一步提高碱性电解水技术的电流密度和能量效率，但会提高其设备和电耗成本，而隔膜和电极材料作为关键部件在其中扮演不容忽视的作用。碱性电解水所用隔膜的性能对电解槽的电耗和所产氢气的纯度有较大影响。碱性电解水制氢在早期所用的隔膜为石棉，由于存在健康安全问题，逐渐被聚苯硫醚（PPS）无纺布替代，但PPS无纺布的隔气效果仍需进一步提高，以提高氢气的纯度。近年来人们研究了多种材料，以期获得电阻较低且亲水性和隔气能力较好的隔膜。研究较多的是有机高分子聚合物及其复合膜，如聚砜类隔膜、聚醚类隔膜、聚四氟乙烯隔膜、PPS隔膜等。

电极是电催化反应发生的场所，是电解槽的核心部件，其性能直接影响电解水的过电位，也是制约碱性电解水制氢在高电流密度下运行的关键因素之一，而阳极作为电解反应的决速步骤，其电极的析氧活性对整个电解反应尤为重要。传统碱性电解槽采用镍网为阳极电极，是因为镍网具有适宜的电解活性、良好的耐腐蚀性以及较低的成本。为了进一步提高阳极的性能，高活性和较大表面积的电极材料成为重要的研究方向之一，例如，泡沫镍、镍基合金及尖晶石、钙钛矿型氧化物等被广泛研究。

（3）电解水制氢的电极催化材料

目前，电解水制氢较高的成本限制了其实际应用，其中电耗和电解槽成本是制约其大规模应用的瓶颈。在众多的制约因素中，开发高效低成本的电解水电极催化剂已经成为本领域的核心关键技术之一。贵金属电催化剂具有优秀的电催化性能，多作为催化活性的评判材料。新能源体系的加入促进了电解水制氢产业的发展，但价格昂贵、储量稀少的贵金属电催化剂不适用于大规模的生产。为解决这一问题，研究者对合金、氧化物（氢氧化物）、硫化物、磷化物、氮化物以及碳化物等非贵金属电催化剂进行集中研究。这些典型非贵金属电催化剂已经广泛应用于能量转换领域，其结构如图6-8所示。

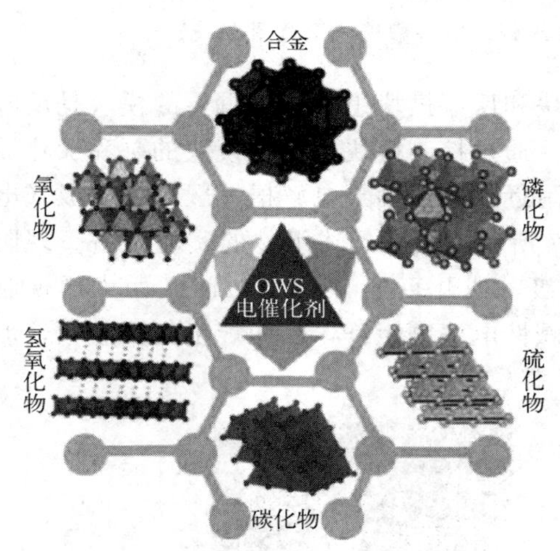

图6-8 非贵金属整体水分解（OWS）电催化剂

1）合金材料

由于金属合金化可以调节其d能级电子填充状态，进而影响合金电催化剂对于中间产物的吸附能力，所以构建多金属体系催化剂是研究金属电催化剂的一个有效途径。

Jia等提出了高熵金属间化合物的合金设计新概念。利用一步脱合金法得到了一种由Fe、Co、Ni、Al和Ti组成的高熵金属间化合物电催化剂。这种新型高熵电催化材料具有明确的原子周期排列，更好地为活性中心提供了保障。这种方法简单、快捷，可以一步到位地制备出拥有微细枝晶形貌的多孔结构，大大增加了催化剂的电化学反应活性位点，使电化学反应更高效。

由于镍基和钴基合金成本较低、电催化活性优良，得到了广泛研究。试验证明，镍基二元合金对HER的电催化性能依次为：Ni-Mo＞Ni-Co＞Ni-W＞Ni-Fe＞Ni-Cr。通过调控其形貌（如纳米颗粒、微球、空心纳米棒、纳米线等多种形貌），改善电催化剂的活性位点暴露情况，提高其电解水的效率。此外，载体或支撑材料的结构也是合金电催化剂设计的一个重要因素。从以下几个方面调整和构建支撑材料的结构，可以提高电催化性能：①增加电催化剂活性位点数量和密度；②提高载体和电催化剂表面之间的电荷转移速度；③通过载体和催化剂之间的相互作用，调整活性位点的电子态或直接参与反应。另外，非金属元素的掺杂也可有效提高电催化剂活性。

2）金属氧化物和氢氧化物

① 金属氧化物

一般情况下，金属氧化物的稳定性较差，除了 RuO_2 和 IrO_2 这样的贵金属氧化物之外，其余此类电催化剂在强氧化过电位下均易溶解于电解液中。因此，提高稳定性一直是研究此类催化剂的重点和难点。

通过为金属氧化物增加支撑材料，改善其电子结构，可以有效地提高其电催化性能。Wang 等以柳絮为支撑材料，制备了氮掺杂 Co_3O_4 纳米颗粒空心分层多孔碳微管（Co_3O_4/NCMTs）。在 10 mA/cm^2 的电流密度下，Co_3O_4/NCMTs 表现出较低的 OER 过电位（$\eta_{10}=350$ mV）和 HER 过电位（$\eta_{10}=210$ mV）。

钙钛矿氧化物作为另一种典型的多金属氧化物，鉴于其物理、化学和催化性能，已成为碱性溶液中 HER 和 OER 的新型高效电催化剂。Xu 等在 $Ba_{0.5}Sr_{0.5}Co_{0.8}Fe_{0.2}O_{3-\beta}$（BSCF）$a$ 位用稀土元素 Pr 掺杂，缓解了掺杂元素与主体离子间的尺寸失配，提高了 HER 性能和稳定性。

无论是单金属氧化物还是多金属氧化物，均可通过调整其活性位点本征活性的方法来提高 OWS 性能。而通过形貌控制增加活性位点暴露数量，从而提高性能的策略也是研究的重点。

缺陷工程也是改善金属氧化物电子结构、提高本征电催化活性的有效方法。Liu 等对生长在泡沫 Ni 表面的 $NiFe_2O_4$ 进行 S 掺杂，优化了 $NiFe_2O_4$ 纳米片的电子结构。得到的电催化剂具有丰富的缺陷和晶界，为电催化反应提供了丰富的活性位点，显著增加了材料的 OER 和 HER 活性。

虽然已经通过形貌控制、元素掺杂和缺陷工程等方法对金属氧化物的电解水性能进行改进，但其在 HER 性能和稳定性方面仍旧有所欠缺，尤其是在较高电压下，金属氧化物往往会发生不可逆的溶解行为，严重限制其在电解水方面的应用。

② 金属氢氧化物

可以通过对单金属氢氧化物的形貌和结构设计，增加其活性位点的数量，从而实现更加优异的电催化性能。在导电基体上原位生长金属氢氧化物已经成为一种简便快捷的电催化剂制备方法。Tang 等通过共沉淀法在石墨烯表面垂直生长了 α 相的 NiCo 氢氧化物纳米片。Ni 掺杂改变了 Co 元素周围的电子结构，有利于氧的吸附与解吸，作为载体的石墨烯片提供了优良的导电性，并暴露了大量的活性位点。将此电极应用于 OWS 体系中，只需要 1.51 V 的小电压驱动便可达到 10 mA/cm^2 的电流密度。

将金属氢氧化物二维材料化也是提高其电催化活性的有效方法。Zhang 等报道了一种三金属（Fe，Co，Ni）超薄羟基氢氧化物纳米片电催化剂，如彩插图 6-9(a) 所示。富缺陷的 FeCoNi 超薄纳米复合物展现出了极高电催化活性，能够在较小的过电位下实现 OWS。由于 FeCoNi 超薄羟基氢氧化物具有独特的化学性质，该催化剂的电催化性能能够在产氢与产氧过程之间进行自由的切换［如图 6-9(b) 所示］，负载了此种新型催化剂的电极材料对间歇性供电有着很好的耐受性，并对复杂操作条件表现出了很好的适应性。同时，在双金属氢氧化物中加入非金属掺杂也能有效提高本征活性。例如，N 原子可以改变金属氢氧化物的电子结构，并赋予其适当的水分离能。

引入多个阳离子可以更好地调整电子结构和原子排列，产生更多的活性中心，Ni、Fe、Co 是改善电催化性能的常用掺杂剂。例如，Zhu 等在泡沫镍表面制备了单片结构的 NiCoFe 层状三元氢氧化物。通过调节 Co 掺杂量，可以控制 OWS 的电导率和本征活性，如图 6-9（c）和（d）所示。

3）金属硫化物

过渡金属硫化物由于具有与石墨烯相似的二维层状结构，拥有了诸多优良特性，例如良好的结构稳定性和较大的比表面积，特别是在电化学能量转化与储存、光电催化领域有着巨大的应用前景。

以 MoS_2 为代表的二维过渡金属硫化物由于具有丰富的边缘活性位点、较大的比表面积，被认为是目前一种极具潜力的 OWS 电催化剂。Jiang 等采用硬模板法构造了一种具有三维连续多孔结构有 Ru 单原子掺杂的 MoS_2 电催化剂，通过原始模板的尺寸调整以及单原子掺杂策略，研究微观应力应变引起的活性中心电子状态变化规律，证明了应变在此类材料中对活性结构有明显的调节作用。

4）金属磷化物

过渡金属磷化物（TMPs）具有良好的机械强度、优良的导电性和较高的 HER 和 OER 电化学活性。在碱性条件下的 OER 过程中，TMPs 上的过渡金属很容易被氧化成高价位的氧/羟基物种，可作为催化活性位点。而 TMPs 的导电性有利于电荷转移，从而显著加速了 OER。在 HER 中，P 原子可以参与反应，与中间产物发生键合，从而促进质子还原。研究发现，将两种或更多的金属加入到单金属磷化物中可以有效地改变母体化合物的电子结构，调整氢（或水）的吸附能，提高催化活性。

Qu 等通过对生长在泡沫镍表面的 NiFeP 进行少量 Ru 掺杂，对材料表面电子密度进行调控。所得到的催化剂在 1.0 mol/L 的 KOH 中表现出优异的电催化性能：在 10 mA/cm^2 时，HER 过电位为 44 mV；在 100 mA/cm^2 时，OER 过电位为 242 mV。DFT 理论计算表明，加入 Ru 的 NiFeP 可以在 Ru 原子上生成新的活性位点，提高原始 P 位点的催化活性。

5）金属氮化物和碳化物

① 金属氮化物

金属氮化物也受到越来越多的关注，且双金属氮化物在电催化性能上要明显优于单金属氮化物。Jia 等通过热氨分解超薄 NiFe-LDH 纳米片，制备了粒径为 100 nm、厚度为 9 nm 的 Ni_3FeN 纳米颗粒（NPs）。这种电催化剂具有较小的 HER 和 OER 反应过电位，在稳定性测试中也表现出了良好的耐用性。使用导电衬底可以进一步提高 Ni_3FeN 的电催化性能。例如，Ni_3FeN/还原氧化石墨烯（rGO）气凝胶具有优异的 OWS 电催化性能。此外，能调节孔洞尺寸的钼基碳化物/氮化钼异质结构纳米片是一种出色的 OWS 电催化剂。Mo_2C 和 Mo_2N 的化学键合所形成的大量的 N-Mo-C 界面对其优良的电催化性能起着重要作用。

② 金属碳化物

金属碳化物具有良好的耐蚀性、稳定性、机械强度、催化活性和选择性。从发现碳化钨具有类似于金属 Pt 的电催化性能之后，金属碳化物立即引起了研究者的极大兴趣和关注。同时，也采用了上述许多策略来提高碳化物的 OWS 性能。由于 β-Mo_2C 在 4 种 Mo-C 相

（α-MoC_{1-x}，β-Mo_2C，η-Mo_2C 和 γ-Mo_2C）中表现出最高的 HER 活性，因此 N 掺杂碳纳米管（Co-Mo_2C@N-CNTs）封装的 Co 和 β-Mo_2C 纳米颗粒电催化剂表现出良好的双功能性能。由于成本低、导电性好，镍碳化物（NiC_x）也是制造高性能电催化剂的理想材料。异质掺杂和与碳基底结合可以提高金属碳化物催化剂的催化活性。

6.2.2 光解水制氢

（1）基本原理

图 6-10 为半导体光催化分解水制氢反应的基本过程。半导体吸收能量等于或大于禁带宽度（E_g）的光，将发生电子由价带向导带的跃迁，这种光吸收称为本征吸收。本征吸收在价带生成空穴 h_{VB}^+，在导带生成电子 e_{CB}^-，这种光生电子-空穴对具有很强的还原和氧化活性，由其驱动的氧化还原反应称为光催化反应。如图 6-11 所示，光催化反应包括，光生电子还原电子受体 H^+ 和光生空穴氧化电子给体 D^- 的电子转移反应，这两个反应分别称为光催化还原和光催化氧化。根据激发态的电子转移反应的热力学限制，光催化还原反应要求导带电位比受体的 $E(H^+/H_2)$ 偏负，光催化氧化反应要求价带电位比给体的 $E(D/D^-)$ 偏正；换句话说，导带底能级要比受体的 $E(H^+/H_2)$ 能级更负，价带顶能级要比给体的 $E(D/D^-)$ 能级更正。在实际反应过程中由于半导体能带弯曲及表面过电位等因素的影响，对禁带宽度的要求往往要比理论值大。

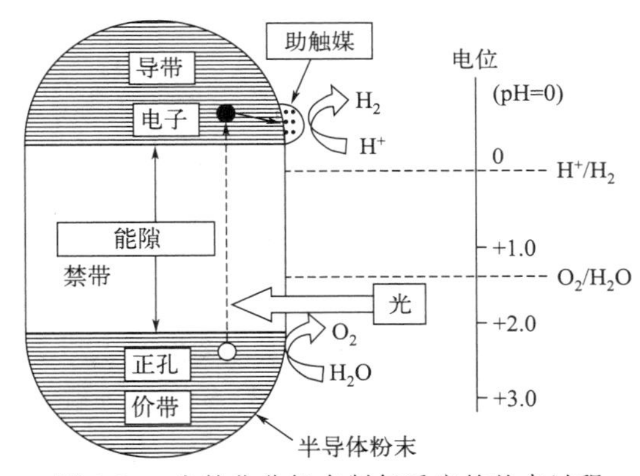

图 6-10 光催化分解水制氢反应的基本过程

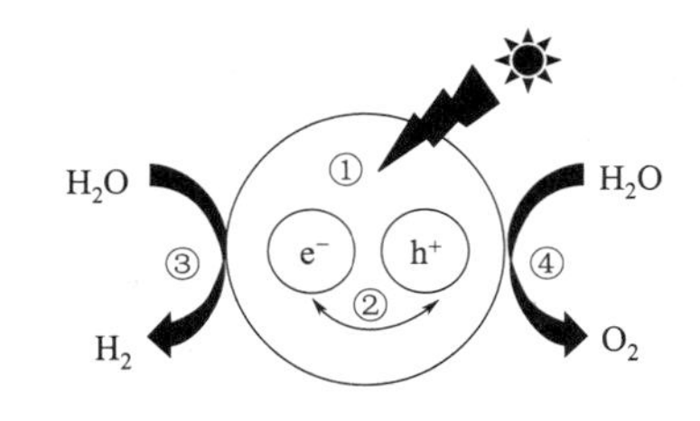

图 6-11 光催化分解水基本过程示意图

（2）反应过程

光催化分解水基本过程（图 6-11）如下：

① 光催化剂材料吸收一定能量的光子以后，产生电子-空穴对；

② 电子-空穴对分离，向光催化剂表面移动；

③ 迁移到半导体表面的电子与水反应产生氢气；

④ 迁移到半导体表面的空穴与水反应产生氧气；

⑤ 部分电子和空穴复合，转化成对产氢无意义的热能或荧光。

水在受光激发的导体材料表面，在光生电子和空穴的作用下发生电离，生成氢气和氧气。光生电子将 H^+ 还原成氢原子，而光生空穴将 OH^- 氧化成氧原子。这一过程可用下述方程式来表示，以 TiO_2 光催化剂为例：

光催化剂：$TiO_2+h\nu \longrightarrow e^- + h^+$ (6-7)

水分子解离：$H_2O \longrightarrow H^+ + OH^-$ (6-8)

氧化还原反应 $2e^- + 2H^+ \longrightarrow H_2$ (6-9)

$$2h^+ + 2OH^- \longrightarrow H_2O + \frac{1}{2}O_2 \quad (6\text{-}10)$$

总反应：$2H_2O + TiO_2 + 4h\nu \longrightarrow 2H_2 + O_2$ (6-11)

半导体光催化剂受光激发产生的光生电子和空穴，容易在材料内部和表面复合，以光或者热能的形式释放能量，因此加速电子和空穴的分离，减少二者的复合，是提高光催化分解水制氢效率的关键因素。

6.2.3 光电催化分解水制氢

海水是地球上最丰富的自然资源，太阳能驱动海水分解制取 H_2 是解决能源危机的理想方法。开发光电催化海水分解过程，不仅能使海水资源得到有效利用，解决淡水资源匮乏的问题，还能够极大降低太阳能转换过程的成本，更加符合实际应用需求。与光电催化纯水相比，光电催化海水的优势有三点：

① 海水的储量丰富，来源广泛，有助于缓解能源危机；

② 海水中含有较多无机盐成分，在光电催化海水体系中能够提高电解液的电导率，加快电荷转移，提高光电催化效率；

③ 海水中的无机盐成分可能会对光电极工作产生促进作用。

1997 年 Ichikawa 以透明薄膜锐钛矿 TiO_2 作光阳极催化剂，铂作光阴极，在太阳光下，光电催化分解天然海水的析氢速率约为 1.6 $\mu mol/(cm^2 \cdot h)$，光生电流密度约为 0.0947 mA/cm^2。这是首篇报道光电催化分解天然海水产生 H_2 的文章，并未施加外置电压，相应的光生电流密度偏低。该文章开创了阳光与海水结合利用的先河，自此，光电催化分解海水制氢逐渐为人们所关注。

光电催化分解水是将太阳能转化为氢能的一种方法，通过在负载催化剂的光电极上施加偏压，辅助以光照实现将水分解为氢气（H_2）和氧气（O_2）的过程。光电催化分解水过程中，同时采用光伏发电技术获取的电能，利用太阳能将水分解为 H_2 和 O_2，这是未来清洁能源应用的一个重要的研究方向。

光电催化制氢是在光照下通过电解水生产 H_2 的技术。光催化剂薄膜沉积在合适的基底上形成光阳极或光阴极，在光照下，光电极产生电子-空穴对，通过外电路流向对电极参与电极与电解质界面处的氧化、还原反应，该过程主要以电流密度和产氢速率来评价光电催化性能。光生电流密度是衡量光电催化性能的常见表现形式，析氢速率能够表现析氢反应中的产氢性能，因此在光电催化海水分解制氢的系统中，两个性能表现都可以运用，光电催化水分解的工作原理如图 6-12 所示。

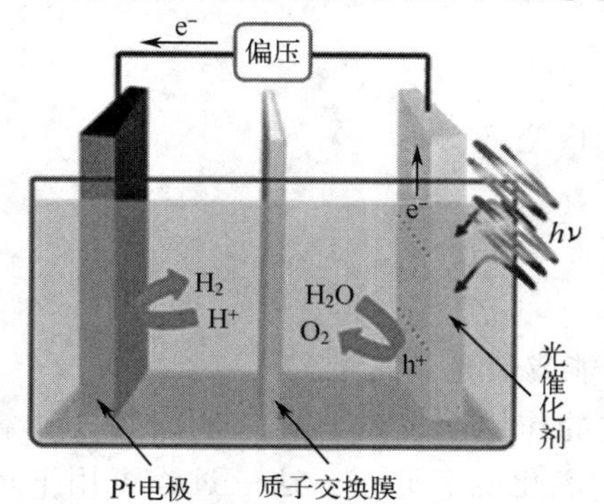

图 6-12 光电催化工作原理模型图

不同情况采用的偏压存在差异，在 0.5～3.0 V 不等。在理想条件下，水的分解电势为 1.23 V（vs.

SHE)，在一定的范围内，增大偏压会促使光生电子和空穴的分离，降低复合速率，并且提升光生电流密度，但是考虑 H_2 的生成速率，应该使用合适的偏压得到最优产氢速率，避免只追求光生电流密度而使用较高偏压造成能源浪费。

2018 年 Kim 等报道了“三系统”间接光电催化海水制氢，“三系统”还具有淡化海水和降解污水（尿素）的功能。如图 6-13 所示，中间系统为海水区域，海水中的 Na^+ 和 Cl^- 会分别迁移到光阴极和光阳极，从而实现海水淡化的效果；左侧为光阳极室，电极为 TiO_2 纳米棒簇，Cl^- 会在这里被氧化成活性氯物种（RCS），如：Cl_2 和 $HClO/ClO^-$，这些活性氯物种可用于污水处理；右侧为光阴极室，电极为 Pt 电极，K_2SO_4 充当电解液，随着 Na^+ 的进入，光阴极室中的电导率增加，加速电荷运动，从而间接地催化海水分解制氢。在 AM 1.5 G 照射下，外加 0.5 V（vs. SCE）电压，光生电流为 2.3 mA/cm^2。

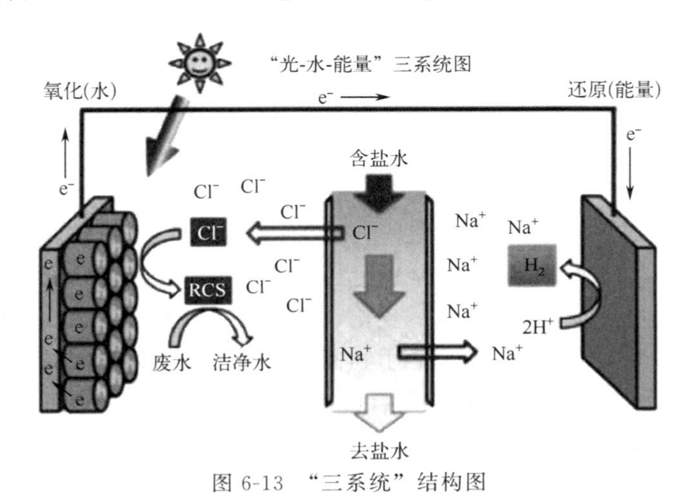

图 6-13 “三系统”结构图

6.2.4 化石能源制氢

矿物燃料制氢主要指以煤、石油及天然气为原料制取氢气。这种方法是制取氢气最主要的方法，目前制得的氢气主要用作化工原料，如合成氨、合成甲醇等。用矿物燃料制氢的方法包括含氢气体的制取、气体中一氧化碳组分变换反应及氢气提纯等步骤。该方法在中国已经具有成熟的工艺，并建有工业生产装置。

（1）以煤为原料制取氢气

以煤为原料制取含氢气体的方法主要有两种：一是煤的焦化，也叫作高温干馏；二是煤的气化。煤的焦化是指煤在隔绝空气条件下，在 900～1000 ℃的高温下制取焦炭，煤的焦化的副产品是焦炉煤气，每吨煤可得煤气 300～350 m^3。在焦炉煤气中，按体积分数计，氢气占 55%～60%，其余的是甲烷和一氧化碳，其中甲烷占 23%～27%，一氧化碳占 6%～8%。

（2）以天然气或轻质油为原料制取氢气

以天然气为原料，采用蒸汽转化为含氢的混合气，利用变压吸附装置可以制取纯度为 99%以上的氢气。制取的氢气主要用于石油炼制过程中油品加氢精制，这种方法在中国已有成熟的经验。长期的生产实践证明，这种装置工艺可靠、生产方便、运营安全，原料、燃料单耗和主要性能指标已接近世界先进水平。

天然气蒸汽转化的基本原理是天然气和水蒸气在高温条件下、在催化剂的作用下，发生复杂的化学反应，从而生产出氢气、甲烷、一氧化碳、二氧化碳和水的平衡混合物。

这种化学反应在800～820 ℃的温度条件下进行。用这种办法制得的气体组成中，按体积分数计，氢气含量可占74%。其生产成本主要取决于原料价格，中国轻质油价格高，制气成本比较贵，因此这种方法的采用受到一些限制。该方法是在催化剂存在下天然气与水蒸气反应转化制得氢气。

(3) 以重油为原料部分氧化法制取氢气

重油原料包括常压、减压渣油及石油深度加工后的燃料油。重油与水蒸气及氧气反应制得含氢气体产物，部分重油燃烧提供转化吸热反应所需的热量及一定的反应温度。气体产物组成中，按体积分数来说，氢气占46%，一氧化碳占46%，二氧化碳占6%。该方法生产氢气产物的成本中，原料费约占1/3。重油价格较低，所以人们比较重视这种方法。目前中国建有大型重油部分氧化法制氢装置，用作制取合成氨的原料。

6.2.5 生物质制氢

生物质资源丰富，是重要的可再生能源。可以通过生物质汽化和微生物制氢。生物质汽化制氢就是将生物质原料如薪柴、锯末、麦秸、稻草等压制成型，在汽化炉或裂解炉中进行汽化或裂解反应，制得含氢的燃料气。微生物制氢是利用微生物在常温常压下进行酶催化反应制得氢气。生物质产氢主要有化能营养微生物产氢和光合微生物产氢两种方式。属于化能营养微生物的是各种发酵类型的一些严格厌氧菌和兼性厌氧菌。发酵微生物制氢的原始基质是各种碳水化合物、蛋白质等，已有利用碳水化合物发酵制氢的专利，并利用所产生的氢气作为发电的能源。

6.2.6 氢的分离和纯化

氢的纯化有多种方法，按机理可分为化学方法和物理方法两大类。其中，化学方法包括催化纯化，物理方法包括金属氢化物分离、变压吸附、低温分离。每一种方法都有其优势，也有其局限性。这几种方法的原料气要求、产品纯度、回收率、生产规模所能达到的水平归纳见表6-7。

表6-7 氢纯化方法比较

方法	原理	原料	氢气纯度/%	回收率/%	使用规模	备注
催化纯化法	与氢气进行催化反应除去氧	含氧的氢气	99.999	99	小至大规模	一般用于提高电解制氢法氢气的纯度，有机物、铝、汞、碳和硫的化合物，能使催化剂中毒
聚合物薄膜扩散法	气体通过渗透薄膜的扩散速率不同	炼油厂废气和氨吹扫气	92～98	85	小至大规模	CO_2 和 H_2O 也可能渗透过薄膜

续表

方法	原理	原料	氢气纯度/%	回收率/%	使用规模	备注
金属氢化物分离法	氢与金属生成金属氢化物的可逆反应	氮吹扫气	99.9999	75～95	小至大规模	氧、一氧化碳和硫的化合物被氢吸附中毒
低温吸附法	液氮温度下吸附剂对氢源中杂质的选择性吸附	氢含量为99.5%的工业氢	99.9999	95	小至大规模	先冷凝干燥除水，再经催化脱氧
低温分离法	低温条件下气体混合物中部分气体冷凝	石油化工和炼油厂废气	90～98	95	大规模	为除去CO_2、H_2S、H_2O需要预先纯化
变压吸附法	选择性吸附气流中的杂质	任何富氢原料气	99.999	70～85	大规模	清洗过程中损失氢气，回收率低
无机物薄膜扩散法	氢通过钯合金薄膜的选择性扩散	任何含氢气体	99.9999	99	小至大规模	硫化物和不饱和烃可降低渗透性

从生产规模的要求上看，现有的方法大都能满足从小的实验室到大规模的工业化生产的要求。但从实际应用和经济上考虑，只有两种方法能实际应用于整个从小规模到大规模的生产，即催化纯化法和聚合物薄膜扩散法。两种物理方法即低温分离和变压吸附最适于大规模应用。其余的方法，包括钯合金膜扩散法适于小到中等规模的生产。

6.3 氢的存储与输运

6.3.1 氢的安全性

氢气，无色无味，易泄漏扩散；在常温常压空气中的可燃极限为4%～75%（体积分数），可燃范围宽；在常温常压空气中的爆轰极限为13%～65%（体积分数），爆轰速度为1480～2150 m/s，易爆炸；氢气对金属材料有劣化作用，易发生氢腐蚀和氢脆；氢气又是高能燃料，当与空气或其他氧化剂结合着火时，会释放出大量的能量（表6-8列出了氢的安全性能指标）。因此，氢的使用确实存在着较高的风险，但“知己知彼，方能百战不殆”，明确辨识了使用氢的危险因素，深化人们对氢气行为和特性的认识，对预防氢气应用中的危险事故具有积极的指导意义。

氢是一种高能燃料。任何燃料都具有能量，都隐藏着着火和爆炸的危险。和其他燃料相比，氢气是一种安全性比较高的气体。氢气在开放的大气中，很容易快速逃逸，而不像汽油蒸气挥发后滞留在空间中不易疏散。氢焰的辐射率小，只有0.01～0.1，而汽油空气火焰的辐射率大于0.1，即后者几乎为前者的10倍。现在大家谈“氢”色变的主要原因在于对氢的了解有所欠缺，氢气在工业领域的安全使用已有100多年的历史和经验；氢气在人们生活中作为能源更是在天然气普及之前，城市人工煤气内氢气的体积含量高达56%；另外，航天领域内液氢用于火箭发射，氢气在医学领域的研究应用等，都表明了在规范的制度下，氢气的使用风险是完全可控的。

表 6-8 从安全角度看氢气的性质

性质	参数
300 K 时氢气绝热火焰温度	2318 K
爆轰极限(体积分数)	13%～65%
化学计量比中的爆炸超压	1.47 MPa
在空气中的扩散常数	0.61 cm^2/s
在空气中的火焰传播速率	2.6 m/s
在空气中的爆炸速率	2.0 km/s
在空气中的化学计量组成比(体积)	29.53%

(1) 氢的泄漏与扩散

氢是最轻的元素，比液体燃料和其他气体燃料更容易从小孔中泄漏。例如，对于透过薄膜的扩散，氢气的扩散速度是天然气的 3.8 倍。但是，通过对燃料输运系统的合理设计，可以不采用很薄的材料。所以，比较有意义的是，在燃料管线、阀门、高压储罐等上面实际出现的裂孔中，氢气泄漏的速度数据表明，在层流情况下，氢气的泄漏率比天然气高 26%，丙烷泄漏得更快，比天然气高 38%。而在湍流的情况下，氢气的泄漏率是天然气的 2.8 倍。燃料电池汽车（FCV）气罐的压力一般是 34.5 MPa，如果发生泄漏的话一定是以湍流的形式，靠近氢气罐的地方装有压力调节阀，可以将压力降到 6.7 MPa；给燃料电池提供的氢的压力约为 200 kPa，如果发生泄漏就应该是以层流的形式，所以，根据 FCV 中氢气泄漏的大小和位置的不同，泄漏的状态是不同的。由于天然气的容积能量密度是氢气的 3 倍多，所以泄漏的天然气包含的总能量要多。天然气汽车（NGV）的储气罐和 FCV 的储氢罐的大小是不一样的。气罐的大小和压力要根据每种车的性能要求来确定。据估计，FCV 的能源效率（低位发热量）是汽油内燃机汽车的 2.68 倍。假设天然气汽车和汽油内燃机汽车具有相同的能源效率，那么，天然气汽车所携带的能量将是汽油内燃机动力的 FCV 的 2.68 倍。另外，天然气汽车存储天然气的压力通常为 20.7～24.8 MPa，而 FCV 储氢的压力为 34.5 MPa。

(2) 氢的燃烧与爆炸

氢气在空气中的燃烧有两种方式。通常的燃烧为爆燃（deflagration），火焰以亚音速沿混合气体传播，届时气体受热而迅速膨胀，并产生冲击波，其压力可能足以破坏附近的建筑物。另一种燃烧为爆轰（detonation），火焰传播加速使爆燃发展到爆轰时，火焰传播和由此产生的冲击波合为一体以超音速沿混合气体传播，温度、压力都会大幅度增加，由此产生的危害也要大很多。

在空气中，氢的燃烧范围很宽，而且着火能很低。最小着火能仅为 0.019 MJ，在氧气中的最小着火能更小，仅为 0.007 MJ。如果用静电计测量化纤上衣摩擦而产生的放电能量，该能量比氢气和空气混合物的最小着火能还大好几倍，足以说明氢的易燃性。然而这并不意味着氢气比其他气体更危险。由于空气中可燃性气体的积累必定从低浓度开始，因此就安全性讲，爆炸下限浓度比爆炸上限浓度更重要。丙烷的爆炸下限浓度就比氢气低，从这一点上看，氢气比丙烷更安全。另外，最小着火能的实际影响也不像该数字所表明的那样。氢气的最小着火能是在含量为 25%～30%的情况下得到的。在较高或较低的燃料空气比的情况下，点燃氢气所需的着火能会迅速增加。事实上，在着火下限附近，燃料含量为4%～5%，点燃氢气/空气混合物所需要的能量与点燃天然气/空气混合物所需的能量基本相同。

氢气的燃烧速度是天然气和汽油的7倍，在其他条件相同的情况下，氢气比其他燃料更容易发生爆燃甚至爆炸。但是，爆炸受很多因素的影响，比如精确的燃料空气比、温度、密闭空间的几何形状等，并且影响的方式很复杂。氢气的燃料空气比的爆炸下限是天然气的2倍，是汽油的12倍。如果氢气泄漏到一个离火源很近的空间内，氢气发生爆炸的可能性很小。如果氢气发生爆炸，氢气必须在没有点火的情况下累积到至少13%的含量，然后触发着火源发生爆炸。而在工程上，氢气的含量要保持在4%的着火下限以下，或者要安装探测器报警或启动排风扇来控制氢气含量，所以如果氢气含量累积到13%～18%，那安全保护系统已经发生很大的问题了，而出现这种情况的概率是很小的。如果发生爆炸，氢的单位体积的最低爆炸能是最低的。而就单位体积而言，氢气爆炸能仅为汽油气的1/22，因此氢气的爆炸特性可以描述为：氢气是最不容易形成可爆炸的气雾的燃料，但一旦达到了爆炸下限，氢气是最容易发生爆燃的燃料。为了保证氢气使用安全，用氢场所的氢气含量检测就非常重要。现代科学技术的发展，已经可以做到氢气含量快速检测。探测器的尺寸也很小，安装、使用都很方便。在很短的时间内，氢气探测器可以将氢气含量的信息传送到中央处理器，当达到危险含量时，就自动报警并采取相应的措施，确保安全。

(3) 氢的安全处理与防护

当氢气着火时，可以使用干粉、水流或水雾扑灭其周围的火，切断气源前不要灭火。用CO_2灭火时，要特别当心，因为，氢气能将CO_2还原为CO而使人中毒。氢气对眼睛、皮肤没有影响，但是吸入过量的氢气会导致窒息。氢气瓶应该存放在通风良好、安全、干燥的地方并与可燃物分开，存储温度不可高于52 ℃。氢气钢瓶与氧气钢瓶或氧化物要分开放置，氢气钢瓶应直立存放，阀盖应完好并拧紧，钢瓶要固定好以防翻倒，不要拉、滚动或滑动钢瓶，用合适的手推车来移动钢瓶。储存区内应有“禁止吸烟和明火”的警示牌，储存区域内不应有火源，氢气的储存或使用区域内，所有电器必须具有防爆要求。使用氢气时不要在连好之前打开钢瓶阀，否则会自燃。用测漏仪器检测系统的泄漏，千万不要用明火测漏，操作人员应当采取的防护措施：

① 戴防寒、防冻伤的纯棉手套，防止液氢冻伤；

② 穿不会产生静电的工作服，禁止穿着化纤、尼龙、毛皮等制作的衣服进入工作现场；

③ 穿电阻率在10 Ω•cm以下的专用导电鞋或防静电鞋；

④ 在离氢环境较近的建筑物或实验室内，应设有送风机，送风机的效果比抽风机好，因为送风机可以增加气流的紊流度以改善通风环境，房顶应可移动，不允许有凹面、锅底形的天花板，因为这样的天花板容易积存由于各种结构微量泄漏的氢气；

⑤ 一般的氢着火可采用干粉、泡沫灭火器或者吹氮气灭火，若用二氧化碳灭火方法，要注意氢能在高温下将二氧化碳还原成一氧化碳而使人中毒，一旦发生着火，应立即切断氢源；

⑥ 在系统设计上应考虑既有遥控切断氢源开关，亦有手动应急切断开关；

⑦ 被液氢冻伤的皮肤，只能用凉水浸泡慢慢恢复，千万不能用热水浸泡；

⑧ 氢/空气爆轰时，冲击波对人体有严重的伤害，人的伤害程度与其所在的位置、经受的超压程度有关；

⑨ 注意防范穿着衣服的材质对静电的积累。

6.3.2 氢的存储

大规模制氢的另一个关键问题是氢的储存。氢在一般条件下为气态，其单位体积所含的能量远小于汽油，甚至小于天然气，因此，必须经过压缩或极低温下液化，或其他方法提高其能量密度后才能储存和应用。氢的储存主要有四种方法：高压气态储存、低温液氢储存、固态金属氢化物储存和碳质材料储存。

（1）高压气态储存

高压储氢气瓶是压缩氢广泛使用的关键技术，广泛应用于加氢站及车载储氢领域。随着应用端的应用需求（尤其是车载储氢）不断提高，轻质高压是高压储氢气瓶发展的不懈追求。目前高压储氢容器已经逐渐由全金属气瓶（Ⅰ型瓶）发展到非金属内胆纤维全缠绕气瓶（Ⅳ型瓶）。几种类型的高压储氢气瓶见表6-9。

表6-9 不同类型储氢瓶对比

类型	Ⅰ型	Ⅱ型	Ⅲ型	Ⅳ型
材质	钢制金属瓶	钢内胆纤维缠绕瓶	铝内胆纤维缠绕瓶	塑料内胆纤维缠绕瓶
工作压力/MPa	17.5～20	26.3～30	30～70	>70
介质相容性	有氢脆、腐蚀	有氢脆、腐蚀	有氢脆、腐蚀	有氢脆、腐蚀
质量储氢密度/(g/L)	1	1.5	2.4～4.1	2.5～5.7
使用寿命/年	15	15	15～20	15～20
成本	低	中等	最高	高
是否可以车载	否	否	是	是

全金属储氢气瓶，即Ⅰ型瓶，其制作材料一般为Cr-Mo钢、6061铝合金、316 L等。由于氢气的分子渗透作用，钢制气瓶很容易被氢气腐蚀并出现氢脆现象，导致气瓶在高压下失效，出现爆裂等风险。同时由于钢瓶质量较大，储氢密度低，质量储氢密度在1%～1.5%左右，一般用作固定式、小储量的氢气储存。近年来，金属气瓶研究主要集中于金属的无缝加工、金属气瓶失效机制等领域，尤其是采用不同的测试方法来评估金属材料在气态氢中的断裂韧性特性。

纤维复合材料缠绕气瓶即Ⅱ型瓶、Ⅲ型瓶和Ⅳ型瓶。最早于20世纪60年代在美国推出，主要用于军事和太空领域。其中Ⅱ型瓶采用的是环向增强，纤维并没有完全缠绕，工作压力有所增强，可达26～30 MPa。但由于其缠绕的内胆仍然是钢制内胆，并没有减轻气瓶质量，质量储氢密度和Ⅰ型瓶相当，应用场景受限。Ⅲ型瓶和Ⅳ型瓶是纤维复合材料缠绕制造的主流气瓶。其主要由内胆和碳纤维缠绕层组成。Ⅲ型瓶的内胆为铝合金，Ⅳ型的内胆为聚合物（图6-14）。纤维复合材料则以螺旋和环箍的方式缠绕在内胆的外围，以增加内胆的结构强度。衬垫作为氢气与复合层之间的屏障，防止氢气从复合层基材的微裂纹中泄漏。

为减小储存体积，必须先将氢气压缩成高压（15～40 MPa），为此需消耗较多的压缩功。一般情况下，一个充气压力为20 MPa的高压钢瓶储氢重量只占1.6%；供太空使用的钛瓶储氢重量也仅为5%，它是一微型球床，微型球可用塑料、玻璃、陶瓷或金属制造。

（2）低温液氢储存

将氢气冷却到－253 ℃左右，氢气将被液化，体积大大缩小，然后将其储存在高真空的

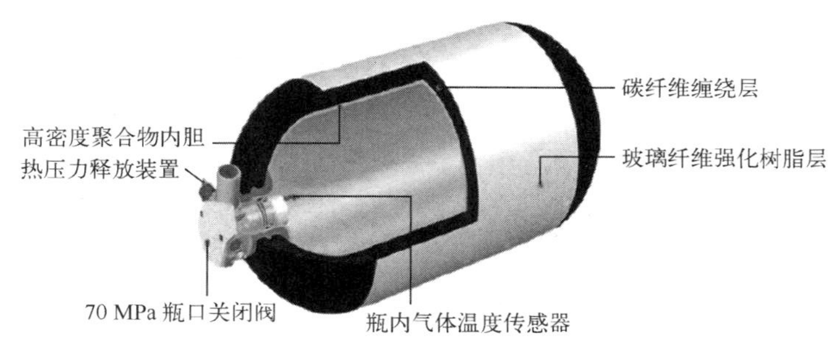

图 6-14 Ⅳ型轻质高压储氢容器模型图

绝热容器中。液氢的体积能量很高，常温、常压下液氢的密度为气态氢的 845 倍，液氢的体积能量密度比气态储存高好几倍。液氢储存工艺首先用于航天中，其储存成本较贵，安全技术也比较复杂。高度绝热的储氢容器是目前研究的重点。现在一种壁间充满中孔微珠的绝热容器已经问世，这种二氧化硅的微珠直径为 30～150 μm，中间空心，壁厚 1～5 μm。在部分微珠上镀上一薄层铝，由于这种微珠导热系数极小，其颗粒又非常细，可完全抑制颗粒间的对流换热；将部分镀铝微珠（一般为 3%～5%）混入不镀铝的微珠中，可有效地切断辐射传热。这种新型的热绝缘容器不需抽真空，其绝热效果远优于普通高真空的绝热容器，是一种理想的液氢储存桶，美国宇航局已广泛采用这种新型的储氢容器。

液氢储罐最理想的是球形。因为它表面积小，热损失小，且强度高，但加工比较困难。常用的为圆柱形容器，蒸发损失比球形大 10%左右，当容积为 50 m^3 时，蒸发损失率为 0.3%～0.5%。容积越大，蒸发损失率越小。

需要指出的是，由于容积的各部分温度不同，液氢储罐中会出现“层化”现象，即由于对流作用，温度高的液氢会集中于容器的上部，使上部蒸气压力增大，导致容器所承受的压力不均匀。因此，在液氢储存过程中，必须将上部部分蒸气排出，以保证安全。另一个消除层化的方法，是在储罐内部垂直安装一个导热性好的竖板，以达到消除上下温差的作用，从安全的角度看，储存的液氢最好处于过冷状态。

车用液氢容器是目前研究的热点，目前，开发出的车用液氢容器分成内外两层。内胆盛装温度为 20 K 的液氢，通过支撑物置于外层壳体中心。支撑物可由玻璃纤维带制成，具有良好的绝热性能。两层之间充填多层镀铝涤纶薄膜，以减少热辐射，或充填中空玻璃微珠。各层薄膜间安放炭绝热纸，增加热阻并吸附低温下的残余气体，整个夹层被抽成高真空，防止对流热损失。液氢注入管和排气管同轴，可以回收排气的冷量。管子用热导率很小的材料制成，储罐内胆一般用不锈钢制成，承压 1～2 MPa，外壳用低碳钢、不锈钢制成，也可用铝合金，以减轻质量。图 6-15 为美国通用公司所生产的轿车上使用的低温液态储氢罐的模型。

（3）固态金属氢化物储存

氢与氢化金属之间可以进行可逆反应，当外界有热量加给金属氢化物时，它就分解为氢化金属并放出氢气。反之，氢和氢化金属构成金属氢化物时，氢就以固态结合的形式储于其中。用来储氢的氢化金属大多为由多种元素组成的合金，世界上已研究成功多种储氢合金，它们大致可以分为四类：一是稀土镧镍等，每千克镧镍合金可储氢 153 L。二是铁钛系，它是目前使用最多的储氢材料，其储氢量较大，是前者的 4 倍，且价格低、活性大，还可在常温常压下释放氢，给使用带来很大的方便。三是镁系，这是吸氢量最大的金属元素，但它需

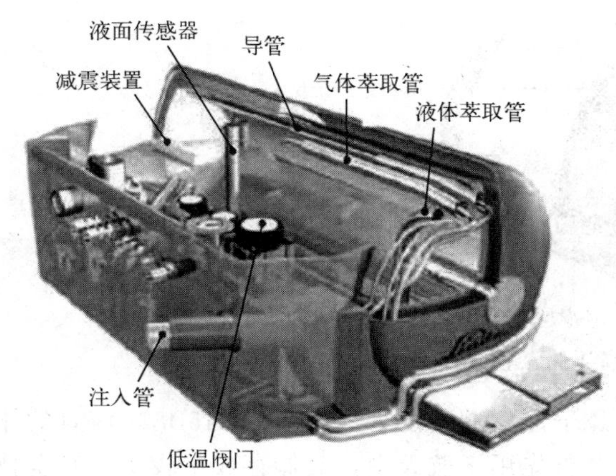

图 6-15 美国通用公司在轿车上使用的低温液态储氢气罐模型图

要在 287 ℃下才能释放氢，且吸收氢十分缓慢，因而使用上受到限制。四是钒、铌、锆等多元素系，这类金属本身属稀贵金属，因此，只适用于某些特殊场合。

在金属氢化物储存方面存在的主要问题是：储氢量低、成本高、释氢温度高等。因此，进一步研究氢化金属本身的化学物理性质，包括平衡压力、温度曲线、生成焓、转化反应速率、化学及机械稳定性等，寻求更好的储氢材料仍是氢能开发利用中值得注意的问题。带金属氢化物的储氢装置既有固定式也有移动式，它们既可作为氢燃料和氢物料的供应来源，也可用于吸收废热，储存太阳能，还可作氢泵或氢压缩机使用。

（4）碳质材料储存

碳质储氢材料主要有超级活性炭吸附储氢和纳米碳储氢。超级活性炭吸附储氢是在中低温（77～273 K）、中高压（1～10 MPa）下利用超高比表面积的活性炭作吸附剂的吸附储氢技术。与其他储氢技术相比，超级活性炭储氢具有经济性好、储氢量高、解吸快、循环使用寿命长和容易实现规模化生产等优点，是一种很具潜力的储氢方法。

超级活性炭是一种具有纳米结构的储氢材料，其特点是具有孔径在 2 nm 以下的微孔。在细小的微孔中，孔壁碳原子形成了较强的吸附势场，使氢气分子在这些微孔中得以浓缩。但是，如果微孔的壁面太厚，使单位体积的微孔密度降低，从而降低了单位体积或单位吸附剂质量的储氢量。因此，为了增大超级活性炭中的储氢量，必须在不扩大孔径的条件下减薄孔壁厚度。超级活性炭吸附储氢较适用于大规模储氢系统。当前，在此方面的研究主要有：适宜氢气储存、成本较低的表面改性；提高体积密度以提高其储存经济性；改善吸脱附性能。碳纳米管具有管道结构，碳管壁之间存在类石墨层空隙，吸附性强，因此碳纳米管储氢量大，利用碳纳米管储氢已展现良好的前景，随着碳纳米管成本的进一步降低，这种储氢方法有望实用化。

针对不同的用途，发展起来的还有无机物储氢、地下岩洞储氢、“氢浆”新型储氢、玻璃空心微球储氢等技术；以复合材料为重点，做到吸附热互补、质量吸附量与体积吸附量互补的储氢材料已有所突破；掺杂技术也有力地促进了储氢材料性能的提高。

6.3.3 氢的输运

氢气的运输通常根据储氢状态的不同和运输量的不同而不同，主要有气氢输送、液氢输送和固氢输送 3 种方式。

（1）气氢输送

气态输运分为长管拖车和管道输运 2 种，我国长管拖车运输设备产业较为成熟，但在长距离大容量输送时，成本较高，整体落后于国际先进水平；而管道输运是实现氢气大规模、长距离输送的重要方式。管道输运时，输氢量大、能耗低，但是建造管道一次性投资较大。

在管道输运发展初期，可以积极探索掺氢天然气方式。

（2）液氢输送

液态输运适合远距离、大容量输送，可以采用液氢罐车或者专用液氢驳船运输。采用液氢输送可以提高加氢站单站供应能力，日本、美国已经将液氢罐车作为加氢站运氢的重要方式之一。日本千代田公司于2009年成功研发出液态有机氢载体系统关键技术，全球首条氢供应链示范项目采用了千代田公司探索的液态有机氢载体的商业化示范，在2020年实现了210吨/年的氢气输运能力。

（3）固氢输送

通过金属氢化物存储的氢能可以采取更加丰富的运输手段，驳船、大型槽车等运输工具均可以用以运输固态氢。

6.4 燃料电池

6.4.1 燃料电池基础

燃料电池是将反应物（包括燃料和氧化剂）的化学能直接转化为电能的一种高效清洁的电化学的发电装置。燃料电池发电是继水力、火力和核能发电之后的第四类发电技术。它是一种不经过燃烧直接以电化学反应方式将燃料和氧化剂的化学能转化为电能的高效发电装置。氢能可以通过燃料电池转化成电能，具有能量密度高、能量转化效率高、零碳排放等优点。

（1）燃料电池的历史和发展

燃料电池的发展历史可以追溯到1839年格罗夫（Grove）的研究，他发现氢气和氧气在硫酸溶液中以铂丝为电极组成的电化学装置可以放电，并用该电池点亮了伦敦演讲厅的照明灯。当时这种电池被称为气体电池，是最早的燃料电池的雏形。格罗夫的研究对后续燃料电池研究有两点重要启示，一是提出电解液、反应气体和催化剂三相反应区是提高电池性能的关键；二是使用氢气作为燃料，如果使用其他更为廉价、易得的燃料可促进燃料电池的商业应用。1889年蒙德（Mood）和莱格（Langer）在此基础上组装出了实际的燃料电池的装置，并且第一次把它称为燃料电池。1896年，W. W. Jacuqes提出了一种用煤作燃料的燃料电池，由于无法解决电解质污染的问题，这种燃料电池最终没得到发展。

由于十九世纪六七十年代发电机的发展，燃料电池技术黯然失色，直到二十世纪五十年代燃料电池的研究才有了实质性的进展。1952年，培根（Bacon）研制开发出了具有实用价值的培根型燃料电池，并获得专利。燃料电池的首次实际应用是在1960年作为宇宙飞船的空间电源，为人类登月做出了卓越的贡献。此后燃料电池开始迅速发展。20世纪60～70年代集中研究在航空航天方面用的燃料电池。之后，在环境污染和能源危机的双重压力下，全世界开始正视能源的重要性，燃料电池技术又进一步受到了重视，人们相继开发了第一代燃料电池（以净化重整气为燃料的磷酸型燃料电池，PAFC）、第二代燃料电池（以净化煤气、天然气为燃料的熔融碳酸盐型燃料电池，MCFC）和第三代燃料电池（固体氧化物电解质燃料电池，SOFC）。

随着技术的日渐成熟，20世纪90年代，燃料电池作为清洁、廉价、可再生的能源使用方式逐渐由实验室进入“寻常百姓家”。具有代表性的标志就是1993年，加拿大Ballard Power System公司推出世界上首辆以质子交换膜燃料电池为动力的燃料电池汽车，燃料电池开始进入民用领域。目前，燃料电池在固定电源、交通运输和便携式电源方面的应用越来越广，尤其是新能源汽车领域，各国的汽车制造商也开始研发各种以燃料电池为动力的新能源车辆。

美国、日本、加拿大、欧洲在燃料电池的研究和应用领域处于世界前列，相较之下中国在燃料电池的研究方面起步较晚。从20世纪50年代，中国开启了燃料电池的研究，前期主要是进行一些探索性和基础性研究工作。20世纪70年代，开始燃料电池产品的研制开发，燃料电池研究达到高潮，到70年代末，由于总体计划的变更，燃料电池的研究被一度中断，此后中国燃料电池的研究及开发工作处于低潮。20世纪90年代，在国际能源需求告急以及国内环境恶化的情况下，中国的燃料电池开发再度成为热门领域。1998年，中国第一家主要从事燃料电池领域研发的企业——上海神力科技有限公司——在上海注册成立并受到科技部重点培育，拉开了国内企业进入燃料电池领域的序幕。

进入21世纪，中国燃料电池领域得到了快速发展。2000年科技部的“973”基础项目研究投入了3000万元用于氢能的规模制备、存储和相关燃料电池的研究。2006年《国家中长期科学和技术发展规划纲要（2006—2020）》中提到，要重点研究高效低成本的化石能源和可再生能源制氢技术、经济高效氢存储技术和输配技术，燃料电池基础关键部件制备和电堆技术，燃料电池发电及车用动力系统集成技术，形成氢能和燃料电池技术规范与标准。2010年《国务院关于加快培育和发展战略性新兴产业的决定》出台，该决定中指出要开展燃料电池汽车相关的前沿技术研发，大力推进高效能、低排放的节能汽车的发展。2014年在国务院办公厅印发的《能源发展战略行动计划（2014—2020年）》中提出了优化能源结构、加快清洁能源供应的目标，并将氢能与燃料电池定为能源科技创新战略的20个重点创新方向之一。2016年中共中央、国务院印发的《国家创新驱动发展战略纲要》，国家发展改革委、国家能源局印发的《能源技术革命创新行动计划（2016—2030）》和国务院印发的《“十三五”国家战略性新兴产业发展规划》等国家政策均将燃料电池作为重要技术类别进行支持。2017年国家发展改革委明确将“燃料电池系统及其核心零部件”列入到《战略性新兴产业重点产品和服务指导目录》2016版当中，标志着燃料电池作为战略性新兴技术得到了我国的重视和肯定。2019年氢能源首次写进了《政府工作报告》，要求“推动充电、加氢等设施建设”。2020年4月，氢能被写入《中华人民共和国能源法（征求意见稿）》。2020年9月，五部门联合发布《关于开展燃料电池汽车示范应用的通知》，采取“以奖代补”方式，对入围示范的城市群，按照其目标完成情况核定并拨付奖励资金，鼓励并引导氢能及燃料电池技术研发。2021年以来，在国家层面上与氢能和燃料电池相关的政策持续加码，推进氢能及燃料电池的推广和应用。

在加强技术研发的同时，科技部积极推动燃料电池汽车示范运行考核工作。从2008年北京奥运会投入燃料电池轿车作为马拉松先导车和燃料电池客车作为运动员收容车开始，燃料电池汽车示范运行拉开序幕，并在上海世博会、深圳大运会等国际重大赛事活动中继续进行示范应用考核。2022年北京冬奥会示范运行超1000辆燃料电池汽车，配备30多个加氢站，是全球最大的一次燃料电池汽车示范。科技部正式答复《关于加快推动燃料电池商用车发展的建议》中提到，科技部将结合国家中长期科技发展规划研究和“十四五”国家重点研发计划重点专项凝练等工作，继续加强氢能与燃料电池技术攻关，加快关键核心技术取得实质性突破，提升燃料电池技术成熟度，为燃料电池商用车技术进步和产业发展提供强有力技术支撑。在2020年国务院办公厅印发的《新能源汽车产业发展规划（2021—2035年）》中，氢能源汽车也被多次提及。不过从氢的制造、运输以及加氢站几方面来看，氢能源汽车相比纯电能源要难上很多。

(2) 燃料电池工作原理

燃料电池是一种电化学能量转化装置，其单电池基本组成与化学能存储型电池类似，包括电极（阳极和阴极）、电解质（可以是固体，也可以是溶液或熔融盐）、燃料和氧化剂。电池表示式可以表示为：

$$(-)\text{燃料}|\text{电解质}|\text{氧化剂}(+)$$

燃料电池的工作原理也与化学能存储型电池的类似，为原电池的工作原理，即通过氧化剂和燃料在阴阳极的电化学反应把化学能直接转变为电能，如图6-16所示。在燃料电池工作过程中，向阳极和阴极分别不断地连续供给燃料（包括氢气、甲烷、天然气、甲醇等）和氧化剂。在阳极发生燃料的氧化，其反应过程称为阳极过程，对外电路按原电池定义为负极；阴极发生氧化剂的还原，其反应过程称为阴极过程，定义为电池的正极；阳极燃料所失去的电子经外电路向外部负载提供电能，离子则在电池内部阴阳极之间迁移。

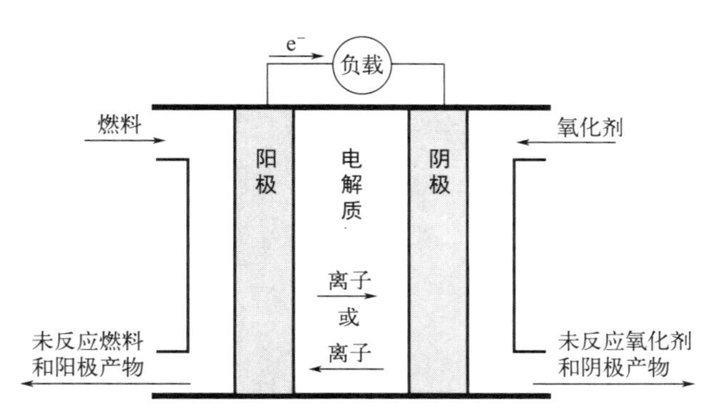

图6-16 燃料电池工作原理示意图

以氢氧燃料电池为例，所对应的电极上的反应为：

阳极（负极） $$2H_2-4e^- \longrightarrow 4H^+ \tag{6-12}$$

阴极（正极） $$4H^+ + O_2 + 4e^- \longrightarrow 2H_2O \tag{6-13}$$

电池反应 $$2H_2 + O_2 \longrightarrow 2H_2O \tag{6-14}$$

从燃料电池的工作原理可以看出，只要源源不断地向电池供给燃料和氧化剂，燃料电池就可以连续地向外部输送电能，其工作方式更类似于发电机，例如常见的柴油机和汽轮机。因此燃料电池被誉为继火电、水电、核能之后的第四代发电方式。

(3) 气体扩散电极

燃料电池通常以气体作为氧化剂和燃料，属于气体电极。以氧电极为例，整个反应过程要经过气体扩散溶解到溶液中→在液相中扩散到电极表面→在电极表面进行吸附→电化学反应→产物通过液相扩散进入溶液深处：

$$O_2 \xrightarrow{\text{溶解}} O_{2,\text{溶}} \xrightarrow{\text{扩散,吸附}} O_{2,\text{吸}} \xrightarrow{\text{电化学反应}} OH^- \xrightarrow{\text{扩散}} \text{向溶液深处扩散}$$

即整个氧的反应不仅仅是一个电化学极化的问题，而且还有一个重要的扩散问题，即合理的电极结构。

要建立一个高效率的气体电极，应考虑两方面的问题——传质与电化学极化。通过合适结构的气体扩散电极解决传质问题，通过选择合适的催化剂（电催化）解决极化问题，两者结合起来就能制造出具有催化活性的高效率的气体扩散电极。它不仅在空气电池中，更在燃料电池中起着至关重要的作用。

为了提高电池的性能、降低电极的极化、提高利用率等改善性能，化学电源中通常都采用多孔电极，气体扩散电极属于三相多孔电极，比两相多孔电极要更为复杂，需要有足够的三相界面。

要制备高效率气体电极，必须满足的条件是电极中有大量气体容易到达与整体溶液相距不远的薄液膜。这种电极必然是较薄的三相多孔电极，又称为气体扩散电极，其中既有足够的被气体充满的“气孔”，使气体较容易传递到电极内部各处，又有大量的被电解液充满的“液孔”。因而能够实现在气/液界面上进行气体的溶解过程，在固/液界面上（薄液膜）进行电化学反应。这些薄液膜还必须通过“液孔”与整体溶液通畅地连通，以利于液相粒子的迁移和扩散。

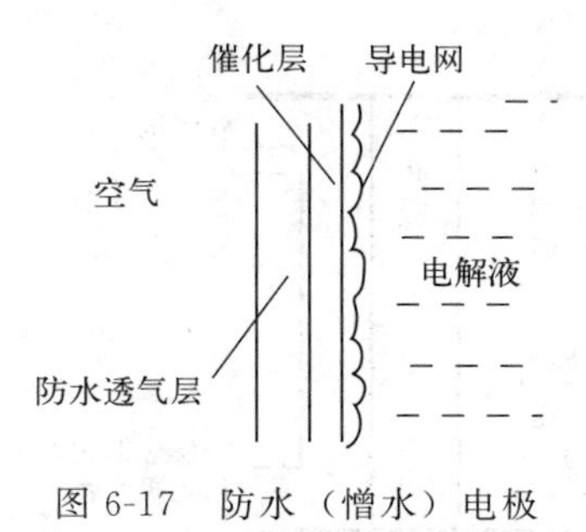

图 6-17　防水（憎水）电极结构示意图

根据薄液膜理论来设计气体扩散电极。为使气体扩散电极具有大量的薄液膜，即较多的三相界面，人们进行大量的研究，如单层结构、双层结构、微孔隔膜、控制压力等，其中比较成功的是防水（憎水）电极等。它属于双层结构，一层为防水透气层（也称为气体扩散层，由憎水物质做成的多孔层），另一层为多孔催化层，然后加上导电网组成，如图 6-17 所示。靠近空气一侧是防水透气层，一般用具有很强憎水性的聚四氟乙烯（PTFE）或聚乙烯（PE）组成的多孔结构。由于它的强憎水性，电解液不能从透气层中渗漏出来，但气体则可以由此透过而进入电极内部。它起到了透过气体但阻止电解液外漏的作用。

最靠近电解液一侧的为多孔催化层，它是由亲水的催化剂、碳和憎水的 PTFE 混合组成，PTFE 的憎水性使得催化层中形成大量有效的反应界面——电解液薄膜。三相多孔电极从结构上解决了扩散的问题，电化学极化需要选择合适的催化剂。

（4）燃料电池的特点

燃料电池是一种将燃料和氧化剂的化学能直接转化为电能的连续发电装置。作为能量转换装置，它与化学能存储型的化学电源既有相似的地方又有着明显的区别。燃料电池与化学能存储型电池（例如一次电池和二次电池）相比，相似的地方主要包括两点：第一，工作原理类似，均为原电池工作原理，即通过电化学反应将化学能直接转换成电能；第二，单电池主要基本组成类似，都包括正负极和电解质等基本组成部件。区别是燃料电池为连续发电装置，其燃料和氧化剂存储在电池外部的配套装置中，例如储氢罐。对于燃料电池而言，从理论上讲，电池的电极在工作时并不消耗，只要连续地供给燃料和氧化剂，电池就可以连续对外发电。而化学能存储型电池为间歇放电装置，其能量主要储存在电池内部的活性物质中，例如正负极电池材料。随着电池不断放电，其内部的活性物质不断被消耗，当活性物质消耗量达到一定程度，即电池放电到截止电压时，该电池就不能再为外电路提供电能，放电终止。对于一次电池而言只能采取报废措施，而二次电池则需要充电才能进行下一次的放电。

作为连续发电装置，燃料电池同时也与常规的热机既有相似又有明显区别：燃料电池与热机的相似之处在于二者的工作方式是连续的，反应物均是从外部连续供给，可以不断地提供能量。区别是能量转换方式不同，热机在将化学能转换为电能的时候要经历燃料燃烧→化学能→热能→机械能→电能等多个中间步骤，在转换过程中最大效率受卡诺定律限制：

$$\eta=\frac{W_r}{-\Delta H}=1-\frac{T_2}{T_1} \tag{6-15}$$

其中，W_r 为热机所做的可逆功；ΔH 为反应的焓变；T_1 和 T_2 为热机入口和出口的热力学温度。可以看出，只有 $T_1\to\infty$ 或者 $T_2\to 0$ K 时，效率接近 100%。在实际运行中这种条件是无法实现的，因此热机的燃料有效利用率通常较低。最好的空气喷气发动机，在比较理想的情况下其效率也只有 60%，用得最广的内燃机，其效率最多只达到 40%。燃料电池是将燃料中的化学能通过电化学反应直接转化为电能，其电化学过程不受卡诺定律的限制，并且在电池反应过程中，燃料电池的理论效率 η 为吉布斯自由能变化量（ΔG）与反应的焓变（ΔH）的比值：

$$\eta=\frac{\Delta G}{\Delta H}=1-\frac{(T\Delta S)}{\Delta H} \tag{6-16}$$

由此可知，体系与环境的热交换（$T\Delta S$）很小时，燃料电池理论上的能量转换效率接近 100%。燃料电池具有如下特点：

1）能量转化效率高

燃料电池的第一个特点是不受卡诺循环的限制，能量转化率高。由于燃料电池直接将化学能转化为电能，中间未经燃烧过程（亦即燃料电池不是一种热机），因此，它不受卡诺循环的限制，可以获得更高的转化效率。燃料电池的理论能量转化效率可达 80%～100%，由于可能从环境吸收热量，效率甚至可能大于 100%。实际应用中，由于极化的存在、电解质的欧姆降以及热损失等，燃料电池的能量转化效率下降为 40%～60%，但仍较热机的能量转化效率高约 20%。若实现热电联供，燃料的总利用率可以高达 80%。并且，随着技术的进步，燃料电池的能量转化效率可进一步提高。

2）可靠性高

按照工作原理，燃料电池很少有常规发电机中的运动部件，因而系统更加安全可靠；由于电池组合是模块结构，维修较为方便；当燃料电池的负载有变动时，它会很快响应。无论处于额定功率以上的过载运行或低于额定功率运行，它都能承受而效率变化不大，供电稳定性高。由于燃料电池的运行可靠性高，可作为各种应急电源和不间断电源使用。

3）环境友好

火力发电时会排放 CO_2、SO_2、NO_x、烃类等环境污染物，燃料电池发电过程中燃料不经过燃烧，不会产生有害物质，污染物排放量极低，仅为最严格的环境标准的十分之一。若采用氢气为燃料，电池的反应产物仅为水，可实现“零排放”。即使考虑到现有的采用化石燃料重整制氢的技术，其 CO_2 排放量也比化石燃料燃烧发电降低了 40%。随着技术的进步，未来可以利用太阳能、风能、核能、地热能等可再生能源进行制氢，可真正实现零污染发电。另外，燃料电池在运行过程中没有传动部件，因而噪声低，工作环境非常安静。可将燃料电池电站设置在工厂或者居民区附近，能够有效降低高压线路把大型发电站发出的电通过长距离输送到用户造成的电能损失。

4）灵活性大，建设周期短

燃料电池的基本单元是单电池，将单电池组装起来就构成一个电池堆，其发电容量取决于单电池的功率与数目。燃料电池采用模块式结构进行设计和生产，可以根据不同的需求灵活地组装成不同规模的燃料电池发电站。与一般发电站相比，不需要庞大的配套设备，占地面积小、建设成本低、周期短，燃料电池发电厂可在2年内建成投产，其效率与规模无关，可根据用户需求而增减发电容量。并且发电系统是全自动运行，机械运动部件很少，维护简单，费用低，适合用作偏远地区、环境恶劣以及特殊场合（如空间站和航天飞机）的电源。另外，燃料电池质量轻、体积小、比功率高，移动起来比较容易，布置方式灵活多样，特别适合建造分散性电站（如海岛或偏远地区）。

5）燃料来源广泛

对于燃料电池而言，只要含有氢原子的物质都可以作为燃料，例如天然气、石油、煤炭等化石产物，或是沼气、酒精、甲醇等。因此燃料电池非常符合能源多样化的需求，可减缓主流能源的耗竭。

（5）燃料电池的分类

目前已经发展了多种类型的燃料电池，燃料电池可依据其工作温度、燃料使用方式和电解质类型进行分类。

1）按照工作温度

按照燃料电池的工作温度可以分为：低温燃料电池（运行温度低于100 ℃），包括质子交换膜燃料电池（proton exchange membrane fuel cell，PEMFC）、直接醇类燃料电池（direct alcohol fuel cell，DAFC）、高温质子交换膜燃料电池（high temperature proton exchange membrane fuel cell，HT-PEMFC）和碱性燃料电池（alkaline fuel cell，AFC）等；中温燃料电池（运行温度100～500 ℃），包括培根型碱性燃料电池和磷酸型燃料电池（phosphoric acid fuel cell，PAFC）；高温燃料电池（运行温度600～1000 ℃），包括熔融碳酸盐燃料电池（molten carbonate fuel cell，MCFC）和固体氧化物燃料电池（solid oxide fuel cell，SOFC）。

2）按照燃料使用方式

按燃料使用方式，燃料电池可分为：直接式燃料电池，即燃料直接在电池的阳极催化剂上被氧化，如直接甲醇燃料电池（direct methanol fuel cell，DMFC）、直接碳燃料电池（direct carbon fuel cell，DCFC）、直接硼氢化物燃料电池（direct borohydride fuel cell，DBFC）等；间接式燃料电池，这类燃料电池的燃料是将甲烷、甲醇或其他烃类化合物通过蒸汽转化或催化重整转变成的富氢混合气；再生型燃料电池，是指把燃料电池反应生成的水，经过一定的方法分解成氢气和氧气，然后重新输入燃料电池中发电。

3）按照电解质类型

目前常用的分类方式是按照燃料电池使用的电解质进行分类。根据电解质的种类，燃料电池常用的电解质可分为聚合物电解质和无机电解质。其中使用聚合物电解质的燃料电池包括：质子交换膜燃料电池、直接醇类燃料电池和高温质子交换膜燃料电池等。使用无机电解质的燃料电池包括：碱性燃料电池、磷酸型燃料电池、熔融碳酸盐燃料电池和固体氧化物燃料电池等。

（6）燃料电池系统

燃料电池按电化学原理将化学能转化成电能，并为负载提供所需电力。单电池的电压通常较低（<1 V），无法满足负载要求，需要将单电池组合成电堆，再配备一套附属装置，构成一个复杂的燃料电池系统，如图6-18所示，包括：①电堆，它是整个电池系统的心脏，承担将化学能转化成电能的任务；②燃料和氧化剂供应子系统；③水、热管理子系统；④电力调节和转换子系统；⑤自动控制子系统。

燃料电池工作方式与热机类似，在工作（即连续稳定地输出电能）时，必须不断地向电池内部送入燃料（如氢气）与氧化剂（如氧气）。因此，需要相应的燃料和氧化剂（空气或纯氧）供应子系统；燃料电池运行时还要排出与生成量相等的反应产物（如氢氧燃料电池中所生成的水）。对于低温燃料电池，如质子交换膜燃料电池，需要配有水管理系统，以维持质子交换膜和电极内的水平衡在最佳状态，即既要保持膜的良好润湿，又要及时去除催化层、扩散层和流道内多余的液态水，防止电极水淹。目前燃料电池的能量转化效率仅达到40%～60%，没有转化为电能的能量以热量的形式释放出来，如不及时合理地排出，可导致整个燃料电池堆过热，或局部过热，影响燃料电池的平稳运行。对于高温燃料电池一般还要考虑将该热能加以再利用，实现热电联供，以提高燃料的利用率。因此，需要给电池堆配备热管理子系统。燃料电池输出的是直流电，若用户使用的是交流电或将燃料电池发的电并入交流电网，则需将直流电转换成交流电。在转换过程中需要DC/AC电压逆变系统完成。实际应用中，由于电池温度、反应气体压力和流速等工作条件发生变化，燃料电池的输出电压往往不稳定。尤其是当负载发生急剧变化时，由于燃料电池内阻较大（千瓦级质子交换膜燃料电池组的内阻在100 mΩ左右），燃料电池输出电压也会大幅改变。为了保证输出电压平稳，需要对电力进行调节的稳压系统；由于燃料电池系统的负载经常发生变化，例如燃料电池汽车频繁地启动、变速、停止等，因此要对燃料电池各个部分进行实时监控、跟踪、调整，就需要控制子系统，来确保燃料电池系统稳定、可靠地运行。

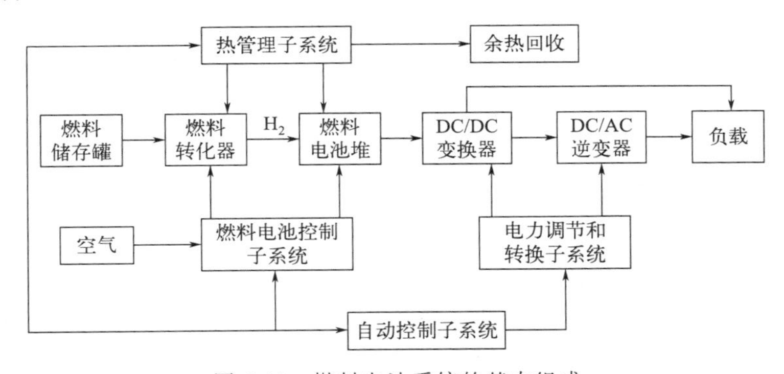

图6-18　燃料电池系统的基本组成

（7）燃料电池的应用

燃料电池是化学电源的一种，它具有常规电池（如锂离子电池）的积木特性，即可由多个电池按串联、并联的组合方式向外供电。因此，燃料电池既适用于集中发电，也可用作各种规格的分散电源和可移动电源。如图6-19所示，根据输出功率的大小，燃料电池可应用于汽车、航空航天、潜艇、便携式电源和固定电站等诸多电力领域。

燃料电池具有效率高、适应能力强，持续性强等优点，而固定电站对燃料电池技术要求较低，因此燃料电池在固定电站方面应用发展较快，在热电联供、边远地区用电、应急电源和基站电源等方面具有良好的应用前景。尤其是以固体氧化物燃料电池为代表的高温燃料电池可与煤的气化构成联合循环，特别适宜于建造大型、中型电站，如将余热发电也计算在内，其燃料的总发电效率可达70%～80%。熔融碳酸盐燃料电池可采用净化煤气或天然气作燃料，适宜于建造区域性分散电站。将它的余热发电与利用均考虑在内，燃料的总热电利用效率可达60%～70%。以甲醇为燃料的直接甲醇燃料电池是单兵电源、笔记本电脑等设备的优选小型便携式电源。目前，燃料电池应用最为热门的是交通领域，许多大型车企均积

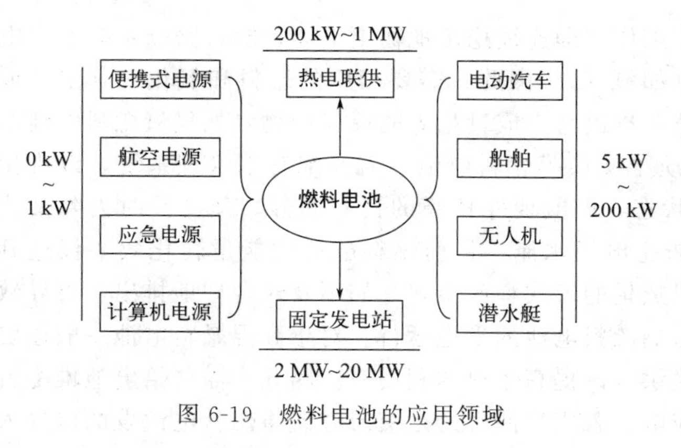

图 6-19 燃料电池的应用领域

极布局燃料电池汽车，以质子交换膜燃料电池为代表的低温燃料电池主要应用于商用车、乘用车、叉车等多种民用车型，已建立较为完善的产业链。根据燃料电池的工作原理，当燃料电池发电机组以低功率运行时，它的能量转化效率不仅不会像热机过程那样降低，反而略有升高。因此，一旦采用燃料电池组向电网供电，可有效解决电网调峰问题。

6.4.2 质子交换膜燃料电池

在各种类型的燃料电池中，以全氟磺酸型质子交换膜作为电解质的质子交换膜燃料电池因其功率密度高、运行温度低、启动快等优势，近几年来备受关注。质子交换膜燃料电池的研究和开发始于 20 世纪 60 年代，早在 1960 年，美国首先将通用电气公司开发的质子交换膜燃料电池用作双子星座航天飞行的动力源。当时该燃料电池采用的是聚苯乙烯磺酸膜，在运行过程中发生了膜的降解，不但导致电池寿命的缩短，而且还污染了电池的生成水，使宇航员无法饮用。之后，美国杜邦公司研制生产了具有质子传导率高、化学和机械稳定性好的全氟磺酸膜，即 Nafion 膜。通用电器公司采用杜邦公司的全氟磺酸膜，延长了电池寿命，解决了电池生成水被污染的问题，并用小电池在生物实验卫星上进行了搭载实验。但由于成本的原因，在 1968 年美国航天飞机用电源的竞争中让位于石棉膜型碱性氢氧燃料电池，这一竞争失利造成质子交换膜燃料电池的研究长时间内处于低谷。

由于电池材料和制备技术取得突破性进展，质子交换膜燃料电池的性能大幅提升，具有良好的应用前景，20 世纪 80 年代中期，对质子交换膜燃料电池的研究又被人们所重视。1983 年，在加拿大国防部资助下，巴拉德动力公司进行了质子交换膜燃料电池的研究。经过科学家的共同努力，质子交换膜燃料电池取得了突破性进展，包括：①在电池中采用质子传导率高的薄（50～150 μm）的 Nafion 和 Dow 全氟磺酸膜，使电池性能提高数倍；②采用 Pt/C 催化剂代替纯铂黑，降低了 Pt 的使用量，同时在电极催化层中加入全氟磺酸树脂，并将阴极、阳极与膜热压到一起，组成电极膜-电极组件，实现了电极的立体化，扩展了电极反应的三相界面，增加了 Pt 的利用率。这种工艺使电极的 Pt 负载量降至低于 0.5 mg/cm^2，电池输出功率密度高达 0.5～2 W/cm^3，电池组的质量比功率达到 700 W/kg，体积比功率达到 1000 W/L。

进入 90 年代后，PEMFC 技术发展迅速。1992 年，各国汽车制造商在政府的支持下开始研发燃料电池汽车，其中 Ballard 公司于 1993 年向世界展示了一辆无污染的 PEMFC 驱动的公交车，引起全球研发热潮；1994 年，奔驰公司生产了燃料电池汽车 NECAR1，这是世界上第一辆燃料电池汽车；随后，美国、日本、韩国相继推出其燃料电池概念车以及量产车。2014 年丰田汽车公司推出了首款商用燃料电池汽车 Mirai，进一步促进了燃料电池汽车的推广。近年来，中国氢燃料电池汽车行业受到各级政府的高度重视和国家产业政策的重点支持。国家陆续出台了多项政策，鼓励氢燃料电池汽车行业发展与创新，《氢能产业发展中长期规划（2021—2035年）》《新能源汽车产业发展规划（2021—2035年）》《关于加快建立绿色生产和消费法规政策体系的意见》等产业政策为氢燃料电池汽车行业的发展提供了明确、广阔的市场前景，为企业提供了良好的生产经营环境。PEMFC以其优异的性能以及环境友好等特点被认为是二十一世纪汽车内燃机最有希望的取代者。

（1）PEMFC工作原理与组成

PEMFC的单电池基本组成结构和工作原理如图6-20所示，单电池主要包括质子交换膜、阴（阳）极催化层、气体扩散层和双极板。通常质子交换膜、催化层和气体扩散层是一体化的，称之为膜电极（Membrane Electrode Assembly，MEA）。PEMFC运行时，氢气和空气（O_2）经双极板上的流场、流道的分配，并通过气体扩散层分别到达电池的阳极和阴极催化层的三相反应界面。氢气在阳极侧催化剂（通常为Pt/C）作用下发生氧化反应，产生电子和质子（H^+），质子经由质子交换膜传递到阴极，电子经外电路传递到阴极，同时产生电流。所对应的阳极、阴极和电池总反应方程式，如式(6-12)、式(6-13)和式(6-14)所示。

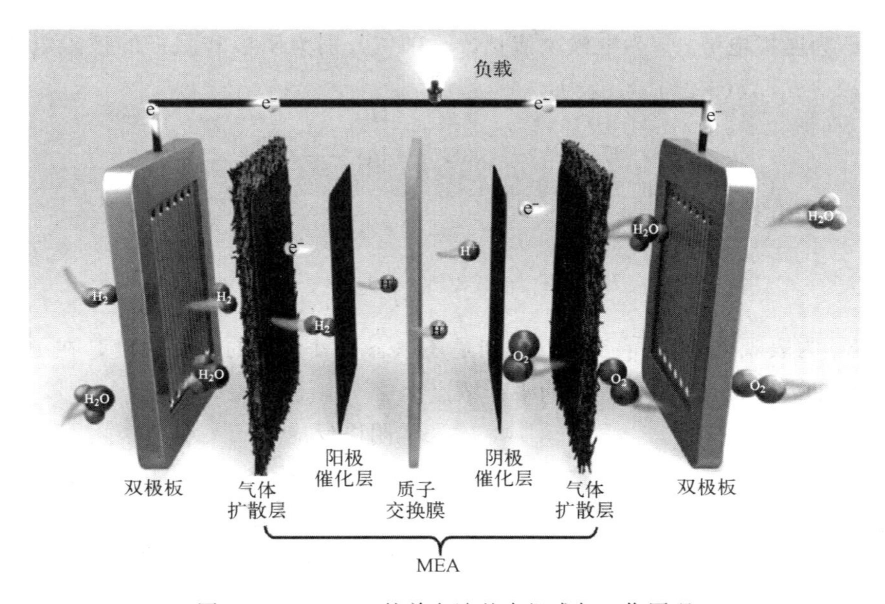

图6-20　PEMFC的单电池基本组成与工作原理

1）阳极反应

质子交换膜燃料电池中的阳极反应是氢气在阳极侧催化剂表面的氧化反应（HOR），这一过程的机理可以描述为3个基本步骤，包括Tafel反应（或重组反应）、Volmer反应（或电荷转移反应）和Heyrovsky反应。整个电极反应过程又可以分为5个步骤：

① H_2分子向催化剂电极（如Pt电极）扩散；

② H_2分子通过电解液在电极表面吸附；

③ 氢在催化剂（以Pt为例）上解离吸附，即Tafel反应（或重组反应）：

$$\text{Pt-Pt}+H_2 \longrightarrow \text{Pt-H}+\text{Pt-H} \tag{6-17}$$

④ 氢原子发生Volmer反应（或电荷转移反应），失去一个电子形成H_3O^+并脱离Pt活性位点：

$$\text{Pt-H}+H_2O \longrightarrow \text{Pt}+H_3O^+ +e^- \tag{6-18}$$

H_2 分子也可以直接发生 Heyrovsky 反应：

$$Pt + H_2 + H_2O \longrightarrow Pt\text{-}H + H_3O^+ + e^- \tag{6-19}$$

⑤ 生成的 H_3O^+ 会进一步由相界面转移到电解质体相。整个 H_2 的氧化反应（或电荷反应）可以表示为：

$$H_2 + 2H_2O \longrightarrow 2H_3O^+ + 2e^- \tag{6-20}$$

上述主要反应步骤在其他催化剂电极表面也会发生，与 Pt 电极相比反应过电势可能不同。若速率常数较小，整个电极反应可视为不可逆；反之，速率常数足够大，并适用于 Nernst 方程，反应为可逆过程。Pt 电极是目前用于 HOR 催化反应最佳的电极材料。由于 H_2 在 Pt 表面 HOR 过程中 Tafel 反应是速率控制步骤，可以通过 Tafel/Volmer 过程研究强酸中 H_2 在 Pt 电极上的反应。因 HOR 的速率常数非常大，反应过程可认为是可逆的，主要方程包括：

$$E = E_1 - 2.303\frac{RT}{nF}\lg\left[\frac{(i_L^c)^2(i_L^a - i)}{i_L^a(i - i_L^c)^2}\right] \tag{6-21}$$

式中，E 为电极电势；i 为电极电流；i_L^a 和 i_L^c 分别为阳极和阴极的极限电流。若在强酸溶液中 $|i_L^c| \gg i$，式(6-21) 可变为：

$$E = E_1 - 2.303\frac{RT}{nF}\lg\left(\frac{i_L^a - i}{i_L^a}\right) \tag{6-22}$$

式中，E_1 是平衡电势，且

$$E_1 = E_0 - 2.303\frac{RT}{nF}\lg\frac{c_R^{\infty}}{(c_O^{\infty})^2} \tag{6-23}$$

式中，E_0 为表观电势；c_R^{∞} 和 c_O^{∞} 分别是还原态和氧化态的平衡浓度，在 PEMFC 阳极电极反应中指 H_2 和 H^+（H_3O^+）的平衡浓度。

2）阴极反应

质子交换膜燃料电池的阴极反应是氧气在阴极侧催化剂表面的还原反应（ORR），其总反应式如式(6-13) 所示。氢气在阳极 Pt 颗粒表面上的 HOR 机理已经明确，然而 ORR 的具体机理却还不是很清楚。ORR 是一个多电子转移的反应，根据电子转移数量不同可分为两电子和四电子转移路径，如图 6-21 所示。目前普遍认为 Pt 表面的 ORR 过程为四电子还原反应过程，至少涉及 4 个电催化的中间步骤，最终产物是水：

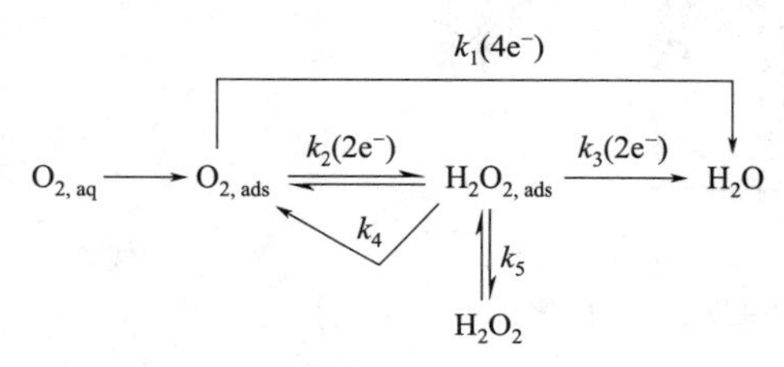

图 6-21 酸性水溶液环境中 ORR 两电子和四电子反应路径

$$O_2 + H^+ + M + e^- \longrightarrow MHO_2 \tag{6-24}$$

$$H^+ + MHO_2 + e^- \longrightarrow MO + H_2O \tag{6-25}$$

$$MO + H^+ + e^- \longrightarrow MOH \tag{6-26}$$

$$MOH + H^+ + e^- \longrightarrow M + H_2O \tag{6-27}$$

式中，M 是电催化剂。ORR 的第一步是 O_2 分子在催化剂表面的化学吸附，其吸附态表示为 $^*O_2$，接下来的反应可以用三种可能的 ORR 机制来概括，具体反应路径如图 6-22 所示：如果被化学吸附的 $^*O_2$ 立即发生 O-O 键断裂反应形成 2 个 $^*O$，则 ORR 通过 O_2 解离机制进行。

若被化学吸附的 $^*O_2$ 参与加氢反应生成 $^*OOH$，该 $^*OOH$ 既可以通过 OOH 解离机制进行 O-O 键断裂反应生成 $^*O$ 和 $^*OH$，也可以通过 H_2O_2 解离机制进行加氢反应生成 $^*H_2O_2$。

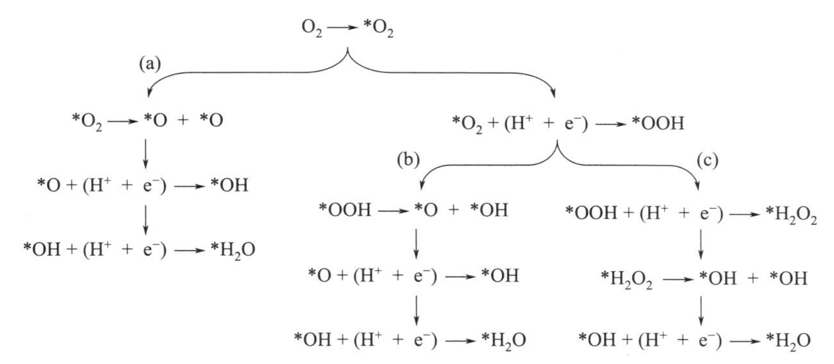

图 6-22　酸性水溶液环境中 ORR 的三种反应路径

ORR 反应机理十分复杂，迄今尚未能确定反应的中间物种和速率控制步骤，主要原因是，四电子 ORR 过程是一个高度不可逆过程，造成燃料电池电压损失严重，致使热力学可逆电势难以由实验室得到验证；O-O 键非常牢固，打开较为困难，同时又能形成非常稳定的 Pt-O 或者 Pt-OH 键；反应过程中可能有中间氧化物（如 H_2O_2）产生。

（2）PEMFC 特点

1）优点

质子交换膜燃料电池除具有一般燃料电池不受卡诺循环限制、能量转换效率高、超低污染、运行噪声低、可靠性高、维护方便等特点外，由于采用较薄的固体聚合物膜作电解质，还具有以下优点：

① 可低温运行，能实现低温快速启动，尤其适用于车辆。

② 比能量和比功率高，在所有可用的燃料电池类型之中，其功率密度最高。功率密度越高，为满足功率需求所需安装的燃料电池的体积越小，结构紧凑。

③ 采用固态电解质不会出现变形、迁移或从燃料电池中气化，无电解液流失，可靠性高，寿命长。

④ 清洁无污染，以纯氢为燃料时，产物只有水，几乎不产生有害物质，可实现零排放。

2）缺点

① PEMFC 成本较高，主要源于 PEMFC 关键组成部件包括贵金属催化剂、质子交换膜和双极板的成本高。

② 需用纯净的 H_2，由于贵金属催化剂对 CO 特别敏感，易受 CO 和其他杂质的污染，需要对使用的燃料进行净化处理，充分除去其中含有的 CO。

③ 余热难以有效利用，PEMFC 可回收余热的温度远低于其他类型燃料电池（碱性燃料电池除外），只能以热水方式回收余热。

（3）电催化剂

电催化剂是电极中最主要的部分，其功能是加速电极与电解质界面上的电化学反应或降低反应的活化能，使反应更容易进行。在 PEMFC 中，电催化剂的主要作用是促进氢气的氧化和氧气的还原反应、提高反应速率。从燃料电池极化曲线可以看出，为提高燃料电池性能，首先要降低活化极化，而活化极化则主要与催化剂活性密切相关。

1）对电催化剂的要求

对于燃料电池应用要求，催化剂应具备以下条件：

① 电催化活性高

催化剂对 HOR 和 ORR 反应都要具有较高的催化活性，同时还要对反应过程中的副反应具有较好的抑制作用。在电化学理论研究中，当电极处于可逆或平衡状态时，可用交换电流密度代表催化剂的催化活性，其值越高，表示电催化剂本征活性越高。在各种金属元素中，无论是 HOR 还是 ORR，目前来说催化活性最高的是金属 Pt 及其合金。

② 电子导电性高

在催化剂上的得失电子都要经过催化剂传导，因此催化剂必须具有良好的电子导电性。

③ 稳定性高

催化剂的稳定性是指化学稳定性和抗中毒能力，对于酸性环境的燃料电池催化剂必须具有高的耐腐蚀性，抗中毒能力是不易被一些物质毒化。对于 PEMFC 阳极，Pt 基催化剂的催化活性已满足要求，但是需要解决的是重整氢气中 CO 的中毒问题。因为，实际应用中，使用的燃料是矿物燃料经重整制备的富氢气体，其中含有 CO_2、CO 等杂质。尤其是 CO 能强烈吸附在 Pt 的催化活性中心，即使燃料中含 10 ppm（1 ppm $=10^{-6}$）的 CO 也能占据 98%以上的催化活性中心，严重阻碍 HOR 反应。

④ 比表面积大、催化剂载体适当

催化剂的催化活性一般与其比表面积息息相关，一般情况下，比表面积越大，催化活性越高。要达到高比表面积，催化剂颗粒要小且分散性好，就需要适当的催化剂载体。催化剂载体应满足电导率高、微孔尺寸适当、反应气体易扩散、耐腐蚀性强等要求。常用的催化剂载体有活性炭、炭黑、碳纳米管、石墨烯等。

PEMFC 工作条件下，阳极 HOR 反应动力学速率很快，电流密度为 1 A/cm^2 时过电位仅几十毫伏；而阴极即使在铂基催化剂表面，ORR 反应动力学速率仍然较为缓慢，电流密度为 1 A/cm^2 时其过电位超过 300 mV，是燃料电池总反应的控制步骤。因此，燃料电池性能的提升主要受限于阴极侧的氧还原反应。根据目前的研究和应用，PEMFC 所用催化剂分为铂基催化剂和非铂基催化剂。

2）铂基催化剂

由于具有对 HOR 和 ORR 催化活性高、化学性质稳定等特点，目前铂催化剂仍然是商用 PEMFC 中不可替代的催化剂。

① 铂催化剂阴极还原催化理论

如前文所述，ORR 反应步骤较多，具体催化机理目前还不是很清楚，但是随着技术不断进步和更新，发展了多种催化理论。在 O_2 分子在铂表面吸附和解离过程中，研究者通过各种测试技术在某种程度上发现了 O_2 分子的化学和物理吸附态、解离的原子吸附态等吸附行为。这些测试技术包括 X 射线光电子能谱技术（XPS）、X 射线吸收精细结构谱（NEXAFS）、超小角 X 射线散射（USAXS）技术、电子能量损失谱（EELS）、低能电子衍射技术（LEED）等等。大部分测试技术需要在真空条件下进行，并且确定某些中间产物需要在低温环境下进行，这对于电化学体系来说几乎不可能实现。所以对 ORR 的研究，科研人员又从理论模拟角度出发，通过密度泛函理论（denstiy functional theory，DFT）计算能得到反应中间体的自由能，可一定程度上揭示 ORR 的机理。Norskov 基于解离机理研究了 Pt 表面对 $^*O$ 和 $^*OH$ 中间体的吸附，发现在热力学平衡电势下，$^*O$ 和 $^*OH$ 会强烈吸附在 Pt 表面，使电子和质子传递受阻，导致活性降低。通过降低电极电势可减弱中间体的吸附强度，从而使 ORR 得以顺利进行，这也是铂表面产生 ORR 过电势的原因。Norskov 用同样方法还计算得到了其他金属对含氧中间体的吸附表现，并将键能与 ORR 活性之间建立了联系，发现电极表面的氧吸附能与 ORR 活性之间存在着火山型趋势，如彩插图 6-23 所示。催化活性最好的是金属 Pt，几乎处于火山的顶点，且金属-*O 键能与金属-*OH 键能在决定 ORR 活性上是等价的。

虽然氧还原过程涉及多种中间体，但是经计算发现*O、*OOH 和*OH 之间的吸附强度呈现线性正相关关系，如图 6-24(a) 所示。因而通过研究*OH 的吉布斯自由能（ΔG_{OH}）便可得知对其他中间体的吸附能力，如图 6-24(b) 所示，以 ΔG_{OH} 为变量，可得出一定电流密度下反应所需过电势的函数，便可知理论上最高活性对应的氧吸附能。对于与氧结合太强烈的金属（更负的 ΔG_{OH}），速率决定步骤是*OH 的解吸形成 H_2O，而对于与氧结合太弱的金属，活性受到 O_2 中 O-O 键断裂（解离途径）或 O_2 活化与质子结合形成*OOH（缔合途径）的限制。

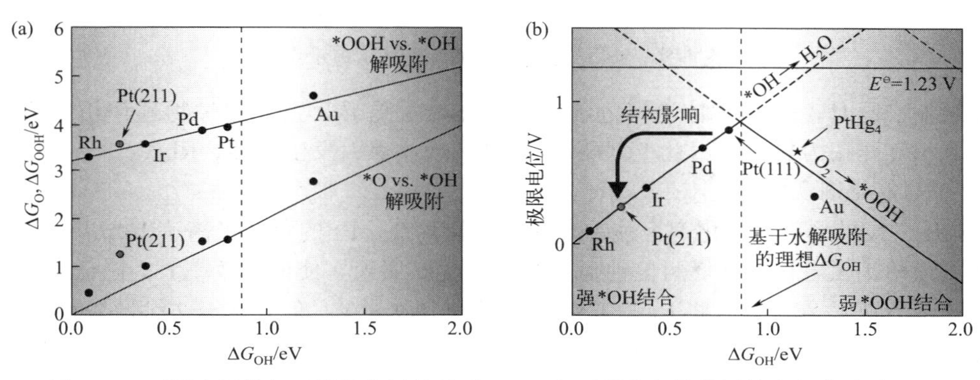

图 6-24　不同中间体氧吸附能之间的关系 (a)；氧吸附能与催化活性之间的关系 (b)

② 铂催化剂性能衰减机制

PEMFC 运行环境比较复杂，例如潮湿、酸性、高温（60～90 ℃）、高电压（0.5～1.2 V）等，会使催化剂 Pt 的电化学活性表面积（ESCA）减少，导致电极性能衰减，严重影响电池的性能和寿命。图 6-25 为 Pt/C 催化剂耐久性衰减机理示意图，造成铂催化剂性能衰减的主要原因有：

a. 催化剂碳载体腐蚀：PEMFC 运行过程中开路、怠速及启停过程产生氢空界面引起的高电位导致催化剂碳载体的腐蚀，从而影响到 Pt 催化层的形貌和性能，甚至导致 Pt 颗粒的脱落和溶解。

b. Pt 颗粒溶解：在 PEMFC 长时间工作过程中 Pt 催化剂表面在燃料电池运行电位下，尤其是中高电位（0.6～1.2 V），发生氧化导致溶解。这些溶解的 Pt 离子还会随着水扩散到质子交换膜中，可能会取代膜中的 H^+，导致交换膜的性能变差，影响电池性能。

c. Pt 颗粒的溶解再沉积（Ostwald 熟化）：溶解的 Pt 离子随着 PEMFC 运行电位不断变化循环，在低电位下（$<$0.6 V）再次还原沉积到其他的 Pt 颗粒上或者沉降到溶液体系中，进而改变了催化剂的形貌和结构，使得催化剂 Pt 的 ESCA 逐渐减少，导致催化剂的活性降低。

d. Pt 颗粒在碳载体表面的迁移和团聚：最初 Pt 颗粒均匀分散在碳载体上，具有较高的比表面能，随着 PEMFC 的长时间运行，在比表面能最小化的驱动下，Pt 颗粒趋向形成较

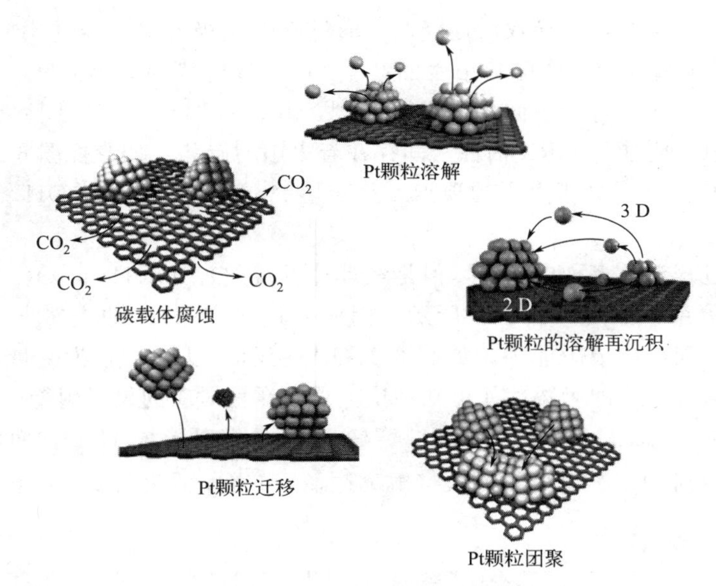

图 6-25 Pt/C 催化剂耐久性衰减机理示意图

大粒径颗粒。同时，Pt 与载体之间电子结构存在较大差异，主要通过物理作用力或弱化学键连接，相互作用力较弱，因此 Pt 颗粒很容易在载体表面发生迁移、团聚。

③ 铂基催化剂现状

PEMFC 最早采用的催化剂为纯铂，即铂黑催化剂，Pt 的负载量高达 10 mg/cm^2。这种无载体支撑的铂黑电极，在燃料电池运行过程中容易团聚，使催化效率大大降低。后来发展了碳载铂（Pt/C）催化剂，将 Pt 的载量降低了一个数量级，但是直至 20 世纪 80 年代中期，PEMFC 膜电极的 Pt 载量仍然高达 4 mg/cm^2。随着 Pt/C 电极制备工艺的改进，在 80 年代后期 Pt 载量从 4 mg/cm^2 降至 0.4 mg/cm^2，并且仍保持较高的活性。碳载铂催化剂中铂纳米粒子分散在高比表面积炭黑表面，表面原子比例提高同时铂纳米粒子之间的堆叠减小，表面原子利用率提高。高比表面炭黑具有廉价、酸性条件下耐腐蚀性较好的特点，被广泛用作 PEMFC 催化剂的载体，Pt/C 也是目前最主要的商用燃料电池催化剂。通过控制铂纳米粒子的粒径，提高铂纳米粒子在碳载体上的分散性，可以提高催化剂活性和铂的利用率。尽管如此，根据 DOE 提出的 2020 年催化剂要达到的技术目标（表 6-10），目前 Pt/C 仍然难以满足 PEMFC 对阴极催化剂的要求。除了 Pt 催化剂受成本与资源制约外，通过上文对铂催化剂性能衰减机制分析可知，Pt 催化剂还存在稳定性问题。因此，针对目前商用催化剂存在的成本与耐久性问题，新型高稳定、高活性的低 Pt 或非 Pt 催化剂是主要研究方向。

表 6-10 美国 DOE 设定的催化剂技术指标

特征参数	2020 年目标
铂族金属(PGM)用量(两级总和)	0.125 g/kW
铂族金属(PGM)总载量(两级总和)	0.125 mg/cm^2(电极面积)
质量比活性损失(30000 圈循环,0.6～1.0 V,50 mV/s)	损失＜40%
电催化剂载体稳定性	损失＜40%
质量比活性	0.44 A/mg@900 $mV_{IR\text{-}free}$①

① 在 900 mV 下测量的直径 IR-free 校正后得到的数据，@后面的内容表示性能测试在该电压、功率或电流密度下测量。

低 Pt 催化剂主要围绕两方面开展研究，一是提高催化剂的本征活性，二是提高催化剂暴露的活性面积，主要包括合金型催化剂、核壳型催化剂、Pt 单原子层催化剂、晶面调控催化剂、特殊形貌催化剂等催化剂种类。

a. Pt 合金催化剂

Pt 合金是指 Pt 与过渡金属的合金催化剂，通过过渡金属催化剂对 Pt 的电子与几何效应，在提高稳定性的同时，提高质量比活性；另外，过渡金属的加入降低了贵金属的用量，使催化剂成本也得到大幅度降低。自 19 世纪 80 年代，研究者发现将 Pt 与过渡金属形成合金后，ORR 催化活性得到显著提高的同时，铂的用量减小了，因此 Pt 合金得到广泛关注。在此之后研究者对 Pt 合金的组成、形貌、粒径等多方面进行了全面探究，有关理论机制也得到不断完善。与纯 Pt 相比，合金化使 Pt 的电子结构发生变化，d 带中心被调控至更理想位置，同时，两种不同金属的相互作用还可能产生协同效应或双功能机制。因此，Pt 合金催化剂可获得比纯 Pt 纳米颗粒更好的电催化活性。合金的原子排列方式、组分和粒径等会明显影响催化剂的性能。Stamenkovic 课题组通过 DFT 计算和实验提出了 Pt_3M（M＝Ni、Cu、Fe、Co、Ti、V 等）的催化活性与其电子结构之间的火山型关系，如图 6-26 所示。其中，Pt_3Co 的比活性最大。研究表明，催化活性的提高取决于催化剂表面电子结构改变所引起的中间体吸附能变化以及与表面反应物覆盖度之间的平衡，利用此趋势对催化剂的电子结构设计和元素选择进行指导，可以高效筛选具有高活性的催化剂种类。目前，通过精确控制 Pt 基合金的合成来调整其形状和结构，同时提高催化活性，减少 Pt 的用量，避免 CO 中毒，取得了较大进展。这些研究中多数还是处在实验室阶段，其中得到实际商业化应用的催化剂除了 Pt/C 之外还包括 PtCo/C、PtNi、PtMnCo（3 M-NSTF）等新型催化剂。PEMFC 催化剂的主要国外生产商包括美国的 3 M、Gore，英国的 Johnson Matthery，德国的 BASF，日本的 Tanaka，比利时的 Umicore 等，国内主要包括大连化物所、武汉理工氢电等。

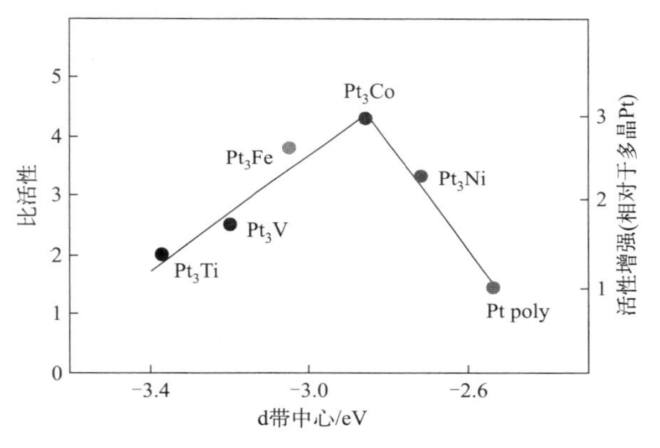

图 6-26　Pt_3M 合金中 d 带中心与催化性能之间的关系

b. Pt 基核壳结构催化剂

铂基合金中的过渡金属元素容易在酸性介质中溶解、流失，导致催化剂的稳定性降低，从而对燃料电池的性能造成不利影响。又由于在 ORR 过程中，只有分布在催化剂表面的 Pt 活性位点可以起到催化作用。因此，在 21 世纪初人们提出的一种新的纳米结构-核壳结构（记为“核@壳”）引起催化领域的高度关注，各种不同元素之间的核壳结构成功问世，图 6-27 为 Co@Pt 核壳结构的 ORR 催化剂。通过改变壳层厚度、内核种类、粒径和颗粒形状等因素，可以对核壳的电子结构和晶体结构进行调整，进而优化催化剂的性能。研究发现，外壳 Pt 和内核金属之间的电子效应以及核壳结构之间的几何效应是提高催化活性的重要因素。电子效应是 Pt 和内核原子相互作用时，Pt 占有较多 d 电子，费米能级升高，即纳米结构的 d 带中心降低。几何效应指的是表面晶格收缩时造成的适度压应力状态，当内核晶胞参数略小于 Pt 时表面铂层就会处于被压缩状态。按照 d 带理论，电子效应和几何效应都通过改变 d 带中心位置，降低 Pt 表面的氧吸附能，提高表面的氧原子和羟基基团的脱附能力，进而提高催化剂的 ORR 活性。

由于过渡金属纳米粒子表面易被氧化，对于 M@Pt 核壳型（M 为过渡金属）催化剂来说，制备难度较大。目前 Pt 基核壳结构催化剂的制备方法包括去合金化法、电沉积法、晶种生长法、热处理扩散偏析法、一步合成法等。

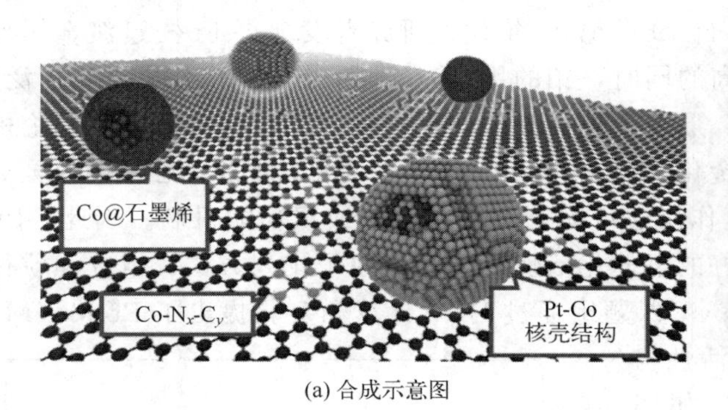

(a) 合成示意图

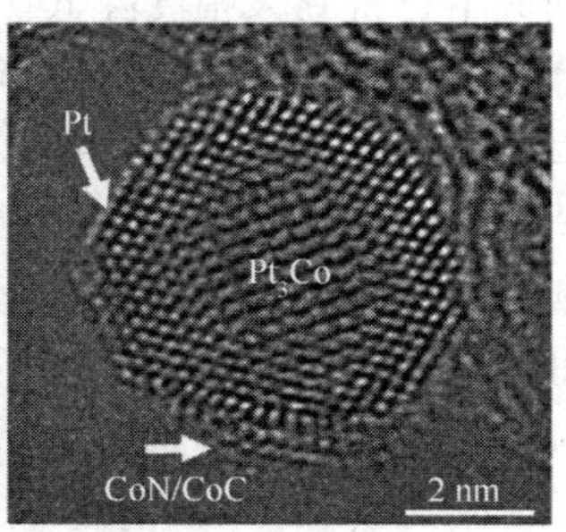

(b) 高分辨透射电镜图

图 6-27 Co@Pt 核壳结构催化剂

c. 特殊形貌 Pt 基催化剂

调控形貌可以为铂表面提供更多的活性位点和提高催化活性，包括高晶面指数（HIF）纳米晶、零维晶体（纳米球体、八面体、立方体等）、一维晶体（纳米线、纳米管）、二维晶体（纳米片）和三维晶体（树枝状纳米晶体、Pt 合金纳米框架等）。通过先进的纳米合成技术，可以对催化剂的形貌进行调控，极大丰富了催化剂晶面和结构对氧还原反应的作用机理。虽然特殊形貌 Pt 基催化剂表现出极高的催化活性，具有一定的研究潜力，但是目前大多数形貌类催化剂仅仅在半电池测试中得到性能验证，且晶面的活性位点比较活泼，在反应过程中容易被破坏，因而这类催化剂在应用方面还需进一步研究。

3）非铂基催化剂

非 Pt 催化剂用于 ORR 的发展可以追溯到 1960 年，但直到近年来由于燃料电池商业化的迫切需求才得以快速发展。目前研究的非贵金属电催化材料包括：非贵金属氮化物、非贵金属氧化物、非贵金属氮氧化物、非贵金属硫氧化物、非贵金属碳氮化物以及掺杂碳催化剂等。

具有原子级分散的金属-氮-碳（M-N-C）催化剂（M＝Fe，Co），因其体积密度的最大化而被认为是提高 ORR 活性的有效途径，特别是单原子 Fe-N-C 催化剂已得到广泛的研究，并表现出很高的 ORR 活性，如图 6-28 所示。M-N-C 催化剂最具有活性的位点是原子级分散的 MN_x 部分，其在酸性介质中的主要衰减机理为脱金属化、Fenton 反应表面碳氧化、本体碳腐蚀和氮基质子化后阴离子吸附，这是一种在含高碱性 N 基团的 Fe-N-C 催化剂中特别重要的现象。为了满足 M-N-C 催化剂在 PEMFC 中的长久应用，催化剂在设计的时候应该以含有较多的耐久性 FeN_x 位点和尽量少的非耐久性位点作为目标。另外，非 Pt 催化剂局部传质不足也是制约其催化活性的关键因素。因此，除了改善催化剂中活性位点的密度及组成以外，物质快速进入催化剂层，也起着至关重要的作用。理想的孔径结构能协同优化电催化剂上的气体扩散、电子传导和离子运输，使反应物能快速抵达催化层内部活性位点，对于燃料电池的高输出功率和稳定性至关重要。因此，合理设计催化剂的结构形态以使其在较大程度上锚定和暴露活性位点，促进 ORR 过程的相关物质在催化剂层中的传质过程，是提高催化剂催化活性最有效方法之一。

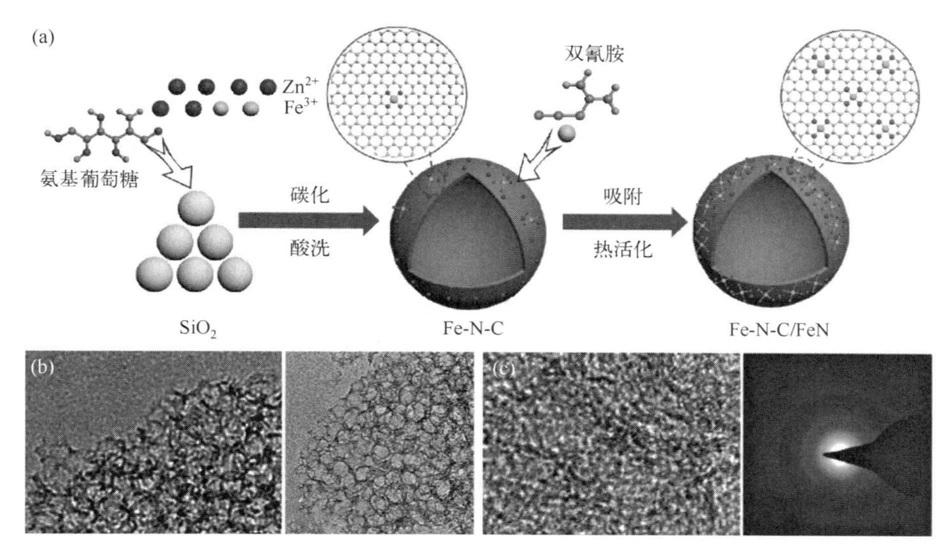

图 6-28 单原子 Fe-N-C 催化剂

(a) 制备示意图；(b)、(c) Fe-N-C/FeN 的高分辨透射电镜图

虽然非 Pt 催化剂在成本上拥有较大的优势，并且在碱性环境中表现出优于 Pt/C 的催化性能，但是在酸性环境中，非 Pt 催化剂在活性和稳定性方面远远不如 Pt 基催化剂，也达不到商业化应用的要求，所以目前各大厂商的燃料电池汽车中的 PEMFC 均采用 Pt 或 Pt 合金作为催化剂，还未有非 Pt 催化剂应用于 PEMFC 的商业应用案例。

(4) 质子交换膜

质子交换膜（proton exchange membrane，PEM）是一种具有质子选择透过性的聚合物电解质膜。与常见的化学电源（如一次电池和二次电池）的隔膜不同的是，质子交换膜不仅起阻隔阳极燃料和阴极氧化物的作用，防止燃料（氢气、甲醇等）和氧化物（氧气）在两个电极间发生互串，更起着电解质的作用，实现质子快速传导。

质子交换膜是燃料电池的核心部件，其性能好坏直接决定着 PEMFC 的性能和使用寿命。根据 PEMFC 的发展和需要，作为 PEM 的材料，应满足以下条件：

① 低的气体（尤其是 O_2 和 H_2）渗透性，以起到有效阻隔燃料和氧化剂的作用，避免 O_2 和 H_2 互串；

② 高的质子传导率，保证在高电流密度下，降低电池内阻，提高输出功率密度和电池效率；

③ 低电子电导率，使得电子都从外电路通过，提高电池效率；

④ 良好的化学和电化学稳定性，如耐酸碱性、耐氧化性，以保证在燃料电池工作环境下膜不发生化学降解，提高电池的工作寿命；

⑤ 良好的热稳定性，在燃料电池工作环境中，能够具有较好的力学性能，不发生热降解；

⑥ 足够高的机械强度、结构强度和尺寸稳定性，在高湿环境下溶胀率低；

⑦ 膜的表面性质适合与催化剂结合；

⑧ 较低的价格及环境友好。

1）质子交换膜的分类和应用

根据聚合物基体的不同，质子交换膜主要分为全氟磺酸质子交换膜、部分氟化聚合物质子交换膜、非氟化聚合物质子交换膜等。

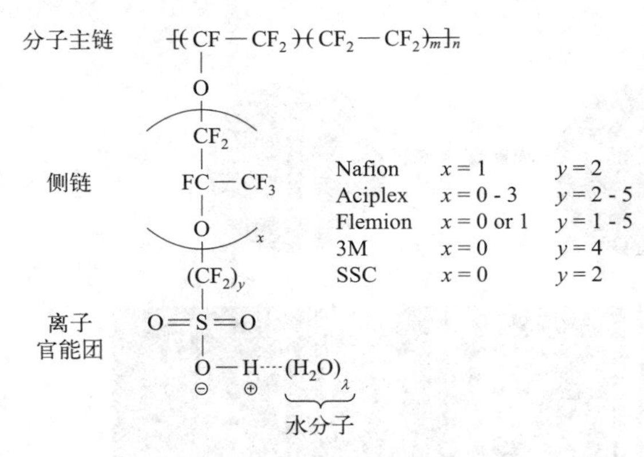

图 6-29 PFSA 质子交换膜的常见分子结构

① 全氟磺酸质子交换膜

全氟磺酸离子交换聚合物（perflourinated sulfonic acid ionomers，PFSA）质子交换膜是最早由杜邦公司于 20 世纪 70 年代开发并实现商业化生产的一类质子交换膜，也是目前 PEMFC 中得到最广泛应用的一类质子交换膜，如 Nafion。全氟磺酸质子交换膜结构包括一条疏水性的类聚四氟乙烯主链和末端含有亲水性磺酸基团的短侧链，图 6-29 是 PFSA 质子交换膜的常见分子结构。主链和侧链不同的亲、疏水性质导致 PFSA 的相分离结构，这在溶剂化后更为显著。正是这种相分离形态使得 PFSA 具有了独特的离子和溶剂输送能力。因此，在静电作用下，PFSA 是一种多功能聚合物。影响 PFSA 性能的主要结构因素是主链长度和侧链长度，二者共同决定 PFSA 的当量（EW，即包含 1 摩尔离子基团的全氟磺酸聚合物干重，单位是 g/mol）、化学结构和相分离行为。在该结构中磺酸根（$—SO_3^-$）通过共价键连接在聚合物分子链上，能与 H^+ 结合形成的磺酸基团在 H_2O 中可离解出自由移动的质子（H^+）。每个磺酸根侧链周围可聚集约 20 个 H_2O 分子，形成含水区域。当这些含水区域相互连通时能够形成质子传输通道，贯穿于整个质子交换膜，实现 H^+ 快速传导。在质子交换膜燃料电池的运行温度下，全增湿的全氟磺酸质子交换膜质子传导率可达到 0.2 S/cm，对于 100 μm 厚的膜来说，膜电阻可低至 50 $m\Omega \cdot cm^2$，在电流密度为 1 A/cm^2 的运行条件下 PEMFC 电压损失仅为 50 mV。另外，PFSA 分子链主链采用的是碳氟链，碳氟键（C-F）的键能较高（4.85×10^5 J/mol），氟原子半径较大（0.064 nm），能够在碳碳键（C-C）附近形成保护屏障，使得 PFSA 的类聚四氟乙烯主链具有良好的疏水性，同时在氧化性和还原性环境中都显示了较高的化学稳定性和较好的机械强度，其最高寿命可达 60000 h。综合分析可知，PFSA 结构特点使其具有质子传导率高、机械强度高、化学性质稳定等优势。

全氟磺酸质子交换膜已经实现商业化，成为市场上重要的燃料电池质子交换膜材料。目前已经在市面销售的全氟磺酸质子交换膜主要有美国杜邦公司的 Nafion 系列 PEM（Nafion 117、Nafion 115、Nafion 112 等）、陶氏化学公司（Dow）的 Dow 膜，比利时 Solvay 公司的 Aquivion 膜，日本旭化成 Alciplex、旭硝子 Flemion、氯工程 C 系列，加拿大 Baliard 公司 BAM 膜以及我国山东东岳集团的 DF988、DF2801 系列质子交换膜等，这些膜均以 PFSA 作为基材。除此之外，我国武汉理工新能源有限公司、新源动力有限公司、上海神力科技有限公司也已具备全氟磺酸质子交换膜产业化的能力。

尽管全氟磺酸质子交换膜在质子传导率、化学稳定性和机械强度等方面有出色的性能，目前产业化进程处于绝对领先位置，但是也存在以下问题：a. 成本高，全氟物质的合成和磺化都比较困难，且成膜过程的水解、磺化易使聚合物降解、变性，成膜困难，导致成本居高不下；b. 对含水量和使用温度要求高，目前全氟磺酸质子交换膜最佳工作温度是70～80 ℃，高于此温度膜含水量会急剧下降，导致质子传导率大大降低，为了保证膜的高质子传导率在使用时需要对其进行充分润湿，增加了燃料电池设计和操作的复杂性，同时也阻碍了通过适当提高燃料电池温度来提高电极反应速率和克服催化剂中毒的难题；c. 限制了燃料电池的燃料使用范围，例如对于直接甲醇燃料电池，全氟磺酸型膜的阻醇性能较差。针对这些问题，目前采取的措施是对现有的全氟磺酸型膜进行改性处理和开发新型的质子交换膜。

对现有全氟磺酸型膜改性包括几个方面：增强机械强度、降低成本、提高使用温度、增强阻醇性能、提高自增湿性能等。

全氟磺酸型膜吸水后尺寸会发生变化，导致机械强度下降，同时给膜电极的制备造成一定困难，科研人员开发了基于全氟磺酸膜的增强型复合质子交换膜，包括PTFE/全氟磺酸复合膜和玻璃纤维/全氟磺酸复合膜。美国Gore公司自主开发出Gore-Tex材料，结合全氟磺酸型膜，制出Gore-Select增强型质子交换膜，该膜厚25 μm，脱水收缩率只有Nafion117膜的1/4，湿态强度明显优于Nafion117。并且由于膜厚的降低其获得比Nafion膜更低的电阻率。英国Johnson Matthery公司，采用造纸工艺制备了自由分散的玻璃纤维基材，其直径在微米量级，长度达到毫米量级。再用Nafion溶液将该玻璃纤维基材中的微孔进行填充，然后在烧结的PTFE模型上成膜，并进行层压，制出了新的增强型复合质子交换膜，该膜厚度约60 μm，利用这种膜组装的燃料电池与使用Nafion膜的电池性能相近，但其氢气的渗透性稍高于Nafion膜。

质子交换膜为了保持良好的质子传导能力，需要充分润湿。利用自增湿型质子交换膜制造的燃料电池具有更简单的结构，同时由于自增湿型质子交换膜的存在，水蒸气在电池反应过程中不会液化凝结。因此，自增湿型质子交换膜也具有广泛的应用潜力。目前自增湿型质子交换膜主要有亲水性氧化物掺杂自增湿质子交换膜和H_2-O_2自增湿复合质子交换膜两种。亲水性氧化物掺杂自增湿复合膜一般利用SiO_2、TiO_2等亲水性氧化物粒子对全氟磺酸膜材料进行掺杂，由于这些亲水粒子的存在，质子交换膜可吸收电池反应过程中阳极生成的水，进而保持质子交换膜的湿润。膜的自增湿性可通过亲水性氧化物的含量、直径、晶体类型等因素进行调节，但是这些无机粒子与Nafion不相容，在水分的浓度梯度环境下容易造成球形颗粒局部压力升高，导致复合质子交换膜的力学性能降低，加剧膜内反应气体的扩散。H_2-O_2自增湿复合膜的工作原理是，在质子交换膜中掺入少量Pt作为催化剂，让扩散至质子交换膜内的氢气和氧气反应生成水。这种方式在实现质子交换膜实时自增湿的同时，还能阻止H_2在氧电极生成混合电位，从而提高燃料电池的电流效率和安全性，但由于无法对质子交换膜内的Pt粒子进行固定，Pt粒子容易汇聚成团簇并形成导电通路。

② 部分氟化聚合物质子交换膜

部分氟化聚合物质子交换膜是使用非全氟的聚合物作为基体材料，例如聚三氟苯乙烯、聚偏氟乙烯（PVDF）等，经过一定方式改性后制备成膜的。部分氟化聚合物质子交换膜的研究始于聚三氟苯乙烯磺酸膜，其分子结构是在聚三氟苯乙烯主分子链的基础上引入不含氟的功能性基团，磺化后制备成膜。加拿大Ballard公司开发了基于聚三氟苯乙烯的BAM系列质子交换膜，这是一种典型的部分氟化聚苯乙烯质子交换膜。其热稳定性、化学稳定性及含水率都获得大幅提升，超过了Nafion117和Dow膜的性能。同时，其价格相较全氟型膜更低，在部分情况下已经能替代全氟磺酸型膜。但由于聚苯乙烯类质子交换膜分子量较小，机械强度不足，一定程度上限制了其广泛应用。

③ 非氟化聚合物质子交换膜

非氟化聚合物质子交换膜一般利用主链上包含苯环结构的芳香族聚合物进行制备，并通过磺化提升其质子传导率。磺化芳香族聚合物主要包括磺化聚芳醚砜、磺化聚硫醚砜、磺化二氮杂萘聚醚砜酮、磺化聚醚醚酮、磺化聚苯并咪唑、磺化聚酰亚胺等，它们通常具有耐高温、化学稳定性好、甲醇渗透性低、环境友好和成本低等优点，是质子交换膜新材料的重要研究方向。这种方式制备的质子交换膜的吸水性和阻醇性明显高于 Nafion 膜。美国 DAIS 公司使用磺化嵌段型离子共聚物作为质子交换膜原材料，研制出磺化苯乙烯-丁二烯/苯乙烯嵌段共聚物膜。将其磺化度控制在 50%～60%之间时，电导率能达到 Nafion 膜的水平；当磺化度大于 60%时，可同时获得较高的电化学性能与机械强度，有望在低温燃料电池中应用。

2）质子交换膜性能指标和测试方法

全氟磺酸质子交换膜需要依靠水作为质子载体和溶剂，运行温度低于水的沸点，一般 PEMFC 的运行温度为 70～80 ℃。美国国家能源部（DOE）提出了质子交换膜的技术指标，如表 6-11 所示，关于质子交换膜在线测试条件如表 6-12 所示。

我们国家出台了相应的质子交换膜燃料电池测试的国家标准（GB/T 20042.1—2017），关于质子交换膜的测试在第 3 部分：质子交换膜测试方法（GB/T 20042.3—2022），其中规定了燃料电池用质子交换膜测试方法的术语和定义、厚度均匀性测试、质子传导率测试、离子交换当量测试、透气率测试、拉伸性能测试、溶胀率测试和吸水率测试等。

表 6-11 DOE 提出的质子交换膜 2020 年达到的技术指标

指标	单位	2020 目标
最大氧渗透①	mA/cm^2	2②
最大氢渗透①	mA/cm^2	2③
面积比质子电阻： • 最大工作稳定，水分压 40～80 kPa • 80 ℃，水分压 25～45 kPa • 30 ℃，水分压约 4 kPa • 约 20 ℃	 $\Omega\cdot cm^2$ $\Omega\cdot cm^2$ $\Omega\cdot cm^2$ $\Omega\cdot cm^2$	 0.02③ 0.02③ 0.03③ 0.2②
最大工作温度	℃	120③
最小电阻	$\Omega\cdot cm^2$	1000③
成本④	美元/m^2	20
耐久性： • 机械特性 • 化学特性 • 机械/化学联合特性	 循环次数直到电流密度>15 mA/cm^2 H_2 透过 运行时间直到电流密度>15 mA/cm^2 H_2 透过或在 OCV 下损失>20% 循环次数直到电流密度>15 mA/cm^2 H_2 透过或在 OCV 下损失>20%	 20000 >500 20000

① 膜电极在温度为 80 ℃的氧气或氢气中测试，气体完全湿润，总压力为 1 个大气压。

② 纳米纤维支撑的 14 μm PFIA 膜。

③ 增强和化学稳定的 PFIA 膜。

④ 大批量生产成本（每年 50 万套 80 kW 系统）。

表 6-12 DOE 关于质子交换膜在线测试条件（部分）

循环	0%湿度(30 s)循环至露点 90℃(45 s)，单电池 25～50 cm^2	
总时间	直到渗透>15 mA/cm^2 或 20000 次循环	
温度	90 ℃	
燃料/氧化物	H_2/空气，流速 40 sccm①/cm^2	
压力	环境压力或没有背压	
测量	测试频率	目标
H_2 渗透	每 24 小时	<15 mA/cm^2
短路电阻②	每 24 小时	>1000 Ω·cm^2

①sccm：standard cubic centimeter per minute。②0.5 V 电压，80 ℃，100%相对湿度，N_2/N_2，GDL 压缩 20%。

(5) 气体扩散层

气体扩散层（gas diffuse layer，GDL）是燃料电池核心组件膜电极的重要组成部分之一，在质子交换膜燃料电池系统中起水气输运、热量传递、电子传导的载体等作用，同时在燃料电池装配和运行过程中为其他组件提供结构支撑。燃料电池在运行时在阴极催化层和GDL 接触处产生水，尤其是高负载大电流密度下运行时，生成的水较多。生成的水在毛细压力的作用下经过 GDL 运送到双极板流场排出。GDL 的水管理能力决定了燃料电池在大电流密度下的性能，而不合理的 GDL 设计会出现水淹情况，同时也会影响气体在 GDL 中的传输，严重时将使电池停止工作。

气体扩散层（GDL）通常由基底层（gas diffusion barrier，GDB，也有文献称之为大孔基底层）和微孔层（microporous layer，MPL）组成，其厚度约为 100～400 μm。在燃料电池电堆中基底层与双极板接触，微孔层与催化层接触。

基底层主要对 GDL 的整体结构起支撑作用，要求其具有良好的力学性能、导电性和适合的孔径分布。目前基底层（GDB）主要由多孔的碳纤维纸（碳纸）或碳纤维布（碳布）构成。碳纸的平均孔径约为 10.0 μm，孔隙率为 0.7～0.8，制造工艺成熟、性能稳定、成本相对较低，是支撑材料的首选。碳纸一般是以碳纤维为主要材料，辅以黏合剂经抄纸工艺而制得的纸状材料（制备工艺如图 6-30 所示）。碳纤维可以根据原材料的不同分为聚丙烯腈（PAN）基碳纤维、沥青基碳纤维和黏胶基碳纤维三类，其中聚丙烯腈基碳纤维具有更高的强度和导电性能，是目前常用的作为气体扩散层基底层的原料。碳纤维布是通过碳纤维纱线的纺纱和编织，然后炭化或石墨化而制成的。除了碳基材料外，金属基材料如金属网、金属泡沫，也是潜在的基底层材料。

碳纤维 —预处理→ 短切碳纤维 —加胶黏剂、抄纸→ 碳纤维原纸 —浸渍树脂、热压固化、炭化→ 碳纸

图 6-30 基底层碳纸的制备工艺

微孔层是将导电炭粉和疏水剂（常用 PTFE）用溶剂混合均匀后得到的黏稠浆料，采用丝网印刷、喷涂或涂布方式将其涂覆到基底层表面，经过高温固化制得的。微孔层厚度一般在十几到几十微米之间。微孔层中有很多尺寸不同的微孔，进一步优化了微观上的传质、传热和导电性能。研究人员通过模拟水的生成速率、蒸发/凝固动力学性能和液态水在疏水性气体扩散层中的毛细运动发现微孔层可以同时降低液态水在微孔层/基底层和微孔层/催化层

界面处的饱和度，从而抑制阴极的水淹现象。在碳纸和催化层之间加入微孔层可实现水、气体和热的再分配，降低碳纸和催化层之间的接触电阻，同时防止催化层在制备过程中渗漏到基底层。也有研究者认为微孔层的作用如同阀门，将生成的水从催化层挤到流道中排出从而控制水的饱和度。

在 GDL 中主要进行着反应气体的传递、反应产物的转移以及电子的传输。因此 GDL 的性质表征与测试主要考察这三方面的传递能力。除了通过从极化曲线上直接分析 GDL 性能外，人们还建立了一些物理手段来表征扩散层的性质，主要包括扩散层的流体传输特性、孔结构、导电性和亲/疏水特性等。

GDL 技术目前状态成熟，但面临的挑战是大电流密度下水气通畅传质的技术问题和大批量生产问题，其生产成本依然居高不下。商业稳定供应的企业主要有日本东丽株式会社、加拿大巴拉德动力系统公司、德国 SGL 集团和美国 E-TEK 公司。日本东丽株式会社早在 1971 年开始进行碳纤维产品生产，是全球碳纤维产品的最大供应商，其他公司主要以该公司的碳产品为基础材料。

（6）膜电极组件

膜电极组件（membrane electrode assembly，MEA）是集质子交换膜、催化层、气体扩散层于一体的组合件，其电极结构如图 6-31 所示。MEA 为 PEMFC 提供了多相物质传递的微通道和电化学反应场所，是燃料电池的核心部件之一。

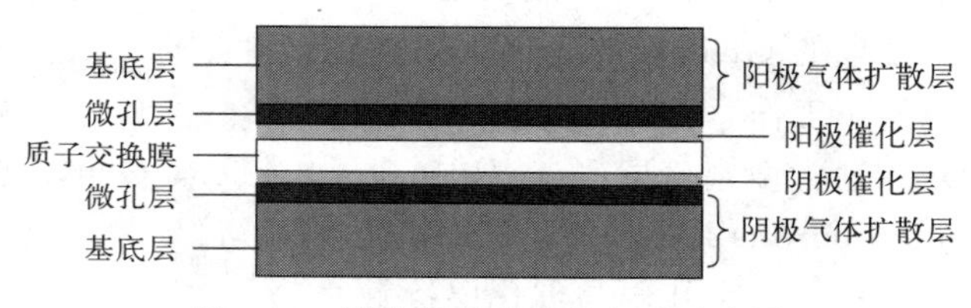

图 6-31 膜电极组件结构组成示意图

目前，已经发展了三代膜电极技术路线。

第一代膜电极被称为气体扩散电极，是通过丝网印刷方法把催化层制备到扩散层上的。其技术已经基本成熟，具有制备工艺简单等特点。但是存在催化剂易嵌入气体扩散层内部，催化剂利用率低和催化剂与质子交换膜结合力差，导致膜电极性能不高的问题。现在第一代膜电极技术已基本被淘汰。

第二代是把催化层直接涂覆到质子交换膜上，即催化剂涂覆膜（catalyst coating membrane，CCM）技术。与第一代技术相比，CCM 技术使用的核心材料为黏结剂，降低了催化层与质子交换膜间的传质阻力，在一定程度上提高了催化剂的利用率与耐久性。目前，CCM 技术是应用最广泛的 MEA 制备方法。CCM 技术又可分为两种，第一种为直涂法，具体步骤为将催化剂直接涂布或喷涂在质子交换膜两侧，然后将阴阳极气体扩散层分别热压在两侧催化层上；第二种为转印法，一般是先将催化剂涂覆在转印基质上，烘干形成三相界面，再热压将其与质子交换膜结合，并移除转印基质实现催化剂由转印基质向质子交换膜的转移。由于阳极（H/Pt）与阴极（O/Pt）电化学反应过程不同，且阳极交换电流密度（10^{-3} A/cm^2）远高于阴极的交换电流密度（10^{-9} A/cm^2），膜电极中阳极与阴极往往采用非对称设计，一般阴极 Pt 载量是阳极的数倍，同时 Nafion 含量、孔隙尺寸、附加功能层在阴阳极有所不同，目的是促进氧还原反应，防止水淹与干涸，减少浓差极化，增加耐久性能，提高燃料电池功率密度，从而降低 Pt 用量。PEMFC 电化学反应是在由催化剂、电解质和气体组成的三相界面处进行，因此理想的催化层要有足够多符合三相界面的催化活性位点。第一代和第二代膜电极制备技术均将催化剂和聚合物以一定比例混合制备，水、气、电子和质子传输通道处于无序状态，催化层的传质过电位占 PEMFC 总传质过电位的 20%～50%，膜电极结构存在缺陷，催化剂利用率和物质传输效率较低。

第三代是有序化的 MEA。有序化电极是 2002 年 Middleman 提出的概念。在该有序化电极中，质子、电子、反应物、生成物的传递方向均垂直于质子交换膜方向，能兼顾超薄电极和结构控制，拥有巨大的单位体积的反应活性面积及孔隙结构相互贯通的特性，有利于降低大电流密度下的传质阻力，进一步提高燃料电池性能，降低催化剂用量。根据有序化膜电极的多相物质传输通道，第三代有序化膜电极基本可分为载体有序化膜电极、催化剂有序化膜电极和聚合物有序化膜电极三类。

1）载体有序化膜电极

理想的催化剂载体材料应具备高比表面积、高电子传导率、高催化剂金属结合性、高耐腐蚀性和介孔结构。碳纳米管的石墨晶格对高电位具有耐久性，与 Pt 粒子的相互作用及其弹性改进了 Pt 颗粒催化活性，是催化剂载体的首选材料之一，尤其是垂直排列的碳纳米管阵列（VACNTs）的有序结构，能进一步提升催化剂的效率和耐久性。同时碳纳米管薄膜具有超疏水性、高透气性和高电子传导率（沿纳米管方向电子传导率高于径向），可增强气体传输效率、排水能力、电子传导效率。对于 VACNTs 有种子密度（一般为 3×10^9 根/cm^2）和弯曲度（定义为碳纳米管长度除以 VACNTs 的高度）两个重要参数，根据这两个参数 VACNTs 有两种类型：一种是由笔直、密集的碳纳米管构成的 VACNTs；另一种是由弯曲、稀疏的碳纳米管构成的 VACNTs。

基于 VACNTs 的有序化膜电极经典制备工艺如图 6-32 所示，首先在基体上生长有序碳纳米管载体，然后在碳纳米管表面制备 Pt 纳米催化剂颗粒，之后再浸渍 Nafion 溶液形成三相物质传导界面，最后将有序化催化层转移到质子交换膜上再与 GDL 形成膜电极。丰田汽车公司以不锈钢为基体生长出垂直碳纳米管，采用浸渍还原法在 VACNTs 表面制备出 2～2.5 nm 的 Pt 颗粒，随后采用 Nafion 溶液填充形成三相物质传导界面。将上述基于碳纳米管的电极作为阴极催化层，Pt 载量为 0.1 mg/cm^2，阳极喷涂 30%Pt/C 催化剂，Pt 载量为 0.05 mg/cm^2。装配单电池测试结果表明，0.6 V 下的电流密度可以达到 2.6 A/cm^2。国内有研究者以铝箔为基体在其表面生长 VACNTs，采用溅射法将 Pt 纳米催化剂颗粒沉积到 VACNTs 表面，然后用 Nafion 溶液填充形成三相物质传导界面，最后用热压法转移有序催化层至质子交换膜上并与 GDL 构成膜电极。经测试表明 Pt 载量为 0.035 mg/cm^2 的有序化膜电极与 Pt 载量为 0.4 mg/cm^2 的 Pt/C 电极的性能相当。

基于碳纳米管有序化膜电极的另一种制备方法是，将 VACNTs 直接生长在气体扩散层纤维上，然后沉积催化剂，该方法可以保证所有铂颗粒均与外电路有良好的电接触，大大提升 Pt 的利用率。基于 VACNTs 的有序化膜电极共同缺点在于 VACNTs 合成过程困难。此外，催化层转移到质子交换膜这一过程会影响碳纳米管整体结构。

2）催化剂有序化膜电极

催化剂有序化主要指将催化剂直接制备成纳米管、纳米线等纳米有序化结构。催化剂有序化膜电极的代表是 3M 公司的商业化产品纳米结构薄层（nanostructured thin film，NSTF）电极。其制备方法如下：首先采用 PR-149 颜料粉在基体上表面升华，退火转变为定向晶须，然后通过物理气相沉积在晶须上溅射 Pt 催化层，最后通过加热辊压法将 NSTF

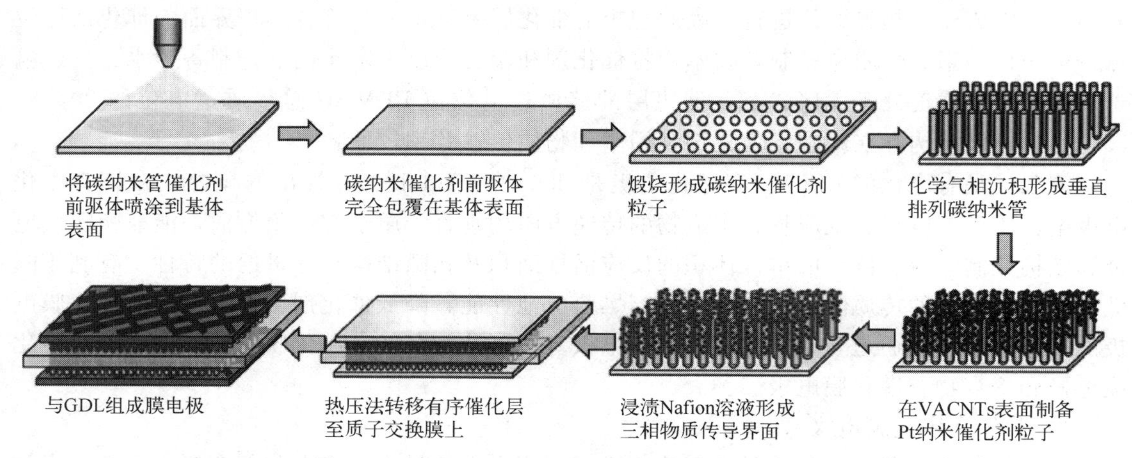

图 6-32 VACNTs 有序化膜电极的经典制备方法

催化层转移到质子交换膜上，如图 6-33 所示。与传统 Pt/C 催化剂相比，NSTF 具有以下特征：①催化剂载体为定向有机晶须，不具备质子和电子传导能力，不易电化学腐蚀；②催化剂为 Pt 合金薄层，不再是分散和孤立的纳米颗粒，具备电子传导能力，与直径为 2～3 nm 的颗粒相比，其氧还原活性提高了 5～10 倍且缓解了 Pt 在电位循环下的溶解流失；③催化层中无碳载体，提高了电池的耐久性；④催化层厚度极小（0.25～0.7 μm），只有 Pt/C 电极催化层的 1/30～1/20，可以降低氧气传输阻力，提高极限电流密度；⑤通过转印法制备，工艺流程经典，制备时间短，为大规模商业化应用提供了可能。NSTF 电极与气体扩散层制备的新一代膜电极，在 90 ℃、背压为 50.64 kPa、空气过量系数为 2.5、氢气过量系数为 2 和 84 ℃露点加湿的操作条件下，膜电极的性能达到了 861 mW/cm^3@0.692 V，铂族元素用量降至 0.137 g/kW，载量降至 0.118 mg/cm^2，成本降为 5 美元/kW。另外，膜电极的 $Q/\Delta T$ 值从 2013 年的 1.9 下降到 1.45，达到了 2020 年目标。$Q/\Delta T$ 是膜电极的一个很重要的指标，它与发电效率有关，代表冷却剂每升高 1 ℃所需带走的废热功率。$Q/\Delta T$=[电堆额定功率×(1.25 V－额定电压)/额定电压]/电堆冷却水温差，该值越小表示膜电极发电效率越高，计算中一般设定电堆入口温度为 40 ℃，出口温度为 80 ℃，额定电压为 0.67 V。

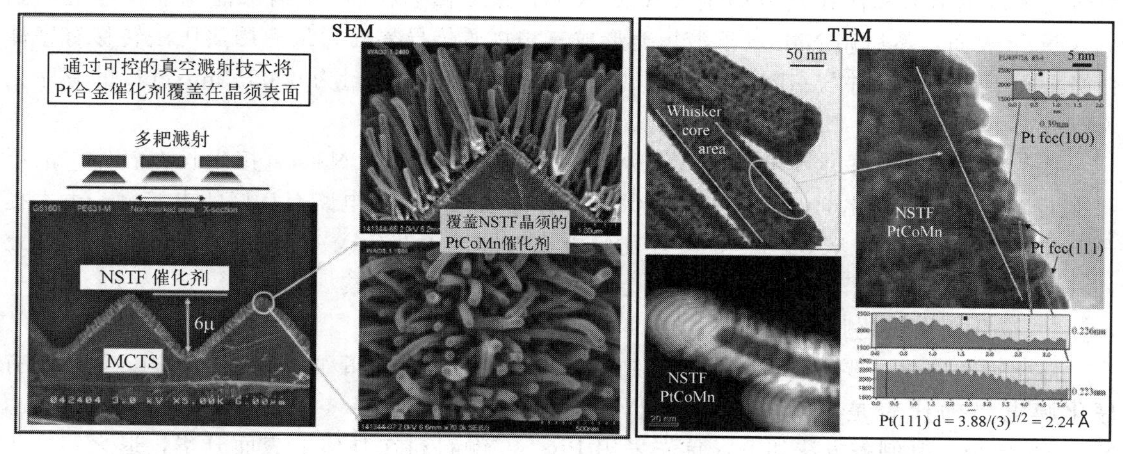

图 6-33 微结构基体上 PtCoMn 合金催化剂薄膜包覆的定向晶须 SEM 图和 TEM 图

3）聚合物有序化膜电极

聚合物有序化膜电极也称质子导体有序化膜电极，是在膜电极工艺中引入纳米线状高聚物材料，主要作用是促进催化层中质子的高效传输。与载体有序化膜电极和催化剂有序化膜电极在制备过程中先制备出纳米阵列催化层再热压或转印到质子交换膜上不同的是，聚合物有序化膜电极一般是直接在质子交换膜上原位生长得到的。清华大学核研院与汽车系首次合成基于阵列 Nafion 纳米棒的新型有序化催化剂层，此新型有序化膜电极具有以下特点：①Nafion 纳米棒在质子交换膜上原位生长制备，无需热压或转印，能够有效保持有序阵列形貌的同时界面接触阻抗较小；②Nafion 纳米棒上沉积 Pt 颗粒催化层，兼备催化剂和电子传导功能；③催化层中 Nafion 纳米棒质子传导率高，能够解决长期存在的催化层中质子低效无序传递问题，在低加湿甚至自增湿发电方面具有巨大的应用潜力。

有序化膜电极具有良好的发展前景，但要真正实现商业化生产还需注意：①降低贵金属催化剂载量；②有序化膜电极对杂质很敏感，尤其在低温下，需要开展材料优化和诊断以提高其耐受性；③通过材料优化、表征和建模，拓展膜电极操作范围，以适应冷启动、变载等不同工况；④在催化层中引入快质子导体纳米结构，实现自增湿发电，降低系统成本；⑤降低工艺成本；⑥深入研究电催化剂、质子交换膜和气体扩散层之间的配合关系及协同作用，采用合理的界面结构，通过技术集成创新以满足燃料电池商业化对高活性、高功率、高耐久性和低成本膜电极的需求。

4）膜电极组件的性能

膜电极性能、寿命及成本直接关系到燃料电池能否快速商业化。表 6-13 为 DOE 提出的 2025 年膜电极目标。中国汽车工业协会 T/CAAMTB 12—2020《质子交换膜燃料电池膜电极测试方法》团体标准于 2020 年 5 月 1 日正式发布。主要技术内容为：膜电极的输出性能和耐久性是评价燃料电池系统性能和寿命的关键参数，该标准在 GB/T 20042.5—2009 的基础上，补充了膜电极的串漏率、抗反极性能以及多项耐久性测试，提出了新的铂载量和欧姆极化电阻的测试方法。

表 6-13 DOE 设定的 PEMFC 膜电极技术目标

特征参数	2025 年目标
铂族金属(PGM)用量(两级总和)	≤0.1 g/kW
循环耐久性	8000 h
性能@0.8 V	300 mW/cm^2
性能@额定功率	1800 mW/cm^2
鲁棒性(冷启动)	0.7
鲁棒性(热启动)	0.7
鲁棒性(冷瞬态)	0.7
质量活性衰减	30000 圈循环损失≤40%
催化剂载体稳定性	30000 圈循环损失≤40%
极化性能衰减@0.8 A/cm^2	≤30 mV
极化性能衰减@1.5 A/cm^2	≤30 mV
质量比活性	0.4 A/mg@900 $mV_{IR\text{-}free}$

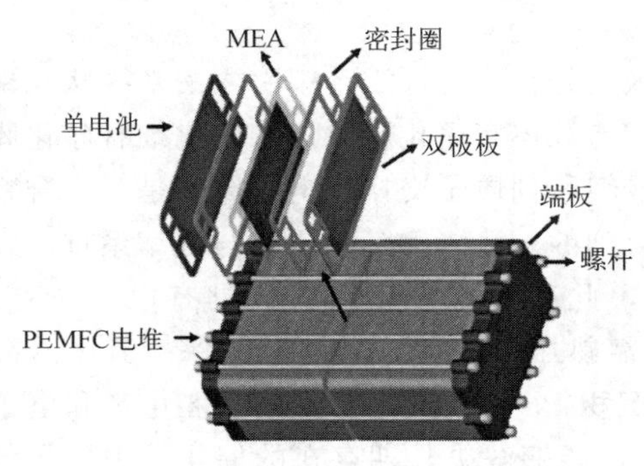

图 6-34 PEMFC 电堆的结构示意图

(7) 双极板

单个电池的输出电压约为 0.7 V，为了达到所需功率要求，一般将许多单电池按压滤机方式组装成电池堆，如图 6-34 所示。在燃料电池堆里每个单体电池是没有外壳的，在电池组中两个相邻的单体电池的正负极之间又是不能直接接触的，必须分隔开两个相邻的电池的正负极，同时还必须有电子导体接通外电路使电子通过。在燃料电池电堆里（即电池组）处于两个单体电池之间的部件，与普通电池不同的是，不仅仅是连接两个单体电池起到外电路传导电子、分隔两个相邻电池的正负极的作用，还必须具备氧化剂、还原剂的输入和产物的排出、热量的传导等作用。所谓的双极板就是要起到这样的作用，即起集流、分隔氧化剂与还原剂作用并引导氧化剂和还原剂在电池内电极表面流动的导电隔板通称为双极板。对双极板的功能与要求如下：

① 双极板用以分隔氧化剂和还原剂，因此要求双极板具有阻气功能，不能采用多孔透气材料制备。如果采用多层复合材料，至少有一层必须无孔；

② 双极板具有集流作用，因此必须是电的良导体；

③ 双极板必须是热的良导体，以确保电池在工作时温度分布均匀并使电池的废热顺利排出；

④ 双极板必须具有抗腐蚀能力。迄今已开发出的几种燃料电池，电解质多为酸或碱，故双极板材料必须在其工作温度与电位范围内，同时具有在氧化介质（如氧气）和还原介质（如氢气）两种条件下的抗腐蚀能力；

⑤ 双极板两侧应加入或置入使反应气体均匀分布的通道（流场），确保反应气体在整个电极各处均匀分布；

⑥ 从产品化方面考虑，要求双极板易于加工、价格低廉。

表 6-14 为 DOE 对 PEMFC 双极板提出的性能指标。我国根据 PEMFC 的特点也制定了双极板测试方法的国家标准 GB/T 20042.6—2011，其中规定了质子交换膜燃料电池双极板特性测试方法的术语和定义，双极板材料的气体致密性测试、抗弯强度测试、密度测试、电阻测试和腐蚀电流密度测试等；双极板部件的气体致密性测试、阻力降测试、面积利用率测试、厚度均匀性测试、平面度测试、重量测试和电阻测试等。

表 6-14 DOE 对 PEMFC 双极板提出的性能指标

序号	性能	2020 指标	2025 指标
1	电导率/(S/cm)	100	>100
2	面积比电阻/(Ω·cm^2)	0.01	<0.01
3	热传导系数/[W/(m·K)]	10	—
4	质量比功率/(kW/kg)	0.4	0.18
5	腐蚀电流/(μA/cm^2)	1	<1
6	H_2 渗透率/[cm^3/(S·cm^2·Pa)]@80 ℃,3 atm,100% RH	<1.3×10^{-14}	2×10^{-6}
7	成本/(美元/kW)	3	2
8	抗弯曲强度/MPa	25	>40
9	寿命/h	5000	8000

1）双极板材料的选择

用于PEMFC双极板的材料包括石墨、复合材料和金属材料三大类，图6-35为常见的三种类型双极板的实物图。

① 石墨

石墨具有良好的导电性和耐蚀性，并且和气体扩散层之间具有非常好的亲和力，曾被作为双极板材料的首选，在传统的燃料电池研究中多采用石墨材料双极板。加拿大Ballard公司研发的Mark500（5 kW）、Mark513（10 kW）和Mark700（25～30 kW）电池组采用的都是无孔纯石墨双极板。用于双极板制造的石墨材料包括无孔石墨、注塑石墨和膨胀石墨等。无孔石墨采用石墨粉或炭粉与可石墨化的树脂制备而成，石墨化温度通常高于2500 ℃，并且采用严格的升温程序，石墨化时间较长，因此无孔石墨基体价格就比较高。又由于表面需要加工出流场，而石墨材料的机械加工性能较差，导致加工成本也非常高。用带流场的无孔石墨双极板组装的燃料电池，双极板的费用需要占整个电堆的60%以上。注塑石墨板是将石墨粉或者炭粉与树脂、导电胶等黏结剂混合，采用注塑浆注等方法来制备的双极板，与无孔石墨板相比，可降低双极板的制备成本。膨胀石墨又称柔性石墨，是通过在天然鳞片石墨层中间掺进插入剂，进行热处理，使石墨层间距扩大得到的石墨材料。膨胀后的石墨被压缩到预定密度，然后模压成板。膨胀石墨具有良好的导电与导热性，适合批量生产廉价双极板。常用的膨胀石墨双极板制备工艺为：天然石墨材料膨化处理→柔性石墨板制备→模压柔性石墨板制备单极板→真空浸渍树脂处理→热压整平极板→丝网印刷涂胶→双极板粘接处理→极板切边。使用膨胀石墨直接模压成型与传统的石墨相比，不需要额外的二次石墨化处理，且柔性的膨胀石墨具有良好的压制成型性能。在压制过程中添加额外的聚合树脂与之混合，增强极板强度和改善极板气密性能。

总体来说，石墨双极板存在机械强度低、孔隙率高、脆性大、加工性能差以及加工成本高等缺点，难以实现批量化生产，限制了其在PEMFC中的实际应用，尤其是在PEMFC作为交通工具动力源时，要求电池功率大而且能够经受运动过程中的振动。

石墨双极板

复合双极板

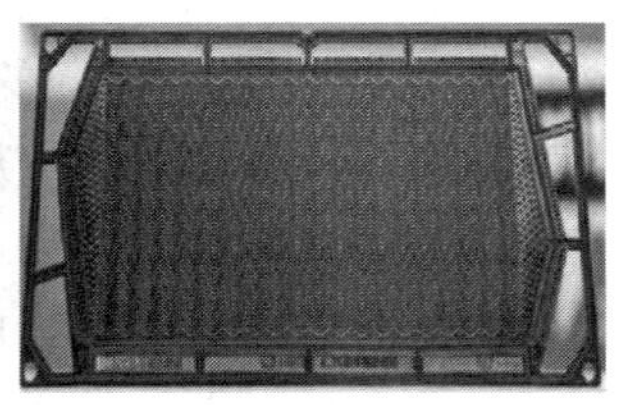
金属双极板

图6-35　常见的三种类型双极板的实物图

② 复合材料

用于双极板的复合材料包括碳基复合材料和金属基复合材料。

碳基复合材料是以有机高分子树脂及碳基导电填料为主要原料制备而成的。其中，树脂基体起到增强力学性能并黏结导电填料的作用，是提升气密性、抗弯强度等性能的关键所在。以石墨为代表的导电填料在复合材料中相互连接，形成传导网络，如图6-36所示。碳基复合双极板导电以及导热等功能，主要通过传导网络来实现。通过调节树脂和导电填料的成分、质量配比，并结合石墨改性工艺或树脂添加剂，碳基复合双极板的各项性能可以实现调整和优化。此外，通过结合先进制备工艺和后处理技术，可实现对于石墨填料在复合极板中的取向和离散形态的调整、石墨/树脂的界面性能的控制与优化等，提高复合石墨极板的性能。由于碳基复合双极板对于比功率提高幅度有限，很难满足乘用车大功率电堆的需要，但因其良好的耐腐蚀性仍是一项有应用前景的技术。

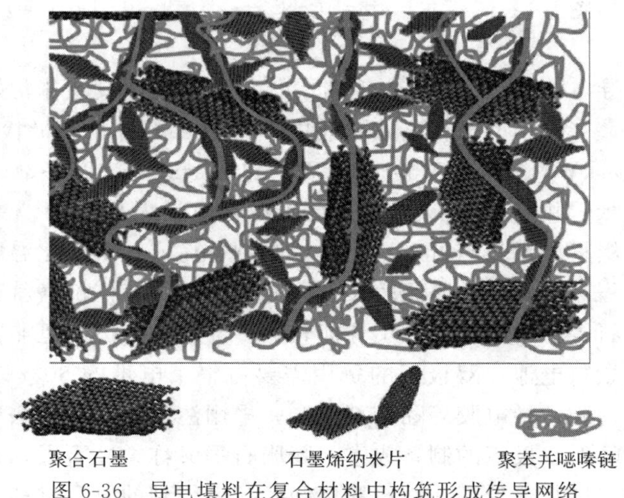

图 6-36　导电填料在复合材料中构筑形成传导网络

金属基复合材料通常采用金属作为分隔板，边框采用塑料、碳酸酯、聚矾等减轻电池组的质量，边框与金属板之间采用导电胶连接，以注塑与焙烧法制备的有孔薄炭板或石墨板作为流场板，这样可结合金属板和石墨板的优点。金属基复合双极板耐蚀性好且密度小、强度高，但结构复杂，制备工艺繁琐。

③ 金属

与石墨和复合材料相比，金属材料具有较高的电导率和热导率，从而可以提高燃料电池的输出功率，改善其热管理系统；金属还具有非常低的气体透过率，例如，316 不锈钢的气体透过率的数量级为 10^{-12} $cm^3/(s\cdot cm^2)$，而石墨的气体透过率却高达 10^{-2} $cm^3/(s\cdot cm^2)$，该特点使金属成为了阻隔氧化气体和燃料的理想材料；另外，金属还具有良好的机械加工性能，可以加工成厚度为 0.1～0.3 mm 的薄金属双极板，便于大幅提高电池堆的体积比功率和质量比功率。而且通过机械加工和冲压的方法容易在金属表面加工出各种流场和流道，降低加工成本。

对金属双极板材料的要求是在燃料电池环境下具有耐腐蚀性、对燃料电池其他部件与材料的相容无污染性，并且具有良好的表面导电性。目前所研究的 PEMFC 双极板的金属材料主要有以钛、铝为代表的轻金属和不锈钢两大类。

轻金属铝及铝合金的价格低廉，而且具有低密度、易加工等特点。一些研究者对铝作为双极板的稳定性提出了质疑，指出即使带有金涂层的铝基双极板，在电池运行过程中铝也能反应，导致电池性能的恶化。就目前的表面改性技术而言，通过不同的方法能够大大降低铝基双极板的表面腐蚀电流与接触电阻。但是由于铝及其合金在燃料电池运行环境中较差的耐腐蚀性，从目前技术方面考虑，铝基双极板大范围市场化仍无法实现。

作为轻金属，钛具有高强度、高耐腐蚀性和低密度等特点，是目前商用的 PEMFC 双极板的主要材料之一。钛的表面容易生成一种电导率非常低的钝化膜，这层钝化膜大大地增加了电池堆内部的欧姆损失。因此，必须对钛做表面处理以增加其表面电导率。常用的钛合金表面处理方法包括物理气相沉积（PVD）、化学气相沉积（CVD）、电沉积、化学镀和水热等方法。具有代表性的就是丰田汽车公司的燃料电池汽车 Miari，采用的就是表面涂炭的钛基双极板。相比于不锈钢，钛及其合金尽管耐蚀性更高，但其价格也过高，在成本方面竞争力稍弱。

不锈钢由于具有较低的成本，良好的导电性、电化学稳定性、导热性、气密性和力学性能，容易成型，通常可加工成 0.2～1 mm 的薄板，易于实现大批量生产，是目前商业化应用的双极板材料之一。与钛类似，不锈钢在 PEMFC 环境中表面也会生成低电导率的钝化膜，需要对表面进行改性处理，也有报道采用无涂层处理的不锈钢金属双极板。无涂层的不锈钢双极板主要通过调节不锈钢表面的金属元素组成，尤其是 Cr 元素含量，从而提高不锈钢双极板的导电性和耐蚀性。具有代表性的是现代 NEXO 燃料电池汽车，其 PEMFC 的双极板采用的是 Poss470FC 系列不锈钢，厚度为 0.08～0.1 mm，经光亮退火处理后，无须进行表面处理，双极板就具有高的导电性。对于常用商用不锈钢如以 316 和 304 不锈钢为代表的奥氏体不锈钢，需进行表面改性处理。所用的改性层主要包括导电聚合物、贵金属、金属化合物（主要包括金属氮化物和碳化物）以及碳膜等，从而保证不锈钢上基本兼具耐腐蚀性和表面导电性。

2）金属双极板的性能表征

目前，对于金属双极板的性能表征主要分为非原位测试和组装燃料电池原位测试。由于非原位测试具有快速、便捷和准确等特点，应用最为广泛。非原位测试主要包括在模拟 PEMFC 运行环境中的耐腐蚀性测试和界面接触电阻（ICR）测试。

① 耐腐蚀性测试

双极板耐腐蚀性测试一般在模拟 PEMFC 运行环境中进行。研究表明，在电池堆运行的开始阶段，PEMFC 的工作环境为酸性水溶液（pH 值的范围为 1～4），经过一段时间运行后，水溶液呈微酸性（pH 值为 6～7）。有研究者指出，PEMFC 的运行环境中含有 F^-、SO_4^{2-}、SO_3^{2-}、HSO_4^-、HSO_3^-、CO_3^{2-} 和 HCO_3^- 等离子，产生这些离子的原因与质子交换膜在运行过程中的降解和电极的制备工艺有关。也有研究者提出 PEMFC 的模拟腐蚀溶液应该为：pH 值为 3 左右的硫酸溶液，其中 F^- 浓度为 2 mg/L。另外，双极板在气体出口处的溶液要比气体进口处和双极板中心处的溶液 pH 值更小。在实际的 PEMFC 运行和模拟实验中均发现，PEMFC 的阴极环境的腐蚀性较弱，而阳极环境的腐蚀性较强。综合来看，目前常用的模拟 PEMFC 环境的腐蚀溶液主要包括：pH 值较低与 PEMFC 实际工作环境接近的腐蚀溶液，例如 0.01 mol/L HCl+0.01 mol/L Na_2SO_4、12.5 mg/L H_2SO_4+1.8 mg/L HF、10^{-3} mol/L H_2SO_4+1.5×10^{-4} mol/L HCl+15 mg/L HF 和 0.01 mol/L H_2SO_4+2 mg/L HF 等；或者是比真实的 PEMFC 环境更苛刻的腐蚀溶液，加速双极板的腐蚀过程，如 1 mol/L H_2SO_4、1 mol/L H_2SO_4+2 mg/L HF、0.5 mol/L H_2SO_4+2 mg/L HF 和 0.05 mol/L H_2SO_4+2 mg/L HF 等。由于在 PEMFC 运行时质子交换膜的降解是个动态过程，因此运行环境中的阴阳离子的浓度随着运行时间而变化，也就是说该腐蚀环境具有多变性和复杂性。为了使模拟腐蚀溶液更能说明材料的耐蚀性，通常采用加速双极板腐蚀的电解质溶液，温度为 60～80 ℃，同时，分别通入氢气（H_2）和空气来模拟 PEMFC 阳极工作环境和阴极工作环境。

测试时一般采用传统的三电极法在由计算机控制的 CHI660C 型电化学工作站上进行，测试装置简图如图 6-37 所示。三电极系统包括辅助电极（counter electrode，CE，常用的是铂片）、工作电极（working electrode，WE，试样）和参比电极（reference electrode

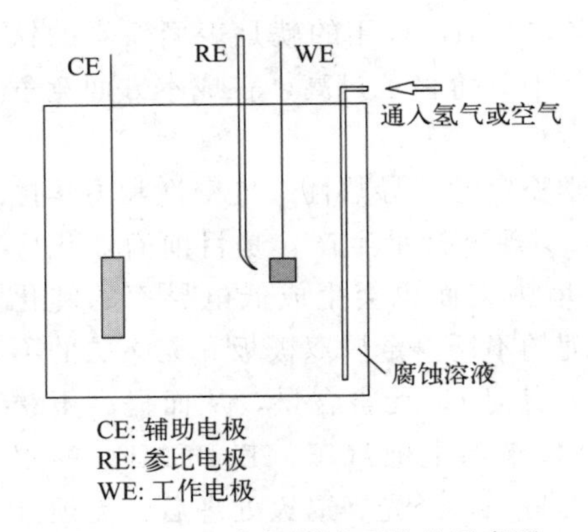

图 6-37 三电极测试系统的示意图

RE)。常用的参比电极有：饱和甘汞电极（saturated calomel electrode，SCE）和银/氯化银电极等。为了减小参比电极与工作电极间溶液的欧姆电位降对电位测量和控制的影响，参比电极通过 Luggin 管与腐蚀溶液接触。一般情况下，当 Luggin 管的尖端部分与测试试样表面的距离为毛细管内径的 2 倍时，电流屏蔽效应可忽略不计。测试时选择二者的距离约为 2 mm。

选用的电化学测试方法主要有 Tafel 极化、计时电流（恒电位时间-电流密度）和电化学阻抗谱（electrochemical impedance spectroscopy，EIS）。

极化曲线显示了材料在腐蚀溶液中腐蚀电流密度随电极电位的变化规律。利用恒电位仪控制研究电极的电位，以一定的速度连续变化，自动测量电流的变化情况。电位扫描速度要慢，使电极过程基本进入稳态。测试时，先将试样在开路电位下保持稳定，然后从低于开路电位约 0.2 V 的电极电位开始扫描至 1.2 V 或者 2 V，扫描速度一般选 1～2 mV/s。恒电位时间-电流曲线显示了在腐蚀溶液中，某一特定电极电位下，材料的腐蚀电流随测试时间的变化规律。在实际的 PEMFC 运行时，单电池的输出电压一般约为 0.7 V，阳极的工作电极电位约为 −0.1 V，阴极的工作电极电位约为 0.6 V。因此测试时，恒电位设置为 −0.1 V 并向腐蚀溶液中通入 H_2 模拟 PEMFC 阳极环境；恒电位设置为 0.6 V 并向腐蚀溶液中通入空气模拟 PEMFC 阴极环境。电化学阻抗谱测量技术是一种以小幅正弦波电位或者电流为扰动信号的电化学测量方法。它以小振幅的电信号对腐蚀体系扰动，一方面可避免对体系产生大的影响，另一方面也使得扰动与腐蚀体系的响应之间近似呈线性关系；同时，电化学阻抗谱还是一种频率域的测量方法，它以测量得到的频率范围很宽的阻抗谱来研究电极系统，因而能得到更多的动力学信息以及电极界面结构的信息。电化学阻抗谱测试时恒定电位值设置为开路电压，测量频率范围为 0.01 Hz～100 kHz，以幅值为 5 mV 或 10 mV 的交流激励信号对腐蚀体系扰动。

② 界面接触电阻测试

原位法直接测量双极板和气体扩散层（碳纸）之间的接触电阻比较困难。研究人员在采用原位法测量接触电阻时指出，原位测试方法总存在较大的误差，尤其是在无法确定电位探针的准确位置时，误差使得最后的定量测试结果完全不可靠。目前常用由 Davies 等提出，Lee 等和 Wang 等改进的伏安法测量干试样在不同压紧力下和碳纸之间的接触电阻。测量装置示意图如图 6-38 所示。该装置类似于三明治结构，试样夹于两张碳纸之间，然后将碳纸/试样/碳纸置于两块平行的紫铜块中间。紫铜块上焊有导线用于传导电流。压力由一定的夹具提供，通过压力传感器及其配套的数显表记录压力的变化（压力也可由万用测试机提供）。向接触电阻测试电路提供一定的恒定电流，改变压力的大小，记录整个回路电压的变化情况。

由于电流是恒定值，根据给定压力下测得的电压，该系统总的电阻 R_T 可由欧姆定律计算：

$$R_T = VA_S/I \tag{6-28}$$

其中，R_T 为总电阻；V 为所测电压；I 为所加载的恒电流；A_S 为试样的表面积。所得的总

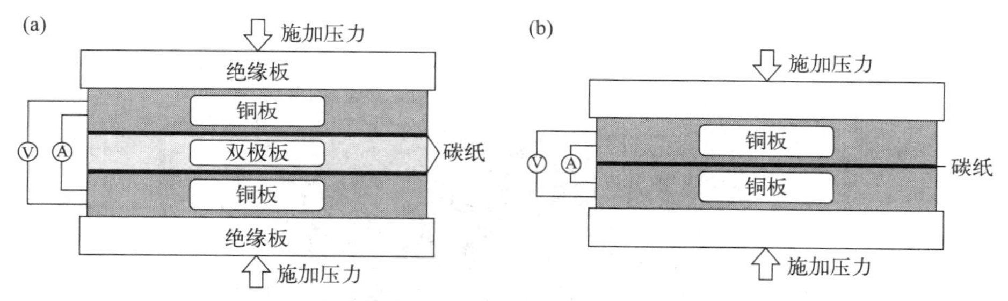

图 6-38 接触电阻测量的示意图

电阻 R_T 由以下部分组成：

$$R_T=2(R_{Cu}+R_C+R_{C/Cu}+\mathrm{ICR})+R_{sample} \tag{6-29}$$

式中，R_{Cu} 和 R_C 分别为紫铜块和碳纸的体电阻；$R_{C/Cu}$ 为碳纸与紫铜块的接触电阻，ICR 为试样与碳纸间的接触电阻；R_{sample} 为试样的体电阻。然后，将碳纸/试样/碳纸换成一张碳纸置于两个平行的紫铜块之间，其余装置保持不变。同样加载一定的恒定电流，测量电压随压紧力变化的情况。此时所测得的总电阻 R_{T2} 由如下部分组成：

$$R_{T2}=2R_{C/Cu}+2R_{Cu}+R_C \tag{6-30}$$

由于试样碳纸的体电阻非常小，与所测接触电阻相比其值可以忽略不计。这样，试样与碳纸的接触电阻 ICR 可以根据式(6-29) 和式(6-30) 求出，其结果如下：

$$\mathrm{ICR}=(R_T-R_{T2})/2 \tag{6-31}$$

为了确保所测数据的准确性，每个试样均重复测试 5 次，取平均值。

3) 双极板流场和流道设计

常见双极板主要可以分为四个功能区：公用管道区、分配区、流场区（如图 6-39 所示）和密封区。公用管道区的作用是为 H_2、空气、冷却液提供供应通道；分配区是反应气体由公用管道区进入流场区的过渡区域，其主要作用是使反应气体均匀进入流场区的各流道内；流场区的作用是使反应气体顺利进入 MEA 并将反应生成水的顺利排出，流场的结构决定 H_2、氧气和水在流场内的流动状态，是双极板的核心区域；公用管道区及流场区的外围为密封区，密封区主要作用是使用密封件实现电堆的密封。

双极板上加工有流道，流场区不同的流道设计对于反应物在电极各处的分配有很大的影响，如果反应物分配不均匀，则造成电极各处反应不均匀，产生的电流密度分布也随之不均匀，导致电池局部过热，效率下降；同时，若反应所产生的水未及时排出，会阻止反应气体顺利接近催化剂，降低输出功率。因此双极板的构型设计对燃料电池最终的性能和效率影响重大。在燃料电池研究初期，流场构型以通用电气（General Electric Company）和哈密尔顿标准（Hamilton Standard）公司提出的设计方案为主要代表，他们在具有良好导电性能的平板材料上刻蚀孔道，采用横截面积较大的直通道流道结构作为双极板流场，但这种流道会导致水在通道内部凝结，引起反应气体在整个电催化区域分布不均匀，直接导致电池电压逐渐下降而不稳定。近年来研究者们提出的几种流道形式主要有：平行流道-Z 型（parallel-channel-z type）、蛇形流道（serpentine channel）、平行流道-U 型（parallel channel-u type）、非连续型流道（discontinuous channel）、多路蛇行流道（parallel serpentine）、交指型流道（interdigitated channel）等。为了提高大电流密度燃料电池性能，促进传质极化，人们研发了“3D fine-mesh”空气流场，如图 6-40(a) 所示，3D 精细网格流道由双极板和

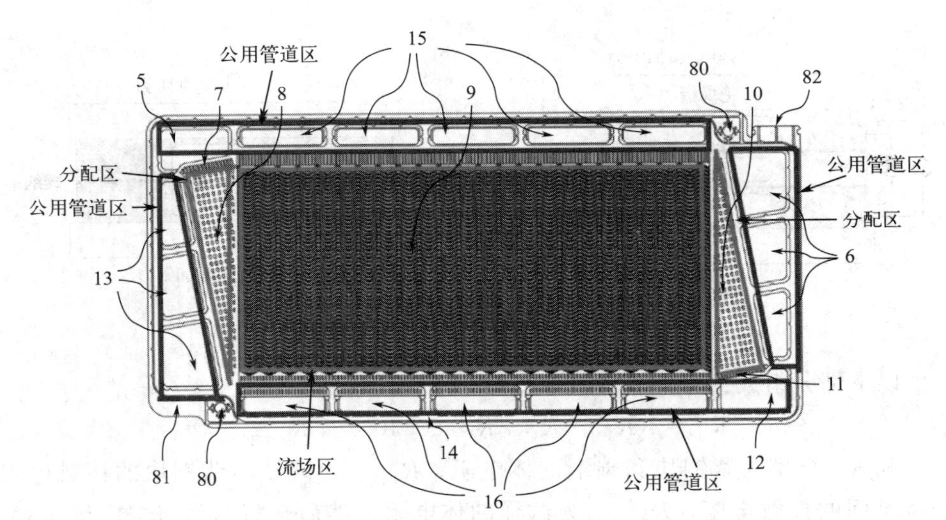

图 6-39 常见双极板的功能分区（CN 209804806U）

5—阳极入口；6—阴极入口；7—阳极入口直连通道；8—阳极入口分配区；9—阳极反应区；
10—阳极出口分配区；11—阳极出口直连通道；12—阳极出口；13—阴极出口；
14—阳极单板密封槽；15—冷却剂入口；16—冷却剂出口；80—定位孔；
81—标识区；82—巡检插片

细孔流道构成，在改善电池排水和气体扩散性能的同时，有效保证了电池平面发电均一性。3D 精细网格流道结构将增加零件的数量，从而增加了成本，并产生额外的压力损失。为了解决这些问题研究人员又开发了部分狭窄的流道点，如图 6-40(b) 所示，以平衡氧气扩散和压力损失。

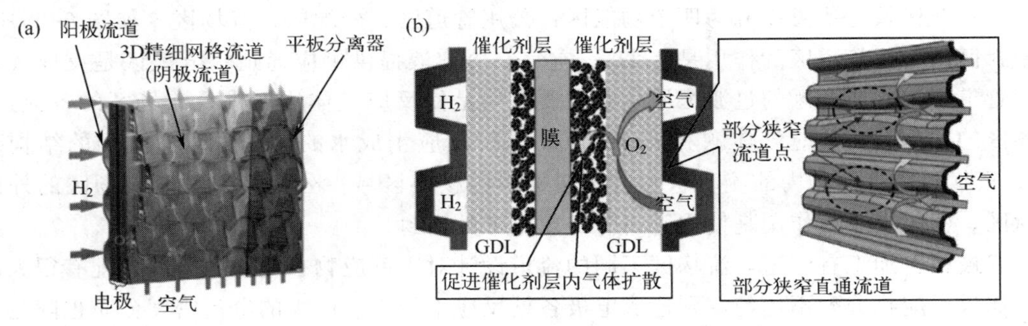

图 6-40 PEMFC 阴极流场

(a) 3D 流场；(b) 部分狭窄流道

（8）PEMFC 电堆

单电池的输出电压约为 0.7 V，在实际应用中所需电压通常是几伏特到几百伏特，为了达到实际所需电压要求，一般将许多单电池串联起来按压滤机方式组装成电池堆，如图 6-34 所示，电堆的电压为单电池电压的总和。由图可知，电堆主体由 MEA、双极板和密封件的重复单元（单电池）组成，除此之外，电堆两端还需端板（即夹板），在其上分布有反应气与冷却液进出通道和一定数量的四周均布的圆孔。通过穿入圆孔内的螺杆给电堆施加一定的组装力进行电堆的装配。

PEMFC 电堆的生产流程为：电堆预组装→施加压紧力→张紧固定→密封性测试→定型装配→电堆活化。

1）电堆预组装

目前，PEMFC电堆多采用自动化生产线进行堆叠预组装，具体的堆叠组装工艺流程示意图如图6-41所示。组装前需准备好原料和半成品零部件，包括双极板、MEA（双极板和MEA产品的条形码使得其具有可追溯性）、端板、集流体、绝缘板、螺杆等。堆叠组装前先将下端板（包括绝缘板）、集流体放到组装工作台上定位放置好，然后将MEA、双极板（含密封圈）、MEA、双极板依次相互堆叠，直到达到所需数量。若之前未将密封圈与双极板合为一体，则按MEA、双极板、密封圈、MEA、双极板、密封圈的顺序相互堆叠。最后将集流体、上端板（含绝缘板）堆叠在最上层，完成电堆的堆叠预组装。

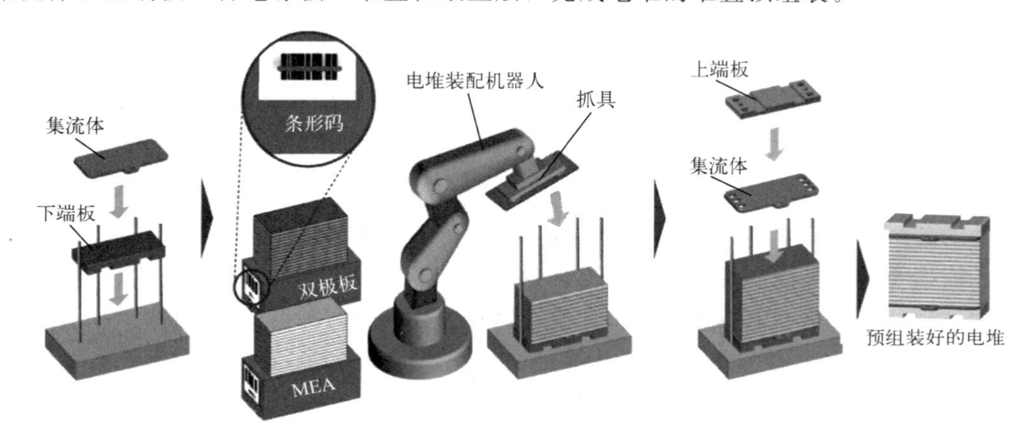

图6-41 PEMFC电堆的堆叠组装工艺流程示意图

2）对电堆施加压紧力

为保证各个部件（包括密封圈）被压紧以产生密封效果同时降低各部件间的接触电阻，需要对堆叠好的半成品电堆施加压紧力。压紧力需合理调节和控制，既要保证电堆被充分压紧又要避免因过载造成部件损坏。所用设备为带有压板的可控压力机，例如伺服液压机、螺旋压力机等。

3）张紧固定

对电堆施加合适的压紧力后，还需张紧装置将电堆固定，通常使用张力带或张力杆来固定，图6-42为PEMFC电堆的两种张紧固定方式的示意图。张力带通常是金属或者碳纤维材质，固定时两端通过夹具连接，或者通过材料（如焊接、压接）连接。张力带固定的好处是装配空间小、压力分布均匀，但是在边缘存在带子超载的风险。张力杆固定时，需通过端板面上的凹槽，并用螺母紧固在端板上。张力杆固定装配过程更简单，但是所需装配空间大并且存在压力分布不均的问题。

4）密封性测试

为了检查电堆的密封性，需要进行压降和/或流量测试。所需设备包括压降测试设备和流量测试设备，所用介质为氮气或氦气。测试时先将测试介质输入到电堆，压降测试法中将气体阀关闭，停止气体输入后观察压力随时间的变化来判断密封情况；流量测试法中，打开气体阀，观察终端流量变化来分析密封情况。

5）定型装配

经密封性检测后的电池还需装上电池电压监测（CVM）装置、正负极电流收集模块、输入输出接口连接板和电堆外壳等构成完整的电堆。CVM装置主要用来采集和监测各个单

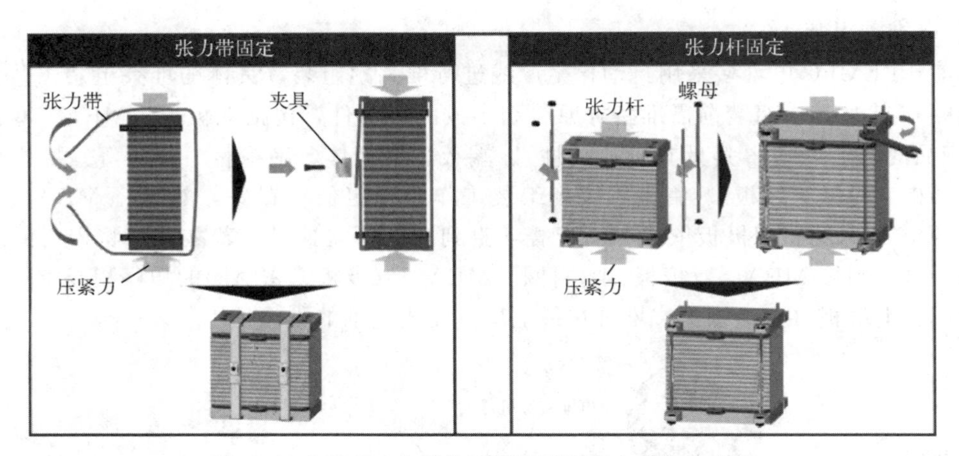

图 6-42　PEMFC 电堆的两种张紧固定方式的示意图

电池电压，安装在电池组的侧面。安装时，首先使用导电树脂将 CVM 采集电压触点连接在燃料电池的各个双极板上（也可采用焊接或者夹具等方式连接），如图 6-43 所示，然后将电堆的高压输出布线的母线用螺丝固定在电流收集器上，最后将电堆装入外壳内，外壳的盖子也是分配器板，包含所有的输入和输出介质，以及传感器和高压电缆的连接。

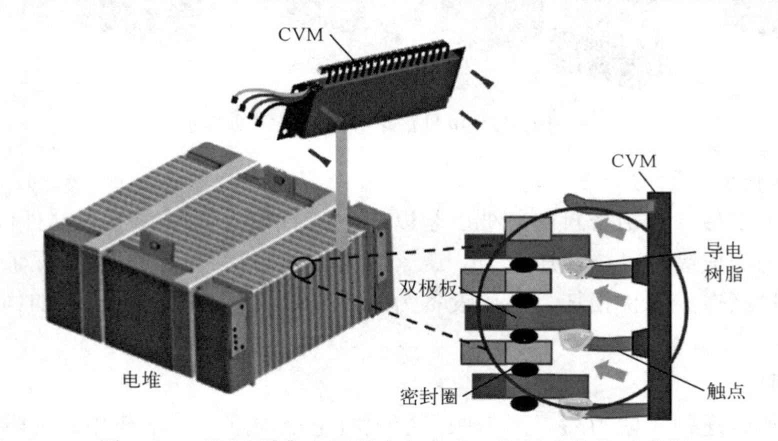

图 6-43　CVM 采集电压触点与各个双极板连接的示意图

6）电堆活化

组装好的燃料电池堆还需进行活化，才能达到其最佳性能。活化通常被认为包括以下一些过程：①质子交换膜的加湿过程；②物质（包含电子、质子、气体、水）传输通道的建立过程；③电极结构的优化过程；④提高催化层的活性和利用率的过程。在某些情况下，活化过程后需要进行新的密封性试验。活化过程按照产品状态分为预活化、在线活化（放电活化）和恢复性活化。

6.4.3　直接醇类燃料电池

（1）直接醇类燃料电池简介

虽然质子交换膜电池具有良好的性能，但是氢气的生产、净化和储存等氢源问题很难解决。人们从二十世纪九十年代开始提出以醇类（甲醇、乙醇、甲酸等）特别是以甲醇直接作为燃料的直接醇类燃料电池。甲醇来源丰富、安全、便于储存和运输，因此，以甲醇为燃料的直接甲醇燃料电池（direct methanol fuel cell，DMFC）比氢燃料的PEMFC更具有吸引力。美国加利福尼亚学院和南加州大学的研究人员在1994年成功设计了一种循环式的DMFC系统，单电池电压为0.5 V，在60～90 ℃、压力为0.14 MPa的条件下，其输出电流密度为300 mA/cm^2。1998年Manhattan Scientifics公司开发了微型DMFC（Miro-Fuel Cell），并将其用于手机电源，待机时长达6个月，连续通话时间高达一周。同时期美国摩托罗拉公司与洛斯阿拉莫斯国家实验室合作研制出质量更轻、体积更小的手机用微型DMFC电源。2003年日本东芝公司开发了小型笔记本电脑用DMFC电源，电压为12 V，最大输出功率为24 W。与此同时，韩国三星公司也研制出了使用DMFC电源的笔记本电脑等产品。欧洲从1997年开始实施New Low-cost Direct Methanol Fuel Cell计划，主要探索新电催化剂、电解质、优化电池结构与系统方面的工作。我国对DMFC研究起步于1999年，中科院大连化物所、长春应化所、清华大学、天津大学等科研机构和高校相继在DMFC电催化剂、电极反应过程、离子交换膜、催化电极和催化电极/质子交换膜复合体、整机集成等方面进行了系统探索，并取得了一系列卓有成效的研究成果。

目前，DMFC主要应用在便携式电源领域和电动汽车动力源，尤其是在移动式长效电源的应用方面，DMFC技术具有不可替代性和巨大的市场，可以用于移动式应急电源，如应急指挥中心的通信、照明、数据处理设备的供电，应急救援供电，抢险分队的供电，野外医院和救生供电。

作为电动汽车动力源，甲醇燃料电池有两个技术方向：一是甲醇重整制氢技术，将甲醇进行重整产生氢气，再将提纯后的氢气用于燃料电池，实质上属于氢燃料电池的一种；二是直接甲醇燃料电池，甲醇直接参与电化学反应，没有中间制氢的过程。作为移动电源，如手机、笔记本电脑、数码摄像机等的电源，DMFC可望在近几年内得到商业化应用。而作为汽车电源DMFC还有待时日，因为初步的计算表明，工作温度在100 ℃以下，以甲醇和空气为燃料和氧化剂，只有当功率密度达到200～300 mW/cm^3时，DMFC才有可能成为车载动力电源。另外，DMFC汽车还需进一步完善技术，解决量产、降低成本、提高可靠性和一致性等问题。

(2) DMFC工作原理

DMFC与PEMFC的构造基本相同。根据电解质膜的差别，DMFC分为酸性工作介质（PDMFC）和碱性工作介质（ADMFC）。

在酸性介质中采用的是与PEMFC类似的质子交换膜，其基本组成和工作原理如图6-44 (a) 所示，在电池运行过程中，甲醇水溶液（或纯甲醇）由阳极侧双极板上的流道输入，经扩散层进入阳极催化层，在催化剂作用下产生电子和质子，同时释放出CO_2。质子通过质子交换膜传递到阴极，电子经外电路做功，产生的CO_2从阳极排出。同时，空气（O_2）沿阴极侧双极板上的流道输入，经扩散层进入阴极催化层，在催化剂作用下与从阳极移动过来的质子和电子结合，发生还原反应生成水，具体电极反应如下：

阳极：
$$CH_3OH + H_2O \longrightarrow CO_2 + 6H^+ + 6e^- \tag{6-32}$$

阴极：
$$\frac{3}{2}O_2 + 6H^+ + 6e^- \longrightarrow 3H_2O \tag{6-33}$$

总反应：
$$CH_3OH + \frac{3}{2}O_2 \longrightarrow 2H_2O + CO_2 \tag{6-34}$$

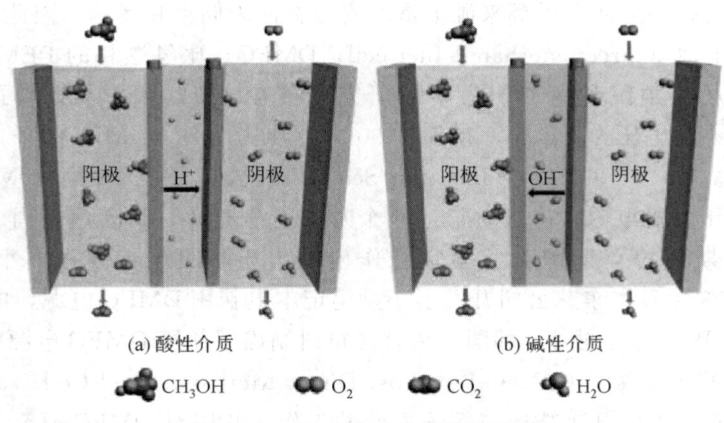

图 6-44 DMFC 工作原理示意图

碱性工作介质中 DMFC 采用的是阴离子交换膜，其工作原理如图 6-44(b) 所示，在阳极催化剂的作用下甲醇分子与阴极传递过来的 OH^- 反应生成 CO_2、H_2O 和 e^-，电子由外电路传递到阴极，在阴极催化剂的作用下与阴极区的 O_2 和水反应生成 OH^-，并通过阴离子交换膜传递到阳极继续参与阳极反应，具体电极反应如下：

阳极：
$$CH_3OH+6OH^- \longrightarrow CO_2+5H_2O+6e^- \tag{6-35}$$

阴极：
$$3H_2O+\frac{3}{2}O_2+6e^- \longrightarrow 6OH^- \tag{6-36}$$

电池的总反应见式(6-34)。碱性工作介质中由于 OH^- 和燃料的移动方向相反，因此可以有效解决甲醇的交叉渗透问题。

与 PEMFC 阳极不同的是，DMFC 阳极的甲醇电催化氧化（methanol oxidation reaction，MOR）过程是一个缓慢的动力学过程，MOR 步骤主要包括：①吸附甲醇分子并逐步脱质子形成含碳中间体；②上述含碳中间体在含氧中间体的参与下氧化去除；③产物转移包括催化剂/电解液界面内的离子转移、电子转移到外部电路和排放二氧化碳。

对于酸性工作介质，MOR 的具体反应过程如图 6-45 所示。首先甲醇吸附在催化剂表面形成吸附态 $(CH_3OH)_{ads}$，然后在 Pt 催化作用下吸附态 $(CH_3OH)_{ads}$ 中的 C-H 和 O-H 键活化，并经多步脱氢，依次解离成 Pt-CH_2OH、Pt_2-CHOH、Pt_3-COH、Pt-CO 和 Pt-H 等中间产物，随后 Pt-H 快速解离生成质子。同时，在 Pt 催化剂作用下，H_2O 生成活性羟基（Pt-OH），Pt-OH 与中间产物进一步反应生成 H_2O 和 CO_2。由上述内容可知，在 MOR 过程中，可能会产生的各种中间产物或副产物。一些中间产物是相对稳定的化合物，例如甲醛（HCHO）、甲酸（HCOOH）和一氧化碳（CO）等，但某些中间产物如甲醇脱质子得到的各种 CHO 中间体（如 CO、COH、HCO 等），尤其是 CO 由于与 Pt 的结合力较强，可以通过占据 Pt 活性位点，逐渐积累在 Pt 催化剂的表面，最终使 Pt 催化剂中毒失去催化活性，导致甲醇氧化反应的电流迅速衰减，电池性能急剧下降。

对于碱性工作介质，比较认同的 MOR 反应机理为：首先甲醇和 OH^- 吸附在催化剂表面，然后甲醇被解离为各种含碳中间体；通过表面吸附的 H_2O 参与 MOR 反应形成 OH^- 和 OH_{ads}；含碳中间体最终被 OH^- 和 OH_{ads} 氧化生成 CO_2。当以 Pt 为催化剂时，具体的反应过程为：

$$Pt+OH^- \longrightarrow Pt\text{-}OH+e^-$$

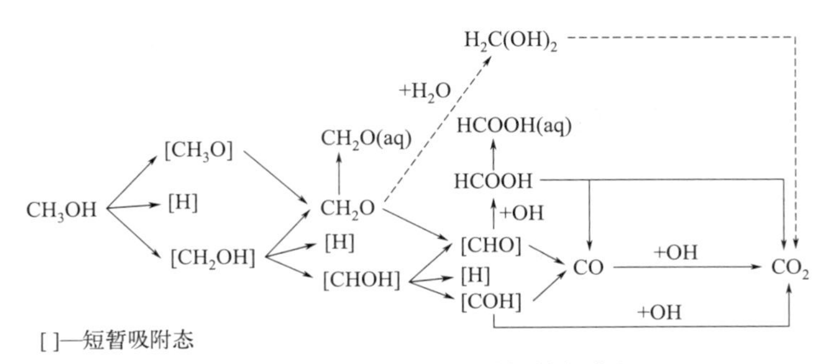

图 6-45　甲醇在 Pt 电极上的间接氧化机理

$$Pt\text{-}CH_3OH+OH^- \longrightarrow Pt\text{-}CH_3O+H_2O+e^- \quad (6\text{-}37)$$

$$Pt\text{-}CH_3O+OH^- \longrightarrow Pt\text{-}CH_2O+H_2O+e^- \quad (6\text{-}38)$$

$$Pt\text{-}CH_2O+OH^- \longrightarrow Pt\text{-}CHO+H_2O+e^- \quad (6\text{-}39)$$

$$Pt\text{-}CHO+Pt\text{-}OH+2OH^- \longrightarrow 2Pt+CO_2+2H_2O+2e^- \quad (6\text{-}40)$$

碱性介质中在最后去除含碳中间产物的反应中，除了与酸性介质中一样被 OH_{ads} 氧化外，吸附在催化剂表面的 OH^- 也能氧化中间产物。因此与酸性介质相比碱性介质中的 MOR 反应动力学得到了显著改善。另外，碱性介质中产生的中间产物不易使催化剂产生中毒现象。一些非贵金属如 Ni、Co 等也会像 Pt 一样具有催化活性，尤其是 Ni 基催化剂，由于具有较好 MOR 催化性能它是目前非贵金属催化剂的研究热点。然而，ADMFC 采用的是阴离子交换膜，由于阴离子交换膜在碱性条件下离子型聚合物的骨架结构和阳离子交换基团容易发生降解，氢氧根离子的迁移率低于质子的迁移率，阴离子交换膜的氢氧根离子传导率低于质子交换膜的质子传导率。

（3）DMFC 的特点

1）优点

与 PEMFC 相比 DMFC 具有以下优势：

① 更高的比能量，因为直接采用液态的甲醇作为燃料，许多困扰人们的氢气的储存、运输等问题就不复存在了；

② 不需要重整装置，系统更为简单、紧凑，因为直接采用液态的甲醇作为燃料，就可以不需要重整装置；

③ 甲醇来源丰富，很容易从天然气和可再生物质等来源中获得。而且甲醇的储运过程方便，可以充分利用现有的基础设施。

以上这些优点决定了直接甲醇燃料电池非常适合用作车载和便携式设备的电池。

2）存在的问题

目前，甲醇燃料电池的大规模推广仍然存在着几个亟需解决的问题：

① 寻找高效的催化剂，因为甲醇的电化学反应速率比较慢，需要采用贵金属催化剂，而甲醇反应的过程中会产生一些中间产物如 CO，对贵金属催化剂有毒化作用。

② 解决甲醇在质子交换膜中的渗透，甲醇分子容易通过质子交换膜使其利用率降低，同时造成氧电极中混合电位致使膜电极性能的降低。目前 DMFC 多使用以 Nafion 膜为代表的全氟磺酸膜，无法阻隔甲醇由阳极渗透至阴极，因此需要发展高效的阻醇膜。

③ 燃料的甲醇固有的毒性，特别是在气相中易挥发带来的安全问题，也是甲醇燃料电

池技术商业化的阻碍之一。

6.4.4 高温质子交换膜燃料电池

(1) HT-PEMFC 简介

由于目前全氟磺酸型 Nafion 膜本身的特性，PEMFC 的工作温度通常在 80 ℃以下，这使得其催化剂催化效率较低并且耐 CO 毒化的能力极差，同时 PEMFC 的水热管理较为复杂，这些缺点都给 PEMFC 的应用推广带来了一定的困难。为了解决这些问题，近些年研究人员开发了一种基于磷酸/聚苯并咪唑（polybenzimidazole，PBI）的高温质子交换膜燃料电池（HT-PEMFC），其工作温度可以提高至 100 ℃以上（通常为 100～200 ℃）。所谓“高温”是指 HT-PEMFC 工作温度相对于传统 PEMFC（20～100 ℃）温度明显提高。但是与熔融碳酸盐燃料电池和固态氧化物燃料电池相比 HT-PEMFC 依然属于低温燃料电池。

HT-PEMFC 的基本组成和电极反应与 PEMFC 的类似，区别在于采用的电解质膜不同，目前 HT-PEMFC 的电解质膜多以 PBI 膜为主。聚苯并咪唑（PBI）及其衍生物是一种具有较高杨氏模量的半结晶聚合物，热分解温度在 400 ℃以上，氧化稳定性、耐酸碱稳定性能优良，并且在吸附磷酸以后可以达到燃料电池的机械强度要求，掺杂磷酸的 PBI 膜在 100～200 ℃的温度范围内表现出较高的质子传导性，在高温（>150 ℃）无水条件下，其质子传导率接近 Nafion 膜（0.1 S/cm）。另外，掺杂磷酸的 PBI 膜的电渗系数几乎为零，即质子在膜中传递不携带水分子，使得 HT-PEMFC 能在高温、低水蒸气压下操作。1995 年，韦恩赖特等首次将磷酸掺杂的 PBI 膜应用到 HT-PEMFC 中，开启了 PBI 应用研究的新热点。随后多种衍生物结构相继被开发出来，图 6-46 为常见 PBI 及其衍生物的结构式。代表性的 *m*-PBI 可以通过 3,3′-二氨基联苯和间苯二甲酸聚合而成，制备方式分为熔融聚合法和溶液聚合法，由于此结构被广泛研究，因此也被直接叫作 PBI。得到的聚合物经过 *N*,*N*-二甲基乙酰胺（DMAc）或其他溶剂溶解以后，可以通过溶液挤出法、刮膜法和溶液流延法等制备成膜，膜厚根据需要通常为 15～200 μm。

聚苯并咪唑环中的-NH-和-N=可作为 H^+ 的供体和受体，能促进膜中氢键的形成。因而 H^+ 能够在水-磷酸之间、磷酸-磷酸之间、咪唑环-磷酸之间传递，其 H^+ 的传导机理如图 6-47 所示。磷酸掺杂 PBI 膜的质子传导能力随着磷酸掺杂量的增加而增加，但是其机械强度和化学稳定性会随着磷酸含量的增加而降低。因此，如何增加磷酸含量而不牺牲其机械强度和化学稳定性是目前的研究热点。另外，磷酸掺杂的 PBI 膜在燃料电池运行期间会有游离磷酸的浸出，尤其是当温度低于 100 ℃时，部分磷酸分子被排出，不仅与生成的水反应还会腐蚀燃料电池的辅助系统。

(2) HT-PEMFC 的特点

HT-PEMFC 与 PEMPC 相比具有以下优势：

① 提高温度能促进电极的催化反应动力学过程，电化学动力学的控制步骤主要是阴极氧还原反应（ORR），而高温条件可以同时提高阳极和阴极催化反应效率，能够降低 Pt 基催化剂用量。另外，随着温度的提升，电极动力学性能的提高，使得非贵金属催化剂的使用成为可能，这将大大降低电池成本，提高燃料电池的商用价值。

② 高温提高了 Pt 催化剂对 CO 的耐受性，因为高温条件能够有效抑制 CO 在 Pt 基催化剂的吸附，防止催化剂中毒，一般甲醇重整产生的燃料 H_2 含有微量的 CO 而无法彻底去

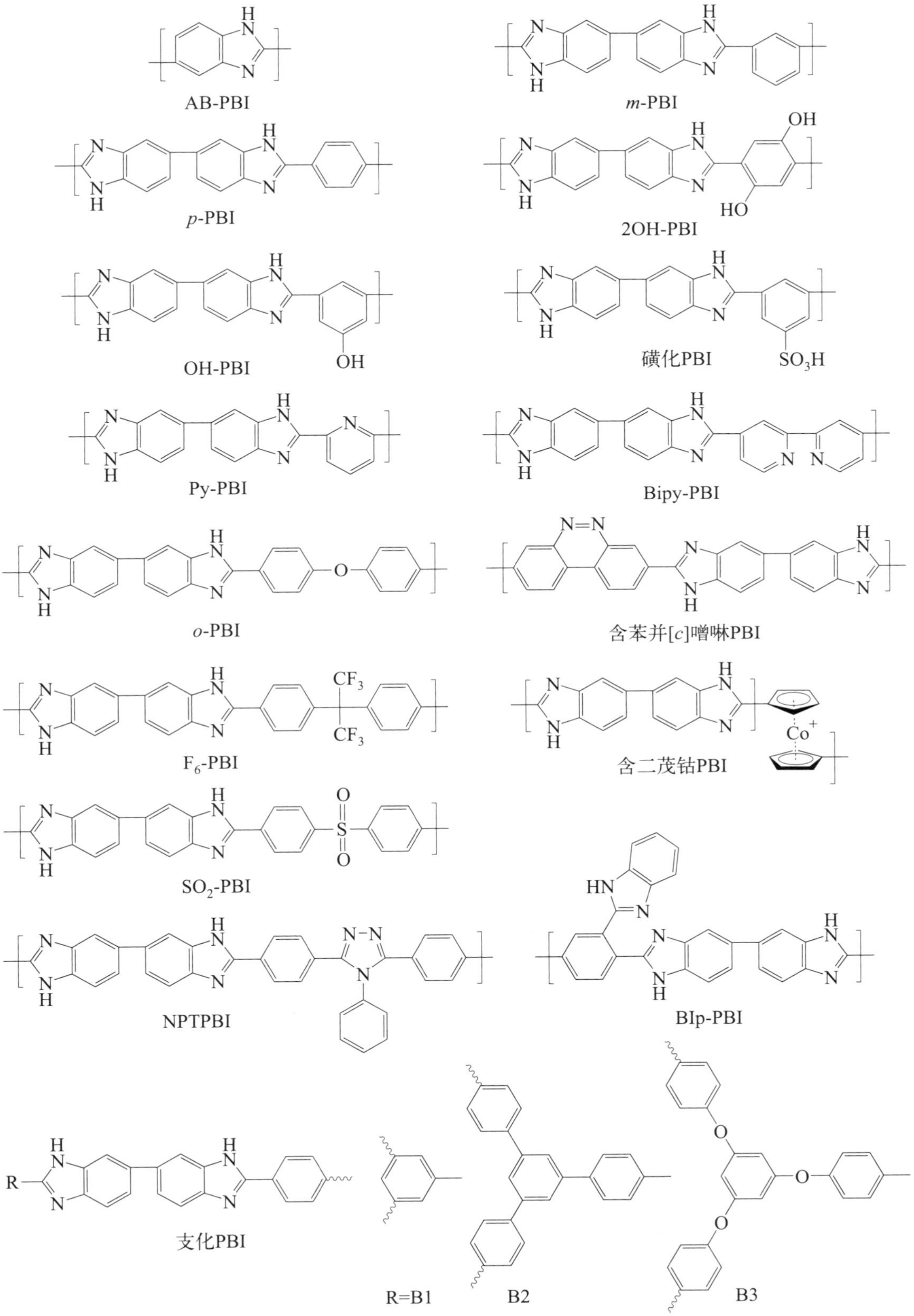

AB-PBI

m-PBI

p-PBI

2OH-PBI

OH-PBI

磺化PBI

Py-PBI

Bipy-PBI

o-PBI

含苯并[*c*]噌啉PBI

F_6-PBI

含二茂钴PBI

SO_2-PBI

NPTPBI

BIp-PBI

支化PBI

R=B1 B2 B3

图 6-46 常见 PBI 分子结构式

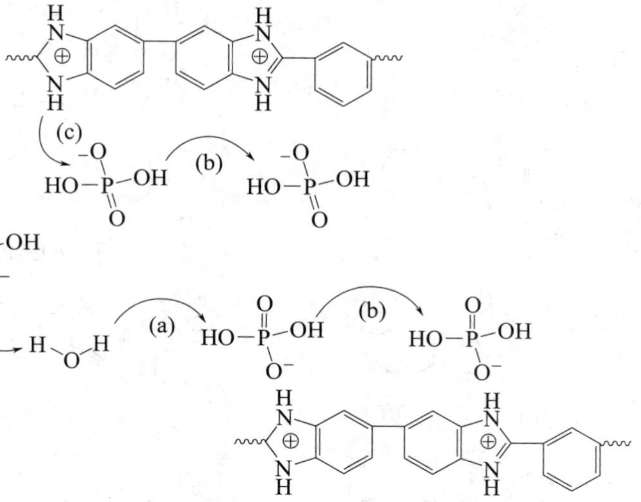

图 6-47 磷酸掺杂的 PBI 膜质子传导机理
(a) 水-磷酸之间的质子传导；(b) 磷酸之间的质子传导；(c) 磷酸-咪唑环之间的质子传导

除，随着 H_2 纯度的提高，燃料的成本也不断增大。PEMFC 通常使用高纯氢气作为燃料（<25 μL/L CO，80 ℃），而 HT-PEMFC 对 CO 的耐受性明显提高（1000 μL/L CO，130 ℃；30000 μL/L CO，200 ℃）。

③ 水管理系统更为简单，PEMFC 运行温度在 100 ℃以下时，电池体系中既包含液态水又包含气态水，随着湿度进一步升高，容易造成阴极水淹，以致传质效率下降。而磷酸掺杂 PBI 膜对水含量的依赖性较低，扩散层容易达到湿度平衡状态，此时电池中水为气态，并且产生的水蒸气能够迅速从电池中排出，从而简化水管理系统。同时，对于双极板的流场设计也能得到简化。

④ 简化热管理系统、提高电池效率，PEMFC 运行时 40%～50%的能量是以热量的形式产生的，必须及时从燃料电池去除，否则会导致燃料电池过热，使得材料加速退化。PEMFC 系统需要配备专门的冷却系统，会增加电堆的成本。HT-PEMFC 体系与环境温差大，散热相对容易，可利用用电单元，如车辆现有的冷却系统，从而提高质量比能量密度以及整体能量效率。另外，还能够更大幅度地利用余热，提高电池效率。

然而 HT-PEMFC 运行温度的提高，其各个组件长时间处于高温、酸性环境中，会带来膜降解、催化剂团聚、碳载体腐蚀以及双极板腐蚀等问题，并且腐蚀程度要高于 PEMFC 环境。提升电池组件的耐久性也是 HT-PEMFC 目前的研究重点之一。

6.4.5 固体氧化物燃料电池

固体氧化物燃料电池（SOFC）属于第三代燃料电池，是一种在中高温下直接将储存在燃料和氧化剂中的化学能高效、环境友好地转化成电能的全固态电化学发电装置，其运行温度为 500～1000 ℃。SOFC 最早由 Nernst 在 1899 年提出，但由于受技术复杂性、材料加工手段的限制，发展缓慢，直到 20 世纪 80 年代以后，为了开辟新能源，缓解石油紧缺带来的能源危机，固体氧化物燃料电池才得到了蓬勃发展。1987 年西屋电气公司与日本东京煤气公司、大阪煤气公司合作开发出第一台 3 kW 的电池模块，成功运行 5000 多小时；十年之后，西屋电气公司在荷兰安装了一台系统功率为 100 kW 的 SOFC，该 SOFC 累计运行了 16612 小时，能量效率达到了 46%。随后，加拿大的环球热电公司、日本三菱重工、美国通用公司、德国西门子以及中国各研究院所和高校都积极投入到 SOFC 的研究行列，推动着 SOFC 的商业化。SOFC 可适用于多种不同功率范围，包括小功率移动电源（如 500 W 移动充电设备）、中功率供电电源（如 5 kW 左右的家庭热电联产系统）和大功率（如 100～500 kW）的小型发电站，也可组合成兆瓦级别的分散式电站。西门子公司曾经是 SOFC 技术的先锋，美国 Bloom Energy 公司则是近年来 SOFC 技术产业化的标杆企业，日本 ENE Farm 家用热电联供系统是最成功的商业化产品，三菱重工正在研发固体氧化物燃料电池大型发电系统。我国 SOFC 商业化应用进程较为缓慢，近几年 SOFC 技术和产业化发展加速。

(1) SOFC 工作原理

固体氧化物燃料电池根据其工作温度可分为三类，即高温 SOFC（800～1000 ℃）、中温 SOFC（600～800 ℃）和低温 SOFC（低于 600 ℃）。SOFC 的单电池基本组成包括阴极、阳极、电解质和连接体。按照支撑类型可分为电解质支撑型、阴极支撑型、阳极支撑型、多孔基底支撑型和连接体支撑型。按照电解质传导离子类型的不同，分为传导氧离子（O^{2-}）的氧离子型 SOFC 和传导质子（H^+）的质子型 SOFC。质子型 SOFC 的工作原理与 PEMFC 类似，即氢气（或其他碳氢燃料）在阳极产生 H^+，H^+ 通过电解质迁移到阴极，与阴极的氧气发生反应生成水，电子流经外电路形成电流，为负载提供电能。传统的 SOFC 为氧离子型燃料电池，其工作原理如图 6-48 所示，其阴极为氧化剂还原的场所，在阴极一侧通入氧气或空气，具有多孔结构的阴极表面吸附 O_2，在阴极催化剂的作用下还原成氧离子 O^{2-}：

$$O_2 + 4e^- \longrightarrow 2O^{2-} \tag{6-41}$$

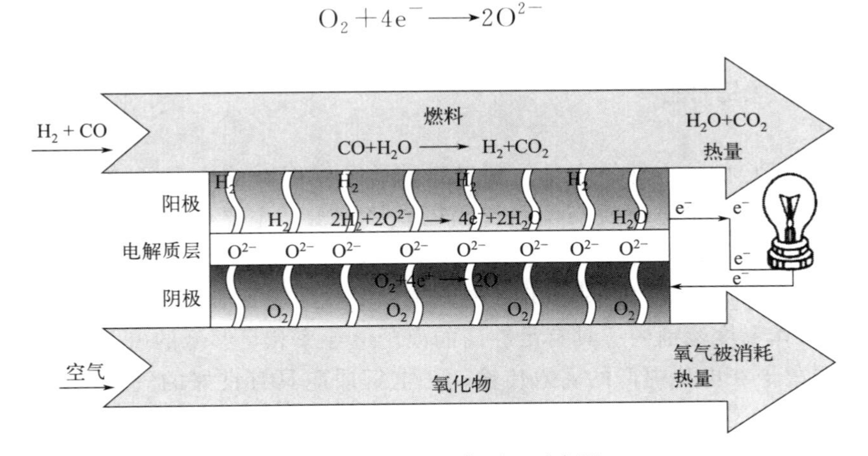

图 6-48　SOFC 工作原理示意图

O^{2-} 在电位差和氧浓差驱动力的作用下进入固态电解质，在电解质中通过氧离子空穴导电从阴极传递到阳极，与阳极一侧通入的燃料，例如 H_2、CO、CH_4 以及其他碳氢燃料等，在阳极催化剂作用下被氧化成 H_2O 或 CO_2 或 H_2O+CO_2 等：

$$2O^{2-} + 2H_2 \longrightarrow 2H_2O + 4e^- \quad 或 \quad O^{2-} + CO \longrightarrow CO_2 + 2e^- \quad 或$$

$$4O^{2-} + CH_4 \longrightarrow 2H_2O + CO_2 + 8e^- \tag{6-42}$$

与此同时，失去的电子通过外电路回到阴极。

以 H_2 燃料为例电池的总反应式见式(6-14)。

(2) SOFC 的特点

1) 优点：

① 所使用的燃料适用性广，燃料广泛地采用氢气、一氧化碳、天然气、液化气、煤气、生物质气、甲醇、乙醇、汽油和柴油等多种碳氢燃料，很容易与现有能源资源供应系统兼容。

② 运行温度高不需要贵金属之类的催化剂，对环境的适应性极强。

③ 电解质很稳定，由于是固态电解质，组成不随燃料和氧化剂的变化而变化，在电池工作的条件下，没有液态电解质的迁移和损失的问题。由于采用了全固态电池结构，可以避免使用液态电解质所带来的腐蚀和电解液流失，避免由于高温所产生的爆炸风险。

④ 因为没有液相，不存在保持固液气三相界面的问题，也不存在液相淹没电极微孔和催化剂润湿的问题。同时也避免了液相电解质对电极材料的腐蚀问题。

⑤ 可以在较大电流密度下工作，利用率高，因为工作温度高，电化学极化和浓差极化都很小，反应速率快。

⑥ 可实现热电联供，燃料利用率高。SOFC 自身发电效率接近 60%，热电联供余热温度为 400～600 ℃，效率超过 80%。同时，与传统发电的用水量相比，节水率达 98%。

2) 存在的问题

① 启动时间长，因操作温度在 650～1000 ℃，为保护电池组件，升温速率不能太快，每分钟 5～10 ℃升温，启动时间在 65～200 分钟。

② 由于工作温度高，存在明显的自由能损失，其理论效率和开路电压比熔融碳酸盐燃料电池低。

③ 由于温度高，很难找到具有良好热和化学稳定性的材料来满足固体氧化物燃料电池的技术要求。

(3) SOFC 的关键材料

1) 电解质

电解质是 SOFC 的核心部件之一，其材料种类及厚度直接决定了 SOFC 的运行温度和电化学性能。在 SOFC 中电解质与阳极和阴极直接接触，主要作用是传导离子、分隔燃料和氧化剂、阻碍电子在其中传输等。按照传导离子的不同电解质材料可以分为 O^{2-} 导电电解质和 H^+ 导电电解质。因此，对 SOFC 电解质有多种性能要求：①电解质材料在 SOFC 运行环境中及在工作温度范围内应具有足够高的离子电导率和足够低的电子电导率（低得可以忽略），以实现离子在电池内部的高效传输；②电解质应具有良好的气密性，能够有效地分隔燃料和氧化气体，防止二者相互渗透，发生直接燃烧反应；③电解质在 SOFC 运行环境中应具有高的化学稳定性，避免材料在高温下分解；④电解质应与阴阳极有良好的化学相容性和热膨胀相匹配性，避免 SOFC 运行过程中电解质-电极界面反应的产生以及电解质和电极相分离；⑤电解质应具有较高的机械强度和抗热震性能，在 SOFC 运行时能够保持结构及尺寸形状稳定性；⑥电解质材料应具有较低廉的价格，以降低整个系统的成本。

相比于阴阳极材料，电解质电导率最低，因此必须是薄膜结构，并且厚度越小越好，以降低电解质层电阻。根据电池结构不同（阳极支撑结构、阴极支撑结构和电解质支撑结构等），电解质厚度一般在数百纳米到数百微米之间。目前，在 SOFC 研究领域常用的电解质材料以萤石结构型材料和钙钛矿型材料为主，萤石结构氧化物陶瓷包括 ZrO_2 基、CeO_2 基

以及 δ-Bi_2O_3 基电解质材料，钙钛矿型电解质主要包括 $LaGaO_3$ 基、$BaCeO_3$ 基和 $SrCeO_3$ 基材料，其中 $BaCeO_3$ 和 $SrCeO_3$ 是质子传导型电解质。

ZrO_2 基电解质材料是目前应用和研究最多的 SOFC 电解质。ZrO_2 是单斜晶系，本身离子导电性很差，并且在高温下结构稳定性不好，难以制成致密薄膜，需要掺杂适量的低价氧化物如 Y_2O_3、CaO、Sc_2O_3 等以提高离子导电性和结构稳定性。研究发现当掺杂约 8%～9%的 Y_2O_3 后（称为 Y_2O_3 稳定化的 ZrO_2，简写为 YSZ），晶格中的部分 Zr^{4+} 被 Y^{3+} 取代，形成 O^{2-} 空穴，每加入两个 Y^{3+} 便形成一个 O^{2-} 空穴，在 800～1000 ℃的高温下表现出良好的离子电导率。YSZ 材料也是目前商用 SOFC 中主流电解质材料。ZrO_2 基电解质表现出诸多优良特性，但只适合在高温（通常大于 850 ℃）下运行，一旦温度降低到低于 700 ℃，电解质内阻变大，电导率随之下降。CeO_2 基电解质非常适合于中低温（500～700 ℃），其与 ZrO_2 的区别在于，晶型不随温度变化，但纯的 CeO_2 是 n 型半导体，离子电导率低并且是非导电相，也需要通过掺杂离子在结构中引入氧空位以进行氧离子传导。常用的掺杂离子为 Sm^{3+} 和 Gd^{3+}，因二者具有与 Ce^{4+} 相近的离子半径，当掺杂量为 10%～20%（摩尔分数）时，具有较高的氧离子传导率。目前，研究较多的掺杂 CeO_2 基电解质材料为钆掺杂的氧化铈（GDC）和钐掺杂的氧化铈（SDC）。当温度高于 600 ℃时，CeO_2 中的 Ce^{4+} 容易被还原成 Ce^{3+}，产生电子导电，引起电解质变化和电池性能下降。研究发现共掺杂 CeO_2 体系可有效避免该问题。现阶段，研究人员更多地把注意力集中在共掺杂体系的经济性和稳定性研究中。

目前，SOFC 电解质的两个发展方向为新材料开发和薄膜化。在实际工业应用中，电解质材料在 SOFC 运行环境中的稳定性非常重要。尽管很多种类的新型陶瓷电解质比 YSZ 具有更高的氧离子传导率，但是都或多或少受制于其在 SOFC 运行时的电子导电特性及结构稳定性等影响，目前还无法大规模商业化应用。现阶段商业化应用的 SOFC 电解质材料仍是以 YSZ 为主，其中薄膜制备工艺的改进及优化是重要的研究方向。另外，随着 SOFC 朝着中、低温方向发展，CeO_2、Bi_2O_3 或 $LaGaO_3$ 等低温 SOFC 电解质是未来电解质的发展方向，但是需要解决这些材料在还原性气氛下的电子导电及结构稳定性等问题。

2）阴极材料

SOFC 阴极的作用是解离空气中的氧气分子并传导氧离子。阴极性能在很大程度上决定了 SOFC 单电池的输出性能。用于 SOFC 体系中的阴极材料，一般应具有以下特点：①同时具有较高的电子和离子电导率，阴极材料电导率越高，电池欧姆损失就越少，同时较高的离子电导率会提高催化界面的反应和扩散能力；②具有较高的催化活性，阴极材料的高催化活性能将氧分子共价键打开使界面催化反应顺利进行；③具有合适的匹配性，阴极材料应与 SOFCS 体系中的其他组件（如电解质和连接板）有相匹配的热膨胀系数。贵金属（如 Pt、Ag、Pd 等）是早期研究阴极材料的一种，但是成本高。目前大多数阴极材料是含有稀土元素的钙钛矿结构的复合氧化物，例如掺杂铁酸镧（$LaFeO_3$）、掺杂钴酸镧（$LaCoO_3$）和掺杂锰酸镧（$LaMnO_3$）等。

目前工业上最常用的阴极材料是掺杂锰酸镧。$LaMnO_3$ 是一种通过氧离子空位导电的 p 型半导体，为增强其电导率，可通过在其中掺杂低价离子，形成更多氧离子空位。目前，碱土金属 Sr 是最常用的掺杂物，在 SOFC 运行温度范围内，$La_{1-x}Sr_xMnO_3$(LSM) 的电导率随 Sr 掺杂量而变化，当 Sr 含量大于 20%～30%时，LSM 表现为金属型电导（100～200 S/cm），离子电导可忽略不计。另外，LSM 随温度降低极化阻抗显著增加，因此，LSM 适用于高温

SOFC 中，通常将 LSM 与 YSZ 构成复合电极。而在中、低温 SOFC 中仍然需要发展新型阴极材料。

中温 SOFC 中最具潜力的阴极材料是具有混合离子电子导电性（MIEC）的材料，如 Sr 掺杂的 $LaCoO_3$（$La_{1-x}Sr_xCoO_3$，LSC）、$Ba_{0.95}La_{0.05}FeO_{3-\delta}$（BLF）、$Sm_{0.5}Sr_{0.5}CoO_3$（SSC）等。相比于电子电导材料，MIEC 将阴极的三相反应界面（TPB）变成两相反应界面，即反应界面遍布整个电极表面，能大大提高阴极性能。但是，其长期稳定性是目前需要解决的问题。

3）阳极材料

SOFC 阳极是燃料发生电化学氧化并放出电子的场所。对阳极的要求包括：①对燃料的氧化反应具有良好的电化学催化活性，以减小电化学极化；②具有较高的氧离子和电子电导率，以减小欧姆极化；③具有多孔结构和合适的孔隙率，以减小浓差极化；④与周围组件（如电解质和连接板）具有相似的热膨胀系数和良好的化学相容性；⑤在 SOFC 高温和强还原气氛下具有良好的稳定性。根据这些要求，用于 SOFC 的阳极材料主要有金属陶瓷复合材料和钙钛矿氧化物陶瓷材料两大类。

目前应用最为广泛的阳极材料是金属陶瓷复合材料中的 Ni-YSZ，通常采用烧结 NiO 和 YSZ 粉末获得。SOFC 阳极的氧化反应发生在 Ni 与 YSZ 界面，即“Ni-YSZ-燃料”三相界面处，其中金属 Ni 具备良好的电子电导率和对燃料优异的催化活性；YSZ 主要起氧离子传导、扩大三相界面和抑制 Ni 颗粒烧结长大的作用，同时，YSZ 还与电解质材料具有良好的匹配性，能够提高阳极的结构稳定性。在 Ni-YSZ 中，Ni 为电子导体，YSZ 是离子导体，但是 Ni 的电子电导率远大于 YSZ 的离子电导率，因此，材料的电导率主要由 Ni 的含量决定。通常 SOFC 阳极的电导率达到 100 S/cm 以上即可满足工业应用。Ni-YSZ 阳极在 1000 ℃的电导率可达 $10^2 \sim 10^4$ S/cm，可满足 SOFC 运行所需的所有基本条件。但是，在电池长时间运行后，由于 Ni 的粗化、聚集导致三相界面减小和电导率降低，电池性能会降低。另外，若 SOFC 采用氢气为燃料 Ni-YSZ 表现出良好的电化学性能，但是若采用碳氢燃料或含硫燃料时，电池性能会由于催化剂积炭或者硫化中毒而急剧下降。在使用碳氢燃料时，产生积炭的原因是 Ni 不但能够催化 C-H 键的断裂，还可以同时催化 C-C 键的形成，容易形成长链的炭沉积。炭在 Ni 表面形成的沉积会吸附在 Ni 活性位点上，引起 Ni 催化性降低并产生热应力变化，导致电池性能下降甚至阳极结构破坏。解决该问题的主要办法包括调节 SOFC 运行条件（如运行温度、燃料组分或放电电流等）和对 Ni-YSZ 进行修饰金属或金属氧化物（如 Cu、Sn、Fe、MgO、BaO 等），以降低 Ni 对 C-C 键生成的催化活性，起到抑制积炭的作用。

除 Ni-YSZ 之外，Cu 基金属陶瓷复合材料也是目前研究的热点阳极材料之一。与 Ni 相比，Cu 对 C-C 键生成的催化活性很低，在使用碳氢气体作燃料时，基本不发生积炭，并且 Cu 的电子电导率更高。但是 Cu 对燃料的催化活性也较低，通常可通过在阳极中添加氧化物（如 CeO_2）来提高 Cu-YSZ 的催化性能。另外，由于铜及其氧化物的熔点较低，Cu 基金属陶瓷复合材料更适合中低温 SOFC，以 Cu/GDC 或 Cu-Ni/GDC 作为阳极，以 CeO_2 基材料作为电解质，可实现碳氢化合物燃料在低温下的转化，是中低温 SOFC 发展的一个重要方向。

4）连接体

SOFC 单电池输出电压通常小于 1 V，为了满足实际电压需求，需要用连接体将多个单电池连接起来构成电池堆。与 PEMFC 的双极板类似，连接体也是 SOFC 电池堆的核心部件之一，在电池堆中起着连接单电池、分隔燃料和氧化剂、电堆的热传导等作用。由于SOFC运行温度远高于PEMFC，其连接板还需具有抗高温氧化性、在氧化还原气氛中的长期稳定性以及与其他组件（如阴极和阳极）相匹配等性能。因此对SOFC连接体材料的要求非常苛刻，具体如下：①足够高的导电性，面接触电阻（area specific resistance，ASR）低于0.1 $\Omega \cdot cm^2$；②在SOFC高温（500～1000 ℃）氧化和还原运行环境中具有足够的结构稳定性、微结构稳定性、化学稳定性以及物相稳定性；③优异的气密性或对氧气和氢气的不渗透性，以便在SOFC运行期间为氧化剂和燃料提供物理阻碍屏障，避免直接接触燃烧；④合适匹配的热膨胀系数，连接体应该具备与电极和电解质材料相匹配的热膨胀系数（thermal expansion coefficient，TEC），有助于最大限度地减少SOFC装置启动和关闭期间产生的热应力；⑤与相邻组件的化学惰性；⑥抗氧化、硫化和碳胶结；⑦足够高的机械强度和抗蠕变性，由于互连材料必须承受堆叠的负载，因此在SOFC运行期间产生应力时需要适度的机械强度以及高的抗蠕变性以避免破裂；⑧连接体上分布最小的 p_{O_2} 梯度，由于氧浓度梯度的存在，这将导致化学反应不均匀从而引起电堆局部过热，可能导致堆叠开裂并使整个电池性能恶化。连接体上分布 p_{O_2} 梯度越小，热应力越小。

基于以上要求，目前高温SOFC主要采用碱土元素掺杂的钙钛矿结构稀土铬酸盐作为主要的连接体材料，具体为(La,Sr,Ca)(Cr,Mg)O系列化合物，但陶瓷连接体存在着加工困难和材料成本高等问题。随着阳极支撑型SOFC的发展、电解质的薄膜化、新型电极和电解质材料的不断开发，SOFC的工作温度逐渐降低，由传统的高温SOFC（800～1000 ℃），向中、低温SOFC（<800 ℃）方向发展。因而，耐高温、抗氧化金属也可作为连接体材料，尤其是铁素体不锈钢以其高电导率、优异的力学性质、低成本和易加工性等突出优势，已成为中低温平板型SOFC电池堆连接体材料的主要选择。但是不锈钢在SOFC运行条件下存在高温氧化腐蚀和Cr挥发，导致电池性能的衰减。针对此问题，需要对金属连接体表面施加保护涂层。由于SOFC苛刻的工作环境，能够作为金属连接体涂层的材料非常有限。目前研究的涂层材料主要包括钙钛矿陶瓷、稀土元素及其氧化物、尖晶石和其他导电氧化物涂层等，其中尖晶石涂层具有较好的导电性、与电池其他组件的热膨胀系数良好匹配性以及抗阴极毒化能力等优势，是目前SOFC连接体涂层的研究热点。

（4）SOFC结构类型

SOFC为全固态结构，在外形和结构设计上有多种，根据使用环境目前常见的结构类型有管型、平板型和瓦楞型，如图6-49所示。

管型的SOFC最早由美国电气公司在20世纪70年代开发，也是发展时间最久、技术相对成熟的SOFC。管型SOFC主要以YSZ管作为支撑，在管表面沉积阳极材料、电解质和阴极，然后制备连接体。随着制备技术的发展，制备工艺为首先在氧化铝的支撑管上沉积阴极，随后在阴极表面再沉积电解质层，最后制备阳极和连接体。这种类型电池的优势包括：①可以有效地隔绝空气和燃料，因此对高温密封性要求不高；②在管尾处直接点燃燃料可以直接加热电池，同时可以预热空气；③管型SOFC可以直接对燃料废气进行点燃处理。但是，管型SOFC在电极的横截面方向上的电流波动较大，容易引起较大的欧姆损耗。

近年来由于单电池制备技术的发展以及新材料的研发成功，平板型SOFC设计逐渐引起人们的关注。相对于管型SOFC，平板型SOFC单电池是将阳极-电解质-阴极集成的“三明治结构”，采用双面流场设计的连接体将多个“三明治结构”单电池串联组装成电堆，实现SOFC电堆大功率输出。由于平行结构的特点，大大缩短了电流传输距离，能够有效降

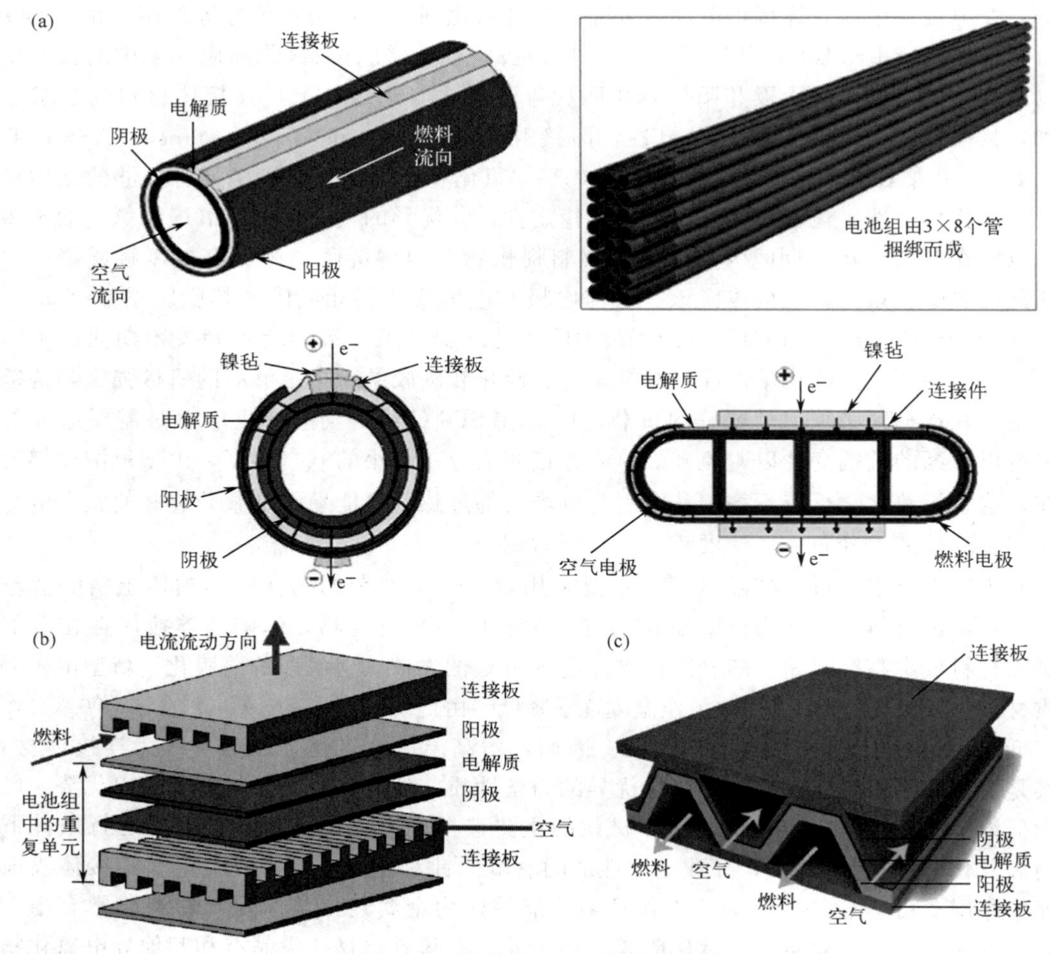

图 6-49 常见的 SOFC 结构类型

(a) 管型；(b) 平板型；(c) 瓦楞型

低电池的欧姆电阻，从而实现具有更高的能量密度的 SOFC 电堆。平板型 SOFC 还有一个优势，就是各组件可以独立加工制备，降低了制备成本和技术难度。平板型 SOFC 的组件尺寸可以定制化设计而不受尺寸的限制，易于实现大规模工业生产。

瓦楞型 SOFC 又名独石型 SOFC，在结构上与平板型的类似，区别在于瓦楞型 SOFC 将三合一的夹层平板设计成了类似屋顶凹凸相间的瓦片，如图 6-49(c) 所示。这种结构自身就可以形成燃料和氧化气体通道，阳极与连接体围成的梯形流道为燃料通道，阴极与连接体围成的梯形流道为空气通道。瓦楞型 SOFC 无需支撑结构，具有有效电化学反应面积大、内阻小等特点，且无需在连接体上加工流道、采用高温密封，结构牢固、可靠性高。但是，由于陶瓷基的电解质、阴阳极材料脆性较大，瓦楞型 SOFC 的制备工艺较为复杂，且难度较大。目前瓦楞型 SOFC 主要还处在实验研究阶段。

6.4.6 碱性燃料电池

传统的碱性燃料电池（alkaline fuel cell，AFC）是指以 KOH、NaOH 等强碱溶液为电解质，以 OH^- 为传导介质的燃料电池。AFC是最早得到实际应用的一种燃料电池。早在20世纪30年代研究人员就研制出了具有一定可靠性的千瓦级AFC。20世纪到50年代中期英国工程师培根（F. T. Bacon）研制出世界上第一个千瓦级燃料电池。在20世纪60年代，美国航天局成功地将培根型碱性燃料电池用于阿波罗飞船，不但为其提供动力，也为宇航员提供饮用水。到20世纪70年代，美国联合技术公司在NASA的支持下，又开发成功航天飞机用的石棉膜型碱性燃料电池系统，并于1981年4月首次用于航天飞机，在当时引起了燃料电池的研究热潮。目前，除了航天领域外，大部分的传统AFC研究工作进步停止或者进展较慢。

（1）碱性燃料电池工作原理

碱性燃料电池采用30%～50%的KOH作电解质，浸在多孔石棉中或装载在双孔电极碱腔中；以对氧电化学还原具有良好催化活性的催化剂（例如Ag、Ag-Au、Pt/C、Ni等）制备的多孔扩散电极为阴极；以对氢电化学氧化具有良好催化活性的催化剂（例如Pt-Pd/C、Pt/C等）制备的多孔电极为阳极；以氢气为燃料，纯氧或脱除微量 CO_2 的空气为氧化剂；以带有流场的无孔碳板、镍板或涂层涂覆（镀镍、镀银、镀金等）的金属板（铝、镁、铁等）为双极板。AFC的工作温度一般在60～220 ℃，可在常压或加压条件下进行工作。

在阳极，氢气与碱液中的 OH^- 在电催化的作用下，发生氧化反应生成电子和水：

$$2H_2+4OH^- \longrightarrow 4H_2O+4e^- \tag{6-43}$$

在阴极电催化剂的作用下，氧气、水和经外电路到达阴极的电子发生还原反应：

$$O_2+2H_2O+4e^- \longrightarrow 4OH^- \tag{6-44}$$

生成的 OH^- 通过饱浸KOH的多孔石棉膜迁移到阳极，电池总反应见式(6-14)。

由于碱性燃料电池的电解质在工作过程中是液态，而反应物是气态，电极通常采用双孔结构，即气体反应物一侧的多孔电极孔径较大，而电解液一侧孔径较小，这样可以通过细孔的毛细作用将电解液保持在隔膜区域。这种结构对电池的操作压力要求较高。通常采用泵使电池和外部之间循环，以清除电解液内的杂质，将电池中生成的水排出电池并带走热量。

（2）碱性燃料电池特点

1）优点

和其他类型的燃料电池相比，碱性燃料电池有一些显著的优点：

① 可以采用非贵金属催化剂，因为在碱性介质中氢气氧化和氧气还原的反应交换电流密度比在酸性介质中高，反应更容易进行。所以不像酸性介质那样必须采用铂作为电催化剂。阳极多采用多孔镍作为电极材料和催化剂，阴极可用银作为催化剂，这样可以降低成本。

② 电池成本更低，镍在碱性条件下是稳定的，可以用来作电池的双极板材料。事实上就电堆而言，碱性燃料电池的制作成本是所有燃料电池中最低的。

③ 碱性燃料电池的工作电压及效率较高，碱性燃料电池工作电压一般在0.8～0.95 V，电池的效率可达60%～70%，如果不考虑热电联供，AFC的电效率是最高的。

2）缺点

碱性燃料电池的显著缺点是不能直接采用空气作氧化剂，也不能使用重整气体作为燃料。碱性电解液非常容易与 CO_2 发生反应，生成的碳酸盐会堵塞电极孔隙和电解质通道，使电池寿命受到影响。所以，电池的燃料和氧化剂必须经过净化处理，将 CO_2 含量降低到 mg/m^3 数量级，这使得电池不能直接采用空气作氧化剂，也不能使用重整气体作为燃料。

这极大地限制了碱性燃料电池在地面上的应用，尤其是作为电动汽车的电源。

以纯氢、纯氧作为燃料的碱性燃料电池成功地应用于航空航天领域，如美国阿波罗、双子星座飞船及航天飞机上，性能稳定可靠。比利时 ZEVCO 公司等也努力开发电动汽车用 AFC 电源，并装配了 5 kW AFC 在城市出租车上。德国西门子公司将其 100 kW AFC 系统装载在德国海军 U205 潜艇上作 AIP 推进系统。但是，从短期看，碱性燃料电池应用基本局限在空间站、AIP 系统以及固定发电系统等方面，而且面临其他类型燃料电池的竞争，前景不容乐观。

随着燃料电池技术的发展，以碱性阴离子交换膜为电解质的碱性膜燃料电池近年来备受关注，如 6.4.3 中的直接甲醇燃料电池。此类电池与传统的 AFC 类似，在电池内部也是通过 OH^- 实现电传导，所不同的是 OH^- 传递机理，碱性膜燃料电池通过碱性阴离子交换膜上的离子交换基团实现 OH^- 传导。目前大多数的关于碱性燃料电池研究都是基于碱性阴离子交换膜，因此，多数研究者直接把碱性膜燃料电池称为碱性燃料电池。由于碱性阴离子交换膜是聚合物膜，此类电池也属于聚合电解质膜燃料电池的一种。

6.4.7 磷酸型燃料电池

由于碱性燃料电池存在种种问题，20 世纪 70 年代，人们开始研究以酸为导电电解质的酸性燃料电池。磷酸型燃料电池（phosphoric acid fuel cell，PAFC）以磷酸为电解质，运行温度约 200 ℃，属于低温燃料电池。PAFC 也是目前公认的商业化程度最高的燃料电池之一。美国联合技术公司 UTC 建立的 200 kW PC25 磷酸型燃料电池电厂是第一个商业燃料电池电厂，在北美、南美、欧洲、亚洲和澳大利亚已经安装 260 个基于 PAFC 的电厂，单座电厂运行时间已经超过 57000 h。日本的 FCG-1 计划先后开发了 4.5 MW 和 11 MW 的磷酸型燃料电池，后者是目前世界上最大的燃料电池电站，电效率为 41.1%，热电效率为 72.7%。但是，PAFC 电站的运行成本比网电高很多，目前为 1500～2000 美元/kW，还很难取得商业运行优势。

（1）PAFC 的组成与工作原理

磷酸型燃料电池采用的电解液是 100%的磷酸，室温是固态，相变温度是 42 ℃，方便电极的制备和电堆的组装。磷酸是包含在用 PTFE 黏结的 SiC 粉末的基质中作为电解质的，基质的厚度一般为 100～200 μm。电解质两边分别是附有催化剂的多孔石墨阴极和阳极，各单体之间用致密的石墨隔板把相邻的两片阴极片和阳极片隔开，以使阴极气体和阳极气体不能互相渗透混合。磷酸型燃料电池的工作温度一般在 200 ℃左右，需要采用铂作为催化剂，通常采用具有高比表面积的炭黑作为催化剂载体。单电池的工作电压在 0.8 V 以下，发电效率为 40%～50%，如果采用热电联供，效率可达 80%。

以氢气为燃料时，所对应的电极上的反应与 PEMFC 的一致，即阳极为氢气的氧化反应，阴极为氧气的还原反应，电池总反应见式(6-14)。

（2）PAFC 特点

1）优点

① 可以使用空气作为阴极反应气体，燃料可以采用重整气，由于磷酸型燃料电池没有碱性电解液的碳酸盐化问题，不受二氧化碳的限制，可以使用空气作为阴极反应气体，燃料可以采用重整气，这使得其非常适合用作固定式电站。

② 抗一氧化碳中毒的能力较强，较高的工作温度使其抗一氧化碳中毒的能力较强，190 ℃工作时，燃料气中1%的一氧化碳对电池性能没有明显影响，而不像质子交换膜燃料电池需要把一氧化碳的含量降低到10^{-6}数量级。

③ 制作成本低，和其他燃料电池相比，磷酸电池制作成本低。

2）缺点

① 硫化物对磷酸型燃料电池催化剂有较强的毒性，需要把含量降低到20×10^{-6}以下。另外，NH_3、HCN等重整气组分对电池性能也有副作用。

② 腐蚀性较强，对电极材料和双极板的耐腐蚀性要求较高。

6.4.8 熔融碳酸盐燃料电池

熔融碳酸盐燃料电池（molten carbonate fuel cell，MCFC）是20世纪50年代后发展起来的一种高温燃料电池。1996至2000年期间在日本、美国、德国和意大利实现了百千瓦级发电系统（>250 kW）的示范运行。2000年以后对于MCFC主要专注于发电系统试验和商业化运行的推广工作。截止到2015年，全球MCFC发电站的装机数量达到100座，装机容量超过75.6 MW。MCFC发电技术在欧美和日韩等都得到了较好的发展，具有代表性的研究机构包括：德国MTU公司，美国Fuel Cell Energy公司，意大利Ansaldo Energy公司，日本IHI，韩国KIST、POSCO等公司。我国从1993年才开始MCFC的研究，2001年首次进行了MCFC电池组的发电试验，我国输出功率最大的MCFC发电系统是华能集团在2014年12月建成的，其峰值功率达到3.16 kW。近年来，随着国际对环境和能源的重视，尤其是我国“碳达峰、碳中和”目标的提出，MCFC的发展速度迅猛，基于MCFC的热电联产系统、混合发电系统以及新型的CO_2捕集系统层出不穷。

（1）MCFC的工作原理

MCFC工作温度在600～650 ℃，采用碳酸盐作为电解质，其中的载流子是碳酸根离子。电解质为Li_2CO_3-Na_2CO_3或者Li_2CO_3-K_2CO_3的混合物熔盐。隔膜为$LiAlO_2$多孔隔膜，电解质浸在用$LiAlO_2$制成的多孔隔膜中。阳极催化剂通常为Ni-Cr、Ni-Al合金，阴极催化剂则普遍采用NiO，将电极催化剂和增塑剂、黏结剂等混合制成多孔扩散电极，加上双极板构成燃料电池。双极板通常采用不锈钢或镍基合金钢制成。所使用的燃料可以采用重整气体，也可以利用天然气等进行内重整发电。今后的发展目标之一是采用煤作为燃料，将煤气化净化后用于MCFC发电，但是煤的成分复杂，硫、卤素、氮氧化物等会对电池产生影响。MCFC的工作原理如图6-50所示，对应的电极反应为：

阳极：
$$H_2+CO_3^{2-}\longrightarrow H_2O+CO_2+2e^- \tag{6-45}$$

阴极：
$$\frac{1}{2}O_2+CO_2+2e^-\longrightarrow CO_3^{2-} \tag{6-46}$$

总反应：
$$H_2+\frac{1}{2}O_2+CO_{2,c}\longrightarrow H_2O+CO_{2,a} \tag{6-47}$$

其中的$CO_{2,c}$为参与阴极反应的CO_2，$CO_{2,a}$为阳极产物CO_2。MCFC在电池内部的导电离子为CO_3^{2-}。与其他类型的燃料电池相比，MCFC中CO_2在阳极为产物，在阴极为反应物，为保证燃料电池连续、稳定运行，需将阳极反应产生的CO_2返回到阴极，通常的做法是将阳极排出的废气经燃烧消除其中的CO和氢气后，分离除水，再送至阴极。

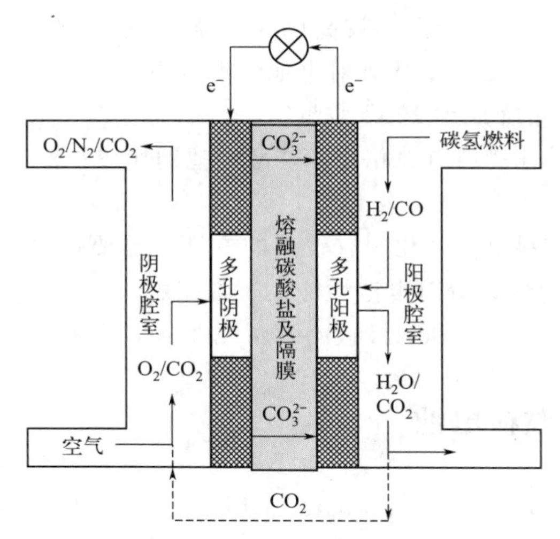

图 6-50 MCFC 工作原理示意图

MCFC 所使用的氢气通常来自煤炭、天然气、生物质或沼气的气化合成气，通常会含有 CO，而这些 CO 可以在 MCFC 的阳极直接被氧化，也可以通过水煤气变换反应，产生 H_2 和 CO_2。由其工作原理可知，MCFC 的特别之处在于通过碳酸盐电解质中的 CO_3^{2-} 能够分离来自阴极的 CO_2。若将化石燃料发电厂的废气输入 MCFC 阴极，对 CO_2 捕集技术具有明显优势。

（2） MCFC 特点与应用

与低温燃料电池相比，高温燃料电池具有以下优势：

① 可以使用化石燃料，燃料重整温度较高，可以与温度较高的电池实现热量耦合，甚至可以直接在电池内部进行燃料的重整，使系统得到简化；

② 可以实现热电联供，温度较高的电池产生的废热具有更高的利用价值；

③ 低温下 CO 容易使催化剂中毒，而在高温下 CO 是燃料，高温电池不存在低温下 CO 容易使催化剂中毒的现象；

④ 不需要使用贵金属作为催化剂，在较高温度下氢气的氧化反应和氧气的还原反应活性足够高；

⑤ 避免了低温电池复杂的水管理系统，电池反应中载流子不需要水作为介质。

随着新能源领域的蓬勃发展，基于 MCFC 的电化学技术可应用于分布式发电系统，CO_2 捕集和再利用，基于熔融碳酸盐体系的材料制备、储能蓄热和能源产出等方面。但 MCFC 一系列技术仍旧有不足，如 MCFC 高温运行环境需要耐高温腐蚀的组件，熔融碳酸盐需要恰当的混合搭配的比例。另外，高温熔融碳酸盐体系的热力学、动力学和反应机理等方面的基础理论的研究也是未来要攻克的难题。随着技术的发展以及人们对熔融碳酸盐体系的深入研究，MCFC 以其独特的功能，在未来新能源领域具有极其广阔的发展前景。

第7章

固态电池

7.1 固态电池简介

能源作为社会可持续发展的永恒动力之一，一直受到科学界的广泛关注。在能量转换与储能系统当中，电化学储能设备是最便携最高效的设备之一，主要由4部分构成，分别为正极、负极、隔膜和电解质。其中，电解质起到了传导离子与隔绝电子的作用，是整个器件中不可或缺的一部分。除去传统的锂离子电池外，锂硫电池、钠离子电池和超级电容器等新型储能器件也在飞速发展，然而，目前所采用的电解质通常包含具有可燃性的有机溶剂，使得目前的储能器件存在较高的安全隐患。因此，发展具有高安全性的固态电解质代替液态电解质是解决高储能器件安全性的重要途径。

固态电解质，顾名思义是一种固态的离子导体。传统锂离子电池面临安全性、能量密度瓶颈等问题。二次电池飞速发展，全固态电池为解决安全问题提供了一种可行的方案。在全固态电池中，固态电解质是其中的关键组成部分。

聚合物、无机氧化物和硫化物是固态电解质的三个重要分支，图7-1为固态电解质的主要类型。其中聚合物电解质具有良好的界面相容性和机械加工性，但室温离子电导率低，限制了其应用温度范围；无机氧化物电解质电导率较高，但存在刚性界面接触的问题以及严重的副反应，且加工困难；硫化物电解质电导率高，但化学稳定性差，且加工性不良。针对这些问题，目前复合固态电解质是最具发展潜力的体系，一方面，可以在聚合物电解质中引入惰性无机纳米粒子，改善聚合物电解质性能；另一方面，可以通过氧化物陶瓷或硫化物与聚合物进行复合，实现优势互补。复合固态电解质具有更高的离子电导率和力学性能，同时与电极具有更好的兼容性。不同类型的固态电解质的性质如图7-2所示。

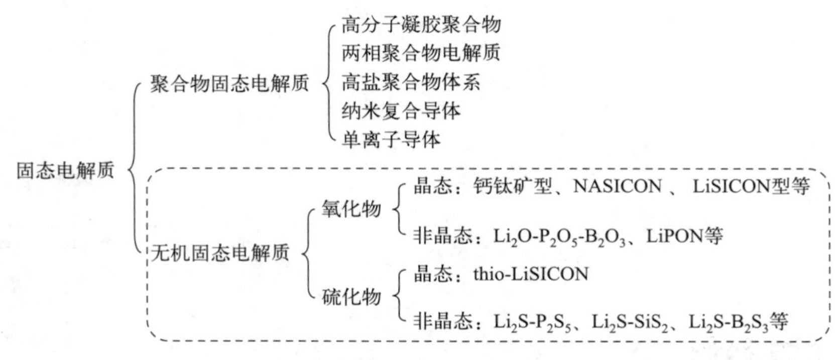

图 7-1 固态电解质的主要类型

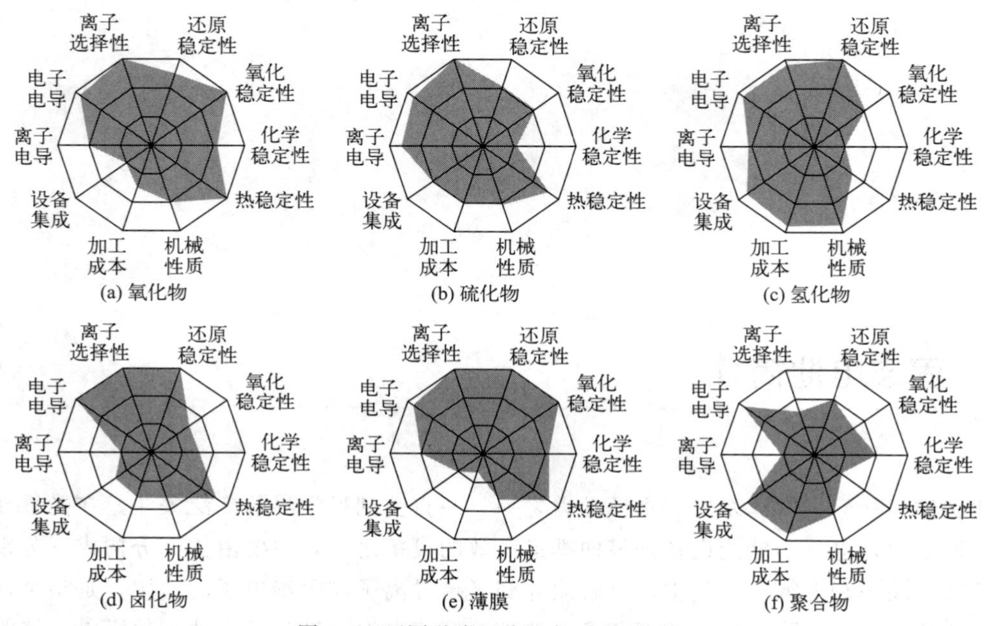

图 7-2 不同种类固态电解质的性质图

全固态电池能解决液态电池面临的问题，主要是基于固态电解质的优异特性。固态电解质的优点如下：

① 电化学窗口宽，部分材料的电化学窗口高达 10 V；

② 不挥发，不燃烧，可确保电池的循环效率、安全性；

③ 电化学稳定性好，不与金属锂及其合金发生作用；

④ 极低的电子电导率；

⑤ 使用温度范围宽，不会出现液态电解质低温凝固、高温电池失控等问题。

7.2 固态聚合物电解质

7.2.1 简述

随着科学技术的逐渐提升，电子器件朝着便携式、微型化的方向快速发展，这使得对电池、电容器等一系列化学电源的要求变得越来越精细。能量密度高、循环寿命长、安全不漏液、低污染且符合环保要求的微型，乃至可以弯曲的超薄型二次电池的研究引发了科研人员的兴趣和关注。二次电池的存在已经有100多年的历史，目前对于二次电池的研究仍旧关注在改善现有电池的性能方面，最主要的还是要满足越来越高的储能性能的需求，如大容量、高电流密度、长寿命以及具有高安全性能等。对于二次电池来说，对其储能性能影响较大的是电解质材料，传统的电解质材料是以有机液态电解质为主，其他为辅，但是有机液态电解质极易发生漏液和胀气等问题，从而引发一系列的安全问题。随着固态聚合物电解质的研究不断深入，二次电池具有优异的安全性和较高的能量密度，而且其灵活的设计，避免了传统电池的电解液漏液的问题，具有高比能量、宽电化学窗口、无记忆效应等优异性能。

固态聚合物电解质与液态电解质相比，其优势在于：

① 易加工，电池形状设计不再局限于圆柱形和方形，电池柔韧性强，可以加工、设计成任意形状；

② 电解质与电极材料之间反应活性降低，尤其适合高活性电极材料，有利于延长各自寿命、提高循环稳定性；

③ 界面活性低，界面反应要远弱于液态电解质；

④ 电解质易燃性降低，不易渗漏，可以具有阻燃、自灭火功能，电池安全性提高；

⑤ 电池抗振动能力提高；

⑥ 正负极之间间隔变小，电池可以做得更加紧凑，电池组的比能量更高。

固态聚合物电解质（solid polymer electrolyte，SPE），有时又称为高分子电解质。高分子聚合物在受到低分子溶剂溶胀后形成空间网状结构，即将溶剂分散在聚合物基体当中。经过溶胀之后的聚合物溶液变成了凝胶聚合物，从而不再有液体般的流动性。因此凝胶是介于固态和液态之间的物质形态，它的性能同样介于固态和液态之间，因其特殊结构，凝胶聚合物兼有液体的传输扩散能力和固体的内聚特性。常见聚合物基体如表7-1所示。

表7-1 常见聚合物基体

聚合物	结构简式	聚合物	结构简式
聚氧化亚甲基	$\left[CH_2O\right]_n$	聚乙酸乙烯酯	$\left[CH_2CH(OOCCH_3)\right]_n$
聚氧化乙烯	$\left[CH_2CH_2O\right]_n$	聚乙烯丁二酸酯	$\left[CH_2CH_2OOCCH_2CH_2COO\right]_n$
聚氧化丙烯	$\left[CH(CH_3)CH_2O\right]_n$	聚乙烯己二酸酯	$\left[OCH_2CH_2OOCCH_2CH_2CH_2CH_2CO\right]_n$
聚氧杂环丁烷	$\left[CH_2CH_2CH_2O\right]_n$	聚乙烯亚胺	$\left[CH_2CH_2NH\right]_n$
聚β-丙醇酸内酯	$\left[OCH_2CH_2CO\right]_n$	聚烯化多硫	$\left[(CH_2)_mS\right]_n(m=2\sim6)$
聚环氧氯丙烷	$\left[OCH_2CH(CH_2Cl)\right]_n$		

固态聚合物电解质的导电机理主要有以下模型：

(1) 螺旋隧道模型

聚氧化乙烯（PEO）是一种热塑性聚合物，熔点只有60 ℃。Amand等报道了PEO与金属阳离子形成的络合物$(PEO)_n$-Li_x的熔点可达到180 ℃，这种络合物的电导率会随温度的升高而增加，并且当8个氧原子与1个金属原子络合时，其电导率最高。基于此实验结果，Amand等提出了螺旋隧道模型离子导电机理。他们认为，PEO分子中的O原子能形成一种特殊结构的“笼”，导电离子会被包含在里面，离子会在隧道中迁移，从而导电。当温度升高时，这种螺旋隧道会有“空笼”出现，使被包含在内的离子迁移更加容易，所以

$(PEO)_n$-Li_x 的离子电导率会随温度的上升而增大，示意图如图 7-3 所示。

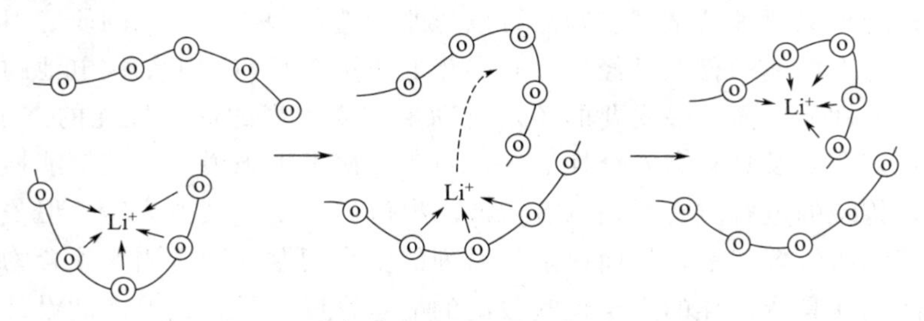

图 7-3 Li^+ 在 PEO 介质中的扩散示意图

(2) 非晶层导电模型

大多数高分子聚合物和金属离子形成的络合物，在温度较低时结晶度很高，在温度较高时其结晶度会下降很多且非结晶部分会相应增加。离子很难在晶体中自由移动，所以其在低温时的离子电导率一般比较低，通常只有 10^{-7}～10^{-6} S/cm，而随温度的升高，离子电导率会明显增加。这种离子电导率随温度不同而出现较大差异的结果，与凝胶聚合物在温度不同时结晶度不同有很大关系。Rabitaille 等研究认为，离子电导率基本都是络合物非结晶部分的贡献，通过对络合物进行核磁共振测试，发现离子的迁移基本都发生在非结晶区。Pryluski 等认为碱金属盐与聚合物形成的络合物结构是以隔离、分散的晶粒为中心，在晶粒的表面上有一层非晶态的结构，而离子导电主要是在这层非晶态结构的高导电层中。他们提出了非晶层离子导电模型，并且还给出了计算公式：

$$\sigma_g=\sigma_L[2\sigma_L-\sigma_N 2Y(\sigma_N-\sigma_L)]/[\sigma_N+\sigma_L-Y(\sigma_N-\sigma_L)] \tag{7-1}$$

$$Y=1/(1+L/R)^3$$

式中 σ_g——电解质电导率，S/cm；

σ_L——非晶层电导率，S/cm；

σ_N——晶粒电导率，S/cm；

L——非晶层厚度，cm；

R——晶核半径，cm。

(3) 其他模型

凝胶聚合物电解质的两种导电模型即非晶层导电模型和螺旋隧道模型，都是以离子盐与高分子聚合物络合为基础来进行探究和提出假设模型的。除此之外高分子聚合物还是所形成的络合物主体，其本身的性质也对离子电导率有很大影响。溶剂也是凝胶聚合物电解质的重要组成部分，因此，离子的溶剂化导电模型也可以解释凝胶聚合物电解质的离子导电性。溶剂与金属离子络合性能的好坏，与金属离子之间溶剂化作用的程度，都对凝胶聚合物电解质的离子电导率有重要影响。

综上所述，当阴阳离子的解离度越高，自由移动的阳离子的数目越多，单个离子所带电荷越多，离子移动性越好，离子电导率越高。阳离子迁移数和离子电导率是评判聚合物电解质导电性能的重要标准。但是很多电化学装置在多次充放电时，阴离子易聚集在电极/电解质的表面，产生浓差极化现象，电极表面离子浓度和电解质本体之间产生一定的浓度差，影响电极电位，可能会产生和外加电场相反的极化电压，阻碍 Li^+ 的迁移，降低电池的使用寿命和性能，所以解决这一问题的关键因素是制备阳离子迁移数较高的聚合物电解质。

7.2.2 常见凝胶聚合物电解质

7.2.2.1 PEO

PEO于1973年首次被发现能够溶解金属盐类，至今仍是研究最深入、应用最广泛的聚合物电解质之一。PEO是极性聚合物，可溶解锂盐，玻璃化转变温度比较低。从离子离解角度看，EO几乎是最好的结构单元，其缺点是结晶度较高，通常条件下结晶严重。晶态PEO为单斜结构，$a=0.805$ nm，$b=1.304$ nm，$c=1.948$ nm，$P2_1/a$空间群，PEO材料的柔顺性比较好。PEO-$LiCF_3SO_3$体系的结晶相中EO：Li的摩尔比为3：1，即$P(EO)_3$-$LiCF_3SO_3$组成，$P2_1/a$空间群，$a=1.0064$ nm，$b=0.8614$ nm，$c=1.444$ nm，$\beta=97.65°$，单胞参数与PEO的分子量有关系，单胞中每个Li离子和五个原子作用，其中三个来自于PEO，另外两个来自于锂盐阴离子。

纯PEO聚合物固态电解质的室温离子电导率为$10^{-8}\sim10^{-7}$ S/cm，主要原因是PEO结晶度高，限制了聚合物链段的局部松弛运动，进而阻碍了Li^+在聚合物中离子配位点之间的快速迁移。针对聚环氧乙烷基聚合物固态电解质所存在的问题，科研人员主要从抑制聚合物结晶（接枝共聚、嵌段共聚、掺杂纳米颗粒和无机快离子导体）、降低玻璃化转变温度、增加载流子浓度、提高锂离子迁移数及增加聚合物电解质与锂电极之间的界面稳定性等方面开展了一系列工作。Seki等采用有机无机复合理念制备出可用于高电压电池的聚合物固态电解质体系；Khurana团队利用交联方法得到聚乙烯/聚环氧乙烷聚合物固态电解质，可有效抑制锂枝晶的生长，提高其长循环和安全特性；斯坦福大学的Lin等采用原位合成SiO_2纳米微球和聚环氧乙烷的制备工艺，降低基体材料的结晶度，提高室温离子电导率；法国Bouchet等开发了一种单离子聚合物固态电解质，离子迁移数接近1，可以显著降低浓差极化，提高充放电速率，但这款聚合物电解质需要在高温（60 ℃及以上）下才可以运行。

虽然改性后的PEO聚合物固态电解质的室温离子电导率已经接近$10^{-5}\sim10^{-4}$ S/cm，但仍难以满足固态聚合物锂离子电池对室温离子电导率和快速充放电的要求。与此同时，还需要进一步提升聚环氧乙烷基聚合物固态电解质的抗高电压稳定性和尺寸热稳定性等多方面性能。

7.2.2.2 聚硅氧烷基聚合物固态电解质

不同于聚环氧乙烷，聚硅氧烷尺寸热稳定性好，不容易燃烧，并且其玻璃化转变温度较低，因此制备得到的聚合物固态电解质安全性更高，室温离子传导更容易。

按照硅氧烷链段与低聚氧化乙烯链段结合的方式进行分子设计，使聚合物兼具无机聚合物和有机聚合物的特性，以提高聚合物固态电解质的综合性能。Macfarlan等从降低聚合物固态电解质玻璃化转变温度的角度出发，设计合成了一系列主链为—Si—O—CH_2CH_2O—的硅氧烷类聚合物。结果表明该聚合物的玻璃化转变温度介于聚硅氧烷和聚氧化乙烯之间，且该聚合物固态电解质体系的离子电导率高于聚氧化乙烯类电解质体系。Fish等将聚硅氧烷作为主链、聚氧化乙烯链段作为侧链，制备得到新的聚合物体系，其室温离子电导率可达7×10^{-5} S/cm。

聚硅氧烷基聚合物固态电解质虽然具有诸多优点，但是其从基础研究到中试放大甚至产业化，还需要解决成本、制造加工成型及与正负极的界面相容性等问题。

7.2.2.3 聚碳酸酯基聚合物固态电解质

要获得室温离子电导率更高的聚合物固态电解质，就要对聚合物官能团和链段结构进行精心设计和有效选择才能够有效减弱阴阳离子间相互作用。链段柔顺性好的无定形结构聚合物是一类理想的聚合物固态电解质基体材料，聚碳酸酯就是其中一类。聚碳酸酯基固态聚合物含有强极性碳酸酯基团，介电常数高，是一类高性能聚合物固态电解质，主要包括聚三亚甲基碳酸酯、聚碳酸乙烯酯、聚碳酸丙烯酯和聚碳酸亚乙烯酯等。

聚三亚甲基碳酸酯是一种在室温下呈橡胶态的无定形聚合物，尺寸热稳定性好。聚三亚甲基碳酸酯基聚合物固态电解质的电化学窗口普遍在4.5 V以上，但由于其化学结构和空间位阻的影响，其室温离子电导率偏低。聚碳酸丙烯酯（PPC）是一种由二氧化碳和氧化丙烯共聚反应得到的新型可降解聚碳酸酯，每一个重复单元中也都有一个极性很强的碳酸酯基团。Zhang 等通过调节不同取代基和侧链官能团，设计出一种室温下高离子电导率聚合物固态电解质 PPC，原因在于 PPC 具有无定形结构，且具有更加柔顺的链段，“刚柔并济”聚合物电解质的设计理念更有利于实现锂离子在链段中的迁移。众所周知，在液态锂离子电池中，碳酸亚乙烯酯（VC）常被用作 SEI 成膜剂。基于碳酸亚乙烯酯中存在可聚合双键以及减少固态锂电池中固固接触阻抗等方面的考虑，Chai 等以 VC 为单体，在引发剂存在情况下，原位构筑了聚碳酸亚乙烯酯基聚合物固态电解质。结果表明，该聚合物固态电解质的室温离子电导率高、电化学窗口宽（4.5 V）、固固接触阻抗低，大大提升了固态聚合物锂离子电池的倍率充放电性能及长循环稳定性。聚碳酸酯基聚合物固态电解质固然具有耐热性好、离子电导率相对较高等优点，但离子电导率仍需进一步提升以满足固态锂电池对倍率充放电性能的苛刻要求；同时还需要充分研究其与各种电极材料的电化学和化学兼容性，为进一步开发高性能固态聚合物锂离子电池储备更多技术和经验。

7.2.3 聚合物电解质的应用

7.2.3.1 在锂离子电池中的应用

聚合物锂离子电池技术主要由美国公司所倡导，Ultr-alife 电池公司是第一个提供商业化固态聚合物锂离子电池的公司，该公司已经实现批量生产。聚合物锂离子电池代表着锂电池技术的最高水平，因此国内外各大锂电池生产厂家及科研机构都把它作为研发的重点。伴随着导电聚合物性能的改善、制膜工艺的成熟以及密封技术的提高，聚合物锂离子电池的研究发展很快。国外对聚合物锂离子电池的研究相对较早，日本、美国、英国、韩国、加拿大等国已经有批量的成品电池生产。

1996 年，美国 Bellcore 公司宣布了一套相对完备的聚合物锂离子电池的规模化生产技术，该生产工艺的最大特点是易于规模化生产。BEI 公司和 YUASA 公司也利用凝胶型聚合物电解质制成了聚合物锂离子电池。日本的索尼、松下、三洋等公司也加入了联合生产聚合物锂离子电池的队伍中。1999 年，以松下公司为首的 6 家公司都开始生产聚合物锂离子电池，并已得到实际应用。索尼公司月产量可达 240 万只，日本电池、日立麦克赛尔公司、汤浅公司等生产能力也在 30～50 万只左右。所生产的典型电池型号为“SSP356236”，重为 15 g，平均容量为 500 mA·h，平均工作电压为 37 V，体积比能量为 250 W·h/L，循环寿命达 500 次以上。

在国内，许多科研单位在聚合物锂离子电池的研制方面做了大量的工作，并在聚合物电解质的制备、电池成型工艺以及聚合物电解质中离子传输性质等方面取得了一定的成果。国内有些公司（如厦门宝龙、天津力神、广东新能源、TCL等）已开始生产聚合物锂离子电池，从总体上看国内对聚合物锂离子电池的研究水平和生产技术与国外仍有一定差距。

从目前进入实用化生产阶段的聚合物锂离子电池来看，聚合物锂离子电池的成型工艺主要可以分为以下几种途径：

① Bellcore方法。美国Bellcore公司在1996年公开了一种聚合物锂离子电池的生产方法，其工艺优点在于，除了浸渍有机电解质溶液以外的步骤不需要在严格干燥的环境中操作。该生产工艺如图7-4所示，主要有两个步骤。第一步是电池的复合成型。首先是正负电极以及聚合物隔膜的涂膜，然后把正极/隔膜/负极采用三明治结构进行热复合。第二步是抽提激活过程。用低沸点的有机溶剂把电极与隔膜中的高沸点增塑剂抽取出来，使整个电池中形成大量的微孔结构，再把烘干后的电池在液态电解质中进行浸渍，这样电池中就吸附了大量的有机电解液，最后进行塑封。Bellcore公司所用的电池负极材料为炭，正极材料为$LiMn_2O_4$，正、负电极集流体分别为铝网和铜网。而微孔型电解质的聚合物基体为偏二氟乙烯和六氟丙烯的共聚物，即PVDF-HFP。其中六氟丙烯（HFP）可以减少PVDF组分的结晶度，提高吸收液体的能力，PVDF-HFP能够吸收近两倍于其原体积的增塑剂。用浇铸或挤压的方法制成的聚合物薄膜中含有大量的增塑剂，用溶剂（如乙醚）溶去增塑剂和可溶性杂质，薄膜上就会出现相应的孔，这样可以优化聚合物中晶区和非晶区的分布，改善聚合物电解质的力学性能和加工性能，再用电解质溶液代替被除去的增塑剂，最后制成凝胶型聚合物电解质。Bellcore型聚合物锂离子电池生产工艺中抽提造孔的质量直接影响着电池的性能。由于抽提过程使电池生产过程变得复杂，实际操作上也不易控制，因此该电池生产工艺也在不断改进之中。另外，该方法对生产设备及操作的精密度也有较高的要求，否则在热复合过程中会产生微短路，电池成品率低。

② 先成型，后注胶。这种聚合物锂离子电池制备方法是先按液态锂离子电池工艺组装电池，然后注入聚合物胶态电解质。聚合物胶态电解质是通过高分子单体在电解液中聚合后配制而成的。此过程与现有液态锂离子电池工艺接近，易于操作。

③ 先制聚合物电解质膜，再组装电池。通过铸膜工艺，将聚合物材料和电解质溶液制成具有一定机械强度的薄膜，然后组装电池并密封。这种方法需要对环境中的水分严格控制，另外对聚合物电解质膜的强度也有较高的要求。

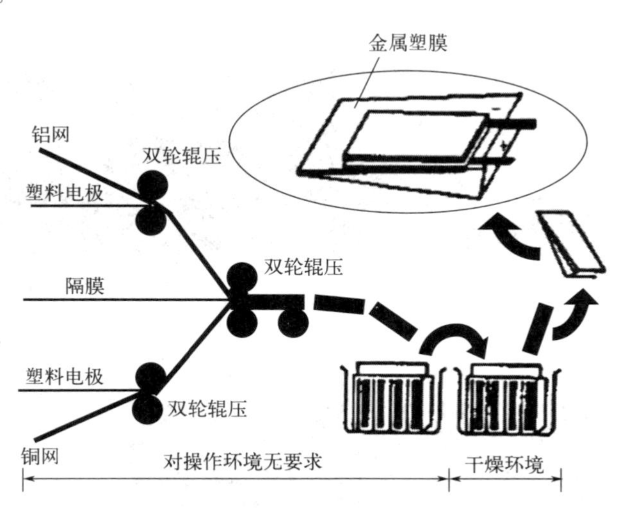

图7-4 Bellcore聚合物锂离子电池生产工艺

④ 先制微孔聚合物膜，组装后注液。该方法是通过倒相法等途径制备微孔结构的聚合物基质膜，然后组装电池并注入电解质溶液。这种基质膜在吸收电解质溶液后可成为凝胶态聚合物电解质膜。

Cui Yi等将锂离子电池的所有组件通过一个简单的贴合过程集成到一张纸上。将聚偏氟乙烯聚合物溶液涂于纸基上，利用纸基纤维的高吸液性以及优异的机械强度形成致密的多孔纤维基凝胶电解质膜，并在此基体上印刷电极得到一体化锂离子电池，如彩插图 7-5 所示。这种纤维基凝胶电解质膜电化学性能优异，室温下其薄层电阻远低于商业隔膜，另外还保持纸张基体良好的印刷性能，在一体化电池长时间充放电过程中保持良好的稳定性，充放电 300 次后电池容量能保持在 95%以上。

7.2.3.2　在超级电容器中的应用

近些年来，能量存储技术在电子设备中广泛应用，电化学电容器是能量存储设备之一，具有长循环寿命、高能量功率、高比功率、快速充放电以及操作安全性等优势。电化学电容器因其比电容比传统电容器高 5 个数量级也被称为“超级电容器”。传统的超级电容器（SC）通常由两个带有电解质和隔板的电极（涂覆在集流体上的活性材料）组成。无论是 SC 还是锂离子电池，使用液体电解质都存在如漏液、体积膨胀、电极腐蚀、自放电、低温性能差以及难以设计不同形状等问题。基于安全、宽温度范围及柔性等方面的综合考虑，采用固态电解质代替液态电解质是发展固态超级电容器（SSCs）的重点研究方向之一。

Liu 等将聚丙烯酰胺（PAAM）和 Al^{3+} 交联的海藻酸盐组合为聚合物（Al-海藻酸盐/PAAM）水凝胶，不仅具有电解质和隔膜的作用，而且可变形。如图 7-6 所示，由于其较高的机械强度和断裂韧性，还可以有效地保护电极免受外部机械冲击。更重要的是，它可以承受各种严重变形，包括被动态挤压、折叠、压缩以及扭曲。由于坚硬的水凝胶有效地耗散了能量，因此在连续刀片切割和锤击的破坏性机械冲击过程中，SC 的电化学性能几乎不受影响。组装后的 SSCs 甚至可以承受 6 天的踩踏压力，随后可使 50 辆汽车连续行驶 1 h，该 SSCs 依然保持良好的电化学性能而没有故障，电化学性能如彩插图 7-7 所示。这种基于 Al-海藻酸盐/PAAM 水凝胶电解质的超韧性 SSCs 在涉及严重变形和机械冲击的可穿戴领域有望获得应用，也为柔性储能设备的未来发展提供了启示。

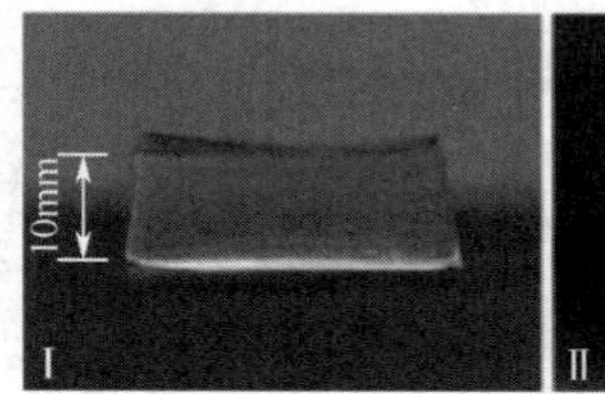

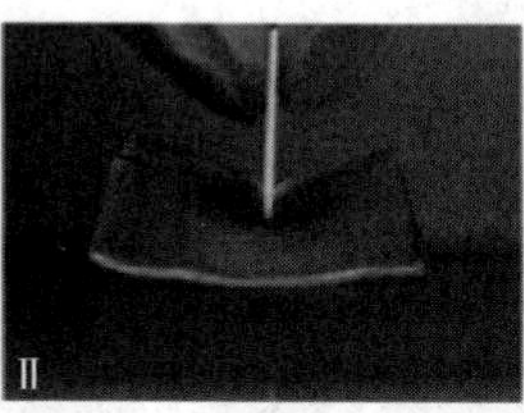

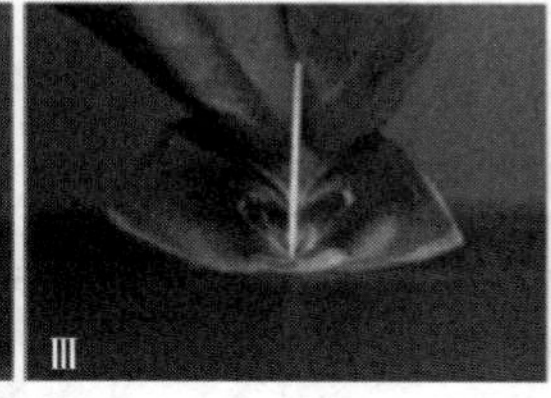

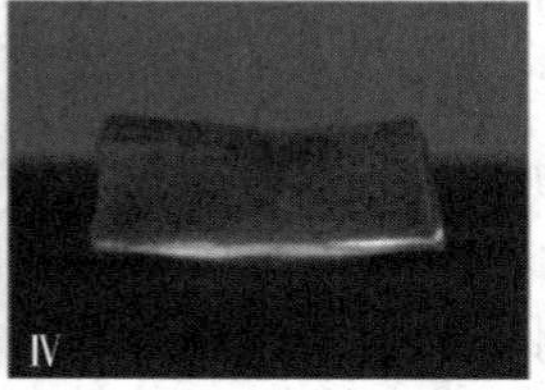

图 7-6　海藻酸铝/PAAM 水凝胶挤压照片

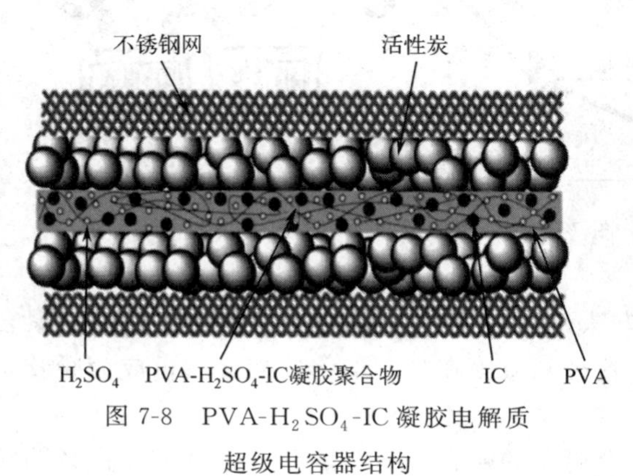

图 7-8　PVA-H_2SO_4-IC 凝胶电解质超级电容器结构

Ma 等将有机氧化还原添加剂靛蓝（IC）结合到 PVA 基体中以制备稳定有效的聚乙烯醇-硫酸-靛蓝（PVA-H_2SO_4-IC），观察图 7-8 的电化学曲线发现，IC 的引入不仅使电导率增加了 188%（20.27 mS/cm），而且还促进了快速的法拉第反应，从而得到 382 F/g 的高比电容、13.26 W·h/kg 的高能量密度、3000 次循环后仍保持 80.3%的出色循环寿命。此外，该凝胶聚合物还具有优异的拉伸、弯曲等柔性。

7.2.3.3 在电致变色器件中的应用

在城市中，建筑物中供暖、制冷以及照明等设备消耗的能源约占城市总能源消耗的30%～40%。为缓解城市中这一高能耗问题，可以采用根据电致变色原理设计的智能窗户覆盖建筑物表面的办法，这些智能窗户可以通过对其施加电压来改变自身的太阳光透过率，从而控制建筑物的室内温度和照明情况。而且，驱动该种智能窗户需要的电压只需几伏，耗能极少。然而，如今的电致变色器件（ECD）还存在许多实际应用问题，其中主要问题是，ECD中使用的传统液体电解质有许多缺点。尽管液体电解质比固态电解质具有更高的离子电导率，但与此同时它们存在的问题更多，例如易泄漏、易挥发、易污染等。因此，开发出采用固态聚合物电解质的ECD应用于建筑智能窗户被认为是一种有望缓解城市高能耗问题的办法。

贾春阳课题组研究的基于PEGMA的新型透明凝胶聚合物电解质是以聚乙二醇甲醚甲基丙烯酸酯（PEGMA）、2-羟基-2-甲基苯乙酮（HMPP）和高氯酸锂（$LiClO_4$）为原料，通过固液研磨和紫外固化的方式制备而成的。PEGMA是凝胶聚合物电解质基体较为理想的材料，PEGMA中的PEO主链与锂离子络合用于离子传输，而作为末端基团的甲基丙烯酸酯则可在紫外线照射下聚合交联。基于PEO聚合物电解质的导电机理是PEO主链上的氧原子与锂离子发生络合与解络合作用，锂离子随着聚合物主链的移动而迁移。基于PEO聚合物电解质的最大优点是PEO与Li^+良好的络合能力和对Li^+较好的解离能力，这有利于电解质获得高的离子电导率。PEGMA中的甲基丙烯酸酯基团可以在紫外线辐射下进行自由基聚合，这可以增强电解质的力学性能，并使整个电解质的制备过程简单快捷。此外，由于PEGMA在紫外线照射下聚合后会形成凝胶态，并保持高度透明，这种特性非常适合应用于ECD。鉴于上述优点，将基于PEGMA的凝胶电解质与WO_3薄膜（电致变色层）和NiO薄膜（离子存储层）组装成ECD，以表明该新型凝胶电解质在电致变色领域的实用性。

为了表征ECD在着色和褪色时的透过率变化，对其进行了紫外-可见光分析测试。如彩插图7-9所示，通过施加正反向电压，ECD能够在均匀的深蓝色（着色态）和透明色（褪色态）之间实现可逆转变。在制备的ECD上施加2.5 V的正向电压时，ECD为褪色状态，其在660 nm波长处的透过率高达84.26%；在制备的ECD上施加2.5 V的负向电压时，ECD为着色状态，其在660 nm波长处的透过率为17.29%。因此，制备的ECD在660 nm波长下的透过率变化达到66.97%，这表明了该凝胶电解质在ECD领域具有较好的应用前景。

7.2.3.4 在燃料电池中的应用

固体高分子电解质膜燃料电池（PEFC，Polymer Electrolrte Fuel Cell）以固体高分子质子交换膜为电解质，燃料氢气通过多孔扩散层电极，经过催化剂网络层产生H^+，在质子交换高分子膜中向正极迁移，同时电子流通外部回路，H^+与氧气反应生成的水向外排出，只要连续地供应燃料，就能稳定发出电能。对构成PEFC单电池关键材料的研究，如电解质膜、气体扩散层电极、高分散载体催化剂网络、给予气体通道和收集电流的双极板等等，都有了突破性的进展。已经制得三合一组件膜电极（MEA），加压运转使电池具有高能量转化率和高功率密度，促进了PEFC技术从实验室走向实用阶段。PEFC具有体积小、质量轻、能量密度高、运转启动温度低、可靠性好、无污染、无噪声等优点，最有希望成为零排放的新型能源，最具商业化价值，因此引起电池工业、汽车行业和能源领域等众多研究者的兴趣。世界上许多汽车制造商积极参与开发以PEFC为动力的电动汽车，先进国家都把燃料电池研究列入国家项目优先发展。广泛使用的是氟元素系列高分子材料，其化学结构式如下所示：

$$-(CF_2CF_2)_x-(CF_2\underset{\underset{\underset{CF_3}{|}}{(OCF_2CF)_m O(CF_2)_n SO_3H}}{\overset{|}{C}F_2})_y- \quad (7\text{-}2)$$

为了确保高分子电解质膜的离子导电性要控制大分子链中磺酸基团的含量，用E_w值表示［膜质量（mg）/磺酸基量（meq）］。不同公司生产的全氟磺酸质子交换膜由于工艺技术上的差异，有不同的膜厚度和E_w值，如表7-2。

表7-2 不同公司生产的全氟磺酸质子交换膜的厚度和E_w值

	型号	厚度/μm	E_w
杜邦	Nafion 115	127	910
	Nafion 112	50	910
旭硝子	Flemion S	80	1000
	Flemion R	50	1000
旭化成工业	Aciplex S1002	100	950
	Aciplex S1102	50	1030

在全氟磺酸膜的基础上，一些研究工作者开发了新的高分子电解质膜，如含有苯磺酸的羟基碳与氟碳化合物接枝共聚物膜（Raipore R-1010），苯磺酸与三氟苯乙烯共聚膜（BAM3G、$E_w=407$），非氟系的PEEK磺酸化高分子膜（Aventis B01/40），耐热性高分子聚苯并咪唑（PBI）膜，通过改性使之具有离子传导性，在N基上接枝丙烷磺酸基团（PBI-PS），合成时调节其磺酸化率，最高接枝率可达76.6%。由于侧链原因PBI-PS具有较高溶解性，从5%（质量分数）二甲亚砜溶液中可制得一定机械强度的浇铸膜，它能耐400 ℃高温，比所有的碳氢化合物系高分子电解质膜有高的耐热性，在室温下其离子传导性与Nafion膜相同。在100 ℃以上时Nafion膜因失去吸附的水分，造成电导率急剧下降，而PBI-PS膜仍旧有高的导电性。

以上的这些研究开发目标是使固体高分子质子交换膜具有更高性能，使用条件宽广而价格趋向低廉化，达到现在Nafion膜的$\frac{1}{10}$～$\frac{1}{20}$。

7.3 无机固态电解质

固态电解质，顾名思义是一种固态的导体。Michael Faraday大约是最早研究离子导体的人之一，Ag^+导体AgI、碱金属离子导体β-Al_2O_3的出现加速了固体离子导体的实际应用，室温离子电导率最高的是$RbAg_4I_5$，25 ℃时为0.3 S/cm，液体/固体/液体结构的电池开始出现。随着二次电池的飞速发展，传统锂离子电池面临安全性、能量密度瓶颈等问题。

全固态电池为解决锂离子电池安全问题提供了一种可行的方案。在全固态电池中，固态电解质是其中的关键组成部分。

7.3.1　无机固态电解质的分类

常见的分类方法有两种。按照传导离子的种类，可分为三类：

① 阴离子固体电解质。目前研究最多和应用最广的是氧离子电解质，如 ZrO_2-CaO、ThO_2-Y_2O_3 等，经过研究的已有几十种。此外，还有氟离子固体电解质，如 CaF_2 等；氯离子固体电解质，如 $PbCl_2$ 和 KCl 等。

② 阳离子固体电解质。如银离子、钠离子、锂离子、铝离子、铜离子和三价稀土离子等固体电解质，其中 Na_2O-Al_2O_3 是良好的钠离子固体电解质。

③ 混合型固体电解质。混合型固体电解质中，阴离子和阳离子都具有不可忽视的导电性。

按照固态电解质工作时的温度也可以分为三类：

① 低温固体电解质。低温固体电解质在室温或室温以下就具有良好的离子导电性。Ag 在室温下的电导率大于 10^{-3} S/cm，是良好的低温固体电解质。

② 中温固体电解质。中温固体电解质的种类很多，例如 $A_2O \cdot \beta$-M_2O_3（其中 A 是碱金属，M 是 Al、Ga 或 Fe）是良好的中温固体电解质。$Na_2O \cdot \beta$-Al_2O_3 在 200 ℃时电导率为 0.1 S/cm。

③ 高温固体电解质。固态燃料电池中氧离子电解质就属于这一类型，一般工作温度高于 600 ℃。在这些固体电解质中，氧离子电解质应用较广，也得到了很大的发展。

早在 1900 年，能斯特就研究了氧离子电解质 ZrO_2-CaO。1908 年，人们对氧离子电解质进行了热力学研究，但当时还缺乏对其本质的了解。直到 1943 年，Wagner 为了解释导电机理，提出了空穴模型。氧离子电解质是一个多学科交叉的研究方向，特别是近年来，为了解决化石能源污染环境的问题，满足对新型高效清洁能源和大容量电池的迫切需要，氧离子电解质的研究得到了蓬勃发展。

氧离子电解质是指那些具有能够快速运动的氧离子的固体电解质材料。它以氧离子为载流子，氧离子通过晶格迁移而运动，即氧离子受热激活从一个晶体格位跃迁到另一个晶体格位，由此产生了电荷的传输。所以，氧离子电解质的电学性能在很大程度上对温度变化很敏感。高温（>800 ℃）时氧离子电解质的电导率可达 1.0 S/cm，几乎与液体电解质的导电能力相当。

为了清楚地理解氧离子电解质的导电机理，可以从微观结构方面来分析。不同氧离子电解质的导电机理不完全一样，但其中大多数均属空穴导电机理。要使氧化物具有较高的氧离子导电能力，晶格中必须有氧空位存在，并且其数量理论上应等于晶格氧的数量，氧离子需要克服一定的能垒（即活化能）E_a 才能脱离格位跃迁到氧空位，进而产生导电性。氧离子电导率可以通过下面的公式求出

$$\sigma_0 = \frac{A}{T}\exp(-E_a/kT) \tag{7-3}$$

其中 k 为玻尔兹曼常量（1.381×10^{-23} J/K），指前因子 A 随氧空位浓度的增加而增加。目前所要解决的问题是如何提高指前因子并且减小 E_a。

对于氧离子电解质来说，要克服能垒 E_a 实现高的氧离子传导率比较困难，主要原因是：一方面，氧离子的半径比较大（约 1.4 nm）而且与晶体中的阳离子有很强的静电吸引力；另一方面，与氧离子相比，电子和空穴等载流子的迁移率要大得多。因此，要得到一个“纯”的氧离子导体是相当困难的。事实上，许多所谓的“氧离子导体”实际上是氧离子（O^{2-}）、电子（e^-）、空穴（h^+）等载流子的混合导体，只有少部分可以称作“电子的绝缘体”。还有一个不可忽略的事实，即在很多工业应用中，这些材料都是在极端条件下使用的。例如，SOFC 的阴极和阳极材料分别与空气及强还原性的氢气接触，氧离子电解质在高温（>800 ℃）条件下工作等。

无机固态电解质按阴离子的种类不同，可分为氧化物固态电解质和硫化物固态电解质，此外还有少量其他固态电解质体系。晶态锂离子导体主要包括以下几类：钙钛矿型、NASICON 型、LiSICON 型、Thio-LiSICON 型、Garnet 型氧化物，其主要结构示意图如彩插图 7-10 所示。

7.3.1.1 钙钛矿型

钙钛矿化合物的通式为 ABO_3，A 位空穴浓度比较大时，锂离子电导率也就比较大，原因在于允许锂离子以空穴传导机理通过 A 位运动。在 400 K 以下，遵循 Arrhenius 定律，活化能为 0.37 eV；400 K 以上，电导率遵循 Vogel-Tammann-Fulcher 关系，1993 年报道的 $La_{0.5}Li_{0.34}TiO_{2.94}$ 室温下锂离子电导率为 1 mS/cm。

$La_{0.16}Li_{0.62}TiO_3$，Cmmm 空间群，实际应用中该材料的问题在于，它需要高温烧结制备，但是高温会导致 Li 的损失，锂含量难以控制；由于颗粒边界的存在，这类材料的颗粒边界阻抗大，引起导电能力的明显降低，制备的陶瓷离子电导率远低于单晶的；和金属锂负极不兼容，在 1.2 V 以下锂离子嵌入，导致 Ti^{4+} 的还原、Ti^{3+} 的生成，电子导电性增大。

7.3.1.2 NASICON 和 LiSICON 型锂离子导体

NASICON 型锂离子导体通式为 $NaM_2(PO_4)_3$（M=Ge，Ti 和 Zr），由 MO_6 八面体和 PO_4 四面体组成［$M_2P_3O_{12}$］共价骨架，其中存在两类间隙位置允许阳离子进入。阳离子通过瓶颈位置迁移，瓶颈的尺寸取决于两类间隙位置、阳离子浓度与种类以及骨架离子的本性，这类材料的结构和电性能与骨架组成密切相关。例如，$LiM_{2-x}M'_x(PO_4)_3$ 的单胞参数 a 和 c 取决于 M 和 M′两个阳离子的大小，$LiGe_2(PO_4)_3$ 的单胞参数最小。八面体位置的 Ti 部分被（Al，Cr，Ga，Fe，Sc，In，Lu，Y，La）取代，298 K 时 $Li_{1.3}Al_{0.3}Ti_{1.7}(PO_4)_3$（LATP）的本体电导率为 3 mS/cm。$Al^{3+}$ 的尺寸小于 Ti^{4+}，取代后降低了单胞尺寸，结构更加密实，提高离子电导率达 3 个数量级。

Goodenough 报道了 $Na_3Zr_2Si_2PO_{12}$，并将具有该类结构的化合物定义为 NASICON。用 Li 来替换 $Na_3Zr_2Si_2PO_{12}$ 中的 Na 后，将其用在锂离子电池中，其电导率下降三个数量级。通常采用三价的 Al^{3+}、In^{3+} 取代四价 Zr^{4+} 调整锂离子传输通道、浓度来增加 NASICON 类电解质体相电导率，采用共沉淀、离子放电等离子烧结，添加 Li_3PO_4、Li_3BiO_4 等助烧剂改善 NASICON 类固态电解质晶界电阻。在 NASICON 类固态电解质体系中 Li_2O-Al_2O_3-TiO_2-P_2O_5（LATP）、Li_2O-Al_2O_3-GeO_2-P_2O_5（LAGP）研究比较多。Weppner 首先报道了具有石榴石结构的电解质材料 $Li_5La_3M_2O_{12}$（M=Nb，Ta）。Ba 取代 La 位形成 $Li_6BaLa_2Ta_2O_{12}$，可有效降低晶界电阻，室温电导率可达 4×10^{-5} S/cm。Zr 取代 M 位形

成具有立方结构的 $Li_7La_3Zr_2O_{12}$，室温电导率可达 3×10^{-4} S/cm，是石榴石结构中电导率较好的材料之一。

LiSICON 型与 NASICON 型类似，基本分子式为 $Li_{1+x}M_{2-x}M'_xP_3O_{12}$（M＝Ti、Ge、Hf，M'＝Al、In），25 ℃时本体离子电导率为 $(2\sim8)\times10^{-4}$ S/cm，颗粒边界阻抗的影响引起粉体材料离子电导率明显降低，达到 10^{-5} S/cm 甚至更低。

LiSICON 主要有 $Li_{14}Zn_4GeO_6$ 以及衍生的 $Li_{2+2x}Zn_{1-x}GeO_4$，其结构和 γ-Li_3PO_4 相关，室温电导率比较低，最大也在 10^{-6} S/cm 数量级，与负极以及 CO_2 的反应性很强，离子电导率随着时间下降较快。

7.3.2 固态电解质的制备方法

固体电解质的电学性能、力学性能、热学性能等与其微观晶粒大小、相组成、晶界等有关，这些主要取决于材料的种类和制备方法。固体电解质常见的制备方法有固相反应法、溶胶-凝胶法、柠檬酸-硝酸盐燃烧法、甘氨酸-硝酸盐合成法、Pechini 法、共沉淀法、微乳液法等。各种制备方法皆有其优缺点，下面将对这些制备方法进行详细的比较、探讨。

7.3.2.1 固相反应法

固相反应法（solid state reaction，SSR）是传统的陶瓷制备工艺，常指固体与固体之间发生化学反应生成新的固体产物的过程。该方法的特点是反应过程中反应物必须相互充分接触，固体质点之间键力大，且反应需在高温下长时间地进行。因此，将反应物研磨并充分混合均匀，可增大反应物之间的接触面积使原子或离子的扩散输运比较容易进行，以增大反应速率。高温固相反应法的优点在于操作简便，所需仪器设备较少，材料易得，成本较低，环境污染少，故该方法广泛被研究者所采用。但是该方法的缺点是：①由于粉体易发生团聚，很难获得微观均一的相结构；②研磨过程往往引入杂质（如磨球和磨罐的碎屑），最终使材料的纯度得不到保证，影响材料性质；③机械研磨混合物往往需要较高温度，易造成晶粒的异常“长大”，不利于材料的致密性；④这种方法制得的陶瓷烧结体的电性能和力学性能往往不能满足应用需要。

马桂林等用 $Ba(CH_3COO)_2$、CeO_3、Y_2O_3 按化学计量比称重，湿式混合、烘干、灼烧，然后置于电炉中以 1250 ℃煅烧 10 h 后经湿式球磨、烘干、过筛，在不锈钢模具中以 2103 kg/cm^2 的静水压压制成直径约 18 mm 的圆柱体，置于电炉中，以 1650 ℃烧结 10 h，即可合成 $BaCe_{0.9}Y_{0.1}O_{3-n}$ 固体电解质，合成路线如图 7-11 所示。

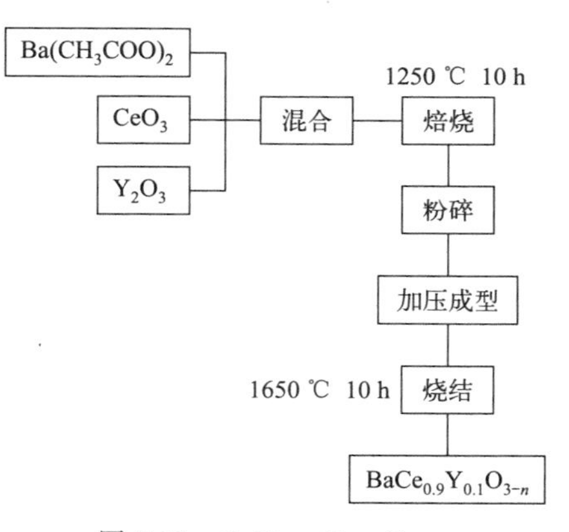

图 7-11 $BaCe_{0.9}Y_{0.1}O_{3-n}$ 固体电解质合成路线

7.3.2.2 溶胶-凝胶法

溶胶-凝胶法（sol-gel method）是制备材料的湿化学方法中的一种常见方法。它是一种将各种金属盐按照化学计量比溶于水中，加入定量的有机配体（如柠檬酸、苹果酸、乳酸、乙二醇等）与金属组分离子形成络合物，通过控制反应温度、pH 等条件使其水解形成溶胶，再聚合生成凝胶，历经溶液-溶胶凝胶而形成空间骨架结构，干燥脱水后，在一定的温度下焙烧得到氧化物或其他化合物的工艺。溶胶-凝胶法通过分子级水平混合，各组分或颗粒可均匀地分散并固定在凝胶体系中，使得制备的样品粒径小、比表面积较大，晶体结构更加均匀。虽然溶胶-凝胶法具有合成温度低、所得目标产物纯度高、比表面积大、分散性好、可容纳不溶性组分或不沉淀性组分等优点。但是该方法存在着高温易烧结、干燥时收缩大、对于产物颗粒形貌的控制性差等缺点。

孙林等按所需物质的量比称量 Er_2O_3 溶于浓硝酸，再称取所需量的醋酸锶、硝酸铈铵并溶解，加入柠檬酸的量为总金属离子物质的量的 3 倍。以适量的氨水调节 pH 值至 8～9，充分搅拌，加热，至形成透明溶胶。将透明溶胶放置于烘箱中，在一定温度下恒温一定时间形成凝胶。将凝胶进行灰化处理，在 1100 ℃下灼烧 5 h，得到 $SrCe_{0.85}Er_{0.15}O_3$ 粉体，所制得样品的电镜图和电化学性能如图 7-12 所示。

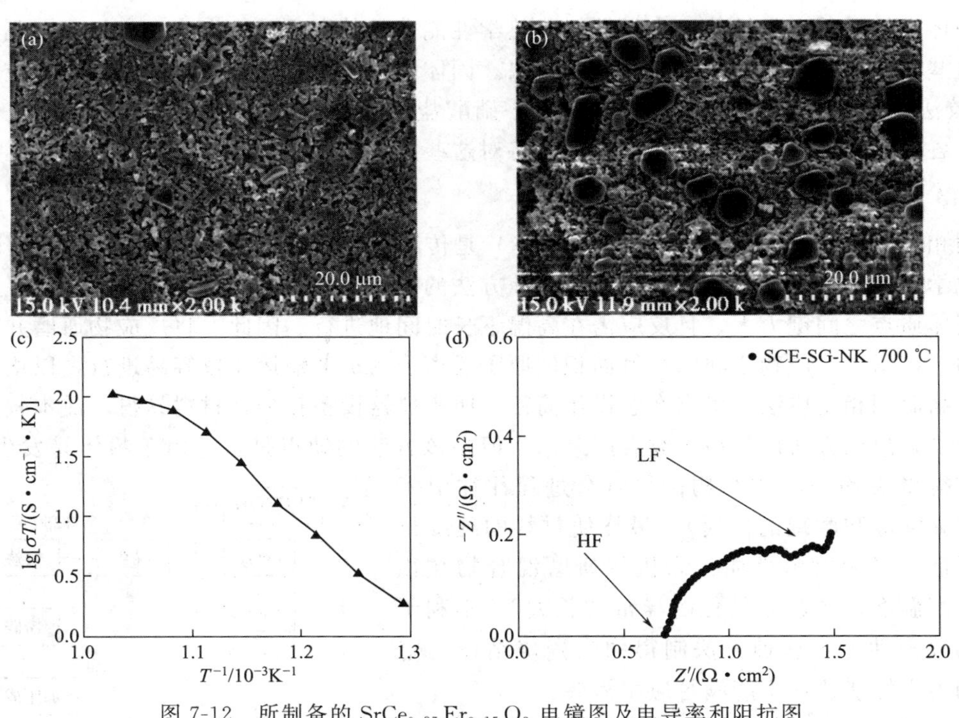

图 7-12 所制备的 $SrCe_{0.85}Er_{0.15}O_3$ 电镜图及电导率和阻抗图

7.3.2.3 Pechini 法

Pechini 法是一种制备高纯纳米级陶瓷粉料的方法。1967 年，Pechini 申请了一项制备钛酸盐、铌酸盐等电容器陶瓷粉体的专利。它主要是通过酯化反应来制备铅和碱土金属的钛酸盐、锆酸盐、铌酸盐以及它们的任意组分和比例混合的化合物的方法。在 Pechini 方法中，金属离子与至少含有一个羧基的 α-羟基羧酸如柠檬酸和乙醇酸之间，形成多元螯合物。该螯合物在加热过程中与有多功能基团的醇如乙二醇，发生聚酯化反应。进一步加热产生黏性树脂，然后得到透明的刚性玻璃状凝胶，最后生成细的氧化物粉体。由于阳离子与有机酸发生化学反应而均匀地分散在聚合物树脂中，能保证原子水平的混合，在相对较低的温度下生成均一、单相的超细氧化物粉末。后来，淀粉或者聚乙烯醇等有机高分子聚合物也被用作溶液法制备复合氧化物粉体的原位固定剂。

王力采用 Pechini 法制备了 $BaCe_{0.9-x}Zr_xM_{0.1}O_{3-\delta}$（M=Gd，Nd）陶瓷粉体，其实验制备流程图如图 7-13 所示。

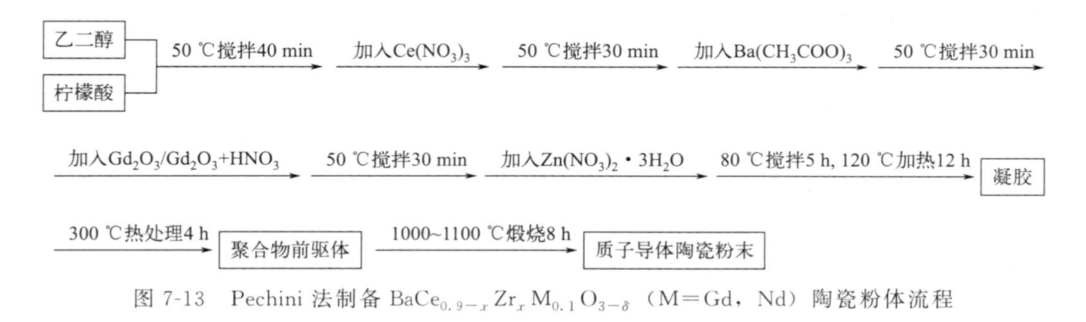

图 7-13 Pechini 法制备 $BaCe_{0.9-x}Zr_xM_{0.1}O_{3-\delta}$（M=Gd，Nd）陶瓷粉体流程

7.3.2.4 柠檬酸-硝酸盐燃烧法

柠檬酸-硝酸盐燃烧法（citrate nitrate combustion，CNC）是将溶胶-凝胶法和低温自燃烧法结合起来，同时兼顾了溶胶-凝胶法及低温自燃烧法的优点，可制备出高反应活性的粉体。该方法的优点包括：①较低的反应温度，一般为室温或稍高于室温，大多数有机活性分子可以引入此体系中并保持其物理和化学性质；②反应在溶液中进行，均匀度高，对多组分体系其均匀度可达分子或原子级；③由于制备陶瓷样品的粉体经过溶液、溶胶、凝胶几个阶段，能避免杂质的引入，最终产品的纯度较高；④自燃后能得到蓬松、表面活性大的纳米粉体；⑤烧成温度比传统固相反应有较大降低，保温时间也缩短许多；⑥化学计量比准确，对于材料微观结构和性质有重要影响。

南怡晨采用柠檬酸-硝酸盐燃烧法合成 $BaCe_{0.8}In_{0.1}Y_{0.1}O_{3-\delta}$（BCIY），其合成流程图如图 7-14 所示。

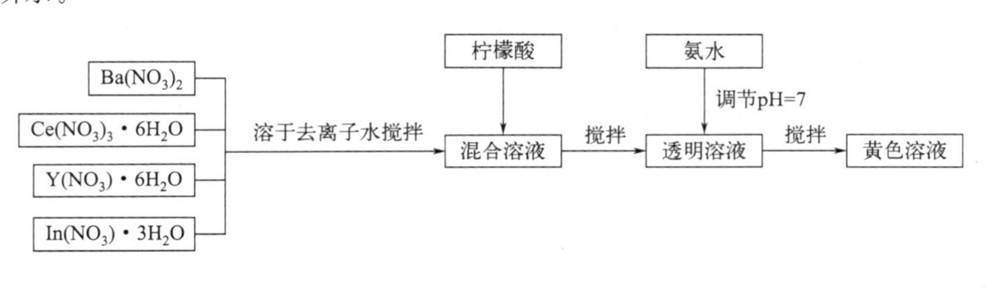

图 7-14 柠檬酸-硝酸盐燃烧法合成 BCIY 粉体流程图

7.3.2.5 甘氨酸-硝酸盐合成法

甘氨酸-硝酸盐合成法（glycine nitrate process，GNP）是以氧化还原混合物为原料的低温燃烧合成方法。GNP 一般是以分析纯的金属硝酸盐为氧化剂，以甘氨酸等有机物为燃料，按一定的化学计量比将各种硝酸盐用去离子水溶解混合，然后加入一定量的甘氨酸并加热搅拌，使前驱体溶液蒸发浓缩，直到发生自燃烧反应，得到的前驱粉体经研磨、低温热处理后可得表面积较大的粉体。其燃烧过程是典型的非均匀体系燃烧，化学反应发生在相界面。甘氨酸除作为燃料外，还起络合剂的作用，防止材料在燃烧前不均匀沉淀。该方法的优点是点火温度低（150～500 ℃）、燃烧火焰温度低（1000～1400 ℃），燃烧时会产生大量的气体，

有助于大比表面积的纳米超细粉体生成。与柠檬酸或硝酸盐热分解法相比，其初始点燃温度较低，燃烧反应更迅速，产物纯度更高（残碳含量$<0.5\%$），组分偏析更小。

7.3.2.6　共沉淀法

共沉淀法（Co-precipitation method，CP）是在按化学计量比混合的金属盐溶液（含有两种或两种以上的金属离子）中加入合适的沉淀剂（如OH^-、CO_3^{2-}等），反应生成较均匀沉淀的方法。将溶液中原有的阴离子洗去，得到多组分沉淀物，即为前驱体。所得前驱体在空气中于一定温度下烧结后得到高纯细微颗粒。共沉淀的目标是通过形成中间沉淀物制备多组分陶瓷氧化物，这些中间沉淀物通常是草酸盐、碳酸盐、水合氧化物等。共沉淀法由于是溶液、离子级别的混合，克服了固相反应法混合不均的缺点，几个组分同时沉淀，各组分达到分子级的均匀混合，因而制得的纳米粉体化学成分均一、粒度小而且较均匀。共沉淀法要保证所有组分阳离子沉淀完全，即能得到组分均匀的多组分混合物，从而保证煅烧产物的均匀性，并可降低烧结温度。但是，沉淀的生成受溶液中pH值分布、各成分的生成速率、沉淀粒子大小、密度、搅拌情况等因素的影响。若控制不好这些因素，例如沉淀剂的加入有可能会使局部浓度过高，则会出现颗粒大小不均匀、沉淀不彻底或颗粒团聚等现象。总的来说，共沉淀法具有制备工艺简单、成本低、制备条件易于控制、合成周期短等优点，它是制备含有两种以上金属元素的复合氧化物纳米粉体的主要方法之一。共沉淀法被广泛应用于制备钙钛矿型质子导体。

7.3.2.7　微乳液法

微乳液法（microemulsion method，ME）是一种制备成分均匀、致密陶瓷粉体的湿化学方法。两种互不相溶的溶剂在表面活性剂的作用下形成乳液，在微泡中经成核、聚结、团聚、热处理后得纳米粒子。通常根据合成陶瓷样品的化学计量比分别称取相应的醋酸盐原料，制得相应醋酸盐溶液，将一定量油相（如环己烷）和一定量作为助表面活性剂的醇类的混合溶液加入上述金属离子的溶液中，再加入少量表面活性剂如PEG，搅匀后便为微乳液A。微乳液B类似于微乳液A。将一定量油相如环己烷和一定量作为助表面活性剂的醇类混合溶剂加入到一定量的$(NH_4)_2CO_3$-NH_4OH（浓度依微乳液A中金属离子总量而定，确保金属离子沉淀完全）的混合溶液中，同样再加入少量表面活性剂，搅匀后便为微乳液B。在水浴搅拌下，将微乳液B慢慢地滴加到微乳液A中，在滴加的过程中，白色沉淀会逐渐出现，并越来越多，待沉淀完全后，停止搅拌并静置，然后过滤，将得到前驱体的初级纳米粉体。此方法的优点是全程为溶液，各成分混合均匀，化学计量比准确；共沉淀反应在微反应器中进行，更均一。

7.3.2.8　流延法

流延法（tape casting）是制备薄膜陶瓷的一种重要的工艺方法，又称刮刀成型法（knife coating）。其通常过程是，在陶瓷粉料中添加溶剂、分散剂、黏结剂和塑性剂等有机成分，经过球磨或者超声分散的方法制得分散均匀稳定的浆料；然后将制备好的陶瓷浆料经过筛、除气后，从料斗上部流到流延机的基带上，通过基带与刮刀的相对运动形成素坯，在表面张力的作用下，形成光滑的具有一定厚度的素坯膜；素坯膜再经过干燥、排塑和烧结制得所需材料膜。图7-15为流延机成膜的示意图。

流延法的优点主要有：相对EVD（电化学气相沉积）、CVD等化学成型法而言，制作成本低；与干压法相比，材料利用率高，材料性能更一致、更稳定；因膜材料呈二维薄平分

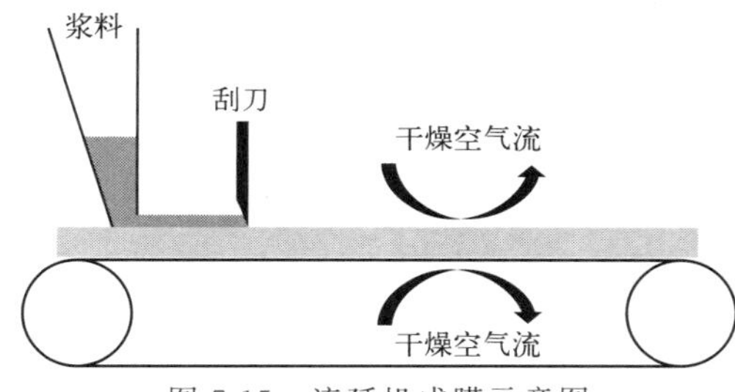

图 7-15　流延机成膜示意图

布，材料缺陷尺寸小；可根据不同的粉体性能要求，采用适合的配方，保证浆料的均匀分散与稳定，方便地制得各种不同组分的叠层复合材料。流延法制备电解质薄膜的厚度一般为25～200 μm。流延成型工艺在制备大面积陶瓷厚膜及薄膜方面具有突出的技术和经济优势。流延法在制备阳极支撑薄膜电解质的平板式SOFC部件上得到了很迅速的发展和应用，引起了研究者的关注。

7.3.2.9　火花等离子体烧结法

火花等离子体烧结法（spark-plasma sintering method，SPS）制备工艺是近些年来发展起来的一种新型快速烧结技术，它具有烧结时间短、能精确地控制烧结温度等优点。火花等离子体烧结法最早源于应用电流的活化烧结法，广泛使用的放电等离子烧结方法虽然近年来才实现商业化可用性设备，但其起源较早，早在1933年就有了使用放电或电流来帮助粉末烧结或金属烧结的方法的相关专利发表。在SPS制备过程中，胚体试样中的空气在外电场的作用下发生击穿，从而产生火花放电，发生电离现象，释放出大量的等离子体，高速运动的等离子体撞击到粉体颗粒的表面，能够除去表面氧化膜或吸附的气体，与传统的烧结工艺相比，粉体颗粒表面更容易纯化和活化。因为SPS烧结过程中，升温速度极快，由于升温过程时间短，晶粒来不及长大，所以能够得到细晶组织，提高材料性能。

7.3.2.10　微波合成法

微波合成法是在微波的条件下，利用其加热快速、均质与选择性等优点，应用于现代有机合成研究中的技术。微波加热具有快速、均质与选择性的特点，通过设计特殊的微波吸收材料与微波场的分布，可以达成特定区域的材料加工效果，如粉体表面改性、高致密性成膜、异质材料间的结合等。微波的高穿透性与特定材料作用性，使原不易制作的材料，如良好结晶与分散性的纳米粉体粒子可经由材料合成设计与微波场作用来获得，微波能量的作用提供了纳米材料新结构的合成方法，已被广泛应用于各种材料的合成、加工中。微波合成法具有如下特点：①加热速度快。由于微波能够深入物质的内部，而不是依靠物质本身的热传导，因此只需要常规方法$\frac{1}{10}$～$\frac{1}{100}$的时间就可完成整个加热过程。②热能利用率高，节省能源，无公害，有利于改善劳动条件。③反应灵敏。常规的加热方法不论是电热、蒸汽、热空气等，要达到一定的温度都需要一段时间，而利用微波加热，调整微波输出功率，物质加热情况立即随着改变，这样便于自动化控制。④产品质量高。微波加热温度均匀，表里一致，对于外形复杂的物体，其加热均匀性也比其他加热方法好。对于有的物质还可以产生一些有利的物理或化学作用。

7.3.2.11　熔盐合成法

熔盐合成法简称熔盐法，是采用一种或数种低熔点的盐类作为反应介质，合成反应以原子级在高温熔融盐中完成。反应结束后，将熔融盐冷却，采用合适的溶剂将盐类溶解，经过滤洗涤后即可得到合成产物。由于低熔点盐作为反应介质，合成过程中有液相出现，加快了离子的扩散速率，使反应物在液相中实现原子尺度混合，反应就由固-固反应转化为固-液反应。相对于常规固相法而言，利用熔盐法合成氧化物材料具有合成温度较低、操作简单、合成的粉体化学成分均匀、晶体形貌好、物相纯度高等优点。另外，盐易分离，也可重复使用。

7.3.3 无机固态电解质的界面问题

目前针对固态电解质界面的研究方向主要包括：固态电解质晶界阻抗以及晶界消除方法；电极与固态电解质界面相容性（副反应、枝晶、空层）；电极与固态电解质界面存在的接触问题、体积效应、空间电荷效应、元素扩散等。常见的界面问题和相应的解决方案如彩插图 7-16 所示。

以锂电池为例来说明固态电解质与金属锂和正极之间的界面问题：

（1）固态电解质/金属锂界面

Luo 等在石榴石表面沉积了 20 nm 厚的 Ge 层，与 Li 接触后发生合金化反应，使电解质/Li 的界面阻抗从 900 Ω 降低至 115 Ω。其设计研发了一种新型的固态电解质，如彩插图 7-17 所示，将无定形反钙钛矿型 Li_3OCl 固体电解质与石榴石型氧化物 LLZTO 进行复合，Li_3OCl 在陶瓷颗粒间同时起到黏结、填充与桥联的作用，形成连续的离子导电网络，室温离子电导率可达 2.27×10^{-4} S/cm。复合电解质可以通过 Li_3OCl 与金属锂的原位反应生成稳定和致密的界面层，电解质/锂负极界面阻抗从 1850 $\Omega\cdot cm^2$ 降为 90 $\Omega\cdot cm^2$，这一界面层有效抑制了锂枝晶的生长，锂金属对称电池能够稳定地充放电 1000 h 而没有短路现象的发生。

（2）固态电解质/正极界面

通过复合正极的设计和制备可以有效增强正极颗粒之间的离子传输，提升正极活性材料的利用率，并且可以抑制循环过程中正极活性物质的体积膨胀，从而使得固态电池能量充分发挥。Nan 等采用 PEO（LiTFSI）/$LiFePO_4$/电子导电剂进行混合，制备复合正极，对比研究了不同聚合物含量对复合正极性能的影响，结果显示，聚合物含量过多会影响正极的电子电导率，主要是由于聚合物本身导电性差，且含量过高会将正极活性物质和电子导电剂隔离开，阻碍电子传导通道的建立。复合正极中聚合物质量分数为 15% 时，$LiFePO_4$/Li 全固态电池性能最优，60 ℃下 100 $\mu A/cm^2$ 的电流密度循环，比容量可达 155 mA·h/g。

采用固态电解质的固态电池可以从根本上解决现有锂离子电池的安全问题，为实现高安全、高比能量、长寿命储能体系提供了可行的发展方向。设计制备无机/聚合物复合固态电解质，在各相之间界面搭建离子快速传输通道，通过多组分之间的协同作用实现优势互补。复合电解质是固态电解质体系实现力学加工性、离子导电性和电化学稳定性兼具的最优选择之一。针对固态电池存在的界面阻抗大且随循环不断增长界面副反应严重以及枝晶等问题，可以通过界面修饰以及固态电解质、电极活性物质改性等方式进行优化和改善。特别是固态电解质/金属锂的界面问题，通过金属锂负极保护可以抑制枝晶生长，延缓副反应对界面的破坏，对界面应力进行有效调控。

解决固-固界面阻抗策略如图 7-18 所示。

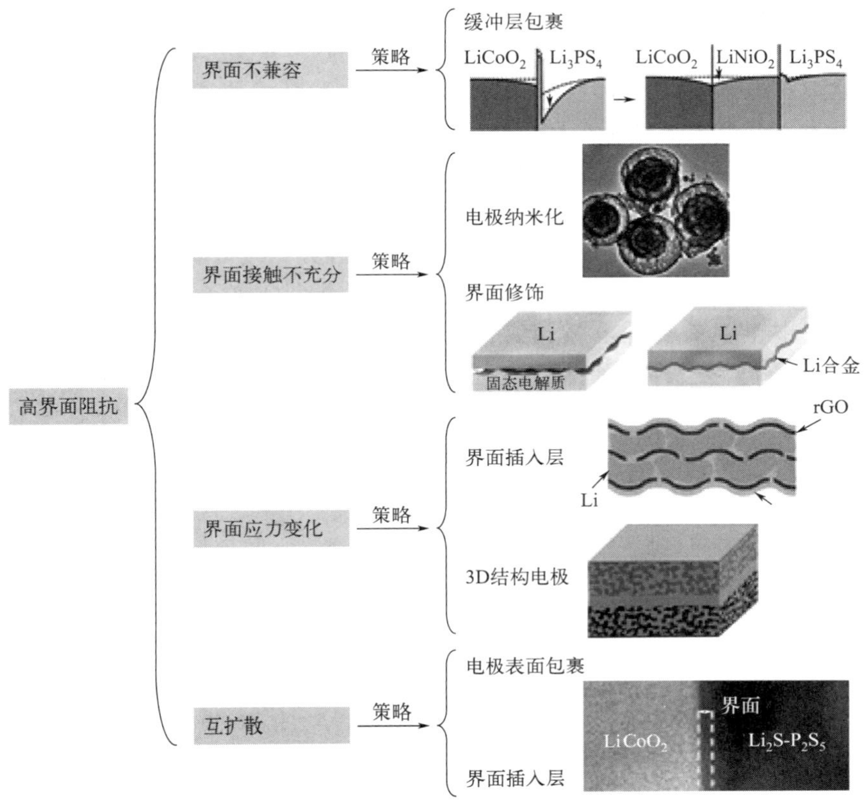

图 7-18　解决固-固界面阻抗策略

7.4　固态电池的发展前景

目前无机固态电解质普遍刚性强、脆性较大、易断裂、可加工性较差，但对高温或其他腐蚀性环境适应性好，尤其适合用于在极端工作环境中刚性电池等领域；而聚合物固态电解质在室温下电化学性能和物理性能尚需改进，在柔韧性和可加工性上则优势明显，尤其适合应用于柔性电池等领域。因此，固态薄膜电池要从实验室走向工厂，从工厂走向市场，还需解决以下技术难题及科学问题：

（1）电极/固体电解质界面表征技术

电极/固体电解质界面的离子传输仍是固态薄膜电池的基础科学问题之一，而大多数表征手段难以直接研究界面的形貌结构及化学成分。因此，应设计新型的电池构型以及发展先进的无损表征技术来获得对界面组成和结构的在线监测和分析。

（2）规模化的成膜技术

目前，薄膜电池正极的制备工艺主要以磁控溅射为主，但薄膜溅射速率慢、靶材利用率低，严重限制了固态薄膜电池的产业化发展。因此，亟需开发电化学沉积、喷墨打印等低成本、高效率的成膜技术。

（3）高性能固体电解质的开发

目前固态薄膜电池中应用最广泛的固体电解质为 LiPON，不仅制备过程中对水及二氧化碳敏感，且离子电导率仅为 10^{-6} S/cm 的数量级，难以满足大功率电子器件的需求。因此，改进或开发兼具高离子电导率及高电化学稳定性的固体电解质至关重要。

（4）低阻抗电极/固体电解质界面的构建

电极/固体电解质界面物理接触问题及锂沉积引起的电/化/力耦合失效，这是固态薄膜电池的瓶颈问题。虽然人们通过结构设计和应力调控等方法进行改进，优化后的界面电阻值（200 $\Omega \cdot cm^2$）仍未达到电阻期望值（100 $\Omega \cdot cm^2$）。因此，加强对固相界面反应和产物扩散的基础研究，构建具有优异电极相容性及电化学稳定性的界面仍是一项具有挑战性的“工程”。

未来，固态电池的研究和产业化进程仍然任重而道远：需要设计制备离子电导率高且具有规模化加工性的固态电解质体系，探索离子传输机制；对界面演变机制进行深入研究，探索界面处离子传输机理以及界面反应机理，开发新型界面优化技术，改善界面相容性；理清不同体系材料之间的兼容性以及失效机制原理，调控关键材料层以及界面的体积效应，稳定界面结构、降低界面阻抗；探索大容量固态电池的构建技术，为固态电池产业化奠定基础。

第8章

其他新能源技术

随着世界经济的快速发展，对能源的需求越来越大，这导致传统化石能源的日益枯竭与环境污染的日益加剧。能源危机、生态破坏和环境污染已成为人类共同面临的重大难题，包括太阳能、风能、水能、生物质能、海洋能、地热能、核能和可燃冰在内的新能源的开发利用受到广泛关注。

8.1 太阳能

8.1.1 太阳能概述

（1）太阳能与地球能量平衡

太阳能是由核聚变产生的一种能源。它分布广泛，可自由利用，取之不尽，用之不竭，是人类最终可以依赖的能源。太阳能以辐射的形式每秒钟向太空发射 3.8×10^{19} MW 能量，其中有二十二亿分之一投射到地球表面。地球一年中接收到的太阳辐射能高达 1.8×10^{18} kW·h，是全球能耗的数万倍。全球人类目前每年能源消费的总和只相当于太阳在 40 分钟内照射到地球表面的能量，由此可见太阳的能量有多么巨大。与常规能源和核能相比，太阳能具有广泛性、清洁性、永久性和丰富性的优点。利用太阳能的分布式能源系统逐渐受到各国政府的重视。要想合理地利用太阳能，首先要了解太阳辐射的性质以及太阳能资源分布与利用形式等。

地球上绝大部分能源都源于太阳辐射。风能是由于受到太阳辐射强弱程度不同使大气形成温差和压差，从而造成气流的流动所致。水能的来源也与太阳辐射有关，太阳辐射将地球表面（包括海洋等水域）的水分加热蒸发，形成雨云然后降雨形成水资源。化石能源和生物质能都与地球上植物所吸收的太阳辐射有关。图 8-1 为地球接收的太阳辐射能量及其分配示意图，显然地球表面向大气空间支出热量和从空间获取的太阳能相平衡，这被称为地球表面热量平衡。太阳辐射到达地球表面之前，必须经过大气层。太阳光穿过大气层后，至少衰减30%。造成衰减的主要原因有：(a) 瑞利散射或大气分子散射，对所有波长都有衰减，对短波光线衰减最大；(b) 悬浮微粒和灰尘的散射；(c) 大气中不同气体分子（氧气、臭氧、水蒸气和二氧化碳）的直接吸收。地球表面所接收的太阳辐射能量大小以及太阳光谱分布是太阳能利用的基础。

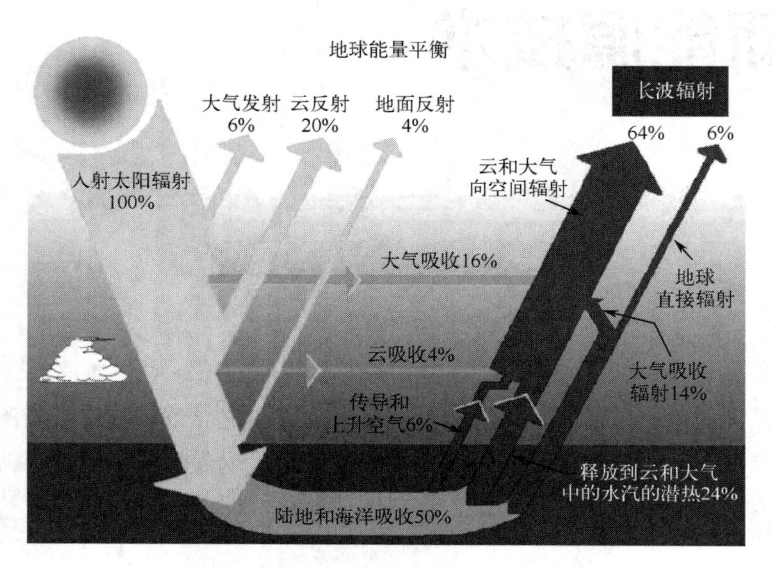

图 8-1 地球表面接收的太阳辐射能量及其分配示意图

到达地球的太阳辐射能量巨大，每个国家都可以接收其中的一部分，但各个国家接收的太阳辐射强度却差距悬殊。辐射到地球表面某一地区的太阳辐射能量的多少，与当地的地理纬度、海拔高度及气候等一系列因素有关。根据国际太阳能热利用区域分类，全世界太阳能辐射强度和日照时间最佳的区域包括北非，中东地区，美国西南部和墨西哥，南欧，澳大利亚，南非，南美洲东、西海岸。我国也属于太阳能资源相当丰富的国家，绝大多数地区年均日辐射量在 4 $kW \cdot h/(m^2 \cdot d)$以上，其中西藏、青海、新疆、甘肃、宁夏属于高日照地区，西藏最高达 7 $kW \cdot h/(m^2 \cdot d)$；东部、南部及东北属于中等日照区。对高日照的西部地区，充分利用各地的太阳能资源，不但有助于保护当地的自然环境，也有助于促进当地经济的发展。

(2) 太阳光谱

太阳光谱是指太阳辐射在大气层外随波长的分布。太阳内部持续发生的核聚变反应释放出巨大的能量，并以电磁波的形式向宇宙空间持续辐射。太阳光即太阳辐射就是由不同能量的光子组成的具有不同频率和波数的电磁波；太阳辐射的波长范围包括 0.1 nm 以下从宇宙射线到无线电波电磁波谱的绝大部分。由于宇宙空间为真空，是绝热的，因此可以将太阳光谱看成一个绝对黑体的辐射光谱。图 8-2 中对比了大气层以外的太阳辐射与一个温度为 6000 K 的绝对黑体辐射的光谱曲线，二者非常接近。太阳光谱是卫星电源系统、宇航器热环境最佳设计及材料选择的重要依据，地球表面所接收的太阳辐射能量大小以及太阳光谱分布是太阳能利用的基础。

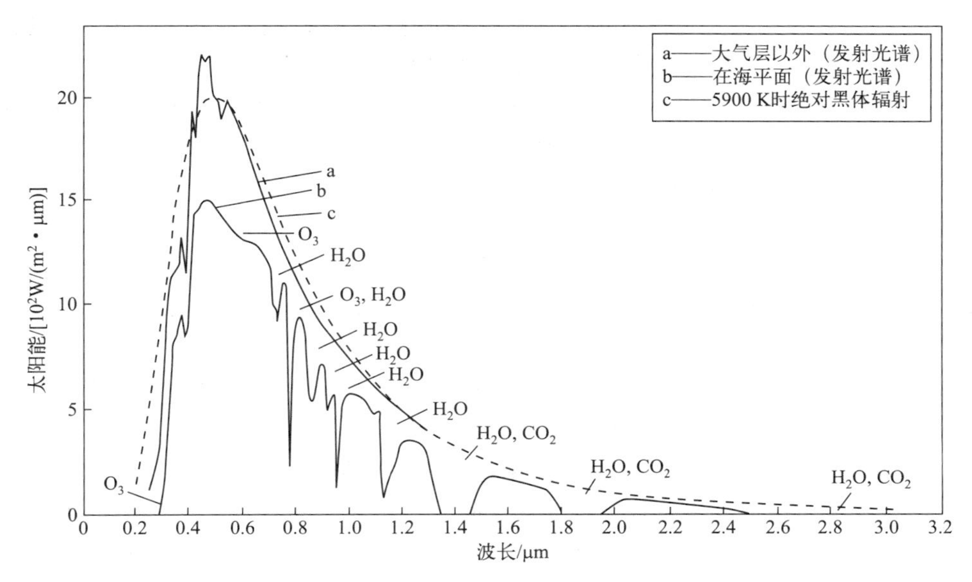

图 8-2 太阳辐射光谱分布

大气层对太阳光谱的衰减程度与测试地点的纬度、测试时间和当地的气象特征都有密切关系。为了能反映出大气层对地球表面吸收太阳光的影响程度，一般引入大气质量（air mass，AM）来描述。太阳光穿过大气层时所通过的空气质量，即为大气质量。在地球大气层最外面，垂直于太阳光方向单位面积上的辐射能为一常量，该辐射强度称为太阳常数（solar constant）。由于没有穿过大气层，该处的大气质量为零，此时对应的太阳辐射称为“大气质量为零”（即 AM0）的辐射（参见图 8-3）。太阳在地球正上方（天顶轴上方）时，光程最短，只通过一个大气层厚度；太阳光线实际路程与该最短路程之比，称为光学大气质量。此最短路程的光学大气质量为 1，此时的太阳辐射也称为大气质量为 1（AM1）的辐射，其辐射功率为 925 W/m^2，相当于晴朗夏天在海平面上所承受的太阳辐射。

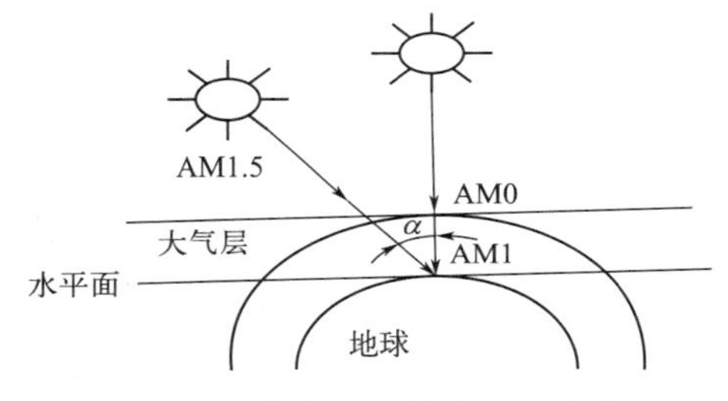

图 8-3 大气质量同照射角度的关系

由于地球表面不同地区的太阳光谱强度和光谱成分的不同，为便于对不同地点测试的太阳能进行比较，必须确定一个地面的光谱标准。这一光谱标准具有国际通用性，所有的测试都应参照该标准进行。一种典型的光谱标准是大气质量为 1.5 时的太阳光谱，即 AM1.5，这对应于入射角 α 为 48°时（相对于法线方向）的太阳辐射。AM1.5 的能量光谱被国际上普遍采用，作为地球表面测量太阳能电池效率的“标准光谱”。真实的 AM1.5 只有 844 W/m^2，为了校准的需要，人为将其放大为 1 kW/m^2。

8.1.2 太阳能的利用

（1）太阳能的利用方式

太阳能的利用方式有光热转换、光电转换和光化学转换，其中前两种是目前广泛应用的。太阳能“光-热转换”是通过物体将吸收的太阳辐射直接转换为热能，然后将热能传递给流体，再加以利用。光热转换是利用集热器或者聚光器来得到 100 ℃以下的低温热源和 1000～4000 ℃的高温热源。它目前被广泛地用在做饭、烘干谷物、供应热水、供室内取暖、空调、太阳热能发电、输出机械能和高温热处理等方面。其中，太阳能热水器已经在我国高、中日照地区得到广泛的应用。太阳能热力发电是先将太阳能转变成热能，再通过机械能装置转变成电能而实现发电。光热转换是太阳能热利用的基本方式。

基于“光-电转换”的太阳能利用方式是将太阳辐射直接转换为电能加以利用，其中最主要、最有发展潜力的实现途径为光伏发电，即基于光伏效应直接将太阳辐射转换为电势差而对外供电。与其他发电方式相比，光伏发电具有如下特点：

① 采用模块化结构，易于实现规模化生产，并获得规模化效益，模块化结构也便于安装。

② 运行时无污染。化石能源发电或使用过程中，一般都有碳排放和有害气体产生，而核能发电则存在放射源泄漏以及核废料处理等问题。光伏发电是无公害的清洁能源。

③ 易于实现自动化和无人化。光伏发电无需水力或热电发电所需的转动机械，也不存在核能的高温高压工作环境，除了要求太阳辐射外，几乎没有其他运行条件要求，可以在远离人烟的地方，甚至在太空中运行。

④ 这是对太阳能的直接利用。水力发电、化石能源和生物质能本质都来源于太阳辐射，属于对太阳能的二次利用；而光伏发电则属于对太阳能的直接利用，其转换效率是对太阳能的直接利用效应的体现。

由于光伏发电的上述优点，因此，光伏发电成为近年来发展最快的太阳能利用方式。彩插图 8-4 为 2020 至 2050 年，全球未来 30 年清洁能源发电量占比预估。世界自然基金会早在 2010 年底就提出了到 2050 年全部使用可再生能源的设想，并预计到 2050 年，光伏发电将提供 29%的电力能源，是所有可再生能源中比例最大的组成部分。光伏发电的不足之处是：①照射的能量分布密度小，即要占用巨大面积；②获得的能源同四季、昼夜及阴晴等气象条件有关。

基于“光-化学转换”的太阳能利用目前仍处于研究开发阶段，其中具有代表性的是太阳能制氢。太阳能制氢可采取多种途径实现，如：①光电化学制氢，光阳极和对电极（阴极）组成光化学电池，光阳极上的半导体材料受太阳光激发，产生电子-空穴对，电子通过外电路流向对电极，而水中的质子则在对电极上接受电子产生氢气；②光助络合催化制氢，即人工模拟光合作用而实现分解水制氢，可设计合适的络合物催化剂，并模拟光合作用中的光吸收、电荷转移和氧化还原反应过程，从而实现以太阳能为激发源的光分解水制氢。总体而言，目前的太阳能制氢技术存在制氢效率低、难以规模化应用的缺点。一旦在制氢效率上得到大幅度提高，则可能促进氢这种零污染排放燃料的真正普及。

（2）太阳能光热产业

1）太阳能热水器

太阳能热水器是一种利用太阳能把水加热的装置。利用太阳能平板集热器，可以把水加热到 40～60 ℃，可以为家庭、机关、企业生活、生产提供洗澡、洗衣、炊事及工艺等用途的热水，也可以用于太阳房、温室、制冷和热动力等装置中。太阳能热水器一般由集热器、储水箱、循环管路及辅助装置组成。

太阳能热水器通常安放在房屋顶上，也可以安放在其他向阳的地方。早晨加上冷水，下午就可以取用被太阳能加热的热水。20 世纪中期太阳能热水器技术已经达到了比较成熟的阶段。2006 年全球太阳能热水器总运行保有量 168 Mm^2，供能 700 亿千瓦时，其中我国为 90 Mm^2，占 53.6%，2007 年我国占全球 76%，2009 年我国总运行保有量更是达到 145 Mm^2。我国安装的太阳能热水器面积居世界首位，据测算，由于这些太阳能热水器的使用，每年至少可以节约燃煤 50 万吨。但是 2009 年的数据显示，我国千人太阳能热水器占有面积为 83 m^2，低于欧盟的 105 m^2，因此发展空间仍然很大。

太阳能热水器的种类主要有：闷晒式热水器、无胆闷晒式热水器、管板式热水器、聚光式热水器、真空管式热水器等。闷晒式热水器是太阳能热水器中比较简单、造价低、对于热水要求不太严格的一种。这种热水器可分为有胆和无胆两类。有胆，是指太阳能闷晒盒内装有黑色塑料或金属的盛水胆。当太阳能照射到闷晒盒时，盒内温度升高，使水胆内的水被加热。当水温达到一定要求时，把热水放出来使用。无胆闷晒式热水器又叫浅池热水器，它的太阳能闷晒盒内无盛水胆。

管板式热水器又叫平板集热器，广泛用在农作物干燥、温水养鱼、温室种植蔬菜、空调和制冷、游泳池加热、浴池，以及各种工农业用热水，凡是工作温度低于 100 ℃的领域，都可以用这种热水器作为热源。管板式热水器由透明盖板（玻璃或塑料）、吸热体、保温层和外壳组成。阳光透过透明盖板进入集热器内被吸热体吸收，从而转变为热能，再通过与吸热板相连的管道中的水（热水器）或吸热板上或下部的空气（空气集热器）进行热交换，使加热的水和空气达到要求的温度。利用这种热水器，一般可以得到 40～70 ℃的热水或空气。这种热水器的集热基本原理同其他热水器一样，水的循环靠温差密度不同。热水轻，向上升。冷水重，只能从底部缓缓往上顶。水箱中的水通过集热器的循环加温，逐步达到平衡，就不再上下流动了。但是，水箱中的水总是不断进入集热器底部，而热水也不断流入水箱上部，提供热水以便使用（图 8-5）。

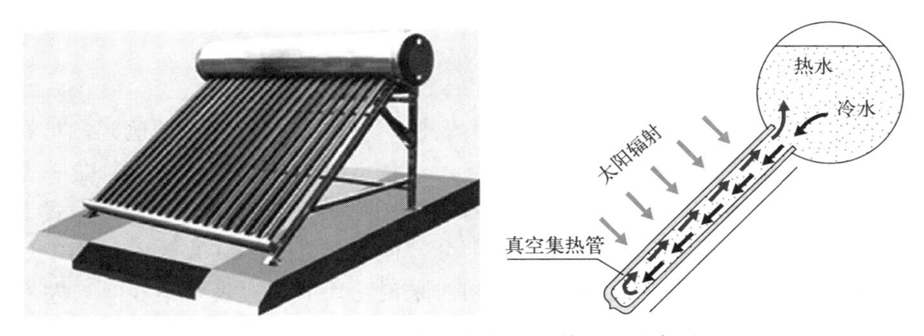

图 8-5　管板式热水器实物图及其原理示意图

聚光式热水器是由聚光集热器组成的热水器，从结构形式上说，聚光集热器可分为抛物柱面、圆柱面、菲涅尔透镜、旋转抛物面和锥面聚光等。通常聚光集热器都要求跟踪太阳，才能获得高温。为了提高热水温度，也可把几个聚光集热器串起来，进行多级聚光加热。最常见的是抛物柱面聚光器，它是把阳光汇聚反射在一条水管上，人们就用控制管中水流速度来获得不同温度的热水，流得越慢，水温越高。

真空管式热水器是利用真空技术制成的，它可以减少热对流损失，提高温度。最高温度可达到 200 ℃左右，能够全年使用。它不仅可以加热水，也能加热空气。目前，世界各国多用于空调、冬季采暖、夏季制冷、热水洗浴等。此外，有些国家还用在冬季养鱼、高效太阳能干燥器等。

近几年来又研制成功双循环真空管太阳能热水器，它的出现可解决高寒地区冬季防冻问题，同时也可解决硬水所产生的结垢问题，从而使太阳能热水系统真正可以全年大面积使用。这个创新产品的特点是用户使用的生活热水不与集热器直接接触，而是通过一个盘管热交换器加热水箱中的水，在热交换器管内流动，与集热器直接交换热的是防冻液或软化水(适用于水质较硬地区)。这样既可保证生活热水的清洁，又能彻底解决管路冻裂和集热器结垢问题，同时由于水泵的强制循环，对提高集热器的热效率十分有利。

2）太阳能温室

太阳能温室是最早利用太阳能的一种建筑，常见的玻璃暖房、花房和塑料大棚都是太阳能温室，它负担着寒冷地区，如我国北方大中城市冬季蔬菜供应的重任，并在水产养殖和农作物育种育秧、畜禽越冬等方面起着重要的作用。

太阳能温室的结构和形式很多。温室建筑可用木材、钢材或铝制构件作为骨架。透光覆盖物过去多用玻璃，近期发展以透明塑料为主。在一些工业发达国家，硬质和半硬质塑料已大规模生产，不仅价格低，而且耐老化和透光性均好，为快速建造轻型温室提供了方便条件。目前常用的塑料透光材料有下列几种。

① 聚丙烯酸薄板：具有不同的厚度、颜色和波长透射特性，能有控制地发挥温室热效果。无色聚丙烯酸薄板的日光透射率高达95%，比普通玻璃的透光率还好，而且抗冲击能力大大超过玻璃。

② 聚氯乙烯膜和板：目前农村塑料大棚多用此种材料作薄膜。世界上有的国家还生产一种聚氯乙烯板材，也试用在温室上，但抗老化性能差，18～24个月就变黄、变黑，大约使用5年就变硬发脆。

③ 玻璃纤维增强塑料：一种半透明热固塑料，由聚酯树脂为基料构成。原来不耐老化，近期添加丙烯酸单体进行改性，性能有所改进，耐老化、透光性和使用寿命均有所提高，国际上已经较广泛使用它作温室透光材料。

3）太阳灶

利用太阳能做饭、炒菜和烧开水，在广大农村，特别是在燃料缺乏地区，具有很大的实用价值。它不仅可以节约煤炭、电力、天然气，而且十分干净，毫无污染，是一个可望得到大力推广的太阳能利用装置。目前推广使用的太阳灶主要有箱式太阳灶和聚光式太阳灶。箱式太阳灶可以利用太阳辐射的直射与散射两部分，但灶温低于200 ℃，不能用于炒菜，而聚光式太阳灶只能利用太阳能的直射部分，但相对来说功率大，温度可达500 ℃左右，是目前农村使用得最多的一种太阳灶。

4）太阳房

太阳房是利用太阳能采暖和降温的房屋建筑。目前，采暖和降温仍以常规能源为主，但从长远发展来看，利用太阳能采暖和降温，则是主要发展方向。太阳房既可采暖，又能降温，所以研究、开发者越来越多。最简便的太阳房是被动式太阳房，建筑容易，不需要安装特殊的动力设备。把房屋建造得尽量利用太阳的直接辐射能，依靠建筑结构造成的吸热、隔热、保温、通风等特性，来达到冬暖夏凉的目的。主动式太阳房比较复杂一些。还有一种更高级的太阳房，则为空调制冷式太阳房。

5）太阳能制冷

人们知道，当气体（空气）或液体（如水、氨溶液、硫氰酸钠溶液等）被压缩时，会放出热量。相反，当气体或液体膨胀时，要吸收热量，这叫做气体或液体压缩放热膨胀吸热原理。人们利用物质膨胀吸热的原理，可以达到降温的目的。太阳能冷冻机就是利用这种原理制造的。先利用集热器收集的太阳热能加热低沸点的氨水溶液，使氨水变成蒸气，在冷凝器中用冷水来冷却，使其进入膨胀阀在低压下快速蒸发吸收大量的汽化潜热，就可以降温和造冰，以达到制冷的目的。太阳能冷冻机使用方便，适用家用空调。用硫氰酸钠溶液代替氨溶液，可以提高冷冻机的效率，这种冷冻机还可用于粮食防腐、海产品防腐等。

太阳能制冷的方法有压缩式制冷、蒸汽喷射式制冷、吸收式制冷等。压缩式制冷要求集热温度高，除采用真空管集热器或聚焦型集热器，一般太阳能集热方式不易实现，所以造价较高。蒸汽喷射式制冷不仅要求集热温度高，一般来说其制冷效率也很低，热利用效率为0.2～0.3。吸收式制冷系统所需集热度较低，为70～90 ℃即可，使用平板式集热器也可满足其要求，而且热利用较好，制作容易，制冷效率可达0.6～0.7，一般采用也很多，不过它的设备比较庞大。

6）太阳能蒸馏器

目前，太阳能蒸馏器多用在海水淡化方面。太阳能蒸馏器有顶棚式（或热箱式）和聚光式两大类。

顶棚式比较简便，一般以水泥浅池为基础，上面盖以玻璃顶棚。顶棚分单斜坡和双斜坡。它的工作原理比较简单，太阳光透过玻璃顶棚照射到涂有黑色的水泥池底，光线经黑体吸收，变为热能传递给水。由于池子四周密封，实为一个热箱，水温逐渐升高，水不断蒸发。从结构上来看，它有点像浅池式太阳能热水器。但蒸馏器的水层要求更浅，以便水分大量蒸发。同时，盖面玻璃是斜坡式，当上升的水蒸气遇到较凉的玻璃顶棚时，立即冷凝成水珠，受重力影响水珠下移，汇聚成较大水珠，逐渐流入玻璃板下沿的集水槽，于是得到淡水。这种淡水实际上是蒸馏水，如果要饮用，还应矿化处理。

聚光式蒸馏器是利用聚光器获得高温，把咸的海水烧成蒸汽，然后经过冷凝成淡水。这种装置是强化蒸馏，效率虽然较高，但装置造价较贵。

（3）太阳能光伏产业

从太阳能获得电力，需通过太阳电池进行光电变换来实现。目前，太阳能电池主要有单晶硅、多晶硅、非晶硅三种。在2010年前，由于多晶硅价格较高，晶硅电池生产成本一直居高不下，非晶硅薄膜电池相较于晶硅电池成本优势明显。因此，虽然薄膜电池的光电转换效率较低，但其市场份额依然不断上升，并在2009年达到最高16.5%的市场份额。但由于晶硅电池组件生产成本大幅下降（每瓦0.6美元左右），产业化转换效率不断提高（单晶硅组件16.5%，多晶硅组件15.5%），而薄膜电池技术却迟迟得不到突破，薄膜电池相较晶硅电池的优势逐渐丧失，因此市场份额也逐渐下滑，2012年薄膜电池所占市场份额为9.4%。

特殊用途和实验室中用的太阳电池效率要高得多，如美国波音公司开发的由砷化镓半导体同锑化镓半导体重叠而成的太阳电池，光电变换效率可达36%，接近燃煤发电的效率。但由于它太贵，目前只能限于在卫星上使用。

除了硅基材料能够用做太阳能电池材料以外，还有一些其他的半导体材料也可以用来制造转换效率令人满意的太阳能电池。目前，制造太阳电池的半导体材料已知的有十几种，因此，太阳电池的种类包括化合物太阳能电池、有机太阳能电池、染料敏化太阳能电池、钙钛矿太阳能电池等。

太阳能电池技术的发展通常被划分为3个阶段：第1代是以单晶硅为代表的太阳能电

池，占光伏市场份额约 90%，但价格较贵，制备过程耗能高，污染大；第 2 代以碲化镉（CdTe）和铜铟镓硒化合物（CIGS）为代表的薄膜太阳能电池，成本较低，薄膜易实现大批量生产，但存在器件稳定性差、原料对环境的污染大等问题，仅在建筑、国防等领域得到发展应用；第 3 代是基于新材料和纳米技术的新型太阳能电池，包括染料敏化太阳能电池（DSSC）、有机聚合物电池（OPV）、量子点电池等，由于制备工艺简单、制造成本低、环境友好、理论能量转换效率高等优点得到广泛研究，但受困于环境稳定性差和转换效率相对不高等影响仅在实验室得到研究。

1）硅太阳电池

硅是地球上最丰富的元素之一，用硅制造太阳电池有广阔前景。人们首先使用高纯硅制造太阳电池（即单晶硅太阳电池）。由于材料昂贵，这种太阳电池成本过高，初期多用于空间技术作为特殊电源，供人造卫星使用。20 世纪 70 年代开始，把硅太阳电池转向地面应用。近年来非晶硅太阳电池研制成功，这使硅太阳电池大幅度降低成本，应用范围会更加扩大。可以预见，大型太阳电池发电站、太阳电池供电的水泵和空调等将逐渐进入实用阶段。

2）化合物太阳能电池

Ⅲ-Ⅴ族化合物半导体光伏材料的典型代表是 GaAs 和 InP。它们可与 Al 和 Sb 等元素合金化，形成三元或四元化合物，如 $Al_xGa_{1-x}As$、$In_xGa_{1-x}As_yP_{1-y}$。这些化合物材料都能够用于柔性器件结构中，以满足各种不同的需要。但是综合考虑制备、材料性能和成本等方面的因素，仅 GaAs 及其三元化合物得到了广泛的应用。GaAs 太阳能电池是目前太阳能电池中转换效率最高的，地面的转换效率超过 22%，远高于硅基太阳能电池的相应效率值 18%。

尽管 GaAs 系列太阳能电池具有效率高、抗辐射性能强和高温性能好等优点，由于其生产设备复杂、能耗大、生产周期长，导致生产成本高，难以与硅基太阳能电池相比，所以仅用于部分不计成本的空间太阳能电池上。

除了Ⅲ-Ⅴ族化合物半导体材料外，Ⅱ-Ⅵ族化合物半导体材料在太阳能光电转换方面也得到了广泛的关注，其中，CdTe、$CuInSe_2$（或 CuInS）以及 $CuInGaSe_2$ 材料是典型代表。

3）染料敏化太阳能电池

染料敏化太阳电池主要是模仿光合作用原理研制出来的一种新型太阳能电池。染料敏化太阳能电池是以低成本的纳米二氧化钛和光敏染料为主要原料，模拟自然界中植物利用太阳能进行光合作用，将太阳能转化为电能。

1991 年，瑞士洛桑高等工业学校 M Grätzel 教授领导的小组在染料敏化太阳能电池研究中取得了突破性进展，他们用具有高比表面积的纳米多孔 TiO_2 代替传统的平板电极，形成约 10 μm 厚的光学透明膜，然后浸渍染料，开发出一种光电转换效率达 7.1%的染料敏化太阳电池。此后，经过近 20 年的发展，染料敏化太阳电池光电转换效率已经超过 11%，达到了非晶硅（a-Si）薄膜太阳能电池的水平。

与硅基太阳能电池技术相比，染料敏化太阳电池的最大优势首先在于其极低的制造成本和投资成本，电池模块制作相对简单，易于实现。

4）钙钛矿太阳能电池

钙钛矿型太阳能电池是利用钙钛矿型的有机金属卤化物半导体作为吸光材料的太阳能电池。钙钛矿太阳能电池以其惊人的发展速度脱颖而出，其光电转化效率从起初的 3.8%跃升到了 20.2%。钙钛矿太阳能电池发展速度如此之快，目前还没有其他太阳能电池能与之相比，被 Science 评选为 2013 年十大科学突破之一。某些科学家认为，将来单节钙钛矿太阳能电池的转换效率有望突破25%。钙钛矿太阳能电池具有较高的光电转换效率，但其稳定性差，在大气中效率衰减严重，吸收层中含有的重金属Pb易对环境造成污染。薄膜材料和器件的长期稳定性仍然是限制其商业应用的主要难题。

5）有机半导体太阳能电池

最早期的有机太阳能电池为肖特基电池，是在真空条件下把有机半导体染料如酞菁等蒸镀在基板上形成夹心式结构。这类电池对于研究光电转换机理很有帮助，但是蒸镀薄膜的加工工艺比较复杂，有时候薄膜容易脱落。因此又发展了将有机染料半导体分散在聚碳酸酯(PC)、聚醋酸乙烯酯（PVAC)、聚乙烯咔唑（PVK）等聚合物中的技术。然而这些技术虽然能提高涂层的柔韧性，但半导体的含量相对较低，使光生载流子减少，短路电流下降。

有机半导体太阳能电池材料种类很多，如有机小分子化合物、有机大分子化合物、模拟叶绿素材料以及有机无机杂化体系等。有机半导体太阳能电池与传统的化合物半导体电池、普通硅太阳能电池相比，其优势在于更轻薄灵活，而且成本低廉。但其转化效率不高，使用寿命偏短，一直是阻碍有机半导体太阳能电池技术市场化发展的瓶颈。

8.1.3 太阳能电池

太阳能电池是通过光伏效应或者光化学效应直接把光能转化成电能的装置。能产生光伏效应的材料有许多种，如单晶硅、多晶硅、非晶硅、砷化镓、硒铟铜等。它们的发电原理基本相同。光化学电池的光子能量转换成自由电子，电子通过电解质转移到另外的材料，然后向外供电。目前以光伏效应工作的薄膜式太阳能电池为太阳能电池的主流，而以光化学效应原理工作的太阳能电池则还处于萌芽阶段。本节以硅太阳能电池为例，讲述太阳能电池工作原理、太阳能电池结构与特性等内容。

（1）半导体基础

1）本征半导体

完全不含杂质且无晶格缺陷的纯净半导体称为本征半导体。实际半导体不可能绝对纯净，本征半导体一般是指导电主要由材料的本征激发决定的纯净半导体。硅和锗都是四价元素，其原子核最外层有四个价电子。它们都是由同一种原子构成的“单晶体”，属于本征半导体。硅的结构示意如图8-6(a）所示，每个Si原子的4个价电子，分别与周围另外4个硅原子的价电子组成共价键，以对称的四面体方式排列成金刚石晶格结构。由于共价键中的电子同时受两个原子核引力的约束，具有很强的结合力，不但使各自原子在晶体中严格按一定形式排列形成点阵，而且自身没有足够的能量不易脱离公共轨道。

在绝对零度温度下，半导体电子填满价带，导带是空的。这时半导体和绝缘体的情况相同，不能导电，如图8-6(a）所示。但是，半导体处于绝对零度是一个特例。在一般情况下，由于温度的影响，价电子在热激发下有可能克服原子的束缚跳出来，使共价键断裂。这个电子离开本来的位置在整个晶体内活动，也就是说价电子由价带跳到导带，成为能导电的自由电子；与此同时，在价键中留下一个空位，称为“空穴”，也可以说价带中留下了一个空位，产生了空穴，如图8-6(b）所示。空穴可被相邻满键上的电子填充而出现新的空穴，也可以说价带中的空穴可被其相邻的价电子填充而产生新的空穴。这样，空穴不断被电子填充，又不断产生新的空穴，结果形成空穴在晶体内的移动。空穴可以被看成是一个带正电的粒子，它所带的电荷与电子相等，但符号相反。

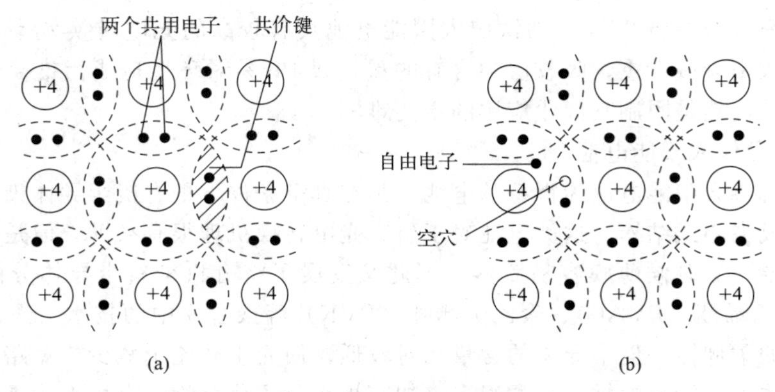

图 8-6　(a) 无激发和 (b) 存在激发下的硅的结构示意图

在没有电场存在时，自由电子和空穴在晶体内的运动都是无规则的，所以并不产生电流。如果存在电场，自由电子将沿着与电场方向相反的方向运动而产生电流，空穴将沿着与电场方向相同的方向运动而产生电流。因电子产生的导电叫做电子导电；因空穴产生的导电叫做空穴导电。这样的电子和空穴称为载流子。本征半导体的导电就是由于这些载流子（电子和空穴）的运动所以称为本征导电。半导体的本征导电能力很小，硅在 300 K 时的本征电阻率为 2.3×10^5 Ω•cm。

2）p 型与 n 型半导体

在常温下本征半导体中只有为数极少的电子-空穴对参与导电，部分自由电子遇到空穴会迅速恢复合成为共价键电子结构，所以从外特性来看它们是不导电的。实际使用的半导体都掺有少量的某种杂质，导致晶体中的电子数目与空穴数目不相等。为增加半导体的导电能力，一般都在 4 价的本征半导体材料中掺入一定浓度的硼、镓、铝等 3 价元素或磷、砷、锑等 5 价元素，这些杂质元素与周围的 4 价元素组成共价键后，即会出现多余的电子或空穴。

当掺入 3 价元素（又称受主杂质）时，在硅晶体中就会出现一个空穴，这个空穴因为没有电子而变得很不稳定，容易吸收电子而中和，形成 p 型半导体，见图 8-7(a)。在 p 型半导体中，位于共价键内的空穴只需外界给很少能量，即会吸引价带中的其他电子摆脱束缚过来填充，电离出带正电的空穴，由此产生出因空穴移动而形成带正电的空穴传导电流。同时该 3 价元素的原子即成为带负电的阴离子。

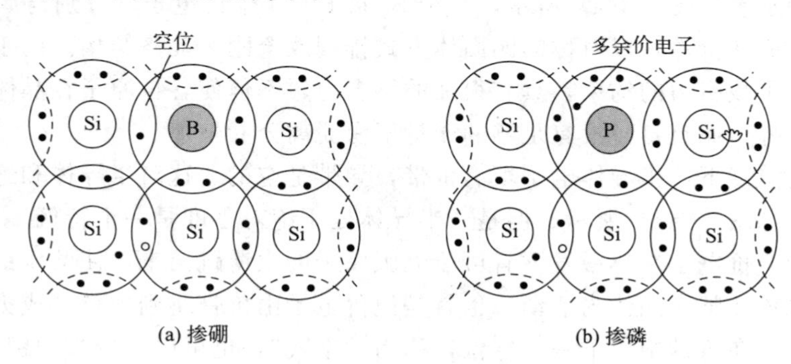

图 8-7　(a) p 型与 (b) n 型半导体结构示意图

同样，当掺入少量 5 价元素（又称施主杂质）时，在共价键之外会出现多余的电子，形成 n 型半导体，见图 8-7(b)。位于共价键之外的电子受原子核的束缚力要比组成共价键的电子小得多，只需得到很少能量，即会电离出带负电的电子激发到导带中去。同时该 5 价元素的原子即成为带正电的阳离子。由此可见，不论是 p 型还是 n 型半导体，虽然掺杂浓度极低，它们的半导体导电能力却比本征半导体大得多。

由前述可知，在半导体的导电过程中，运载电流的粒子可以是带负电的电子，也可以是带正电的空穴，这些电子或空穴就叫“载流子”。每立方厘米中电子或空穴的数目就叫做“载流子浓度”，它是决定半导体电导率大小的主要因素。半导体中有自由电子和空穴两种载流子传导电流，而金属中只有自由电子一种载流子，这也是两者之间的差别之一。

在本征半导体中，电子的浓度和空穴的浓度是相等的。在含有杂质的和晶格缺陷的半导体中，电子和空穴的浓度不相等。我们把数目较多的载流子叫做“多数载流子”，简称“多子”；把数目较少的载流子叫做“少数载流子”，简称“少子”。例如，n 型半导体中，电子是“多子”，空穴是“少子”；p 型半导体中则相反。

3）p-n 节

在一块完整的硅片上，用不同的掺杂工艺使其一边形成 n 型半导体，另一边形成 p 型半导体，那么在导电类型不同的两种半导体的交界面附近就形成了 p-n 结。p-n 结是构成各种半导体器件的基础。

如图 8-8(a) 所示，在 n 型半导体和 p 型半导体结合后，由于 n 型半导体中含有较多的电子，而 p 型半导体中含有较多的空穴，在两种半导体的交界面区域会形成一个特殊的薄层，n 区一侧的电子浓度高，形成一个要向 p 区扩散的正电荷区域；同样，p 区一侧的空穴浓度高，形成一个要向 n 区扩散的负电荷区域。如图 8-8(b) 所示，n 区和 p 区交界面两侧的正、负电荷薄层区域，称之为“空间电荷区”，有时又称为“耗尽区”，即 p-n 结。扩散越强，空间电荷区越宽。

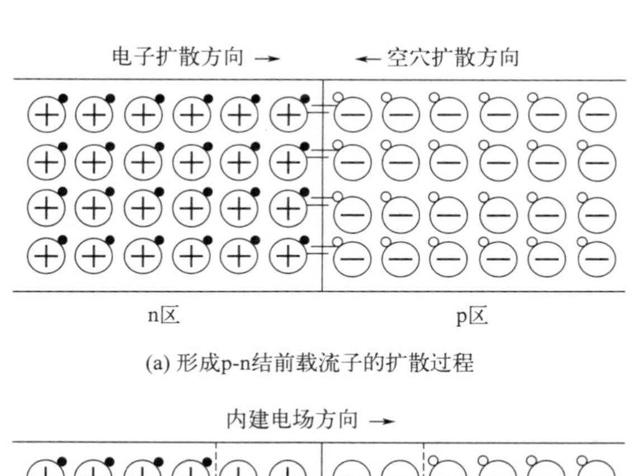

(a) 形成p-n结前载流子的扩散过程

(b) 空间电荷区和内建电场

图 8-8　p-n 结示意图

在 p-n 结内，有一个由 p-n 结内部电荷产生的、从 n 区指向 p 区的电场，叫做“内建电场”或“自建电场”。由于存在内建电场，在空间电荷区内将产生载流子的漂移运动，使电子由 p 区拉回 n 区，使空穴由 n 区拉回 p 区，其运动方向正好和扩散运动的方向相反。

开始时，扩散运动占优势，空间电荷区内两侧的正负电荷逐渐增加，空间电荷区增宽，内建电场增强；随着内建电场的增强，漂移运动也随之增强，阻止扩散运动的进行，使其逐步减弱；最后，扩散的载流子数目和漂移的载流子数目相等而运动方向相反，达到动态平衡。此时在内建电场两边，n 区的电势高，p 区的电势低，这个电势差称作 p-n 结势垒，也叫“内建电势差”或“接触电势差”，用符号 V_D 表示。

电子从 n 区流向 p 区，p 区相对于 n 区的电势差为负值。由于 p 区相对于 n 区的电势为 $-V_D$（取 n 区电势为零），所以 p 区中所有电子都具有一个附加电势能：

$$电势能=电荷\times电势=(-q)\times(-V_D)=qV_D$$

通常将 qV_D 称作“势垒高度”。势垒高度取决于 n 区和 p 区的掺杂浓度，掺杂浓度越高，势垒高度就越高。

当 p-n 结加上正向偏压（即 p 区接电源的正极，n 区接负极），此时外加电压的方向与内建电场的方向相反，使空间电荷区中的电场减弱。这样就打破了扩散运动和漂移运动的相对平衡，有电子源源不断地从 n 区扩散到 p 区，空穴从 p 区扩散到 n 区，使载流子的扩散运动超过漂移运动。由于 n 区电子和 p 区空穴均是多子，通过 p-n 结的电流（称为正向电流）很大。

当 p-n 结加上反向偏压（即 n 区接电源的正极，p 区接负极），此时外加电压的方向与内建电场的方向相同，增强了空间电荷区中的电场，载流子的漂移运动超过扩散运动。这时 n 区中的空穴一旦到达空间电荷区边界，就要被电场拉向 p 区；p 区的电子一旦到达空间电荷区边界，也要被电场拉向 n 区。它们构成 p-n 结的反向电流，方向是由 n 区流向 p 区。由于 n 区中的空穴和 p 区的电子均为少子，故通过 p-n 结的反向电流很快饱和，而且很小。电流容易从 p 区流向 n 区，不易从相反的方向通过 p-n 结，这就是 p-n 结的单向导电性。

（2）光伏效应

太阳能电池正是利用了光激发载流子通过 p-n 结时产生的电荷分离现象而发电的。当太阳能电池受到光照时，光在 n 区、空间电荷区和 p 区被吸收，分别产生电子-空穴对。由于从太阳能电池表面到体内入射光强度成指数衰减，在各处产生光生载流子的数量有差别，沿光强衰减方向将形成光生载流子的浓度梯度，从而产生载流子的扩散运动。n 区中产生的光生载流子到达 p-n 结区 n 侧边界时，由于内建电场的方向是从 n 区指向 p 区，静电力立即将光生空穴拉到 p 区，光生电子阻留在 n 区。同理，从 p 区产生的光生电子到达 p-n 结区 p 侧边界时，立即被内建电场拉向 n 区，空穴被阻留在 p 区。同样，空间电荷区中产生的光生电子，空穴对则自然被内建电场分别拉向 n 区和 p 区。p-n 结及两边产生的光生载流子就被内建电场分离，在 p 区聚集光生空穴，在 n 区聚集光生电子，使 p 区带正电，n 区带负电，在 p-n 结两边产生光生电动势（图 8-9）。上述过程通常称作“光生伏打效应”或“光伏效应”。

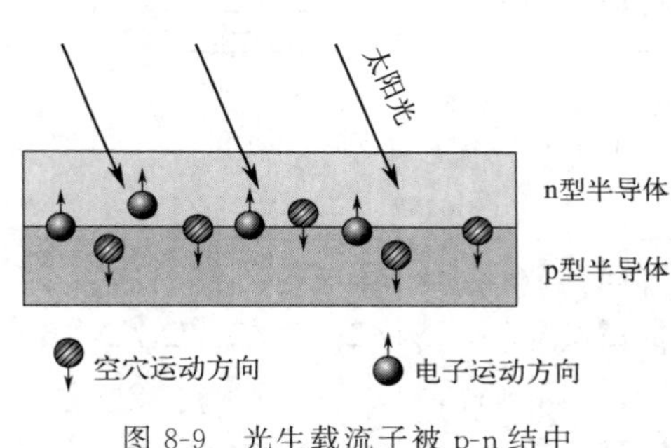

图 8-9 光生载流子被 p-n 结中内建电场分离的示意图

（3）太阳能电池工作原理

太阳能电池是以半导体 p-n 结上接受太阳光照产生光生伏特效应为基础，直接将光能转换成电能的能量转换器。因此，太阳能电池也叫光伏电池，其工作原理可分为三个过程：首先，材料吸收光子后，产生电子-空穴对；然后，电性相反的光生载流子被半导体中 p-n 结所产生的静电场分开；最后，光生载流子被太阳能电池的两极所收集，并在电路中产生电流，从而获得电能。

太阳能电池一般由表面电极（上电极）、减反射膜、p 型/n 型半导体、背电极和必要的组件封装材料等构成（图 8-10）。上电极一般由金属网格构成，起导电和增加入射光的作用。由于半导体不是电的良导体，电子在通过 p-n 结后如果在半导体中流动，电阻非常大，损耗也就非常大。但如果在上层全部涂上金属，阳光就不能通过，电流就不能产生，因此一般用金属网格覆盖 p-n 结，以增加入射光的面积。

减反射膜的作用是减小反射率，提高入射光能的利用率。硅表面非常光亮，会反射掉大量的太阳光，不能被电池利用。为此，在硅表面涂上了一层反射系数非常小的保护膜，将反射损失减小到 5%，甚至更小。另外，为了提高入射光能的利用率，除了在半导体表面涂上减反射膜外，还可把电池表面做成绒面或 V 形槽。

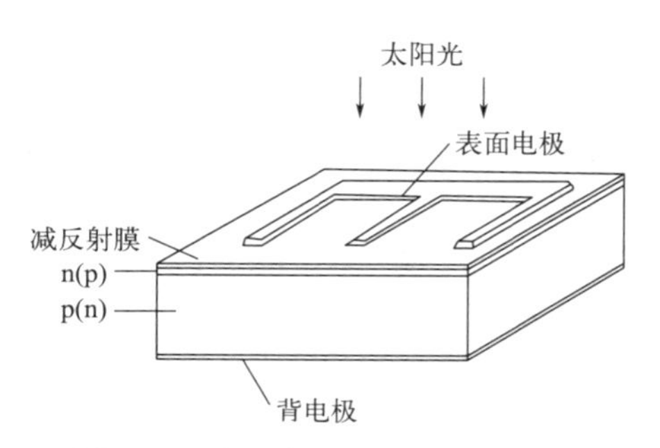

图 8-10　太阳能电池的结构示意图

p 型/n 型半导体，由 p^+/n、n^+/p 两种结构，带有＋上标的表示电池表面光照层半导体类型，p-n 节促使光电子产生电荷分离现象。下电极也称背电极，由电池底部引出，传导电流。如果在电池两端接上负载电路，则被结所分开的电子和空穴，通过太阳能电池表面的栅线汇集，在外电路产生光生电流。从外电路看，p 区为正，n 区为负，一旦接通负载，n 区的电子通过外电路负载流向 p 区形成电子流；电子进入 p 区后与空穴复合，变回呈中性，直到另一个光子再次分离出电子-空穴对为止。人们约定电流的方向与正电荷的流向相同，与负电荷的流向相反，于是太阳能电池与负载接通后，电流是从 p 区流出，通过负载而从 n 区流回电池。

对于晶体硅太阳能电池，一般采用上述以 p-n 节为核心的结构。非晶硅太阳能电池的工作原理与晶体硅太阳能电池类似，都是利用半导体的光伏效应。然而，由于非晶硅材料结构上的长程无序性、无规则网络引起的极强散射作用使载流子的扩散长度很短。如果在光生载流子的产生处或附近没有电场存在，则光生载流子由于扩散长度的限制，将会很快复合而不能被收集。为了使光生载流子能有效地收集，就要求在 α-Si 太阳能电池中光注入所涉及的整个范围内尽量布满电场。因此，电池设计成 p-i-n 型（p 层为入射光面），其中 i 层为本征吸收层，处在 p 层和 n 层产生的内建电场中。

α-Si 电池的工作原理如下：入射光通过 p＋层后进入 i 层产生 e-h 对，光生载流子一旦产生便被 p-n 结内建电场分开，空穴漂移到 p 边，电子偏移到 n 边，形成光生电流和光生电动势（图 8-11）。

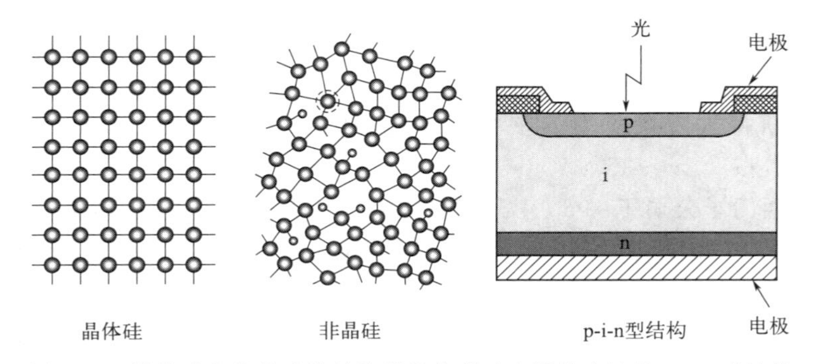

图 8-11　晶体硅和非晶硅的结构以及非晶硅太阳能电池的 p-i-n 型结构

8.1.4　晶体硅太阳能电池材料

太阳能光伏发电主要由太阳能电池规模化集成形成光伏电站。太阳能电池主要分为晶体硅太阳能电池和薄膜太阳能电池两大类。其中，已实现产业化生产的太阳能电池主要包括单晶硅太阳能电池、多晶硅太阳能电池、非晶硅薄膜太阳能电池和II-VI族化合物太阳能电池。经过多年发展，相比薄膜太阳能电池，晶体硅太阳能电池生产的产业链各环节都已形成成熟工艺，具备转换效率高、技术成熟、性能稳定、成本低等优势，广泛应用于下游的光伏发电领域。目前，国际太阳能电池市场以晶体硅太阳能电池为主流，晶体硅太阳能电池约占太阳能电池市场份额的90%。

硅材料按纯度划分，可分为金属硅和半导体（电子级）硅；按结晶形态划分，可分为非晶硅、多晶硅和单晶硅。其中多晶硅又分为高纯多晶硅、薄膜多晶硅、带状多晶硅和铸造多晶硅，单晶硅分为区熔单晶硅和直拉单晶硅；多晶硅和单晶硅材料又可以统称为晶体硅，标准硅太阳能电池用硅即为晶体硅。金属硅也叫做冶金硅，是低纯度硅，是高纯多晶硅的原料，也是有机硅等硅制品的添加剂；高纯多晶硅则是铸造多晶硅、区熔单晶硅和直拉单晶硅的原料；而非晶硅薄膜和薄膜多晶硅主要是由高纯硅烷气体或其他含硅气体分解或反应得到的。晶体硅太阳能电池的生产工艺步骤为：冶金硅→高纯多晶硅→太阳能电池单晶硅与多晶硅→太阳能电池片→太阳能电池组件。

（1）冶金硅和高纯多晶硅的制备

硅是地壳中蕴藏量第二丰富的元素。提炼硅的原材料是SiO_2，它是砂的主要成分。然而，在目前工业提炼工艺中，采用的是SiO_2的结晶态，即石英岩。在电弧中，利用纯度为99%以上的石英砂和焦炭或木炭在2000℃左右进行还原反应，可以生成多晶硅，其反应方程式为：

$$SiO_2 + 3C \longlongequal SiC + 2CO \tag{8-1}$$

$$2SiC + SiO_2 \longlongequal 3Si + 2CO \tag{8-2}$$

此时的硅呈多晶状态，纯度约为95%～99%，称为金属硅或冶金硅，又可称为粗硅或工业硅。生产的冶金级硅中，大部分被用于钢铁与铝工业上。这种多晶硅材料对于半导体工业而言，含有过多的杂质，主要为C、B、P等非金属杂质和Fe、Al等金属杂质，只能作为冶金工业中的添加剂。

半导体器件用半导体材料对其纯度有很高要求，一般要求达到99.999999%～99.9999999%。太阳能电池用的高纯多晶硅材料虽说较半导体级硅低一些，但目前的太阳能级多晶硅制备方法与半导体级硅是相同的。因此，必须采用化学或物理的方法对金属硅进行再提纯，典型工艺如西门子法、改良西门子法、硅烷法、四氯化硅法、二氯二氢硅法、流化床法，以及液相沉积法等。目前获得大规模应用的主要是改良西门子法和硅烷法，前者占多晶硅生产的75%～80%，后者占20%～25%。

西门子法由西门子公司于1955年开发，它是一种利用H_2还原$SiHCl_3$在硅芯发热体上沉积硅的工艺技术，西门子法于1957年开始运用于工业生产。西门子法具有高能耗、低效率、有污染等特点。

改良西门子法在西门子工艺的基础上增加了还原尾气干法回收系统、$SiCl_4$氢化工艺，实现了闭路循环，又称为闭环式$SiHCl_3$氢还原法。改良西门子法包括$SiHCl_3$的合成、$SiHCl_3$的精馏提纯、$SiHCl_3$的氢还原、尾气的回收和$SiCl_4$的氢化分离五个主要环节。利用冶金级工业硅和HCl为原料在高温下反应合成$SiHCl_3$，然后对中间化合物$SiHCl_3$进行分离提纯，使其中的杂质含量降到10^{-7}～10^{-10}数量级，最后在氢还原炉内将$SiHCl_3$进行还原反应得到高纯多晶硅。目前全世界70%～80%的晶硅是采用改良西门子工艺生产的，改良西门子法是目前最成熟、投资风险最小的多晶硅生产工艺，工艺流程见图8-12。主要化学反应包括以下2个步骤：

① 三氯氢硅（$SiHCl_3$）的合成：$Si+3HCl \longrightarrow SiHCl_3+H_2$。

② 高纯硅料的生产：$SiHCl_3+H_2 \longrightarrow Si+3HCl$。

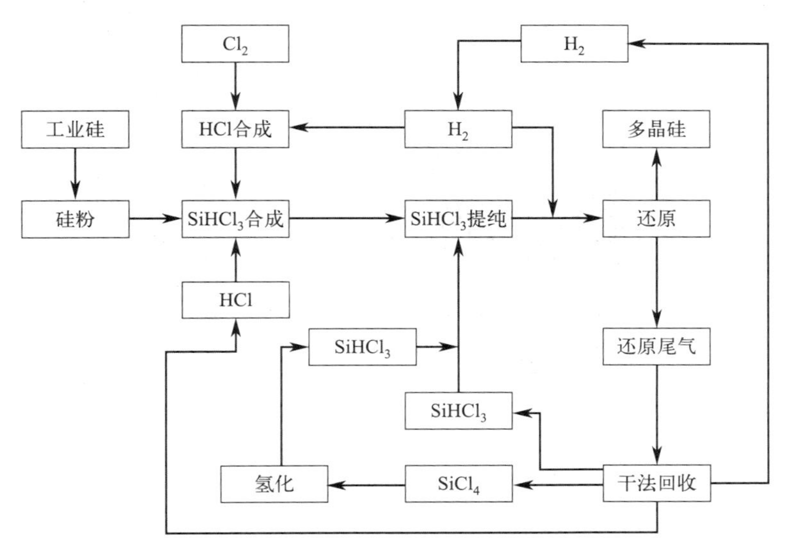

图 8-12 改良西门子法工艺流程图

（2）太阳能电池单晶硅与多晶硅的制备

1）直拉法制备单晶硅

单晶硅是最重要的晶体硅材料，根据晶体生长方式的不同，可以分为区熔单晶硅和直拉单晶硅两种。与区熔单晶硅相比，由于直拉单晶硅的制造成本相对较低、机械强度较高、易制备大直径单晶，太阳能电池领域主要应用直拉单晶硅，而不是区熔单晶硅。

直拉法生长单晶的技术是由波兰的J. Czochralski在1917年首先发明的，所以又称为切氏法。1950年Teal等将该技术用于生长半导体锗单晶，然后他又利用这种方法生长直拉单晶硅。在此基础上，Dash提出了直拉单晶硅生长的“缩颈”技术，G. Ziegler提出了快速引颈生长细颈的技术，构成了现代制备大直径无位错直拉单晶硅的基本方法。

直拉单晶硅晶体生长所用单晶炉的最外层是保温层，里面是石墨加热器，在炉体下部有一石墨托（又叫石墨坩埚）固定在支架上，可以上下移动和旋转，在石墨托上放置圆柱形的石墨坩埚，在石墨坩埚中置有石英坩埚，在坩埚的上方，悬空放置籽晶轴，同样可以自由上下移动和旋转（图8-13）。所有的石墨件和石英件都是高纯材料，以防止对单晶硅的污染。在晶体生长时，通常通入低压的氨气作为保护气，有时也可以用氮气或氮氩的混合气，作为直拉晶体硅生长的保护气。直拉单晶硅的制备工艺一般包括：多晶硅的装料和熔化、种晶、缩颈、放肩、等径和收尾等，如图8-14所示。

去除了表面机械损伤的无位错籽晶，虽然本身不会在新生长的晶体硅中引入位错，但是在籽晶刚碰到液面时，由于热振动可能在晶体中产生位错，这些位错甚至能够延伸到整个晶体。采用“缩颈”技术可以生长出无位错的单晶硅。“种晶”完成以后，籽晶应快速向上提升，晶体生长速度加快，新结晶的单晶硅的直径将比籽晶的直径小，可达到3 mm左右，其长度约为此时晶体直径的6～10倍，称为“缩颈”阶段。在“缩颈”完成之后，晶体硅的生长速度大大放慢，此时晶体硅的直径急速增大，从籽晶的直径增大到所需要的直径，形成一

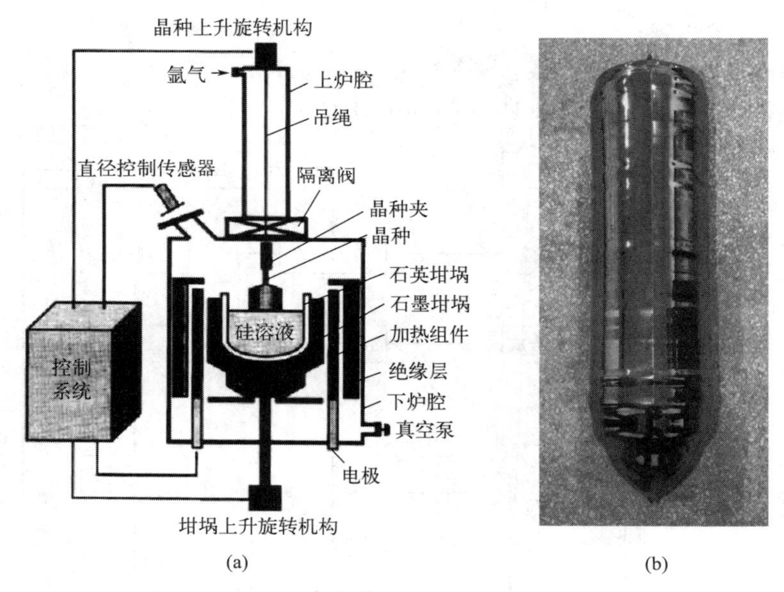

图 8-13 (a) 直拉单晶炉和 (b) 单晶硅棒示意图

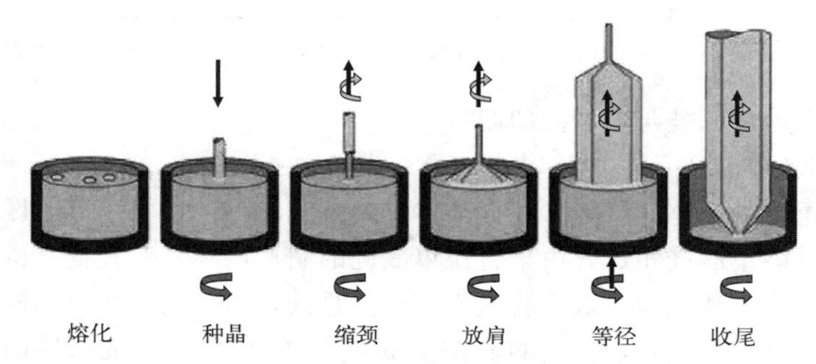

图 8-14 直拉单晶硅生长示意图

个近 180°的夹角。此阶段称为“放肩”。当“放肩”达到预定晶体直径时，晶体生长速度加快，并保持几乎固定的速度，使晶体保持固定的直径生长。此阶段称为“等径”。单晶硅“等径”生长时，在保持硅晶体直径不变的同时，要注意保持单晶硅的无位错生长。在“等径”生长阶段，一旦生成位错就会导致单晶硅棒外形的变化，俗称“断苞”。这个现象可在生产中用来判断单晶硅棒是否正在按照无位错方式生长。

在单晶硅棒生长结束时，生长速度再次加快，同时升高硅熔体的温度，使得晶体硅的直径不断缩小，形成一个圆锥形，最终单晶硅棒离开液面，生长完成，最后的这个阶段称为“收尾”。单晶硅棒生长完成时，如果突然脱离硅熔体液面，其中断处受到很大热应力，超过晶体硅中位错产生的临界应力，导致大量位错在界面处产生，同时位错向上部单晶部分反向延伸，延伸的距离一般能达到一个直径。因此，在单晶硅棒生长结束时，要逐渐缩小晶体硅的直径，直至很小的一点，然后再脱离液面，完成单晶硅生长。在实际工业生产中，单晶硅棒的生长过程很复杂，主要工艺参数包括：坩埚的位置、转速和上升速度，籽晶的转速和上升速度，热场的设计和调整等。

2) 铸造多晶硅

与直拉单晶硅相比，铸造多晶硅的主要优势是材料利用率高、能耗小、制备成本低，而且其晶体生长简便，易于大尺寸生长。但是，铸造多晶硅的缺点是含有晶界、高密度的位错、微缺陷和相对较高的杂质浓度，其晶体的质量明显低于单晶硅，从而降低了太阳能电池的光电转换效率。自从铸造多晶硅发明以后，技术不断改进，质量不断提高，太阳能电池的光电转换效率也得到了迅速提高，实验室中的效率从1976年的12.5%提高到本世纪初的19.8%，近年来更达到20.3%以上。在实际工业级应用中，铸造多晶硅太阳能电池效率已达到15%～16%。

利用铸造技术制备多晶硅主要有两种工艺。一种是浇铸法，即在一个坩埚内将硅原材料熔化，然后浇铸在另一个经过预热的坩埚内冷却，通过控制冷却速率，采用定向凝固技术制造大晶粒的铸造多晶硅。另一种是直接熔融定向凝固法，简称为直熔法，又称为布里奇曼法，即在坩埚内直接将多晶硅熔化，然后通过坩埚底部的热交换等方式，使熔体冷却，采用定向凝固技术制造多晶硅。前一种技术国际上已很少使用，而后一种技术在国际产业界得到了广泛应用。从本质上讲，两种技术没有根本区别，都是铸造法制备多晶硅，只是采用一只或两只坩埚而已。但是，采用后者生长的铸造多晶硅的质量较好，它可以通过控制垂直方向的温度梯度，使固液界面尽量平直，有利于生长取向性较好的柱状多晶硅晶锭。这种技术所需的人工少，晶体生长过程易控制、易自动化，而且晶体生长完成后，一直保持在高温，对多晶硅晶体进行了“原位”热处理，导致体内热应力的降低，最终使晶体内的位错密度得到降低。

图8-15所示为直熔法制备铸造多晶硅的示意图。由图可知，硅原材料首先在坩埚中熔化，坩埚周围的加热器保持坩埚上部温度的同时，自坩埚的底部开始逐渐降温，从而使坩埚底部的熔体首先结晶。同样，通过保持固液界面在同一水平面上并逐渐上升，使得整个熔体结晶为晶锭。在这种制备方法中，硅原材料的熔化和结晶都在同一个坩埚中进行。制备过程中，石英坩埚是逐渐向下移动，缓慢脱离加热区。或者隔热装置上升，使得石英坩埚与周围环境进行热交换，同时，冷却板通水，使熔体的温度自底部开始降低，使固液界面始终基本保持在同一水平面上。

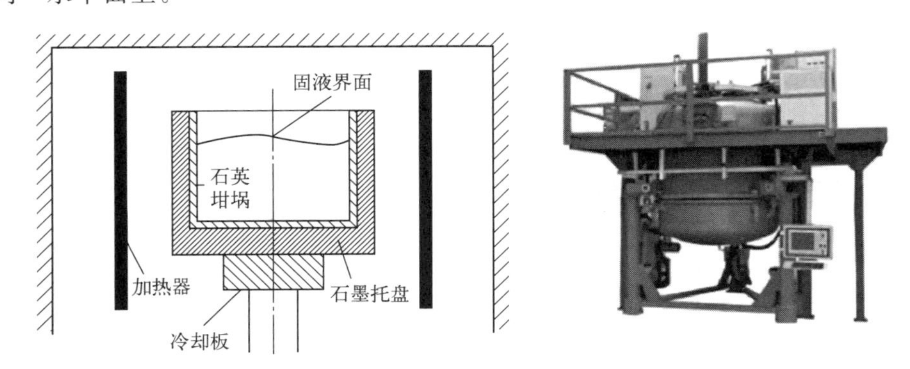

图8-15 直熔法制备铸造多晶硅的示意图与铸锭炉实物图

铸造多晶硅制备完成后是一个方形的铸锭，如图8-16所示。目前，铸造多晶硅的重量可以达到250～300 kg，尺寸达到700 mm×700 mm×300 mm。在晶锭制备完成后，切成面积为100 mm×100 mm、150 mm×150 mm或210 mm×210 mm不等的方柱体，然后切成片状。由于晶体生长时的热量散发问题，多晶硅的高度很难增加，所以，增加多晶硅的体积和重量的主要方法是增加它的边长。但是，边长尺寸的增加也不是无限的，因为在多晶硅晶锭的加工过程中，目前使用的外圆切割机或带锯对大尺寸晶锭进行处理很困难。其次，石墨加热器及其他石墨件需要周期性的更换，晶锭的尺寸越大，更换的成本越高。

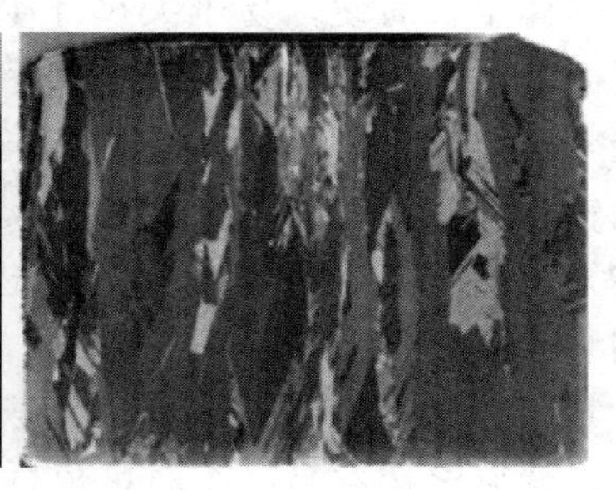

图 8-16 铸造多晶硅铸锭实物图

通常情况下，高质量的铸造多晶硅应该没有裂纹、孔洞等宏观缺陷，晶锭表面平整。从正面看，铸造多晶硅呈多晶状态，晶界和晶粒清晰可见，其晶粒的大小可以达到 10 mm 左右。从侧面看，晶粒呈柱状生长，其主要晶粒自底部向上部几乎垂直于底面生长。

(3) 晶体硅太阳能电池的生产工艺

晶体硅太阳能电池的生产制造工艺包括硅片制备、太阳能电池片的制造和太阳能电池组件的封装。

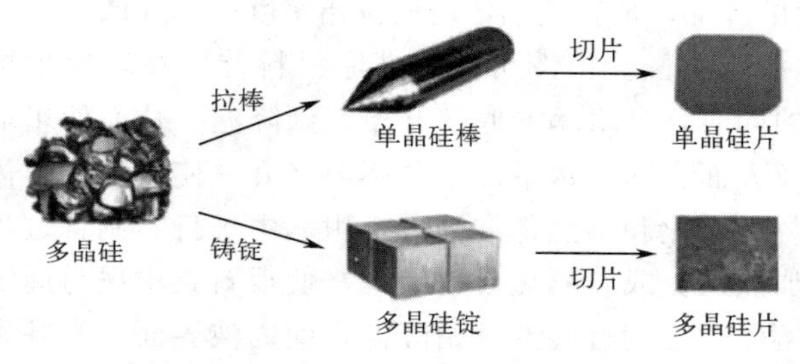

图 8-17 由高纯多晶硅到晶体硅，再到晶体硅片的工艺流程示意图

1) 硅片切割

制得单晶硅棒或多晶硅锭，需要用内圆切片机、多线切片机或激光切片机将其切割成 0.24～0.44 mm 的薄片（图 8-17）。用内圆切片机切片，硅材料的损失接近 50%，用线切片机切片，材料损失要小些。目前，随着切片技术的进步，硅片厚度已达 0.2 mm 乃至 0.1 mm。常用的地面用晶体硅太阳能电池为直径 100 mm 的圆片或 100 mm×100 mm 的方片，目前也有 125 mm×125 mm 或 150 mm×150 mm 的方片，电阻率为 0.5～3 Ω·cm；空间用太阳能电池的尺寸为 20 mm×20 mm 或 20 mm×40 mm，电阻率约为 10 Ω·cm。空间用太阳能电池基片和地面用太阳能电池基片的导电类型均为 p 型。

2) 太阳能电池单体片的制备（图 8-18）

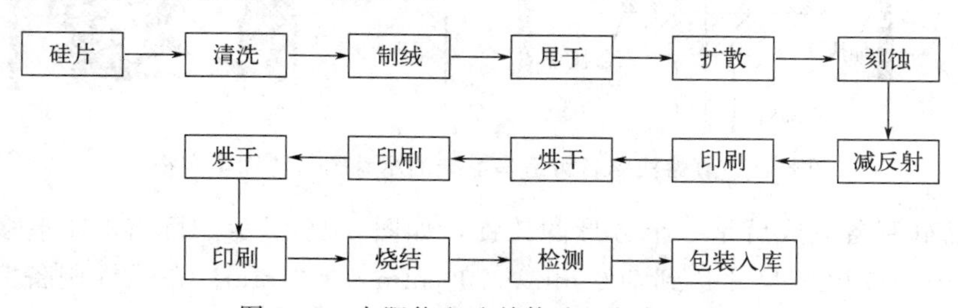

图 8-18 太阳能电池单体片的制备工艺

① 清洗、制绒：硅片切割完成后，用化学碱（或酸）腐蚀硅片，以去除硅片表面机械损伤层，并进行硅片表面织构化，形成金字塔结构的绒面从而减少光反射。经过表面处理的硅片即可制作 p-n 结，常用的硅片的厚度在 180 μm 左右。

② 扩散制节、刻蚀：制结是单晶硅太阳能电池的关键工艺。制结方法有热扩散、离子

注入、外延、激光或高频注入以及在半导体上形成表面异质结势垒等方法。采用扩散方法的目的在于利用扩散现象使杂质进入半导体硅，用以改变某一区域的硅表层内的杂质类型，从而形成 p-n 结。目前，有工业生产价值的太阳能电池仍是扩散制结的，而且大多是由 p 型硅扩散磷制成的 n^+/p 型电池。

硅片扩散后在背面形成的 p-n 结称为背结，光照时背结的存在将产生与前结相反的光生电压。对于常规的非卷包式电池来说，硅片周边表面也形成了扩散层。周边扩散层使电池的上下电极形成短路环。因此，在以后的工序中必须将背结和周边扩散层除去。除去背结常用下面三种方法：化学腐蚀法、磨片（或喷砂）法和蒸铝烧结法。采用哪种方法，根据制作电极的方法和程序而定。

周边上存在任何微小的局部短路都会使电池并联电阻下降，以致成为废品。目前，工业化生产用等离子干法腐蚀，在辉光放电条件下通过氟和氧交替对硅作用，去除含有扩散层的周边。

③ 沉积减反射层：沉积减反射层的目的在于减少表面反射，增加折射率。由于光在硅表面上的反射，光损失约三分之一，即使是绒面的硅表面，也损失掉约 11%。如果在硅表面有一层或多层合适的薄膜，利用薄膜干涉的原理，可以使光的反射大为减少，电池的短路电流和输出就能有很大增加，这种膜称为太阳能电池的减反射膜。

制造减反射膜的方法，主要可分为物理（真空蒸发）镀膜和化学镀膜两类。真空蒸镀法是一种物理气相沉积技术。化学镀膜法包括化学气相沉积和机械沉积技术。化学气相沉积可以在硅表面直接形成所需的减反射膜层；机械沉积技术，则是先在硅表面用旋涂、喷涂、印刷和浸渍等方法形成一层有机物的液态膜，然后用化学方法令其转化成固态的减反射膜。

④ 印刷上下电极、烧结：电极的制备是太阳能电池制备过程中一个至关重要的步骤，它不仅决定了发射区的结构，而且也决定了电池的串联电阻和电池表面被金属覆盖的面积。

所谓电极就是与电池 p-n 结两端形成紧密欧姆接触的导电材料，习惯上把制作在电池光照面的电极称为上电极，把制作在电池背面的电极称为下电极或背电极。为了克服扩散层的电阻，并希望有效光照面积较大，上电极通常制成细栅线状并由一两条较宽的母线来收集电流。下电极则布满全部或绝大部分背面，以减小电池的串联电阻。最早采用真空蒸镀或化学电镀技术，而现在普遍采用丝网印刷法，即通过特殊的印刷机和模版将银浆铝浆（银铝浆）印刷在太阳能电池的正背面，以形成正负电极引线。

⑤ 检测分选：经过上述的制作过程，单体太阳能电池还要进行检测和分选，完成整个太阳能电池片的制作。

3）太阳能电池组件的制备

一个单体太阳能电池只能提供出大约 0.45～0.50 V 的电压、20～25 mA 的电流，远远低于实际供电电源的需要。所以在应用时，要根据需要将多个单体电池并联或串联起来，封装在透明的外壳内，形成特定的太阳能电池组件。一般一个电池组件由 36 个单体电池组成，大约产生 16 V 的电压。如果需要，还可把多个电池组件再组合成光伏阵列来使用。太阳能电池的单体、组件和阵列的示意如图 8-19 所示。

对太阳能电池组件的要求为：

① 有一定的标称工作电流输出功率。

② 工作寿命长，要求组件能正常工作 20～30 年，因此要求组件所使用的材料，零部件及结构，在使用寿命上互相一致，避免因一处损坏而使整个组件失效。

③ 有足够的机械强度，能经受在运输、安装和使用过程中发生的冲撞或其他应力。

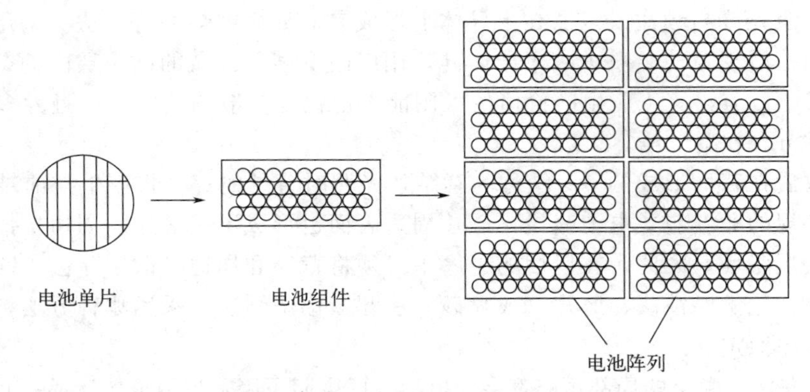

图 8-19 太阳能电池的单体、组件和阵列的示意图

④ 组合引起的电性能损失小。

⑤ 组合成本低。

太阳能电池组件的常见结构形式有玻璃壳体式、底盒式、平板式、全胶密封和较新的双面钢化玻璃封装等。组件工作寿命的长短和封装材料，封装工艺有很大的关系，它的寿命长短是决定组件寿命的重要因素之一。在组件中它是一项易被忽视但在实用中是决不能轻视的部件。现对材料分述如下。

上盖板：上盖板覆盖在太阳能电池组件的正面，构成组件的最外层，它既要透光率高，又要坚固，起到长期保护电池的作用。上盖板的材料有：钢化玻璃、聚丙烯酸类树脂、氰化乙烯丙烯、透明聚酯、聚碳酯等。目前，低铁钢化玻璃为最为普遍的上盖板材料。

黏结剂：室温固化硅橡胶、氮化乙烯丙烯、聚乙烯醇缩丁醛、透明度双氧树脂、聚醋酸己烯等。一般要求其在可见光范围内具有高透光性；具有弹性；具有良好的电绝缘性能；能适用自动化的组件封装。

底板：一般为钢化玻璃、铝合金、有机玻璃、TPF 等。目前较多应用的是 TPF 复合膜，要求：具有良好的耐气候性能；层压温度下不起任何变化；与粘接材料结合牢固。

边框：平板组件必须有边框，以保护组件和组件与方阵的连接固定。边框为黏结剂构成对组件边缘的密封。主要材料有不锈钢、铝合金、橡胶、增强塑料等。

太阳能电池组件制造工艺流程为：电池检测—正面焊接—检验—背面串接—检验—敷设(玻璃清洗、材料切割、玻璃预处理、敷设)—层压—去毛边（去边、清洗)—装边框（涂胶、装角键、冲孔、装框、擦洗余胶)—焊接接线盒—高压测试—组件测试—外观检验—包装入库。

目前，大型的组件制造厂商组件制备已实现全自动化，只有少数小型组件制造商部分工艺还采用人工制备。

8.2 生物质能

8.2.1 生物质概述

生物质（biomass）是动植物的可再生、可降解的任何有机物质，是由植物的叶绿体进行光合作用而形成的有机物质。生物质能则是直接或间接地通过绿色植物的光合作用，把太阳能转化为化学能后固定和储藏在生物体内的能量。世界能源署（IEA）对生物质能的定义是：直接或间接通过植物的光合作用，将太阳能以化学能的形式储存在生物质体内的一种能量形式，能够作为能源而被利用的生物质能则统称为生物质能源。

典型生物质的密度为400～900 kg/m^3，热值为17600～22600 kJ/kg，随着含湿量的增加，生物质的热值线性下降。生物质燃料中可燃部分主要是纤维素、半纤维素和木质素。按质量计算，纤维素占生物质的40%～50%，半纤维素占生物质的20%～40%，木质素占生物质的10%～25%。

生物质能源是人类用火以来，最早直接应用的能源。从燧人氏钻木取火开始，人类就开始有目的地利用生物质能源。与其他可再生能源不同，生物质是碳水化合物，包括木材及林业废弃物、玉米等农作物及其废弃物、水生藻类、城市及工业有机废弃物、动物粪便等。

随着人类文明的进步，生物质能源的应用研究开发几经波折，在第二次世界大战前后，欧洲的木质能源应用研究达到高峰。随着石油化工和煤化工的发展，生物质能源的应用逐渐趋于低谷。20世纪70年代中期，在全球性能源危机背景下，可再生能源包括木质能源在内的开发利用研究重新引起了人们的重视，其利用形式如图8-20所示。人们深刻认识到石油、煤、天然气等化石能源的资源有限性和环境污染问题。日益严重的环境问题，已引起国际社会的共同关注，环境问题与能源问题密切相关，成为当今世界共同关注的焦点之一。

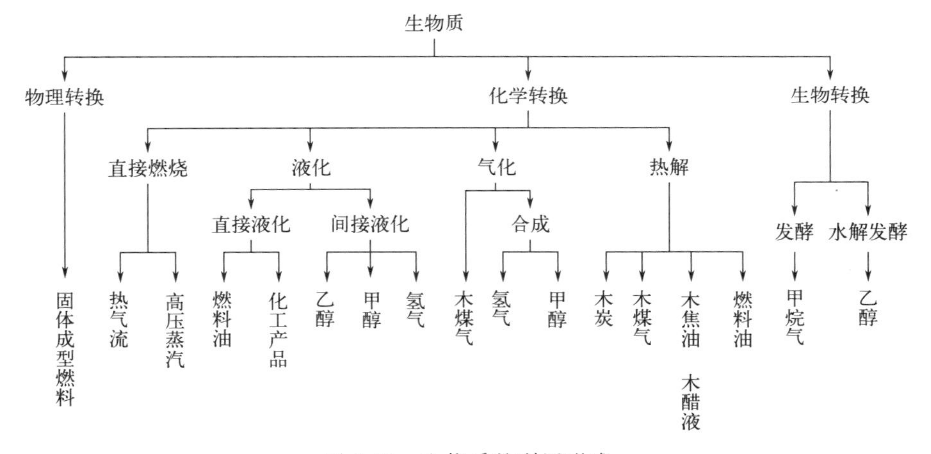

图8-20　生物质的利用形成

化石燃料的使用是大气污染的主要原因，酸雨、温室效应等都已给人们赖以生存的地球带来了灾难性的后果。而使用大自然馈赠的生物质能，几乎不产生污染，使用过程中几乎没有SO_2产生，产生的CO_2气体与植物生长过程中需要吸收的大量CO_2在数量上保持平衡，因此生物质燃料被称为CO_2中性的燃料。生物质能将成为未来可持续能源系统的组成部分，预计到21世纪中叶，采用新技术生产的各种生物质替代燃料将占全球总能耗的40%以上。

目前，全世界范围内生物质能的年消耗量是1.25亿吨油当量，占世界一次能源消耗的14%。生物质能在发展中国家主要用于取暖和煮饭等生活用能，在发达国家生物质能则用于发电厂和工厂，作为煤的替代能源。与风力发电和水力发电相比，生物质能发电可不受外界自然条件影响，实现生产过程可控。人们可以根据发电生产的要求，控制生物质种植面积及产量，从而保证发电生产的稳定性和持续性。

生物质能开发利用在许多国家得到高度重视，联合国开发计划署（UNDP）、世界能源委员会、美国能源部都把它当作发展可再生能源的首要选择。联合国粮农组织认为，生物质能有可能成为未来可持续能源系统的主要能源，扩大其利用是减排 CO_2 的最重要的途径，应大规模植树造林和种植能源作物，并使生物质能从“穷人的燃料”变成高品位的现代能源。

8.2.2 我国生物质总量

(1) 农业生物质资源

1) 农作物秸秆

秸秆是成熟农作物茎叶（穗）部分的总称。我国秸秆资源丰富，2017 年我国秸秆产生量为 8.05×10^8 t，秸秆可收集资源量为 6.74×10^8 t，秸秆利用量为 5.85×10^8 t。其中，可能源化利用的秸秆资源量约为 1.45×10^8 t，折合约为 7.25×10^7 tce（tce：吨标准煤当量）。

2) 农产品初加工剩余物

农作物收获后进行初级加工时，如在粮食加工厂、食品加工厂、制糖厂等进行加工时，会产生废弃物，主要包括稻壳、玉米芯、花生壳和甘蔗渣等，产量大且容易收集，可作为燃料使用。2019 年，我国农产品初加工剩余物约为 1.24×10^8 t，可供能源化利用的约为 6.2×10^7 t，折合约为 3.1×10^7 tce。

3) 畜禽养殖剩余物

2019 年，全国猪牛羊肉禽产量为 7.65×10^7 t，禽蛋产量为 3.31×10^7 t，牛奶产量为 3.20×10^7 t。可以测算，我国猪牛鸡等畜禽粪便排放量为 2.61×10^9 t，可转化沼气资源量为 1.30×10^{12} m^3，折合约为 9.30×10^7 tce。

4) 适合种植能源作物的土地资源

根据土地利用现状调查，我国盐碱地约为 1.02×10^7 公顷，主要分布在西北、华北的干旱和半干旱地区；粮改饲面积为 1.67×10^6 公顷，压采地下水耕地面积为 7.26×10^6 公顷，适合种植耐盐碱、耐干旱的甜高粱、菊芋等含糖作物，可用于生产液体生物燃料和生物化工产品。另外，农业农村部已将甜高粱纳入《粮改饲工作实施方案》和《2017 年推进北方农牧交错带农业结构调整工作方案》中。

(2) 林业生物质资源

第九次全国森林资源清查结果表明，全国森林面积为 2.2×10^8 公顷，其中可利用的森林抚育和木材采伐剩余物生物质资源年产量约为 1.95×10^8 t，折合约为 9.75×10^7 tce。

(3) 城市固体废物

2019 年，全国城市生活垃圾清运量约为 2.42×10^8 t，无害化处理量为 2.40×10^8 t，生活垃圾处理率为 99.2%。其中，全国已建立垃圾焚烧厂 389 座，并网装机容量为 9.16×10^6 kW，年垃圾处理量为 1.21×10^8 吨，折合约为 2.76×10^7 tce。

(4) 废弃食用油脂

废弃食用油脂主要来源于家庭烹饪、餐饮服务业和食品加工工业（如油炸工序）。根据国家粮油信息中心数据，2018～2019 年，我国食用油市场的总供给量为 3.91×10^7 t。按照每消耗 1 kg 食用油脂产生 0.175 kg 废食用油脂，废食用油脂的回收率按 50%计算，2019 年我国可回收废食用油脂为 3.42×10^6 t，可生产生物柴油为 2.91×10^6 t，折合约为 4.15×10^6 tce。

8.2.3　生物质利用技术

（1）直接燃烧技术

生物质在燃烧过程中可燃组分和氧气在一定的温度下进行化学反应，将化学能转变为热能使燃烧产物的温度升高。该过程质量和能量的平衡可根据化学方程式进行计算，可以很好地对反应前后的状态进行描述，而不必考虑复杂的化学反应过程。热能利用效率和能量品位的提高是生物质燃烧研究中重点关注的对象。

生物质水分含量大，氢含量多，含碳量比化石燃料少，碳与氢结合成的小分子量化合物，在燃烧过程中更容易挥发，因而着火点低。燃烧的初期，需要足够的空气以满足挥发分的燃烧，否则挥发分易裂解，产生炭黑而造成不完全燃烧。

生物质燃烧过程可分为干燥阶段挥发分的析出、燃烧和残余焦炭的燃烧、燃尽两个独立阶段，其燃烧过程的特点是：①生物质水分含量较多，燃烧需要较高的干燥温度和较长的干燥时间，产生的烟气体积较大，排烟热损失较高；②生物质燃料的密度小，结构比较松散，迎风面积大，容易被吹起，悬浮燃烧的比例较大；③由于生物质发热量低，炉内温度偏低，组织稳定的燃烧比较困难；④由于生物质挥发分含量高，燃料着火温度较低，一般在250～350 ℃的温度下挥发分就大量析出并开始剧烈燃烧，此时若空气供应量不足，将会增大燃料的化学不完全燃烧损失；⑤挥发分析出燃尽后，受到灰烬包裹和空气渗透困难的影响焦炭颗粒燃烧速度缓慢、燃尽困难，如不采取适当的必要措施，将会导致灰烬中残留较多的余炭，增大机械不完全燃烧损失；⑥秸秆等部分生物质燃料含氯量较高，因此需要对床层部分结构和运行工况进行特殊考虑，防止其对床层部分的腐蚀。

（2）生物质气化发电技术

生物质气化发电的基本原理是把生物质转化为可燃气，再利用可燃气推动燃气发电设备进行发电。以生物质燃气进行发电有较快的发展，有三种基本类型：一是内燃机/发电机机组；二是蒸汽轮机/发电机机组；三是燃气轮机/发电机机组。可将前两者联合使用，即先利用内燃机发电，再利用系统的余热生产蒸汽，推动汽轮机做功发电。由于内燃机发电效率较低，单机容量较小，应用受到一定限制，所以也可将后两者联合使用，即用燃气轮机发电系统的余热生产蒸汽，推动汽轮机做功发电。

图8-21是上述三种发电机组工作原理示意图。第一种是用内燃机的动力输出轴带动发电机发电。第二种是用蒸汽推动汽轮机的涡轮（气体膨胀做功）带动发电机发电，蒸汽可由锅炉提供，也可以用其他发电系统的余热生产蒸汽。第三种是用旋转着的燃气轮机的涡轮带动发电机发电。燃气轮机主要由压缩机、燃烧器和涡轮机三部分组成。压缩机用来压缩通过涡轮机的气体工作介质。涡轮机的功率除用于带动发电机工作之外，大部分消耗在压缩机的工作上。燃气轮机又有两种形式：一是开放循环燃气轮机，由燃烧器带来的高温高压烟气通过涡轮机膨胀做功推动涡轮旋转后排放出去，要求燃气应纯净，若焦油含量多将损坏涡轮；二是封闭循环燃气轮机，烟气在热交换中将工作介质加热，工作介质可用空气、氮气、氦气等，它在涡轮机与压缩机中呈封闭式循环工作，由于介质纯净，因此不污染燃气轮机。

生物质燃气的特点是热值低（4～6 MJ/m^3）、杂质含量高，所以生物质燃气发电技术虽然与天然气发电技术、煤气发电技术的原理一样，但它有更多的独特性，对发电设备的要求

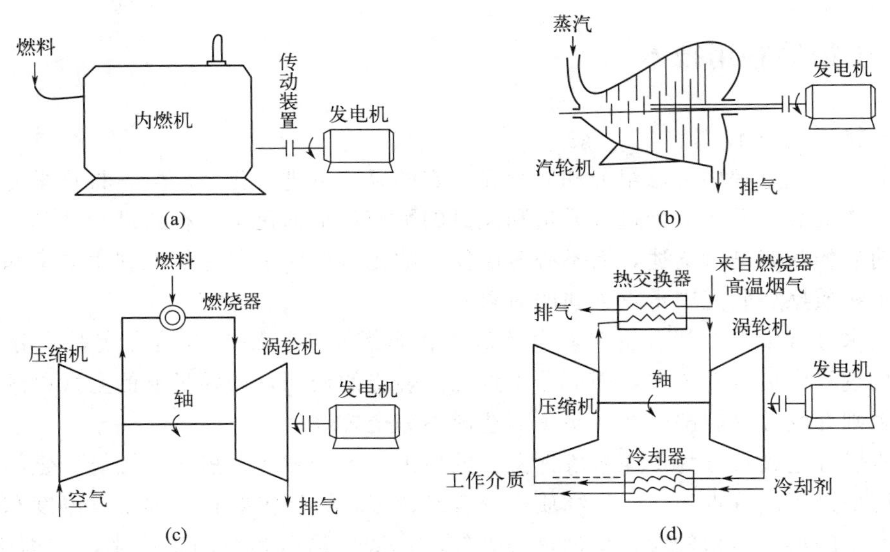

图 8-21　内燃气/发电机工作原理（a）；蒸汽轮机/发电机工作原理（b）；开放循环燃气轮机（c）；封闭循环燃气轮机（d）

与其他燃气发电设备也有较大的差别。

（3）生物质气化合成燃料技术

气化技术是生物质能源转化的主要方式之一，同时也是通过热化学转化制取液体燃料、发电和多联产的主要核心技术。生物质气化生产的合成气通过费托合成生产液体燃料（如甲醇、二甲醚）。目前，生物质气化和费托合成都已有工业生产装置和成熟的生产工艺，生物质合成燃料的关键技术在于两段技术的匹配和集成，即合成气的制备。因此，生物质合成气的制备技术受到世界各国的高度重视。

生物质合成气制备技术仍需系统深入的研究，还存在以下问题：①生物质焦油是组成十分复杂的难处理污染物，其热转化与催化转化的反应机理还未进行深入的系统研究；②目前生物质粗燃气催化重整净化反应所使用的催化剂容易积炭、烧结失活，有待开发稳定性较好的抗积炭和耐高温催化剂；③生物质粗燃气 H_2/CO 低、CO_2 含量高且富含焦油，其净化与组分调变的工艺路线还缺乏深入的研究与优化，缺乏能提供工业设计参考的有力证据。

（4）生物质热解液化技术

不同于前面所述的燃烧和气化技术，热解的显著特点就是在隔绝空气（氧化剂）的条件下生物质被加热到 300 ℃以上而发生分解。根据加热速率的不同，生物质热解可分为慢速热解（加热速率低，传统称为干馏），快速热解（加热速率约 500 K/s），闪速热解（加热速率＞1000 K/s）。

不同的产物需要对应于不同的热解技术。以固定碳为主要产物时，采用慢速热解（干馏）技术，获得的不定型碳可以作为活性炭原料（杏核炭、椰子壳炭等）、烧烤炭和取暖炭。当以液体产物生物油为主要产物时，采取快速热解或者闪速热解，一般能够获得 50％以上的液体生物油。当闪速热解的最终温度在 900 ℃以上时，产物以气体为主，热值较高，可以作为合成气。

国际上已开展各种类型热解装置的开发，如流化床、旋转锥、真空热解、下降管、烧蚀热解装置等。

(5) 生物柴油生成技术

生物柴油是指以动植物油脂为原料经酯化或醇解反应生成的脂肪酸烷基酯。该类燃料具有如下优点：一是原料来源广泛，可利用各种废弃动植物油脂和大规模种植的油料植物果实；二是与普通石化柴油具有几乎相同的燃烧性能，可方便应用于现有柴油引擎；三是在储存、运输和使用方面都很安全（不腐蚀容器，不易燃易爆）；四是环保性能好，与石化柴油相比有毒尾气排放量可降低 90%，对环境友好。

发展生物柴油的目的是尽可能地替代石化柴油，缓解柴油紧缺的矛盾。生物柴油可以广泛作为船用发动机燃料，窑炉、锅炉等燃烧燃料。同时，生物柴油还是合成许多高级表面活性剂的原料，是重要的有机合成中间体。生物柴油对油脂具有互溶性、黏度低、涂擦时铺展性好等特点，广泛用于乳化剂制品，如脂肪酸、脂肪酸甲酯磺酸盐、烷醇酰胺的制备。在化妆品工业，经精加工后作香料的溶剂、香波中的头发亮剂，还可以作为皮革加脂剂、润滑剂。

8.3 核能

自 1954 年人类开始利用核能发电以来，经过近 70 年的发展，核能已经成为世界能源三大支柱之一，在保障能源安全、改善环境质量等方面发挥了重要作用。随着世界能源需求、环境保护压力的不断增大，越来越多的国家表示了对于发展核能的兴趣和热情。

自从认识了裂变反应之后，人类就对核能的科学利用产生了神话般的梦想。为了能使核能技术早日服务于人类，20 世纪 40 年代之后，大批学者进行了有关研究，终于掌握了核能技术，使核能能够在人的控制下释放。核能在短短几十年里已经在能源及其他领域发挥了巨大作用。

美国发布了《作为经济可持续增长路径的全面能源战略》，核能作为低碳能源的重要作用仍然得到了重视；受到北海油气资源接近枯竭的影响，英国开始积极推动低碳能源的发展，核电受到更多重视，在英法两国的推动下，英国的能源项目 Hinkley-Point C（HPC）得到欧盟批准；欧盟、东欧各国、韩国等核电新项目建设意向逐步明确；在今后较长一段时间内，中国核电仍将保持在建和投运的高峰，整体发展为世人瞩目。

8.3.1 核能的来源

核能来源于将核子（质子和中子）保持在原子核中的一种非常强的作用力——核力。试想，原子核中所有的质子都是带正电的，当它们拥挤在一个直径只有 10^{-13} cm 的极小空间内时其排斥力该有多么大！然而质子不仅没有飞散，相反，还和不带电的中子紧密地结合在一起。这说明在核子之间还存在一种比电磁力要强得多的吸引力，这种力科学家就称之为“核力”。核力和人们熟知的电磁力以及万有引力完全不同，它是一种非常强大的短程作用力。当核子间的相对距离小于原子核的半径时，核力显得非常强大，但随着核子间距离的增加，核力迅速减小，一旦超出原子核半径，核力很快下降为零。而万有引力和电磁力都是长程力，它们的强度虽会随着距离的增加而减小，但却不会为零。

根据爱因斯坦质能方程，当然就单个氦核而言，氦核的质量亏损所形成的能量为 28.30 MeV。对 1 g 氦而言，它释放的能量高达 6.78×10^{11} J，即相当于 19 万千瓦时的电能。由于核力比原子核与外围电子之间的相互作用力大得多，因此，核反应中释放的能量就要比化学能大几百万倍。科学家将这种由核子结合成原子核时所放出的能量称之为原子核的总结合能。由于各种原子核结合的紧密程度不同，原子核中核子数不同，因此，总结合能也会随之变化。由于结合能上的差异，于是产生了两种利用核能的不同途径：重元素原子核的裂变反应和轻元素原子核的聚变反应。

核裂变又称核分裂，它是将平均结合能比较小的重核设法分裂成两个或多个平均结合能大的中等质量的原子核，同时释放出能量的反应过程。如图 8-22 所示为核裂变链式反应的示意图。从图中可以看出，每个铀核裂变时会产生两个中子，这些中子又会轰击其他铀核，使其裂变并产生更多的中子，这样一代一代发展下去就会形成一连串的裂变反应，这种连续不断的核裂变过程就称之为链式反应。显然，控制中子数的多寡就能控制链式反应的强弱。最常用的控制中子数的方法就是用善于吸收中子的材料制成控制棒，并通过控制棒位置的移动来控制维持链式反应的中子数目，从而实现可控核裂变。铬、硼、镉等材料吸收中子能力强，常用来制作控制棒。

如图 8-23 所示为核聚变反应示意图。核聚变反应是将平均结合能较小的轻核（例如氘和氚）在一定条件下聚合成一个较重的平均结合能较大的原子核，同时释放出巨大的能量。由于原子核间有很强的静电排斥力，因此，一般条件下发生核聚变的概率很小，只有在几千万摄氏度的超高温下，轻核才有足够的动能去克服静电排斥力而发生持续的核聚变。由于超高温是核聚变发生必需的外部条件，所以又称核聚变为热核反应。

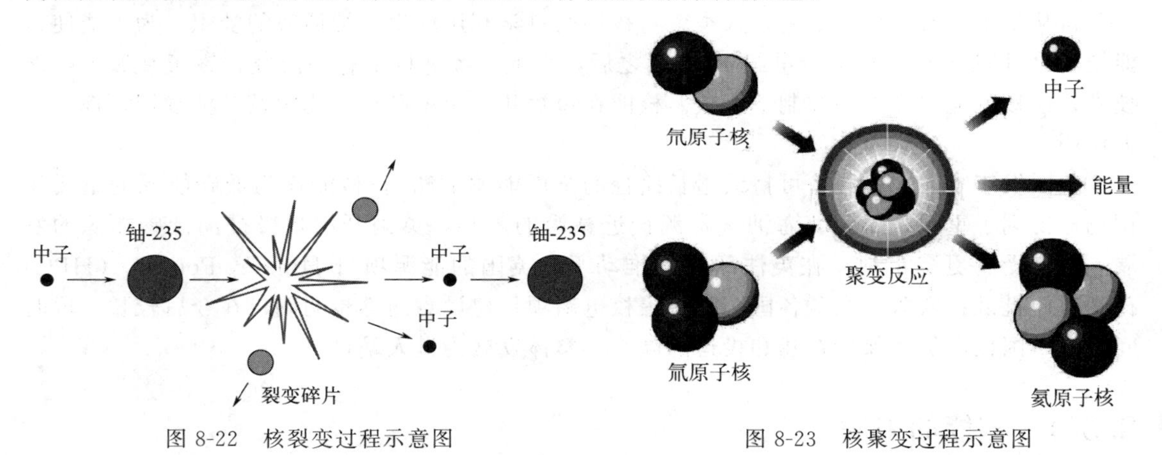

图 8-22　核裂变过程示意图

图 8-23　核聚变过程示意图

8.3.2　核能的优势及用途

核裂变能是一种经济、清洁和安全的能源，目前的民用领域主要用于核能发电。从能源效率的观点来看，直接使用热能是更为理想的一种方式，发电只是核能利用的一种形式。随着技术的发展，尤其是第四代核能系统技术的逐渐成熟和应用，核能有望超脱出仅仅提供电力的角色，通过非电应用如核能制氢、高温工艺热、核能供暖、海水淡化等各种综合利用形式，在确保全球能源和水安全的可持续性发展方面发挥巨大的作用。

核能制氢与化石能源制氢相比具有许多优势，除了降低碳排放之外，由于第四代核反应堆可以提供更高的输出温度，生产氢气的电能消耗也更少。目前，约20%的能源消耗用于工艺热应用，高温工艺热在冶金、稠油热采、煤液化等应用市场的开发将很大程度上影响核能发展。用核能取代化石燃料供暖，在保证能源安全、减少碳排放、价格稳定性等方面具有巨大的优势，也是一个重要的选项。目前，全球饮用水需求日益增长，而核能用于海水淡化已被证明是满足该需求的一个可行选择，这为缺少淡水的地区提供了希望。核能海水淡化还可用于核电厂的有效水管理，提供运行和维护所有阶段的定期供水。

核能对军事、经济、社会、政治等都有广泛而重大的影响。在军事上，核能可作为核武器，可用作航空母舰、核潜艇、原子发动机等的动力源；在经济领域，核能最重要和广泛的用途就是替代化石燃料用于发电，同时作为放射源用于工业、农业、科研及医疗等领域。

核能在军事上的应用：在哈恩的核裂变消息公布于世后，科学家们害怕核爆炸会像诺贝尔发明的炸药那样，用于军事给人类带来更为惨重的灾难。第二次世界大战后期，为了抢在德国之前制造出原子弹，美国总统罗斯福批准了研制原子弹的计划，亦称“曼哈顿计划”。

经过一大批现代核物理学家的研究设计，1945年7月6日，在美国新墨西哥州阿拉默多尔军事基地，第一颗原子弹的试验取得成功。这颗原子弹具有两万吨TNT炸药的爆炸力。

核能的民用：目前，人类利用核能的方式主要有两种：重元素的原子核发生分裂反应（核裂变）和轻元素的原子核发生聚合反应（核聚变）时放出的能量，它们分别称为核裂变能和核聚变能。发展核电是和平利用核能的一种主要途径。

核能还可用于供热、制冷、核动力、农业和医疗等领域。

核能技术在农业上的应用形成了一门学科，即核农学。常用的技术有核辐射育种，即采用核辐射诱发植物染色体突变以改变植物的遗传特性，从而产生出优劣兼有的新品种，从中选择，可以获得粮、棉、油的优良品种。

在医学研究、临床诊断和治疗上，放射性核元素及射线的应用已十分广泛，形成了现代医学的一个分支——核医学。另外在放射性治疗中，快中子治癌也取得了较好的疗效。

8.3.3　核废物处理与安全

核能同样具有两重性，虽然核能为社会提供丰富的能量，但同时带来危害。伴随核能的开发和利用过程，从铀矿开采、水冶、同位素分离、元件制造、反应堆运行到乏燃料后处理的整个核燃料的循环过程，同位素生产和应用，以及核武器的研制实验过程等，均将产生核废物。

对这些核废物需要进行科学管理和安全有效的处理和处置，防止过量的放射性核素释放到环境中，保证现在和将来对工作人员和公众造成的辐射损害较轻，并尽可能减少这种危害，从而达到保护人类健康及其生存环境的目的。同时，伴随着核能的开发利用，核安全问题日益受到重视。

国际原子能机构（IAEA）将核安全划分为核动力设施安全、核辐射防护安全和核废物安全三类。对于非军事领域，核动力设施主要指核电站，而核辐射防护问题及核废料的安全处理也与核电站直接相关。一般来说，在核设施（例如核电站）内发生了意外情况，造成放射性物质外泄，致使工作人员和公众受到超过或相当于规定限值的照射，则称为核事故。国际上把核设施内发生的有安全意义的事件分为 7 个等级，其中 4～7 级为“事故”。5 级以上的事故需要实施场外应急计划。苏联切尔诺贝利事故、英国温茨凯尔事故、美国三哩岛事故和日本福岛核事故是核电史上影响最为深远的几次核事故。

1954 年 4 月 27 日，世界上第一座核电站发电。截至 2022 年底，全球在 33 个国家和地区共运行 422 台核电机组，总装机容量 37831.4 万千瓦。全球在 18 个国家在建 57 台核电机组，总装机容量 5885.8 万千瓦。预计 2022 年全球发电量将达到 2.7 万亿千瓦时，在全球电力结构中的占比约为 9.6%。经过多年的努力，核动力技术已经成为一种比较成熟的技术。实践证明，核电是可靠、清洁、安全、经济的替代能源。然而，核电毕竟不同于其他能源技术，具有相当大的潜在危险性。与常规火电厂相比，核电站这种潜在危险性主要来源于：①核电站可能产生比设计功率高得多的功率。②裂变释能过程同时伴有放射性辐射。③生产过程中会产生大量放射性废物。因而，从核电发展的初期开始，核能界就一直把安全问题置于首位，不断改进和完善核电站的安全工程和技术系统以及安全管理系统。迄今，核安全就世界范围而言已保持在一个较高的水平上，其事故率远远低于其他能源行业。核安全的三个特征：①高危险性，低风险率，公众舆论对其安全期望值高；②人因事故率日趋上升，由人因失误直接或间接导致的事故发生率相对于设备事故率的下降而上升；③发生了几次震惊世界的严重事故，这些事故对世界核电发展和核安全水平产生了巨大冲击，同时也成为核安全科学发展的里程碑。

在人类的生产和生活活动中，安全永远是第一位的，安全是永恒的主题。安全管理必须常抓不懈，绝不可能一劳永逸。

8.4 风能

风是地球上的一种自然现象，它是由太阳辐射热引起的。太阳照射到地球表面，地球表面各处受热不同，产生温差，从而引起大气的对流运动形成风。据估计到达地球的太阳能中虽然只有大约 2%转化为风能，但其总量仍是十分可观的。全球的风能约为 2.74×10^{9} MW，其中可利用的风能为 2×10^{7} MW，比地球上可开发利用的水能总量要大 10 倍。

8.4.1 风能的发展历程

人类利用风能的历史可以追溯到公元前。公元前 2 世纪，古波斯人就利用垂直轴风车碾米，10 世纪伊斯兰人用风车提水，11 世纪风车在中东已获得广泛的应用，13 世纪风车传至欧洲，14 世纪已成为欧洲不可缺少的原动机。在荷兰风车先用于莱茵河三角洲湖地和低湿地的汲水，以后又用于榨油和锯木。只是蒸汽机的出现，才使欧洲风车数目急剧下降。

我国是最早使用帆船和风车的国家之一，古代甲骨文中就有帆字，在商代就出现了帆船。“长风破浪会有时，直挂云帆济沧海”的诗句表明，在唐代风帆已广泛用于江河航运。我国最辉煌的风帆时代是明代，14 世纪初叶，中国航海家郑和七下西洋，庞大船队使用的风帆功不可没，证明我国风帆船的制造领先于世界。1637 年，宋应星的《天工开物》记载了“而已扬郡，以风帆数扇，俟风转车，风息则止”，这表明在明代以前，我国人民就会制作将风力的直线运动转变为风轮旋转运动的风车，在风能利用上又进一大步。方以智著的《物理小识》记载有："用风帆六幅，车水灌田者，淮扬海堧皆为之"，描述了当时人们已经懂得利用风帆驱动水车灌田的技术。中国沿海沿江地区的风帆船和用风力提水灌溉或制盐的做法，一直延续到20世纪50年代，仅在江苏沿海利用风力提水的设备曾达20万台。风能作为一种无污染和可再生的新能源有着巨大的发展潜力，特别是对沿海岛屿、交通不便的边远山区、地广人稀的草原牧场以及远离电网和近期内电网还难以达到的农村、边疆，作为解决生产和生活能源的一种可靠途径，有着十分重要的意义。

按全球风能装机历史可以将风能发展历史划分为三个阶段。

(1) 起步阶段（1990—1998年）

全球风电发展缓慢，风电装机容量较低。主要原因是：①风电发电成本较高；②风电不稳定，风电并网导致电网的稳定性变差；③系统的无功调节困难，导致电网出现电压波动、闪变等问题。这些问题制约了风电的发展。

(2) 缓慢发展阶段（1999—2007年）

由于油价的上涨、风电成本下降和电网技术进步，全球风电装机容量开始缓慢增长，全球装机容量从1999年的13.5 GW上涨到2007年的94 GW。

(3) 快速发展阶段（2008年至今）

由于碳排放和环境压力，各国出台了相应政策，推动了全球风电装机容量的快速增长。2008年全球风电装机容量突破100 GW，到2014年增加到369 GW，使全球风电装机容量在新能源装机容量中仅次于核电，成为第二大新能源发电品种。

8.4.2 风能的利用形式

人类利用风能已有数千年历史，在蒸汽机发明以前风能曾经作为重要的动力，用于船舶航行、提水饮用和灌溉、排水造田、碾米、磨面和锯木等。这里将结合历史介绍风能利用的主要领域。

(1) 帆船

中国也是最早使用帆船的国家之一，从已出土的甲骨文推知，中国至少在3000多年前的商代就已经利用风帆运输。唐代对外贸易的商船直达波斯湾和红海之滨，所经航线被誉为"海上丝绸之路"。即使在机动船舶蓬勃发展的今天，风帆也能帮助节约燃油和提高航速。

(2) 风力提水

风力提水机组也是早期人们广泛使用的风力机械。大约在10世纪，中国就出现风力提水机械。这种风力机用苇席做成"帆"，在苇席转回来时（迎风）翻转，造成不对称效果，以产生驱动力。

风力泵水从古至今一直得到较普遍的应用。现代风力泵水机根据用途可以分为两类：一类是高扬程小流量的风力泵水机，它与活塞泵相配套提取深井地下水，主要用于草原、牧区，为人畜提供饮用水；另一类是低扬程大流量的风力泵水机，它与叶轮泵相配套，提取河水、湖水或海水，主要用于农田灌溉、水产养殖或制盐。

(3) 制热

随着人民生活水平的提高，家庭用能中热能的需要越来越大，特别是在高纬度的欧洲、北美取暖和煮水等耗能很大。为解决家庭及低品位工业热能的需要，风力致热有了较大的发展。风力致热是将风能转换成热能。

（4）风力发电

目前主要的风能利用领域是风力发电，特别是并网发电。风力提水、风力制热也可以利用电能间接实现。风力发电的设备是风力发电机组。风力发电机组（简称风电机组、机组）是将风的动能转换成电能的系统。

风能利用形式如图 8-24 所示。

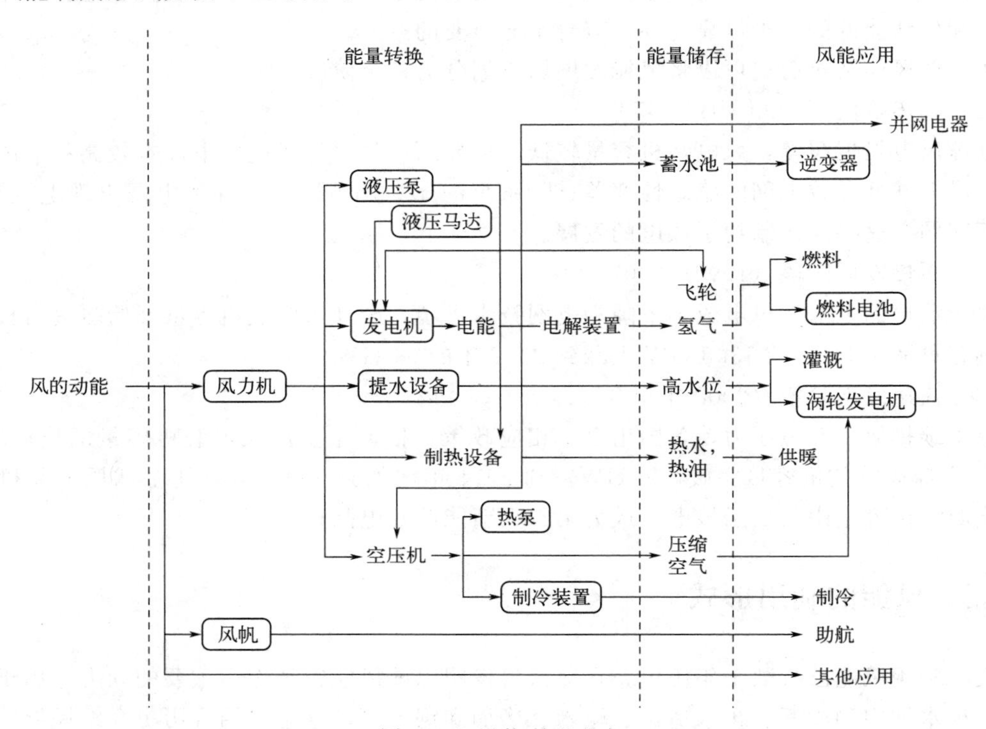

图 8-24　风能利用形式

在经济和社会快速发展的背景下，为了配合建设资源节约型和环境友好型社会发展的理念，基于化石能源的不可再生能源难以满足社会生产的需求。在我国风能资源的储量非常丰富，蕴含的能量需要开发以满足人们基本需求，同时产生巨大的经济效益。风能作为一种新型可再生资源，具有绿色清洁、价格低廉等环保优势。在许多西方国家，风力发电同火力发电并行。在我国，风能资源发现得早，风电行业起步比较靠前，但至今火力发电仍然是电力供应的主要来源。虽然有政策支持，风力发电量仍远远小于风能资源储备量，风能资源亟待开发。主要影响我国风能资源开发的问题有：中国的风能资源主要集中在东南沿海和北部地区；风能资源的地理分布与电力负荷不匹配；沿海地区经济发达，电力负荷大，风能资源丰富；北部地区风能资源丰富，但是电力负荷小，资源丰富地区远离电力负荷中心。

目前，风力发电的增长速度惊人，发电量显著增加。我国正在大力发展风能，如果以这种惊人的速度增长，未来风能需求满足率将会得到明显提升。除了可以利用的低空风力资源外，还有高空风力资源等待大力开发和使用。如果超过 75％的低空和高空的风力资源得到充分发展，总发电量将继续增加，人们生活需求将更有保障。中国风电技术的发展已相当成熟，风能资源利用率增加，发电成本下降，风电市场优势得到充分体现。除了自然风能外，在工业发展中被浪费的工业风能应该得到充分利用。在工业生产中，工业排风能量占浪费资源的绝大部分，利用效率低。工业风能相比于自然风能有容易利用和运输便捷的特点，如果能够对浪费的工业风能充分利用，风能的利用率会得到更大的提高。未来风能发电前景是很可观的，电力成本较煤炭呈现明显下降状态。2030年，满足电力总装机的15%的风力发电机组可满足8.4%左右的用电需求；2050年，满足电力总装机的26%的风电产生的电量能满足约17%的电力需求，风力发电在我国电源发展中将逐渐趋于发电主力之席。

8.5 可燃冰

科学家发现海洋某些部位埋藏着大量可燃烧的“冰”，其主要成分是甲烷与水分子发生相互作用过程中形成的白色固态结晶物质，外观像冰。甲烷水合物由水分子和甲烷组成，在海底深处接近0℃的低温条件下稳定存在，熔化后变成甲烷气体和水。

可燃冰燃烧产生的能量高于同等条件下的煤、石油和天然气的产能，且燃烧以后几乎不产生任何残渣或废弃物。不难想象，可燃冰可能取代其他日益减少的化石能源（如石油、煤、天然气等），成为一种新能源。

可燃冰的形成有三个基本条件，缺一不可。第一，温度不能太高；第二，0℃时它生成的压力是3000 Pa以上；第三，要有气源。据估计陆地上20.7%和大洋底90%的地区都具有形成可燃冰的条件。绝大部分的可燃冰分布在海洋里，其资源量是陆地上的100倍以上。

8.5.1 可燃冰的性质

天然气水合物（可燃冰）是由水分子和气体分子（烃类为主）在合适的温度压力作用下形成的类冰状化合物，主要分布在深海的沉积物或陆地永久冻土层中，具有非化学计量性、相平衡特性、笼体结构的特殊稳定性、自保护特性等性质。形成水合物的气体组分包括甲烷、乙烷、丙烷、丁烷以及它们的同系物等烃类气体和少数非烃类气体，这些气体分子存在于由水分子构成的笼形空腔结构内。由于形成天然气水合物的烃类物质主要是甲烷（含量>99%），因此通常又称甲烷水合物。

可燃冰中蕴含了巨大的天然气资源，1 m^3 可燃冰相当于160～180 m^3 的天然气，以此估算，全球可燃冰矿藏中储藏了约 1.8×10^{16}～2.1×10^{16} m^3 天然气资源，其总量相当于全球已探明常规化石燃料总碳量的2倍，因此可燃冰有望改善现有以煤炭、石油等非清洁能源主导的能源结构，对可燃冰的研究受到了世界各国的高度重视。

8.5.2 可燃冰的开采技术

目前已经提出的可燃冰开采方法较多，具有代表性的包括降压法、注热法、置换法、化学抑制剂注入法等。

（1）降压法

降压法是通过抽取地下水或气举等手段使水合物储层压力降低，当水合物压力降至平衡压力以下时会自发地发生分解，从而实现水合物的开采。降压法开采见图 8-25，由于其操作相对简单，并且可以相对快速地促使大量天然气水合物分解，该方法被认为是最具经济价值的可燃冰开采方法。同时，需要注意的是，降压法开采过程中容易引起储层温度过低，从而引发结冰或者水合物二次生成的现象，造成渗透路径的堵塞，影响开采效率，因此需考虑合理手段予以缓解。

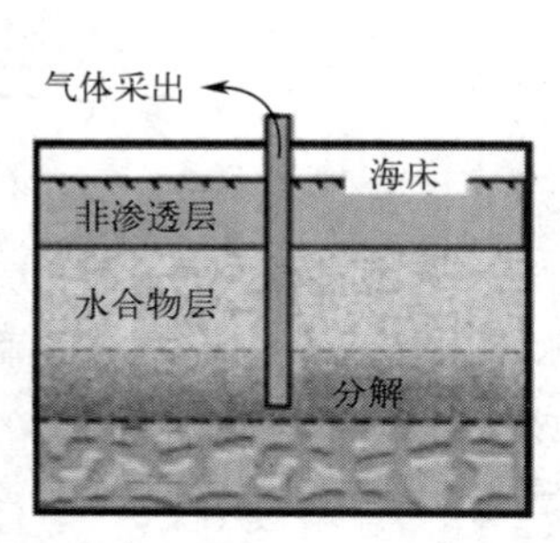

图 8-25 降压法开采示意图

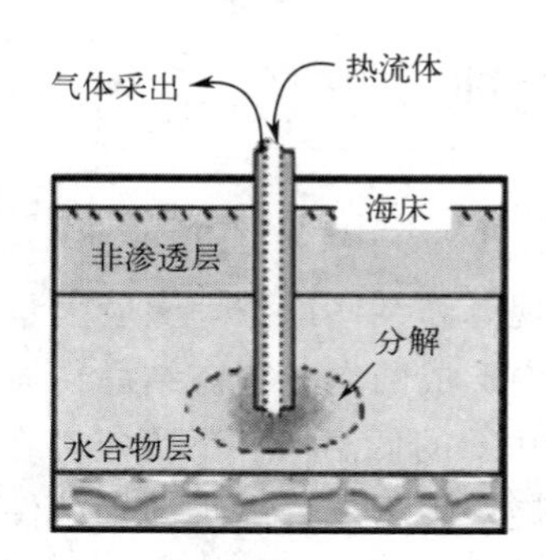

图 8-26 注热法开采示意图

（2）注热法

注热法是通过某种方式提高水合物储层温度，使其高于水合物存在的平衡温度而使水合物分解（图 8-26）。注热过程中消耗的热量主要用于储层岩石升温、水合物孔隙间流体升温、水合物分解吸收以及外界传热；在这一过程中，除了水合物分解吸热以外，其他热量的损失存在浪费问题，同时因为储层中岩石的存在以及孔隙流体热导率的限制，热量的传播范围十分有限，难以到达离生产井较远的位置。种种原因导致注热开采的效率一般较低，在目前已知的现场开采过程中，注热法很少单独使用，一般配合其他开采方式，作为诱发水合物储层前期快速分解的手段。

（3）置换法

置换法是利用了 CO_2 或比甲烷更容易形成水合物的流体将甲烷置换出来，其开采原理见图 8-27。置换过程中释放的热量可以促进水合物分解并驱使扩散的气体填充到地层孔隙中。置换过程不牵扯相变，因此较为安全，同时可以将温室气体封存海底，缓解陆地的温室效应。故该方法提出后引起了相关研究人员极大的兴趣。但研究后发现该方法置换效率不高，置换所需条件较为苛刻，同时 CO_2 容易渗透到开采井中，带来新的分离问题。目前置换法的商业应用较少，但一直是研究热门。

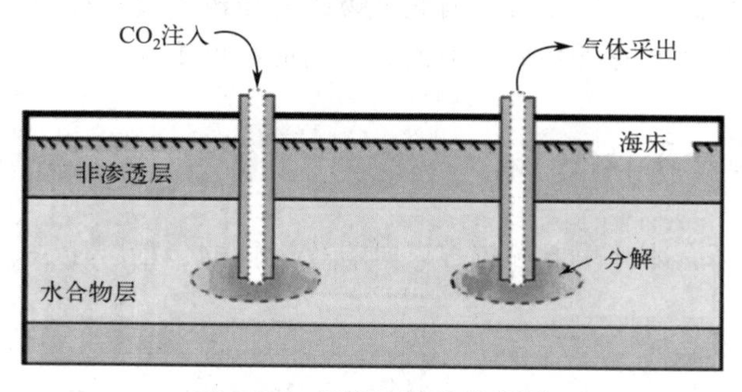

图 8-27 置换法开采示意图

(4) 化学抑制剂注入法

化学抑制剂注入法通过向水合物矿藏中注入化学试剂，破坏连接水合物分子间的氢键同时改变水合物存在的相平衡条件，促进水合物分解，其开采原理见图8-28。经验证，该方法可以提高天然气产量，在开采初期可以很低的能量注入即实现水合物的分解。但是抑制剂价格较昂贵，经济性较差，同时抑制剂对地下水和海洋生态环境都会带来不良的影响，所以该方法的使用受到了限制。

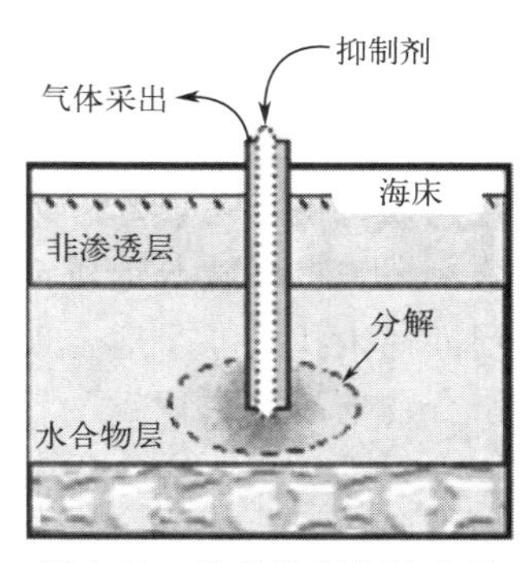

图8-28　化学抑制剂注入法开采示意图

(5) 固态流化法

固态流化法是近几年提出的新型水合物开采方法，对非成岩类型的可燃冰具有很高的开采效率。该方法的开采原理：利用采掘设备直接开掘固态可燃冰，随后将水合物沉积物粉碎成小颗粒，再与海水通过密闭的立管输送至海上平台，在海上平台对获得的水合物固体或浆体进行后处理，见图8-29。该方法实现了原位固态开发，降低了可燃冰分解引起工程地质的灾害风险，也在一定程度上避免了温室效应。

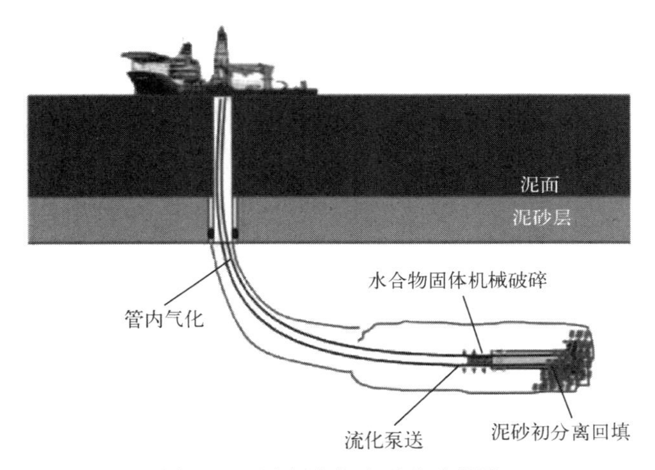

图8-29　固态流化法开采示意图

8.5.3　我国可燃冰的现状与发展

我国较早就开始了对可燃冰的研究，自2002年开始，地质调查局对我国冻土区进行了地质勘查，发现我国冻土区存在着大量的可燃冰；2007年5月1日凌晨，我国在南海北部首次采样成功，证明了我国南海北部有着大量的可燃冰资源，说明了我国对于可燃冰的研究突破到了一个新的阶段，与世界顶尖水平已经相差无几；2009年9月，我国在青藏高原地区发现了可燃冰，其价值约相当于350亿吨石油；2013年12月17日，我国在广东珠江口盆地东海海域得到了相当于1000～1500亿立方米天然气的高纯度可燃冰样品；2017年5月18日，我国首次在南海地区试采可燃冰成功并实现了长达八天以上的连续稳定产气，这一重要成果震惊了全世界，标志着我国成为了世界上第一个可以在海域中连续稳定开采可燃冰的国家。可燃冰的开采成功为我国清洁能源的宝库打开了一扇重要的门，缓解了我国资源短缺的现状。

虽然可燃冰作为新能源开采前景广阔，但仍面临着一些挑战，如对环境所带来的不利影响，开采方法及相关技术尚不成熟，开采成本较高等一系列问题。若不以安全高效的开采技术为前提，由于可燃冰开采不当而发生 CH_4 泄漏，将会造成大陆架边缘动荡从而引发海底塌陷、滑坡、海啸等地质灾害，打破生态平衡；开采技术同时面临着巨大的挑战，在开采技术层面尚未找到一个适合现状的高效率、低风险的方法，此外，勘探找矿选区难度较大，海域水合物地震勘查识别的精度和准确性较低，冻土区水合物勘查识别仍缺乏有效方法；目前，开采天然气水合物需要耗费高昂的成本与费用。在技术与成本高负荷下，想要使可燃冰达到商业化开采还需很长时间，只有攻破技术难关，成本才能随之降低。

第9章

新能源材料制备及测试技术

9.1 材料制备技术概述

按照材料制备过程的物态分类，可分为气相制备法、液相制备法、固相制备法。按照纳米材料制备过程的变化形式分类，可分为化学法、物理法、综合法。本节按照液相法、固相法和气相法的分类，讲述典型的新能源材料的制备方法。

液相法制备纳米微粒的共同特点是以均相的溶液为出发点，通过各种途径使溶质与溶剂分离，溶质形成一定形状和尺寸的颗粒，得到所需粉末的前驱体，热解后得到纳米微粒。液相法的分类如图9-1所示。

气相法主要有低压气体中蒸发法、氢电弧等离子体法、溅射法、流动液面真空镀膜法、混合等离子体法、爆炸丝法和化学气相反应法。化学气相沉积制备纳米微粒的主要工艺有：化学气相凝聚法（CVC）、燃烧火焰-化学气相凝聚法（CF-CVC）、激光诱导化学气相沉积（LICVD）和等离子体辅助化学气相沉积（PCVD）等。

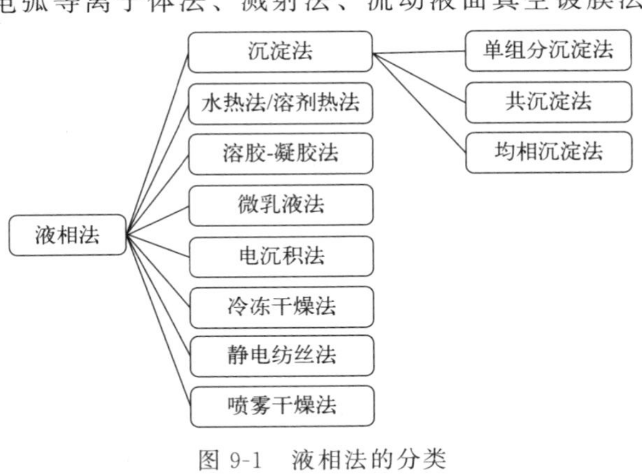

图9-1 液相法的分类

气相法和液相法制备的微粉在大多数情况下都必须再进一步处理，如把盐转变成氧化物等，使其更容易烧结，这属于固相法范围。再者，像复合氧化物那样含有两种以上金属元素的材料，当采用液相法或气相法难以制备时，必须采用高温固相反应进行合成化合物的步骤，这也属于固相法一类。如前面所述的锂离子电池三元正极材料，在合成前驱体后，必须利用高温固相反应进行锂化，然后才能合成出目标材料。

固相法是通过从固相到固相的变化来制造粉体，其特征不像气相法和液相法那样伴随有气-固相、液-固相的状态变化。对于气相或液相，分子（原子）具有大的易动度，所以集合状态是均匀的，对外界条件的反应很敏感。另外，对于固相分子（原子）的扩散很迟缓，集合状态是多样的。固相法其原料本身是固体，这较之于液体和气体有很大的差异。固相法所得的固相粉体和最初固相原料可以是同一物质，也可以不是同一物质。按照物质微粉化机理，固相法可以分为两类：一类是尺寸降低过程，物质无变化，如球磨法；另一类是构筑过程，物质发生变化，如固相反应法、火花放电法、热分解法等。

9.1.1 沉淀法

沉淀法是以沉淀操作作为其关键和特殊步骤的制造方法，是无机化学合成中常用的方法之一，广泛用于制备金属氧化物、复合氧化物、含氧酸盐、硫化物等。沉淀是指在液相中发生化学反应生成难溶物质，并形成新固相从液相中沉降出来的过程。如通过金属盐溶液与沉淀剂发生复分解反应，生成难溶的金属盐或金属水合氧化物（氢氧化物），从溶液中沉降出来，经洗涤、干燥、焙烧后，制得纳米粒子。沉淀法可分为直接沉淀法、共沉淀法、均相沉淀法以及其他方式的沉淀法，下面分别讲解其在制备新能源材料中的应用。

9.1.1.1 直接沉淀法

直接沉淀法是制备超细微粒广泛采用的一种方法，其原理是在金属盐溶液中加入沉淀剂，在一定条件下生成沉淀析出，沉淀经洗涤、热分解等处理得到纳米尺寸的产物。不同的沉淀剂可以得到不同的沉淀产物，常见的沉淀剂有 $NH_3 \cdot H_2O$、NaOH、Na_2CO_3、$(NH_4)_2CO_3$、$(NH_4)_2C_2O_4$ 等。直接沉淀法操作简单易行，对设备技术要求不高，不易引入杂质，产品纯度很高，有良好的化学计量性，成本较低。缺点是洗涤原溶液中的阴离子较难，得到的粒子粒径分布较宽，分散性较差。

【例 1】 $Ni(OH)_2$ 的制备

镍系电池的正极材料 $Ni(OH)_2$ 一般可分为普镍和球镍。其中普通型 $Ni(OH)_2$ 的制备一般采用沉淀法，此种工艺是将碱和镍盐直接反应生成，具体方法是在反应器中加入一定体积的水，用 NaOH 调节溶液的 pH 值在 9.0～13.0 之间的某一确定值。在连续搅拌下，同时加入镍盐水溶液和碱溶液。调整 NaOH 的加料速度以保持反应溶液中 pH 的变化在很小的范围内。控制反应温度、pH 值，并严格控制 Fe、Mg、Si 含量，经过滤、洗涤、烘干、研磨、筛分，即成电极材料，具体工艺如图 9-2 所示。

图 9-2 直接沉淀法生成普通型 $Ni(OH)_2$ 的工艺流程

各工艺的控制技术条件是：

沉淀反应：温度为 50 ℃，控制碱过量 6～9 g/L。

压滤：用板框压滤机，压滤时间为10～12 h，滤饼含水48%～58%。

一次干燥：温度为110～140 ℃，蒸汽压力为54～64 kPa，干燥7 h，干燥后含水<8%。

洗涤：将一次干燥后的$Ni(OH)_2$加软化水洗涤，控制温度在70～80 ℃，液面高于$Ni(OH)_2$沉淀20 cm，搅拌洗涤6 h，洗至$SO_4^{2-}<1\%$。

二次干燥：温度为80～120 ℃，干燥后含水<6.5%。

粉碎筛分：将二次干燥后的$Ni(OH)_2$粉碎，过筛。

从反应角度来看，$Ni(OH)_2$的合成很简单：在碱性溶液的条件下，镍离子（Ni^{2+}）与氢氧根离子（OH^-）生成$Ni(OH)_2$沉淀，但是这样生成的沉淀往往容易形成胶体，其无论在电化学活性方面还是结构、形貌方面都难以满足高性能镍电极对活性材料的要求。

与普通$Ni(OH)_2$相比，球形$Ni(OH)_2$具有球状或椭圆状形态，有一定的粒度大小范围，流动性和手感都较好，其振实密度明显高于普通，因而极易紧密填充到泡沫镍中。球形$Ni(OH)_2$具有密度高、放电容量大的特征，是具有适度晶格缺陷的β-$Ni(OH)_2$，很适合用作镉-镍、氢-镍电池的正极材料。

目前制备球形$Ni(OH)_2$的方法有氨催化液相沉淀法、高压合成法等。其中氨催化液相沉淀法具有工艺流程短、设备简单、操作方便、过滤性能好、产品质量高等优点。

氨催化液相沉淀法是在一定温度下，将一定浓度的$NiSO_4$、NaOH和氨水并流后连续加入反应釜中，调节pH使其维持在一定值，不断搅拌，待反应达到预定时间后，过滤、洗涤、干燥，即可得粉末，工艺流程如图9-3所示。

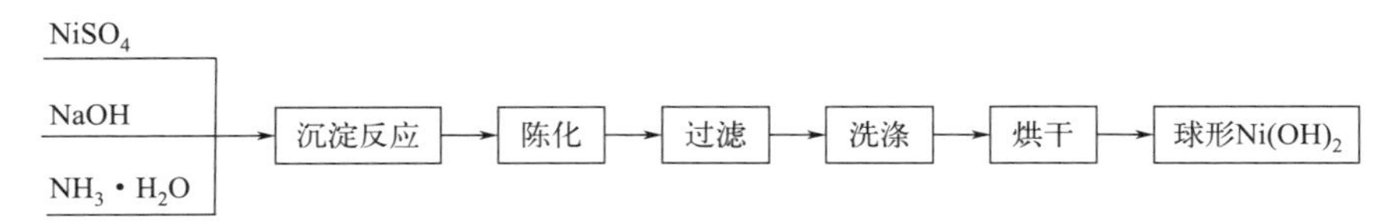

图9-3 氨催化液相沉淀法工艺流程

有氨存在时，镍盐与碱的反应有两种途径。一是Ni^{2+}与OH^-直接反应：

$$Ni^{2+}+2OH^- \longrightarrow Ni(OH)_2\downarrow$$

二是Ni^{2+}与NH_3先形成$[Ni(NH_3)_4(H_2O)_2]^{2+}$，再与$OH^-$反应：

$$Ni^{2+}+4NH_3+2H_2O \longrightarrow [Ni(NH_3)_4(H_2O)_2]^{2+} \tag{9-1}$$

$$[Ni(NH_3)_4(H_2O)_2]^{2+}+2OH^- \longrightarrow Ni(OH)_2\downarrow+4NH_3+2H_2O \tag{9-2}$$

$Ni(OH)_2$的成核过程主要是由热力学条件决定的。根据$Ni(OH)_2$的溶度积，即$K_{sp}=[Ni^{2+}][OH^-]^2=2\times10^{-15}$，当$[Ni^{2+}]=0.01$ mol/L时，$[OH^-]=4.47\times10^{-7}$ mol/L，相当于pH=7.65；$[Ni^{2+}]=0.001$ mol/L时，$[OH^-]=1.41\times10^{-6}$ mol/L，相当于pH=8.15，实际生产中控制的pH值更高。

影响球形$Ni(OH)_2$工艺过程的主要因素是pH值、镍盐和碱浓度、温度、反应时间、加料方式、搅拌强度等。工业生产控制的技术条件是：pH=10.8±0.1，温度为50 ℃±2 ℃，$NiSO_4$浓度1.4～1.6 mol/L、NaOH浓度4～8 mol/L、$NH_3\cdot H_2O$浓度10～13 mol/L的溶液按$n(NiSO_4):n(NaOH):n(NH_3\cdot H_2O)=1.0:(1.9\sim2.1):(0.2\sim0.5)$并流连续加入到反应釜中，反应生成的$Ni(OH)_2$在反应釜中滞留时间一般为0.5～5.0 h。此方法需要加入大量的氨水，生产环境恶劣，还需要有后续的废水处理设备。

为了改善球形$Ni(OH)_2$的性能，常在反应体系中加入钴、镉、锌、钾等元素。加入钴可以增加电极导电性，提高活性物质利用率，强化析氧极化，降低氧析出量，延长电极寿命，提高充电效率等。添加镉可以抑制电极膨胀，阻滞 γ-$Ni(OH)_2$ 的产生，提高氧析出过电位，使充电电位平台提高。因此，同时添加钴、镉效果更好。一般电极中镍钴镉最佳摩尔比为 90∶5∶5。添加锌的作用与镉相似，而且可以提高镍电极的性能。

锂主要以 LiOH 添加到电解液中，在 $Ni(OH)_2$ 电极活化时 Li^+ 逐渐插入到活性物质晶格中。锂的存在可以提高活性物质利用率，防止电极膨胀、变形和老化。在加有锌的 $Ni(OH)_2$ 电极中，锂的存在可提高电极的充电效率和容量。在加有钴的 $Ni(OH)_2$ 电极中，锂的存在可以减少 γ-NiOOH 生成，并使 Li^+ 与 Co^{3+} 结合生成 LiCo，防止 CoOOH 或 $Co(OH)_2$ 的晶相分离。

添加元素的方式一般有四种：化学共沉淀法，即在用化学沉淀法制备 $Ni(OH)_2$ 时，在溶液中按一定比例加入添加元素钴、镉或镍，得到含钴、镉或锌的活性物质；电化学共沉淀法，即在电解液中加入钴盐、镉盐或锌盐，通过电沉积得到活性物质；包覆法，在已制备好的 $Ni(OH)_2$ 或电极表面包覆一层钴的氢氧化物或氧化物；机械混合法，直接在 $Ni(OH)_2$ 粉末中掺入钴盐、镉或锌的化合物。

9.1.1.2 共沉淀法

含多种阳离子的溶液中加入沉淀剂后，所有离子完全沉淀的方法称共沉淀法。它又可分成单相共沉淀和混合物共沉淀。

当沉淀物为单一化合物或单相固溶体时，称为单相共沉淀，亦称化合物沉淀法。溶液中的金属离子是以具有与配比组成相等的化学计量化合物形式沉淀的，因而，当沉淀颗粒的金属元素之比就是产物的金属元素之比时，沉淀物具有在原子尺度上的组成均匀性。但是对于由两种以上金属元素组成的化合物，当金属元素之比按倍比法则是简单的整数比时，保证组成均匀性是可以的，而当要定量地加入微量成分时，保证组成均匀性常常很困难，靠化合物沉淀法来分散微量成分，难以达到原子尺度上的均匀性。而且要得到产物微粉，还必须注重溶液的组成控制和沉淀物组成的确定。

如果沉淀产物为混合物时，称为混合物共沉淀。混合物共沉淀过程是非常复杂的，溶液中不同种类的阳离子不能同时沉淀，各种离子沉淀的先后顺序与溶液的 pH 密切相关。例如，Zr、Y、Mg、Ca 的氯化物溶入水形成溶液，各种金属离子发生沉淀的 pH 值范围不同。为了获得均匀的沉淀，通常将含多种阳离子的盐溶液慢慢加到过量的沉淀剂中并进行搅拌，使所有沉淀离子的浓度大大超过沉淀的平衡浓度，尽量使各组分按比例同时沉淀出来，从而得到较均匀的沉淀物。但由于组分之间的沉淀产生的浓度及沉淀速率存在差异，所以可能会降低溶液的原始原子水平的均匀性。沉淀通常是氢氧化物或水合氧化物，但也可以是草酸盐、碳酸盐等。

采用沉淀剂将锂盐与过渡金属镍、钴、锰以沉淀物的形式沉淀下来，再在高温条件下煅烧，这种方法经常用来制备球形三元材料，目前工业上采用这种方法较多。共沉淀法可分为直接共沉淀法与间接共沉淀法。直接共沉淀法原理是通过将锂盐与镍、钴、锰的盐直接在沉淀剂作用下沉淀，再经过高温烧结制备即可得到材料。但是与三元材料过渡金属元素相比较，锂盐的溶度积常数较大，因此采用直接共沉淀法导致锂盐与过渡金属不能一起形成沉淀。间接共沉淀法是先通过制备前驱体，再将前驱体经过过滤、洗涤、干燥等处理后与锂盐均匀混合后烧结，或者在制备的前驱体溶液中加入锂盐，经过冷冻或蒸发干燥，再经高温烧结即可得到材料。共沉淀法可以通过控制反应溶液的酸度、温度、浓度、烧结温度及搅拌速率等控制产物的粒度及形貌，得到的产物组分一般具有粒径小、粒度均匀、规模生产批次性好等优点。如图 9-4 所示，工业上采用经典共沉积工艺，可以方便控制各料液的流速、温度和 pH 值。

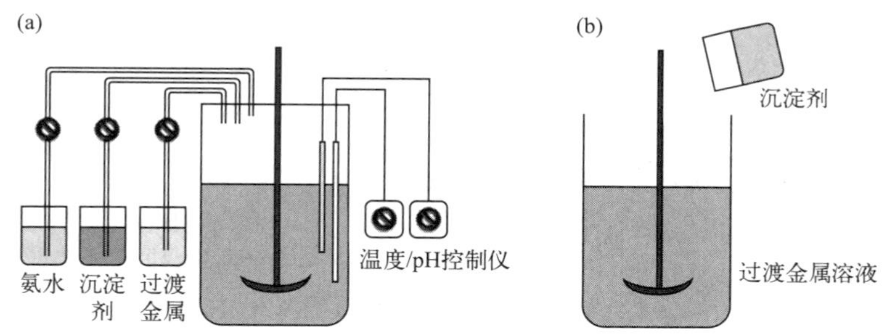

图 9-4 经典共沉积（a）与简单共沉积（b）示意图

【例 2】三元 NCM 材料前驱体 $Ni_{1/3}Mn_{1/3}Co_{1/3}(OH)_2$ 的合成

利用共沉淀法合成 $Ni_{1/3}Mn_{1/3}Co_{1/3}(OH)_2$ 前驱体的工艺如下：

① 把 $NiSO_4$、$MnSO_4$ 与 $CoSO_4$ 混合溶液（Ni∶Mn∶Co 的摩尔比为 1∶1∶1，总浓度 2 mol/L）置于 4 L 的搅拌反应釜中，并充入 N_2 保护气体，剧烈搅拌下加热到 50 ℃，保持温度恒定不变；

② 配制 4.0 mol/L 的 NaOH 溶液（含有氨水，作为沉淀剂）并注入到反应釜中，以控制 pH 值；

③ 然后收集形成的沉淀，用去离子水洗涤去除钠离子和硫酸根离子，80 ℃真空干燥，即得 $Ni_{1/3}Mn_{1/3}Co_{1/3}(OH)_2$ 前驱体。

把所得前驱体与过量 3%的 $LiOH \cdot H_2O$ 混合，在空气气氛 850～1000 ℃下煅烧 24 h，即可得到 $LiNi_{1/3}Co_{1/3}Mn_{1/3}O_2$ 三元材料。

【例 3】分步共沉积法制备三元 NCM 微米棒前驱体材料

如图 9-5 所示，三元 NCM 微米棒前驱体的具体制备工艺如下：

① 分别配制 0.2 mol/L 的 $Ni(CH_3COO)_2$、$Co(CH_3COO)_2$、$Mn(CH_3COO)_2$ 与 $H_2C_2O_4$ 水溶液。

② 在连续搅拌下，取 10 mL 的 $Co(CH_3COO)_2$ 溶液加入到 90 mL 的 $H_2C_2O_4$ 溶液中，得到悬浊液 A（微米棒状的 $CoC_2O_4 \cdot 2H_2O$）。

③ 取 15 mL 的 $Co(CH_3COO)_2$ 溶液、25 mL 的 $Ni(CH_3COO)_2$ 溶液与 25 mL 的 $Mn(CH_3COO)_2$ 溶液混合在一起，制得溶液 B。

④ 把 B 溶液逐滴加入到悬浊液 A 中，持续剧烈搅拌 6 h。最后，在空气气氛下 65 ℃蒸发混合悬浊液（用 20 h），即可得到 $MC_2O_4 \cdot xH_2O$（M＝Ni、Co、Mn）微米棒前驱体。

把前驱体研磨，与 $Li_2C_2O_4$（过量 3%以补偿煅烧过程的 Li 损失）混合，空气气氛下，480 ℃煅烧 6 h，然后 850 ℃煅烧 20 h，升温速率为 2 ℃/min，最终得到微米棒状的 $LiNi_{1/3}Co_{1/3}Mn_{1/3}O_2$ 材料。

【例 4】核壳结构三元 NCM 材料前驱体的合成

利用共沉淀法制备$[(Ni_{1/3}Co_{1/3}Mn_{1/3})_{0.8}(Ni_{0.5}Mn_{0.5})_{0.2}](OH)_2$ 工艺如下：

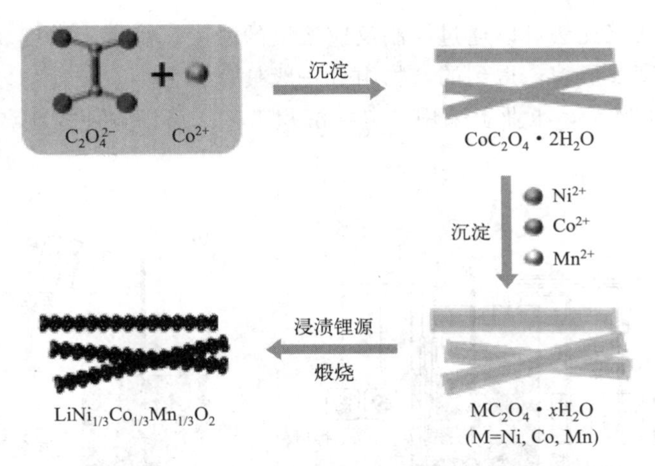

图 9-5 分步共沉积法制备三元 NCM 微米棒前驱体材料

① 配制浓度为 2.0 mol/L 的 $NiSO_4$、$CoSO_4$ 与 $MnSO_4$ 水溶液，并注入到持续搅拌的反应釜中（N_2 气氛保护）。

② 与上一步同时，将 2.0 mol/L 的 NaOH 溶液和一定量的氨水溶液也分别注入到反应釜中。在这剧烈搅拌过程中，小颗粒的沉淀持续生长，形成球形的 $(Ni_{1/3}Co_{1/3}Mn_{1/3})(OH)_2$ 颗粒。

③ 为了制备核壳结构，所得到的 $(Ni_{1/3}Co_{1/3}Mn_{1/3})(OH)_2$ 颗粒继续与金属离子溶液（Ni：Mn 的摩尔比为 1：1）混合，然后过滤，即可得到核壳结构的 $[(Ni_{1/3}Co_{1/3}Mn_{1/3})_{0.8}(Ni_{0.5}Mn_{0.5})_{0.2}](OH)_2$ 颗粒。

把 $[(Ni_{1/3}Co_{1/3}Mn_{1/3})_{0.8}(Ni_{0.5}Mn_{0.5})_{0.2}](OH)_2$ 与 $LiOH \cdot H_2O$ 粉末混合均匀，空气气氛下，在 500 ℃预烧 5 h，随后在 770 ℃煅烧 12 h，得到锂化的层状核壳结构三元正极材料 $Li[(Ni_{1/3}Co_{1/3}Mn_{1/3})_{0.8}(Ni_{0.5}Mn_{0.5})_{0.2}]O_2$ 粉末。如图 9-6 所示，在 NCM 三元材料表面包覆一层循环稳定性好、在高电压热稳定性好的 $Li(Ni_{0.5}Mn_{0.5})O_2$ 的壳层［图 9-6 中的 (b)］，可以发挥协同效应，提高三元正极材料的性能。

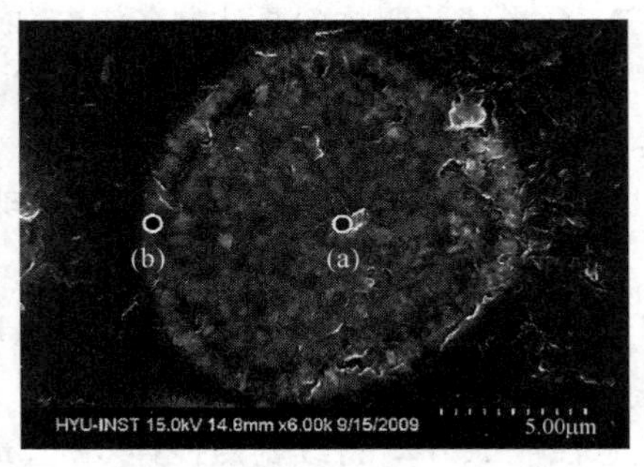

图 9-6 核壳 $Li[(Ni_{1/3}Co_{1/3}Mn_{1/3})_{0.8}(Ni_{0.5}Mn_{0.5})_{0.2}]O_2$ 的断面扫描电子显微镜（SEM）图

【例 5】 全浓度梯度材料的合成

对于 NCM 三元材料来说，其比容量随着镍含量的上升而逐渐升高。因此在 NCM 电池中，按照 Ni、Co、Mn 三者含量不同，NCM 材料可以分为 111、523、622 和 811 等类型，数字代表三者的摩尔比。如表 9-1 所示，随着镍含量的升高，三元正极材料的比容量也升高，与 Si/C 负极材料组成全电池的能量密度也显著升高。

表 9-1 镍含量对 NCM 三元材料的影响

负极		正极		全电池	
负极材料	比容量 /(mA·h/g)	正极材料	比容量 /(mA·h/g)	工作电压 /V	能量密度 /(W·h/kg)
Si/C 负极材料	1000	NCM111	160	3.7	255
		NCM523	180		282
		NCM622	200		308
		NCM811	220		333

然而，高镍三元正极材料在高工作电压充电时容易与电解液发生化学反应，从而造成材料容量的快速衰退。为提高材料的容量保留率，研究人员提出了不同的解决办法，如制备涂层包覆材料与核壳材料。涂层包覆材料存在涂层包覆不均匀、不完整的问题；而核壳材料在充放电过程中核和壳体积收缩不匹配容易造成核壳分离。锂离子电池浓度梯度材料的化学组分和元素分布均呈连续性梯度变化，没有明显的界面，材料性质因此呈连续性梯度变化，从而能够弥补上述材料的不足，有效改善材料的电化学及热力学等性能，具有广阔的应用前景。核壳浓度梯度材料的结构如彩插图 9-7 所示，可分为浓度梯度壳层材料和全浓度梯度材料。

如图 9-8 所示，反应釜设计有 2 个进料口、1 个 pH 计插口和 1 个温度计插口。可以同时实现以下目标：

① 通过控制反应体系局部过饱和度，使成核与晶体生长过程彻底分开；

② 通过调节 pH 值与络合剂的配比控制副反应，抑制微小晶粒堆积，同时控制晶粒生长速率，实现晶体堆垛生长；

③ 调整反应釜结构和搅拌电机转速营造适当的反应体系的流态，以借助离心力或向心力来控制 $M(OH)_2$（M=Ni，Co，Mn）颗粒在反应体系中有足够的停留时间。

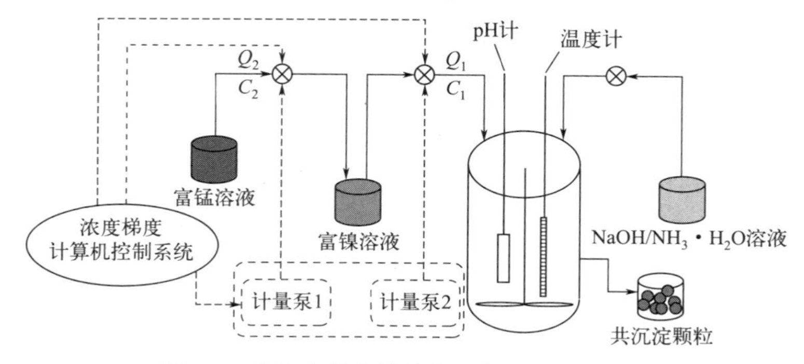

图 9-8 全浓度梯度材料的反应釜设计示意图

全浓度梯度材料的合成工艺如下：

① 首先，配制浓度均为 2 mol/L 的富镍溶液（Ni：Co：Mn 摩尔比为 8：1：1）和富锰溶液（Ni：Co：Mn 摩尔比为 5：0：5）。

② 将富 Mn 溶液以流速 Q 缓慢泵入 Ni-rich 溶液中，再将富 Mn 溶液与富 Ni 溶液的混合液同步以流速 $2Q$ 进入反应釜中。

③ 往反应釜中加入 NaOH 和适量 $NH_3 \cdot H_2O$ 共沉淀生成浓度梯度前驱体。用这种方式得到的浓度梯度前驱体从粒子中心到表面过渡金属元素的浓度梯度变化：Ni 含量逐渐减少，Mn 含量逐渐增多。将浓度梯度前驱体经过滤、洗涤、干燥 12 h。

④ 把前驱体进行锂化处理，得到全浓度梯度正极材料。

【例 6】 采用双络合剂的共沉淀法合成 NCA 三元材料

NCM 三元材料一般通过共沉淀法制备，利用氨作为络合剂，可以很好地控制 Ni^{2+}、Co^{2+} 和 Mn^{2+} 的沉淀速率，同时控制 pH 值的波动小，保持稳定。然而，在 NCA 三元材料中，铝的含量非常少，因此可以理解它接近二元材料。需要注意的是，Al^{3+} 不易与氨络合，因此沉淀速度快，形成大量的小颗粒，导致 NCA 产品中元素分布不均匀。显然，采用单一的络合剂难以合成出完美的层状结构和均匀元素分布的 NCA 三元材料。

研究者提出使用氨和 EDTA 双络合剂，同时降低三种金属离子的沉淀速度，氨直接泵入反应容器，而 EDTA 首先与 Al^{3+} 溶液混合以控制其活性，制备出了完美的层状结构和均匀元素分布的 NCA 三元材料，具体工艺路线如图 9-9 所示。

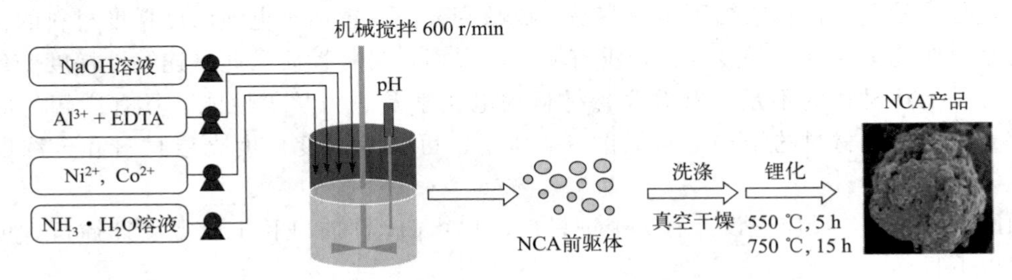

图 9-9 双络合剂的共沉淀法合成 NCA 三元材料的工艺路线

9.1.1.3 均相沉淀法

一般的沉淀过程是不平衡的，在操作过程中，难免会出现沉淀剂与待沉淀组分的混合不均匀、沉淀颗粒粗细不等、杂质带入较多等现象。但如果控制溶液中的沉淀剂浓度，使之缓慢地增加，则使溶液中的沉淀处于平衡状态，且沉淀能在整个溶液中均匀地出现，这种方法称为均相沉淀法。通常是通过溶液中的化学反应使沉淀剂慢慢地生成，从而克服了由外部向溶液中加沉淀剂而造成沉淀剂的局部不均匀性，结果沉淀不能在整个溶液中均匀出现的缺点。例如，随尿素水溶液的温度逐渐升高至 70 ℃附近，尿素会发生分解，即

$$CO(NH_2)_2 + 3H_2O \longrightarrow 2NH_4OH + CO_2 \uparrow \tag{9-3}$$

由此生成的沉淀剂 OH^- 在金属盐的溶液中分布均匀，浓度低，使得沉淀物均匀地生成。由于尿素的分解速率受温度和尿素浓度的控制，因此尿素分解速率可以降得很低。有研究人员采用低的尿素分解速率来制得单晶微粒，用此种方法可制备多种盐的均匀沉淀，如锆盐颗粒以及球形 $Al(OH)_3$ 粒子。

粒度分布均匀是超微粉体材料所必须具备的基本特征之一。通过控制溶液的过饱和度，均匀沉淀过程可以较好地控制粒子的成核与生长，得到粒度可控、分布均匀的超微粉体材料。正因如此，均相沉淀法在超微粉体材料制备中正逐渐显示出其独特的魅力。均相沉淀法不限于利用中和反应，还可以利用酯类或其他有机物的水解、络合物的分解或氧化还原等方式来进行。

在均相沉淀法制备超微粉体材料的过程中，沉淀剂的选择及沉淀剂释放过程的控制非常

重要。以尿素法制备铁黄（FeOOH）粒子为例，工艺如下：在含 Fe^{3+} 的溶液中加入尿素，并加热至 90～100 ℃时尿素发生水解反应；随反应的缓慢进行，溶液的 pH 值逐渐上升；Fe^{3+} 和 OH^- 反应并在溶液不同区域中均匀地形成铁黄粒子，尿素的分解速率直接影响形成铁黄粒子的粒度。

【例 7】 利用均相沉淀法在 NCM 三元材料表面包覆纳米 Al_2O_3 壳层

NCM 三元材料比容量高（充电至 4.5 V 时比容量＞180 mA·h/g），具有优异的结构稳定性和热稳定性，低成本，低毒。然而当充电截止电压超过 4.5 V 时，NCM 的循环稳定性会迅速恶化。据报道，这是由于高充电截止电压导致过渡金属离子的溶解，以及活性材料和电解液之间发生了副反应（电解液分解）。

研究表明表面包覆可以有效抑制循环过程中正极材料表面发生的电解液分解反应。至今，Al_2O_3、TiO_2、V_2O_5、ZrO_2、Y_2O_3、CaF_2、AlF_3、$AlPO_4$ 和 $LiZrO_3$ 已经被用来对 NCM 三元材料进行表面包覆改性，以提高其循环性能。其中 Al_2O_3 具有较好的稳定性，资源丰富、成本低，是最广泛采用的包覆材料。Al_2O_3 表面包覆可以抑制电极/电解液界面反应，从而提高材料的电化学性能。用来制备 Al_2O_3 包覆层的方法有传统的沉淀法和原子层沉积法。传统的沉淀法包覆采用氨水作为沉淀剂，需要精确在线控制 pH 值，因而工艺复杂不利于产业化应用。而原子层沉积法，虽然可以在低温下（180 ℃）形成均匀的表面包覆，但是需要多步反应和精确控制反应参数，增加了工艺难度，成本也高。

有研究以尿素［$CO(NH_2)_2$］为沉淀剂，在 NCM 三元材料表面均匀包覆上了一层 Al_2O_3 壳层（图 9-10），这种方法的特点是尿素作为沉淀剂不直接与金属离子反应，而是通过较慢的化学反应均匀地释放 OH^- 到溶液中，从而自动控制沉淀速率，并提供均匀的反应环境（如与氨水相比不存在浓度差），实现均匀包覆层。工艺过程如下：

① 把 NCM 三元材料颗粒分散到蒸馏水中，然后在连续搅拌下把 0.05 mol/L 的 $Al(NO_3)_3$ 缓慢地滴加到悬浮液中，剧烈搅拌 30 min。

② 按 $CO(NH_2)_2$ 与 $Al(NO_3)_3$ 的摩尔比为 15∶1 的比例，把 1 mol/L 的尿素水溶液缓慢滴加到上述溶液中，然后升温至 85 ℃，持续搅拌下反应 4 h。

③ 然后离心、洗涤、空气气氛下 80 ℃干燥，在 500 ℃和空气气氛下煅烧，即可得到 Al_2O_3 包覆的 NCM 材料。

通过调控工艺条件，可以很方便地调控 Al_2O_3 包覆壳层的厚度，优化其性能。

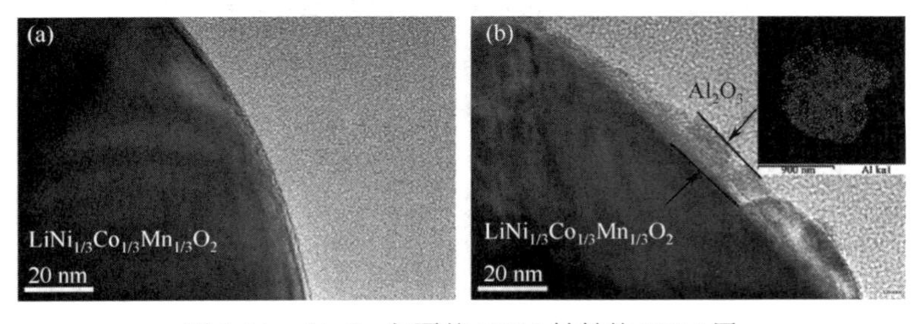

图 9-10　Al_2O_3 包覆的 NCM 材料的 TEM 图

9.1.2　电化学沉积法

电化学沉积法是指在电场作用下，在一定的电解质溶液（镀液）中由阴极和阳极构成回路，通过发生氧化还原反应，使溶液中的离子沉积到阴极或者阳极表面上而得到所需镀层的过程。镀层可以是薄膜也可以是涂层。

电化学法不仅能提供最强的氧化还原能力，而且这种能力可通过电压方便地进行调整。为了在电解过程中获得高成核速率和小成核直径，可对电解质溶液强烈搅拌，也可采用脉冲电流来获得较高的电流密度，如果电解的速率或成核的速率很高而晶体长大的速率相对较小，有利于产生超细粉体。其优点如下：

① 可以在各种结构复杂的基体上均匀沉积，适用于各种形状的基体材料，特别是异型结构件；

② 电化学沉积法通常在室温或稍高于室温的条件下进行，因此非常适合制备纳米结构；

③ 控制工艺条件（如电流、溶液 pH 值、温度、浓度、组成、沉积时间等）可精确控制沉积层的厚度、化学组成和结构等；

④ 电化学沉积的速度可由电流来控制，电流越大，沉积速度越快；

⑤ 电化学沉积法是一种经济的沉积方法，设备投资少，工艺简单，操作容易，环境安全，生产方式灵活，适于工业化大生产；

⑥ 所得的纳米微粒纯度高，是一种非常有前途的制备纳米微粒与组装纳米粒子有序阵列的好方法；

⑦ 与其他方法相比，电化学沉积法为制备粒径和形状可控的纳米微粒提供了一种简便可行的实验方法。

【例 8】 电化学沉积法制备 MnO_2 微米棒阵列电极

具体工艺为：分别以镍箔、铂片电极和饱和甘汞电极为工作电极、对电极和参比电极，组装三电极体系，在电化学工作站上进行阳极恒电位沉积实验，电沉积溶液为 0.01 mol/L $MnSO_4$ 与 0.20 mol/L NaAc 的混合溶液，沉积电压为 0.75 V，时间为 750 s。沉积结束后，用去离子水浸泡，去除残留的离子，然后在室温下晾干，再在鼓风干燥箱中、200 ℃下热处理 2 h。通过镍箔在电化学沉积前后的质量差计算 MnO_2 膜的质量。所制备的 MnO_2 微米棒阵列电极的形貌如图 9-11 所示。

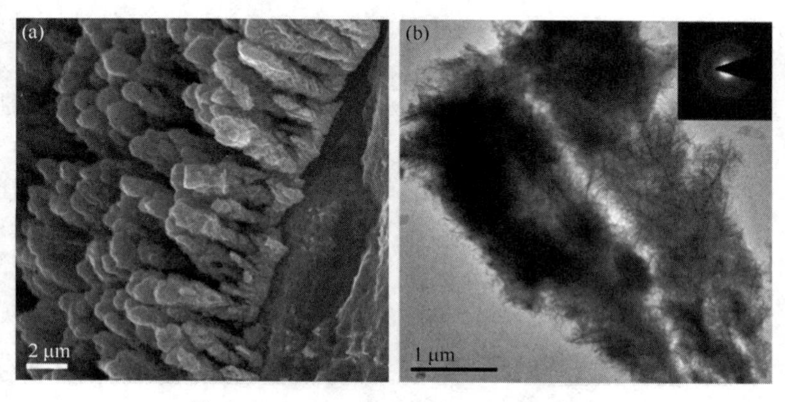

图 9-11 MnO_2 微米棒阵列电极的形貌

（a）SEM 图；（b）TEM 图

【例 9】 电泳沉积法制备 $Ni(OH)_2$@CNT 复合材料

电泳沉积法是指在稳定的悬浮液中通过直流电场的作用，胶体的粒子沉积成材料的过程。在电泳沉积过程中，悬浮在溶剂中的带电胶体粒子在直流电场的驱动下朝向带相反电荷的电极做电泳运动，最终沉积为相对较为紧密和均匀的膜层。电泳沉积法具有工艺简单、适用性强、成本低、不需要黏结剂、膜厚度可控、室温下操作和速度快等优点。

方华等利用电泳沉积过程中的副反应，一步沉积出核壳结构 $Ni(OH)_2$@CNT 复合电极材料，具体工艺如下：

首先，把 CNTs 和 $Ni(NO_3)_2 \cdot 6H_2O$ 超声分散到无水乙醇中。把镍片和铂片放到悬浊液中并保持相互平行，以镍片连接负极、铂片连接正极，采用直流 50 V 的电压进行电泳实验。利用无水乙醇对所制备的材料进行清洗，除去杂质离子，室温下晾干，然后在鼓风干燥箱中 120 ℃的条件下干燥 2 h。制备的 $Ni(OH)_2$@CNT 复合电极材料具有核壳纳米电缆结构的形貌，如图 9-12 所示。

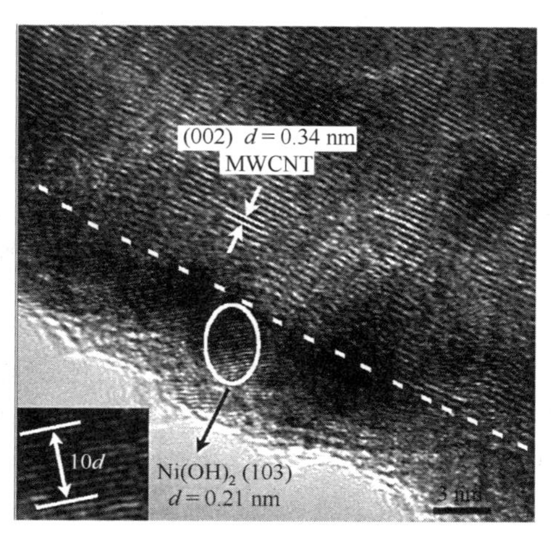

图 9-12　电泳沉积法制备 $Ni(OH)_2$@CNT 复合电极材料

研究者把该电泳沉积法制备核壳结构的机理归纳为"微阴极诱导包覆机理"。在添加了 $Ni(NO_3)_2 \cdot 6H_2O$ 作为电荷添加剂的 CNT 无水乙醇悬浊液中，CNT 由于表面吸附 Ni^{2+} 而带正电，因此，在电泳沉积过程中，带正电的 CNT 在电泳力的驱动下向负极移动，并最终沉积在负极上。由于 CNT 具有较好的导电性，一旦 CNT 沉积在负极上，它本身就成了阴极的一部分，成为阴极表面凸出的一个微阴极，其一端与阴极相连，另一端深入到悬浊液中去。于是 NO_3^- 和 H_2O 可以在 CNT 微阴极侧壁表面发生快速的电化学还原反应，由此产生的 OH^- 能导致 CNT 微阴极周围电解质溶液的局部 pH 值的急剧上升。在这个局部 pH 值上升的同时，大量的 Ni^{2+} 向阴极电迁移。结果是在 CNT 外壁附近新产生的 OH^- 来不及扩散到溶液本体中，而是直接与附近的 Ni^{2+}（CNT 侧壁上吸附的 Ni^{2+} 以及电迁移过来的 Ni^{2+}）发生快速的沉淀反应，这种条件下生成的 $Ni(OH)_2$ 就均匀地包覆在 CNT 的侧壁上。

根据微阴极诱导包覆机理，在 CNT 侧壁表面发生如下反应：

$$NO_3^- + H_2O + 2e^- \longrightarrow NO_2^- + 2OH^- \quad (9\text{-}4)$$

$$2H_2O + 2e^- \longrightarrow H_2 \uparrow + 2OH^- \quad (9\text{-}5)$$

在 CNT 侧壁和其附近的溶液中：

$$Ni^{2+} + 2OH^- \longrightarrow Ni(OH)_2 \downarrow \quad (9\text{-}6)$$

研究表明，通过调控沉积溶液的成分，可以调控沉积过程中形成金属镍颗粒，即在 CNT 侧壁上发生镍的阴极沉积反应。Ni^{2+} 阴极沉积为 $Ni(OH)_2$ 的反应和阴极还原为金属 Ni 的反应在电泳沉积过程中是同步发生的，最终形成 Ni/$Ni(OH)_2$@CNT 三元复合材料。金属镍的存在也有利于提高电极材料的电子导电能力。

9.1.3　水热/溶剂热法

水热与溶剂热合成技术属于湿化学法合成的一种，是在合成温度为 100～1000 ℃，压力为 1 MPa～1 GPa 条件下利用溶液中物质化学反应所进行的合成。水热与溶剂热反应按反应温度进行分类，可分为亚临界和超临界合成反应。亚临界合成反应温度范围在 100～240 ℃

之间，适于工业或实验室操作。超临界合成反应属于高温高压实验，温度已高达 1000 ℃，压强高达 0.3 GPa。它利用作为反应介质的水在超临界状态下的性质和反应物质在高温高压水热条件下的特殊性质进行合成反应。

水热与溶剂热合成方法的主要特点是研究体系处于非理想非平衡状态，应用非平衡热力学研究合成的化学问题。高温高压下水热反应具有三个特征：第一是使重要离子间的反应加速；第二是使水解反应加剧；第三是使其氧化还原电势发生明显变化。

9.1.3.1 水热法

水热合成法（简称水热法）是在液相中制备纳米颗粒的方法。将无机或有机化合物的前驱体在一定温度和高气压环境下与水化合，通过对加速渗析反应和物理过程的控制，从而得到产物，再经过过滤、洗涤、干燥等过程，得到纯度高、粒径小的各类纳米颗粒。水热法最初是用于地质中描述地壳中的水在温度和压力联合作用下的自然过程，近数十年来用于制备纳米粉末。对于水热反应，水是水热法合成的主要溶剂。高温高压水的作用可归纳如下：①有时作为化学组分起化学反应；②反应和重排的促进剂；③起压力传递介质的作用；④起溶剂作用；③起低熔点物质的作用；⑥提高物质的溶解度。

水热反应是在一个封闭的体系（高压釜）内进行的，因此温度、压力及装满度之间的关系对水热合成具有重要的意义。水热法合成陶瓷粉末的主要驱动力是氧化物在各种不同状态下溶解度的不同。例如普通的氧化物粉末（有较高的晶体缺陷密度）、无定形氧化物粉末、氢氧化物粉末、溶胶-凝胶粉末等在溶剂中的溶解度一般比高结晶度、低缺陷密度的粉末溶解度大。在水热反应的升温升压过程中，前者的溶解度不断增加，当达到一定的浓度时，就会沉淀出后者。因此水热法合成粉末的过程实质上就是一个溶解/再结晶的过程。

水热法可分为水热晶体生长、水热合成、水热反应、水热处理、水热烧结等。按设备的差异，水热法又可分为普通水热法和特殊水热法。特殊水热法是指在水热条件反应体系上再添加其他作用力场，如直流电场、磁场、微波场等。高压容器是进行高温高压水热反应实验的基本设备，在材料的选择上要求机械强度大、耐高温、耐腐蚀和易加工。

水热法制备纳米粉末具有制备温度相对较低以及在封闭容器中进行，避免了组分挥发和杂质混入等优点。与溶胶-凝胶法、共沉淀法等其他湿化学方法相比，水热法最突出的优点是一般不需要高温烧结就可直接得到结晶粉末，省去了研磨及减少了由此带来的杂质。水热法可以制备包括各类金属、氧化物和复合氧化物在内的数十种材料，颗粒尺寸可以达到几十纳米，且一般具有结晶好、团聚少、纯度高、粒径分布窄以及形貌可控等特点。

【例 10】 水热法合成 $Ni(OH)_2$ 纳米片阵列

具体工艺步骤如下：

① 称取 1.45 g（5 mmol）的 $Ni(NO_3)_2 \cdot 6H_2O$ 和 1.40 g（10 mmol）的六亚甲基四胺（通用名乌洛托品，$C_6H_{12}N_4$）溶解于 35～38 mL 蒸馏水中，充分搅拌溶解成澄清溶液。

② 将泡沫镍（约 3.3 cm×1 cm）置于 37%的浓盐酸溶液中，超声 5 min 以清洗泡沫镍表面。水溶液和泡沫镍转移到 40 mL 的水热反应釜中，密封好后在 100 ℃反应 10 h，然后用冷水在 15 分钟内冷却到室温。

③ 制备的薄膜电极用去离子水和乙醇超声清洗数次，然后 80 ℃烘干 6 h。

合成反应机理为：六亚甲基四胺在水热条件下水解产生 NH_3，使 Ni^{2+} 转化为 $Ni(OH)_2$ 沉淀，沉积在泡沫镍上形成绿色沉淀，材料形貌如图 9-13 所示。

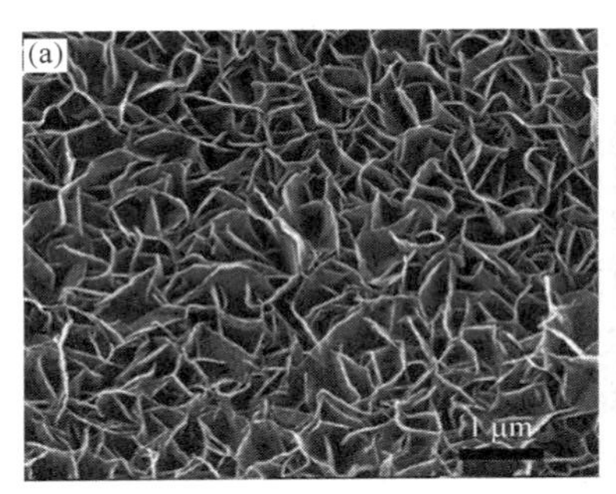

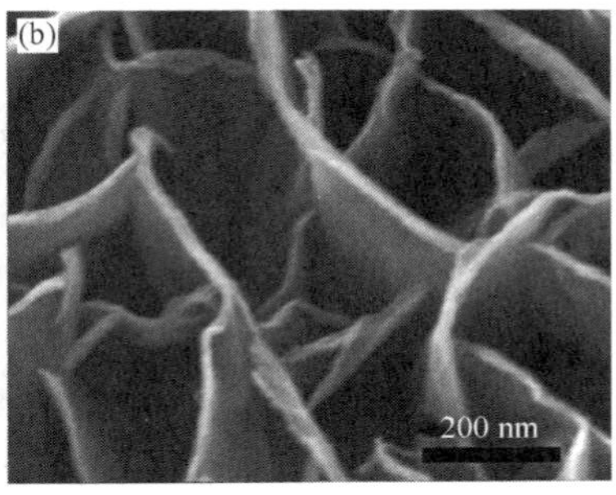

图 9-13　在泡沫镍上直接生长 $Ni(OH)_2$ 纳米片阵列

【例 11】 水热法合成尖晶石锰酸锂 $LiMn_2O_4$

制备工艺为：取一定量的 γ-MnOOH 粉末分散到 LiOH 溶液中，在反应釜中加热到需要的温度，并反应 48 h。将所得的沉淀过滤并用去离子水洗涤数次，即得。

如图 9-14 所示，LiOH 的浓度和水热温度对产物的影响很大，在图中阴影部分包含的实验条件下，才可以合成出单一相的尖晶石锰酸锂 $LiMn_2O_4$。

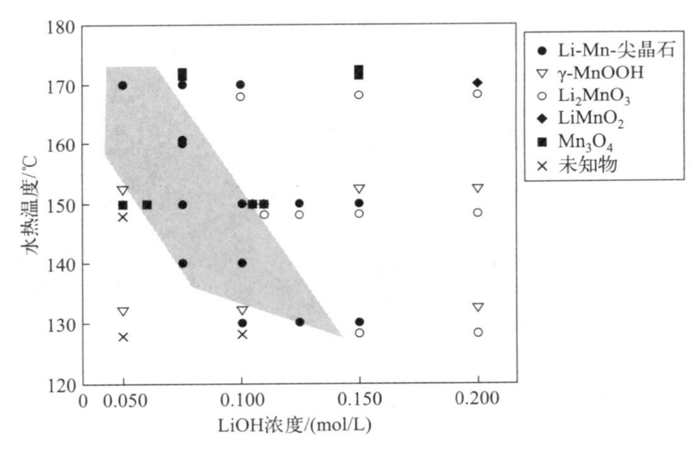

图 9-14　不同工艺条件对产物的影响

9.1.3.2　溶剂热法

溶剂热合成法（简称溶剂热法）采用有机溶剂代替水作介质，类似水热法合成纳米微粉。用非水溶剂代替水，扩大了水热技术的应用范围，同样能够在相对较低的温度和压力下制备出通常需在极端条件下才能制得的纳米颗粒材料。在溶剂热合成法常用的溶剂中，苯由于其稳定的共轭结构，是溶剂热合成法比较优良的溶剂。乙二胺也是一种可供选择的溶剂，除作为溶剂外，还可作为络合剂或螯合剂。乙二胺由于氮的强螯合作用，能与离子优先生成稳定的络合物，除作溶剂外还可作为还原剂。在溶剂热法中其他常用的溶剂还有二乙胺、三乙胺、吡啶、甲苯、二甲苯、苯酚、氨水、四氯化碳、甲酸等。

在溶剂热反应中，一种或几种前驱物可溶解在非水溶剂中，在液相或超临界条件下，反应物分散在溶液中开始反应，产物生成比较缓慢，过程相对简单，较易于控制。在密闭体系中可以有效防止有机物质挥发，有利于制备对空气敏感的前驱体。另外，用此方法对产物物相、粒径大小、形态也能够进行有效的控制，产物具有良好的分散性。该方法已被用来制备许多无机材料，如沸石、石英、金属碳酸盐、磷酸盐、氧化物和卤化物以及Ⅲ～Ⅴ族和Ⅱ～

Ⅵ族半导体纳米颗粒材料，这种方法还成功合成出了许多络合物及硫属元素化合物和磷属元素化合物的纳米颗粒材料。

【例 12】 溶剂热法自组装纳米 Co_3O_4 电极

具体工艺如下：

① 利用碳纤维纸和石墨碳纸作为沉积 Co_3O_4 的基底，用去离子水和乙醇清洗干燥备用；

② 取 4 g $Co(NO_3)_2 \cdot 6H_2O$、2 g CTAB 和 12 mL 水，在剧烈搅拌下溶解于 60 mL 无水甲醇中，所得溶液分为两份，分别移入两个水热反应釜中；

③ 第一个反应釜中加入碳纤维纸（1 cm×2 cm），浸没于生长溶液中，密封好，在鼓风干燥箱中加热至 180 ℃并保持 24 h 以生长 Co_3O_4 纳米线。反应结束后用去离子水和乙醇洗涤，真空干燥箱中 120 ℃干燥 10 h。第二个反应釜中加入石墨碳纸（1 cm×2 cm），后续反应同第一个反应釜；

④ 溶剂热反应结束后，洗涤，干燥，然后在 250 ℃下煅烧。所得纳米 Co_3O_4 电极的形貌如图 9-15 所示。

图 9-15　碳纤维纸［(a)、(b)］和石墨碳纸［(c)、(d)］上沉积的纳米 Co_3O_4 的形貌

9.1.4 溶胶-凝胶法

溶胶-凝胶（sol-gel）法是为解决高温固相反应法中反应物之间的扩散慢和组成均匀性问题而发展起来的一种软化学方法。与传统的高温固相粉末合成方法相比，溶胶-凝胶法具有制备的无机材料均匀性高、合成温度低等特点。

溶胶-凝胶法一般是指将金属的有机或无机化合物均匀溶解于一定的溶剂中形成金属化

合物的溶液，然后在催化剂和添加剂的作用下进行水解、缩聚反应，通过控制各种反应条件，得到一种由颗粒或团簇均匀分散于液相介质中形成的分散体系，即所谓的溶胶（sol）。溶胶在温度、搅拌作用、水解缩聚等化学反应或电化学平衡作用的影响下，纳米颗粒间发生聚集而成为网络状的聚集体，导致分散体系的黏度增大，增大到一定程度时，具有流动性的sol逐渐变成略显弹性的团体胶块，即为凝胶（gel）。溶胶是胶体溶液，分散的粒子是固体或大分子。凝胶由固液两相组成，是胶体的一种存在形式，它的性质介于固态和液态之间，具有一定的弹性和强度，未经充分干燥和较高温度处理的凝胶体是一种多孔性固体，其结构强度有限，易被破坏。凝胶是胶态固体，由可流动的组分和具有网络内部结构的固体组分以高度分散的状态构成，凝胶中分散相含量很低，一般为1%～3%。凝胶可进一步进行干燥、热处理而形成氧化物或其他化合物。

溶胶-凝胶法的基本过程是将化学试剂配制成液态的金属无机盐或金属醇盐前驱体，再将前驱体以一定比例均匀溶解于特定溶剂中，经过适当的搅拌形成分布均匀的溶液。溶液中的溶质与溶剂经过适当的催化发生水解或醇解反应，反应生成物经缩聚，使原始颗粒和基团在这一系列的反应中形成一种很好的分散体系，一般能生成1 nm左右的粒子并形成溶胶。经水解、缩聚反应的溶胶，在进一步升温和其他条件的作用下，各分散体系的黏度增大，颗粒或基团发生聚集，成为网状聚集体。溶胶经过一定时间的陈化或干燥处理会转化为凝胶。

溶胶-凝胶法使金属有机或无机化合物在低温下经溶液→溶胶→凝胶→固化，再经过热处理而形成氧化物。溶胶-凝胶法的基本原理是易于水解的金属化合物（无机盐或金属醇盐）在相应溶剂中与水发生反应，经过水解与缩聚过程逐渐凝胶化，再经干燥或烧结等处理得到所需的纳米材料，涉及的基本反应有水解反应和缩聚反应。溶胶-凝胶法可在低温下制备高纯度、粒径分布均匀、高化学活性的多组分混合物（分子级混合），可制备传统方法不能或难以制备的产物，特别适用于制备非晶态材料，颗粒尺寸可达到亚微米级、纳米级甚至分子级水平。

凝胶实质上是有机高分子，只有经加热后，才能转化为无机物。在热处理过程中，低温时脱去表面吸附的水和有机物，200～300 ℃发生OR基的氧化，在更高温度脱去结构中的OH基团。由于热处理过程中伴随着气体的挥发，因此加热速度要缓慢，否则可能导致开裂。缓慢加热的另一个理由是在烧结发生前，要彻底除去材料中所含的有机基体，否则一旦烧结开始，气体逃逸困难，将产生炭化，从而使制品变黑。在用溶胶-凝胶法制备超细粉末的过程中，煅烧的温度要严格控制，在保证有机物去除及化学反应充分进行的前提下，尽量降低煅烧温度。因为随着煅烧温度的升高，粉末间会发生烧结，从而产生严重的团聚。一般这种团聚结合力非常强，用机械方法不易分离开，因此无法达到合成超细粉末的目的。

采用溶胶-凝胶法制备材料，产生溶胶-凝胶的过程机制主要有三种类型：传统胶体型、无机聚合物型和络合物型，相应凝胶形成过程如图9-16所示。

溶胶-凝胶法不仅可用于制备纳米微粉，也可用于制备薄膜、纤维、块体材料和复合材料，其优点如下：

① 即便是多组分原料在制备过程中也无需机械混合，不易引进杂质，故产品的纯度高。

② 由于溶胶-凝胶过程中的溶胶由溶液制得，化合物在分子级水平混合，胶粒内及胶粒间化学成分完全一致，化学均匀性好。

③ 颗粒细，其胶粒尺寸小于100 nm。

④ 可包容不溶性组分或不沉淀组分，不溶性颗粒可均匀分散在含不产生沉淀组分的溶

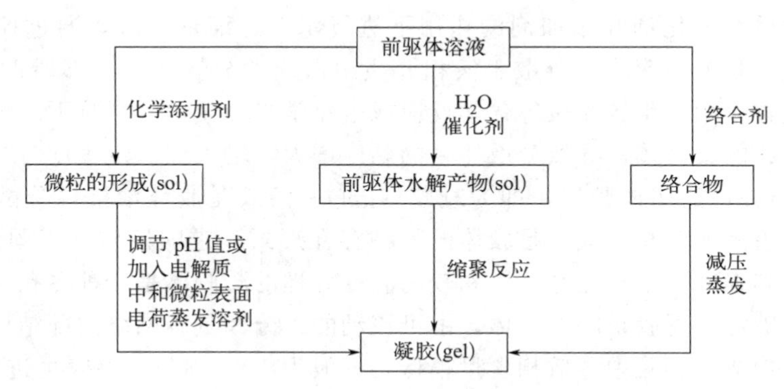

图 9-16 不同溶胶-凝胶过程中凝胶的形成

液中，经溶胶-凝胶过程，不溶性组分可自然固定在凝胶体系中，不溶性组分颗粒越细，体系化学均匀性越好。

⑤ 可溶性微量掺杂组分分布均匀，不会分离、偏析。

⑥ 合成温度低，成分容易控制。

⑦ 产物的活性高。

⑧ 工艺、设备简单。

主要缺点是：原材料价格昂贵，干燥时收缩大，成型性能差，凝胶颗粒之间烧结性差，即块体材料烧结性不好。

【例 13】 溶胶-凝胶法合成 $Li_{1.2}Mn_{0.54}Co_{0.13}Ni_{0.13}O_2$

具体工艺如下：

① 溶液 A：称取化学计量比的 $Mn(Ac)_2 \cdot 4H_2O$、$Co(Ac)_2 \cdot 4H_2O$、$Ni(Ac)_2 \cdot 4H_2O$ 与 3%（质量分数）过量的 $Li(Ac) \cdot 2H_2O$ 溶解于一定量的去离子水中；

② 溶液 B：将一水合柠檬酸（$C_6H_8O_7 \cdot H_2O$）溶解于一定量的去离子水中，加入少量的乙二醇并搅拌均匀；

③ 把溶液 A 滴加到溶液 B 中，然后将混合溶液在油浴中加热到 80 ℃形成溶胶；

④ 继续加热到 160 ℃反应 2 h，将得到的凝胶研磨成粉末，分为四等份，分别在 700 ℃、800 ℃、900 ℃和 1000 ℃下煅烧 20 h，升温速率为 5 ℃/min。

所得样品的形貌如图 9-17 所示，可以看出煅烧温度对材料的形貌有很大的影响。进一步的研究表明，800 ℃下煅烧得到的材料具有最高的比容量和最佳的大电流放电性能。

【例 14】 溶胶-凝胶法制备 $LiNi_{1-y}Al_yO_2$ 材料

工艺步骤如下：

① 把 $LiNO_3$、$Ni(NO_3)_2 \cdot 6H_2O$、$Al(NO_3)_3 \cdot 9H_2O$ 作为原料，柠檬酸（$C_6H_8O_7$）作为螯合剂。

② 配制 0.2 mol/L 的 $LiNO_3$、$Ni(NO_3)_2 \cdot 6H_2O$ 和 $Al(NO_3)_3 \cdot 9H_2O$ 金属离子水溶液，其中 Li^+ ∶ Ni^{2+} ∶ Al^{3+} 的摩尔比为 1∶(1－y)∶y，用 70～80 ℃的去离子水溶解，得到一种透明的绿色溶液。

③ 配制 0.2 mol/L 的柠檬酸溶液，用 70～80 ℃的去离子溶解。

④ 把两种溶液混合，并在 70～80 ℃和磁力搅拌下反应 20～24 h，形成柠檬酸-金属离子溶胶。把所得溶胶在 70～80 ℃下烘干，得到高黏度的 gel 前驱体。gel 前驱体在空气气氛 600 ℃下预烧 5 h（升温速率为 1 ℃/min），然后在氧气气氛下 800 ℃煅烧 13 h（升温速率为

图 9-17　不同煅烧温度下得到的 $Li_{1.2}Mn_{0.54}Co_{0.13}Ni_{0.13}O_2$ 材料的形貌

2 ℃/min），煅烧后，样品在管式炉中随炉冷却。

在制备过程中 pH 为 2～3，没有沉淀形成。$LiNi_{1-y}Al_yO_2$ 样品（$y=0.05$、0.1、0.25、0.3）为透明的绿色，比 $y=0$ 更亮一些。

【例 15】溶胶-凝胶法制备 Si@C@TiO_2 核/壳/壳纳米材料

工艺步骤如下：

① 取 400 mL 无水乙醇和 1.2 mL 氨水（质量分数为 28%）混合在一起，超声 30 min 混合均匀，取 0.3 gSi@RF 核壳结构纳米颗粒加入到上述混合溶液中，升温到 45 ℃，在搅拌下保持 30 min。

② 取 3.0 mL 的钛酸四丁酯（TBOT）并逐滴加入到上述混合溶液中，在 45 ℃下保持 24 h。然后离心，用乙醇洗涤数次，在 100 ℃下干燥 6 h，得到 Si@RF@TiO_2 核/壳/壳纳米颗粒。

③ 在氮气气氛下煅烧 3 h 即得 Si@C@TiO_2 核/壳/壳纳米颗粒材料，如图 9-18 所示。

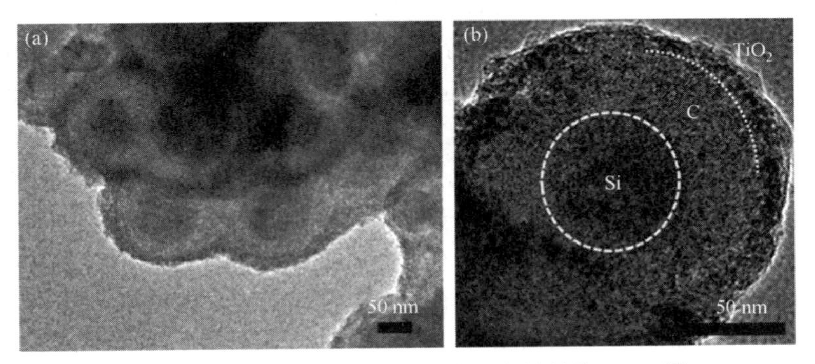

图 9-18　Si@C@TiO_2 核/壳/壳纳米材料的 TEM 图

9.1.5　微乳液法

利用两种互不相溶的溶剂在表面活性剂的作用下形成均匀的乳液，从乳液中析出固相，这样可使成核、生长、聚结、团聚等过程局限在一个微小的球形液滴内，从而可形成球形颗粒，这种特殊的微环境也称微反应器。用微乳液法制备纳米颗粒还能避免颗粒之间进一步团聚，这种方法的基本想想是利用微乳液在液体介质中所存在的众多均匀的微小单体结构分别反应，独立形成纳米颗粒。这一方法的关键是使每个含有前驱体水溶液的液滴被连续油相包围，前驱体不溶于油相中，也就形成了油包水（W/O）型乳液。这种非均相的液相合成法具有粒度分布窄、容易控制等特点。

微乳液主要由表面活性剂、表面活性助剂（一般为醇类）、油类（一般为碳氢化合物）和水（或电解质水溶液）组成，它是一个透明、各向同性的热力学稳定体系。如图 9-19 所示，微乳液有油包水型（W/O），也有水包油型（O/W）和双连续型。比较常用的是油包水型微乳液法，油包水型也称作反相微乳液，犹如一个微小的“水池”处在结构的中心，被表面活性剂和表面活性助剂所组成的单分子层的“壳”界面所包围，其尺寸可控制在几纳米至几十纳米之间。体系中间的微小“水池”的尺寸小，且彼此分离，因而不构成水相，通常称为“准相”（pseudophase）。这种特殊的微环境可以作为化学反应进行的场所，因而又称为“微反应器”（microreactor），它具有很大的界面，已被证明是多种化学反应理想的对象。

图 9-19　表面活性剂、胶束和胶粒示意图

微乳颗粒在不停地做布朗运动，不同颗粒在互相碰撞时，组成“壳”界面的表面活性剂和表面活性助剂的碳氢链可以互相渗入。与此同时，“水池”中的物质可以穿过“壳”界面进入另一颗粒中，一种由阴离子表面活性剂构成的微乳液的电导渗滤现象（percolation phenomenon）就是由于“水池”中的阳离子不断穿过微孔的界面而形成的。微乳液的这种物质交换的性质使“水池”中进行化学反应成为可能。

纳米微粒的微乳液制备法，正是以微乳液“水池”作为“微反应器”的重要应用，也是微乳液“水池”间可以进行物质交换的例证。微乳液法合成材料的反应机理如图 9-20 所示，将两种反应物分别溶于组分完全相同的两份微乳液中，然后在适当的条件下混合，让两种反应物通过物质交换而彼此接触，产生反应。在微乳液界面强度较大时，反应产物的生长将受到限制，将微孔颗粒大小控制在几十个原子半径的尺度，则反应产物会以纳米微粒的形式分散在不同的微乳液“水池”中，纳米微粒可在“水池”中稳定存在。通过超速离心，或将水和丙酮的混合物加入反应完成后的微乳液中等办法，使纳米微粒与微乳液分离。用有机溶剂清洗除去附着在微粒表面的油和表面活性剂，最后在一定温度下进行干燥处理，即可得到纳米微粒。

纳米粒子的收集，主要有沉淀灼烧法、烘干洗涤法和絮凝、洗涤法，具体如下：

① 沉淀灼烧法　用离心沉淀法收集含有大量表面活性剂及有机溶剂的粒子，经灼烧得到产品。此法虽然简单，但粒子一经灼烧就会聚集，使粒径增大很多，而且表面活性剂被烧掉，浪费严重。

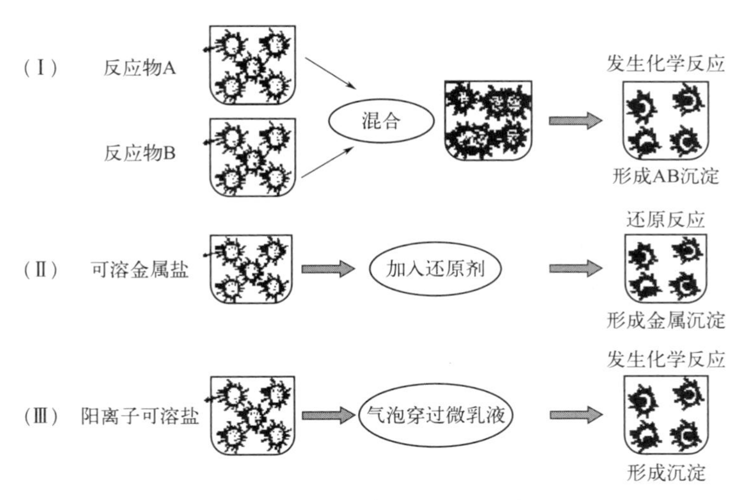

图 9-20 微乳液法合成材料的反应机理

② 烘干洗涤法 让含有纳米粒子的微乳液在真空箱中放置以除去其中的水和有机溶剂，残余物再加同样的有机溶剂搅拌，离心沉降，再分别用水和有机溶剂洗涤以除去表面活性剂。此法未经高温处理，粒子不会团聚，但需要大量溶剂，且表面活性剂不易回收，浪费较严重。

③ 絮凝、洗涤法 在已生成纳米粒子的微乳液中加入丙酮或丙酮与甲醇的混合液，立刻发生絮凝。分离出絮凝胶体，用大量的丙酮清洗，然后用真空烘干机干燥即得产品。

微乳液法制备纳米颗粒的特征是：反应在各个高分散状态的单体内进行，可防止发生反应物局部过饱和现象，可以使纳米颗粒的成核及长大过程匀速进行，可以通过调节影响微反应器的外界因素而制备出理想的单分散纳米颗粒。这种方法制备的纳米粒子可在微乳液中长期存在，一般不会发生聚集。由于纳米颗粒包覆一层有机分子，因此还可以有目的地制备有机分子修饰的纳米颗粒，以期获得特殊的物化性质。纳米颗粒的形成是复杂的，与微乳液的性质、反应物性质以及生成物自身的生长特性都有密切关系。通过控制微乳液“水池”的形态、结构、极性、疏水性、黏度等因素，有望从分子水平来控制所形成的纳米颗粒大小、形态、结构乃至物性。

【例 16】 水热协助的微乳液法合成 $NiCo_2O_4$ 材料

该合成工艺的微乳液系统由十二烷基硫酸钠、正庚烷、正庚醇和水构成，工艺原理如彩插图 9-21 所示，具体工艺如下：

① 油相的制备 把 5 mmol 的 SDS 溶解于 11 mL 正庚烷和 3 mL 正庚醇中，剧烈搅拌 30 分钟。

② 水相的制备 把 2 mmoL 的 $Ni(NO_3)_2 \cdot 6H_2O$、4 mmoL 的 $Co(NO_3)_2 \cdot 6H_2O$ 和 20 mmoL 的尿素溶解于 9 mL 水中。

③ 制备微乳液 把水相混合溶液加入到上述油相乳液中，搅拌 1 h 得到透明的粉色溶液。

④ 水热反应 把所制备的微乳液移入到 100 mL 的水热反应釜中，120 ℃反应 4 h，然后自然冷却。

⑤ 加入 10 mL 水和丙酮混合溶液（体积比 1∶1）破乳。离心并用去离子水和乙醇洗涤数次，合成的前驱体在 80 ℃下干燥一夜，在 400 ℃下煅烧 4 h（升温速率 2 ℃/min）。

9.1.6 固相法

固相反应是指反应物之一必须是固体物质参加的反应。固相法是通过从固相到固相的变化来制造粉体，其原料本身是固体，这较之于液体和气体有很大的差异。

液相或气相反应动力学可以表示为反应物浓度变化的函数，但对于有固体物质参与的固相反应来说，固态反应物的浓度变化是没有多大意义的。对于固相反应来说，决定因素是固态物质的晶体结构、内部缺陷、形貌（粒度、孔隙和表面状况）及组分的能量状态等内在因素，以及反应温度、外加电压、射线的辐照，机械处理等外在因素。

9.1.6.1 高温固相法

高温固相反应是指反应温度在 600 ℃以上的固相反应，适用于制备热力学稳定的化合物。由于固相反应是发生在反应物之间的接触点上，通过固体原子或离子的扩散完成的，然后逐步扩散到反应物内部，因此反应物必须相互充分接触。为了加快反应速率，增大反应物之间的接触面积，反应物必须混合均匀，而且需要在高温下进行。

影响固相反应速率有三个主要因素：首先是反应物固体的表面积和反应物间的接触面积；其次是生成物的成核速率；最后是相界面间离子扩散速率。

增加反应物固体的表面积和反应物间的接触面积可以通过充分研磨使反应物混合均匀，反应物颗粒充分接触，另外反应物的比表面积和反应活性要高。如在三元材料的合成过程中，首先采用共沉淀的方法制备了 NCM 三元材料前驱体，使 Ni、Co、Mn 按照一定的比例均匀分布在前驱体中，这是十分重要的。另外在高温固相合成之前，将共沉淀的前驱体和锂盐充分混合，使不同反应物颗粒之间充分接触，对于合成出合格产品也是非常重要的。通过充分破碎，或各种化学途径制备粒度细、比表面积大、活性高的反应物原料。将反应物充分研磨混合均匀，反应物的高比表面积和充分混合是非常重要的。

如果原料固体结构与生成物结构相似，则结构重排较方便，成核较容易。例如用 $MgO+Al_2O_3$ 合成 $MgAl_2O_4$，由于 MgO 和尖晶石 $MgAl_2O_4$ 结构中氧离子结构排列相似，因此易在 MgO 界面上或界面邻近的晶格内通过局部规整反应或取向规整反应生成 $MgAl_2O_4$ 晶核，或进一步晶体生长。在制备方法、反应条件和反应物的选取等方面应着眼于原料反应活性的提高，对促进固相反应的进行是非常有用的。例如在进行固相反应之前制取细粒度、高比表面积、非晶态或介稳相以及新沉淀或新分解等新生态反应原料，这些反应物往往由于结构的不稳定性而呈现很高的反应活性。

由于固相反应是复相反应，反应主要在界面上进行，反应的控制步骤是离子的相间扩散，因此此类反应生成物的组成和结构往往呈现非计量性和非均匀性。例如在三元材料合成中，很容易形成非计量比的 $LiMO_2$，这就需要在反应活化能高的阶段增加反应时间。

【例 17】钴酸锂的合成

钴酸锂的工业化生产一般都采用高温固相法，常用的反应物为氧化物、碳酸盐、氢氧化物，分两步进行：首先将反应物充分均匀混合，再压成坯体，于适当高温下煅烧发生固相反应；再将合成好的熟料块体用粉磨机械磨至所需粒度。某厂家的钴酸锂生产工艺如下：

氧化钴(1～3 μm)＋碳酸锂(1～3 μm)＋聚乙烯醇黏结剂→粒状混合物(1～2 μm，Li∶Co＞1)→ 煅烧(空气＋二氧化碳)→粉碎分级、除铁、包装等→氧化钴锂产品(15～20 μm)。

合成过程中，采用超细锂盐和钴的氧化物混合，可以缩短迁移反应时间。另外在反应前向反应体系加入黏结剂，可防止产物粒子过细容易发生迁移和溶解等。

9.1.6.2 高能球磨法

高能球磨法是将粗粉体和硬球（钢球、陶瓷球或玛瑙球）按比例放进球磨机的密封容器内，利用球磨机的转动或振动，使硬球对原料进行强烈的撞击、研磨和搅拌，把金属或合金粉末粉碎为纳米级微粒的方法。如图9-22所示，按球磨方式可分为滚动球磨、搅拌球磨和振动球磨。

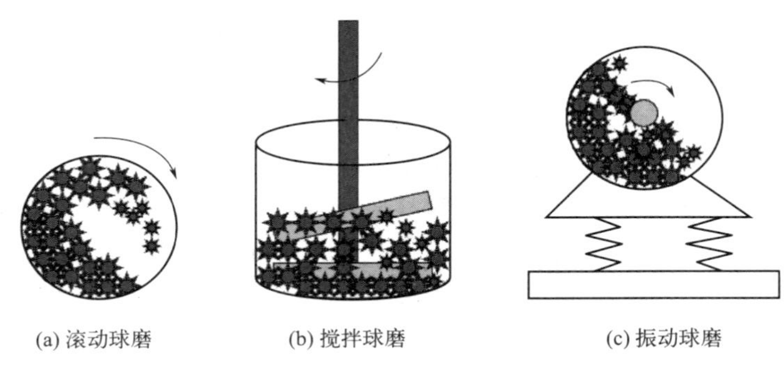

(a) 滚动球磨　(b) 搅拌球磨　(c) 振动球磨

图9-22 球磨方式示意图

在电池电极材料制备过程中，高能球磨法是合成粉体的重要途径。相比于传统方法，该方法所需要的反应温度低、制备出的粉体量大、粉体粒径分布均匀，在合成粉体中起到了重要作用。

无论是固相法、液相法还是气相法，为了使新物质（超细功能粉体）生成，高温处理导致化学键变化是最常见的材料制备方法。这些方法在粉体合成方面得到了广泛应用，但存在着各自的不足。物理法制得的超细颗粒粒径易控，但成本较高；化学法成本低、条件简单、粒子大小可控，但量产困难。高能球磨法将物理法和化学法结合，可以改善上述缺陷。其基本原理是通过球磨机的转动或振动使球对原料进行强烈的撞击、研磨和搅拌，晶体物质在这种机械力作用下，化学活性增强，使其在较低的温度下也能进行化学反应。从化学反应原理的角度来说，粉末原子的表面在球磨过程中会产生一系列的键断裂，晶格产生缺陷，随着球磨的进行，缺陷不断扩大化，最终把金属或合金粉末粉碎为纳米级微粒。

高能球磨法的原理可以概述为在机械力的作用下原材料的结构、物理化学性质发生变化。近期高能球磨法已经在多种材料的合成等科研工作中取得了一定的成果，并且在新材料、纳米材料等领域得到了广泛应用，尤其是制备纳米复合材料。由高能球磨法制备的球磨粉体中会有部分机械能积蓄，使得粉体有较高的表面能，可有效地防止粉体聚集，使不同组分的材料均匀分散，所以很适合制备复合材料，生成均一分散的复合结构。

高能球磨法所需设备少、工艺简单，主要影响因素有球料比、分散剂添加量、搅拌轴转速、球磨介质和球磨时间。一般来说，球的数量越少，效率越低，但如果球过多，球与球之间的撞击受阻，击碎效果则较差。在球磨过程中，存在一个最佳的分散剂使用量，当分散剂在这个范围之内时，可以有效地抑制粉体颗粒的集聚，达到最好的球磨效果。转速越高，带给球磨物质的能量越高，但也会使球磨系统温度升高过快。关于球磨介质，主要需要考虑的是避免对样品的污染，防止与样品发生化学反应。球磨时间对产物的组分、纯度和粒径尺寸有直接的影响。

9.1.7 化学气相沉积法

化学气相沉积（CVD）是指利用气态或蒸气态的物质在热固表面上反应形成沉积物的过程。CVD技术可分为热壁低压化学气相沉积（LPCVD）、金属有机化学气相沉积（MOCVD）、等离子体化学气相沉积（PECVD）和激光化学气相沉积（LCVD）等。CVD反应体系应该满足的条件如下：

① 在沉积温度下，反应物必须有足够高的蒸气压，要保证能以适当的速率进入反应室。

② 反应原料是气态或易于挥发成蒸气的液体或固态物质，反应易于生成所需要的沉积物，其他反应产物保留在气相中排出或易于分离。

③ 沉积薄膜本身必须具备足够低的蒸气压，以保证整个沉积反应过程都能在受热基体上进行，基体材料在沉积温度下的蒸气压也必须足够低。

典型的化学气相沉积（CVD）工艺如图9-23所示，主要步骤如下：①反应剂在主气流中越过边界层向基体材料表面扩散；②化学反应剂被吸附在基体的表面并进行反应；③化学反应生成的固态物质在基体表面成核，生成薄膜；④反应后的气相物质离开基体材料表面，扩散回边界层，随运输气体排出反应室。

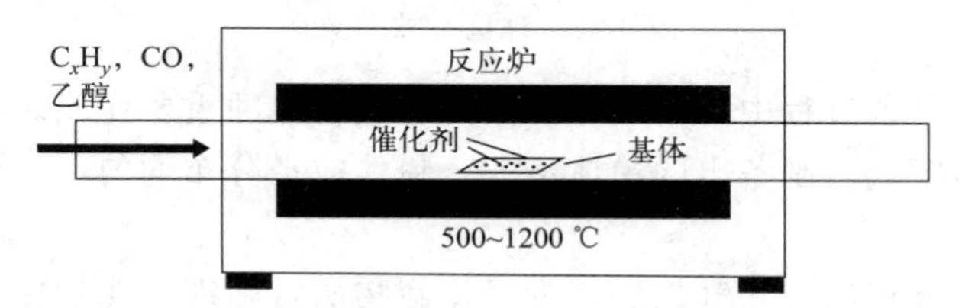

图9-23 典型的化学气相沉积（CVD）工艺示意图

【例18】 化学气相沉积法制备石墨烯

利用甲烷等含碳化合物作为碳源，通过其在基体表面的高温分解生长石墨烯。化学气相沉积法生产石墨烯主要涉及到碳源、生长基体和生长条件等三个方面。目前生长石墨烯的碳源主要是烃类气体，如甲烷（CH_4）、乙烯（C_2H_4）、乙炔（C_2H_2）等，选择碳源需要考虑的因素主要有烃类气体的分解温度、分解速度和分解产物等。碳源的选择在很大程度上决定了生长温度。

目前使用的生长基体主要包括金属箔或特定基体上的金属薄膜。选择的主要依据有金属的熔点、溶碳量以及是否有稳定的金属碳化物等。金属的晶体类型和晶体取向也会影响石墨烯的生长质量。

化学气相沉积法从气压的角度可分为常压、低压（10^5～10^{-3} Pa）和超低压（＜10^{-3} Pa）。据载气类型不同可分为还原性气体（H_2）、惰性气体（Ar、He）以及二者的混合气体。依据生长温度不同可分为高温（＞800 ℃）、中温（600～800 ℃）和低温（＜600 ℃）。

9.2 钴酸锂的生产工艺

钴酸锂生产以四氧化三钴、碳酸锂及其他掺杂元素为原料，进行计量、配料、混合、烧结、粉碎分级、除铁、包装等工序。不同的钴酸锂生产商，也会针对不同的性能，进行相关元素的掺杂和包覆，来提高钴酸锂相应的性能。早期钴酸锂生产一般采用间歇式半自动化生产。由于间歇式半自动化生产作业环境恶劣，工人劳动强度大，产品一致性差，目前一些品牌企业已经采用全自动化生产线进行生产。一般工业生产的钴酸锂反应方程式为：

$$2Co_3O_4 + 3Li_2CO_3 + \frac{1}{2}O_2 \longrightarrow 6LiCoO_2 + 3CO_2 \tag{9-7}$$

不难发现，反应的过程需要加热及氧气的参与，在工业生产上，一般采用电加热推板窑或辊道窑进行烧结，在烧结过程中通入过量空气，以满足反应过程中对氧气的需求。反应的副产物为二氧化碳，一般通过推板窑或辊道窑窑头和窑尾的排气烟囱而排入大气中。钴酸锂一般产业化生产的工艺流程如图 9-24 所示。

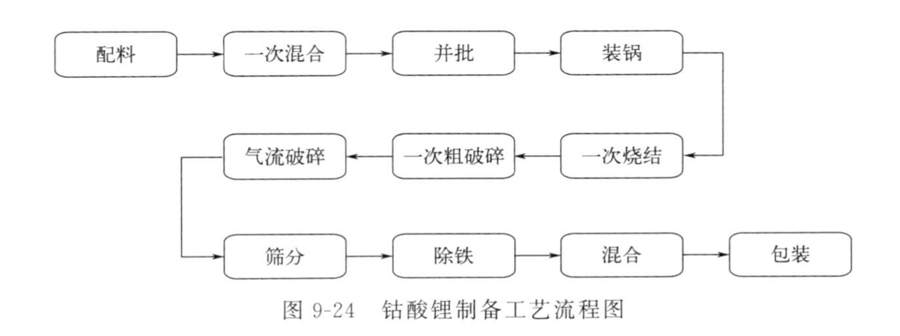

图 9-24　钴酸锂制备工艺流程图

9.2.1　主要原料

工业生产钴酸锂的钴原材料主要有碳酸钴、草酸钴、氢氧化钴、羟基氧化钴、三氧化二钴和四氧化三钴等，碳酸钴、草酸钴和氢氧化钴由于干燥过程中易分解而造成钴含量不稳定，且合成钴酸锂过程中放出二氧化碳和水等气体造成失重大、产能小等，工业上目前很少采用。羟基氧化钴和三氧化二钴成分不太稳定，使计量操作不方便，目前应用也很少。四氧化三钴结构稳定且钴含量高，目前成为生产钴酸锂的主要原材料。四氧化三钴通常由沉淀法生产的碳酸钴或氢氧化钴经过高温煅烧而成，其化学成分比较稳定，其中钴含量稳定在73.5%左右。自 2000 年以来，随着国内锂离子电池行业的迅速发展，Co_3O_4 作为制备锂离子电池正极材料 $LiCoO_2$ 最重要的原料之一，在国内的消费量增长迅猛。

工业生产钴酸锂的锂原材料主要有氢氧化锂和碳酸锂。氢氧化锂由于含有结晶水，锂含量常有波动；而且刺激性很强，操作环境恶劣，其成本比碳酸锂高。因此目前生产钴酸锂全部采用碳酸锂为原料。碳酸锂性能稳定，相对于氢氧化锂，刺激性小。

9.2.2　计量配料与混合工序

钴酸锂是一种成分和物相纯度要求很高的锂离子电池正极材料，对原料配方要求很精确。因此对原料计量准确度和精确度要求很高，对混合均匀性也要求很严格，否则将造成钴酸锂局部不均匀，产生杂相，影响产品性能。图 9-25 所示为钴酸锂生产工艺计量配料与混合工序。

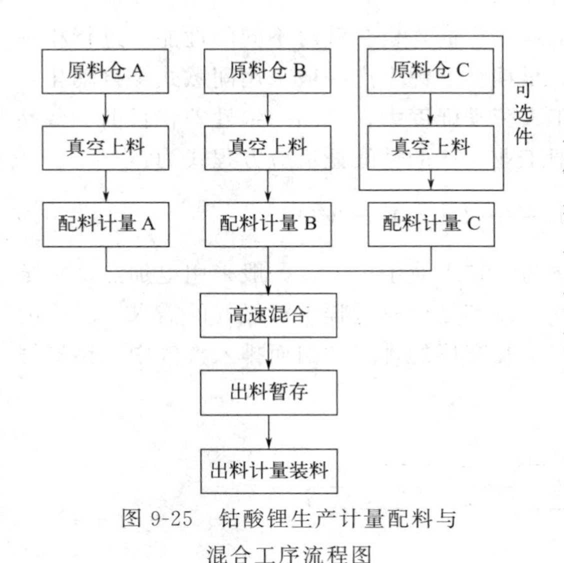

图 9-25 钴酸锂生产计量配料与混合工序流程图

9.2.2.1 计量配料

钴酸锂自动化生产线中的计量配料工序采用自动计量与配料设备。原料仓A为四氧化三钴料仓，原料仓B为碳酸锂料仓，原料仓C为掺杂元素如氧化铝、氧化镁、二氧化钛等料仓，原料仓C可根据钴酸锂的型号作为可选件。由于钴酸锂材料对金属杂质含量要求极低，因此料仓内壁要求采用涂层或内衬，如四氟涂层或塑料内衬等。

目前计量与配料工艺上采用料仓称重，混合机称重系统、配料秤以及自动定量秤都是重力式装料衡器，它们的共同结构都包含供料装置、称重计量、显示装置、控制装置以及具有产能统计、通信等功能，最后由中央控制将各部分连成一体，构成一个闭环自动控制系统。

钴酸锂配料的关键是配方，钴酸锂生产原料主要是四氧化三钴和碳酸锂，根据反应方程式确定两种原料的化学计量比。由于钴酸锂合成温度很高，最高温度达到950～1000 ℃，碳酸锂在高温下会挥发，使得实际得到的钴酸锂成分比按理论设计的配方合成的钴酸锂的锂钴比小。因此在实际生产过程中将配方中的锂钴原子比设计为1.01～1.05。配方中锂钴原子比越高，钴酸锂产品中的残留锂含量越高，产品pH越高，产品粒度、振实密度和压实密度也越高，但产品循环性能变差。若要生产电化学性能优异的产品，要求钴酸锂产品的锂钴原子比在1.00±0.02，pH=10.0～11.0。由于各厂家生产设备与工艺参数不一样，即使同样的配方，最后产品的锂钴原子比也有较大差异，因此钴酸锂生产配方一般是经验数据，需要生产厂家严格进行品质管控。

9.2.2.2 混合工艺

混合工艺要求将物料混合非常均匀，不同厂家采用的混合设备与工艺也有所不同。早期国内外钴酸锂生产工艺均采用湿法混合，如采用搅拌球磨机，以酒精或丙酮为分散介质，以氧化锆球为研磨介质，进行超细研磨同时也达到混合均匀的目的。采用湿法混合工艺，由于产生了机械化学活化效果，物料分散和混合效果最佳，使烧结过程时间缩短，高温固相反应更充分，反应转化率高，产品电化学性能优。但湿法混合工艺需要酒精、丙酮等有机溶剂，成本高、设备需要防爆、造价高，由于有机溶剂易燃易爆，生产安全存在风险和隐患。采用湿法混合工艺还需增加干燥工序，使得工艺复杂化和成本更高，因此，目前自动化生产钴酸锂已弃用湿法混合工艺而采用干法混合工艺。干法混合工艺尽管混合效果不如湿法混合，但干法混合成本低、效率高、环保安全，同时可以保证不破坏前驱体的形貌，产品性能可以通过调节烧结工艺参数如烧结温度、时间、气氛等来保证。干法混合每批次的混合量可以是100～1000 kg不等，时间20～40 min。

9.2.3 烧结工序

钴酸锂的烧结工序如图9-26所示。

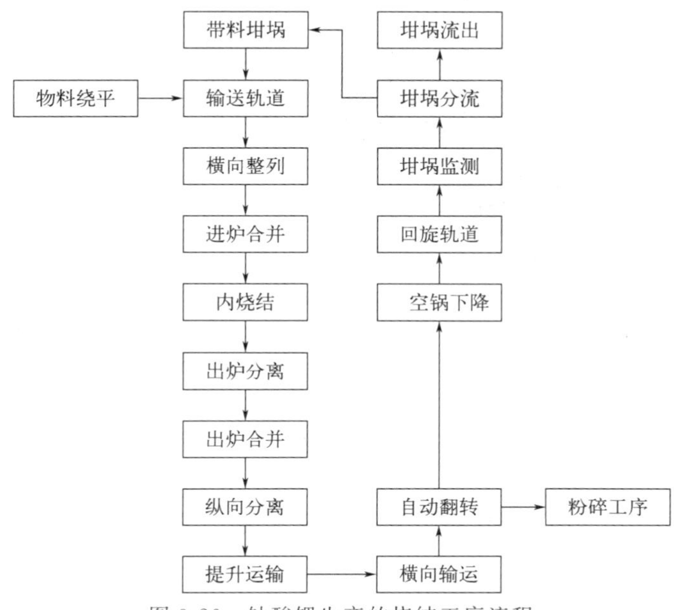

图 9-26 钴酸锂生产的烧结工序流程

烧结工序是钴酸锂生产的最核心工序，是生产过程中最关键的控制点。早期的烧结设备一般采用电加热连续式隧道推板窑（图 9-27），推板窑一般设计成 2 列双层或三层，推板尺寸一般为 340 mm(长)×340 mm(宽)×10 mm(高)，推板材质为莫来石或碳化硅。装料容器称为匣钵，匣钵尺寸一般为 320 mm(长)×320 mm(宽)×(60～110) mm(高)。常用匣钵的外形图参见图 9-28。

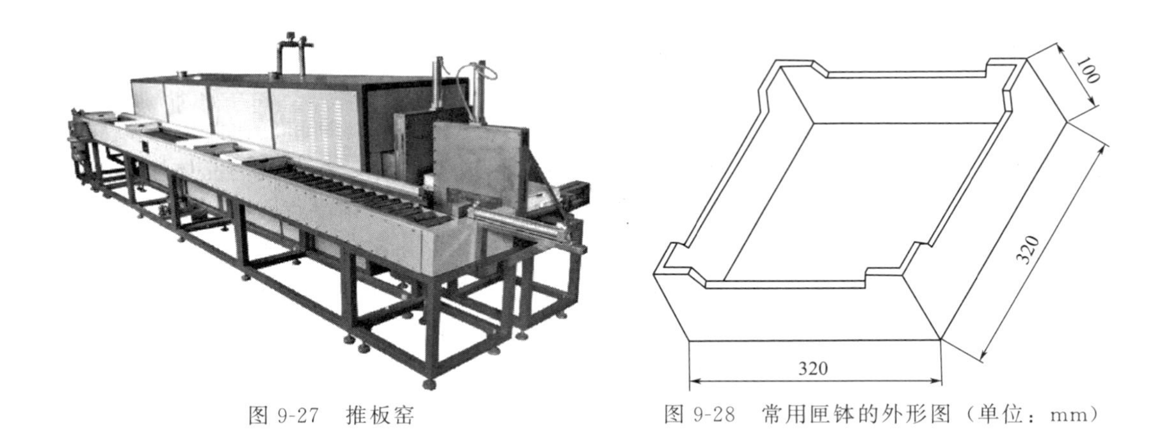

图 9-27 推板窑

图 9-28 常用匣钵的外形图（单位：mm）

由于推板窑炉膛截面高度较大，炉膛内温度分布均匀性较差，有些企业为了提高产能，将推板窑每块板上放置 3 层匣钵，造成上中下各层匣钵温度差别较大，使烧结的产品性能差异较大，一致性差。推板窑的推板会带来热损耗，推进过程中由于磨损造成粉尘，推板也会阻碍炉膛内气氛的流通，这些缺点使得推板窑烧结工艺时间长、能耗高、产品均匀性差等。此外由于推板窑推进过程中容易造成拱板（即推板位置错乱）以及推进摩擦阻力的存在，推板窑的长度不能设计太长因而推板窑产能有限，推板窑的长度一般不超过 35 m。

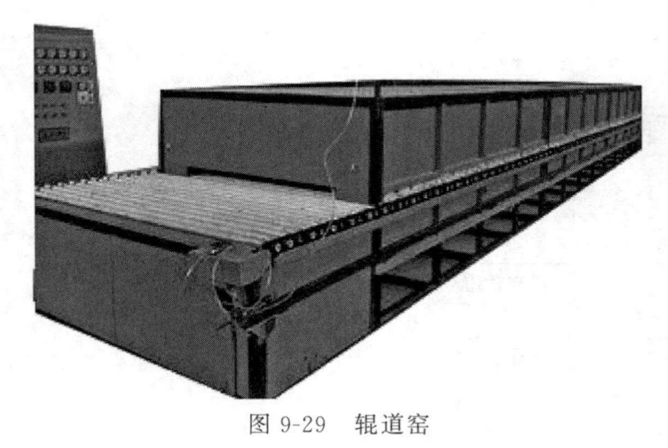
图 9-29 辊道窑

目前钴酸锂生产普遍采用辊道窑（图 9-29）。辊道窑由于炉膛截面高度小，温度均匀性比推板窑好，由于没有推板，气氛流动性好，烧结的产品性能优于推板窑。物料在辊道窑中的前进靠辊棒的滚动来实现，滚动摩擦力比推板窑的滑动摩擦力小。辊道窑理论上可以设计很长，有些辊道窑长度可达到 100 m 以上，钴酸锂生产用的辊道窑长度一般在 40～60 m。辊道窑一般设计成单层 4 列，最多的有 6 列，由于温度和气氛均匀性好，烧结时间比推板窑短，其产能比推板窑大 2～3 倍。有些企业为了进一步提高产能，将辊道窑设计成 2 层 4 列或 2 层 6 列。

烧结工序的主要工艺参数是烧结温度、时间、气氛。

9.2.3.1 烧结温度

钴酸锂的合成反应如式(9-7) 所示，根据热力学分析，钴酸锂的最小合成温度约为 250 ℃。考虑到动力学因素，结合碳酸锂作锂源，碳酸锂的熔点为 720 ℃，当加热到熔点附近后，碳酸锂开始发生分解：

$$Li_2CO_3 \longrightarrow Li_2O + CO \tag{9-8}$$

实际情况下碳酸锂在 650 ℃左右发生软化并处于半熔融状态，为了促进钴酸锂的烧结，通常将钴酸锂的烧结曲线设计成从室温升至 650～750 ℃并保温一段时间，在此温度下碳酸锂处于熔融状态，有助于高温下离子的扩散迁移。本来钴酸锂的合成为高温固相反应，由于碳酸锂的液化，固-固反应变成了固-液反应或者部分固-液反应，可以降低钴酸锂反应的活化能、提高反应速率和反应的转化率。在此阶段锂离子可以扩散和渗透至四氧化三钴分子周围和孔穴中，与四氧化三钴发生反应初步生成钴酸锂。

650～750 ℃保温一段时间后再升至 900～1000 ℃并保温一段时间，在此阶段碳酸锂发生分解变成 Li_2O 并同时与四氧化三钴发生化学反应生成钴酸锂，钴酸锂的晶体生长并趋于完整化。早期的钴酸锂一般为小颗粒团聚的二次粒子，钴酸锂的结晶性较差，其振实密度和压实密度偏小，后来由于电池厂家追求锂离子电池的体积能量密度，要求钴酸锂的压实密度越高越好。目前钴酸锂的压实密度由早期的 3.6 g/cm^3 提高到了 4.0 g/cm^3 以上。

当温度继续升高，如大于 1000 ℃时，合成钴酸锂的电化学容量不但没有升高，反而有所下降。实际上，在高于 1000 ℃的煅烧温度下钴酸锂可能发生分解，特别是锂的挥发增加，煅烧所生成的产物中可能还含有 CoO、Co_3O_4 及缺锂型钴酸锂，它们在高温下形成固溶体，冷却后形成坚硬的烧结块状物使产物出现板结现象，试验发现随着温度升高，板结程度加剧。这给粉碎分级等后续工序带来很大的困难，且产品的电化学性能急剧恶化。因此 950 ℃为合成钴酸锂的较佳温度。

从图 9-30 可知，随着温度的升高，钴酸锂的晶粒长大，晶型趋于完整形成单晶状钴酸锂，此种钴酸锂粒度分布好，结晶度高，制作电池时压实密度高，电池的体积能量密度高。

9.2.3.2 烧结时间

钴酸锂的烧结时间取决于混料的均匀度、烧结设备以及对产品性能的要求。液相混合由

(a) 800 ℃ (b) 950 ℃

图 9-30 不同煅烧温度钴酸锂的 SEM 图

于均匀度好，烧结时间较短，辊道窑由于温度和气氛均匀性好，烧结时间相对推板窑要短很多。有时为了调整产品的某项指标如为了获得更大粒度的钴酸锂，也可以通过延长烧结时间来实现。工业生产由于对产能和效率的要求，在保证产品质量的前提下，一般要求烧结时间尽可能缩短。对于辊道窑烧结来说，钴酸锂的烧结时间可以设计为：从室温升至第一保温段（650 ℃）时间为 2～4 h，第一保温段保温时间为 3～5 h，然后从第一保温升至高温段（950 ℃）时间为 1～3 h，高温段保温时间为 6～10 h，然后降温至 100 ℃以下，需要 6～8 h，降温不能太快，否则装料的匣钵由于急降温会发生破裂。整个烧结时间为 15～25 h。

9.2.3.3 烧结气氛

钴酸锂生产的原料是四氧化三钴和碳酸锂，四氧化三钴分子式为 Co_3O_4，即 $CoO \cdot Co_2O_3$，钴的化合价平均为+2.67 价。而钴酸锂 $LiCoO_2$ 中钴的化合价为+3 价，因此钴酸锂的合成反应必须在氧化气氛中进行。工业上生产钴酸锂采用空气气氛，早期窑炉气氛控制采用进气管道和出口烟囱的阀门进行手工调节，自动化生产线采用流量计进行精确自动调节，以确保产品的一致性。

9.2.4 后续工序

9.2.4.1 粉碎分级工序

锂离子电池生产过程中对正极材料钴酸锂的粒度及其分布有严格要求，粒度大小用 D_{50} 来表示平均粒径，D_{10} 表示小颗粒的粒径，D_{90} 表示大颗粒粒径。粒度大小影响材料的许多性能，如粒度影响电池制浆工艺的加工性能、极片的压实密度、电池的倍率性能等。一般来说粒度分布好，电池制浆加工性能好，极片光滑柔韧性好。如果粒度分布差，如细粉偏多材料比表面积偏大，则浆料的黏结性能差，极片容易发脆掉粉。若材料的粗颗粒偏多，则有可能刺穿隔膜造成电池短路，严重时引起燃烧爆炸。因此对钴酸锂材料的粒度及其分布制定了严格的标准。目前商业化钴酸锂的粒度要求：D_{50} 为 10～20 μm；D_{10} 为 1～5 μm；D_{90} 为 20～30 μm。D_{50} 越小，材料的倍率性能越好，但压实密度小，电池体积能量密度偏小；D_{50} 越大，材料的倍率性能越差，但压实密度大，电池体积能量密度大。早期钴酸锂的粒度

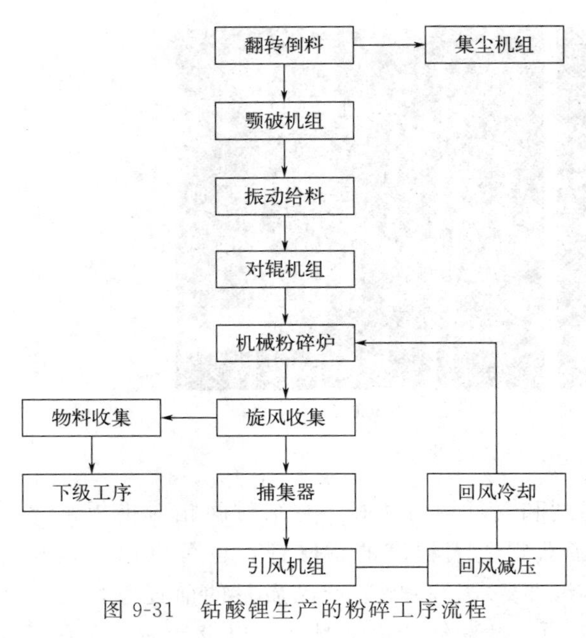

图 9-31 钴酸锂生产的粉碎工序流程

比较小，D_{50} 为 6～12 μm，后来为了提高材料的压实密度，钴酸锂的粒度 D_{50} 为 10～20 μm，甚至有大于 20 μm 的钴酸锂出现。

经过窑炉烧结合成的钴酸锂结块严重，必须经过颚式破碎机将粒度破碎至 1～3 mm，经过辊式破碎将粒度破碎至 50～100 目，最后经过机械粉碎或气流粉碎使粒度达到 D_{50} 为 10～20 μm，D_{10} 为 1～5 μm，D_{90} 为 20～30 μm。图 9-31 为钴酸锂生产过程中的粉碎工序流程。钴酸锂破碎和粉碎过程中应注意的事项：

① 防止单质铁的带入，因此凡是与物料接触的易磨损的部件均需要采用非金属陶瓷，而与物料接触的管路应采用塑料，料仓可用不锈钢材质表面喷特氟龙涂层；

② 要防止过粉碎，目前粉碎设备均带有分级轮，粗颗粒由于不能通过分级轮而进行循环粉碎，主要是要防止过粉碎造成细粉偏多，如果细粉偏多则要进行后续分级。

目前钴酸锂经过机械粉碎或气流粉碎后一级旋风收料应大于 95%，而布袋捕集器收料应小于 5%。捕集器收的物料粒度偏小，不能作为钴酸锂正品使用，可以降级销售，有时也作为废品卖给上游前驱体厂家回收钴。

钴酸锂的粉碎至关重要，早期粉碎设备主要是机械粉碎机，也称高速机械冲击式粉碎机，目前国内能生产。由于钴酸锂粒度越来越大，钴酸锂的硬度和相对密度也越来越大，机械式粉碎机磨损严重，且机械式粉碎机粉碎效率太低，目前已被气流粉碎机所取代。

9.2.4.2 合批工序

钴酸锂经过前面配料混合、烧结、粉碎分级等工序后，产品已成型。但钴酸锂是一种超细粉末产品，产品品质从肉眼上是看不出来的，产品品质受人（man）、机（machine）、料（material）、法（method）、测量（measurement）和环境（environment）（简称 5 M1E）的影响，每一批次的产品质量总是存在或大或小的差别，必须将不同批次产品的质量均匀化或一致化。因此，钴酸锂生产过程中在粉碎分级后经过一个合批工序，即将不同批次原料、不同设备、不同时间生产的小批次混合。

产品经过混合成为一个大批次，保证在这一大批次下的产品质量是一致的、均匀的，这对下游客户对产品的使用是非常有益的。目前合批工序使用的设备主要有双螺旋锥形混合机和卧式螺带混合机。根据生产规模和客户需求，合批的单一批次的数量一般是 5～10 t。

9.2.4.3 除铁工序

正极材料中的 Fe 在充电过程中会溶解，然后在负极上还原成铁，铁的晶核较大，又具有一定的磁性，晶体的生长很快，所以很容易在负极形成铁枝晶，有可能会造成电池的微短路，电池的安全性能存在很大隐患。国际一线品牌电池企业对钴酸锂中的单质铁含量要求在 20×10^{-9} 以下。单质铁由原材料带入，制造过程中金属设备带入，生产环境中由于机器磨损、门窗开关磨损造成空气中微量铁带入等，因此要求原材料厂家预先除铁，所有与物料接触的机器设备采用非金属陶瓷部件或内衬和涂覆陶瓷或特氟龙涂层等。早期除铁采用永磁磁棒制造的除铁器，效果不佳。现已改用高磁场强度的电磁除铁器除铁，效果好，产能大，效率高。早期的除铁设备基本上均从日本或韩国引进，现在国内已能生产。除铁工序最好放在粉碎、合批工序之后和包装工序之前。图 9-32 为钴酸锂生产过程中的除铁工序流程。

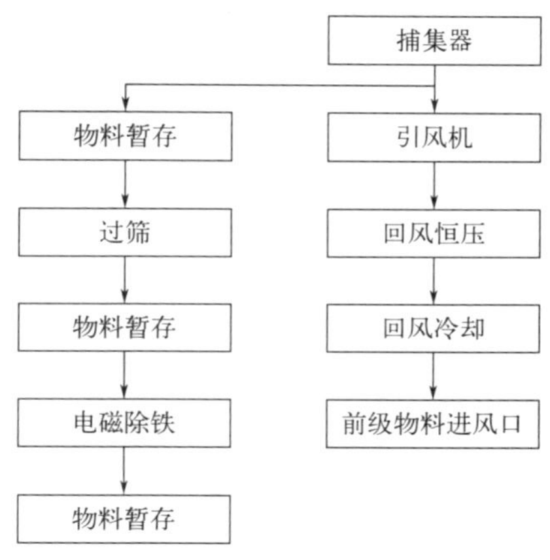

图 9-32　钴酸锂生产的除铁工序流程

9.2.4.4　包装工序

钴酸锂是一种易扬尘的粉末，价格比较高，对包装要求严格，精度要求高。早期采用普通的真空包装机，目前大规模企业均采用自动化的粉体包装机。采用铝塑复合膜真空包装，10～25 kg/袋，置于牛皮纸桶或塑料桶内，为了降低包装成本，现在也有用吨袋包装的。包装车间最好与生产车间隔离，要求恒温除湿，相对湿度最好小于 30%。包装车间的墙、顶、门窗等不要采用金属材质，以防带入金属杂质。

9.2.5　钴酸锂的产品标准

钴酸锂已有国家标准，具体参见 GB/T 20252—2014。不同厂家根据客户的需求对产品标准有所调整，以下是某厂家的企业标准。

名称：钴酸锂；

外观：黑色粉末固体，无结块；

用途：锂离子电池正极活性物质；

包装：铝塑复合膜真空包装，12.5 kg/袋，2 袋/桶，置于牛皮纸桶或塑料桶内。

（1）物理性能（见表 9-2）

表 9-2　钴酸锂物理性能

测试项目		单位	LCO-1
粒度分布	D_{10}	μm	≥4.0
	D_{50}		8.0～12.0
	D_{90}		≤25
	D_{max}		≤45
比表面积		m^2/g	0.2～0.5
振实密度		g/cm^3	≥2.5

（2）化学成分与电化学性能（见表 9-3）

表 9-3 钴酸锂化学成分与电化学性能

测试项目		单位	LCO-1
金属含量	锂(Li)	%	6.80～7.20
	钴(Co)	%	59.00～61.00
	钠(Na)	%	0.002～0.005
	钙(Ca)	%	0.002～0.005
	铜(Cu)	%	0.0005～0.0010
	磁性异物	—	$\leqslant 25\times10^{-9}$
pH 值		—	10.00～12.00
水分含量		—	≤0.08
压实密度		g/cm^3	≥3.90
1C 初始比容量(vs. C)①		mA·h/g	≥145
每周容量衰减率		%	≤0.05
初始 3.6 V 平台率(vs. C)②		%	≥85

① C 代表的是石墨，基于以钴酸锂为正极材料、石墨为负极材料组成的全电池进行测试。

② 放电时平台电压或中值电压 3.6 V 时的容量占总容量的比例。

9.3 磷酸铁锂的生产工艺

磷酸铁锂材料由于具有原料来源广泛、价格低廉、无环境污染、充放电体积变形小、循环寿命长等优点，迅速成为主流的锂离子电池正极材料之一。更由于其具有独特的安全性能，在动力电池领域已经逐渐成为产量最大的正极材料。

中国化学与物理电源行业协会动力电池应用分会数据显示，2021 年中国市场动力电池装机量约为 159.6 GW·h,其中磷酸铁锂电池装机量为 81.7 GW·h,占比 51.2%。磷酸铁锂电池已经成为动力电池主流路线之一，产量方面，2021 年中国市场磷酸铁锂电池产量累计 125.4 GW·h,占电池总产量的 57.1%。比亚迪的汉/秦、特斯拉的 Model 3/Y、五菱宏光的 MINI EV、欧拉 R1、奇瑞 eQ1、传祺 AION. S、小鹏 P5/P7、哪吒 V 等热门车型均采用了磷酸铁锂电池。

2021 年我国磷酸铁锂材料出货量达到 47.8 万吨，2022 年上半年出货量达到 34 万吨。主要的生产企业有湖南裕能、德方纳米、湖北万润、常州锂源、融通高科、国轩高科、安达科技、北大先行、比亚迪等。有机构预计 2025 年，市场的磷酸铁锂材料需求达 216.9 万吨。

磷酸铁锂材料制备工艺有很多种，其中，以磷酸铁为前驱体，碳热还原法合成磷酸铁锂的工艺由于过程简单、快速、易实现自动化流程控制，并且产物均匀度较高、活性高、颗粒接近圆形，已逐渐发展成为主流工艺。

9.3.1　磷酸铁前驱体的生产

磷酸铁（$FePO_4$），又称正磷酸铁，是一种白色、灰白色单斜晶体粉末，几乎不溶于水、乙醇、乙酸等，但可在盐酸和硫酸等中溶解，加热状态下溶解更快，但是难溶于其他酸。因此常用盐酸和硫酸溶液清洗磷酸铁合成设备。

磷酸铁的合成方法主要有：沉淀法、水热法、溶胶-凝胶法、空气氧化法、控制结晶法等。其中，水热法因为投料过程不连续、制备受反应釜容器大小限制等缺点而难以工业化生产。溶胶-凝胶法的缺点是反应时间较长，在干燥时产物易收缩，也难以工业化生产。其他方法也因各种缺点而难以实现工业化。

沉淀法制备磷酸铁具有设备要求低、成本较低等优点，通过控制反应条件可以制得较理想的电池用磷酸铁，易实现大规模工业化生产，所以目前工业上制备电池级磷酸铁的主要方法为沉淀法。

沉淀法一般是利用二价铁和磷酸根离子在酸性溶液中混合，加氧化剂氧化，通过逐渐增大 pH，控制结晶速度制成磷酸铁沉淀物。沉淀物经过过滤、反复洗涤，去除其中的硫酸根离子、钠离子、钾离子等杂质后，进一步烘干、粉碎制成磷酸铁成品。此时制成的磷酸铁含有两个结晶水，可以在 400～700 ℃煅烧，进一步脱掉结晶水，制成无水磷酸铁。

磷酸铁有几种水合物，分别为二水磷酸铁（$FePO_4 \cdot 2H_2O$）、三水磷酸铁（$FePO_4 \cdot 3H_2O$）、八水磷酸铁（$FePO_4 \cdot 8H_2O$）。高纯的磷酸铁和它的水合物均为白色粉末。但在实际生产中，由于杂质的存在，常显示为黄白色。

9.3.1.1　硫酸亚铁的预溶解及纯化

制备磷酸铁的铁源，常用的是硫酸亚铁。

购买的硫酸亚铁，常为工业制备钛白粉的副产物，所以价格便宜，缺点是钛杂质较多。将硫酸亚铁在去离子水和少量磷酸中溶解，加入絮凝剂，除去钛渣，即可得到纯化后的硫酸亚铁溶液。

9.3.1.2　氧化及沉淀

将上一步骤得到溶液加热到 50～55 ℃，加入磷酸，此时溶液 pH 值小于 1，加入适量双氧水，再加入氨水或磷酸二氢铵（也称磷酸一铵）调节 pH 值在 1.8～2.0，得到沉淀。

沉淀的滤液和废水可用于制备硫酸铵。由于废水含铵，并且后续烧结过程也会有少量氨气产生，导致这种生产工艺面临较大的环保压力。改进方法是用氢氧化钠（或碳酸钠）调节 pH 值为 2.0 左右，生成沉淀。该方法的废水加入石灰可得到石膏。

反应物的重量配比可以参考以下配方：七水硫酸亚铁 100，85%磷酸 41.8～48.8，27%双氧水 28.8～33.5，氢氧化钠 12.0～12.5，水 500～1000。

9.3.1.3　陈化或熟化

为改善晶粒尺寸及晶型结构，往往需要将沉淀物进行高温处理，使结晶重整，小晶粒可在这个过程中转化为较大的晶粒，这个过程称为陈化或熟化。常用的方法是利用蒸汽加热，将溶液升温至 85～95 ℃，并维持数小时。有些工艺利用专门的高温熟化罐进行陈化。

这个过程也可在压滤后进行。

9.3.1.4 板框压滤及清洗

将沉淀得到的固液混合物冷却到 50 ℃，引入板框压滤机（图 9-33）进行压滤，并不断加入去离子水充分洗涤。洗涤的终点可由电导率或 pH（5.9～6.1）决定。

分析滤液成分，除去其中的杂质。若杂质较多，该过程可能需要二次打浆，确保杂质控制在合理水平。在这个过程中还需要对浆料检测磁性物质。

图 9-33 板框压滤机

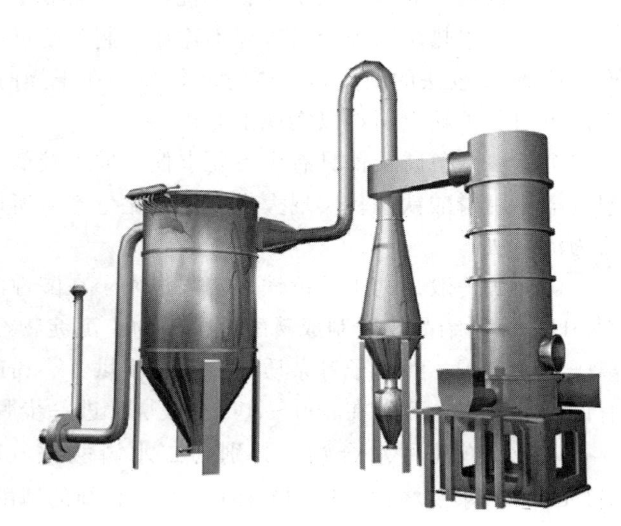

图 9-34 闪蒸干燥机

9.3.1.5 干燥及煅烧

将滤饼输送到闪蒸干燥机（图 9-34），利用超过 100 ℃的热风，除去游离水。

闪蒸干燥机由进料器、送风机、加热器、干燥管、搅拌破碎系统、旋风分离器、布袋除尘器等组成。物料进入闪蒸干燥机后，由搅拌粉碎装置打碎，在热空气的吹动下，随气流旋转上升，并在此过程中进行充分的热交换，可在数秒内完成干燥。干燥程度可由进料量、进风温度、出风温度和进风量等参数控制。干燥后的粉尘经旋风分离器进行分离，即可得到粉末状物料。

得到的粉末进入回转窑或辊道窑，在 400～700 ℃煅烧，除去结晶水，得到白（黄白）色的无水磷酸铁。

早期工艺常用二水磷酸铁作磷酸铁锂的前驱体，后来发现无水磷酸铁反应活性高于二水磷酸铁，故现在均采用无水磷酸铁。为控制水分含量，煅烧成功后的无水磷酸铁颗粒在气体保护的管道内运输。

9.3.1.6 粉碎及合批

经过高温煅烧的磷酸铁会有结块现象，对于磷酸铁材料来说，过大的颗粒不利于下一步的反应性能，需经过机械粉碎或气流粉碎降低其粒度。在粉碎过程中为防止单质铁的带入，凡与物料接触的易磨损部件均需采用陶瓷材质，运输用的管道应采用塑料材质，料仓可用不锈钢材质表面喷涂特氟龙涂层。目前采用较多的是气流粉碎机，如图 9-35 所示。

为防止不同批次生产的材料有较大的差异性，可将不同批次的产品经过螺旋锥形混合机

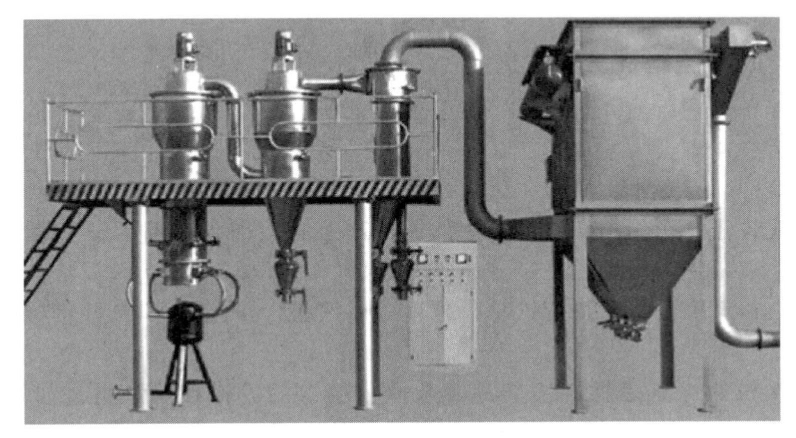

图9-35 气流粉碎机

或卧式螺带混合机进行合批（批混）操作。

9.3.1.7 除铁及包装

正极材料中的细小的金属颗粒可能引发微短路而造成过热，甚至起火伤人。所以锂离子电池材料企业对生产过程中的金属微粒控制非常严格。

引入的单质铁通常是在加工过程中物料与设备、管道摩擦产生磨损形成的微小铁屑。因此要求原材料厂家预先除铁，所有与物料接触的机器设备采用非金属陶瓷部件或内衬和涂覆陶瓷或特氟龙涂层等。

为确保产品品质，在产品最后进入包装工序前，要使产物颗粒进入电磁除铁器，进行除铁操作。

磷酸铁颗粒粒度较小，易于扬尘，且对水分有严格的要求，所以产品对包装要求严格。需采用真空包装机，或自动化的粉体包装机完成包装，并保证包装车间恒温除湿，相对湿度最好小于30%。

包装可以用塑料编织袋内衬聚乙烯薄膜袋，或铝塑复合膜袋，并需要在外包装上出现醒目的GB/T 191中规定的"怕雨""怕晒"标志，防止雨淋、腐蚀、受潮等。在运输过程中应做好防护，防止包装破裂、渗漏及雨水浸湿等。

9.3.1.8 无水磷酸铁质量检验

对电池级的无水磷酸铁材料，需要对以下参数进行检验：铁、磷含量及铁磷比，水分含量，粒径分布，比表面积，振实密度或压实密度，杂质离子含量，磁性物质含量等。

需要说明的是，生产中得到的磷酸铁是一种非确定化学计量比的化合物，其中铁磷物质的量的比（Fe/P）可以在一定的范围内调节。铁磷比是衡量磷酸铁品质最关键的指标之一，一般控制在0.96～1.02。其中Fe质量分数约为36%，P含量约为20.0%，水分含量控制在1%甚至是0.3%以内，硫酸根离子小于0.01%，磁性物质含量小于0.0002%。

铁磷比的大小决定粉末颜色，当铁元素较少时，粉末为灰白色；当磷元素较少时粉末呈暗黄色。如果最后得到的磷酸铁产物为深暗色时，说明产品中含有许多的杂质，如钠离子、钾离子、硫酸根离子、铵根离子等。

随制备工艺的不同，磷酸铁的振实密度有较大的差异。常规粒径的磷酸铁振实密度大于0.6 g/cm^3，纳米磷酸铁振实密度为0.3～0.5 g/cm^3。D_{50}常为几百纳米到几微米，比表面积为 7～16 m^2/g。

9.3.1.9 成本控制及工艺改进

磷酸铁的制备工艺目前并未统一，各公司在铁源、磷源、沉淀剂等上存在较大的差异，并因此导致生产成本有很大的差异。

常见的沉淀剂，有氨水、磷酸二氢铵或磷酸氢二铵、氢氧化钠、碳酸钠等。有铵根离子存在时沉淀颗粒粒径分布集中，但废液中的铵根离子必须回收，否则带来较大的环保压力。采用氢氧化钠、碳酸钠等得到的粒径分布较宽。

除了从钛白粉厂家购买硫酸亚铁外，也可以用铁粉（块、片等均可）以及铁的氧化物作为铁源。

使用高纯铁粉的优点是铁纯度较高，杂质较少，但价格相对昂贵。如果是普通铁粉，Mn 等杂质含量往往较高，在生产中常有副产物盐的出现。

将铁粉置于磷酸溶液中，加热进行反应，得到含 $Fe(H_2PO_4)_2$ 的反应液。该溶液中直接加入氧化剂如双氧水，然后加入氢氧化钠产生沉淀。也有工艺直接用去离子水提高 pH 值，发生水解反应即可生成磷酸铁。该工艺简单，得到的磷酸铁纯度较高，废水处理简单。缺点是粒径分布较宽，成本较高。

这几年市场上磷酸价格高涨，工业上常采用磷酸二氢铵（又称磷酸一铵，一铵）或磷酸氢二铵（又称磷酸二铵，二铵）作为磷源。这两种材料由于价格管控，因此比磷酸便宜。这两种盐由于均存在铵根离子，故废水处理成本较高。

除了上述成本和环保方面的考虑以外，也有不少公司在提高产品质量方面下功夫，常见的有，为控制粒径，在沉淀过程中，可以加入聚乙二醇溶液。

近年来，纳米磷酸铁开始在市场出现，并赢得了磷酸铁锂厂家的注目。纳米磷酸铁是指磷酸铁材料一次晶粒的粒径在 100 nm 以下。由于其具有较小的粒径和较大的表面积，反应活性非常高。据实验可知，采用纳米磷酸铁作为原料，一次烧结 3～4 h，即可形成单一的磷酸铁锂晶体结构，且比容量高，放电循环稳定。国内厂家利用纳米磷酸铁制成的磷酸铁锂材料电池性能非常优异。该技术较传统磷酸铁材料动辄 10 h 以上的烧结时间大大缩短，成本也大幅度下降。国内已经有德方纳米采用“自热蒸发液相合成纳米磷酸铁锂技术”生产纳米磷酸铁。

9.3.2 磷酸铁锂的生产

常见的磷酸铁锂生产工艺有高温固相法、碳热还原法、微波合成法、液相共沉淀法、溶胶-凝胶法、水热法等。

早期的工艺是用高温固相法，采用草酸亚铁作为铁源，混入碳酸锂、磷酸二氢铵，在惰性气体的保护下高温烧结制备磷酸铁锂。该工艺铁源成本高，二价铁稳定性差，需要惰性气体保护，且煅烧过程有含氨废气产生，目前已几近淘汰。

碳热还原法的优点是在加工过程中不必考虑原料的氧化，可以采用便宜的三价铁作为铁源。在高温过程中，碳源分解，产生原子态的碳和氢，把三价铁还原为二价铁，形成磷酸铁锂，因此称为碳热还原法。该法还原能力强，从而可以降低合成温度，缩短反应时间。国内有厂家用 3～4 h 即可实现完全烧结，不仅生产效率大大提高，也有效防止了因烧结时间长造成的品质波动。同时，裂解产生的碳实现了对磷酸铁锂的碳包覆。这种原位包覆的碳降低了磷酸铁锂颗粒的生长速度，有利于保持原料的颗粒形貌。碳热还原法实现了一步还原，减少了出气量，有利于产率的提高。同时合成工艺简单，过程易于控制，越来越多的公司开始采用了碳热还原法。

利用碳热还原法制备磷酸铁锂材料，主要技术路线是将三价铁化合物（$FePO_4$、Fe_2O_3）、锂源和磷源（Li_2CO_3、Li_2PO_4、$NH_4H_2PO_4$ 等）及碳源（淀粉、葡萄糖、酚醛树脂等）混合均匀后，在烧结炉中通入保护气进行烧结，合成出达到技术性能的磷酸铁锂材料。各个厂家的主要工艺区别在于混料工艺、烧结工艺、加工设备和原料配方。通用的反应方程式是：

$$Fe_2O_3+2LiH_2PO_4+C \longrightarrow 2LiFePO_4+2H_2O\uparrow+CO\uparrow \tag{9-9}$$

$$2FePO_4+Li_2CO_3+C \longrightarrow 2LiFePO_4+CO_2\uparrow+CO\uparrow \tag{9-10}$$

其中，磷酸铁工艺因其使用的原材料少、不需要使用溶剂、水系混合、无氨气排放、工艺成本低等优点，受到众多材料厂家青睐。

采用磷酸铁体系制备磷酸铁锂材料时，原料中的锂源需要过量，一般以过量 2%～5%（物质的量的比）为宜。配方为：每摩尔磷酸铁，加入 0.51～0.52 mol 的碳酸锂和 0.1～0.2 mol 的葡萄糖，生产中可用磷酸铁 100 kg、碳酸锂 26 kg、蔗糖 24 kg。在烧结过程中，在电炉中要通入非氧化的保护气。实验证明，保护气体可以在炉内出现大量分解气体后（约 400 ℃）再通入，对成品性能影响不大。原因是三价铁在 400 ℃以下没有价态的变化，二价铁还原一般在 400 ℃以上发生。保护性气氛用价格低廉的工业纯氮气即可。碳源分解时，生成的碳、水蒸气、一氧化碳等气体也具有良好的还原效果。采用氧化铁工艺时，如果需要适当增加锂含量，需要在原料（锂源为 LiH_2PO_4）体系中额外加入少量的碳酸锂进行锂含量的调节。采用碳热还原法制造磷酸铁锂时，配料原料中铁磷物质的量的比以 0.95～0.98 为宜。

主要的生产工艺包括混料、喷雾干燥、烧结、粉碎、混合、烘烤、包装等，如图 9-36 所示。

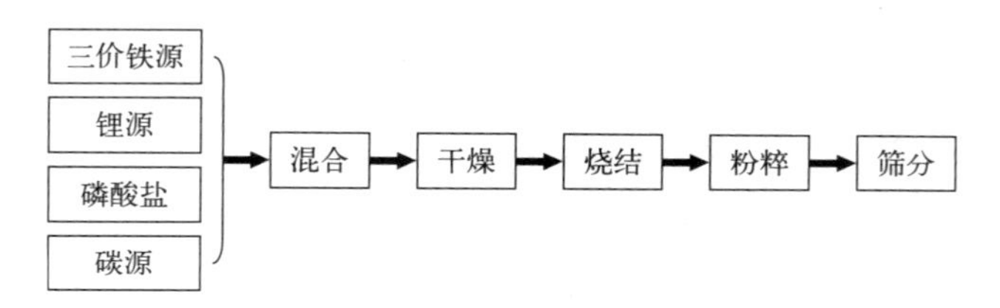

图 9-36 碳热还原法制备磷酸铁锂流程图

9.3.2.1 混料及研磨

混料（pre-mixing）是磷酸铁锂材料合成工艺的关键。

混料有干混和湿混两种方式。目前以湿混为主，即以液体为介质，将配制好的原料进行混合。湿法混料可以避免粉尘飞扬，混料效果较好，同时可以避免添加物（如葡萄糖）的热分解。常用的混料介质是纯净水或无水乙醇、甲醇，目前以无水乙醇为主，可以避免水介质造成的碳酸锂水解。由于原料的粒径分布严重影响反应速率和产品质量，所以混料通常由研磨（milling）、球磨等方式进行。常用设备有球磨机、砂磨机、胶体磨、可倾式湿磨机等。合成磷酸铁锂常用的混料设备有双行星混合机、V 型混合机等。

双行星混合机仅有混合功能，依靠控制转速和时间来决定混料的均匀程度。

胶体磨是一种离心式分散设备，适用于湿法混料。优点是结构简单，设备保养维护方便，适用于较高黏度物料及较大颗粒的物料，研磨速度快，可连续作业。胶体磨内部，由电动机带动一个转齿（或称为转子）与相配的定齿（或称为定子）做相对的高速旋转，其中转齿高速旋转，定齿静止固定，被加工物料通过本身的重量或外部压力向下流动，通过定、转齿之间的间隙（间隙可调）时受到强大的剪切力、摩擦力、高频振动、高速旋涡等物理作用，使物料被有效地乳化、分散、均质和粉碎，达到物料超细粉碎及乳化的效果。

球磨机和沙磨机原理类似，都是依靠高硬度的研磨介质和原料在滚筒中高速旋转，反复撞击、摩擦从而减小原料颗粒度。筒体为钢板制造，内部一般有陶瓷或聚氨酯制衬板，目的是防止金属混入物料。筒体部分备有冷却加热装置，以防因筒内物料、研磨介质和圆盘等相互摩擦所产生的热量影响产品质量，或因送入的浆料冷凝以致流动性降低而影响研磨效能。常见的研磨介质为玻璃珠、硅酸锆珠、氧化锆珠等（注意不能采用金属球）。球磨和砂磨的不同在于研磨介质的尺寸。球磨机中微球尺寸通常为几毫米，砂磨机中微球尺寸通常为零点几毫米。工艺参数中，主要的控制因素是原料/磨球比例、磨球材质和尺寸选择、浆料中固体物质含量比例、转筒转速、球磨时间等。

研磨结束后进入精密过滤器过滤，防止破损的磨球混入浆料。进入电磁除铁器进行除铁。检测产物的粒径分布、pH 值、黏度、密度、固体含量等数据。

9.3.2.2 喷雾干燥及粉碎

检测合格的浆料进入干燥环节，是将浆料中的液相成分脱除的过程，为煅烧做准备。干燥的方式有烘干、真空干燥、喷雾干燥等。目前的主流是喷雾干燥（spray drying）。

烘干是在烘房或烘箱内利用热风循环系统进行干燥。烘干设备简单，一次烘干的量可以很大。但原料处于静止状态，干燥速度很慢，且原料易结块，目前已经很少采用。

真空干燥机常见的有真空耙式干燥机、双锥旋转干燥机等，二者都是利用带夹层的筒体对物料进行加热，并且，在真空情况下，液体更容易挥发。二者的区别是耙式干燥机的筒体固定，依靠耙齿搅动物料；而双锥旋转干燥机则是利用筒体旋转，从而带动物料翻滚。这两种干燥机由于物料不停在翻动或搅动，干燥效率有很大的提高，并且，真空干燥机温度比烘干和喷雾干燥机低，可以有效避免葡萄糖、蔗糖等原料的分解，防止前期出现副反应。其中，双锥旋转干燥机中物料由于处在不断旋转翻动中，更容易制造出球形的材料，更易于煅烧。

图 9-37 喷雾干燥机

喷雾干燥机（图 9-37）是一种可以同时完成干燥和造粒的装置，主要由干燥塔、热风机、雾化喷头等部件组成。工作原理是：在干燥塔顶部导入热风，同时将浆料送至塔顶部，通过雾化器喷成雾状液滴，这些液滴群的表面积很大，与热空气接触后在极短的时间内就能完成干燥过程，一般情况下几秒就能蒸发 95%～98%的水分。由于干燥过程是瞬间完成的，产品的颗粒基本上能保持与液滴近似的球状。干燥后的物料用旋风分离器或粉尘收集器回收。除了干燥速度快，喷雾干燥机还具有生产过程简单、操作控制方便、容易实现自动化和连续大规模生产的优点。缺点是占地面积较大，能耗较高。一般单纯的电加热不能满足大批量生产的要求，需要蒸汽、导热油、热风机等外加热源来产生热风。

喷雾干燥设备主流的有两种，离心式和压力式。

离心式的设备，空气经过滤器和加热器，进入塔顶的空气分配器，形成螺旋状的热气流进入干燥器。同时，浆料经过滤器由泵送至干燥器塔顶的高速离心雾化器，形成细小的雾化液珠。液珠遇到热气流，水分瞬间蒸发，干燥成粉末，成品由塔底部的旋风分离器排出，废气经布袋除尘器排出。按工艺要求可以调节料液泵的压力、流量、喷孔的大小、气流进口温度和出口温度等参数得到所需的球形颗粒。离心式喷雾干燥机的设备效率高，方便管理，是目前国内的主流设备。

压心式喷雾干燥机是把进料口、压缩空气入口放在同一个喷嘴，利用浆料的流量、雾化空气流量、进风温度、出风温度等来控制粒径大小。相比离心式喷雾干燥机，压力式的成粉更细腻。

经过了喷雾干燥，便得到了粉末状的前驱体混合物。如果粒径不符合要求，则需要对它进行第一次粉碎（first crushing，简称一粉），把那些大的颗粒粉碎，使粉末成为均匀、符合粒径要求的前驱体。常用设备是气流粉碎机（也称气流磨）。

喷雾干燥工艺的进步，优化了物料粉末的粒径，使得一粉的取消成为趋势。并且，在烧结后的粉碎，一粉也可以取消。所以仅仅在前驱体粉末粒径严重不符合要求，会影响烧结时的反应速率时，才有必要进行一粉。

9.3.2.3　烧结

烧结（firing）设备是合成磷酸铁锂材料的核心设备。对烧结设备的要求如下：

① 必须保证烧结过程中的气密性，防止空气进入炉内造成产品氧化。烧结形成的磷酸铁锂中，铁以二价形式存在，如有氧气存在，会发生氧化反应，造成成品中的三价铁含量增高。一般烧结都是采用氮气或氮气加少量还原性气体对炉内的原料进行气氛保护，条件要求高时要加入部分氨分解气（N_2+3H_2）。从经验看，炉内的氧含量（体积分数）保持在 5×10^{-7} 以下为好。密封式旋转电炉的氧含量可以达到 1×10^{-6} 以下。烧结设备一般采用高纯氮气置换的方式保证炉内的氧分压，通过密封气帘、旋转接头或流动氮气来隔绝空气。

② 控温精度要精准，要有计算机程序控制的升降温功能。磷酸铁锂材料的烧结温度范围比较窄，工作区控温精度以不超过±5 ℃为宜。因此，大多数厂家选择网带炉、推板炉和旋转电炉，而不选择箱式电炉，其原因在于箱式电炉底部和顶部温差过大，即使电炉内部加上循环风机也不能保证温度控制精度，所以箱式电炉只适合用于实验室制备少量材料。由于磷酸铁锂材料对升降温制度要求很严，手动控制温度不能满足要求，必须由计算机程序控制升降温过程。

③ 电炉的性能要稳定。关键部件要耐用、耐氧化、易更换，电气元件要使用高标准的元件，电气控制系统要采用防尘设计。

④ 不能给物料造成污染。要用高标号的不锈钢或陶瓷材料制造与物料接触的部分。一般经受高温的部件，如烧结盘、烧结炉内胆等，都采用耐蚀性达到 SUS316 标号以上的不锈钢制造等；室温和低温接触物料部分至少要采用 SUS304 不锈钢制造。

目前，磷酸铁锂材料烧结设备的发展趋势是由最初的间歇式设备（如气氛保护钟罩炉、气氛保护箱式炉、单批次旋转烧结炉等）发展为连续式设备，例如：推板窑、网带炉、辊道窑、回转窑、连续式旋转烧结炉等。

在磷酸铁锂生产中，氧含量和水含量是必须要稳定控制的，虽然回转窑密闭性好，但是排气不好，窑炉内容易累积水蒸气，这些水蒸气不可避免地会扩散到高温还原区，并会消耗产品中的碳，因此采用回转窑设备很难将产品做稳定。相对而言，推板窑和网带炉、辊道窑比较适合作为磷酸铁锂的烧结设备，如图 9-38、图 9-39 所示。

图 9-38 气氛保护辊道窑

图 9-39 全气氛推板窑

这三种设备工作原理基本相同。物料由传送装置经自动称量，装入石墨坩埚或石墨匣钵，经推板（或网带、辊道）传送至窑内。

窑内充氮气，置换烧结过程中产生的酸性气体、水分和空气，同时流动的气体使得炉膛的受热均匀。在进出口两端安装有氮气密封室，即通过硅橡胶帘加氮气气幕形成微正压，阻断外界空气进入窑内，避免物料的氧化。窑内的气压、氧含量、水蒸气含量对产品品质非常重要，需要实时监控。

窑内一般设 3 个温区，分别是升温区（小于 550 ℃）、恒温区（600～850 ℃）、降温区，每个温区烧结的时间由温区长度和传动速度决定，一共需约 20 小时。200 ℃左右可以完成游离水和结晶水的去除，葡萄糖的分解在约 400 ℃时达到最大速率，此时产生大量还原性物质，开始三价铁的还原。在恒温区，锂离子的扩散速度随着温度的升高而加快，因此恒温时间与材料粒径呈负相关关系。与此同时，在恒温区还伴随着晶粒的长大。总的来说，烧结时间由进料量、物料粒径、温区长度与温度分布、传动速度、炉体保温性能等共同决定。

连续式旋转烧结炉是一种可以连续进出料的旋转式烧结炉。烧结炉的内胆在炉体的中心部位，内胆内表面有螺带，在旋转过程中，可以不停地推动物料沿螺带槽前进。通过设计螺带的螺距、内胆倾斜角度和内胆旋转速度，可以得到不同的物料前进速度。结合炉体内温度场设计，可以实现物料的定时烧结。连续式旋转烧结炉的主要特点是节能，没有盛放物料的容器，热量完全用于加热反应物料，最大限度地避免了热损失，是目前为止最节能的烧结窑炉。连续式旋转烧结炉的缺点是：为了防止内胆下垂，内胆的长度有限，要求物料烧结时间较短，因此适用于烧结时间少于 10 h 的磷酸铁锂制造工艺。

9.3.2.4　粉碎与分级

高温焙烧得到的 $LiFePO_4$，颗粒团聚严重，需要对其进行粉碎，以达到工艺要求的颗粒细度。为了区分烧结前的粉碎工艺，也常把这次粉碎称为第二次粉碎，简称“二粉”。此时的材料粒径分布范围很广，需要依据粒径分级，选择出合乎要求的产品。粉碎及分级的标准，要根据最终产品的指标要求进行。

对磷酸铁锂材料要求颗粒度集中，呈正态分布，过粉碎的细粉和大颗粒尽量少，确保有效的粒度组成，并保证粉碎过程中不会对包覆碳剥离。选择合适的粒径分布，可以提高产品的振实密度，并最终有利于电池极片的电性能和加工性能。不同用途的电池需要的粒径分布并不相同。大部分电池厂对磷酸铁锂材料粒度的典型要求如下：$D_{10}>0.8\ \mu m$；D_{50} 为 2～4 μm；$D_{90}<8\ \mu m$。

这次粉碎不再使用球磨机等机械磨装置，这是因为干态球磨会造成较大温升导致磷酸铁锂氧化，而湿态球磨还需要进一步的烘干等工序，工序复杂，容易造成新的污染。目前，在磷酸铁锂行业，普遍使用的粉碎设备是气流粉碎机（也称气流磨），如图 9-40 所示。

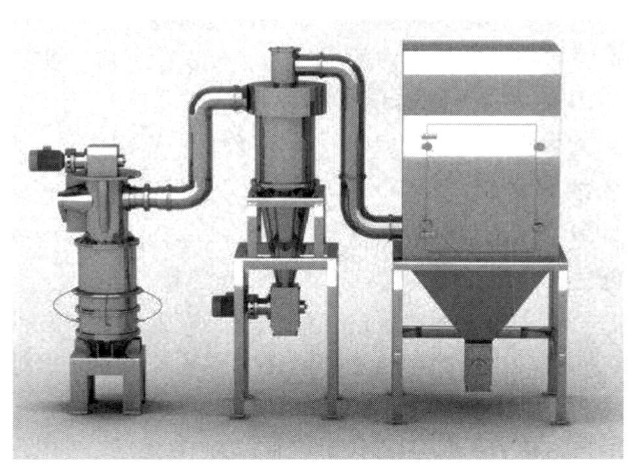

图 9-40　气流粉碎机

气流粉碎机的粉碎过程主要依靠物料自身之间的碰撞来完成，有别于机械粉碎依靠刀片或锤头等对物料的冲击粉碎，因而设备耐磨损，产品纯度高。气流粉碎机的粉碎机理决定了具有适用范围广、成品细度高、不引入杂质、粉碎过程中没有温升等特点。

分级设备早期普遍采用振动筛，由筛网的孔径决定成品的粒径。因为振动筛不符合连续生产和密闭输送的要求，已经慢慢淘汰。目前普遍采用的是和气流粉碎机连在一起的气流分级机，二者统称为分级气流粉碎机。由于有特殊的氮气气氛保护要求，市场上出现了越来越多的专门针对磷酸铁锂的粉碎机。

分级气流粉碎机的工作原理是：经过滤干燥后的压缩氮气（常用的气压为 6～8 MPa），经拉瓦尔（De-Laval）喷管加速，气流速度将超过声速，射入粉碎区，同时物料也被引入粉碎区，在多股高压气流的交汇点处，物料呈流态化（气流膨胀呈流态化床悬浮沸腾而互相碰撞），物料被反复碰撞、摩擦、剪切而粉碎。粉碎后的物料被上升气流输送至分级区，进入高速旋转的分级轮。分级轮内有倾斜排列的叶片，在以某个特定的速度高速旋转时，只能允许特定大小粒度的粉体通过。大于该特定尺寸的粗粉及团聚状细粉被叶片碰撞返回，沿内壁降至进风处，进行二次粉碎。符合粒度要求的细颗粒进入旋风分离器和除尘器收集，未达到粒度要求的粗粉下降至粉碎区继续粉碎，含尘气体经集尘器过滤净化后排入大气。通过调节分级轮的转速，可以得到不同粒度分布的成品。

粉碎过程中需要在线监测产品的粒度情况。

9.3.2.5 混合分级

对粉碎后的磷酸铁锂粉体，按照颗粒大小进行分级，根据不同的需求，对颗粒过大的重新进行粉碎。粒径分布合适的产品会有较高的振实密度，因此也常将不同粒径的材料进行混合。为保证批次之间的一致性，有时还会将不同批次的材料进行批混处理。常见的混合设备有双螺旋锥混合机、卧式无重力混合机、卧式犁刀混合机等。

没有采用连续生产工艺的，还需要监控产品的水分含量。如果水分超标，需要用双锥干燥机等进行干燥处理。

目前多数企业已经采用连续生产工艺，物料在充满正压氮气的管道中运输，这种工艺无需干燥。

包装前需要将物料再次送入电磁除铁器，进行除铁操作。

产品经检验合格后，即可进行成品包装。包装过程通过真空包装机进行，将铝塑复合膜内的空气抽出，防止磷酸铁锂材料与膜内的空气和水分发生反应。实验证明，将磷酸铁锂真空包装后进行储存，2 年内产品主要性能不会降低。

包装车间需要温度湿度控制。包装后的产品贴好标签，入库。

9.3.2.6 对设备的要求

磷酸铁锂正极材料用于锂离子电池制造时，对其纯度、晶相、杂质等要求非常严格。例如，磷酸铁锂中的二价铁氧化度达到 1%时，比容量可下降 30%以上。原因是，新生成的三价铁包裹在磷酸铁锂的晶体表面，形成了惰性的反应层，阻止了磷酸铁锂内部继续反应。如果磷酸铁锂已经氧化，靠后续还原的方法是不能得到磷酸铁锂的，因为原料中的锂离子已经失去。

对磷酸铁锂材料来说，最核心的工艺在于保证：

① 原料纯度高。不含有害杂质，不发生副反应。

② 配料成分准确。这是材料合成的关键工序，发生错误无法弥补。

③ 混合均匀。这是材料合成最核心的工序。

④ 烧结制度精准。靠设备保证，需要温度和气氛控制水平精度高的设备。

⑤ 材料的粉碎和分级工艺稳定。这是磷酸铁锂性能稳定化的关键工艺。

⑥ 材料的后续处理技术完备。

原料的品质需要前端的供货厂家保证，同时磷酸铁锂的生产厂家也要进行必要的检测，以防止误投不合格的原料。其余的工艺都要靠生产厂家的设备来保证。对磷酸铁锂材料生产厂家的设备要求是：

① 设备精度要高。以配料用的电子秤为例，精度必须达到 0.01 kg，才能保证配料过程

中的物料精准；烧结电炉内部的控温精度应达到±5 ℃；分级机对粉体材料粒径的控制精度应达到 μm 量级；对原料中含有的水分和杂质必须进行精确的检验并在配料过程中予以相应的准确扣除。

② 设备不能引入杂质。由于设备的氧化、与物料的接触、磨损及其他原因，会造成设备和环境的组成材料混入磷酸铁锂中。例如，采用球磨法混合物料时，球磨机内筒壁材料、磨球材料都会进入物料中；烧结炉的陶瓷匣钵材料也会因反复使用剥落而进入物料中；气流粉碎机的内壁也会与物料发生激烈的碰撞而剥落。特别是采用不锈钢烧结盘、烧结筒时，内壁的氧化更是不可避免的。因此，必须对设备经常进行检查，同时严格按保质期使用设备。

③ 设备性能要稳定，有多种保护措施。对配料用的电子秤需要建立校准制度，经常进行校正；对烧结炉需要经常进行热电偶温度校正、升降温程序校核，有条件的要安装温度记录仪；球磨机、气流粉碎机在使用时，必须按固定间隔用粒度仪测定出料的粒度，通过调整设备参数保证材料品质的稳定。

④ 严格执行环境标准。磷酸铁锂材料的品质依赖于制程环境。例如，空气中的灰尘度大，生产的磷酸铁锂材料自放电就比较高；冬天生产的材料相比夏天来说，水分含量相对少。因此，必须保证磷酸铁锂材料的生产环境标准，特别是粉尘度较大的工序，需要建单独的密闭工序操作间。

⑤ 尽量减少人工经验操作，防止人为误差。磷酸铁锂原料的配料工序是容易因人为操作而产生失误的工序，必须采用称量-复核-校核的制度予以保证。物料的工序间运输最好采用管道输运设备，防止外界污染和工位传递错误。电炉的程序设置必须予以固化，改变工艺需要严格的审批手续。

⑥ 建立完善的检测体系。完善的检验体系是保证工艺稳定的基本前提。因此，生产厂家必须对原料、中间过程和成品的各项性能予以关注，通过严格的检验数据判定生产流程的可靠性。

9.4 新能源材料表征与性能测试

9.4.1 形貌表征

绝大多数电池正负极材料均呈颗粒状。颗粒是指在一定尺寸范围内具有特定形状的几何体。

对颗粒形状通常采用定性描述，例如，纤维状、针状、树枝状、片状、多面体状、卵石状和球状等。有时人们也用空间维数来表示，如一维颗粒，表示线形或棒状颗粒，二维颗粒表示平板形颗粒，三维颗粒表示颗粒长宽高具有可比性的颗粒。

为规范颗粒形状的表示方式，人们常用真球形度、实用球形度和圆形度来定量表示。真球形度为颗粒等体积球的比表面积与颗粒实际比表面积之比；实用球形度为与颗粒投影面积相等圆的直径和颗粒投影图最小外接圆直径之比；圆形度为与颗粒投影面积相同圆的周长和颗粒投影轮廓周长之比。

粉体是由大量的不同尺寸的颗粒组成的颗粒群。通常<100 μm 的粒子叫“粉”，容易产

生粒子间的相互作用而流动性较差；>100 μm的粒子叫“粒”，较难产生粒子间的相互作用而流动性较好。单体粒子叫一级粒子（primary particle），团聚粒子叫二级粒子（second particle）。

粉体既具有与液体类似的流动性，也有与气体类似的可压缩性，还具有固体的抗变形能力。电极材料的性质受粉体基本性质的影响，如粉体的粒度及其分布、形态、密度、比表面积、孔隙分布、表面性质、力学性质和流动性能等，表现为充填性能和压缩性能的不同。比如，对于锂电池正极材料来说，粒径越小，同等质量的材料的颗粒数量越多，同样的工艺条件下分散越困难，且粒径太小会导致振实密度减小。而粒径太大，锂离子在磷酸铁锂粒子内部扩散路径增加，电化学反应活性降低。所以，对电池材料粉体进行形貌分析非常必要。

9.4.1.1 粒度分析

颗粒占据空间的三维尺寸称为粒度（grain size 或 particle size），也称粒径。球形颗粒可以直接用直径即粒径来表示粒度。常规的颗粒通常为不规则形状，因此需要用等效粒径来表示。当被测颗粒的某种物理特性或物理行为与某一直径的同质球体最相近时，就把该球体的直径作为被测颗粒的等效粒径。

人们定义了很多种等效直径的粒度表达方式。①三轴径法（diameter of the three dimensions），在一水平面上，将一颗粒以最大稳定度放置于每边与其相切的长方体中，用该长方体的长度 l、宽度 b、高度 h 的平均值定义粒度平均值。②定向径法，采用固定方向测定颗粒的外轮廓尺寸或内轮廓尺寸作为粒度，对应一个颗粒可以取多个方向的平均值，对应粉体可以取多个方向的统计平均值。③投影圆当量径法（Heywood 径），采用与颗粒投影面积相同的圆的直径作为等效直径。④球当量径法（equivalent volume diameter），把等体积球的直径定义为颗粒的等效直径（等效体积径），或把等表面积球的直径作为颗粒等效直径（等效表面积粒度）。除此以外，还有等效筛分径、等效沉速径等。

需注意的是，基于不同物理原理的各种测试方法，对等效粒径的定义不同，各种测试方法得到的测量结果之间无直接的对比性。对于电池材料来说，目前使用最多的是激光粒度仪，一般认为激光法所测的直径为等效体积径。

由于实际粉体颗粒的大小不同，通常用平均粒度来表示粉体颗粒的直径，平均粒度是颗粒直径的统计平均值，这些粒子直径的表达方式通常具有统计学意义。

粒度分布（particle size distribution）表示不同粒径的粒子颗粒群在粉体中的分布，反映了粒子大小的均匀程度，通常采用频率分布曲线和累积分布曲线来表示，如图 9-41 所示。频率分布曲线是指一定步长的粒径宽度范围内，颗粒体积（或个数、质量）占总颗粒体积（或个数、质量）的百分比表示这个粒径宽度范围的分布，以粒径为横坐标，以百分比为纵坐标作图可以得到方框形粒度分布曲线，这种分布是微分型分布曲线，也叫区间分布曲线。累积分布曲线表示粒径大于某一粒径的颗粒体积（或个数、质量）占总颗粒体积（或个数、质量）的百分比，这是一种积分型分布曲线。当粒径宽度的步长无限小时，就可以得到圆滑的粒度分布曲线。

百分数的基准可用个数基准（count basis）、质量基准（mass basis）、体积基准（volumn basis）等表示。表示粒度分布时必须注明测定基准，不同的测定基准，所获得的粒度分布曲线也不一样。

常采用几个特征的粒径来说明粉体的粒度分布。

平均粒径表达了颗粒的平均大小。根据测量基准的不同，平均粒径可以分为线性平均直

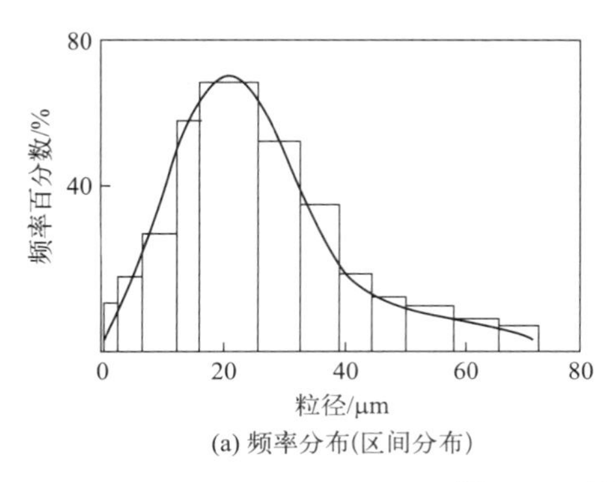

(a) 频率分布(区间分布)

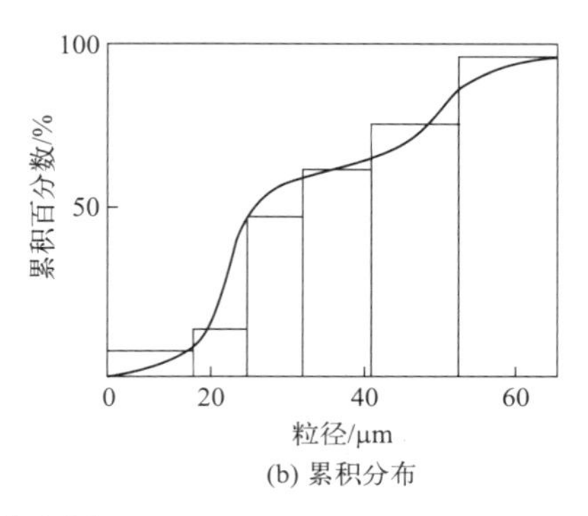

(b) 累积分布

图 9-41 粒度分布图

径、体积平均直径和重量平均直径等。线性平均直径（d_1）是以个数为基准的平均直径，即所有颗粒粒径加和，除以颗粒的总数目。体积平均直径（d_4）是以体积为基准的平均直径，是指体积刚好等于所有颗粒体积平均值的微粒的直径。类似地，重量平均直径（d_m）是指重量刚好等于所有颗粒质量平均值的微粒的直径。

中位径或粒径中值，可表示为d_{50}，指大于该粒径数值的颗粒，刚好占总颗粒的50%。同理，d_{10}是指大于该粒径数值的颗粒，刚好占总颗粒的10%，d_{10}其实是较细小颗粒的典型粒径。d_{90}是指大于该粒径数值的颗粒，刚好占总颗粒的90%，是较粗大颗粒的典型粒径。常见电极材料的粒度分布和比表面积见表9-4。

表 9-4 常见电极材料的粒度分布和比表面积

电极材料	d_{10}/μm	d_{50}/μm	d_{90}/μm	比表面积/(m^2/g)
天然石墨粉末	6.0～13.5	12.4～24.8	25.2～35.1	1.5～3.0
鳞片石墨粉末	≥3.5	8.6～32.5	≤45.2	0.5～2.0
钴酸锂粉末	≥1.2	5.0～12.8	≤35	0.15～0.6
磷酸铁锂粉末	1.2～6.2	8.2～28.3	29.2～38.1	10～15
三元材料粉末	≥5	9～15	≤25	0.25～0.6
锰酸锂粉末	≥2.0	8～25	≤40	0.4～1.0

最频粒径（d_{mod}），也称众数径，是频率分布曲线的最高点对应的粒径值。

径距=$(d_{90}-d_{10})/d_{50}$，表明了颗粒的分布宽度，径距越大表明微粒分布宽度越宽。

当前主流的粒度分布测试仪有以下几种：激光粒度仪（光散射等效原理），库尔特颗粒计数器（小孔电阻等效原理），图像粒度分析仪（投影面积等效原理），沉降仪（沉降速度Stocks原理）。目前应用最广泛的是激光粒度仪。

激光粒度仪量程范围一般可达0.1～1000 μm，且其测量动态范围大，适用性强，既可测粉末颗粒，也可测悬浊液和乳浊液，测试速度快，准确率和重复率高，是应用最普及的粒度仪。它的工作原理如下：由于激光具有很好的单色性和极强的方向性，所以一束平行的激光在没有阻碍的无限空间中将会照射到无限远的地方，并且在传播过程中很少有发散的现象。当光传播的方向存在微粒时，微粒的布朗运动会导致光强的波动。当光束遇到颗粒阻挡时，一部分光将发生散射现象。散射光的传播方向将与主光束的传播方向形成一个夹角，颗粒越大，产生散射光的θ角就越小；颗粒越小，产生散射光的θ角就越大。散射光的强度代表该粒径颗粒的数量。这样，在不同的角度上测量散射光的强度，就可以得到样品的粒度分布。

一台激光粒度仪由激光器、光路系统、多元光电探测器、循环分散系统、数据采集器和配套的电脑软硬件等构成。

由于粉体普遍存在团聚现象，故应在测试前对样品进行分散处理。

待测样品的浓度应控制在最佳浓度范围的中间，这是因为浓度过低，散射信号较弱，会导致信噪比下降；但过高的浓度，会导致复散射现象，即散射光在传播过程中重新被其他颗粒二次散射。这些复散射将给出错误结果，同时降低系统分辨率。

9.4.1.2 粉体密度分析

粉体密度是指粉体的总质量与总体积之比。因粉体总体积的定义不同，有多种形式的粉体密度，即堆积密度、颗粒密度和真密度。

堆积密度（full true density，也叫填充密度）指粉体的总质量与堆体积的比值。其中，堆体积既包含粉体颗粒间隙的体积，也包含了颗粒内部的微孔体积。

颗粒密度（granule density，也叫视密度）是指颗粒质量与颗粒体积的比值。其中，颗粒体积只包含颗粒内部的微孔体积，不包含颗粒之间的间隙体积。

真实密度（true density，也叫真密度）是指颗粒质量与颗粒真实体积的比值。其中，颗粒的真实体积，既不包含颗粒之间的间隙体积，也不包含颗粒内部的微孔体积。若颗粒内部无孔，则真实密度与颗粒密度相等。

由定义可以看出，三种粉体密度大小顺序为，真实密度＞颗粒密度＞堆积密度。

由于堆积方式的不同，颗粒之间的间隙很容易发生改变。因此，根据堆积方式的不同，堆积密度又分为松装密度、振实密度和压实密度。其中，松装密度是颗粒在无压力下自由堆积的密度；振实密度是利用振动使颗粒之间排列更为紧密后测定的堆积密度；在加载压力时，经过外部载荷挤压后测定的堆积密度叫压实密度。通常堆积密度的大小顺序为：压实密度＞振实密度＞松装密度。

在锂离子电池设计过程中，重点关注压实密度。压实密度＝面密度/(极片碾压后的厚度－集流体厚度)。压实密度越高，电池的体积比能量就越高。压实密度高也能减小电池内阻。过大的压实密度，虽然使得活性材料与导电剂的接触变得良好，提高了电子导电性，但同时也会降低极片内部孔隙率，使极片吸液能力下降，不利于离子的传输。因此，合适的压实密度是提高电池倍率循环能力的重要影响因素。最后，压实密度还会影响极片的力学性能。

锂离子电池中应用材料的密度见表 9-5。

表 9-5 常见电极材料的密度

电极材料	松装密度/(g/cm^3)	振实密度/(g/cm^3)	压实密度/(g/cm^3)	真实密度/(g/cm^3)
石墨	≥0.4	≥0.9	1.5～1.9	2.2
锰酸锂	＞1.2	1.4～1.6	2.9～3.1	4.28
三元材料	≥0.7	2.2～2.5	3.3～3.6	4.8
钴酸锂	≥1.2	2.1～2.8	3.6～4.2	5.1
磷酸铁锂	≥0.7	1.2～1.5	2.1～2.4	3.6

由表 9-5 可以看出，对材料压实密度影响最大的是真实密度。除此以外，压实密度和颗粒表面光滑程度、颗粒粒径分布等因素有关。生产中可以用不同粒径的颗粒混匀来改善颗粒

级配，从而提高压实密度。

除了上述密度以外，粉体材料还常用填充率和孔隙率来衡量活性物质填充情况。

粉体的填充率是堆积密度与真实密度的比值。空隙率（voidage）是指颗粒间空隙体积与堆积体积的比值。填充率和空隙率的和应为100%。孔隙率（porosity）是指颗粒内部孔隙体积占颗粒体积的比值，孔隙率=1－颗粒密度/真密度。

9.4.1.3 粉体的流动性

粉体的流动性（flowability of powders）与颗粒形状、粒度大小、表面状态、密度、空隙率等多种因素有关。流动性较差的粉体，容易在运输过程中由于粉体压力、颗粒间的附着力、凝聚力等作用，造成的结拱、堵塞现象，使粉体处理过程的连续化和自动化出现故障。

一般而言，较大的颗粒粒径，颗粒间的接触点数少，其附着力、团聚力、黏附性均较低，表现出较好的流动性。另外，颗粒规则程度高，表面光滑，能减少接触点，减少摩擦力。适当的干燥也有利于减弱颗粒间的作用力。

粉体的流动包括重力流动、压缩流动、流态化流动等多种形式。对电池材料而言，主要考察其重力流动和压缩流动。

评价粉体流动性的测试方法很多，采用重力流动形式时是测定粉体的休止角（angle of repose，也叫安息角）。休止角是指自然堆积状态下，粉体层自由表面与水平面之间的最大夹角，休止角越大，流动性越差，如图9-42所示。

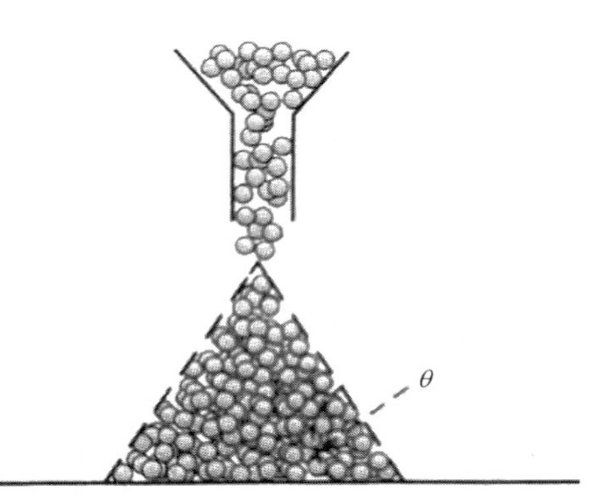

图9-42 粉体休止角测量示意图

通常采用的评价方法见表9-6，不同流动性评价方法所得结果也有所不同，应采用与处理过程相对应的方法定量测量粉体的流动性。

表9-6 流动形式和相对应的流动评价方法

流动形式	现象或操作	流动性的评价方法
重力流动	粉体由加料斗中流出，使用旋转型混合器充填	测定流出速度、壁面摩擦角、休止角
振动流动	振动加料，振动筛充填、流出	测定休止角、流出速度、视密度
压缩流动	压缩成型(压片)	测定压缩度、壁面摩擦角、内部摩擦角
流态化流动	流动层干燥，流动层造粒，颗粒的空气输送	测定休止角、最小流动速度

锂离子电池制备过程中比较重视的是压实密度和空隙率，通常采用压缩流动表征粉体流动性。在一定范围内，粉体的压缩流动性能越好，则越容易压实加工，单位体积充装的活性物质越多，制备电池的容量越大。

9.4.1.4 扫描电子显微技术

扫描电子显微镜（scanning electron microscope，SEM），作为一种利用电子束扫描样品表面，从而获得样品信息的电子显微镜。

SEM具有放大倍数变化范围大、连续可调、分辨率高、图像景深大、富有立体感、可直接观察起伏较大的粗糙表面、试样制备简单等优点。常用来研究材料的形貌、成分、微观组织等。

扫描电子显微镜主要由电子枪、电磁透镜、样品室、探测系统、成像系统和真空系统构成。透镜的作用是将电子束逐级聚焦缩小，使原来直径约为 50 μm 的束斑缩小成一个只有几纳米的细小斑点，以提高分辨率。真空系统的目的，一是防止灯丝在大气中被氧化，二是尽可能地提高电子的平均自由程，三是防止样品表面被污染。

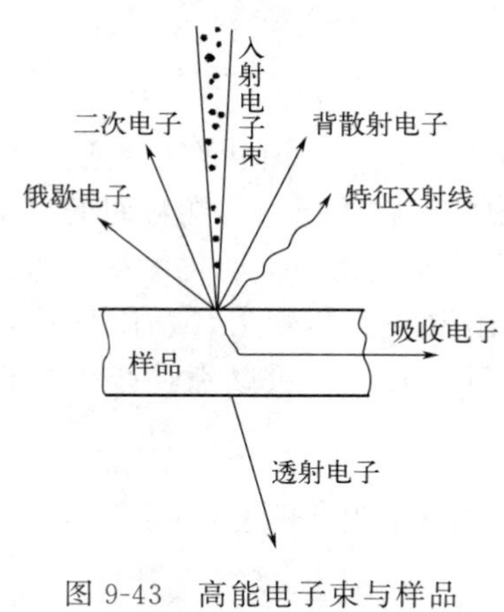

图 9-43 高能电子束与样品作用示意图

工作原理如下：电子枪的灯丝在热效应的作用下产生电子，经电场加速，经过由光阑、电磁透镜、扫描线圈、物镜构成的电子光学镜筒进入样品室，并在试样表面聚焦。物镜上方装有扫描线圈，在它的作用下，电子束在试样表面扫描。高能电子束与样品表面物质作用（图 9-43），除了被吸收一部分外，被轰击区域产生二次电子、俄歇电子、特征 X 射线和连续谱 X 射线、背散射电子、透射电子，以及在可见、紫外、红外光区域产生的电磁辐射。这些信号分别可被相应的信号检测系统接收，经放大后出现在显示系统。

其中，二次电子常用来进行样品表面形貌分析；二次电子、透射电子和吸收电子可用于微区成分定性分析；X 射线可用于成分定量分析；俄歇电子可用于表面层成分分析。

利用不同的信号检测器，即可实现不同的目的。因此，根据不同需求，可制造出功能配置不同的扫描电子显微镜。

（1）二次电子像（SEI）

目前，应用最多的是二次电子像。二次电子，是指当样品原子的核外电子受入射电子激发（非弹性散射）获得了大于临界电离的能量后，便脱离原子核的束缚变成自由电子，其中那些处在接近样品表层而且能量大于材料逸出功的自由电子就可能从表面逸出成为真空中的自由电子。

试样表面微区形貌差别实际上就是各表面微区相对于入射束的倾角不同，因此电子束在试样上扫描时由于样品形貌差别，入射电子束角度有差异，因而二次电子产率不同，利用电子检测器收集这种自由电子，可转化为信号强度的差别，从而在图像中形成显示形貌的衬度。二次电子像的衬度是最典型的形貌衬度，它对原子序数的变化不敏感。

在观察表面形貌时，扫描电子显微镜主要性能参数包括放大倍数、景深和分辨率。扫描电镜的分辨率是通过测定图像中两个颗粒（或区域）间的最小距离来确定的。测定的方法是在已知放大倍数的条件下，把在图像上测到的最小间距除以放大倍数所得数值就是分辨率。扫描电镜的分辨本领主要与电磁透镜聚焦能力、扫描线圈步进精度和电子束在样品中的扩展效应有关。二次电子像的分辨率很高。

（2）背散射电子像（BEI）

背散射电子是指受到固体样品原子的散射后又被反射回来的部分入射电子，约占入射电子总数的 30%。其中弹性背散射电子是被样品表面原子反射回来的入射电子，散射角大于 90°的那些入射电子，它们只改变了运动方向，能量基本没有损失。这种弹性背散射电子的产率随样品的原子序数 Z 的增加单调上升，尤其在低原子序数区，这种变化更为明显。因此背散射电子的信号既可用于形貌分析，也可用于成分分析。虽然背散射电子也能进行形貌分析，但由于背散射电子是在较大的作用体积内被激发出来的，所以分辨率和立体感低，反映形貌的真实程度差。因此背散射形貌像远不及二次电子像。因此，仅仅进行高质量形貌分析时，都不用背散射电子信号成像。

在原子序数 $Z<40$ 的范围内，背散射电子的产额对原子序数十分敏感。在进行分析时，样品上原子序数较高的区域由于收集到的背散射电子数量较多，故荧光屏上的图像较亮。因此，利用原子序数造成的衬度变化可以对各种金属和合金进行定性的成分分析。样品中重元素区域相对于图像上是亮区，而轻元素区域则为暗区。

(3) X射线能谱分析

当样品原子的内层电子被入射电子激发时，被电子击中的原子内层电子将产生一个空位，此时外层电子将向内层跃迁以填补内层电子的空缺，这种跃迁损失的能量将以X射线形式释放。这种形式的X射线波长与两个能级差有关，故具有特征能量。当探测到样品微区中存在某一特征波长，可以判定微区中存在相应的元素。因此，可以结合X射线能谱仪，对样品的化学成分进行分析。这种分析方法，叫作X射线能谱分析（energy dispersive X-ray spectrometer，EDX，或EDS）。

扫描电子显微镜在测试过程中，由于会有不断的电子注入样品，因此会在非导电材料表面形成一个较强的负电位，产生充电现象。样品的负电位抵消掉入射电子部分能量，使二次电子发射和运动不稳定。在电子探针的图像观察、成分分析时，会产生电子束漂移、表面热损伤等现象，使分析点无法定位、图像无法聚焦。因此，非导电材料在使用扫描电子显微镜时需要在样品表面喷镀一层导电层。

9.4.1.5 透射电子显微技术

透射电子显微镜（transmission election microscope，TEM）在结构上与扫描电子显微镜有一定的相似性。主要部分有电子枪、聚光镜、聚光镜光阑、样品台、物镜、物镜光阑、选区光阑、中间镜、投影镜、荧光屏和照相机，并辅以探测系统和真空系统。

TEM的原理是，当高压电子经聚焦轰击在样品上时，透过样品后的电子束携带有样品内部的结构和形貌信息，经过物镜的会聚调焦和初级放大后，形成初级放大像（电子衍射像或形貌像），然后经中间镜和投影镜进行综合放大，最终成像在荧光屏或电荷耦合器件（charge couple device，CCD）探头上。

透射电子显微镜形貌像的形成取决于入射电子束与样品的相互作用，由于样品的不同区域对电子的散射能力不同，强度均匀的入射电子束在经过样品散射后变成强度不均匀的电子束，因而，透射到像平面上的强度是不均匀的，这种强度不均匀的电子像称为衬度像。

透射电子显微镜形貌像的衬度来源有以下三种：①质量-厚度衬度：材料不同区域的质量和厚度差异，造成电子散射机会不同，造成的透射电子束强度差异而形成衬度，属于振幅衬度。②衍射衬度：当电子束穿透样品时，形成电子的弹性相干散射，由于晶体空间点阵不同，满足布拉格衍射条件程度不同，透射电子束形成随位置而异的衍射振幅分布。因此衍射衬度是振幅衬度的一种。利用这种衍射来产生衬度，可获得试样晶体学结构特征。③相位衬度：当样品厚度在10 nm以下时，可利用透射电子和衍射电子在离开试样时相位不一致而发生干涉作用，使相位差转换成强度差而形成衬度。如果让多束相干的电子束干涉成像，可以得到能反映物体真实结构的相位衬度像——高分辨像，高分辨像是一种相干的相位衬度像。

相位衬度和振幅衬度可以同时存在，当试样厚度大于10 nm时，以振幅衬度为主，当试样厚度小于10 nm时，以相位衬度为主。

目前，透射电镜的分辨率可达0.1～0.2 nm，放大倍数为几万～几十万倍。

电子束的穿透能力不大，要求将试样制成很薄的薄膜样品。电子束穿透固体样品的能力，主要取决于加速电压和样品物质的原子序数。加速电压越高，样品原子序数越低，电子束可以穿透的样品厚度就越大。以透射电镜常用的 50～100 kV 电子束来说，样品的厚度控制在 100～200 nm 为宜。粉末试样和胶凝物质水化浆体需要将试样分散后载在一层支持膜上或包在薄膜中，该薄膜再用铜网承载。

9.4.2 结构表征

9.4.2.1 X射线衍射分析

X射线是德国物理学家伦琴（W. C. Röntgen）在 1895 年研究阴极射线管时发现的。德国物理学家劳厄（Max von Laue）提出了X射线是电磁波的假设，并于 1912 年首次完成了X射线晶体衍射实验，并提出了著名的劳厄方程。该实验不仅证实了X射线是一种电磁波，而且第一次观测到了晶体的微观结构，被阿尔伯特·爱因斯坦誉为“物理学最美实验”。1913 年，布拉格父子（W. H. Bragg、W. L. Bragg）推导出了布拉格反射定律，奠定了X射线学在物理、化学和材料科学中得以广泛应用的基础。

X射线是一种特殊的电磁波，它的波长在 0.001～10 nm，与晶体中原子间距在同一数量级，在晶体中传播时会产生衍射现象，因此可作为晶体结构分析。该波长对应的光子能量约为 10^2～10^6eV，与原子内层电子跃迁能级相近，它是由原子内层电子在高速运动电子的冲击下产生跃迁而发射辐射产生的。

当一束单色X射线照射到晶体上时，晶体中原子周围的电子受X射线周期变化的电场作用而振动，从而使每个电子都变为发射球面电磁波的次生波源。所发射球面波的频率、位相（周相）均与入射的X射线相一致。基于晶体结构的周期性，晶体中各个电子的散射波产生干涉，相互叠加或抵消，这种现象称之为相干散射或衍射。X射线在晶体中的衍射现象，实质上就是大量原子散射波相互干涉的结果。

每种晶体所产生的衍射图像都是其内部原子分布规律的反映。衍射图像由晶胞的大小、形状和位向决定，而衍射强度由原子的种类和它在晶胞中的位置决定。不同的物质具有不同的X射线衍射特征峰值。结构参数（点阵类型，晶胞大小，晶胞中原子或分子的数目、位置等）不同，则X射线衍射线位置与强度也就各不相同。基于这种关系，X射线衍射（X-Ray diffraction，XRD）可用来定性或定量分析材料的晶体结构、晶胞参数、物相含量和内应力等信息。

X射线衍射仪由X射线发生器、衍射测角仪、X射线探测器、控制电路、数据采集系统、保护系统等构成。

最常见的工作原理为：阴极射线管产生的电子经高压直流电加速后，高速撞击阳极（靶），高能电子击中原子内层电子产生一个空位，当外层电子跃迁回内层空位时，损失的能量将以X射线形式释放。该X射线的波长由靶材原子内外层轨道能级差决定，称为特征X射线谱。如，常见X射线是 Cu 的 K_α 射线，它是由铜靶材的 L 层电子跃迁到 K 层产生的，其波长 $\lambda=0.154$ nm。

将这种X射线照射样品，当待测晶体与入射X射线的角度正好满足布拉格方程（$2d\sin\theta=n\lambda$）时，衍射射线能够产生干涉增强，呈现不同强度的衍射条纹，用X射线探测器和测角仪来记录这些衍射线的强度和位置，从而得到X射线衍射图谱。

在电池材料中的检测，通常采用粉末（多晶）X射线衍射法。即用上述单色的X射线照射多晶样品，利用晶粒的不同取向改变入射角 θ 以满足布拉格方程。样品可采用粉末、多晶块、板、丝状等。

常见的电池材料多呈现粉末状。XRD测试需要样品为均匀且细小的颗粒粉末，晶粒粒度最好在320目（约46 μm）左右。同时，必须使试样在受光照的体积中有足够多数目的晶粒，才能满足获得正确的粉末衍射图谱数据的条件。一般的做法是将材料进行研磨（或球磨），并用筛子过滤。将样品粉末尽可能均匀地填入制样框的窗口中，再用小抹刀的刀口轻轻剁紧，使粉末在窗口内摊匀堆好，然后用小抹刀把粉末轻轻压紧，最后把多余凸出的粉末削去。

根据XRD图谱，可以得到以下信息：

① 可以确定样品是无定形还是晶体。由于只有有序的晶体结构才能产生有序的衍射图谱，而对于无定形的非晶体材料，其结构不存在晶体结构中原子排列的长程有序，故非晶材料的XRD图谱为漫散射的“馒头峰”，没有精细谱峰结构。

② 将待测样品的XRD图谱与标准谱图进行对比，可以知道所测样品由哪些物相组成，这是XRD最常见的使用方法。其基本原理为：用近似结晶条件方法得到的晶态物质，它们的晶型结构、晶面比例等物相信息基本一致，因此，它们的衍射谱图在衍射峰数目、角度位置、相对强度以及衍射峰形上会表现一致。

常见物质的XRD标准谱图，是由粉末衍射标准联合委员会（Joint Committee on Powder Diffraction Standards，JCPDS）和国际衍射数据资料中心（International Centre for Diffraction Data，ICDD）联合收集的，并且他们还负责建立标准衍射卡片、校订、编辑，并逐年更新，这些卡片称为粉末衍射卡片（powder diffraction file），简称PDF卡片。目前该数据中心已经收集几十万种衍射花样。这种卡片记录了卡片号码、物质名称、化学式、数据来源及可靠性、样品制备方法、简单的物理性质、晶系、晶胞参数、测试仪器条件及所有的衍射数据（层间距、相对强度、晶面指标等）。如 $LiFePO_4$ 的JCPDS卡片中编号为81-1173。

通过对比，即可判断样品是否为目标样品。

③ 晶面间距与晶格常数的精确测定。

当样品的成分、受力状态改变时，晶格常数会发生很小的偏移。比如集流体铜箔被挤压，或正极活性物质进行了阳离子或阴离子的掺杂，都能使晶格常数偏离标准值，反映在XRD谱图上，表现为衍射峰的 2θ 值发生了偏移。测定方法如下：由XRD谱图读出某衍射峰的 2θ 值，根据 $2d\sin\theta=n\lambda$，即可计算出该晶面间距 d。根据不同晶系类型中晶格常数与晶面间距的关系公式，即可换算出晶格常数。例如，对于简单立方晶系，$d=\left(\frac{h^2+k^2+l^2}{a^2}\right)^{-\frac{1}{2}}$，据此即可由晶面间距计算晶格常数 a。根据计算出的晶格常数与标准卡片晶格常数的对比，即可知道外力或掺杂原子改变了哪个晶轴方向。需要注意的是，晶面间距和晶格常数测量的精度随 θ 的增加而增加，因而此时应选用高角度衍射线。

④ 观察晶面择优取向。由于不同晶面的生长速度存在很大差异，故多晶材料中多数晶面或晶向会按某一特定方向有规则排列，这种现象称为择优取向或织构。由于不同的晶面具有不同的电化学活性，因此晶粒择优取向能明显影响材料性能。如果改变样品制备条件，就有可能改变不同晶面的生长速度，从而使样品表面的某一目标晶面数量显著增加。这种现象，表现在XRD谱图上，为该晶面的相对衍射强度显著增加。

⑤ 计算样品的平均晶粒尺寸。基本原理：当X射线入射到小晶体时，其衍射线条将变

得弥散而宽化，晶体的晶粒越小，X 射线衍射谱带的宽化程度就越大。因此晶粒尺寸与 XRD 谱图半峰宽之间存在一定的关系，即谢乐（Scherrer）公式，晶粒尺寸 $D=\frac{0.89\lambda}{B\cos\theta}$，式中，$B$ 代表晶体晶粒大小变化引起衍射峰变化时峰的半峰宽（弧度值），当衍射峰宽化时，B 值变大，D 值则减小。谢乐公式只适用于球形粒子，适用范围为晶粒尺寸 1～100 nm，当晶粒尺寸为 30 nm 时最准确。

⑥ 计算样品的相对结晶度。一般将最强衍射峰积分所得的面积（A_s）当作计算结晶度的指标，与标准物质积分所得面积（A_g）进行比较，结晶度$=A_s/A_g\times 100\%$。

除此以外，XRD 还可以用于混合物成分定量分析、应力分析、晶体缺陷分析等。

目前，已经有很多很成熟的 XRD 图谱分析软件，比如 MDI Jade 系列、Rietan-2000、Materials Studio 等。这些软件功能强大，能满足绝大多数的功能需求。以 Jade 系列为例，它具有自动寻峰、物相检索（查找 PDF 卡片）、拟合、平滑、删除峰、计算峰面积、编辑基线等功能。

9.4.2.2 透射电子衍射分析

透射电子显微镜（transmission election microscope，TEM）除了能成不同的形貌像外，还可以成衍射像。因此也可以用作物相分析。

其原理是经聚焦的高能电子束具有波动性，当它穿越三维空间周期性排列的晶体时，被晶体中的原子散射，使电子改变其方向和波长，各原子所散射的电子波在叠加时互相干涉，散射波的总强度在空间的分布并不连续，因而产生电子衍射图样。

电子衍射几何学与 X 射线衍射完全一样，都遵循劳厄方程或布拉格方程所规定的衍射条件和几何关系。

电子衍射与 X 射线衍射的主要区别在于电子波的波长短，受物质的散射作用强（原子对电子的散射能力比 X 射线高一万倍）。三维晶体点阵的电子衍射能量高于 100 keV、波长小于 0.037 nm 的电子束在物质中的穿透能力约为 0.1 μm，相当于几百个原子层。

电子波长短，决定了电子衍射谱的几何特点，它使单晶的电子衍射谱和晶体倒易点阵的二维截面完全相似，从而使晶体几何关系的研究变得简单明了。

电子波散射作用强，决定了电子衍射的光学特点：第一，衍射束强度有时几乎与透射束相当；第二，由于散射强度高，电子穿透能力有限，因而比较适用于研究微晶、表面和薄膜晶体。

当样品晶粒小到几百纳米时，不能用 X 射线进行单个晶体的衍射，但却可以用电子显微镜在放大几万倍的情况下，用选区电子衍射和微束电子衍射来确定其物相或研究这些微晶的晶体结构。

由于电子波长很短，电子衍射的 2θ 角很小，所以简单推导可知，电子衍射的基本公式为 $Rd=L\lambda$。其中，R 为透射斑点和衍射斑点的距离，λ 为电子束波长，L 为衍射相机长度。由于同一仪器的 L 和 λ 是固定值，因此可以得到一个推论，晶面间距 d 与 R 成反比。

单晶电子衍射得到的衍射花样是一系列按一定几何图形配置的衍射斑点。根据厄瓦尔德作图法，只要倒易点与球面相截就满足布拉格条件，衍射谱就是落在厄瓦尔德球面上所有倒易点构成的图形的投影放大像。单晶电子衍射谱与倒易点阵一样具有几何图形对称性，而且当入射束与晶带轴平行时，衍射斑点的强度分布也具有对称性。由于不同晶面偏离布拉格条件的程度不同，则相应的衍射强度也不同。通常中心透射束的强度最高，散射强度随散射角 θ 增大

（斑点离中心透射束越来越远）而减弱。同时散射强度也会随试样的结构不同而变化。

可以通过计算机软件对单晶电子衍射图谱进行标定。

多晶电子衍射谱的几何特征和粉末法的X射线衍射谱非常相似，由一系列不同半径的同心圆环所组成。产生这种环形花样的原因是：多晶试样是许多取向不同的细小晶粒的集合体，在入射电子束照射下，对每一颗小晶体来说，当其晶面间距为d的$\{hkl\}$晶面簇的晶面组符合衍射条件时，将产生衍射束，并在荧光屏或照相底板上得到相应的衍射斑点。

当有许多取向不同的小晶粒，其$\{hkl\}$晶面簇的晶面组符合衍射条件时，则形成以入射束为轴，2θ为半角的衍射束构成的圆锥面，它与荧光屏或照相底板的交线，就是半径为$R=L\lambda/d$的圆环。因此，多晶衍射谱的环形花样实际上是许多取向不同的小单晶的衍射的叠加。d值不同的$\{hkl\}$晶面簇，将产生不同的圆环，从而形成由不同半径同心圆环构成的多晶电子衍射谱。环越细越不连续，表示多晶体的晶粒越大；环越粗越连续，表示多晶体的晶粒越小。

非晶电子衍射谱一般只有一个较强且宽化的晕环，晕环的边界很模糊，比较常见的还可以在第一晕环的外侧看到一个较弱的更加宽化的第二晕环。非晶材料因为没有周期性，所以只要看到其衍射特征判断为非晶体即可。

透射电镜的电子衍射谱用于物相分析，有以下优点：①分析灵敏度非常高，可分析小到几个纳米的微晶，适用于微量试样、待测物含量很低的物相分析。②可以得到有关晶体取向的信息。③可得到有关物相大小、形态和分布的情况（与形貌观察结合）。除此以外，还可用于确定晶体结构对称性，包括对称中心、滑移面、螺旋轴等的存在；鉴定晶体的点群和空间群；精确测定晶体的点阵常数、结构因子和样品厚度；由高阶劳厄带圆环的直径迅速测定层状结构晶体的层间周期；晶体缺陷分析；晶体有序无序转变等。

9.4.2.3　X射线光电子能谱

X射线光电子能谱（X-ray photoelectron spectroscopy，XPS）是一种基于光电效应的电子能谱，利用X射线光子激发出物质表面原子的内层电子，其被激发出来的电子叫作光电子，它是通过对这些光电子进行能量分析而获得的一种能谱。该检测方法不但可以提供化学分子结构及原子的价态等方面的信息，还可以提供材料表面元素组成、含量、化学价态和化学键等方面的信息。这种能谱最初是被用来进行化学分析的，因此它还有一个名称，即化学分析电子能谱（electron spectroscopy for chemical analysis，ESCA）。

XPS可以在不太高的真空度下进行表面分析研究，可以对表面观察若干小时而不会影响测试结果。它的主要优点有：

① 可以分析除H和He以外的所有元素，以获得元素成分。

② 可以直接测定来自样品单个能级光电子的能量分布，且直接得到电子能级结构的信息。可以给出元素化学价态信息，进而可以分析出元素的化学态或官能团。

③ 从能量范围看，如果把红外光谱提供的信息称之为“分子指纹”，那么电子能谱提供的信息可称作“原子指纹”。它提供有关化学键方面的信息，即直接测量价层电子及内层电子轨道能级。而相邻元素的同种能级的谱线相隔较远，相互干扰少，元素定性的标识性强。

④ 样品不受导体、半导体、绝缘体等的限制，样品用量小，不需要进行样品前处理，从而避免了引入或丢失元素所造成的错误分析。

⑤ XPS是一种高灵敏超微量表面分析技术。分析所需试样约10^{-8} g即可，绝对灵敏度

高达 10^{-18} g，样品分析深度约几纳米。

⑥ 分析速度快，可多元素同时测定。

⑦ XPS是一种非破坏性分析方法。结合离子溅射，可作深度剖析。

X射线光电子能谱仪由X射线源、进样系统、真空系统、能量分析器、探测器及数据处理系统构成。

XPS中的X射线源必须具有光强强、单色性好的特点。单色性越高，谱仪的能量分辨率也越高，通常采用Al K_α（1 486.6 eV）和Mg K_α（1 253.8 eV），它们强度高，自然宽度小（分别为0.83 eV和0.68 eV）。Cr K_α 和Cu K_α辐射虽然能量更高，但由于其自然宽度大于2 eV，不能用于高分辨率的观测。为了获得更高的观测精度，还使用了晶体单色器（利用其对固定波长的色散效果），但这将使X射线的强度由此降低。

由X射线从样品中激发出的光电子，经电子能量分析器，按电子的能量展谱，再进入电子探测器，最后用记录仪记录光电子能谱。

通过测定光电子的运动能量而探究物质中的电子状态，而测量光电子的运动能量，主要利用静电场、静磁场及电子的飞行时间等方式。目前，测量运动能量在几千电子伏特以下光电子的主要手段是利用静电场。其中同心半球型能量分析器（CHA）同时装有入射电磁透镜和孔径选择板，可以进行超高能量分解光电子测定，高分解能角度分解测定。

X射线光电子能谱的基本原理如下：高能的X射线光子在照射样品时，光电效应不仅可使分子的价电子电离，也可以把内层电子激发出来。由于内层电子的能级受分子环境的影响很小，所以同一原子的内层电子结合能（binding energy）在不同分子中相差很小，故带有原子种类的特征。

在此过程中，电子吸收的光子能量，首先被用于克服该能级的结合能，其次用来克服晶体对它的逸出功，最后剩余的能量表现为它逸出表面后成为自由光电子的动能。其中入射X射线能量由光源决定，是已知值。逸出功既与物质的性质有关，也与仪器有关，可以用标准样品对仪器进行标定，从而得到逸出功的准确数值。光电子的动能，由能量分析仪检测得到。所以，电子结合能可以用光子能量减去逸出功，再减去光电子动能后得到。

由于只有表面处的光电子才能从固体中逸出，因而测得的电子结合能必然反映了表面化学成分的情况。这正是光电子能谱仪的基本测试原理。

各种原子、分子的轨道电子结合能是一定的。因此，通过对样品产生的光电子能量的测定，就可以了解样品中元素的组成。元素所处的化学环境不同，其结合能会有微小的差别，这种由化学环境不同引起的结合能的微小差别叫化学位移（chemical shift），由化学位移的大小可以确定元素所处的状态。例如某元素失去电子成为离子后，其结合能会增加，如果得到电子成为负离子，则结合能会降低。因此，利用化学位移值可以分析元素的化合价和存在形式。

X射线光电子能谱曲线的横坐标是电子结合能，纵坐标是光电子的测量强度。可以根据XPS电子结合能标准手册对被分析元素进行鉴定。由于各种元素都有它的特征的电子结合能，因此在能谱图中就出现特征谱线，可以根据这些谱线在能谱图中的位置来鉴定元素周期表中除H和He以外的所有元素。通过对样品进行全扫描，在一次测定中就可以检出全部或大部分元素。对图谱进行精确分析，能实现对化学位移的精确测量，从而提供化学键和电荷分布方面的信息。

X射线光电子能谱定量分析的依据是光电子谱线的强度（光电子峰的面积）反映了原子的含量或相对浓度。在实际分析中，采用与标准样品相比较的方法来对元素进行定量分析，其分析精度达1%～2%。

人们早已认识到在固体表面存在一个与固体内部的组成和性质不同的相，其厚度大概是0.1～1 nm（几个原子层）。通过X射线光电子能谱分析，可以分析研究包括表面的元素组成和化学组成、原子价态、表面原子的电子云分布和能级结构、表面能态分布等信息，因此在表面吸附、催化、金属的氧化和腐蚀、半导体、电极钝化、薄膜材料等方面都有广泛的应用。

X射线光电子能谱法的信息深度约为3～5 nm。如果利用离子作为剥离手段，利用XPS作为分析方法，则可以实现对样品的深度分析。

X射线光电子能谱可以测量块状、粉末及薄膜样品。要求样品无磁性，不吸水，在X射线照射下不分解，无挥发性物质即可。

9.4.2.4　拉曼光谱

拉曼光谱（Raman spectra），是一种散射光谱。拉曼光谱分析法是基于拉曼散射效应，对与入射光频率不同的散射光谱进行分析以得到分子振动、转动方面信息，并应用于分子结构研究的一种分析方法。

拉曼散射效应是印度物理学家拉曼（C. V. Raman）于1928年首次发现的，他从实验观察到单色的入射光投射到物质后产生的散射，通过对散射光进行谱分析，首先发现散射光除了含有与入射光频率相同的光外，还包含与入射光频率不同的光。以后人们将这种散射光与入射光频率不同的现象称为拉曼散射。

由于拉曼散射效应很弱，只有入射光的百万分之一，因此在早期不被重视。后来，由于激光技术的发展，激光束具有高亮度、方向性和偏振性等优点，成为拉曼光谱的理想光源。由此拉曼技术得以快速发展。

激光拉曼光谱仪，它主要由光源、外光路系统、样品池、单色器、信号处理及输出系统等五部分组成。光源可以采用He-Ne激光器，波长为632.8 nm，或者Ar激光器，波长为514.5 nm、488 nm。单色器可采用光栅或多单色器。检测器是光电倍增管和光子计数器。

当入射光子照射到样品表面，产生的散射现象有两种，其中弹性散射不改变光子的频率，这种散射叫瑞利散射（Rayleigh scatter）。非弹性散射会使光子的频率减小（极小的可能为增加），这种散射叫拉曼散射（Raman scatter）。

拉曼散射光子与入射光频率的差值，被称为拉曼位移（Raman shift）。拉曼位移的大小与入射光频率无关，和分子的能级有关。不同的物质有不同的振动和转动能级，因而有不同的拉曼位移。因此，拉曼位移是表征物质分子振动、转动能级特性的一个物理量，带有分子特征信息，适用于分子结构的分析。

虽然拉曼光谱与红外光谱都能得到分子振动和转动光谱，但二者有明显的区别。红外光谱是吸收光谱，而拉曼光谱是散射光谱。对于拉曼光谱，分子的极化率发生变化时才能产生拉曼活性。对于红外光谱，只有分子的偶极矩发生变化时才具有红外活性。因此二者有一定程度的互补性，而不可以互相代替。

与红外光谱相比，拉曼光谱具有如下优点：

① 拉曼光谱是一个散射过程，因而任何尺寸、形状、透明度的样品，只要能被激光照射到，就可直接用来测量，无需粉碎、研磨，也不必透明。由于激光束的直径较小，且可进一步聚焦，因而极微量样品都可测量。

② 不怕水的干扰。水是极性很强的分子，因而其红外吸收非常强烈。但水的拉曼散射

却极微弱，因而水溶液样品可直接进行测量。此外，玻璃的拉曼散射也较弱，因而玻璃可作为理想的窗口材料，例如液体或粉末固体样品可放于玻璃毛细管中测量。

③ 对于聚合物及其他分子，拉曼散射的选择定则的限制较小，因而可得到更为丰富的谱带。S—S、C—C、C═C、N═N 等红外较弱的官能团，在拉曼光谱中信号较为强烈。如不同的碳材料的拉曼光谱不同，因此可以彼此区分。

④ 光谱范围为 40～4000 cm^{-1}，比红外光谱更宽，有利于重原子的振动信息研究。

⑤ 拉曼光谱中没有倍频和组合频等红外谱中常见的干扰，因此拉曼光谱比红外光谱简单，容易分析。并且由于拉曼光谱的激发光和散射光在紫外-可见波段，能量较红外光高，因此检测起来比红外光谱容易。

但拉曼光谱也有一些缺点：

① 有些样品本身的发光本底较强，这样就使得拉曼光谱的信噪比受到影响。此外，样品分子量增加时拉曼光谱的信噪比也会降低。

② 激光束焦点上能量集中，可能对样品造成损伤。

9.4.3 电化学性能测试

对于锂离子电池，其核心性能主要包括容量、效率、倍率性能、安全性、一致性、循环性能、自放电性能、高低温性能等。在生产中，多以全电池进行测试。在研究中，有时会组装半电池，即以金属锂为负极，待研究物质为正极的扣式电池。

9.4.3.1 充放电测试

充放电测试是电池测试中应用最广泛的测试方法。充放电测试其实测量的是电池的电压-电流关系曲线。因此，这种测试与电压范围和电流大小有关。

开路电压是指在开路状态（没有电流通过）下电池两端的电势差。它由电池材料、电解液、电池荷电状态和温度决定，与电池形状、结构、使用条件等因素无关。满电电压是指电池荷电状态为 100%（充满）时的开路电压，也叫充电终止电压。

工作电压是指在电池工作时两端的电压。由于电池具有一定的内阻，且当有电流存在时两个极片均会发生一定程度的极化，所以电池的工作电压小于其开路电压。额定电压（标称电压）是指电池在正常工作时的电压，它是工作电压的一个特例。截止电压（终止电压）是指工作电压的极限值，其上限就是满电电压，其下限是指电池不易继续放电时的电压。如磷酸铁锂电池额定电压为 3.2 V，满电电压为 3.65 V，放电终止电压为 2.5 V。

需要说明的是，电池放电终止电压的设置与电池的容量、安全和寿命等因素有关。电池放电终止电压设置较低，会使电池放电容量较大，但会损失电池的循环稳定性和寿命。放电终止电压的设置可参考电池的放电曲线。

中值电压是指电池荷电状态为 50%时的电压。工程上常用中值电压来考察一个电池工作电压的高低。

电池的荷电状态（state of charge，SOC）是指电池剩余电量和满电电量的比值，有时也用放电深度或充电深度表示电池的状态。放电深度（depth of discharge，DOD）是指已经放出的电量和满电电量的比值，充电深度（depth of charge，DOC）是指已经充入的电量和满电电量的比值。因此，SOC＝DOC，DOD＋DOC＝100%。

充放电制度一般分为三类，恒压充电、恒流充电和先恒流后恒压充电。

电池充电电流的确定可由其额定容量计算得到。额定容量是指铭牌上所标明的电池在额定工作条件下能长期持续工作的容量。如额定容量为100 A·h的电池，若以100 A的电流放电，则可将这种放电称为1倍率（1C）放电，若以20 A的电流放电，则可将这种放电称为0.2倍率（0.2C）放电。需要说明的是，电池实际容量受充放电电流影响很大，0.2C时放电容量大于1C放电容量。所以，在说明电池容量的时候，需要标注电流（或倍率）大小。

有时也用时率（小时率）表示电流的大小。时率是倍率的倒数，是指电池以一定的电流放完其额定容量所需要的时间。如0.2倍率放电也可称为5时率放电。

实验室中，充放电电流也可以根据活性物质质量或电极面积得到。

根据条件设置的不同，充放电测试可以分为容量测试、倍率测试、循环寿命测试、高低温性能测试等。

1）容量测试　为了充分发挥电池的容量，在测试容量时，一般选用较小的电流，如0.2C或0.1C。此时得到容量较大，但测试时间很长。容量测试曲线的横坐标表示电池的充放电容量，纵坐标表示电池的工作电压。由容量测试曲线可以很方便地看到电池的容量、充放电平台、中值电压、极化情况等信息。

在容量测试时，放电容量和充电容量的比值，叫作充放电效率，或库仑效率（coulombic efficiency，CE）。库仑效率往往小于100%，损失的电量往往与电解液分解、界面钝化、活性锂损失等因素有关。过低的库仑效率暗示着容量衰减和电池的循环寿命较低。

2）倍率测试　倍率测试是指电池在较大电流倍率下进行充放电，它衡量了电池的功率性能。在倍率测试时，电池的充放电电流可以设置为1C、2C、5C，甚至更高。电池的倍率性能，可以用高倍率放电容量和低倍率放电容量的比值来定量表示。倍率测试对功率型电池非常重要。

3）循环寿命测试　以一定的电流对电池反复进行充放电，即可测量其循环寿命。当某次放电容量低于某一容量时即终止实验，此时的循环次数称为电池的寿命。循环寿命的终止容量往往设定为初始容量的80%。根据电池容量与循环次数关系作图，可以方便地观察电池的容量衰减情况。电池的循环寿命由电池材料、电池结构、充放电制度、工作条件等因素决定。

4）高低温性能测试　在较高温度（如55 ℃）或较低温度（如−20 ℃）进行充放电测试，观察其容量相对于额定容量的比值。电池的高低温性能与电极材料、电解液、制备工艺等因素有关。

5）自放电性能测试　即使没有外线路电流，电池内部应以一定的速率在进行放电，这种放电叫作电池的自放电。电池自放电与活性物质本身、电极结构、制造工艺、电池工作条件等因素相关。自放电速率是单位时间内（如每月）容量降低的百分数。存储性能的测试往往需要很多个月才能完成。

6）耐过充、过放测试　对于动力电池，在充放电测试中，还要加入多组电池的一致性测试，包括容量一致性、内阻一致性、自放电一致性、荷电状态一致性和端电压一致性等。

9.4.3.2 循环伏安测试

循环伏安法（cyclic voltammetry，CV）是一种常用的电化学研究方法。该方法控制体系的电位，以固定的变化速度，在一定的电压范围内反复扫描，使电极上发生氧化、还原等反应，检测体系电流，并绘制电流-电压关系曲线。该方法使用的仪器简单，操作方便，图谱解析直观，能迅速提供电活性物质电极反应的可能性、可逆性，化学反应历程，电活性物质的吸附等许多信息。循环伏安法可用于研究化合物电极过程的机理、双电层、吸附现象和电极反应动力学。因此成为最有用的电化学方法之一。当人们对一未知体系进行研究时，最初所使用的方法往往就是循环伏安法。

影响循环伏安测试的因素，主要包括活性物质与浓度、扫描速度及扫描范围、溶液电阻、支持电解质浓度等。

循环伏安法常用三电极系统和二电极系统。在特殊情况下，也可以采用四电极系统。

三电极系统（图 9-44）包括工作电极（被研究物质起反应的电极），参比电极（用于监测工作电极的电势），辅助（对）电极。外加电压加在工作电极与参比电极之间，工作电流通过工作电极与辅助电极。由于参比电极的电位基本不发生改变，因此可以认为电压变化只与工作电极有关。又由于辅助电极一般面积较大且反应容易，因此认为影响反应电流的因素集中在工作电极。因此，三电极系统实际上监控的是工作电极的反应电流与电压波动的变化关系，与对电极没有关系。这种方法常用于实验室，用来研究单个极片的反应电位范围、可逆性、嵌/脱锂反应速率及计算锂离子的扩散系数等。

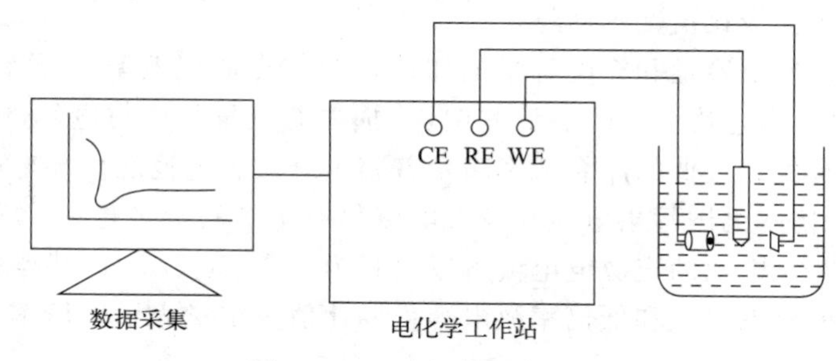

图 9-44 三电极体系示意图

在电池测试时，由于缺少参比电极，因此也常用二电极体系。此时体系的电压改变是正极区极化、负极区极化和溶液 *IR* 降之和，电流则由反应速率最慢的电极决定。因此得到的是整个系统的电流-电压关系曲线，这与三电极体系有很大的差异。若二电极体系的负极为锂片（即实验室常用的扣式半电池），则由于锂片容量巨大，电位稳定，极化较小，因此可以认为该扣式电池的循环伏安测试结果类似于三电极体系。

根据电压改变速度的不同，可以分为快扫和慢扫两种。快扫时电压的改变速度可用 100 mV/s，可以很快判断出电池反应的电位区间。在慢速扫描时，电压的改变速度可以低至 0.1 mV/s。

电池循环伏安测试的电压范围可以直接先在较大电压范围内进行快扫，根据快扫的出峰电压范围决定，也可以直接根据电池的充放电范围确定。

扫描方向由电极的荷电状态（嵌锂/脱锂状态）决定。如刚组装的磷酸铁锂电池，正极处在嵌锂态，负极处于脱锂态，整个电池的荷电状态处在很低的水平。在对此进行测试时，若将磷酸铁锂连接至工作电极，石墨连接至辅助电极，则在测试初期，应该设定电压正向扫描，即从开路电位增加到上限，然后回扫。在这个过程中，正极极片先充电（脱锂），后放电（嵌锂），负极石墨正好相反。

以上述磷酸铁锂电池为例，当电位从开路电位开始以固定的速度逐渐增加时，起初由于未到磷酸铁锂的充电平台，此时基本不发生反应，反应电流约为零，体系电流主要由双电层的充电电流构成。充电电流的大小，由电极面积、双电层电容、充电速度决定，即 $I_c=$

$\frac{dQ}{dt}=AC_d\frac{dU}{dt}=AC_d v$，式中 A 为电极面积，Q 为电量，U 为电压，C_d 为双电层电容，v 为电压扫描速度。由于电极面积和电压扫描速度为固定值，所以体系电流只与双电层电容有关。在电压升高时，双电层电容增加，因此，体系电流随电压增加而增加。但由于双电层电容很小，因此充电电流与反应电流相比也很小，表现在循环伏安曲线上，此时的电流是一条接近于零且缓慢增加的直线。

当电压接近充放电平台时，反应电流急剧增加，体系电流基本全部由反应电流贡献，此时体系处于电化学控制，电流的增加与电位呈指数变化。当电压继续升高时，由于扩散的限制，反应电流不可能继续增加，体系由电化学控制转变为混合控制再到扩散控制。表现为电流出现峰值，若电极的可逆性良好，峰电流 $I_p=2.69\times10^5 n^{\frac{3}{2}}D^{\frac{1}{2}}v^{\frac{1}{2}}Ac$。式中 n 为反应电子数，D 为锂离子扩散系数，v 为电压扫描速度，A 为电极面积，c 为锂离子浓度。此时的峰电位只与平衡电位有关，与扫描速度无关，如图 9-45 所示。因为锂离子在液相中的扩散速度远大于固相中的扩散速度，固相扩散是速控步骤，所以可用这个公式得到锂离子在固相中的扩散系数。锂离子扩散系数越大，电池在大电流下的充放电性能就越好。扩散系数侧面反映了材料的动力学性质。

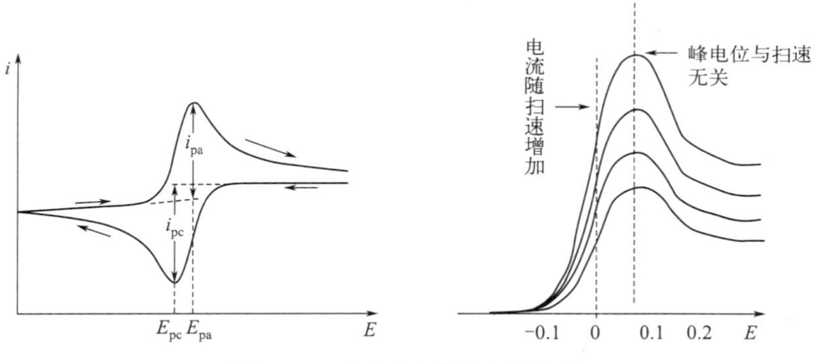

图 9-45　可逆反应的循环伏安图

若电极的可逆性不好，峰电流 $I_p=2.11\times10^5 n^{\frac{3}{2}}D^{\frac{1}{2}}v^{\frac{1}{2}}Ac$。此时的峰电位既与平衡电位有关，又与扫描速度有关，如图 9-46 所示。

当电压回扫时，曲线的情况与之类似。

循环伏安法可以设定多个循环周期。可以根据每个周期的变化情况，确定一些不可逆过程。比如，首周与第二周的差异，往往包含了 SEI 膜形成的信息。

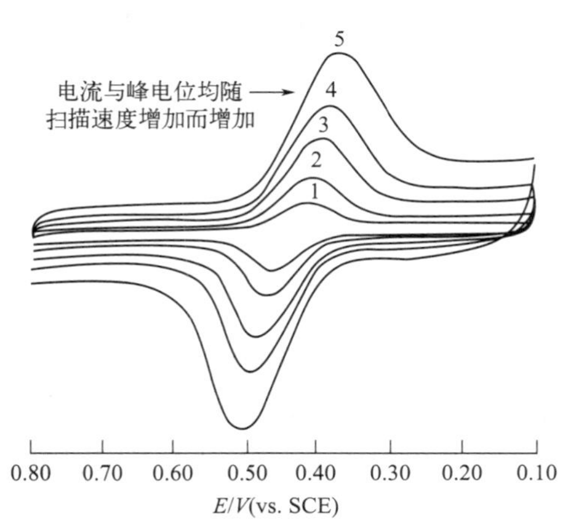

图 9-46　准可逆反应的循环伏安图

9.4.3.3　交流阻抗测试

交流阻抗法（AC impedance）又称电化学阻抗谱（electrochemical impedance spectroscopy，EIS），是一种暂态电化学技术。通过将一定幅值的不同频率的正弦交流电信号叠加到体系的平衡状态上，测量扰动信号和响应信号之间的变化关系，可得到体系的交流阻抗，进而分析电化学系统的反应机理、计算体系的电化学参数。

虽然体系整体处在平衡态，但由于使用的交流振幅很小，通常小于 10 mV，对电极极化作用很小，并且当频率足够高时，以致每半周期所持续的时间很短，不致引起严重的浓差极化及表面状态变化。而且在电极上交替地出现阳极过程、阴极过程，即使测量信号长时间作用于电解池，也不会导致极化现象的积累性发展。因此这种方法具有暂态法的某些特点，常称为“暂稳态法”。

交流阻抗测试是一种无损的参数测定方法，被广泛应用于电极过程动力学的研究，特别适合于分析复杂电极过程。它可以帮助我们了解界面的物理性质及所发生的电化学反应的情况，如正负极材料分析、锂离子脱嵌动力学参数研究、SEI 膜分析、固体电解质电导率测定、锂离子扩散动力学、测定交换电流密度的大小及 SOC 预测等，是分析锂离子电池性能的有力工具。

由于扰动信号和响应信号以及它们的商都是正弦波，既可以用三角函数表示，又可以用复数形式表示，所以体系的阻抗，也可以用这两种方式表示，既可以用实部（Z'）和虚部（Z''）表示（图 9-47），也可以用模（$|Z|$，也称振幅）和相角（θ，或角频率和时间的乘积 ωt）来表示。交流阻抗谱就是通过对以上参数及角频率、相位差等变量进行分析，因而阻抗谱可以通过多种方式表示，每一种方式都有其典型的特征。根据实验的需要和具体体系，可以选择不同的图谱形式进行数据解析。常见的有 Nyquist 图和 Bode 图，二者包含的信息并无不同，仅在处理数据的方法上有差异。

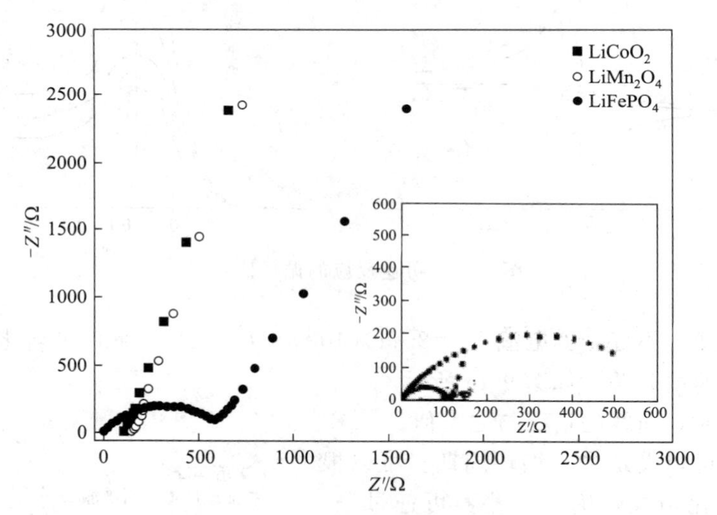

图 9-47 典型锂离子电池交流阻抗图谱

Nyquist 图的横轴是阻抗的实部，纵轴是阻抗的虚部。由于 $Z=Z'+Z''=\left(R_L+\dfrac{R_{ct}}{1+\omega^2R_{ct}^2C_d^2}\right)-j\dfrac{\omega C_dR_{ct}^2}{1+\omega^2R_{ct}^2C_d^2}$，式中 Z 表示阻抗，ω 表示频率，C_d 表示双电层电容，R_{ct} 表示电化学反应电阻，R_L 表示溶液电阻或扩散过程的电阻，因此可以看出实部 Z'随着频率 ω 的减小而增大，也就是说，横轴增大的方向也就是频率降低的方向（图 9-48）。因此，Nyquist 图从左到右依次为高频区、中频区和低频区，反映的依次为溶液欧姆电阻（频率响应最快）、表面 SEI 膜阻抗、电化学反应阻抗、浓差扩散引起的阻抗（图 9-49）。

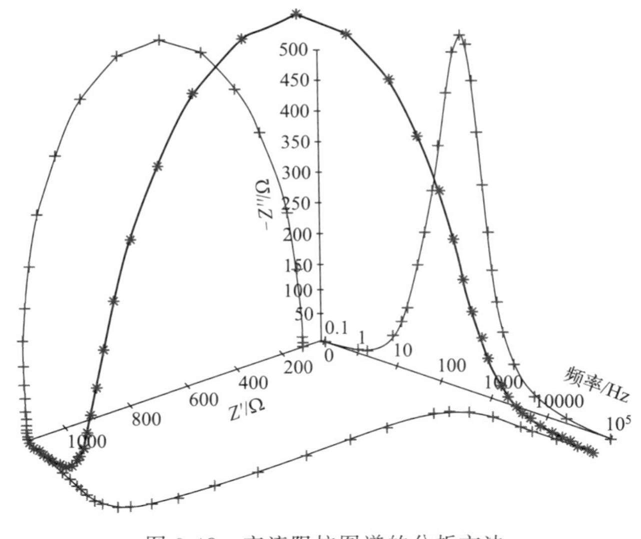

图 9-48 交流阻抗图谱的分析方法

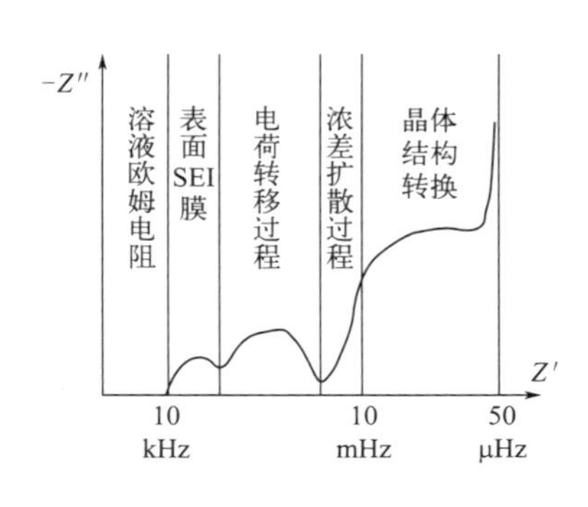

图 9-49 Nyquist 图中频率与电极过程的关系

如图 9-50 所示，若体系的等效电路为一个电阻（如理想的不极化电极），Nyquist 图表现为横轴上的一个点，点距离原点的距离为阻抗（电阻）的大小，$Z=Z'=R$。若体系的等效电路为一个电容（如理想的极化电极），Nyquist 图表现为纵轴上的一系列点，点距离原点的距离为阻抗（容抗）的大小，$Z=Z''=-\frac{1}{\omega C}$，从式子可知，随着频率的降低，代表容抗的点沿纵轴逐渐远离原点。若体系为电阻和电容的并联结构，在 Nyquist 图上表现为从原点出发向上，最终又回到横轴的一个半圆。该半圆与横轴的交点即为电阻的阻值，电容的大小可由半圆顶点的频率求得，$C=\frac{1}{\omega R}$。事实上，理想中的双电层模型的等效电路，就是这个结构，式中的 R 其实就是电化学反应电阻 R_{ct}，电容 C 其实就是双电层电容 C_d。若考虑溶液电阻 R_L，它与双电层电容是串联关系，因此整个图形向右平移 R_L 个单位。以上的分

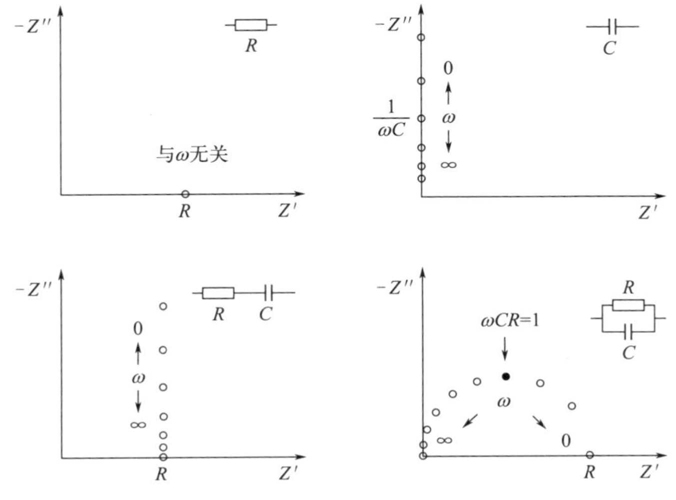

图 9-50 几种典型电路的 Nyquist 图

析均未考虑浓差扩散因素，实际的电化学过程中，由于在低频区不可避免地会出现浓差扩散控制过程，因此，在图形的后半段开始逐渐偏离半圆，图形表现为一个斜率为 1 的直线（图 9-51）。由浓差极化带来的阻抗，被称为 Warburg 阻抗，可用字母 W 表示。$W=\frac{\sigma}{\sqrt{\omega}}-\mathrm{j}\frac{\sigma}{\sqrt{\omega}}$，式中 σ 是 Warburg 阻抗系数，$\sigma=\frac{RT}{n^2F^2c\sqrt{2D}}$，式中 c 为锂离子浓度，D 为锂离子扩散系数。因为扩散最慢的过程出现在固相，因此此处的锂离子浓度和锂离子扩散系数均指的是固相的。因此可以根据低频处的斜线求出锂离子扩散系数。除了以上提到的溶液电阻 R_L、电化学反应电阻 R_{ct}、双电层电容 C_d、锂离子扩散系数 D 以外，还可以根据 $i_0=\frac{RT}{R_{ct}F}$，得到反应的交换电流 i_0。Bode 图是对数频率特性图，一般由两张图组合而成，一张是幅频图，表征振幅 $|Z|$ 与频率对数的关系；另一张是相频图，表征相角 θ 与频率对数的关系。

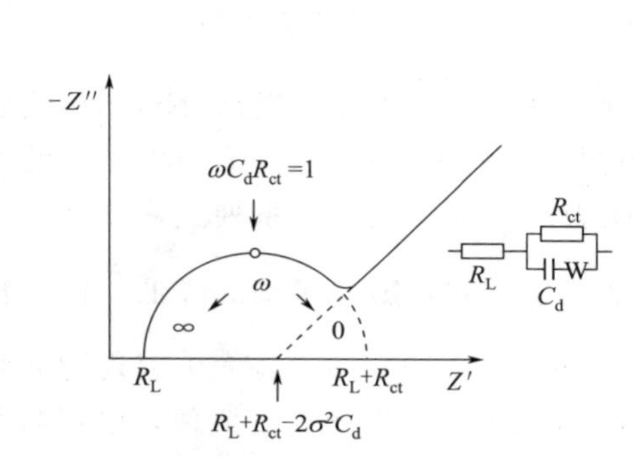

图 9-51　包含 Warburg 阻抗的交流阻抗图

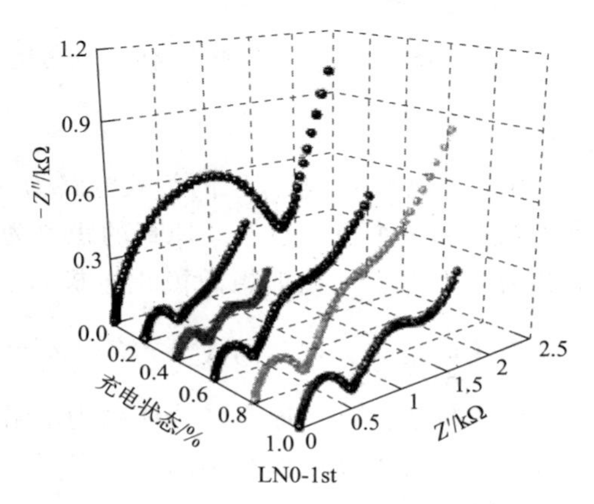

图 9-52　不同荷电状态电池的交流阻抗图

在不考虑浓差极化时，体系的等效电路由表示双电层结构的 R_{ct} 和 C_d 的并联结构再串联一个表示溶液电阻的 R_L 构成。此时 Bode 图的幅频图由三个部分构成，低频区始终是 $\lg(R_{ct}+R_L)$ 横直线，高频区始终是 $\lg R_L$ 的横直线，以及连接二者的斜率为 -1 的斜直线，该斜线若反向延长，则与纵轴相交于 $\lg Z=1/C_d$。由上述关系即可得到溶液电阻 R_L、电化学反应电阻 R_{ct} 和双电层电容 C_d。也可以根据相频图曲线 $\theta=\pi/4$ 所对应的频率 ω 来得到 C_d，$C_d=\frac{1}{\omega R_{ct}}$。

利用电化学阻抗的模拟软件，如 Zview、Equivcrt 或 EIS300，可以处理交流阻抗数据。原理是首先确定电化学体系的等效电路，然后经数据拟合，确定各电学元件的数值。这些软件虽然在数据处理上功能强大，但仍需人工确定并解释等效电路。值得指出的是，一组阻抗数据往往可以用多种等效电路进行拟合处理，因此，真正地理解电极过程的电化学行为，作出最符合体系的等效电路，使每个元件都有明确的物理模型，才是数据处理的核心工作。

需要说明的是，对于电池，不同的荷电状态下，均可进行交流阻抗测试，并且得到的结果并不相同（图 9-52）。

9.4.4　其他性能测试

9.4.4.1　材料热稳定性测试

物质的物理状态和化学状态发生变化（如升华、氧化、聚合、固化、硫化、脱水、结晶、熔融、相变或发生化学反应）时，不仅会使材料质量发生改变，还往往伴随着热力学性质（如热焓、比热容、热导率等）的变化，故可通过测定其热力学性能的变化，来了解物质物理或化学变化的过程。这种研究方法叫热分析。

常见的热分析包括多种测试技术。在程序控温下，测量物质的质量随温度变化的关系叫热重分析（thermogravimetric analysis，TG 或 TGA），它可以检测试样的组成、热稳定性、热分解温度、热分解产物和热分解动力学性能等。

热重分析通常有静态法和动态法两种类型。

静态法又称等温热重法，是在恒温下测定物质质量变化与温度的关系，通常把试样在各给定温度加热至恒重。该法比较准确，常用来研究固相物质热分解的反应速率和测定反应速率常数。

动态法又称非等温热重法，是在程序升温下测定物质质量变化与温度的关系，采用连续升温连续称重的方式。该法简便，易于与其他热分析法组合在一起，实际中采用较多。

热重分析仪的基本结构由精密天平、加热炉及温控单元组成。加热炉由温控加热单元按给定速度升温，并由温度读数表记录温度，试样质量变化可由天平记录，并转化成电磁量后经放大器放大，送入记录仪中记录。电磁量变化量的大小正比于所测样品质量的变化量。

由热重分析仪记录的质量变化对温度的关系曲线称热重曲线（TG 曲线，图 9-53）。曲线的纵坐标为质量分数，横坐标为温度。由曲线的横坐标可以得到某反应开始和结束的温度范围，纵坐标则指示该反应的质量减少（或增加）量。

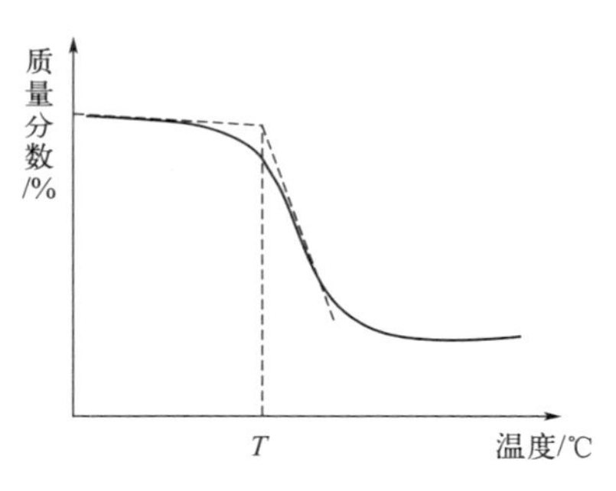

图 9-53　热重分析曲线

热重分析的主要特点是定量性强，能准确地测量物质的质量变化及变化的速率。热重分析广泛应用于塑料、橡胶、涂料、药品、催化剂、无机材料、金属材料与复合材料等各领域的研究开发、工艺优化与质量监控等。

另一种常见的热分析方法是差热分析法（differential thermal analysis，DTA）。它是利用能够发生物理或化学变化并伴随有热效应的物质，与一个对热稳定的、在整个变温过程中无热效应产生的基准物（或叫参比物）在相同的条件下加热（或冷却）时，在样品和基准物之间就会产生温度差，通过测定这种温度差与温度的关系，可了解物质变化规律，从而确定物质的一些重要物理化学性质。

差热分析仪由两个样品台、程序控温装置、热电偶补偿装置、差热放大器和双笔记录仪等构成。使用时，试样 S 与参比物 R 分别装在两个坩埚内。在坩埚下面各有一个片状热电偶，这两个热电偶相互反接。对 S 和 R 同时进行程序升温，当加热到某一温度试样发生放热或吸热时，试样的温度 T_S 会高于或低于参比物温度 T_R，产生温度差 ΔT，该温度差就由上述两个反接的热电偶以差热电势形式输送给差热放大器，经放大后输入记录仪，得到差热曲线，即 DTA 曲线（图 9-54）。另外，从热电偶参比物一侧读取与参比物温度 T_R 对应

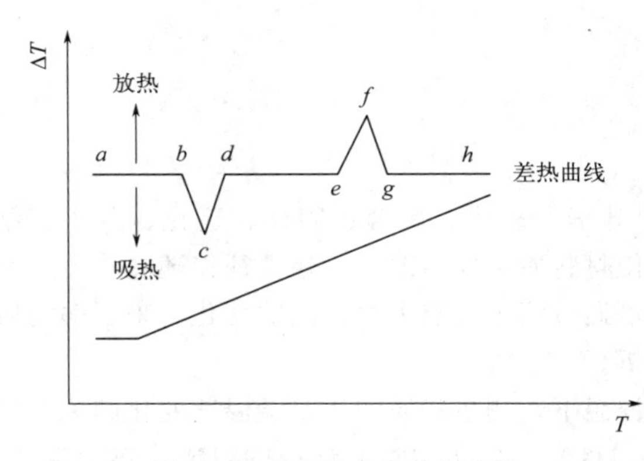

图 9-54 理想的差热分析曲线

的信号，经热电偶冷端补偿后送入记录仪，得到温度曲线，即 T 曲线。

现代差热分析仪器的检测灵敏度很高，可检测到极少量试样所发生各种物理、化学变化，如晶型转变、相变、分解反应、交联反应等（表 9-7）。不同的物质由于它们的结构、成分、相态都不一样，在加热过程中发生物理、化学变化的温度高低和热焓变化的大小均不相同，因而在差热曲线上峰谷的数目、形状和大小均不相同，这就是应用差热分析进行物相定性、定量分析的依据。

表 9-7 差热分析法中常见过程的吸、放热

物理过程	热现象		化学过程	热现象	
	吸热	放热		吸热	放热
晶型转变	○	○	化学吸附		○
熔融	○		析出	○	
气化	○		脱水	○	
升华	○		分解	○	
吸附		○	氧化(气体中)		○
解吸	○		还原(气体中)	○	
吸收	○		氧化还原反应	○	○
			氧化度降低		○

注：○表示可能性。

另外，现在常同步热分析即将热重分析 TGA 与差热分析 DTA 或差示扫描量热 DSC 结合为一体，在同一次测量中利用同一样品可同步得到热重与差热信息。也可以将热重与气质联用 TGA-GC-MS，即 TGA 获得热重曲线的同时，将挥发物导入 GC-MS，得到挥发组分的信息。

9.4.4.2 材料孔结构测试

比表面积（specific surface area，SSA）是指单位质量的固体物质所具有的表面积，常用单位为 m^2/g。

粉体有非孔结构和多孔结构两种特征，因此表面积包括颗粒的内部孔隙的内表面积和颗粒外表面积。当颗粒内部没有孔隙时，则表面积为颗粒的外表面积之和，此时表面积与颗粒的粒径呈负相关。随着粒度的减小，表面积增大。当颗粒内部存在孔隙时，粉体的表面积要大于外表面积。

对于非孔性材料，一般用透气法测量比表面积。对于多孔性结构的粉料，多用气体吸附法测定比表面积。

对电极材料而言，比表面积是材料的一个重要的参数。比如，对于磷酸铁锂，它的比表面积与碳含量呈线性关系。比表面积太小，说明材料的碳包覆量不够，直接体现是电池内阻偏高、放电平台低、容量发挥低、倍率性能不佳、循环性能不好。比表面积过大，说明材料的碳包覆量过高或者粒度呈纳米级。直接的体现是材料的电化学性能极好，但活性高、易团聚、难分散、极片加工困难，具体表现在浆料制备团聚、涂布不均匀等。因此，生产中需要有比表面积测试仪进行测试。

比表面积测试仪（图 9-55）包括热交换系统、液氮杯、气瓶、热导检测器、试样管等部分构成。

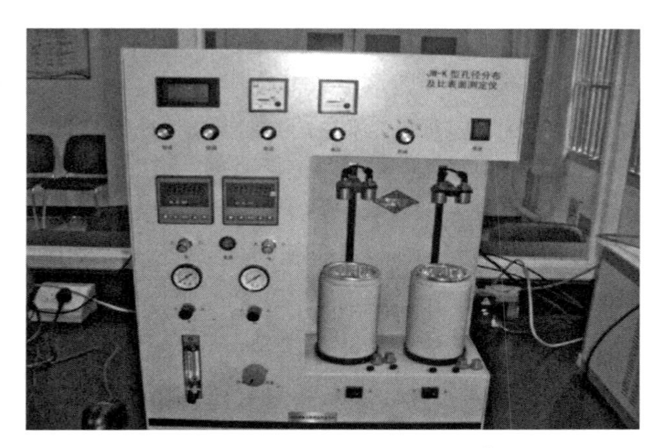

图 9-55 比表面积及孔径测试仪

目前电池行业使用的比表面积测试仪通常采用 BET 法测定。BET 法测定比表面积是以氮气为吸附质，以氦气或氢气作载气，两种气体按一定比例混合，达到指定的相对压力，然后流过固体物质；当样品管放入液氮保温时，样品对混合气体中的氮气发生物理吸附，而载气不被吸附，这时屏幕上即出现吸附峰；当液氮被取走时，样品管重新处于室温，吸附的氮气就脱附出来，在屏幕上出现脱附峰；最后在混合气中注入已知体积的纯氮，得到一个校正峰。根据校正峰和脱附峰的峰面积，即可算出在该相对压力下样品的吸附量。改变氮气和载气的混合比，可以测出几个氮的相对压力下的吸附量，从而可根据 BET 公式计算比表面积。该方法适用于孔径为 2～100 nm，比表面积≥0.01 m^2/g 的材料。测试结果可以得到比表面积和孔径数据。

样品在测试前需要在真空状态下于 80 ℃ 加热 10 min，继续在 300 ℃ 加热 4 h，以除去样品表面和孔内的水及其他物质。

除了利用气体吸附法外，孔结构的测定方法还有：①光学显微镜法，适合测量 10 μm 以上的大孔，该方法简单直接；②小角度 X 射线散射法（SAXS），用于测定直径为 2～10 nm 的孔；③压汞法，可以测出较宽范围的孔径分布（如 3 nm～360 μm）。

压汞法不仅可测得大孔的比表面积，而且还可以测样品的孔隙率及孔径分布情况，操作简单、迅速，不像气体吸附法需要较长的时间。缺点是测量过程由于需要很大的压力，常使小孔变形甚至坍塌，因此对纳米级的孔洞测量误差大。与之相反的是，气体吸附法测量中微孔时很准确，但对于大孔测量误差较大。并且，压汞法不能在可与汞生产汞齐的金属上使用。

压汞仪的基本原理是：对装有样品的样品管抽真空，并将汞转移进样品管；将样品管放置于高压仓，在压力发生器的作用下将汞逐步压入样品的孔内，并测量汞体积随压力增大而发生的变化。因为汞对固体表面有不可润湿性，所以只有在压力的作用下，水银才能挤入多孔材料的孔隙中，孔径越小，所需要的压力就越大，孔径 r 与压力 p 成反比。因此可以据此得到材料的孔径分布。

9.4.4.3 极片电阻率测量

锂离子电池充放电过程中，电池极片内部存在锂离子和电子的传输，其中锂离子通过电极孔隙内填充的电解液传输，而电子主要通过固体颗粒，特别是导电剂组成的三维网络传导至活性物质颗粒/电解液界面参与电极反应。电子的传导特性对电池性能影响大，主要影响电池的倍率性能、循环寿命、发热量、可靠性及安全性，同时它又与材料、配方、电解液、搅拌、涂布和辊压工序息息相关，因此，测量极片电阻的变化可以较好地评价极片制作过程中电子导电网络的性能，评估电极微观结构的均匀性以及监控极片制作工艺的稳定性，助力改进极片的配方以及搅拌、涂布和辊压工艺的控制参数。

而电池极片中，影响电导率的主要因素包括箔基材与涂层的结合界面情况、导电剂分布状态、颗粒之间的接触状态等。通过电池极片的电导率能够判断极片中微观结构的均匀性，预测电池的性能。

通过极片电阻率测试结果，一方面可用于匀浆涂布工艺及配方的改进，实现对材料体系的快速评价；另一方面能及时筛选分类并剔除电阻值较大的极片，不使之流入单体制造的工序，提升终端产品质量。

还常常采用此方法测试浆料膜阻抗，通过电阻率定量分析浆料中导电剂的分布状态，导电剂分散不均将极大恶化电池动力学性能，但不均匀性很难通过膜片外观、黏接力等常规监控手段发现，往往容易被忽略，造成不可挽回的损失。

电池行业测量极片电阻率常用四探针测量电极膜阻抗，然后根据厚度计算电阻率。

四探针膜电阻测试方法避免了探针与样品的接触电阻，而且测试电流方向平行于涂层，也避免了基底分流。因此，该方法能够准确测量电池极片涂层的绝对电阻值。但是该方法只能表征涂层表面薄层的电阻，对于较厚且存在成分梯度的电池涂层无法全面表征极片电阻值，另外，它也不能测试真实极片中涂层与基材之间的接触电阻。

利用直流四探针法测量电阻率时，常采用四根探针的针尖位于同一直线上，并且间距相等，通过测量通过外侧两个探针（1 号和 4 号探针）的电流和通过内侧两个探针（2 号和 3 号探针）的电压，即可求出极片的电阻率。

需要指出的是，这种测量的原理是在半无限大样品的基础上导出的，实际中必须满足样品厚度及边缘与探针之间的最近距离大于四倍探针间距，才能使该方法具有足够的精确度。如果被测样品不是半无穷大，而是厚度、横向尺寸一定，则需要引入修正系数。

在用四探针法测量半导体的电阻率时，要求探头边缘到材料边缘的距离远远大于探针间距，一般要求 10 倍以上；要在无振动的条件下进行，被测对象给予探针一定的压力，否则探针振动会引起接触电阻变化。

9.4.4.4 碳含量测定

碳含量（carbon content）是指单位体积或单位质量中碳元素的含量。

电极材料往往需要加入导电碳材料以增加样品的电子导电性，以降低电池内阻，提高活性物质利用率和充放电倍率。尤其对于磷酸铁锂材料来说，由于该材料导电性极差，因此在合成该材料的时候，就利用糖类高温裂解生成一层碳包覆在磷酸铁锂颗粒的表面。

碳含量过高或过低均能产生不利的影响。碳含量过高，同等质量材料活性物质减少，降低电池容量，电化学性能降低。碳含量过低，材料导电能力差，影响电池充放电速率，电化学性能降低。

常用高频红外碳硫分析仪对材料的含碳量进行分析。

利用 CO_2、SO_2 对红外线具有选择性吸收的原理而发展起来的红外线分析法，即属于干法分析，是碳硫测试的一项新技术。该方法依据的不是化学原理，而是物理原理，所以称之为物理分析方法。

红外线分析法的最大特点是不消耗化学试剂，没有化学分析冗长繁琐的操作，人为因素（误差）小，省时省力。虽然设备成本高，但分析成本低，对环境无污染。

CO_2 对红外线的最大吸收位于 4.26 μm，SO_2 的最大吸收位于 7.35 μm，属于近红外区。CO_2、SO_2 对红外线的吸收服从光的吸收定律——朗伯比尔定律（Lambert-Beer law），即吸光度正比于 CO_2、SO_2 的浓度。这就是红外碳硫检测的基本原理。

高频红外碳硫分析仪（图 9-56）由高频感应炉、气路系统、除尘系统、红外检测器与计算机系统组成。高频感应炉负责把样品进行燃烧，将碳元素和硫元素转化为 CO_2、SO_2 气体。

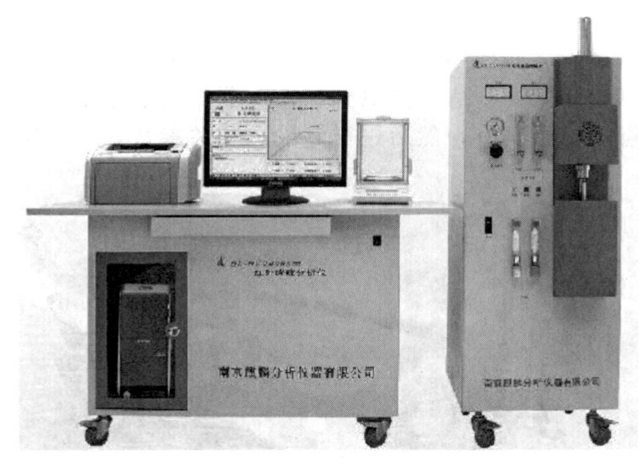

图 9-56　高频红外碳硫分析仪

高频感应炉加热速度快，并有着十分优异的燃烧性能，碳、硫转化率均高于管式炉，其中碳转化率接近 100%，硫转化率超过 98%，因此测量准确度较高。只有在样品燃烧时才有高频功率输出，燃烧完成后，高频感应立即停止，因而较管式炉省电。高频感应炉在启动后，不需要升温预热时间，与电弧炉一样可随时对样品进行分析。

高频感应炉燃烧产生的 CO_2、SO_2 气体，进入检测池，同时，红外光源产生红外线，经过切光马达调制，进入检测池，经滤光片滤光后作用于探测器上，探测器接收红外光后，将热能转换为电能，产生电信号，经前置放大、A/D 转换后送到计算机进行数据处理，即可得到 CO_2、SO_2 气体的浓度。

9.4.4.5　水分测定

水分是指单位体积或单位质量中水分的含量。

锂离子电池对水分有很高的要求。这是因为，锂离子电池工作电压高，容易电解水生产气体导致电池鼓胀；导电盐（如六氟磷酸锂）遇水会发生分解反应，并生成有害的氢氟酸；水分还能对材料及集流体有腐蚀破坏作用；黏结剂 PVDF 含水量高会导致黏度增大，不利于晶粒涂布。这些负面作用会使锂离子电池安全性和循环稳定性大大降低。因此在电池材料生产及电池组装的各个环节，均需要对水分进行控制。

锂离子电池由四大材料组成，分别为正极材料、负极材料、电解液、隔膜。这些材料都有相应的水分控制要求，一般在数百 ppm 范围以内。

对电池材料及极片的水分测试，常用卡尔费休库仑法。这种方法是由卡尔·费休（Karl Fischer）于 1935 年提出的。与其他测定水含量的方法相比，这种方法是对水最为专一、最为准确的方法。虽属经典方法但经过近年来的改进，提高了准确度，扩大了测量范围，已被列为许多物质中水分测定的标准方法。

该方法的优点是仪器价格中等，耗材少，检测下限可以低至 1 ppm，时间短，一般在几十秒内即可完成测定，是过程控制和仲裁判定的最佳方法。

其工作原理是：仪器的电解池中的卡氏试剂达到平衡时，注入含水的样品，水参与碘、二氧化硫的氧化还原反应，在吡啶和甲醇存在的情况下，生成氢碘酸吡啶和甲基硫酸吡啶，消耗了的碘在阳极电解产生，从而使氧化还原反应不断进行，直至水分全部耗尽为止，依据法拉第电解定律，电解产生碘是同电解时耗用的电量成正比例关系的，因此可以用电解反应消耗的电量来得到水的含量。

使用时，先开启仪器（图 9-57），向电解池中加适量卡氏试剂。开启氮气钢瓶，设定气体流速、加热温度。点击开始，等待仪器电解平衡。测试时取适量样品于进样瓶中，将其置于加热炉模块上，先点击开始测量，然后进样，输入相关参数，等待测量结果。

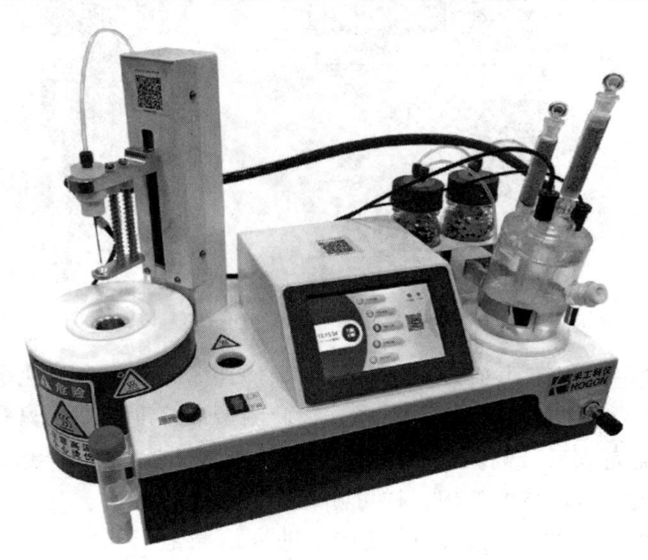

图 9-57　卡尔费休水分测试仪

使用卡尔费休水分测试仪应注意：

① 进样速度要快，尽量减少样品暴露在空气中的时间。

② 库仑法试剂能检测的水容量有限，应注意监测试剂容量，适时更换。同时应注意样品量和样品含水量，杜绝含水过多的样品进入样品瓶。

③ 试剂含甲醇，且甲醇会蒸发，应定期对甲醇损失进行补偿，以避免测定结果过高。

④ 如果需要高准确度，推荐使用带隔膜的电极。

⑤ 利用气体萃取技术可以很容易排除某些样品（比如含 NMP 的浆料）的干扰。

参考文献

[1] 赵云龙，孔庚，李卓然，等．全球能源转型及我国能源革命战略系统分析[J]．中国工程科学，2021，23（1）：15-23.

[2] 陈军．碳中和背景下的新能源科技前沿[J]．科学传播，2022，14（04）：F0002.

[3] 余彦，胡勇胜．蓬勃发展的电化学储能材料[J]．硅酸盐学报，2022，50（1）：1-1.

[4] 雷宪章．发展氢能技术是实现碳中和目标的重要路径之一[J]．中国电力企业管理，2021，（16）：36-39.

[5] 朱晟，彭怡婷，闵宇霖，等．电化学储能材料及储能技术研究进展[J]．化工进展，2021，40（9）：4837-4852.

[6] 张文建，崔青汝，李志强，等．电化学储能在发电侧的应用[J]．储能科学与技术，2020，9（1）：287-294.

[7] 李泓，吕迎春．电化学储能基本问题综述[J]．电化学，2015，21（5）：412-424.

[8] 汤匀，岳芳，郭楷模，等．下一代电化学储能技术国际发展态势分析[J]．储能科学与技术，2022，11（1）：89-97.

[9] Manthiram A. A reflection on lithium-ion battery cathode chemistry[J]. Nature Communications，2020，11：1550.

[10] 吴其胜．新能源材料[M]．2 版．上海：华东理工大学出版社，2007.

[11] 王新东，王萌．新能源材料与器件[M]．北京：化学工业出版社，2019.

[12] 黄昊．高性能电池关键材料[M]．北京：科学出版社，2020.

[13] 杨绍斌，梁正．锂离子电池制造工艺原理与应用[M]．北京：化学工业出版社，2020.

[14] 亚瑟・阿布莱布德，伊索贝尔・戴维德森．锂离子电池的纳米技术[M]．刘晶冰，汪浩，严辉，等译．北京：机械工业出版社，2017.

[15] 克里斯汀・朱利恩，艾伦・玛格，阿肖克・维志，等．锂电池科学与技术[M]．刘兴江，等译．北京：化学工业出版社，2018.

[16] 熊凡，张卫新，杨则恒，等．高比能量锂离子电池正极材料的研究进展[J]．储能科学与技术，2018，7（4）：607-615.

[17] 李仲明，李斌，冯东，等．锂离子电池正极材料研究进展[J]．复合材料学报，2022，39（2）：513-527.

[18] 杨鑫，陈娟，常海涛．锂离子电池正极钴酸锂研究进展[J]．电池工业，2018，7（4）：607-615.

[19] 林春，陈越，林洪斌，等．高电压 $LiCoO_2$ 锂电池正极材料的改性研究进展[J]．稀有金属材料与工程，2021，50（4）：1492-1504.

[20] Zhang L，Wang H，Wang L，et al. High electrochemical performance of hollow corn-like $LiNi_{0.8}Co_{0.1}Mn_{0.1}O_2$ cathode material for lithium-ion batteries[J]. Applied Surface Science，2018，450：461-467.

[21] Zhang L，Zhao Z，Cao Y，et al. In situ synthesis of porous $LiNi_{0.5}Co_{0.2}Mn_{0.3}O_2$ tubular-fiber as high-performance cathode materials for Li-ion batteries[J]. Ionics，2019，25：5229-5237.

[22] Li J，Cameron A R，Li H，et al. Comparison of single crystal and polycrystalline $LiNi_{0.5}Mn_{0.3}Co_{0.2}O_2$ positive electrode materials for high voltage Li-ion cells[J]. Journal of The Electrochemical Society，2017，164（7）：A1534-1544.

[23] 胡国荣，谭潮，杜柯，等．高压实富镍正极材料 $LiNi_{0.85}Co_{0.06}Mn_{0.06}Al_{0.03}O_2$ 的制备[J]．无机化学学报，2017，33（8）：1450-1456.

[24] Noh H J，Youn S，Yoon C S，et al. Comparison of the structural and electrochemical properties of layered $Li[Ni_xCo_yMn_z]O_2$（$x=1/3$，0.5，0.6，0.7，0.8 and 0.85）cathode material for lithium-ion batteries[J]. Journal of Power Sources，2013，233：121-130.

[25] Sun Y K，Myung S T. Synthesis and characterization of $Li[(Ni_{0.8}Co_{0.1}Mn_{0.1})_{0.8}(Ni_{0.5}Mn_{0.5})_{0.2}]O_2$ with the microscale core shell structure as the positive electrode material for lithium batteries[J]. J. Am. Chem. Soc.，2005，127：13411-13418.

[26] Sun Y K，Chen Z. Nanostructured high-energy cathode materials for advanced lithium batteries[J]. Nature Materials，2012，11：942-947.

[27] 何莹，刘海丰，张大奎，等．锂离子电池石墨负极材料的性能及发展研究概述[J]．碳素，2020，184：43-47.

[28] 陆浩，刘柏男，褚赓，等．锂离子电池负极材料产业化技术进展[J]．储能科学与技术，2016，5（2）：109-119.

[29] 彭盼盼，来雪琦，韩啸，锂离子电池负极材料的研究进展[J]．有色金属工程，2021，11（11）：80-91.

[30] 刘琦，郝思雨，冯东，等．锂离子电池负极材料研究进展[J]．复合材料学报，39（4）：1447-1456.
[31] 刘亚利，吴娇杨，李泓．锂离子电池基础科学问题（Ⅸ）：非水液体电解质材料[J]．储能科学与技术，2014，3（3）：262-282.
[32] 欧宇，侯文会，刘凯．锂离子电池中的智能安全电解液研究进展[J]．储能科学与技术，2022，11（6）：1772-1787.
[33] Waqas U A，Choi J，Kisoo Yoo，et al. A nano-silica/polyacrylonitrile/polyimide composite separator for advanced fast charging lithium-ion batteries[J]．Chemical Engineering Journal，2021，417：128075.
[34] Dezhi W，Chuan S，Huang S，et al. Electrospun nanofibers for sandwiched polyimide/poly（vinylidene fluoride）/polyimide separators with the thermal shutdown function[J]．Electrochimica Acta，2015，176：727-734.
[35] 鲁成明，虞鑫海，王丽华．国内外锂离子电池隔膜的研究进展[J]．电池工业，2019，23（2）：101-105.
[36] 肖伟，巩亚群，王红，等．锂离子电池隔膜技术进展[J]．储能科学与技术，2016，5（2）：188-196.
[37] 张晓晨，刘文，陈雪峰，等．锂离子电池隔膜研究进展[J]．中国造纸，2022，41（2）：104-114.
[38] 张鹏，彭龙庆，沈秀，等．锂离子电池功能隔膜的研究进展[J]．厦门大学学报（自然科学版），2021，60（2）：208-218.
[39] 文芳，彭小坡，李爽，等．锂离子电池中石墨烯导电剂分散方法的研究进展[J]．中国材料进展，2022，41（3）：215-221.
[40] Zu C-X，Li H. Thermodynamic analysis on energy densities of batteries[J]．Energy Environmental Science，201，4：2614-2624.
[41] https：//mp. weixin. qq. com/s/TdAai7l-Crw4p3QJ _ qRugQ
[42] 衣宝廉．燃料电池：原理·技术·应用[M]．北京：化学工业出版社，2003.
[43] 章俊良，蒋峰景．燃料电池原理关键材料和技术[M]．上海：上海交通大学出版社，2014.
[44] 侯明，邵志刚，余红梅，等．世界氢能与燃料电池汽车产业发展报告[J]．科技导报，2020，38（1）：137-150.
[45] 崔胜民．新能源汽车技术解析[M]．北京：化学工业出版社，2016.
[46] 刘洁，王菊香，邢志娜，等．燃料电池研究进展及发展探析[J]．节能技术，2010，28（4）：364-368.
[47] 曹殿学．燃料电池系统[M]．北京：北京航空航天大学出版社，2009.
[48] 隋智通，隋升，罗冬梅，等．燃料电池及其应用[M]．北京：冶金工业出版社，2004.
[49] Liu H，Chen J，Hissel D，et al. Prognostics methods and degradation indexes of proton exchange membrane fuel cells：A review[J]．Renewable and Sustainable Energy Reviews，2020，123：109721.
[50] Tian X L，Zhao X，Su Y Q，et al. Engineering bunched Pt-Ni alloy nanocages for efficient oxygen reduction in practical fuel cells[J]．Science，2019，366（6467）：850-856.
[51] 葛奔，祝叶华．燃料电池驱动未来[J]．科技导报，2017，35（8）：12-18.
[52] Sun R L，Xia Z X，Xu X L，et al. Periodic evolution of the ionomer/catalyst interfacial structures towards proton conductance and oxygen transport in polymer electrolyte membrane fuel cells[J]．Nano Energy，2020，75：104919.
[53] Fishtik I，Callaghan C，Fehribach J，et al. A reaction route graph analysis of the electrochemical hydrogen oxidation and evolution reactions[J]．Journal of Electroanalytical Chemistry，2005，576，（13）：57-63.
[54] Christmann K，Lipkowski J，Ross P. Eeetrolysis[M]．New York：Wiley-VCH，1998.
[55] Mello R M，Ticianelli E. A kinetic study of the hydrogen oxidation reaction on platinum and Nafion covered platinum electrodes[J]．Electrochimica Acta，1997，42（6）：1031-1039.
[56] Vogel W，Lundquist L，Ross P，et al. Reaction pathways and poisons-Ⅱ the rate controlling step for electrochemical oxidation of hydrogen on Pt in acid and poisoning of the reaction by CO[J]．Electrochimica Acta，1975，20（1）：79-93.
[57] Floriano J，Ticianelli E，Gonzalez E. Influence of the supporting electrolyte on the oxygen reduction reaction at the platinum/proton exchange membrane interface[J]．Journal of Electroanalytical Chemistry，1994，367（1）：157-164.
[58] Huang L，Xu H C，Jing B，et al. Progress of Pt-based catalysts in proton-exchange membrane fuel cells：a review[J]．J. Electrochem，2022，28（1）：2108061.
[59] Xia Z，Zhang X，Sun H，et al. Recent advances in multi-scale design and construction of materials for direct methanol fuel cells[J]．Nano Energy，2019，65：104048.

[60] Nørskov J K, Rossmeisl J, Logadottir A, et al. Origin of the overpotential for oxygen reduction at a fuel-cell cathode[J]. J. Phys. Chem. B, 2004, 108 (46): 17886-17892.

[61] Greeley J, Stephens I E, Bondarenko A S, et al. Alloys of platinum and early transition metals as oxygen reduction electrocatalysts[J]. Nat. Chem, 2009, 1 (7): 552-556.

[62] Kulkarmi A, Siahrostami S, Patel A, et al. Understanding catalytic activity trends in the oxygenreduction reaction [J]. Chem. Rev, 2018, 118 (5): 2302-2312.

[63] 章俊良．燃料电池最大问题是成本[J]. 经营者（汽车商业评论），2021，8.

[64] 高帷韬，雷一杰，张勋，等．质子交换膜燃料电池研究进展[J]. 化工进展，2022，41 (03)：1539-1555.

[65] Kattel S, Duan Z, Wang G. Density functional theory study of an oxygen reduction reaction on a Pt_3Ti alloy electrocatalyst[J]. The Journal of Physical Chemistry C, 2013, 117 (14): 7107-7113.

[66] Middelman E. Improved PEM fuel cell electrodes by controlled self-assembly[J]. Fuel Cells Bulletin, 2002, 2002 (11): 9-12.

[67] 曹季冬．燃料电池三元铂基催化剂的制备与性能研究 [D]. 北京：北京化工大学，2021.

[68] Yang C L, Wang L-N, Yin P, et al. Sulfur-anchoring synthesis of platinum intermetallic nanoparticle catalysts for fuel cells[J]. Science, 2021, 374 (6566): 459.

[69] Stamenkovic V, Mun B, Arenz M, et al. Trends in electrocatalysis on extended and nanoscale Pt-bimetallic alloy surfaces[J]. Nature Mater6, 2007: 241-247.

[70] Chong L, Wen J, Kubal J, et al. Ultralow-loading platinum-cobalt fuel cell catalysts derived from imidazolate frameworks[J]. Science, 2018, 362 (6420): 1276-1281.

[71] Yang Y, Zeng R, Xiong Y, et al. Cobalt-based nitridecore oxide-shell oxygen reduction electrocatalysts[J]. Journal of the American Chemical Society, 2019, 141 (49): 19241-19245.

[72] Shehzad M A, Wang Y, Yasmin A, et al. Biomimetic nanocones that enable high ion permselectivity[J]. Angewandte Chemie International Edition, 2019, 58 (36): 12646-12654.

[73] Yao Y F, Liu J G, Liu W M, et al. Vitamin E assisted polymer electrolyte fuel cells[J]. Energy Environmen Science, 2014, 7: 3362-3370.

[74] Li T, Zhang P C, Liu K, et al. Performance of tantalum modified 316L stainless steel bipolar plate for proton exchange membrane fuel cell[J]. Fuel Cells, 2019, 19: 724-730.

[75] 李丹，宋天丹，康敬欣，等．燃料电池用质子交换膜的研究进展[J]. 电源技术，2016，40 (10)：2084-2087.

[76] 王晓丽，张华民，张建鲁，等．质子交换膜燃料电池气体扩散层的研究进展[J]. 化学进展，2006 (04)：507-513.

[77] Chen M. Research progress of catalyst layer and interlayer interface structures in membrane electrode assembly (MEA) for proton exchange membrane fuel cell (PEMFC) system[J]. Transportation, 2020, 5: 100075.

[78] Kong C S, Kim D Y, Lee H K, et al. Influence of pore-size distribution of diffusion layer on mass-transport problems of proton exchange membrane fuel cells[J]. Journal of Power Pources, 2002, 108 (1/2): 185-191.

[79] Tang H, Wang S, Pan M, et al. Porosity-graded micro-porous layers for polymer electrolyte membrane fuel cells [J]. Journal of Power Sources, 2007, 166 (1): 41-46.

[80] Tian Z, Lim S H, Poh C K, et al. A highly order-structured membrane electrode assembly with vertically aligned carbon nanotubes for ultralow Pt loading PEM fuel cells[J]. Advanced Energy Materials, 2011, 1: 1205-1214.

[81] 刘锋，王诚，张剑波，等．质子交换膜燃料电池有序化膜电极[J]. 化学进展，2014，26 (11)：1763-1771.

[82] Zhang L, Pan C, Zhu J. Growth mechanism and optimized parameters to synthesize Nafion-115 nanowire arrays with anodic aluminium oxide membranes as templates[J]. Chinese Physics Letters, 2008, 25 (8): 3056-3058.

[83] Pan C, Wu H, Wang C, et al. Nanowire-based high-performance "micro fuel cells": one nanowire, one fuel cell [J]. Advanced Materials, 2008, 20 (9): 1644-1648.

[84] Jannat S, Rashtchi H, Atapour M, et al. Preparation and performance of nanometric Ti/TiN multi-layer physical vapor deposited coating on 316L stainless steel as bipolar plate for proton exchange membrane fuel cells[J]. Journal of Power Sources, 2019, 435: 226818.

[85] Gao P, Xie Z, Wu X, et al. Development of Ti bipolar plates with carbon/PTFE/TiN composites coating for PEMFCs[J]. International Journal of Hydrogen Energy, 2018, 43 (45): 20947-20958.

[86] Dong B, Gwee L, Salas-De La Cruz D, et al. Super proton conductive high-purity nafion nanofibers[J]. Nano Lett,

2010, 10 (9): 3785-3790.
[87] De Las Heras N, Roberts E P L, Langton R, et al. A review of metal separator plate materials suitable for automotive PEM fuel cells[J]. Energy Environ. Sci, 2009, 2 (2): 206-214.
[88] 赵强，郭航，叶芳，等．质子交换膜燃料电池流场板研究进展[J]. 化工学报，2020，71（5）：1943-1963.
[89] 王诚，赵波，张剑波．质子交换膜燃料电池膜电极的关键技术[J]. 科技导报，2016，34（6）：62-68.
[90] 王倩倩，郑俊生，裴冯来，等．质子交换膜燃料电池膜电极的结构优化[J]. 材料工程，2019，47（4）：1-14.
[91] 王鹏．基于聚苯并咪唑-自具微孔聚合物的高温质子交换膜的制备及性能研究 [D]. 长春：吉林大学，2019.
[92] 韩敏芳，张永亮．固体氧化物燃料电池中的陶瓷材料[J]. 硅酸盐学报，2017，45（11）：1548-1554.
[93] 仙存妮．固体氧化物燃料电池技术发展概述及应用分析[J]. 电器工业，2019（3）：70-74.
[94] 胡文丽，陈卫，王洪涛，等．固体氧化物燃料电池阴极材料的研究进展[J]. 宝鸡文理学院学报（自然科学版），2019，(39)：48-52.
[95] 王洪建，许世森，程健，等．熔融碳酸盐燃料电池发电系统研究进展与展望[J]. 热力发电，2017，46（5）：8-13.
[96] Erik Middelman. Improved PEM fuel cell electrodes by controlled self-assembly[J]. Fuel Cells Bulletin, 2002 (11): 9-12.
[97] 郭仕权，孙亚昕，李从举．直接甲醇燃料电池（DMFC）阳极过渡金属基催化剂的研究进展[J]. 工程科学学报，2022，44：625-640.
[98] 李金晟，葛君杰，刘长鹏，等．燃料电池高温质子交换膜研究进展[J]. 化工进展，2021，40（9）：4894-4903.
[99] 李灿．光化学合成原子级和纳米级铂基催化剂的电催化性能研究 [D]. 哈尔滨：哈尔滨工业大学，2020.
[100] 王子乾，杨林林，孙海．高温质子交换膜燃料电池性能衰减机理与缓解策略——第一部分：关键材料[J]. 化工进展，2020，39：2370-2389.
[101] 阮殿波．动力型双电层电容器：原理、制造及应用[M]. 北京：科学出版社，2018.
[102] 袁国辉．电化学电容器[M]. 北京：化学工业出版社，2006.
[103] Conway B E. Electrochemical supercapacitors scientific: fundamentals and technological applications[M]. Kluwer Academic/Plenum Publishers, 1999.
[104] 杨世春，徐斌，姬芬竹，等．电动汽车基础理论与设计[M]. 北京：清华大学出版社，2018.
[105] 董桂霞，吕易楠，韩伟丹，等．超级电容器电极材料的研究进展[J]. 粉末冶金技术，2016，34（05）：384-389.
[106] Winter M, Brodd R J. What are batteries, fuel cells, and supercapacitors? [J]. Chem. Rev., 2004, 104: 4245-4269.
[107] 侯彩霞，孔碧华，樊丽华，等．超级电容器用煤基活性炭研究[J]. 洁净煤技术，2017，23（5）：56-61.
[108] Chmiola J, Yushin G, Gogotsi Y. Anomalous increase in carbon capacitance at pore sizes less than 1 nanometer[J]. Science, 2006, 313 (5794): 1760-1763.
[109] 向宇，曹高萍．双电层电容器储能机理研究概述[J]. 储能科学与技术，2016，5（6）：816-827.
[110] 贾冬晴，尚蒙娅，孙浩炯，等．改性碳纳米管用于超级电容器电极的研究进展[J]. 碳素技术，2021，40（6）：8-14.
[111] Grzegorz L, Elzbieta F. Striking capacitance of carbon/iodide interface[J]. Electrochemistry Communications, 2009, 11: 87-90.
[112] 焦琛，张卫珂，苏方远，等．超级电容器电极材料与电解液的研究进展[J]. 新型炭材料，2017，32（2）：106-115.
[113] 林旷野，刘文，陈雪峰．超级电容器隔膜及其研究进展[J]. 中国造纸，2018，37（12）：67-73.
[114] Kötza R, Carlen M. Principles and applications of electrochemical capacitors[J]. Electrochimica Acta, 2000, 45: 2483-2498.
[115] Simon P, Gogotsi Y. Materials for electrochemical capacitors[J]. Nat. Mater., 2008, 7: 845-854.
[116] Augustyn V, Simon P, Dunn B. Pseudocapacitive oxide materials for high-rate electrochemical energy storage[J]. Energy Environ. Sci., 2014, 7: 1597-1614.
[117] 李艳梅，郝国栋，崔平．超级电容器电极材料研究进展[J]. 化学工业与工程，2020，37（1）：17-33.
[118] Wen B, Zhang S, Fang H, et al. Electrochemically dispersed nickel oxide nanoparticles on multi-walled carbon nanotubes[J]. Materials Chemistry and Physics, 2011, 131: 8-11.
[119] Fang H, Zhang S, Jiang T, et al. One-step synthesis of Ni/Ni$(OH)_2$@multiwalled carbon nanotube coaxial nano-

cable film for high performance supercapacitors[J]. Electrochimica Acta，2014，125：427-434.

[120] Miller J R，Outlaw R A，Holloway B C. Graphene double-layer capacitor with ac line-filtering performance[J]. Science，2010，329：1637-1639.

[121] Xu Y，Sheng K，Li C，et al. Self-assembled graphene hydrogel via a one-step hydrothermal process[J]. ACS Nano，2010，4 (7)：4324-4330.

[122] Chen C-M，Zhang Q，Huang C-H，et al. Macroporous 'bubble' graphene film via template-directed ordered-assembly for high rate supercapacitors[J]. Chem. Commun.，2012，48：7149-7151.

[123] Zhang Y，Zou Q，Hsu H，et al. Morphology effect of vertical graphene on the high performance of supercapacitor electrode[J]. ACS Appl. Mater. Interfaces，2016，8：7363-7369.

[124] Zhang Z，Lee C，Zhang W. Vertically aligned graphene nanosheet arrays：synthesis，properties and applications in electrochemical energy conversion and storage[J]. Adv. Energy Mater.，2017，7：1700678.

[125] Yoon Y，Lee K，Kwon S，et al. Vertical alignments of graphene sheets spatially and densely piled for fast ion diffusion in compact supercapacitors[J]. ACS Nano，2014，8 (5)：4580-4590.

[126] Tao Y，Xie X，Lv W，et al. Towards ultrahigh volumetric capacitance：graphene derived highly dense but porous carbons for supercapacitors[J]. Scientific Report，2013，3：2975.

[127] Fang H，Yan J，Wang L，et al. Two-dimensional sandwich structured carbon nanosheets：facile fabrication and superior capacitive performance[J]. Materials Research Express，2018，5：125603.

[128] 宋维力，范丽珍．超级电容器研究进展：从电极材料到储能器件[J]. 储能科学与技术，2016，5 (6)：788-799.

[129] Cheng Q，Tang J，Ma J，et al. Graphene and carbon nanotube composite electrodes for supercapacitors with ultra-high energy density[J]. Phys. Chem. Chem. Phys.，2011，13：17615-17624.

[130] Jin Z-Y，Lu A-H，Xu Y-Y，et al. Ionic liquid-assisted synthesis of microporous carbon nanosheets for use in high rate and long cycle life supercapacitors[J]. Adv. Mater.，2014，26：3700-3705.

[131] Amatucci G G，Badway F，Pasquier A U，et al. An asymmetric hybrid nonaqueous energy storage cell[J]. J. Electrochem. Soc.，2001，148 (8)：A930-939.

[132] Xu Y，Lin Z，Zhong X. Holey graphene frameworks for highly efficient capacitive energy storage[J]. Nature Communications，2014，5：4554.

[133] 官亦标，沈进冉，李康乐，等．电容型锂离子电池研究进展[J]. 储能科学与技术，2019，8 (5)：799-806.

[134] 安仲勋，颜亮亮，夏恒恒，等．锂离子电容器研究进展及示范应用[J]. 中国材料进展，2016，35 (7)：528-536.

[135] 李文俊．金属锂电池中锂负极的研究及其保护 [D]. 北京：中国科学院大学（中国科学院物理研究所），2017.

[136] 张强，黄佳琦，等．低维材料与锂硫电池[M]. 北京：科学出版社，2020.

[137] Li W，Hicks-Garner J，Wang J，et al. V_2O_5 polysulfide anion barrier for long-lived Li-S batteries[J]. Chemistry of Materials，2014，26 (11)：3403-3410.

[138] 胡策军，杨积瑾，王航超，等．锂硫电池安全性问题现状及未来发展态势[J]. 储能科学与技术，2018，7 (6)：1082-1093.

[139] Fang R P，Zhao S Y，Sun Z H，et al. More reliable lithium-sulfur batteries：status，solutions and prospects[J]. Advanced Materials，2017，29 (48)：1606823.

[140] 张波，刘晓晨，李德军．锂硫二次电池研究进展[J]. 天津师范大学学报（自然科学版），2020，40 (1)：1-8.

[141] Liu B，Sun Y，Liu L，et al. Recent advances in understanding Li-CO_2 electrochemistry[J]. Energy & Environmental Science，2019，12 (3)：887-922.

[142] 顾洋，王朕，吴宏坤，等．锂-二氧化碳电池关键材料的研究进展[J]. 人工晶体学报，2021，50 (6)：1170-1179.

[143] Aurbach D，Zinigrad E，Yaron C，et al. A short review of failure mechanisms of lithium metal and lithiated graphite anodes in liquid electrolyte solutions[J]. Solid State Ionics，2002，148 (3-4)：405-416.

[144] Cheng X-B，Zhang R，Zhao C-Z，et al. Toward safe lithium metal anode in rechargeable batteries：a review[J]. Chem. Rev.，2017，117：10403-10473.

[145] Yang C，Fu K，Zhang Y，et al. Protected lithium-metal anodes in batteries：from liquid to solid [J]. Adv. Mater.，2017，29：1701169.

[146] Li N-W，Yin Y-X，Yang C-P，et al. An artificial solid electrolyte interphase layer for stable lithium metal anodes

[J]. Adv. Mater., 2016, 28: 1853-1858.

[147] Cheng X-B, Hou T-Z, Zhang R, et al. Dendrite-free lithium deposition induced by uniformly distributed lithium ions for efficient lithium metal batteries[J]. Adv. Mater., 2016, 28: 2888-2895.

[148] Ding F, Zhao C, Zhou D, et al. A novel Ni-rich O3-Na[$Ni_{0.60}Fe_{0.25}Mn_{0.15}$]$O_2$ cathode for Na-ion batteries[J]. Energy Storage Mater, 2020, 30: 420-430.

[149] 马梦莹，潘慧霖，胡勇胜．非水系钠离子电池的电解质研究进展[J]. 储能科学与技术，2020，9（5）：1234-1250.

[150] 党荣彬，陆雅翔，容晓晖，等．钠离子电池关键材料研究及工程化探索进展[J]. 科学通报，2022，67：1-19.

[151] Li Y, Hu Y S, Titirici M M, et al. Hard carbon microtubes made from renewable cotton as high-performance anode material for sodium-ion batteries[J]. Adv Energy Mater, 2016, 6: 1600659.

[152] 刘凡凡，王田甜，范丽珍．镁离子电池关键材料研究进展[J]. 硅酸盐学报，2020，48（7）：947-962.

[153] 张默淳，冯硕，邹赟羚，等．镁离子电池正极材料研究进展[J]. 物理化学学报，2023，2：27-37.

[154] 裴英伟，张红，王星辉．可充电锌离子电池电解质的研究进展[J]. 储能科学与技术，2022，11（7）：2076-2082.

[155] Lih, Xu C, Han C, et al. Enhancement on cycle performance of Zn anodes by activated carbon modification for neutral rechargeable zinc ion batteries[J]. Journal of The Electrochemical Society, 2015, 162 (8): A1439-A1444.

[156] 陈丽能，晏梦雨，梅志文，等．水系锌离子电池的研究进展[J]. 无机材料学报，2017，32（3）：225-234.

[157] 尉海军，何世满．铝离子电池研究进展[J]. 北京工业大学学报，2020，46（6）：680-697.

[158] 方亮，张凯，周丽敏．铝离子电池电解液的研究进展[J]. 储能科学与技术，2022，11（4）：1237-1245.

[159] 李华，高颖，隋旭磊，等．金属-空气电池的研究进展[J]. 炭素，2017（02）：5-9.

[160] Zhao N, Li C, Guo X. Review of methods for improving the cyclic stability of Li-air batteries by controlling cathode reactions[J]. Energy Technology, 2014, 2 (4): 317-324.

[161] 周天培．锌空气电池中氧反应电催化剂的表界面调控研究 [D]. 合肥：中国科学技术大学，2021.

[162] Jing F, Zachary P C, Moon G P, et al. Electrically rechargeable zinc-air batteries: progress, challenges and perspectives[J]. Advanced Energy Materials, 2017, 29 (7): 1604685.

[163] Jing P, Xu Y, Huan Y, et al. Advanced architectures and relatives of air electrodes in Zn-air batteries[J]. Advanced Energy Materials, 2018, 5: 1700691.

[164] Lee J-S, Sun T K, Cao R, et al. Metal-air batteries with high energy density: Li-air versus Zn-air[J]. Advanced Materials, 2011, 1: 34-50.

[165] Fu J, Liang R, Liu G, et al. Recent progress in electrically rechargeable zinc-air batteries[J]. Advanced Energy Materials, 2019, 31: 1805230.

[166] Hua B T, Zhang J, Chen J, et al. Revealing energetics of surface oxygen redox from kinetic fingerprint in oxygen electrocatalysis[J]. Journal of the American Chemical Society, 2019, 141 (35): 13803-13811.

[167] Li Y, Dai H. Recent advances in zinc-air batteries[J]. Chemical Society Reviews, 2014, 43 (15): 5257-5275.

[168] 洪为臣，马洪运，赵宏博，等．锌空气电池关键问题与发展趋势[J]. 化工进展，2016，35（06）：1713-1722.

[169] 房尚．可充式锌空气电池锌负极的研究 [D]. 南京：中南大学，2012.

[170] 王伟．锌空气电池空气电极性能衰减机理研究 [D]. 北京：北京理工大学，2018.

[171] Wang H-F, Qiang X. Materials design for rechargeable metal-air batteries[J]. Matter, 2019, 1 (3): 565-595.

[172] Liu Y, Qian S, Li W, et al. A comprehensive review on recent progress in aluminum-air batteries[J]. Green Energy & Environment, 2017, 2 (3): 246-277.

[173] Elia G A, Marquardt K, Hoeppner K, et al. An overview and future perspectives of aluminum batteries[J]. Advanced Materials, 2016, 28 (35): 7546-7579.

[174] Giuseppe A E, Krystan M, Katrin H, et al. Aluminum anode for aluminum-air battery—Part I: Influence of aluminum purity[J]. Journal of Power Sources, 2015, 277: 370-378.

[175] Park I J, Choi S R, Kim J G. Aluminum anode for aluminum-air battery—Part Ⅱ: Influence of in addition on the electrochemical characteristics of Al-Zn alloy in alkaline solution[J]. Journal of Power Sources, 2017, 357: 47-55.

[176] 纪小会，王庆伟，宋青青．铝空气电池的研究现状与发展趋势[J]. 世界有色金属，2016（22）：15-18.

[177] 王振波，尹鸽平，史鹏飞．铝电池用合金阳极的研究进展[J]. 电池，2003，33（1）：41-43.

[178] 李振亚，易玲，刘稚蕙，等．含镓、锡的铝合金在碱性溶液中的活化机理[J]. 电化学，2001，7（3）：316-323.

[179] 张雨，张慧芳，安士忠．铝空气电池阳极、空气阴极及电解质材料研究进展[J]．功能材料，2020（8）：58-65.

[180] Wang L，Liu F，Wang W，et al. A high-capacity dual-electrolyte aluminum/air electrochemical cell[J]．RSC Advances，2014，4（58）：30857-30863.

[181] Brito P S D，Sequeira C A C. Organic inhibitors of the anode self-corrosion in aluminum-air batteries[J]．Journal of Fuel Cell Science and Technology，2014，11（2）：011008.

[182] 吴子彬，宋森森，董安，等．铝-空气电池阳极材料及其电解液的研究进展[J]．材料导报，2019（1）：135-142.

[183] Zhang Z，Zuo C，Liu Z，et al. All-solid-state Al-air batteries with polymer alkaline gel electrolyte[J]．Journal of Power Sources，2015，251：470-475.

[184] 余琼，林瀚刚，周静，等．铝空气电池在装备领域的应用现状及前景[J]．兵器材料科学与工程，2017（4）：132-135.

[185] 张笑盈，和晓才，李富宇，等．铝空气电池用电解质的研究进展[J]．云南冶金，2016（5）：62-66.

[186] 张昭．全固态聚合物铝空气电池研究［D]．长春：吉林大学，2014.

[187] 顾洋，李雪，曾晓苑．非水系电解液在锂空气电池中的研究进展[J]．有色设备，2021（02）：9-12.

[188] 王娜，林鸿鹏，方新荣．锂离子电池合金负极材料的研究进展[J]．电池工业，2017（3）：33-37.

[189] 蔡颖，许剑轶，胡锋，等．储氢技术与材料[M]．北京：化学工业出版社，2018.

[190] Quarton C J，Tlili O，Welder L，et al. The curious case of the conflicting roles of hydrogen in global energy scenarios[J]．Sustainable Energy & Fuels，2020，4（1）：80-95.

[191] Okolie J A，Patra B R，Mukherjee A，et al. Futuristic applications of hydrogen in energy，biorefining，aerospace，pharmaceuticals and metallurgy[J]．International Journal of Hydrogen Energy，2021，46（13）：8885-8905.

[192] 梁希壮．高效光电极的设计与制备及其光电催化分解水的应用研究［D]．济南：山东大学，2020.

[193] 张冀宁，曹爽，胡文平，等．光电催化海水分解制氢[J]．化学进展，2020，32（9）：1376-1385.

[194] 翁史烈，施鹤群．话说氢能[M]．南宁：广西教育出版社，2013.

[195] 肖建民．论氢能源和氢能源系统[J]．世界科技研究与发展，1997，01：82-86.

[196] 陈军，陶占良．镍氢二次电池[M]．北京：化学工业出版社，2006.

[197] 王强，李国建，苑铁，等．能量转换材料与技术[M]．北京：科学出版社，2018.

[198] 李星国，等．氢与氢能[M]．北京：机械工业出版社，2012.

[199] 沈丹丹，高顶云，潘相敏．氢能源利用安全性综述[J]．上海节能，2020，11：1236-1246.

[200] 许淑玉．氢能-清洁高效的能源[M]．北京：中国财政经济出版社，2012.

[201] 曹湘洪，魏志强．氢能利用安全技术研究与标准体系建设思考[J]．中国工程科学，2020，22（5）：144-151.

[202] 毛宗强．氢能-21 世纪的绿色能源[M]．北京：化学工业出版社，2005.

[203] 谢娟，林元华，周莹，等．能量转换材料与器件[M]．北京：科学出版社，2013.

[204] 云斯宁．新型能源材料与器件[M]．北京：中国建材工业出版社，2019.

[205] 毛宗强，毛志明，余皓，等．制氢工艺与技术[M]．北京：化学工业出版社，2018.

[206] 黄素逸，杜一庆，明延臻，等．新能源技术[M]．北京：中国电力出版社，2011.

[207] 毛宗强．无碳能源：太阳氢[M]．北京：化学工业出版社，2009.

[208] 肖金生，蔡永华，叶锋，等．图说氢能[M]．北京：机械工业出版社，2017.

[209] 罗佐县，曹勇．氢能产业发展前景及其在中国的发展路径研究[J]．中外能源，2020，25：9-15.

[210] 黄逊青．氢气归来：富氢天然气的利用前景[J]．电器，2020，9：74-78.

[211] 王冉，刘侃．国内外氢能汽车发展现状及对我国未来氢能产业发展的思考[J]．环境与可持续发展，2022，3：44-52.

[212] 刘玮，万燕鸣，王雪颖，等．国内外氢能产业合作新模式分析与展望[J]．能源科技，2022，2：61-67.

[213] 陈良，周楷森，赖天伟，等．液氢为核心的氢燃料供应链[J]．低温与超导，2020，048（11）：1-7.

[214] 蒲亮，余海帅，代明昊，等．氢的高压与液化储运研究及应用进展[J]．科学通报，2022，67：2172-2191.

[215] Huang D，Xiong B，Fang J，et al. A multiphysics model of the compactly-assembled industrial alkaline water electrolysis cell[J]．Applied Energy，2022，314：118987.

[216] Grazia L. Power to gas systems integrated with anaerobic digesters and gasification systems[J]．Waste and Biomass Valorization，2021，12：29-64.

[217] Chang Z，Wang J，Ren Z，et al. Wind-powered 250kW electrolyzer for dynamic hydrogen production：A pilot

study[J]. International Journal of Hydrogen Energy，2021，46：34550-34564.

[218] 夏求应，孙硕，徐璟，等．薄膜型全固态锂电池[J]．储能科学与技术，2018，7（4）：565-574.

[219] 孙硕，倪明珠，昝峰，等．非晶无机固态电解质的研究进展[J]．硅酸盐学报，2019，47（10）：1357-1366.

[220] 陈凯，程丽乾．体型无机全固态锂离子电池研究进展[J]．硅酸盐学报，2017，45（6）：785-792.

[221] 邓亚锋，钱怡，崔艳华，等．全固态3D薄膜锂离子电池的研究进展[J]．材料导报A：综述篇，2012，26（9）：138-158.

[222] 吴勇民，吴晓萌，朱蕾，等．全固态薄膜锂电池研究进展[J]．储能科学与技术，2016，5（5）：678-701.

[223] Bates J B，Dudney N J，Gruzalski G R，et al. Electrical properties of amorphous lithium electrolyte thin films[J]. Solid State Ionics，1992，53-56：647-654.

[224] Nakazawa H，Sano K，Abe T，et al. Charge-discharge characteristics of all-solid-state thin-filmed lithium-ion batteries using amorphous Nb_2O_5 negative electrodes[J]. J Power Sources，2007，174：838-842.

[225] Nathan M，Peled E，Haronian D. Micro electrochemical energy storage cells [P]. US patent，6197450. 2001-03-06.

[226] Notten P H L，Roozeboom F，Niessen R A H，et al. 3-D integrated all-solid-state rechargeable batteries[J]. Adv Mater，2007，19：4564-4567.

[227] Wang C L，Taherabani L，Jia G Y，et al. Carbon-MEMS architectures for 3D microbatteries[J]. Proc SPIE，2004，5455：295-302.

[228] Long J W，Dunn B，Rolison D R，et al. Three-dimensional battery architectures[J]. Chem Rev，2004，104：4463-4492.

[229] 张艳萍，陈永翀，刘丹丹，等．线状柔性锂电池的研究进展[J]．功能材料，2016，10（47）：10029.

[230] Kwon Y H，Woo S W，Jung H R，et al. Cable-type flexible lithium ion battery based on hollow multi-helix electrodes[J]. Adv Mater，2012，24：5192-5197.

[231] 卢侠，李泓．锂电池基础科学问题（Ⅱ）——电池材料缺陷化学[J]．储能科学与技术，2013，2（2）：157-164.

[232] Zhang B K，Tan R，Yang L Y，et al. Mechanisms and properties of ion-transport in inorganic solid electrolytes[J]. Energy Storage Mater，2018，10：139-159.

[233] Shi S Q，Lu P，Liu Z Y，et al. Direct calculation of Li-ion transport in the solid electrolyte interphase[J]. J Am Chem Soc，2012，134：15476-15487.

[234] Wang Y，Richards W D，Ong S P，et al. Design principles for solid-state lithium superionic conductors[J]. Nat Mater，2015，14：1026-1032.

[235] Mouta R，Melo M Á B，Diniz E M，et al. Concentration of charge carriers，migration and stability in Li_3OCl solid electrolytes[J]. Chem Mater，2014，26：7137-7144.

[236] 张强，姚霞银，张洪周，等．全固态锂电池界面的研究进展[J]．储能科学与技术，2016，5（5）：659-667.

[237] Liu Z H，Liang G J，Zhan Y X，et al. A soft yet device-level dynamically super-tough supercapacitor enabled by an energy-dissipative dual-crosslinked hydrogel electrolyte[J]. Nano Enerey，2019，58：732-742.

[238] Xie Y B，Wang J H. Capacitance performance of carbon paper supercapacitor using redox-mediated gel polymer electrolyte[J]. Journal of Sol-Gel Science and Technology，2018，86（3）：760-772.

[239] 王懋通，王义，潘建波，等．基于PEGMA的新型透明凝胶聚合物电解质的制备及在电致变色器件中的应用[J]．塑料工业，2020，48：167-171.

[240] 李杨，丁飞，桑林，等．固态电池研究进展[J]．电源技术，2019，43（7）：1085-1089.

[241] 胡方圆，王琳，王哲，等．聚合物固态电解质的研究进展[J]．高分子材料科学与工程，2021，37（2）：157-167.

[242] Haruyama J，Sodeyama K，Han L Y，et al. Space-charge layer effect at interface between oxide cathode and sulfide electrolyte in all-solid-state lithium-ion battery[J]. Chem. Mater.，2014，26：4248-4255.

[243] Kitaura H，Hayashi A，Ohtomo T，et al. Fabrication of electrode-electrolyte interfaces in all-solid-state rechargeable lithium batteries by using a supercooled liquid state of the glassy electrolytes[J]. J. Mater. Chem.，2011，21：118-124.

[244] Hayashi A，Nishio Y，Kitaura H，et al. Novel technique to form electrode-electrolyte nanointerface in all-solid-state rechargeable lithium batteries[J]. Electrochem. Commun.，2008，10：1860-1863.

[245] Wang J Y，Tang H J，Wang H，et al. Multi-shelled hollow micro-/nanostructures：promising platforms for lithi-

um-ion batteries[J]. Mater. Chem. Front.，2017，1：414-421.

[246] Aso K，Sakuda A，Hayashi A，et al. All-solid-state lithium secondary batteries using NiS-carbon fiber composite electrodes coated with Li_2S-P_2S_5 solid electrolytes by pulsed laser deposition[J]. ACS Appl. Mater. Interfaces，2013，5：686-690.

[247] Kato A，Hayashi A，Tatsumisago M. Enhancing utilization of lithium metal electrodes in all-solid-state batteries by interface modification with gold thin films[J]. J. Power Sources，2016，309：27-32.

[248] Fu K，Gong Y H，Liu B Y，et al. Toward garnet electrolyte-based Li metal batteries：An ultrathin，highly effective，artificial solid-state electrolyte/metallic Li interface[J]. Sci. Adv.，2017，3：e1601659.

[249] Luo W，Gong Y H，Zhu Y Z，et al. Transition from superlithiophobicity to superlithiophilicity of garnet solid-state electrolyte[J]. J. Am. Chem. Soc.，2016，138：12258-12262.

[250] Liu Y Y，Lin D C，Jin Y，et al. Transforming from planar to three-dimensional lithium with flowable interphase for solid lithium metal batteries[J]. Sci. Adv.，2017，3：eaao0713.

[251] Yang C P，Zhang L，Liu B Y，et al. Continuous plating/stripping behavior of solid-state lithium metal anode in a 3D ion-conductive framework[J]. PNAS，2018，115：3770-3775.

[252] Sakuda A，Hayashi A，Tatsumisago M. Interfacial observation between $LiCoO_2$ electrode and Li_2S-P_2S_5 solid electrolytes of all-solid-state lithium secondary batteries using transmission electron microscopy[J]. Chem. Mater.，2010，22：949-956.

[253] Kato T，Hamanak T，Yamamoto K，et al. In-situ $Li_7La_3Zr_2O_{12}$/$LiCoO_2$ interface modification for advanced all-solid-state battery[J]. J. Power Sources，2014，260：292-298.

[254] 黄昊．高性能电池关键材料[M]．北京：科学出版社，2020.

[255] 王洪涛．固体电解质材料[M]．北京：中国书籍出版社，2016.

[256] 徐艳辉，耿海龙，李德成．锂离子电池溶剂与溶质[M]．北京：化学工业出版社，2018.

[257] 师瑞娟．质子导体固体电解质[M]．北京：中国书籍出版社，2018.

[258] 潘小勇，马道胜．新能源技术[M]．南昌：江西高校出版社，2019.

[259] 张志军．新能源[M]．南京：东南大学出版社，2010.

[260] 李伟．太阳能电池材料及其应用[M]．成都：电子科技大学出版社，2014.

[261] 于立军，周耀东，张峰源．新能源发电技术[M]．北京：机械工业出版社，2018.

[262] 翟秀静，刘奎仁，韩庆．新能源技术[M]．北京：化学工业出版社，2017.

[263] 陈砺，严宗诚，方利国．能源概论[M]．北京：化学工业出版社，2018.

[264] 刘洪恩．新能源概论[M]．北京：化学工业出版社，2013.

[265] 袁振宏．生物质能高效利用技术[M]．北京：化学工业出版社，2014.

[266] 贾苹，孙玉玲，石昕．生物质转化与利用产业咨询报告[M]．北京：化学工业出版社，2017.

[267] 王美净，高丽娟，郭潇剑，等．生物质能发电行业现状及政策研究[J]．电力勘测设计，2021，4：8-11.

[268] 田宜水，单明，孔庚，等．我国生物质经济发展战略研究[J]．中国工程科学，2021，23：133-140.

[269] 李俊峰．我国生物质能发展现状与展望[J]．中国电力企业管理，2021，1：70-73.

[270] 周志伟．新型核能技术：概念、应用与前景[M]．北京：化学工业出版社，2010.

[271] 王辉，胡云志．核能与安全：智慧与非理性的对抗[M]．北京：商务印书馆，2011.

[272] 宋俊．风能利用[M]．北京：机械工业出版社，2014.

[273] 李建林，肖志东，梁亮，等．风能-可再生能源与环境[M]．北京：人民邮电出版社，2010.

[274] 王建录，赵萍，林志民，等．风能与风力发电技术[M]．北京：化学工业出版社，2015.

[275] 汤晓勇，陈俊文，郭艳林，等．可燃冰开发及试采技术发展现状综述[J]．天然气与石油，2020，38：7-15.

[276] 齐东周．可燃冰："一带一路"下的"冰与火之歌"[J]．中国远洋海运，2017，7：64-65.

[277] 杜正银，杨佩佩，孙建安．未来无害新能源可燃冰[M]．兰州：甘肃科学技术出版社，2012.

[278] 翁史烈，刘允良．话说地热能与可燃冰[M]．南宁：广西教育出版社，2013.

[279] 李代广．神秘的可燃冰[M]．北京：化学工业出版社，2009.

[280] 刘漫红，等．纳米材料及其制备技术[M]．北京：冶金工业出版社，2014.

[281] 陈红雨，电池工业节能减排技术[M]．北京：化学工业出版社，2008.

[282] 郭炳焜，徐徽，王先有，等．锂离子电池[M]．南京：中南大学出版社，2002.

[283] 王伟东，仇卫华，丁倩倩，等．锂离子电池三元材料-工艺技术及生产应用[M]．北京：化学工业出版社，2015.
[284] 胡国荣，杜柯，彭忠东．锂离子电池正极材料：原理、性能与生产工艺[M]．北京：化学工业出版社，2017.
[285] 吴宇平，万春荣，姜长印，等．锂离子二次电池[M]．北京：化学工业出版社，2002.
[286] 梁广川，等．锂离子电池用磷酸铁锂正极材料[M]．北京：科学出版社，2013.
[287] Xue Y，Zheng L-L，Wang Z-B，et al. Simple Co-precipitation synthesis of high-voltage spinel cathodes with different Ni/Mn ratios for lithium-ion batteries[J]．Journal of Nanoparticle Research，2018，20：257.
[288] Cabelguen P-E，Peralta D，Cugnet M，et al. Impact of morphological changes of $LiNi_{1/3}Mn_{1/3}Co_{1/3}O_2$ on lithium-ion cathode performances[J]．J. Power Sources，2017，346：13-23.
[289] Yang Z，Lu J，Bian D，et al. Stepwise Co-precipitation to synthesize $LiNi_{1/3}Co_{1/3}Mn_{1/3}O_2$ one-dimensional hierarchical structure for lithium ion batteries[J]．J. Power Sources，2014，272：144-151.
[290] Lee K-S，Myung S-T，Sun Y. K. Synthesis and electrochemical performances of core-shell structured $Li(Ni_{1/3}Co_{1/3}Mn_{1/3})_{0.8}(Ni_{1/2}Mn_{1/2})_{0.2}O_2$ cathode material for lithium ion batteries[J]．J. Power Sources，2010，195：6043-6048.
[291] 罗熳，蒋文全，韩雪，等．锂离子电池浓度梯度正极材料 $LiNi_{0.643}Co_{0.055}Mn_{0.302}O_2$ 的合成与表征[J]．高等学校化学学报，2018，39 (1)：148-156.
[292] Liang L，Du K，Lu W，et al. Synthesis and characterization of concentration-gradient $LiNi_{0.6}Co_{0.2}Mn_{0.2}O_2$ cathode material for lithium ion batteries[J]．Journal of Alloys and Compounds，2014，613：296-305.
[293] Wen W，Chen S，Fu Y，et al. A core-shell structure spinel cathode material with a concentration-gradient shell for high performance lithium-ion batteries[J]．J. Power Sources，2015，274：219-228.
[294] Liao J-Y，Oh S-M，Manthiram A. Core/double-shell type gradient Ni-rich $LiNi_{0.76}Co_{0.10}Mn_{0.14}O_2$ with high capacity and long cycle life for lithium-ion batteries[J]．ACS Applied Materials & Interfaces，2016，8：24543-24549.
[295] Hou P，Zhang H，Zi Z，et al. Core-shell and concentration-gradient cathodes prepared via Co-precipitation reaction for advanced lithium-ion batteries[J]．Journal of Materials Chemistry A，2017，5：4254-4279.
[296] Zhang N，Zhang X，Shi E，et al. In situ X-ray diffraction and thermal analysis of $LiNi_{0.8}Co_{0.15}Al_{0.05}O_2$ synthesized via Co-precipitation method[J]．Journal of Energy Chemistry，2018，27：1655-1660.
[297] Shen D，Zhang D，Wen J，et al. $LiNi_{1/3}Co_{1/3}Mn_{1/3}O_2$ coated by Al_2O_3 from urea homogeneous precipitation method：improved Li storage performance and mechanism exploring[J]．Journal of Solid State Electrochemistry，2015，19：1523-1533.
[298] 方华，邹伟，张振华，等．电化学沉积法制备 MnO_2 纳米棒阵列及电容性能[J]．电池，2019，49 (2)：90-93.
[299] Fang H，Zhang S，Jiang T，et al. One-step synthesis of $Ni/Ni(OH)_2$@multiwalled carbon nanotube coaxial nanocable film for high performance supercapacitors[J]．Electrochimica Acta，2014，125：427-434.
[300] Lu Z，Chang Z，Zhu W，et al. Beta-phased $Ni(OH)_2$ nanowall film with reversible capacitance higher than theoretical faradic capacitance[J]．Chemical Communications，2011，47：9651-9653.
[301] Kanasaku T，Amezawa K，Yamamoto N. Hydrothermal synthesis and electrochemical properties of Li-Mn-spinel [J]．Solid State Ionics，2000，133：51-56.
[302] Rakhi R B，Chen W，Cha D，et al. Substrate dependent self-organization of mesoporous cobalt oxide nanowires with remarkable pseudocapacitance[J]．Nano Letters，2012，12：2559-2567.
[303] Ma X，He H，Sun Y，et al. Synthesis of $Li_{1.2}Mn_{0.54}Co_{0.13}Ni_{0.13}O_2$ by sol-gel method and its electrochemical properties as cathode materials for lithium-ion batteries[J]．Journal of Materials Science-Materials in Electronics，2017，28：16665-16671.
[304] Song M Y，Lee R，Kwon I. Synthesis by sol-gel method and electrochemical properties of $LiNi_{1-y}Al_yO_2$ cathode materials for lithium secondary battery[J]．Solid State Ionics，2003，156：319-328.
[305] Luo W，Wang Y，Wang L，et al. Silicon/mesoporous carbon/crystalline TiO_2 nanoparticles for highly stable lithium storage[J]．ACS Nano，2016，10：10524-10532.
[306] 田柳文，于华，章文峰，等．锂离子电池的明星材料磷酸铁锂：基本性能、优化改性及未来展望[J]．材料导报，2019，33 (11)：3561-3579.
[307] Liu Y，Zeng T，Li G，et al. The surface double-coupling on single-crystal $LiNi_{0.8}Co_{0.1}Mn_{0.1}O_2$ for inhibiting the formation of intragranular cracks and oxygen vacancies[J]．Energe Storage Material，2022，52：534-546.

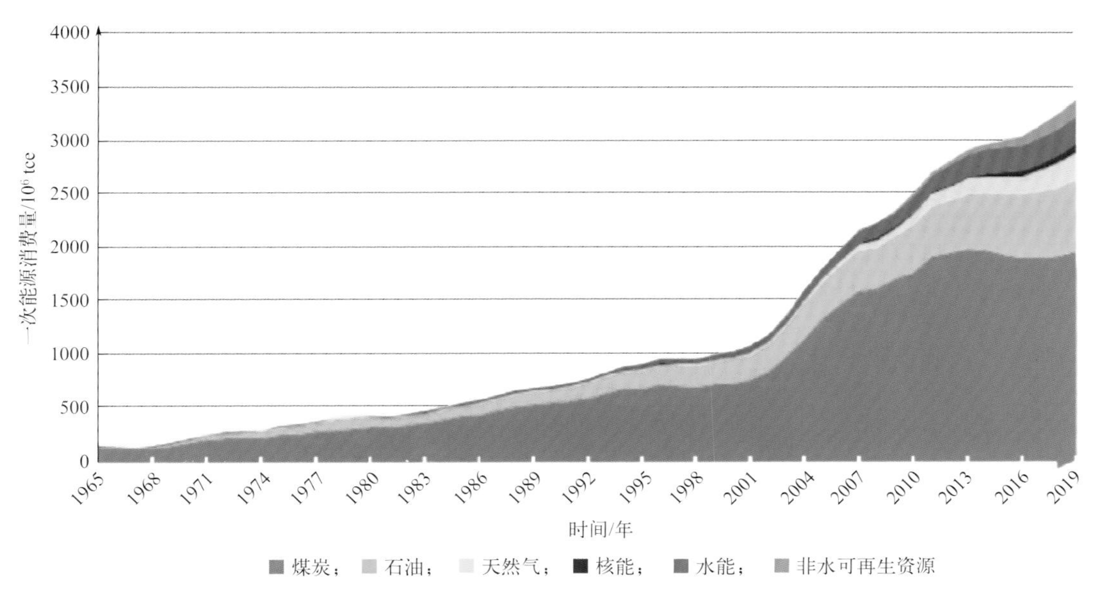

图 1-1　我国一次能源消耗量历史变化曲线（1 tce 为 1 吨标准煤当量）

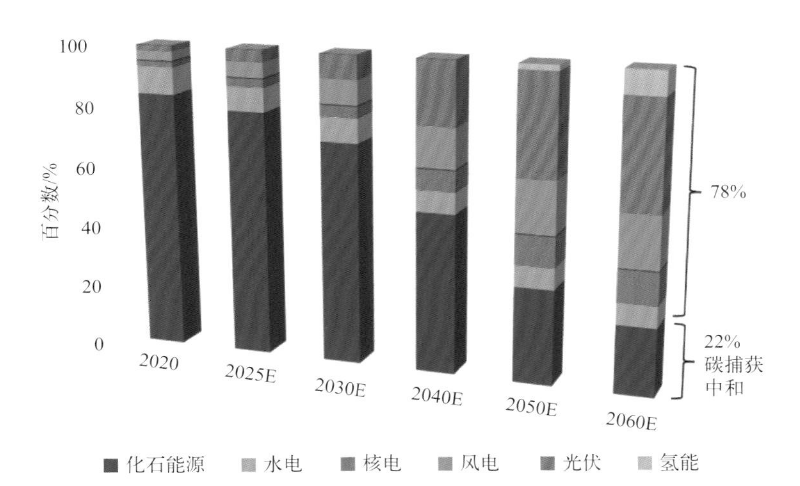

图 1-4　中国一次能源消耗结构变化预测（E 表示预测值）

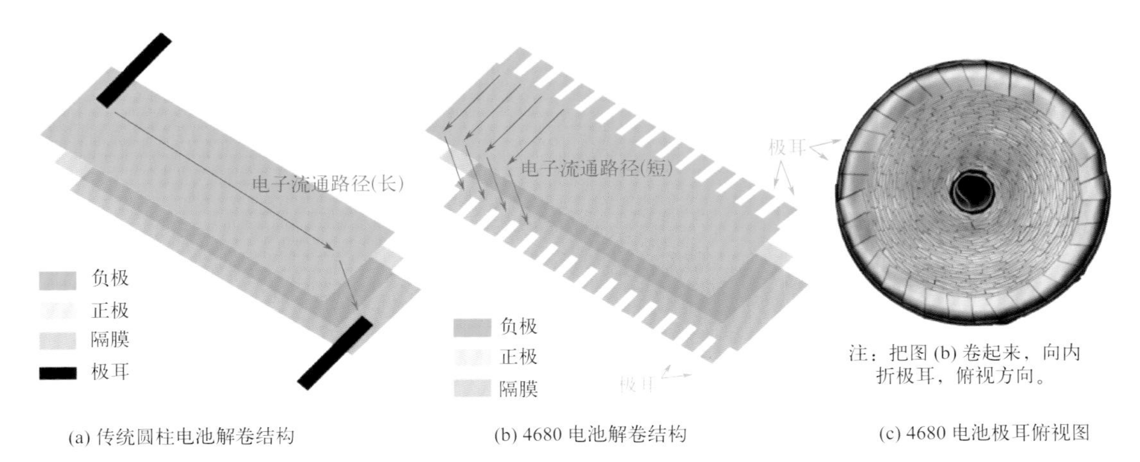

图 3-5　全极耳 4680 圆柱电池电子流通路径缩短示意图

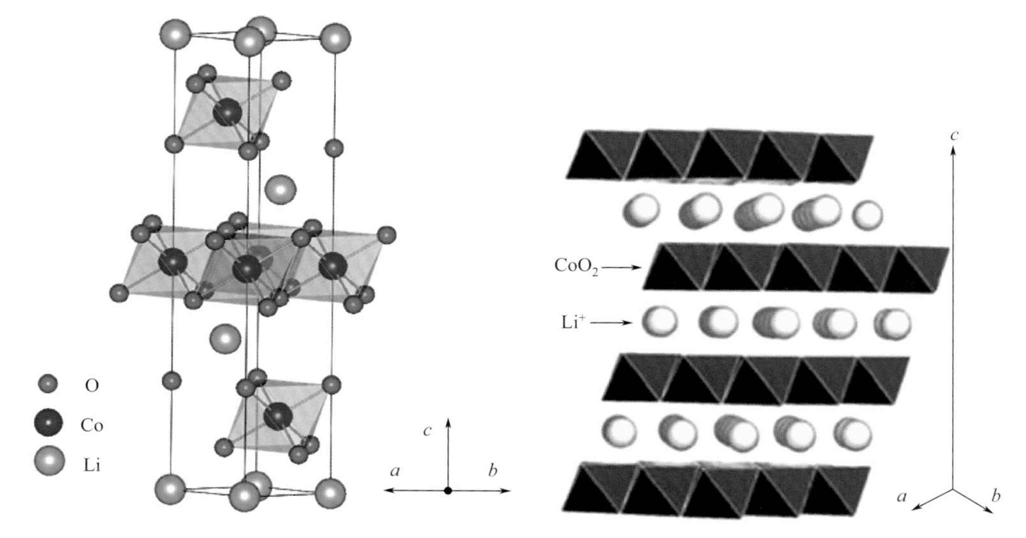

图 3-10 钴酸锂的晶体结构示意图

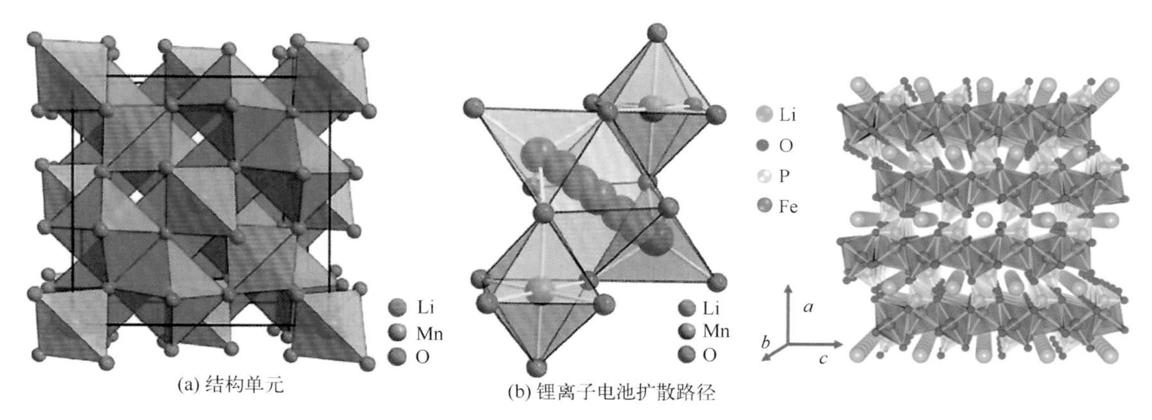

图 3-13 尖晶石锰酸锂的结构

图 3-14 $LiFePO_4$ 晶格结构

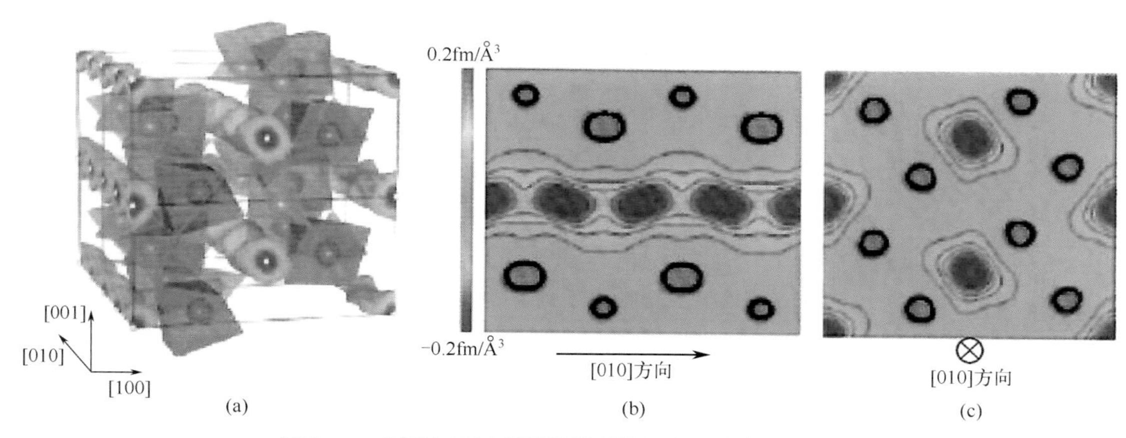

图 3-15 利用中子衍射图像得到的锂离子分布密度图像

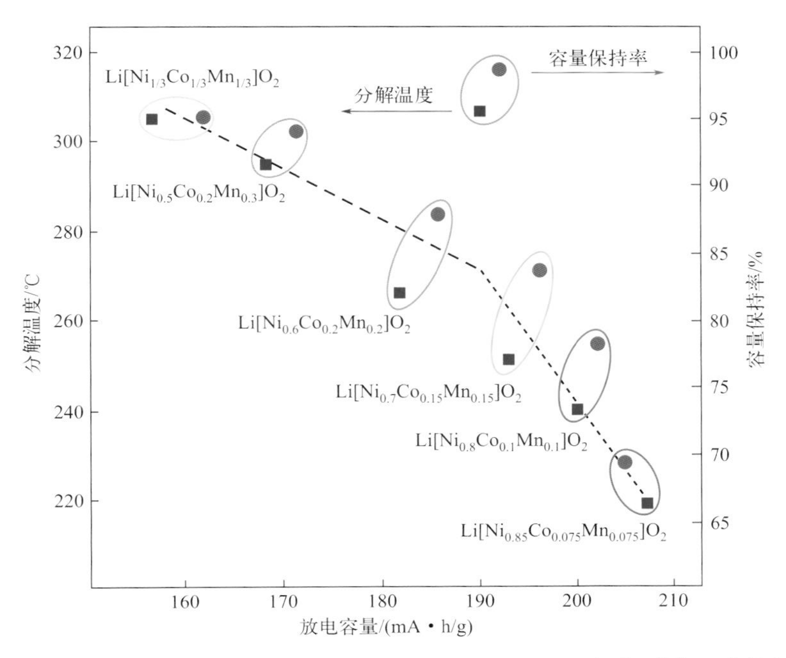

图 3-18 $LiNi_xCo_yMn_zO_2$（NCM，x=1/3，0.5，0.6，0.7，0.8，0.85）中不同 Ni 含量与比容量、循环和热稳定性之间的关系

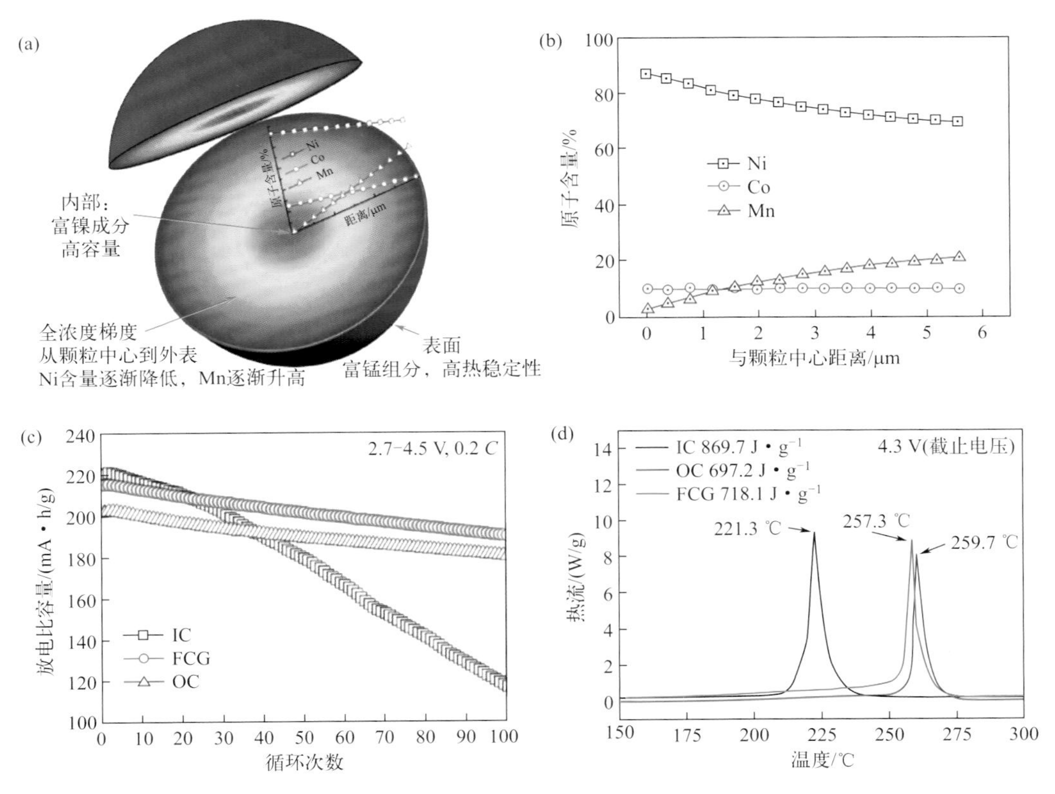

图 3-20 全梯度三元材料设计及性能对比

FCG 为全浓度梯度正极材料，IC 为内部组分 $LiNi_{0.86}Co_{0.10}Mn_{0.04}O_2$，OC 为外部组分 $LiNi_{0.7}Co_{0.10}Mn_{0.2}O_2$。

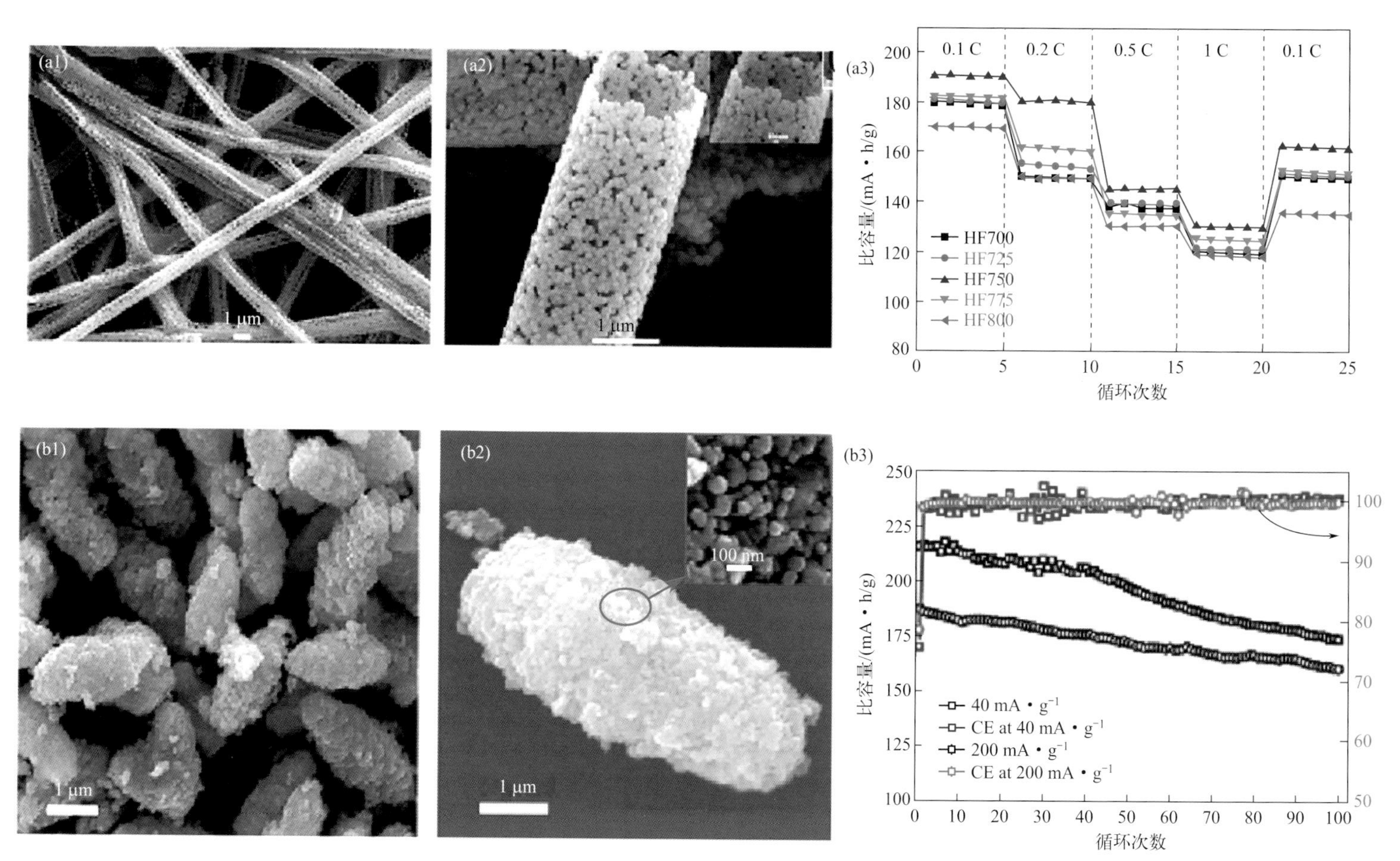

图 3-21　纤维管状 $LiNi_{0.5}Co_{0.2}Mn_{0.3}O_2$ 高镍正极材料（a）和谷粒状 $LiNi_{0.8}Co_{0.1}Mn_{0.1}O_2$ 高镍正极材料（b）的形貌与储锂性能

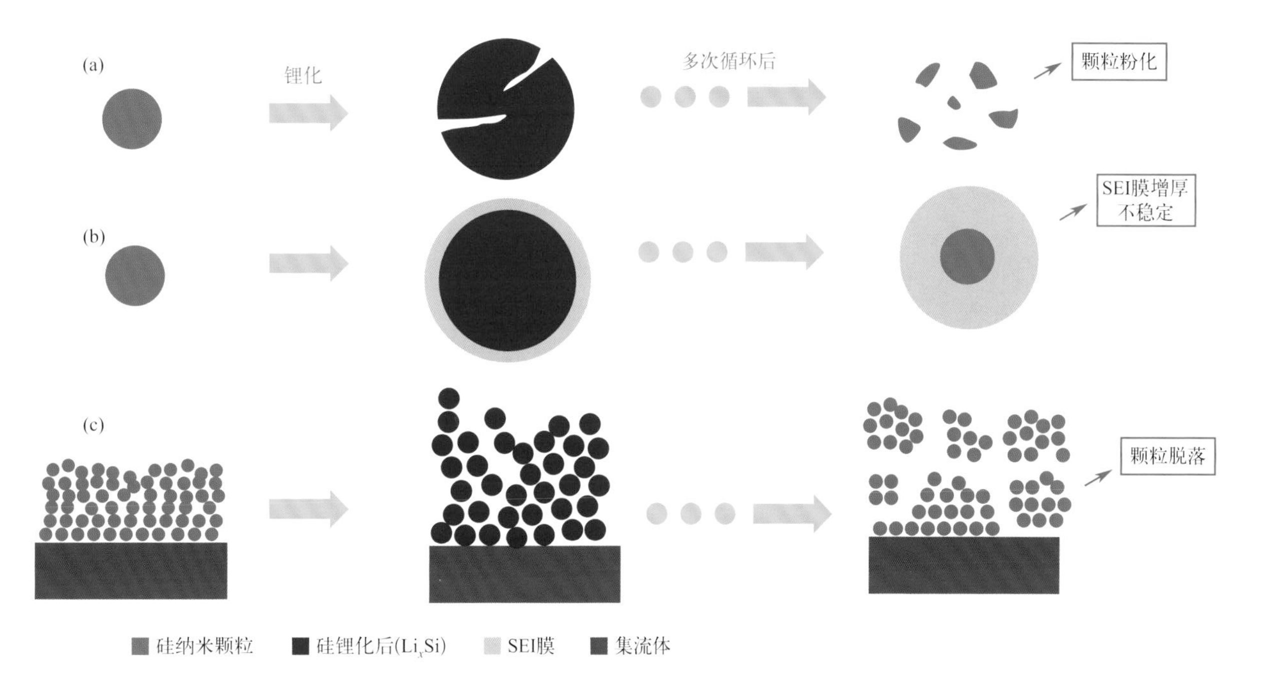

图 3-30　硅电极的失效机制

（a）硅颗粒破裂粉化；（b）SEI 膜持续生长；（c）硅电极的形貌与体积变化

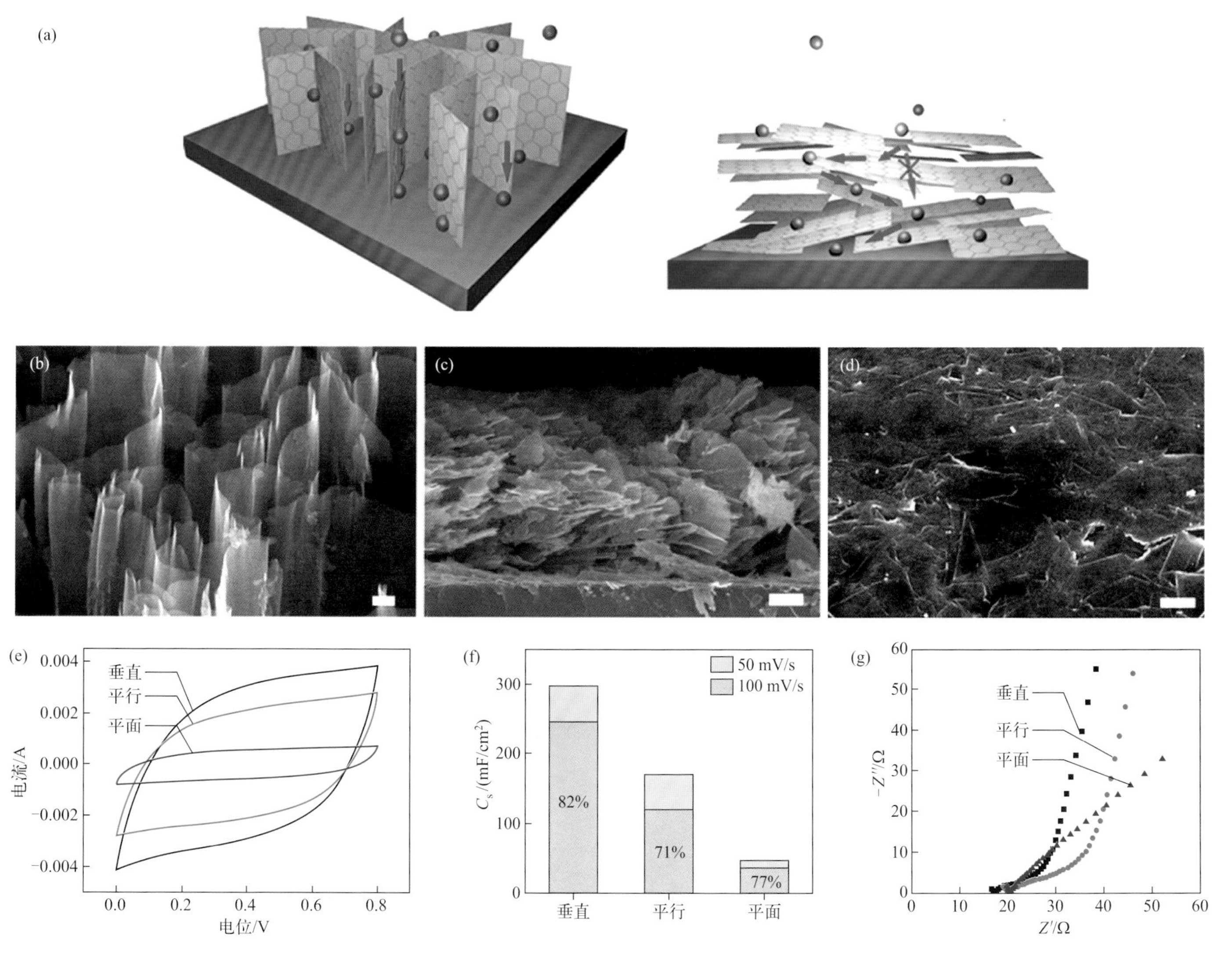

图 4-23 石墨烯阵列电极传输离子优势示意图（a），石墨烯阵列（b）、石墨烯平行堆积电极（c）、石墨纸电极（d）的SEM图，三者的电容性能比较［（e）~（f）］

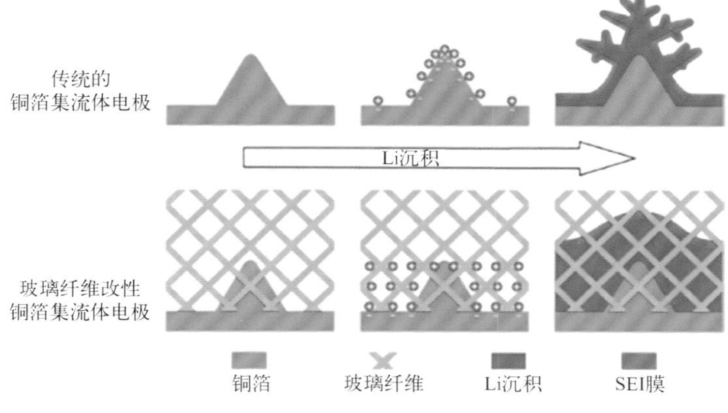

图 5-9　三维多孔集流体实现锂的均匀沉积示意图

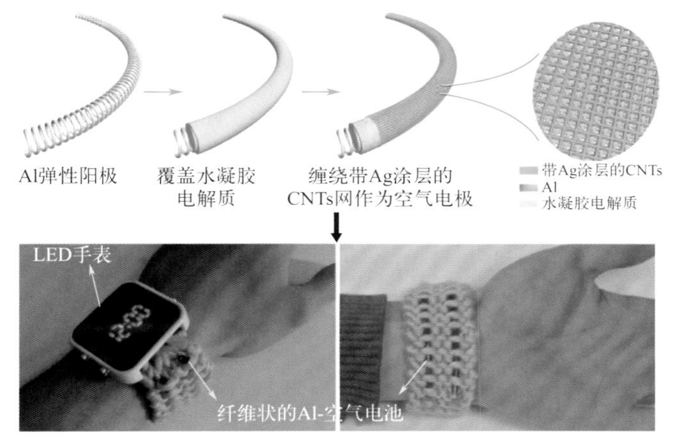

图 5-23　纤维形状的铝空气全固态电池的制造过程和用于驱动电子手表的实例

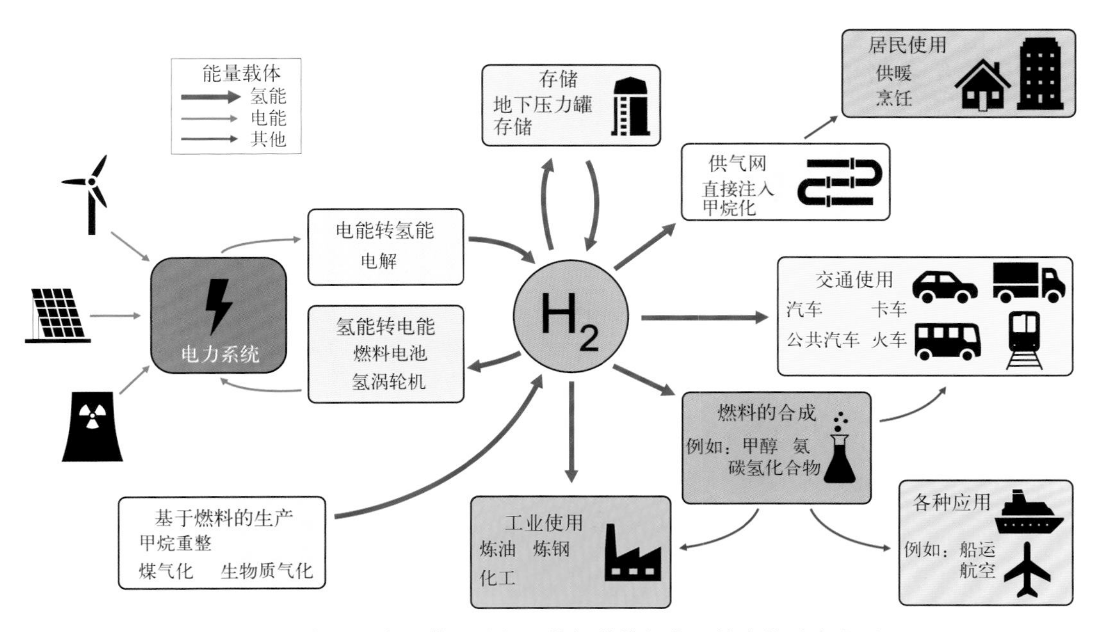

图 6-2　氢的生产、使用途径及其与其他新能源技术的融合发展

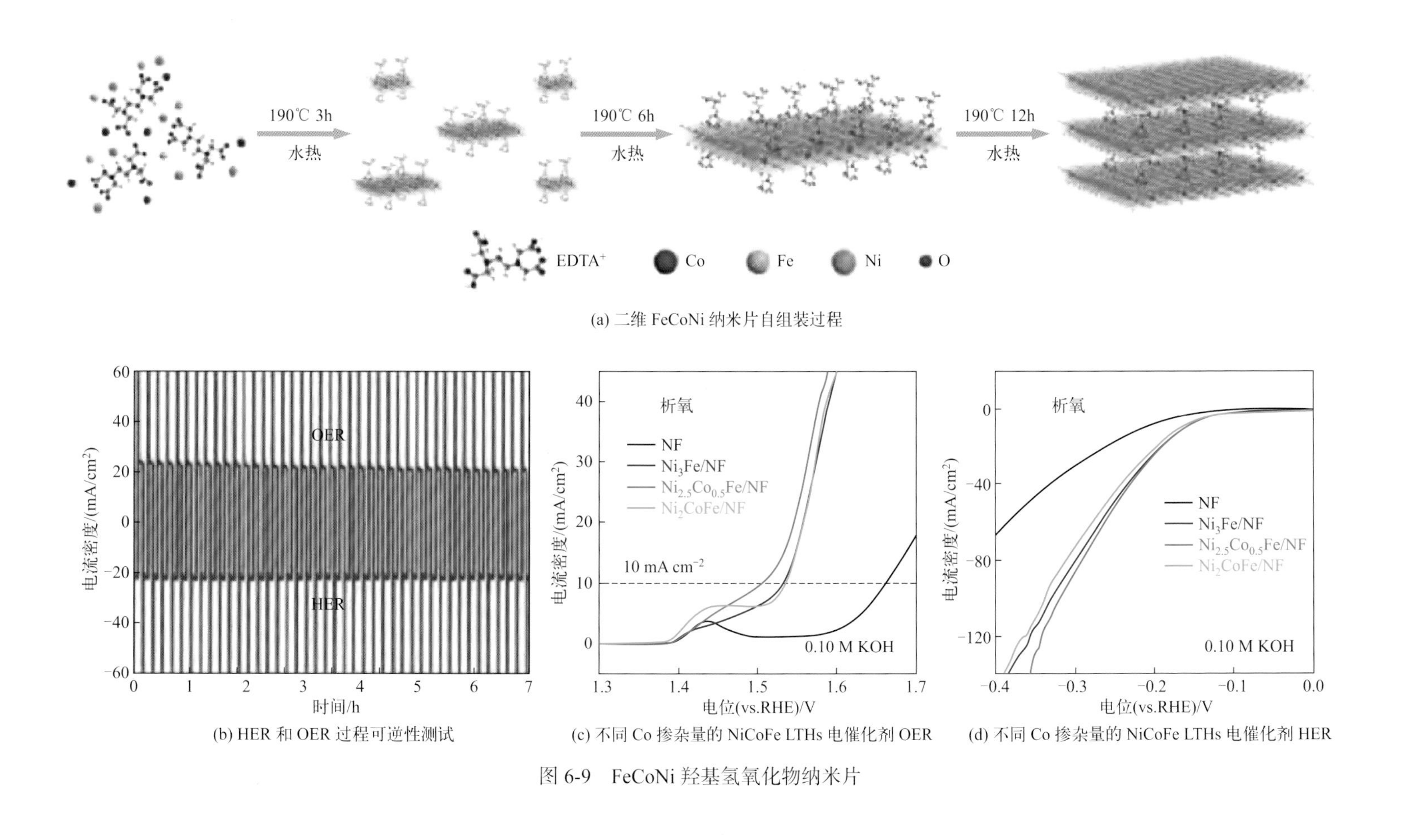

图 6-9 FeCoNi 羟基氢氧化物纳米片

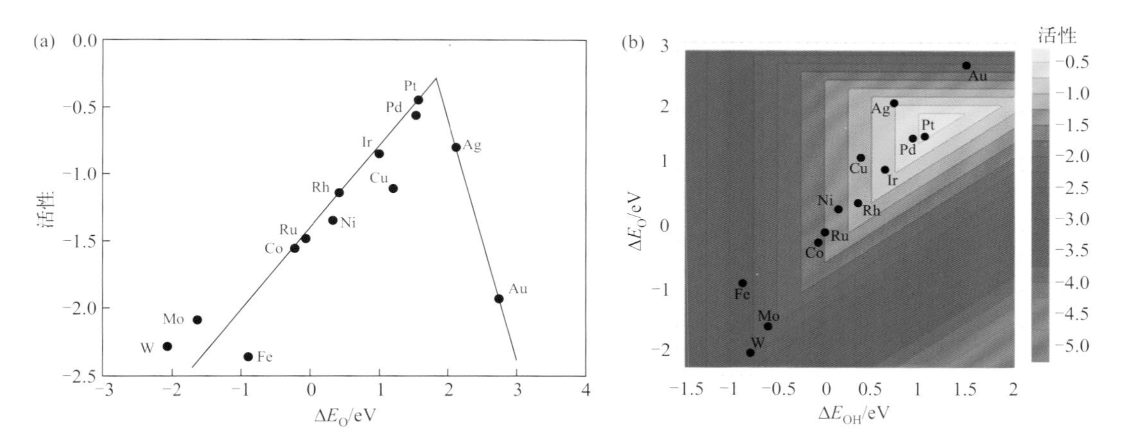

图 6-23 氧吸附能与 ORR 活性之间的火山型曲线（a）；ORR 活性随与 O 和 OH 吸附能的变化趋势（b）

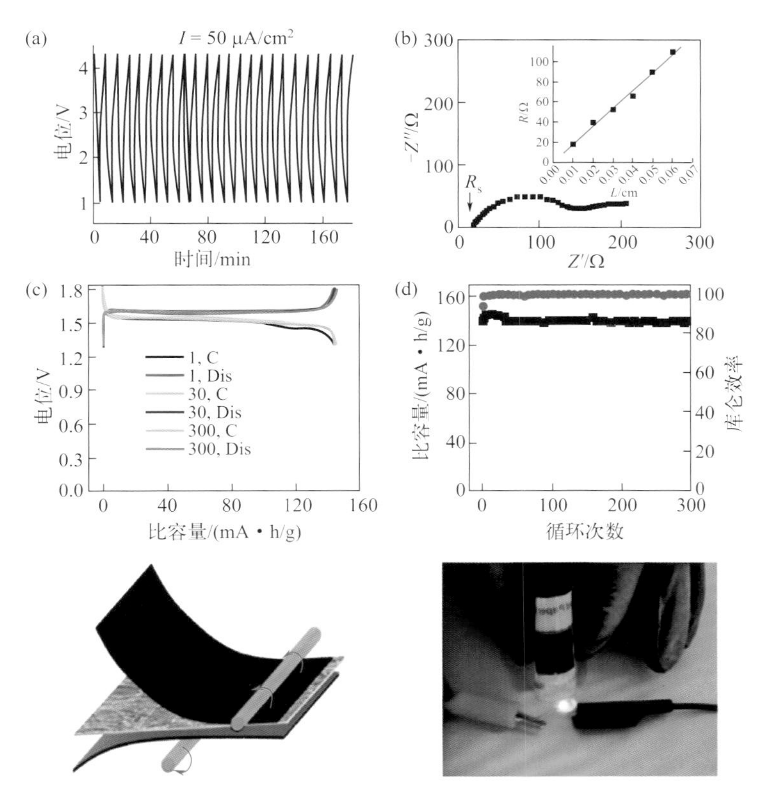

图 7-5 Cui 课题组制备的凝胶锂离子电池的电化学性能

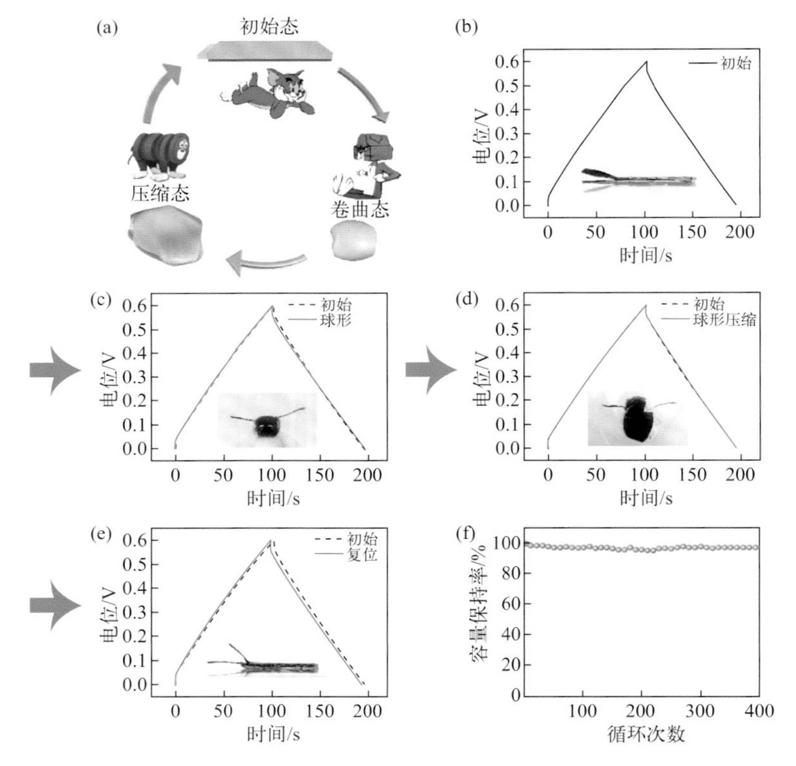

图 7-7　超级电容器的卷曲状态下的电化学性能

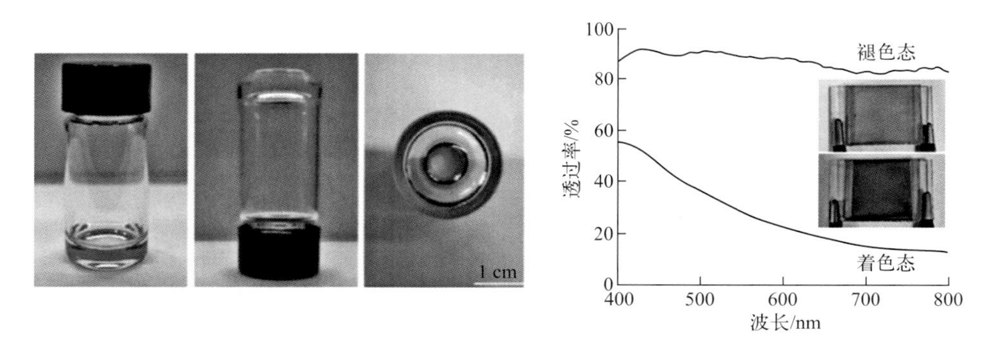

图 7-9　制备的凝胶电解质和电致变色器件在褪色和着色时的透过率

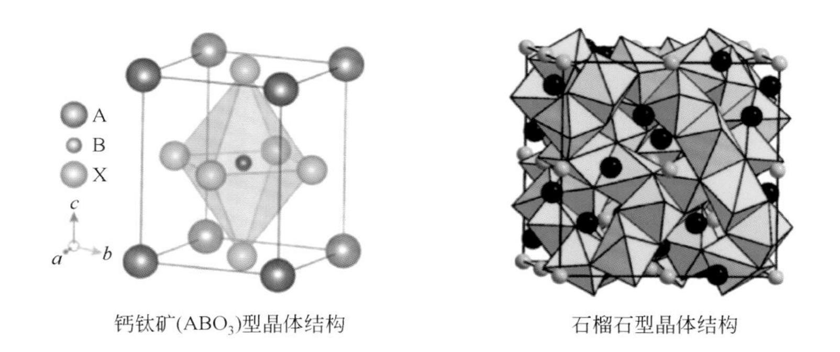

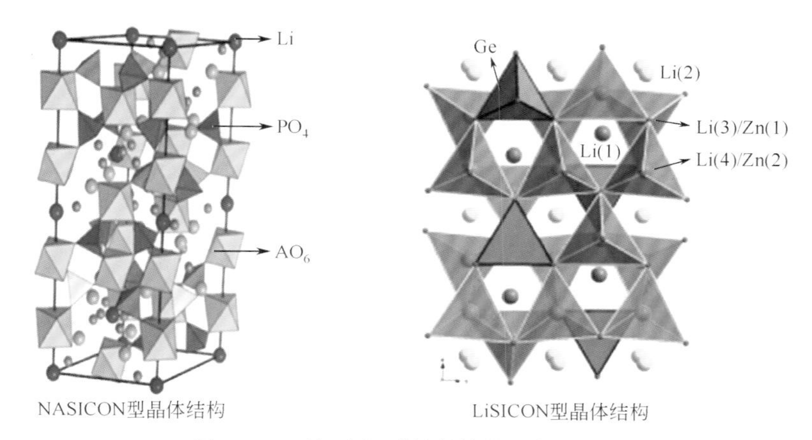

图 7-10　无机电解质材料结构示意图

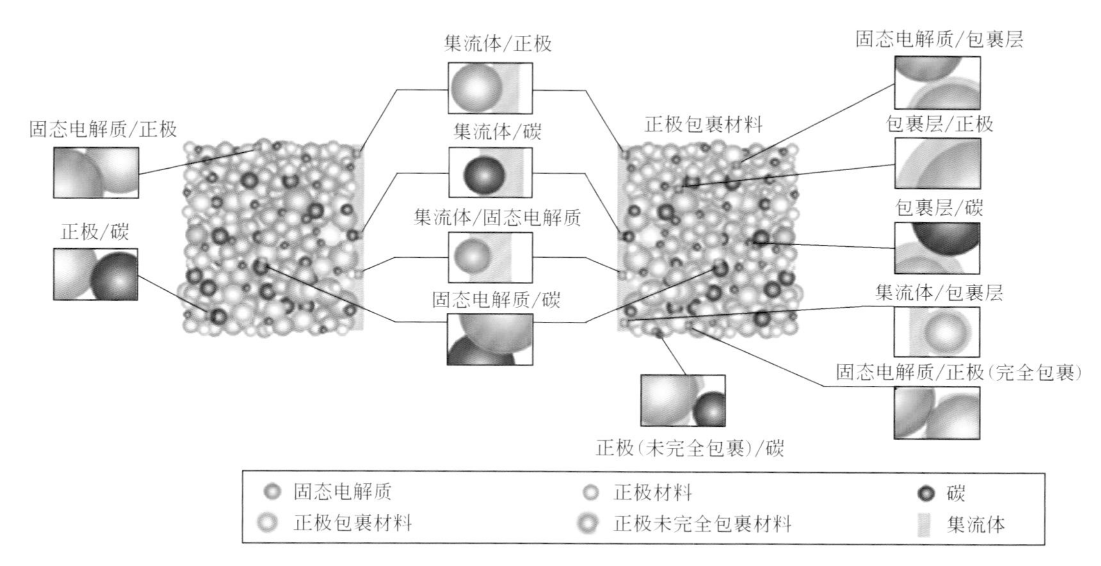

图 7-16　正极界面组成图

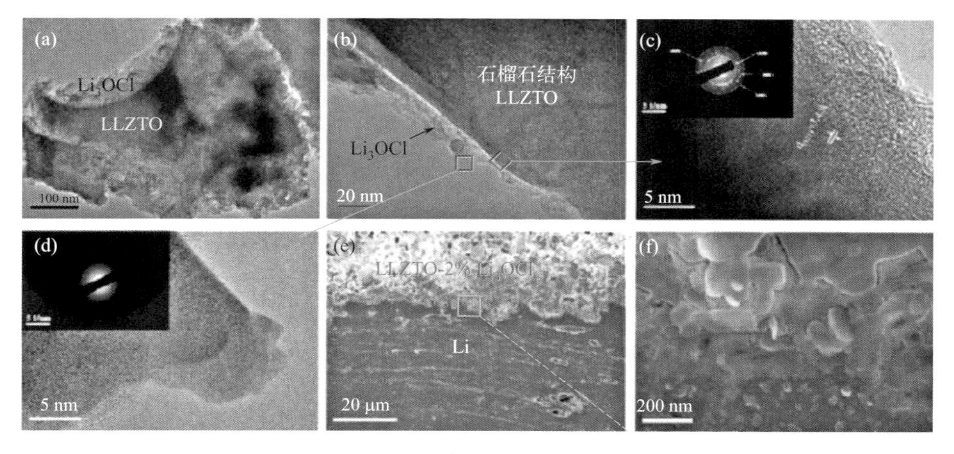

图 7-17

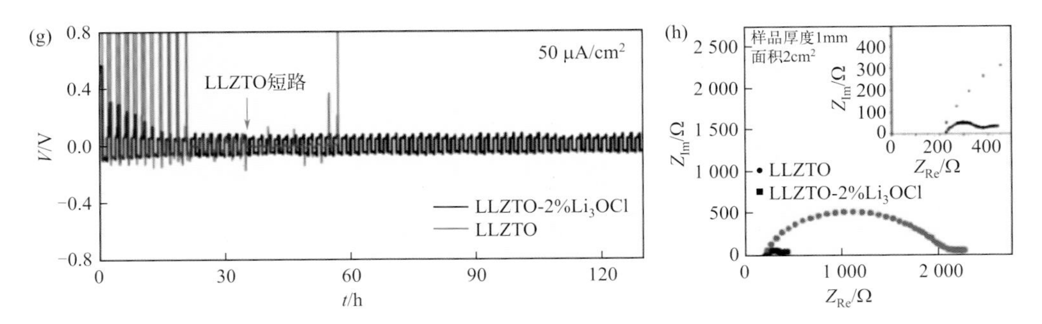

图 7-17　新型固态电解质电化学性能

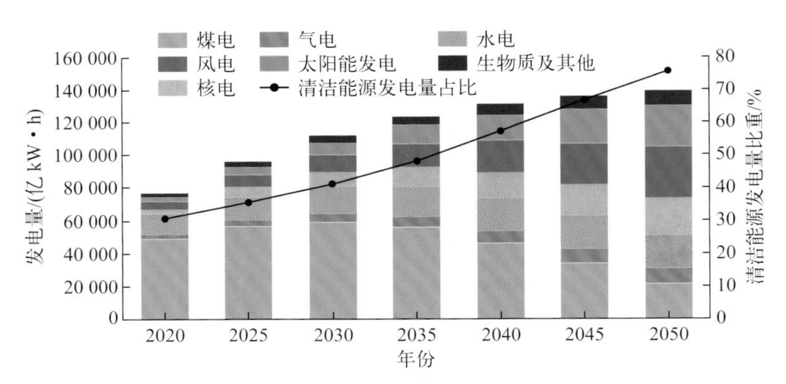

图 8-4　未来 30 年清洁能源发电量占比预估

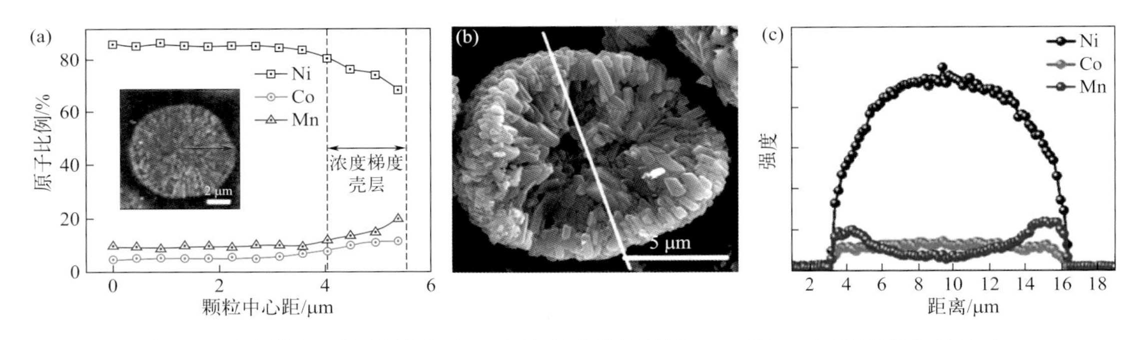

图 9-7　浓度梯度壳层材料（a）和全浓度梯度材料的 SEM 图（b）及元素分布（c）

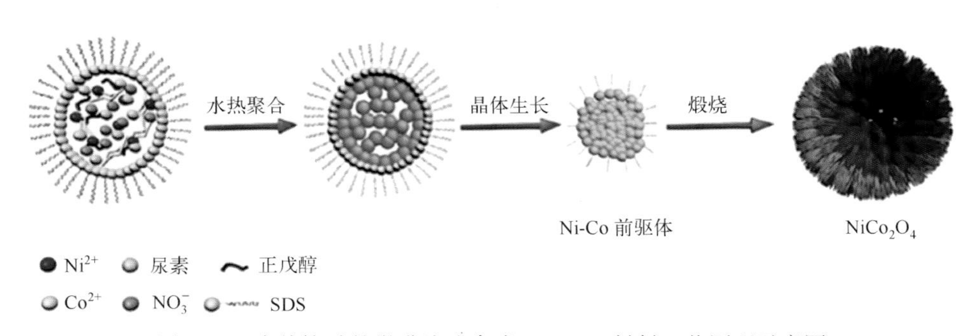

图 9-21　水热协助的微乳液法合成 $NiCo_2O_4$ 材料工艺原理示意图